抽水蓄能电站
金属技术监督

赵　强　倪晋兵　主编
乔洪奎　赵毅锋　刘殿海　周　攀　副主编

中国电力出版社
CHINA ELECTRIC POWER PRESS

内 容 提 要

随着全球能源结构转型，清洁能源和可再生能源的发展受到重视。抽水蓄能电站因其独特的调节功能，对保障电网稳定运行和促进新能源消纳等方面发挥着重要作用。在国家政策的推动以及技术不断进步的条件下，我国抽水蓄能事业快速发展，成为电力系统不可或缺的重要组成部分。金属结构是关系抽水蓄能电站安全运行的关键组成部分，对于其设计、制造、安装、运行和维护等各个环节，都需要进行严格的技术监督和管理，以确保电站的安全、稳定和高效运行。为了提高抽水蓄能电站金属技术监督工作的专业水平和对金属监督工作的重视，推动金属领域在电站建设和运营中的人才培养工作，国网新源集团有限公司组织编写了《抽水蓄能电站金属技术监督》，通过阅读本书，读者可以全面掌握金属技术监督的专业知识，提升解决实际问题的能力，为电站的安全运行提供有力保障。

本书共分为八章，对抽水蓄能电站涉及的相关金属材料知识以及所做的专题研究和成果进行全面介绍，主要内容包括金属技术监督概述，金属材料特点、分类及常用理化性能检测，焊接方法与缺陷，无损检测技术，抽水蓄能电站压力钢管，抽水蓄能电站不锈钢部件缺陷分析及现场修复技术、抽水蓄能电站紧固件的缺陷分析及应力监测、抽水蓄能电站轴承特点及缺陷分析。

本书旨在普及和深化对金属技术监督重要性的认识，既有金属相关基础知识，又有基于编者的专题研究和技术成果，适合从事抽水蓄能行业设计、运维以及管理等方面人员阅读，既可作为抽水蓄能电站金属结构技术监督人员的培训教材，也可作为相关技术人员的学习参考书籍。通过阅读本书，读者可以提升相关金属技术监督的专业知识水平和解决实际问题的能力，促进技术交流，为电站的安全运行提供有力保障。

图书在版编目（CIP）数据

抽水蓄能电站金属技术监督/赵强，倪晋兵主编. --北京：中国电力出版社，2024.10. --ISBN 978-7-5198-9143-5

Ⅰ. TV743

中国国家版本馆 CIP 数据核字第 2024R48C82 号

出版发行：中国电力出版社
地　　址：北京市东城区北京站西街 19 号（邮政编码 100005）
网　　址：http://www.cepp.sgcc.com.cn
责任编辑：安小丹（010-63412367）　董艳荣
责任校对：黄　蓓　郝军燕
装帧设计：赵丽媛
责任印制：吴　迪

印　　刷：三河市万龙印装有限公司
版　　次：2024 年 10 月第一版
印　　次：2024 年 10 月北京第一次印刷
开　　本：787 毫米×1092 毫米　16 开本
印　　张：24
字　　数：508 千字
印　　数：0001—1500 册
定　　价：200.00 元

本书编委会

主　　编　赵　强　倪晋兵

副 主 编　乔洪奎　赵毅锋　刘殿海　周　攀

参编人员　崔泰然　曹佳丽　徐亚鹏　郭　鹏

董阳伟　王佳彬　孙慧芳　魏　欢

前 言

抽水蓄能是当前技术最成熟、经济性最优、最具大规模开发条件的电力系统绿色低碳清洁灵活调节电源，加快发展抽水蓄能，是构建新型电力系统的迫切需求。“十三五”期间，抽水蓄能电站助力新能源消纳超过 1400 亿 kW · h，新能源利用率实现95%以上，显著提升了新能源利用水平。抽水蓄能机组台均启动次数、年均综合利用小时数分别较“十二五”增长 1.5 倍和 2 倍，年均响应电网需求紧急启动超过 5200 次，运行强度显著增加。根据国家规划，到 2025 年，我国抽水蓄能投产总规模将达 6200 万 kW 以上；到 2030 年，投产总规模将达 1.2 亿 kW 左右。

随着抽水蓄能电站大规模建设、大批量新机组投运，加强抽水蓄能电站的金属部件在工程建设、运维检修过程中的技术监督，对于提高抽水蓄能建设工程质量、金属部件运行安全具有积极作用。针对输水管道、导水机构、紧固件等主要金属设备在设计、制造、安装等方面的新工艺、新技术和新材料的应用将带来巨大的经济效益。金属部件或设备在生产和安装过程中对于质量管控的要求非常严格，如果质量把控不严，后期返修成本非常高，甚至不具备返修条件。在运行阶段，金属部件的安全使用直接关系到电站的安全运行，了解并掌握金属部件的质量状况，采取预防措施，可防止设备运行及检修过程中出现与金属部件相关的问题，提高设备安全运行的可靠性。

国网新源集团有限公司作为抽水蓄能开发建设的主力军，具有丰富的建设运营经验，本书结合多年开展的技术监督、管理经验和培训工作，在金属技术监督专业人员培训讲义的基础上完成。

本书分为八章，第一章～第四章主要介绍了开展金属技术监督工作必要的基础知识，着重介绍了技术监督工作的体系以及开展技术监督工作所需要的金属材料、焊接技术和无损检测等基础知识，旨在让相关人员建立基本知识框架。在编写过程中，区别于专业教材在理论方面的深入阐述，本书侧重于基础知识的简单介绍。第五章～第八章是基于编者的专题研究和技术成果，对压力钢管、紧固件失效分析、不锈钢焊接、导轴承等抽水蓄能电站建设者和管理者重点关注的方面进行了专题的介绍。由于编者在开展相关课题的技术研究和成果总结时有一定的侧重点，因此只能针对特定的方向进行阐述。随着时间的推移和人们对事物认识的不断加深，技术分析和研究成果的先进性和科学性也是在变化的，因此，广大读者需用发展的眼光看待后四章的内容。

在本书的编写过程中，参考并引用了国内外同行的一些书刊、文献资料和相关标准，谨向相关人员表示衷心的感谢！由于编者水平有限，书中不妥之处在所难免，恳请广大读者批评指正。

编　者

2024 年 4 月

目 录

金属技术监督概述

第一节 技术监督的发展历程

一、技术监督的含义

技术监督的概念可以理解为运用科学技术手段，依据国家法律法规，对国民经济各个领域中的技术性问题的有关活动进行监察和督促。其最终目的是保障国民经济活动的正常运行和国民经济管理目标的实现。

从这一概念出发，不是所有的技术性活动都被划入监督或制约的范围，而只有当这些技术性活动被国家的法律法规和标准规范划在被监督或制约的范围内时，才成为监督对象，因此监督必须依据法律法规和标准规范来进行。

电力技术监督是电力建设和生产整个过程链条中技术管理的一项具体内容，其含义相对比较容易理解，一般是指在电力工程建设和生产运行全过程中，对相关国家法律法规和技术标准执行情况进行检查；对电力设备设施和系统安全、质量、环保、经济运行有关的重要参数、性能指标开展监督、检测、调整、评价，以确保发供电设备在良好状态或运行范围内运行。

电力技术监督属于技术管理范畴中的一部分，其职责和工作内容主要涉及三个层级：第一层级为电力主管部门（国家能源局监管办公室），第二层级为技术监督管理单位和省电力公司（发电集团），第三层级为技术监督服务单位、地方电科院、发电企业，如图 1-1 所示。

电力技术监督的内涵包括质量、标准和计量三个方面。在国民经济的技术性活动中，这三者的监督管理都早已独立存在，强调技术监督则是要把三者有机结合，技术监督工作以质量为中心、以标准为依据、以计量为手段，建立质量、标准、计量三位一体的技术监督体系。

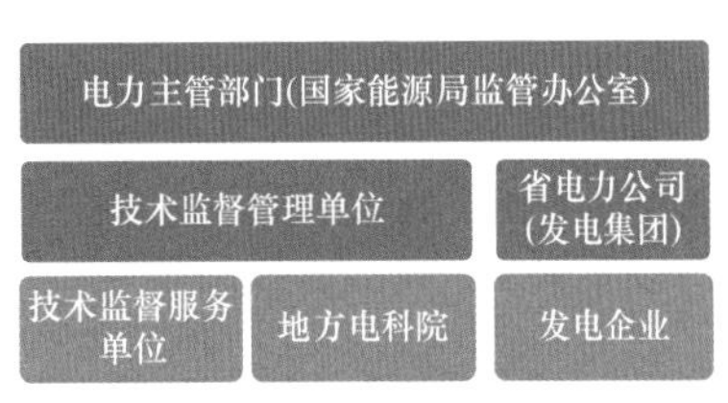

图 1-1 技术监督层级划分

在电力建设、生产和输供电的全过程中，严格执行电力技术监督制度是保障电厂、电

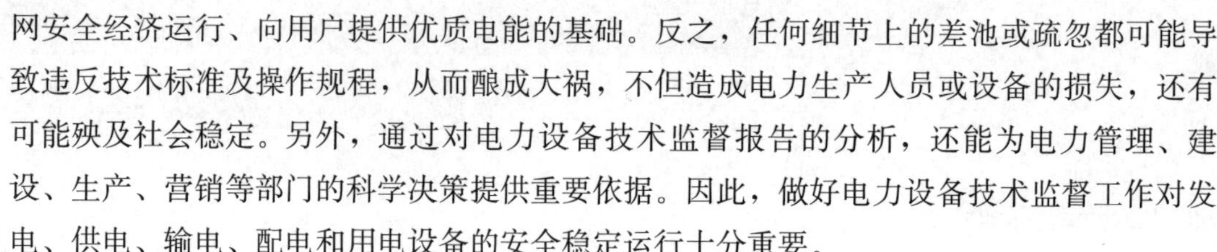

网安全经济运行、向用户提供优质电能的基础。反之，任何细节上的差池或疏忽都可能导致违反技术标准及操作规程，从而酿成大祸，不但造成电力生产人员或设备的损失，还有可能殃及社会稳定。另外，通过对电力设备技术监督报告的分析，还能为电力管理、建设、生产、营销等部门的科学决策提供重要依据。因此，做好电力设备技术监督工作对发电、供电、输电、配电和用电设备的安全稳定运行十分重要。

二、电力技术监督的专业发展过程

电力企业的技术监督溯源应始于20世纪50年代初，源于苏联管理模式，最初为对水、汽、油品质的化学监督及计量。20世纪中期，随着我国首台高温高压火电机组的建设和投运，金属监督也紧随其后孕育发展起来。1963年，当时的水利电力部明确把电力设备技术监督作为电力生产技术管理的一项具体管理内容。当时称为四项监督，即化学监督（主要是水汽品质监督和油务监督）、绝缘监督（电气设备绝缘检查）、仪表监督（热工仪表及自动装置的检查）、金属监督（主要是高温高压管道与部件的金属检查）。这四项都是预防性检查，主要是为了扭转当时技术管理相对粗放和混乱、设备检查维护、监督不力的局面，加强现场生产检修管理工作而提出的，一直受到各级电力管理部门和基层生产单位的重视。

随着电网规模的不断发展和科学技术水平的日益提高，对电力设备技术监督的范围、内容和工作要求越来越多、越来越高。国家已将电力技术监督的范围逐渐扩大为电能质量、金属、化学、绝缘、热工、电测、环保、继电保护、节能9个专业，并且要求实行从工程设计、设备选型、监造、安装、调试、试生产及运行、检修、停（备）用、技术改造等电力建设与电力生产全过程的技术监督。

依据电网设备构成实际和运行状况，随着新技术、新设备的逐步出现和使用，为适应日益发展的电网需求和现代化电力安全生产管理的要求，技术监督内容也随着现场需求发生动态变化，部分省级技术监督部门又陆续增加了励磁技术监督、锅炉技术监督和汽轮机技术监督，在原有基础上形成了12项技术监督。这12项监督包括了电源侧和电网侧的主要专业监督。

2002年2月10日，国务院印发了《电力体制改革方案》（国发〔2002〕5号），电力体制改革朝着政企分开、厂网分离、竞价上网的方向逐步深化，电网和发电企业的技术监督管理也开始结合自身实际逐步完善和加强。2003年4月21日，国家电网公司明确提出技术监督“要根据技术发展和电网运行特性不断扩充、延伸和界定”，为今后技术监督的发展奠定了基础。2007年7月，DL/T 1051—2007《电力技术监督导则》发布，首次就电力技术监督的内容、职责和管理进行了规定。2019年6月，DL/T 1051—2019《电力技术监督导则》修订版发布，对技术监督内容从专业监督和设备设施监督两个维度重新进行划分界定，并提出新的技术监督管理要求。

第二节　抽水蓄能电站金属技术监督概述

一、抽水蓄能电站金属技术监督的意义

《抽水蓄能中长期发展规划（2021—2035 年）》指出：抽水蓄能是当前技术最成熟、经济性最优、最具大规模开发条件的电力系统绿色低碳清洁灵活调节电源，具有调峰、调频、调相、储能、事故备用和黑启动六大功能，与风电、太阳能发电、核电、火电等配合效果较好。加快发展抽水蓄能是构建新型电力系统的迫切要求，是保障电力系统安全稳定运行的重要支撑，是可再生能源大规模发展的重要保障。目前抽水蓄能机组本身具有的高水头、容量大、转速高、工况转换频繁等特点，在保障大电网安全、促进新能源消纳、提升全系统性能中发挥着重要作用。近 20 年来，特别是抽水蓄能电站的建设、运行，对压力钢管、水泵水轮机、发电电动机等设备金属部件的可靠性、安全性要求越来越高。由于设计、制造、安装、检修及运行设备的金属部件、材料和焊接、制造安装工艺中均不同程度存在一些问题，导致发生不少的故障及事故，造成较大的经济损失和社会影响，因此开展抽水蓄能设备金属技术监督具有重要的经济价值和社会意义。

自“十三五”以来，特别是进入“十四五”后，我国抽水蓄能行业继续保持快速增长，在今后一段时间，抽水蓄能还将保持这种发展态势，抽水蓄能的发展面临着工程大规模建设、大批量新机组投运、保证电网安全、人员短缺以及技能水平不强的各种压力和考验，加强抽水蓄能电站的金属监督，对于提高抽水蓄能建设工程质量、金属部件运行安全具有十分积极的作用。

金属材料在抽水蓄能设备特别是主要金属部件的监督力度和深度尚不深入，当设备、部件出现材料、制造质量和使用问题无法查找到问题的真正原因时，将直接影响到设备的后期健康运行或留下安全隐患。因此开展抽水蓄能电站设备金属监督，将关口前移，贯穿到设计、制造、设备出厂验收等不同阶段，在设备安装投运前发现存在的问题并予以解决，对于保证设备安全具有重要意义。

抽水蓄能机组的高水头、高转速和工况频繁转换对金属部件的材料性能和制造工艺也提出了更高要求，因此更需要对新材料、新工艺进行技术监督。

此外，随着当前抽水蓄能电站规模和开工项目的较快增加，专业人员介入项目的时间越发提前，不少单位的监督人员在项目可研、设计、施工、制造等阶段就开展工作，因此各电站也安排人员参与现场金属监督工作，这样有利于金属监督人员提早熟悉和掌握受监设备材料的基本状态，分析评价设备材料的性能、质量等，防止出现因设计、选材不当、材质欠缺、焊接缺陷、防腐性能、安装不当等引起的故障或隐患，提高设备安全、经济运行的可靠性，这也是确保抽水蓄能设备安全投入运行的根本保证。

二、抽水蓄能电站金属技术监督对象

金属技术监督是通过有效的物理、化学、力学及无损检测等方法，检查和掌握受监范围内金属部件在设计、制造、安装、检修、服役及改造过程中的材料、焊接、组织和性能变化、缺陷等情况，并采取有效措施进行防范和管理。主要监督对象包括：

（1）水泵水轮机重要金属部件。包括但不限于座环、蜗壳、基础环、底环、转轮、泄水锥、尾水管里衬、主轴、顶盖、导叶及操动机构、导轴承等。

（2）发电（电动）机重要金属部件。包括但不限于上下机架、推力轴承（包含推力头、卡环、镜板）、导轴承、主轴、转子中心体和支臂、风扇叶片、制动环、挡风板等。

（3）重要螺栓紧固件。包括主轴连接螺栓、转轮连接螺栓、转子轮臂螺栓、机架支臂把合螺栓、顶盖螺栓、进水阀上游延伸段连接螺栓、进水阀伸缩节连接螺栓、导轴承和推力支柱（抗重）螺栓、转子磁轭拉紧螺栓、定子铁芯压紧螺栓、定子机座螺栓等。

（4）水工金属结构。包括闸门、拦污栅、压力钢管、启闭机等。

（5）进水阀门及其附属结构件。

（6）压力容器、压力管道、起重机械等。

（7）输变电设备部件。包括杆塔、构架、支架、电力金具、开关设备触头镀层及传动（联动）件、瓷质绝缘子、套管等。

（8）上述监督范围内钢材、备品、配件、焊接材料、焊缝接头等。

三、抽水蓄能电站金属技术监督的实施

金属技术监督是全过程的技术管理工作，每个工程项目的不同阶段和作业环节都有其自身的特点。监督要点可根据规划可研、工程设计、采购制造、安装调试、运维检修等不同阶段进行划分。

（1）规划可研阶段：监督工程设计图纸、结构布置图纸、施工图纸、设备选型等内容是否满足国家、行业和企业有关工程设计标准、设备选型标准，设备及相关主要部件的选用产品是否满足国家强制条文要求。

（2）工程设计阶段：监督工程设计图纸、设备设计图纸、设备选型等内容是否满足国家、行业和企业有关工程设计标准、设备选型标准、预防事故措施、差异化设计、环保等要求，评定设备所采用的材料、防腐性能、防腐结构、强度（如钢结构件）计算书所选用的设计条件等是否合理，避免所设计参数与现实工况出现较大的差异。

（3）采购制造阶段：依据采购标准和有关技术标准要求，监督金属部件及其材料在采购环节所选设备是否符合安全可靠、技术先进、运行稳定的原则。材质、制造工艺和焊接质量是制造阶段监督中的重中之重，文件见证和现场见证是制造阶段技术监督的主要手段。对重要金属部件应派有相应资格的质量验证人员到制造单位采取现场见证、部件抽检

和试验复测等方式监督其制造过程。对合同产品的制造质量、重要部件的原材料成分、铸锻件的材质检验、焊接工艺、质量、热处理及焊接检验全过程实行全面监督。对监造的实施情况和监造中发现问题的处理情况及记录也应进行监督。

（4）安装调试阶段：依据相关标准，监督安装单位及人员资质、工艺控制文件、安装过程是否符合相关规定，对重要工艺环节开展安装质量抽检或复检；安装期间的金属材料及部件、焊接质量和调试方案、重要记录、调试仪器设备、调试人员是否满足相关规定标准的要求。

（5）运维检修阶段：应结合国家行业标准规定的项目、频次和技术要求对重要金属设备开展金属技术监督工作。监督检测检修技改用材料、在用设备防腐和重要连接件的外观检查。重要金属部件的金属技术监督工作应结合设备检修开展。特种设备检验监督不低于国家强制条文要求。

第二章

金属材料特点、分类及常用理化性能检测

金属材料是最重要的工程材料之一，其具备良好的力学性能、可加工性、耐腐蚀性和导热导电性等，被广泛应用于机械制造、航空航天、交通建筑、电力电子以及各种生活领域。金属材料的成分、组织以及工艺是影响其性能的三大因素，了解和掌握材料的化学成分检测方法、微观组织调控技术以及力学性能测试手段，对于人们更好地利用材料具有重大作用。

钢铁材料是用途最多、适应性最好的金属材料，在抽水蓄能电站中应用的金属材料以各类钢材为主。

第一节　金属材料的化学成分及组织

金属材料品种繁多，力学性能各异，这种差异主要取决于不同的成分和组织。相图是分析金属材料在加热或冷却过程中化学成分、晶体结构与微观组织如何转变的重要依据。因此，掌握金属材料的合金化原理、微观组织结构以及相图应用方法，对于控制材料的性能、材料的加工、正确选用材料、开发新材料都具有非常重要的意义。

一、金属材料的特性

金属是具有正的电阻温度系数的物质，即随温度升高，金属的电阻系数增大；而所有非金属的电阻系数都随着温度的升高而下降，其电阻温度系数为负值。电阻温度系数是指温度每升降 1℃时，材料电阻系数的改变量与电阻系数之比。

金属在常温下除了汞以外，其余都是固体。在固态下，金属材料一般具有良好的导电性、导热性、延展性和金属光泽，金属的特性与金属的原子结构和结合方式密切相关。金属原子的结构特点是最外层电子数少，一般为 1 或 2 个，最多不超过 4 个，这些外层电子与原子核结合能力弱，很容易脱离原子核的束缚而变成自由电子，此时的原子变为正离子，因此常称这些元素为正电性元素，而非金属元素的原子结构与此相反，常称为负电性因素。

金属原子是通过金属键结合起来的。在聚焦状态的金属原子，绝大多数原子都将失去最外层电子而变成正离子，脱离原子核束缚的自由电子在各正离子之间高速运动并被原子共用，从而使各原子结合起来，这种连接方式被称为金属键。通过金属键的本质可以解释金属的特性，金属良好的导电性和导热性是由于金属存在大量自由移动的电子，自由电子能够做定向移动形成电流和导热。随着温度升高，正离子或原子振幅和振动频率增加，自由电子定向移动的阻碍增大，因此，电阻率增大。由于金属键没有方向性和饱和性，在金属发生相对位移时，金属原子始终包裹在电子中，金属键不会被破坏，所以具有良好的延展性。

二、常见的晶体结构与组织

传统的晶体学基于微观结构的周期性，将内部原子在三维空间呈周期性、有规则重复排列的固体定义为晶体。非晶体是指组成它的原子或离子不是呈有规律排列的固态物质。如玻璃、松脂、沥青、橡胶塑料、木材、棉花等，都是非晶体。金属和合金在固态下通常都是晶体，晶体具有固定的熔点以及各向异性的特点，而金属材料通常由许多不同位向的小晶粒所组成，称为多晶体。多晶体中各晶粒的各向异性互相抵消，故一般不显示各向异性。要了解金属及合金的内部结构必须了解晶体的结构。

（一）三种常见的晶体结构

化学元素周期表中，金属元素占 80 多种，工业上使用的金属也有三四十种，除少数具有复杂的晶体结构外，大多数具有比较简单的高对称性的晶体结构，最常见的金属晶体结构有体心立方（BCC）、面心立方（FCC）和密排六方（HCP）结构。

1. 体心立方结构

体心立方晶格的晶胞，如图 2-1 所示，是一个立方体，8 个原子分别位于立方体的顶角上，1 个原子位于立方体的中心。顶角上的原子为相邻 8 个晶胞所共有，中心的原子归该晶胞所独有，每个晶胞所占有的原子数为 2。属于这种晶格的金属有 α-Fe、Cr、W、Mo、V 等。

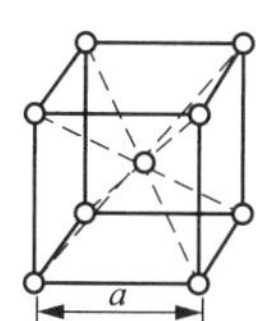

图 2-1　体心立方晶胞示意图

2. 面心立方结构

面心立方晶格的晶胞也是一个立方体，如图 2-2 所示。在立方体的 8 个顶角和 6 个面的中心位置各分布着一个原子，且面中心的原子与该面 4 个角上的原子相切。顶角上的原子为相邻8个晶胞所共有，面中心的原子为相邻2个晶胞所共有，每个晶胞所占有的原子数为4。具有面心立方晶格的金属有Al、Cu、Ni、Au、Ag、γ-Fe等。

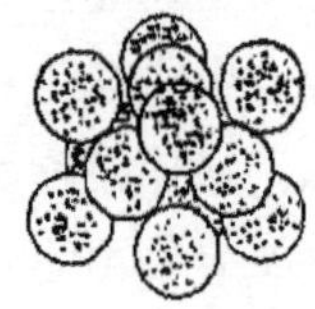
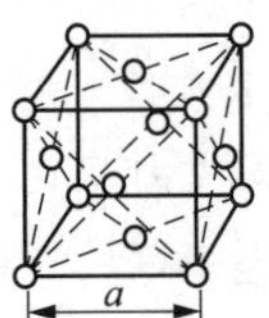

图2-2 面心立方晶格的晶胞示意图

3. 密排六方结构

密排六方晶格的晶胞是一个正六棱柱体，如图2-3所示。每个顶角上的原子为相邻6个晶胞所共有，底面中心的原子为相邻2个晶胞所共有，内部的3个原子归该晶胞所独有，每个晶胞所占有的原子数为6。具有密排六方晶格的金属有Cd、Zn、Mg、α-Ti、Be等。

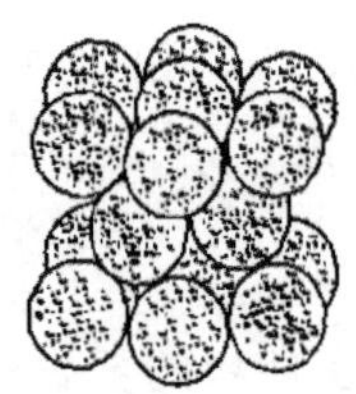
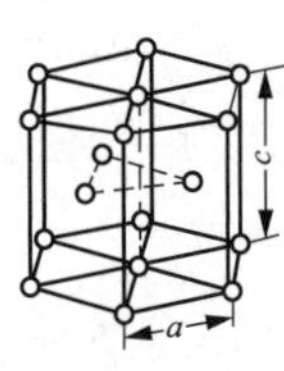

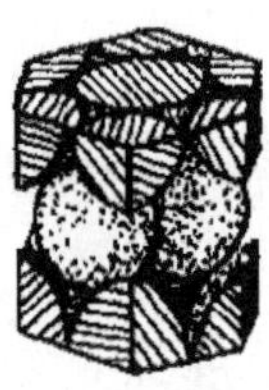

图2-3 密排立方晶格的晶胞示意图

4. 原子堆垛方式与间隙

面心立方和密排六方结构是纯金属中最密集的结构。因为在面心立方和密排六方结构中，密排面上每个原子和最近邻的原子之间都是相切的；而在体心立方结构中，除位于体心的原子与位于顶角上的8个原子相切外，8个顶角原子之间并不相切，故其致密度没有前两者大。从图2-1、图2-2、图2-3所示晶体结构中原子排列的刚性模型可以看出，金属晶体存在许多间隙，这种间隙对金属的性能、合金相结构和扩散、相变等都有重要影响。

（二）合金的结构与组织

纯金属大多具有优良的塑性、韧性以及导电、导热性能，在工业上有一定的应用，但纯金属成本较高，种类有限，并且综合力学性能较低，难以满足许多机器零件和工程结构件对性能的要求，尤其是在特殊环境中服役的零件，需要具备耐热、耐蚀、导磁、低膨胀等许多特殊的性能性质。因此，工业生产中广泛应用的金属材料是合金。合金的组织要比纯金属复杂，为了研究合金组织与性能之间的关系，就必须了解合金中各种组织的形成及变化规律。

组成合金的基本的、独立的物质称为组元。组元可以是金属元素、非金属元素或化合物。根据组元数的多少，合金可分为二元合金、三元合金等。当组元不变，而组元比例发生变化时，可以得到一系列不同成分的合金，称为合金系。

1. 合金的结构

组元间由于物理和化学的相互作用，可形成各种“相”。“相”是合金中具有同一聚集状态、同一晶体结构和性质并以界面互相分开的均匀组成部分。由一种相组成的合金称为单相合金，如含锌30%［以wt（质量分数）计］的Cu-Zn合金是单相合金，而含锌40%（以wt计）时则是两相合金，除了生成固溶体外，还形成金属间化合物。合金中的相结构有多种多样，但可根据合金组成元素及其相互作用的不同分为两大类：固溶体和化合物。

（1）固溶体。固溶体是以某一组元为溶剂，在其晶体点阵中溶入其他组元原子（溶质原子）所形成的均匀混合的固态溶体，它保持着溶剂的晶体结构类型。几乎所有的金属都能在固态或多或少地溶解其他元素成为固溶体，固溶体的性能也随着成分变化而变化。工业上使用的金属材料，绝大部分是以固溶体为基体，有的甚至完全由固溶体所组成，例如碳素钢和合金钢，其基体相均为固溶体，含量占组织中的绝大部分。

固溶体按溶质原子在溶剂晶格中的位置可分为置换固溶体与间隙固溶体；按溶质原子在溶剂中的溶解度，可分为有限固溶体和无限固溶体；按溶质原子在固溶体中分布是否有规律可分为无序固溶体和有序固溶体两种。

和纯金属相比，由于溶质与溶剂原子大小不同，形成固溶体时总会引起点阵畸变并导致点阵常数发生变化，使固溶体的强度和硬度升高，这种现象称为固溶强化。同时，固溶体合金随着溶解度的增加，点阵畸变增大，还会引起合金物理和化学性能的改变，例如电阻率、磁导率、腐蚀电位等。

（2）化合物。在合金化过程中，当溶质含量超过固溶体的溶解度时，除了可形成固溶体外，还可能出现新的相，其晶体结构不同于任一组元，而是组元之间相互作用形成的具有金属特性的物质，称为金属化合物。金属化合物可用化学分子式来表示。

金属化合物可分为正常价化合物、电子化合物和间隙化合物。金属化合物具有复杂的晶体结构，熔点一般较高，性能硬而脆，很少单独使用。当它在合金组织中呈细小均匀分布时，能使合金的强度、硬度和耐磨性明显提高，称为弥散强化。金属化合物主要用来作为碳钢、各类合金钢、硬质合金及有色金属的重要组成相、强化相。

2. 合金的组织

可以用肉眼或借助显微镜观察到的合金的相组成，包括相的数量、形态、大小、分布及各相之间的结合状态特征称为组织。相是组成组织的基本部分，同样的相可以形成不同的组织。组织是决定材料性能的一个重要因素。在相同条件下，不同的组织可以使材料表现出不同的性能。如何控制、改变组织对金属材料的生产具有重要意义。合金的组织组成

分为以下几种状况：①由单相固溶体组成；②由单相的金属化合物组成；③由两种固溶体的混合物组成；④由固溶体和金属化合物混合组成。

三、钢铁材料中的合金元素及其作用

钢铁是经济建设中使用最广、用量最大的金属材料。金属材料按照其色泽可分为黑色金属和有色金属，黑色金属又称钢铁材料，根据含碳量不同，将钢铁分为工业纯铁（C≤0.0218%）、钢（0.0218%＜C＜2.11%）、铸铁（C＞2.11%），广义的黑色金属还包括铬、锰等合金。有色金属是指除铁、锰、铬以外的其他金属及合金，如铜、铝、钛等，通常分为轻金属、重金属、贵金属、稀土金属等。抽水蓄能电站相关输水管路、压力容器、转轮以及闸门等金属部件都是钢铁材料。

工业用钢可以分为碳素钢和合金钢两大类，碳素钢是含碳量为0.0218～2.11%的铁碳合金，一般工业上使用的钢的含碳量不超过2%。由于其价格便宜、冶炼方便，仍是应用最广泛的钢铁材料。但由于其力学性能偏低以及科学技术进步对材料有了更高的要求，比如要求耐酸不锈性能、高强度等，合金钢应运而生。合金钢是在碳钢的基础上有意加入一种或几种合金元素，使其性能得到提升的铁基合金。要正确认识并利用好碳素钢和合金钢就必须要了解各种元素对钢材的影响。

（一）碳素钢中常见的元素

碳素钢中含有少量硅、锰、硫、磷等杂质元素。它的性能主要由其含碳量决定，但其中的杂质元素对钢的性能和质量也有一定影响，因此，冶炼时应适当控制各杂质元素的含量。

1. 碳元素的影响

碳元素是决定钢的力学性能的最主要元素，随着含碳量的增加，钢的硬度和强度会逐渐增加，但塑性和韧性会逐渐降低。当含碳量低于0.77%时，随着含碳量的增加，钢的强度也会增加；但当含碳量超过1.0%后，强度反而会下降。

此外，碳元素还会影响钢的焊接性能。当碳含量超过0.23%时，钢的焊接性能会变差。高碳含量还会降低钢的耐大气腐蚀能力，使得高碳钢在露天料场更易锈蚀。同时，碳能增加钢的冷脆性和时效敏感性。

2. 硅元素的影响

硅是作为脱氧剂加入钢中的，含量约为0.03%～0.40%。它的脱氧作用比锰要强，它与钢液中的氧化亚铁生成炉渣，能消除氧化亚铁对钢的不良影响。它能够提高钢的强度和硬度，但会降低钢的塑性和韧性。

3. 锰元素的影响

锰来自生铁和脱氧剂，是炼钢时脱氧后残留在钢中的，在钢中是一种有益的元素，其

含量一般在0.8%以下。锰能把钢中的氧化亚铁还原成铁，改善钢的质量。锰还可与硫化合，形成硫化锰，消除硫的有害作用，降低钢的脆性，改善钢的热加工性能。与硅元素一样，锰元素也能够提高钢的强度和硬度。

4. 硫元素的影响

硫是在炼钢时由矿石和燃料带进钢中的。硫含量过多会导致热加工时脆化、开裂，这种现象称为“热脆”，因此必须控制钢中的含硫量，一般控制在0.05%以下。

5. 磷元素的影响

磷是由矿石带入钢中的，它能提高钢的强度和硬度，但在室温或更低温度下，它也能使钢的塑性和韧性急剧下降，产生脆性，这种现象称为冷脆。因此要严格限制磷的含量，一般控制在0.045%以下。

6. 氧、氢、氮元素的影响

氧对钢的力学性能不利，使强度和塑性降低，特别是氧化物夹杂对疲劳强度有很大的影响，因此氧是有害元素。

在钢中氢元素含量尽管很少，但溶解于固态钢中时，会剧烈地降低钢的塑、韧性，增大钢的脆性，这种现象称为氢脆。钢中氢的存在会造成氢脆、白点等缺陷，所以是有害元素。

氮的存在常导致钢硬度、强度的提高和塑性的下降，脆性的增大，同时脆性转变温度提高，造成许多焊接工程结构和容器突然断裂事故。若炼钢时用铝、钛脱氧，因而生成氮化铝、氮化钛，可消除氮的脆化效应。

（二）合金钢中常见的元素

为了提高钢的机械性能、改善钢的工艺性能或得到某些特殊的物理化学性能，而在碳素钢中“有意”加入一种或多种合金元素，由此形成的钢称为合金钢。加入的合金元素主要有铬、镍、硅、锰，此外还可添加钼、钨、钒、钛、铌、锆、铝、硼、稀土（RE）等，主加合金元素的量一般超过1%，但有时合金元素的总加入量甚至超过25%。合金元素加入钢中会与铁和碳产生作用，以不同的形式存在于钢中，改变钢的内部组织及结构，提高钢的性能。

铁素体和渗碳体是碳钢在退火或正火状态下的两个基本相，合金元素加入钢中时，可以固溶于铁素体内，也可以与碳或渗碳体化合形成碳化物。合金元素在钢中主要以固溶态和化合态两种形式存在，少量以游离态存在。

1. 铬元素的影响

铬能增加钢的淬透性并有二次硬化的作用，可提高碳钢的硬度和耐磨性而不使钢变脆。铬含量超过12%时，能使钢有良好的高温抗氧化性和耐氧化性腐蚀的作用，还能增加钢

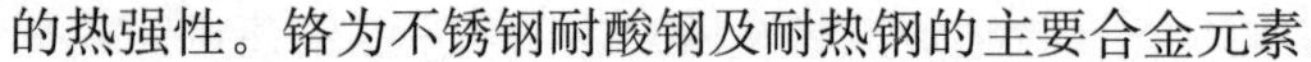

的热强性。铬为不锈钢耐酸钢及耐热钢的主要合金元素。

2. 镍元素的影响

镍元素既能强烈提高钢的强度，且不降低钢的韧性，还非常有助于降低钢的冷脆转变温度。当 Ni＜0.3％时，冷脆转变温度为－100℃以下；当镍含量增高为 4％～5％，冷脆转变温度可降至－180℃。因此，镍元素能同时提高淬火结构钢的强度和塑性。

3. 钼元素的影响

钼在钢中能提高淬透性和热强性，防止回火脆性，增加剩磁和矫顽力以及在特定介质中的耐蚀性。

4. 钨元素的影响

钨在钢中除形成碳化物外，部分溶入铁中形成固溶体。其作用与钼相似，按质量分数计算，一般效果不如钼显著。钨在钢中的主要用途是增加回火稳定性、红硬性、热强性以及由于形成碳化物而增加的耐磨性。因此，它主要被用于工具钢，如高速钢、热锻模具用钢等。

5. 钒元素的影响

钒在钢中主要以碳氮化物的形式存在，具有细化组织和晶粒、提高强度和韧性的作用。当在高温溶入固溶体时，增加淬透性；反之，如以碳氮化物形式存在时，降低淬透性。钒增加淬火钢的回火稳定性，并产生二次硬化效应。钢中的含钒量，除高速工具钢外，一般均不大于 0.5％。

6. 钛元素的影响

钛和碳、氮、氧都有极强的亲和力，与硫的亲和力比铁强，是一种良好的脱氧去气剂和固定碳、氮的有效元素。钛虽然是强碳化物形成元素，但不和其他元素联合形成复合化合物。碳化钛结合力强，稳定不易分解，在钢中只有加热到 1000℃以上才能缓慢地溶入固溶体中。

7. 锆元素的影响

锆是强碳化物形成元素，它在钢中的作用与铌、钽、钒相似。加入少量锆有脱气、净化和细化晶粒作用，有利于钢的低温性能，改善冲压性能，它常用于制造燃气发动机和弹道导弹结构使用的超高强度钢和镍基高温合金中。

8. 铝元素的影响

铝作为脱氧剂或合金化元素加入钢中，铝脱氧能力比硅、锰强得多。铝在钢中的主要作用是细化晶粒、固定钢中的氮，从而显著提高钢的冲击韧性，降低冷脆倾向和时效倾向性。

9. 稀土元素的影响

一般所说的稀土元素，是指元素周期表中原子序数从 57～71 号的镧系元素（镧、铈、

镨、钕、钷、钐、铕、钆、铽、镝、钬、铒、铥、镱、镥）加上 21 号钪和 39 号钇，共 17 个元素。他们的性质接近，不易分离。未分离的叫混合稀土，比较便宜，稀土在钢中可以脱氧、脱硫，微合金化也能改变稀土夹杂物的变形能力。尤其是在一定程度上对脆性的 Al_2O_3 起变性作用，可改善大部分钢种的疲劳性能。

稀土元素也可以提高钢的抗氧化性和抗腐蚀性。抗氧化性的效果超过硅、铝、钛等元素。它能改善钢的流动性，减少非金属夹杂，使钢组织致密、纯净。

稀土元素在铁铬铝合金中增加合金的抗氧化能力，在高温下保持钢的细晶粒，提高高温强度，因而使电热合金的寿命得到显著提高。

四、铁碳合金相图

合金相图是用图解的方法表示合金系中相组成、温度和成分之间的关系，是了解合金中各种组织形成与变化规律的有效工具。利用相图可以知道各种成分的合金在不同温度下的相组成、各相的相对含量、化学成分以及温度变化时可能发生的变化。

铁碳合金是现代工业中应用最为广泛的合金，它们均是以铁和碳为基本组元的合金，钢和铸铁都属于铁碳合金。铁碳合金是将碳用某种适当的冶金方法加到铁中，使它们结合而形成的一种具有金属特征的新物质。由于钢铁材料的成分不同，因此其组织、性能和应用场合也有所不同。

想要了解钢铁材料的性能，为钢铁材料的选材、制定热处理工艺奠定基础，必须掌握铁碳合金成分、组织和性能之间的关系，了解铁碳合金的结构及组织。

（一）铁碳合金相图中的基本结构与相组织

1. 铁的同素异构体

同素异构现象是指同一种元素在不同条件下具有不同的晶体结构。固态的铁，在不同温度范围具有不同的晶体结构。铁在室温下具有体心立方点阵，称为 α-Fe，具有铁磁性。室温下的纯铁非常柔韧，易变形，强度低。随着温度的升高，在 770℃发生 α-Fe 的磁性转变，磁性消失。非铁磁性的 α-Fe 能保持稳定到 912℃，在此温度上可转变为具有面心立方点阵的铁，称为 γ-Fe。温度升高到 1394℃，纯铁再次转变为体心立方点阵，并保持稳定到铁的熔点 1538℃，该体心立方点阵的同素异形体称为 δ-Fe。

铁的同素异形体转变示意图如图 2-4 所示。

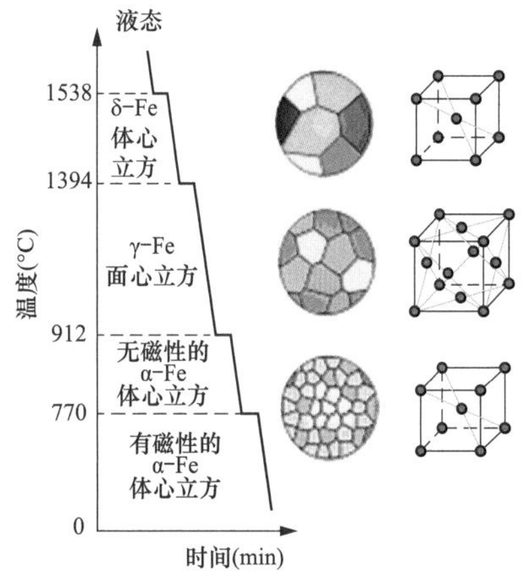

图 2-4 铁的同素异形体转变示意图

2. 铁碳合金中的基本相

化学成分和组织是决定铁碳合金材料性能的两大

内在因素。研究组织的方法，主要是通过金相显微镜来观察合金的显微组织。铁碳合金的基本组织有铁素体、奥氏体、渗碳体、珠光体和莱氏体。

（1）铁素体。铁素体是碳溶解到 δ-Fe 或 α-Fe 的晶格间隙而形成的一种间隙固溶体相。碳溶解到 δ-Fe 的固溶体还称为高温铁素体。铁素体的溶碳能力很低，在 727℃时最大为 0.0218%，室温下仅为 0.0008%。铁素体的组织为多边形晶粒，性能与纯铁相似。其强度、硬度很低，但具有良好的塑性和韧性。要根据所生产的产品的要求来选择，不过铁素体在工业中应用较少，一般是与碳混合成其他的铁碳合金来参与生产。

（2）奥氏体。奥氏体是面心立方晶格的间隙固溶体。溶碳能力比铁素体大，1148℃时最大为 2.11%。组织为不规则多面体晶粒，晶界较直。由于碳在 γ-Fe 中的溶碳量较大，固溶强化效果较好，故奥氏体强度、硬度较高，而塑性、韧性也较好，钢材热加工都在 γ 区进行。

（3）渗碳体。渗碳体即 Fe_3C，是铁、碳原子相互作用形成的一种具有复杂晶体结构的化合物。含碳 6.69%，用 Fe_3C 或 Cem 表示，硬度高、强度低、脆性大，塑性几乎为零。

（二）铁碳合金相图

1. 铁碳合金相图特征点、特征线和相区

当铁碳合金中碳含量大于 6.69%时，合金就会变得很脆，已无实用价值。实际所讨论的铁碳合金相图是 Fe-Fe_3C 相图。铁碳相图在钢铁材料的研究和使用、热加工工艺的制订以及制造缺陷原因的分析等方面都具有重要的指导意义。Fe-Fe_3C 相图中各特征点的符号及意义如图 2-5 所示。

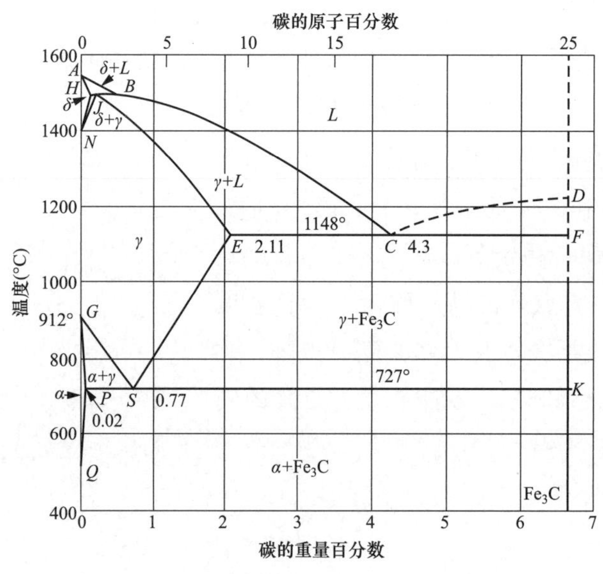

图 2-5　Fe-Fe_3C 相图中各特性点的符号及意义

铁碳相图中的主要特征点的温度、含碳量与含义见表 2-1。

表 2-1　　各特征点的含义

特征点	温度（℃）	含碳量（%）	特征点的含义
A	1538	0	纯铁的熔点
B	1495	0.53	包晶转变的液相成分
C	1148	4.30	共晶点
D	1227	6.69	渗碳体熔点
E	1148	2.11	碳在奥氏体中最大溶解度
F	1148	6.69	共晶渗碳体成分点
G	912	0	α-Fe$\leftarrow\rightarrow\gamma$-Fe 同素异构转变点
H	1495	0.09	碳在 δ-Fe 中的最大溶解度
J	1495	0.17	包晶成分点
K	727	6.69	共析渗碳体成分点
N	1394	0	γ-Fe$\leftarrow\rightarrow\delta$-Fe 同素异构转变点
P	727	0.0218	碳在铁素体中最大溶解度
S	727	0.77	共析点
Q	600	0.008	碳在铁素体中溶解度

铁碳合金相图的特征线是不同成分合金具有相同物理意义相交点的连接线，也是铁碳合金在缓慢加热或冷却时开始发生相变或相变终了的线。相图中各特征线的名称及含义见表 2-2。

表 2-2　　Fe-C 合金相图中的特征线

特性线	特性线的含义
ABCD	铁碳合金的液相线
AHJECF	铁碳合金的固相线
NH	δ 固溶体向奥氏体转变开始温度线即碳在 δ 固溶体中的溶解度线
JN	δ 固溶体向奥氏体转变终了温度线（A_4 线）
GS	奥氏体向铁素体转变开始温度线（A_3 线）
GP	奥氏体向铁素体转变终了温度线
PQ	碳在铁素体中的溶解度线又叫固溶线
ES	碳在奥氏体中的溶解度线（A_{cm} 线）
HJB	$L_B+\delta_H\leftarrow\rightarrow\gamma_J$ 包晶转变线
ECF	$L_C\leftarrow\rightarrow\gamma_E+Fe_3C$ 共晶转变线
PSK	$\gamma_S\leftarrow\rightarrow\alpha_P+Fe_3C$ 共析转变线（A_1 线）
MO	铁素体的磁性转变线（A_2）
230℃水平虚线	渗碳体的磁性转变线（A_0）

铁碳相图由包晶反应、共晶反应和共析反应三个部分连接而成。在铁碳相图中共有五个单相区、七个两相区和三个三相区。

五个单相区：ABCD 以上—液相区（L）、AHNA—高温铁素体 δ 区、NJESGN—奥氏

体区 γ（A）区 d、GPQG—铁素体 α（F）区、DFKL—渗碳体 Fe_3C 区。

七个两相区：L+δ、L+γ、L+Fe_3C、δ+γ、α+γ、γ+Fe_3C 和 α+Fe_3C。

三个三相区：HJB 线、ECF 线和 PSK 线。

2. 铁碳合金的分类

根据铁碳合金相图，铁碳合金按碳的质量分数和室温组织的不同，可分为工业纯铁、钢和白口铸铁。

(1) 工业纯铁（含 C≤0.0218%）。其显微组织为铁素体+$Fe_3C_{Ⅲ}$。工业纯铁的性能特点为塑性、韧性好，但强度和硬度不高，故在工业中的应用较少。

(2) 钢（含 C 为 0.0218%～2.11%）。其特点是高温组织为单相奥氏体，具有良好的塑性，因而适于锻造。根据室温组织的不同钢又可分为亚共析钢、共析钢和过共析钢三类。

1) 亚共析钢（0.0218%<C<0.77%）的组织是铁素体+珠光体。所有亚共析钢室温下的平衡组织都是由铁素体和珠光体组成。但组织中的珠光体量随含碳量的增加而增加，不同含碳量的亚共析钢也有着不同的性能：碳含量较低的钢，由于铁素体的量较多，具有良好的塑性和韧性；而碳含量适中或较高的钢，由于珠光体数量增多，具有较高的强度和一定的韧性。

2) 共析钢（C=0.77%）的组织为珠光体。共析钢的室温平衡组织为片层状的珠光体。珠光体是由铁素体和渗碳体以片层状的形式组成的机械混合物，具有较高的强度和一定的韧性。

3) 过共析钢（0.77<C≤2.11%）的组织为珠光体+渗碳体。所有过共析钢在室温下的平衡组织均为珠光体和二次渗碳体，但组织中的二次渗碳体的量随含碳量的增加而增加。随着渗碳体的数量增加，过共析钢的硬度升高，但塑性、韧性降低。在碳含量超过一定值后，二次渗碳体以网状连续分布，使钢的强度下降。

(3) 白口铸铁（含 C 在 2.11%～6.69%）。白口铸铁组织中渗碳体的量很多，故性能特点是硬度高、脆性大，不能进行压力加工，工业上较少直接使用白口铸铁制造零件。根据室温组织的不同又可分为亚共晶白口铸铁、共晶白口铸铁以及过共晶白口铸铁三类。

1) 亚共晶白口铸铁（2.11%<C<4.3%）的组织是铁素体+$Fe_3C_{Ⅱ}$+低温莱氏体 Le'（P+$Fe_3C_{Ⅱ}$+Fe_3C）；

2) 共晶白口铸铁（C=4.3%）的组织为低温莱氏体 Le'（P+$Fe_3C_{Ⅱ}$+Fe_3C）；

3) 过共晶白口铸铁（4.3%<C≤6.69%）的组织为 $Fe_3C_{Ⅰ}$+低温莱氏体 Le'（P+$Fe_3C_{Ⅱ}$+Fe_3C）。

3. 铁碳合金相图的应用

(1) 钢铁材料的选用。铁碳合金相图揭示了铁碳合金组织和性能随成分的变化规

律，因此可以根据零件的工作条件及性能要求来选择合适的材料。若想选用塑性好且韧性高的材料，可选用低碳钢；若想选用强度高、硬度高且塑性好的材料，可选用中碳钢；若想选用硬度高、耐磨性好的材料，可选用高碳钢；若想选用硬度高、耐磨性好、耐冲击力强的材料，可选用铸铁。

（2）铸造工艺的选用。从铁碳相图可以看出，共晶成分的铁碳合金熔点最低，结晶温度范围最小，具有良好的铸造性能。因此，铸造生产中多选用接近共晶成分的铸铁。

（3）压力加工工艺的选用。钢处于奥氏体状态时的强度较低，塑性较好，易于塑性变形。因此，钢材的锻造、轧制均选择在单相奥氏体区适当温度范围进行。

1）焊接工艺的选择。焊接时由焊缝到母材各区域的温度不同，根据铁碳相图可分析受不同加热温度的各区域在随后的冷却中可能会出现的不同组织与性能。并以此确定在焊接后采用热处理方法加以改善。

2）热处理工艺的选择。铁碳相图对于制订热处理工艺有着特别重要的意义。通过对相图的分析，可以确定热处理的加热温度，并通过改变不同的温度与冷却条件，可以得到想要的组织与性能。这对于钢材消除缺陷、提高强度与塑性、延长使用寿命都有着至关重要的作用。

第二节　钢的热处理

热处理是一种重要的金属加工工艺，与铸造、压力加工、焊接和切削加工等不同，热处理不改变工件的形状和尺寸，它是一种把金属材料在固态下加热、保温、冷却，以改变其组织，从而获得所需性能的热加工工艺，如提高材料的强度和硬度，增加耐磨性，或者改善材料的塑性、韧性和加工性。

热处理之所以能使钢的性能发生变化，其根本原因是由于铁具有同素异构转变的特性，从而使钢在加热和冷却过程中发生组织和结构上的变化。因此，要正确掌握热处理工艺，就必须了解钢在不同加热和冷却条件下的组织变化规律。

一、钢在加热及冷却时的组织转变

（一）热处理的基本要素

热处理工艺中有三大基本要素：加热、保温、冷却。这三大基本要素决定了材料热处理后的组织和性能。

（1）加热是热处理的第一道工序。不同的钢材的加热工艺和加热温度不同。加热分为两种，一种是在临界点 A_1 以下的加热，此时不发生组织变化。另一种是在 A_1 以上的加热，是为了获得均匀的奥氏体组织，这一过程称为奥氏体化。

（2）保温的目的是要保证工件烧透，防止脱碳、氧化等。保温时间和介质的选择与工件的尺寸和材质有直接的关系。一般工件越大，导热性越差，保温时间就越长。

（3）冷却是热处理的最终工序，也是热处理最重要的工序。钢在不同冷却速度下可以转变为不同的组织。

（二）钢在加热时的组织转变

钢在加热时的组织转变主要包括奥氏体的形成和晶粒长大两个过程，然后以不同速度冷却使奥氏体转变为不同的组织，得到钢的不同性能。因此，掌握热处理规律，首先要研究钢在加热时的变化。加热的目的是得到奥氏体。

1. 转变温度

根据铁碳相图可知，共析钢、亚共析钢和过共析钢加热时，若想得到完全A组织，必须分别加热到线 A_1、线 A_3 和线 A_{cm} 以上。实际热处理加热和冷却时的相变是在不完全平衡的条件下进行的，即加热和冷却温度与平衡态有一偏离程度（过热度或过冷度）。通常将加热时的临界温度标为 A_{c1}、A_{c3}、A_{ccm}；冷却时标为 A_{r1}、A_{r3}、A_{rcm}。加热和冷却时钢的相变点的变化如图 2-6 所示。

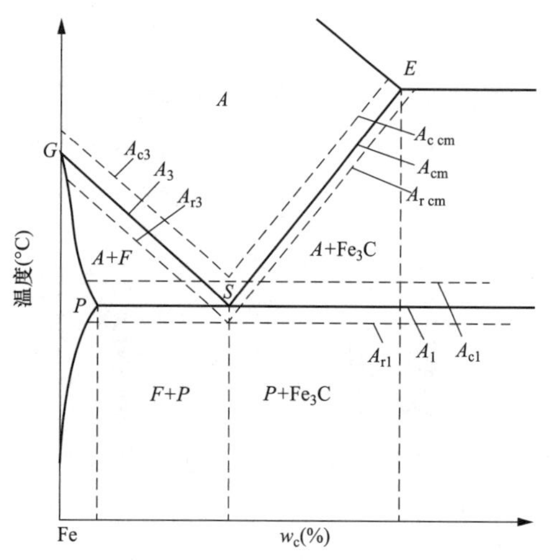

图 2-6　加热和冷却时钢的相变点的变化

2. 奥氏体的形成过程

如图 2-7 所示，共析钢在常温时具有珠光体组织，主要通过奥氏体晶核形成、奥氏体晶核长大、参与渗碳体溶解与奥氏体均匀化四个过程转变为奥氏体。当加热到 A_{c1} 以上温度时，珠光体开始转变为奥氏体；奥氏体晶核形成后，通过铁、碳原子的扩散，使相邻的铁素体体心立方晶格不断转变为面心立方晶格的奥氏体，与其相邻的渗碳体则不断溶入奥氏体中，使奥氏体晶核逐渐向铁素体和渗碳体两个方面长大，直至珠光体消失；由于渗碳体的晶体结构和含碳量都与奥氏体有很大差别，因此，当铁素体全部消失后，仍有部分渗碳体尚未溶解，随着保温时间的延长，残留渗碳体不断溶入奥氏体，直至全部消失；当残余渗碳体刚刚完全溶入奥氏体时，奥氏体内的碳浓度分布是不均匀的，只有延长保温时间，通过碳原子的扩散，才能使奥氏体成分逐渐趋于均匀。

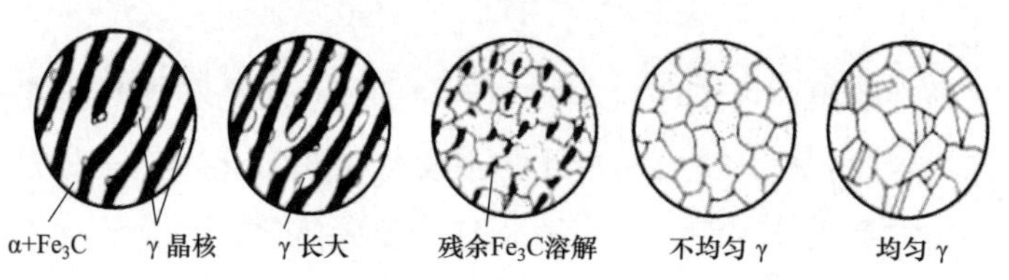

图 2-7　珠光体加热时向奥氏体转变示意图

在一定加热速度条件下，超过 A_{c1} 的温度越高，奥氏体的形成与成分均匀化需要的时间越短；在一定的温度（高于 A_{c1}）条件下，保温时间越长，奥氏体成分越均匀。

（三）钢在冷却时的组织转变

同一种钢加热转变为奥氏体组织后，由于之后的冷却速度不一样，奥氏体转变成的组织不一样，因而所得的性能也不一样。

1. 珠光体转变

在温度 A_1 以下至 550℃左右的温度范围内，过冷奥氏体转变产物是珠光体，即形成铁素体与渗碳体两相组成的相间排列的层片状机械混合物组织，因此这种类型的转变又叫珠光体转变，典型的珠光体组织如图 2-8 所示。

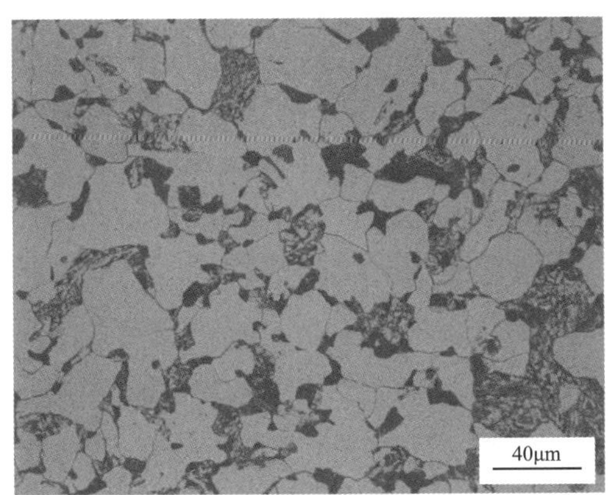

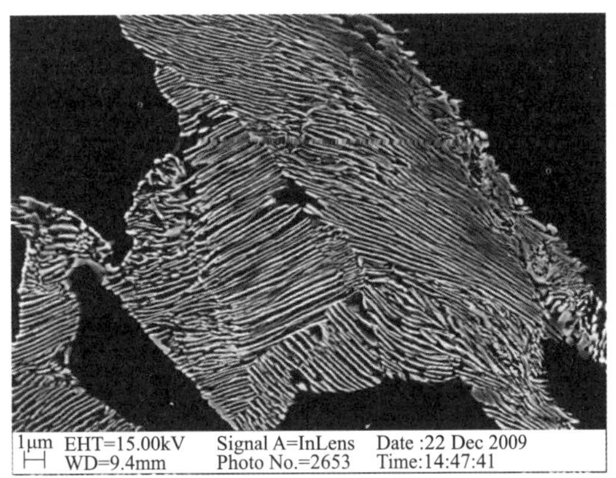

图 2-8　SA515Gr70 钢板中的铁素体＋珠光体

2. 贝氏体转变

贝氏体按形成温度不同分为两种：上贝氏体和下贝氏体。

下贝氏体的形成温度为 350℃～M_s（马氏体开始转变温度），它有较高的强度和硬度，还有良好的塑性和韧性，具有较优良的综合机械性能，是生产上常用的组织。获得下贝氏体组织是强化钢材的途径之一。

上贝氏体的形成温度为 550～350℃，它的硬度比同样成分的下贝氏体低，韧性也比下贝氏体差，因此上贝氏体的机械性能很差，脆性很大，强度很低，基本上没有实用价值。15NiCuMoNb5-6-4 钢的贝氏体组织如图 2-9 所示。

3. 马氏体转变

过冷奥氏体在马氏体开始形成温度 M_s 以下转变为马氏体，这个转变持续至马氏体形成终了温度 M_f。在 M_f 以下，过冷奥氏体停止转变。经冷却后未转变的奥氏体保留在钢中，称为残余奥氏体。在 M_s 与 M_f 温度之间过冷奥氏体与马氏体共存。在 M_s 温度以下，转变温度越低，残余奥氏体量越少。除 Al、Co 元素外，溶解到奥氏体中的元素均使 M_s、

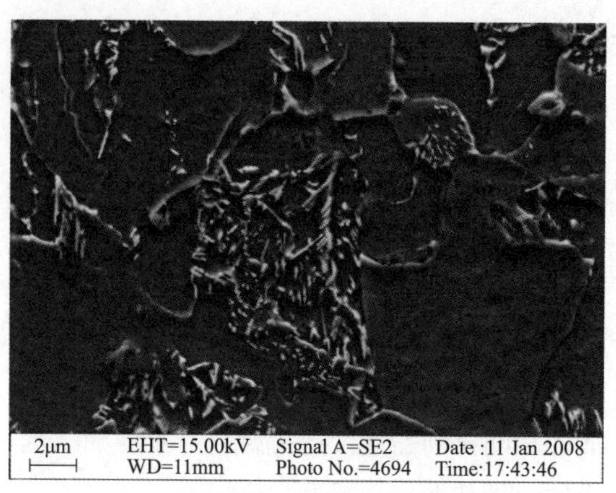

图 2-9　15NiCuMoNb5-6-4 钢的贝氏体组织

M_f 下降。随奥氏体中含碳量的增加 M_s 和 M_f 均会降低，可见在同样的冷却速度下（或冷却介质中），奥氏体中含碳量越高，马氏体中的残余奥氏体就越多。

超超临界机组主蒸汽管道 P92 钢的板条马氏体及碳化物如图 2-10 所示。

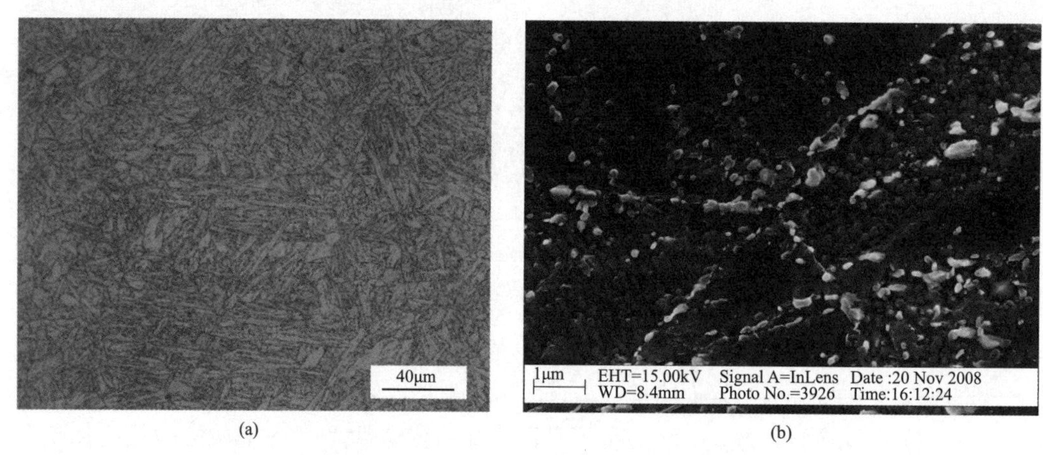

图 2-10　超超临界机组主蒸汽管道 P92 钢的板条马氏体及碳化物

（a）金相显微镜下组织形貌；（b）扫描电镜下的组织形貌

二、常用的热处理方法

（一）钢的退火与正火

退火与正火主要用于消除铸造、锻造、焊接等加工过程中产生的应力和缺陷，为随后的切削加工或最终热处理作组织上的准备。因此，退火与正火一般安排在铸造、锻造、焊接之后，粗加工之前，属于钢的预备热处理。对于某些性能要求不高的零件，退火与正火也可作为最终热处理。

1. 退火

将钢加热到一定温度并保温一段时间，然后随炉缓慢冷却的热处理方法，称为退火。其主要目的是降低硬度，去除内应力，均匀钢的化学成分和组织，细化晶粒，提高塑性，改善切削加工性能，为最终热处理做好组织准备。根据钢的成分与退火工艺目的的不同，常用的退火方法有完全退火、球化退火、去应力退火等。

（1）完全退火。将工件加热至完全奥氏体化后缓慢冷却，获得接近平衡组织的退火工艺称为完全退火，完全退火后的组织为铁素体和珠光体。亚共析钢完全退火的加热温度为 A_{c3} 以上 20～30℃。完全退火可使钢件降低硬度，提高塑性，细化晶粒，改善切削加工性能，消除内应力，防止变形和开裂。完全退火主要用于亚共析钢的铸件、锻件、焊件等。

（2）球化退火。球化退火是将过共析钢加热到 A_{c1} 以上 20～30℃，保温适当时间后随炉缓冷到特定温度再出炉空冷的工艺方法。也可在 A_{c1} 以上保温适当时间后缓慢冷却至略低于 A_{c1} 的温度，并保温至组织转变完成再缓冷出炉空冷。球化退火主要用于共析钢和过共析钢，其目的是使钢中的网状渗碳体、片状渗碳体与碳化物球状化，形成铁素体基体上均匀分布球状或颗粒状碳化物的组织，从而降低共析或过共析钢的硬度，改善切削加工性，并为以后的淬火热处理做好组织准备。

（3）去应力退火。去应力退火是将钢件加热到低于 A_{c1} 的某一温度（一般为 500～650℃），保温，然后随炉冷却，从而消除冷加工以及铸造、锻造和焊接过程中引起的残余内应力而进行的热处理工艺。去应力退火能消除内应力 50%～80%，不引起组织变化，不会明显改变工件的力学性能。还能降低硬度，提高尺寸稳定性，防止工件变形和开裂，对于形状复杂和壁厚不均匀的零件尤为重要。

2. 正火

将工件加热奥氏体化后在空气中冷却的热处理工艺称为正火。正火工艺的加热温度要求足够高，一般要求得到均匀的单相奥氏体组织。亚共析钢正火后的组织接近平衡组织，为铁素体和珠光体，但珠光体的量较多且珠光体片间距较细。过共析钢正火后的组织为珠光体和少量网状二次渗碳体。

正火与退火工艺的区别是正火的冷却速度稍快，得到的组织较细小，强度和硬度较高，同时操作简便，生产周期短，成本低。因此，正火是一种广泛采用的预备热处理工艺。它主要应用于以下几个方面。

（1）提高低碳钢和低碳合金钢的硬度，改善切削加工性，并可为最终热处理做组织准备。

（2）中碳结构钢铸件、锻件及焊接件，在铸、锻、焊过程中容易出现粗大晶粒和其他组织缺陷，通过正火处理可以消除这些组织缺陷，并能细化晶粒、均匀组织、消除内应力。

（3）消除过共析钢中的网状渗碳体，为球化退火做组织准备。例如，工具钢和轴承钢中有网状渗碳体时，可通过正火消除。

（4）对于力学性能要求不太高的零件，正火还可以作为其最终热处理。

（二）钢的淬火与回火

淬火是强化钢材的重要手段，通常需与回火配合使用以满足各类零件或工具的使用性能要求。

1. 淬火

将工件加热奥氏体化后并且保温一定时间，之后快速冷却获得马氏体或（和）贝氏体组织的热处理工艺称为淬火。它是强化钢材最重要的热处理方法，重要的结构件，特别是承受较大载荷和剧烈摩擦的零件，以及各种工具等都要进行淬火。

淬火往往影响着工件的最终性能，因此要在淬火加热和冷却的操作上加以严密的考虑和采取有效的措施。

（1）淬火加热温度的选择。钢的淬火加热温度应根据铁碳合金相图来选择。亚共析钢淬火加热温度一般为 A_{c3} 以上 30～50℃，该温度下能得到细晶粒的奥氏体，淬火后获得细小的马氏体组织，从而获得较好的力学性能；共析钢、过共析钢的淬火加热温度应选择在 A_{c1} 以上 30～50℃，在该温度加热可获得细小的奥氏体和碳化物，淬火后获得在马氏体基体上均匀分布着细小渗碳体的组织，不仅耐磨性好，而且脆性也小。

（2）淬火冷却介质的选择。淬火冷却介质是在淬火工艺中所采用的冷却介质，淬火的目的是得到马氏体组织，故淬火冷却速度必须大于临界冷却速度。但冷却速度过快，工件的体积收缩及组织转变都很剧烈，从而不可避免地引起很大的内应力，容易造成工件变形及开裂。因此，淬火介质的选择是一个极其重要的问题。

淬火冷却介质的种类很多，常用的有水、盐水、油、熔盐、空气等。水的冷却能力较强而且价格便宜应用较多，但只能用于形状简单、截面尺寸较小的碳钢工件。油的冷却能力较小，主要用于过冷奥氏体稳定的合金钢或尺寸较小的碳钢工件，应用也较广泛。盐水是在水中加入 5%～15%的食盐得到的盐溶液，冷却能力比水高，淬火后硬度较高，主要用于形状简单、硬度要求较高、变形要求不严的碳钢零件，如螺钉、销、垫圈等。

（3）淬火方法的选择。虽然各种淬火介质都难以提供理想的冷却特性，但在实际生产中，可根据工件的成分、尺寸、形状和技术要求选择合适的淬火方法，最大限度地减少工件的变形和开裂。常用的淬火方法有单液淬火、双介质淬火、马氏体分级淬火和贝氏体等温淬火四种。

1）单液淬火是将工件加热奥氏体化后浸入某一种冷却介质中冷却的淬火工艺。在冷却介质的选择中，碳钢一般采用水冷淬火，合金钢采用油冷淬火。此法操作简便，易实现机械化和自动化，但工件易产生变形和开裂。

2）双介质淬火是将工件加热奥氏体化后先浸入冷却能力强的介质，在组织即将发生马氏体转变时立即转入冷却能力弱的介质中冷却的淬火工艺。这种方法可有效减少马氏体转变的内应力，减小工件变形开裂的倾向，可用于形状复杂、截面不均匀的工件淬火，但缺点是双介质转换的时刻需要通过大量试错成本。

3）马氏体分级淬火是将工件加热奥氏体化后浸入温度稍高或稍低于 M_s 点的液态介质中保持较短时间，在工件整体达到介质温度后取出空冷以获得马氏体的淬火工艺。此法易于操作，能够减小工件中的热应力，并缓和相变产生的组织应力，可有效地防止工件的变形和开裂。此法主要用于尺寸较小、形状较复杂工件的淬火。

4）贝氏体等温淬火是将工件加热奥氏体化后在温度稍高于 M_s 点的液态介质中快冷到贝氏体转变温度区间，保持一定时间，使奥氏体转变为下贝氏体组织的淬火工艺。等温淬火后的工件淬火应力较小，不易变形和开裂，具有较高的强度和韧性，但生产周期长，效率较低。

2. 回火

回火是将工件淬火后，重新加热到 A_{c1} 以下某一温度，保温一定时间，然后冷却到室温的热处理工艺。回火一般采用在空气中缓慢冷却。淬火后钢的组织主要由马氏体和少量残留奥氏体组成（高碳钢中还有未溶碳化物），其内部存在很大的内应力，脆性大，韧性低，一般不能直接使用，必须进行回火。根据回火温度的不同，通常将回火分为低温回火、中温回火和高温回火三类。

（1）低温回火。低温回火温度一般在 150～250℃，其主要目的是在保持淬火钢的高硬度和高耐磨性的前提下，降低其淬火内应力和脆性，以免使用时崩裂或过早损坏。低温回火主要用于高碳钢、合金工具钢制造的刃具、量具、模具、滚动轴承等高硬度要求的工件。

（2）中温回火。中温回火温度一般在 350～500℃，目的是获得高的屈服强度、弹性极限和较高的韧性。因此，它主要应用于各种弹簧和热作模具的制作。

（3）高温回火。高温回火温度一般为 500～650℃，其目的是获得强度、硬度、塑性和韧性都较好的综合力学性能。因此，广泛用于重要的受力结构零件，如连杆、螺栓、齿轮及轴类等。

第三节　钢铁材料的分类及牌号

在工业生产中，由于各种钢材的性能、用途不同，因此生产的钢材品种繁多，为了便于生产、使用和研究，需要了解钢材的分类及其牌号。

一、钢的分类

在 GB/T 13304.1《钢分类　第 1 部分：按化学成分分类》和 GB/T 13304.2《钢分类

第 2 部分：按主要质量等级和主要性能或使用特性的分类》中，分别将钢按化学成分、按主要质量等级和主要性能或使用特性进行了分类。

钢按化学成分可分为非合金钢、低合金钢及合金钢。非合金钢除了碳素钢外，还包括原料纯铁以及其他专用的特殊性能的非合金钢。低合金钢是指含有少量合金元素的普通合金元素的合金钢。GB/T 13304.1《钢分类　第 1 部分：按化学成分分类》中对非合金钢、低合金钢和合金钢中各元素含量进行了规定，如表 2-3 表示。

表 2-3　　非合金钢、低合金钢和合金钢中各元素规定含量界限值

合金元素	合金元素规定含量界限值（wt，%）		
	非合金钢	低合金钢	合金钢
Al	<0.10	—	≥0.10
B	<0.0005	—	≥0.005
Bi	<0.10	—	≥0.10
Cr	<0.30	0.30～0.50	≥0.50
Co	<0.10	—	≥0.10
Cu	<0.10	0.10～0.50	≥0.50
Mn	<1.00	1.00～1.40	≥1.40
Mo	<0.05	0.05～0.10	≥0.10
Ni	<0.30	0.30～0.50	≥0.50
Nb	<0.02	0.02～0.06	≥0.06
Pb	<0.40	—	≥0.40
Se	<0.10	—	≥0.10
Si	<0.50	0.50～0.90	≥0.90
Te	<0.10	—	≥0.10
Ti	<0.05	0.05～0.13	≥0.13
W	<0.10	—	≥0.10
V	<0.04	0.04～0.12	≥0.12
Zr	<0.05	0.05～0.12	≥0.12
La 系（每一种元素）	<0.02	0.02～0.05	≥0.05
其他规定元素（C、S、P、N 除外）	<0.05	—	≥0.05

非合金钢、低合金钢和合金钢按照主要质量等级和主要性能可分为普通质量、优等质量、特殊质量。普通质量钢是指在生产过程中不规定需要特别控制质量要求的钢；优等质量钢是指在生产过程中需要特别控制质量（如控制晶粒度，降低硫、磷含量，改善表面质量或增加工艺控制等），以达到比普通质量钢特殊的质量要求（如具有好的抗脆断性能、良好的冷成型性等）的钢；特殊质量钢是指在生产过程需要特别严格控制质量和性能的钢。

除了通过标准规定钢的分类方法外，还有一种传统的分类方法。传统的分类方法将钢按照化学成分、用途、制造或加工方式、冶炼炉型等进行分类。

（1）按照化学成分将钢分为碳素钢和合金钢。碳素钢按照含碳量不同分为低碳钢（≤0.25%）、中碳钢（0.25%～0.6%）以及高碳钢（>0.6%）；根据钢中P、S的含量分为普通碳素钢（S≤0.055%、P≤0.045%）、优质碳素钢（S≤0.04%、P≤0.04%），以及高级优质碳素钢（S≤0.03%、P≤0.03%）；按照用途分为碳素结构钢、碳素工具钢、碳素易切削钢。合金钢按合金元素总量分为低合金钢（≤5%）、中合金钢（5%～10%）和高合金钢（>10%）；按照主要合金元素种类分锰钢、铬钢等。

（2）按照用途钢分为结构钢、工具钢、特殊性能钢、专业性能钢等。结构钢一般用于承载等用途，在这些用途中钢的强度是一个重要设计标准，可细分为建筑工程结构用钢（碳素结构钢、低合金高强度结构钢等）和机械制造用钢（渗碳钢、弹簧钢等）。工具钢是用以制造切削刀具、量具、模具和耐磨工具的钢。工具钢对硬度、红硬性、耐磨性和韧性有一定要求。工具钢一般分为碳素工具钢、合金工具钢和高速工具钢。特殊性能钢具有特殊物理或化学性能，用来制造除要求具有一定的机械性能外，还要求具有特殊性能的零件。其种类很多，机械制造中主要使用不锈耐酸钢、耐热钢、耐磨钢。

（3）按照制作钢或加工方式钢分为铸钢、锻钢、热轧钢、冷轧钢等。

（4）按冶炼炉型分平炉钢、电炉钢等，按脱氧程度分为沸腾钢、镇静钢、半镇静钢等。

二、钢铁产品牌号及统一数字代号

钢铁产品牌号表示方法，我国现有两个推荐性国家标准，即GB/T 221《钢铁产品牌号表示方法》和GB/T 17616《钢铁及合金牌号统一数字代号体系》。GB/T 221仍采用汉语拼音、化学元素符号及阿拉伯数字相结合的原则命名钢铁牌号，GB/T 17616要求凡列入国家标准和行业标准的钢铁产品，应同时列入产品牌号和统一数字代号，相互对照并列使用。

1. 优质碳素结构钢和优质碳素弹簧钢

优质碳素结构钢牌号是以万分之几的平均含碳量来表示，如45钢，碳的平均含量为万分之四十五，即0.45%。含锰较高的优质碳素结构钢要标出Mn，例如45Mn。高级优质碳素结构钢在牌号后边加符号“A”，特级为“E”，专用钢材添加用途，如“AH”（船用钢）。

优质碳素弹簧钢的牌号表示方法与优质碳素结构钢的方法相同。

2. 碳素结构钢和低合金结构钢

碳素结构钢和低合金结构钢牌号由前缀符号+强度值（以N/mm^2或MPa为单位）组成。通用结构钢前缀符号为代表屈服强度的拼音的字母“Q”，专用结构钢的前缀符号有“HP”（焊接气瓶用钢）、“L”（管线用钢）等。必要时还包括钢的质量等级（A、B、C、

D、…）、脱氧方式（沸腾钢、半镇静钢、镇静钢、特殊镇静钢）和产品用途。如Q235AF（碳素结构钢）、Q345D（低合金高强度结构钢）、Q345R（锅炉和压力容器用钢）。

根据需要，通用低合金高强度结构钢的牌号也可以采用两位阿拉伯数字（表示平均含碳量的万分数）和元素符号按顺序表示，如09MnV。

3. 工具钢

工具钢包括碳素工具钢、合金工具钢、高速工具钢三类。

（1）普通锰含量碳素工具钢的表示符号为T，阿拉伯数字表示平均含碳量（以千分之几计）。如平均碳含量为0.80％的碳素工具钢，其牌号为T8。较高优质碳素工具钢，在牌号尾部加符号A，如T8A。

（2）合金工具钢牌号由两部分组成。第一部分表示平均含碳量，若其小于1.00％，采用以数字表示含碳量（以千分之几计）；若不小于1.00％，则不标数字。

第二部分为合金元素含量，表示方法同合金结构钢。如平均碳含量为1.60％、铬含量为11.75％、钼含量为0.50％、钒含量为0.20％的合金工具钢，其牌号为12CrMoV；如平均碳含量为0.80％、硅含量为0.45％、锰含量为0.95％的合金工具钢，其牌号为8MnSi。

（3）高速工具钢牌号表示方法与合金结构钢相同，但在牌号头部一般不标明表示碳含量的阿拉伯数字。为了区别牌号，在牌号头部可以加“C”表示高碳高速工具钢。

4. 易切削钢

易切削钢牌号前均冠有汉语拼音大写字母“Y”，阿拉伯数字表示平均碳含量（以万分之几计）。加硫易切削钢和加硫磷易切削钢，在符号Y和阿拉伯数字后加易切削元素符号。如平均碳素含量为0.15％的易切削钢，其牌号为Y15。较高锰含量的加硫或硫锰易切削钢，在符号Y和阿拉伯数字后加锰元素符号。如平均碳含量为0.40％、锰含量为1.20％～1.25％的易切削钢，其牌号为Y40Mn。含钙、铅等易切削元素的易切削钢，在符号Y和阿拉伯数字后加相应元素符号。如平均碳含量为0.15％、铅含量为0.15％～0.35％的易切削钢，其牌号为Y15Pb；平均碳含量为0.45％、钙含量为0.002％～0.006％的易切削钢，其牌号为Y45Ca。

5. 不锈钢和耐热钢

不锈钢和耐热钢牌号均采用合金（化学）元素符号和阿拉伯数字表示，易切削不锈钢和耐热钢在牌号头部加“Y”。一般用一位阿拉伯数字表示平均碳含量（以千分之几计）；当平均碳含量不小于1.00％时，采用两位阿拉伯数字表示；当碳含量上限小于0.10％时，以“0”表示含碳量；当碳含量上限不大于0.03％、大于0.01％时，以“03”表示碳含量（超低碳）；当碳含量上限不大于0.01％（超低碳）时，以“01”表示碳含量；当碳含量没有规定下限值时，采用阿拉伯数字表示含碳量上限值。

6. 焊接用钢

焊接用钢包括焊接用碳素钢、焊接用合金钢和焊接用不锈钢等，其牌号表示方法是在各类焊接用钢牌号头部加符号“H”。如 H08、H08Mn2Si 和 H1Cr18Ni9 等。高级优质焊接用钢，另在牌号尾部加“A”。

7. 轴承钢

轴承钢分为高碳铬轴承钢、渗碳轴承钢、高碳铬不锈钢和高温轴承钢四大类。在牌号头部加符号“G”，但不标明碳含量。铬含量以千分之几计，其他合金元素按合金结构钢的合金含量表示。如平均铬含量为 1.50%的高碳铬轴承钢，其牌号为 GCr15。

第四节　金属材料理化性能检测

金属材料理化检测主要是针对金属材料的物理性能、化学性质、微观组织以及金属材料中的杂质等方面进行的测试和分析，确保材料符合相关的标准和规定，保证其质量和可靠性。

一、化学成分检测

金属材料的化学成分是决定材料性能和质量的重要因素。目前应用最广的是化学分析法和光谱分析法。此外，设备简单、鉴定速度快的火花鉴定法，也是对钢铁成分进行鉴定的一种实用的简易方法。

1. 化学分析法

化学分析法是根据化学反应来确定金属的组成成分，分为定性分析法和定量分析法两种。定性分析法只能检测出金属材料的化学元素组成，但不能确定各组成元素的含量。定量分析法则可以测定组成金属材料的各个化学元素的含量，在实际生产中应用范围更为广泛。

定量分析法又可分为容量分析法和重量分析法。

（1）容量分析法又称滴定分析法，该方法是将一种已知浓度的试剂溶液滴加到被测物质的试液中，根据完成化学反应所消耗的试剂量来确定被测物质的量。按照发生化学反应的类型，容量分析法又可分为酸碱滴定法、沉淀滴定法、氧化还原滴定法以及络合滴定法等。容量分析法准确度较高，在一般情况下测定的相对误差为 0.2%左右，所用的仪器简单，具有方便、迅速、准确的优点，特别适用于常量组分测定和大批样品的例行分析。

（2）重量分析法是采用适当的分离手段，使金属中的被测定元素与其他成分分离，然后用称重法来测定被测元素的重量。重量分析法中被测元素含量的全部数据直接由分析天平称量得来，避免了滴定分析法中与基准物质或标准溶液进行比较的步骤，也不需要通过

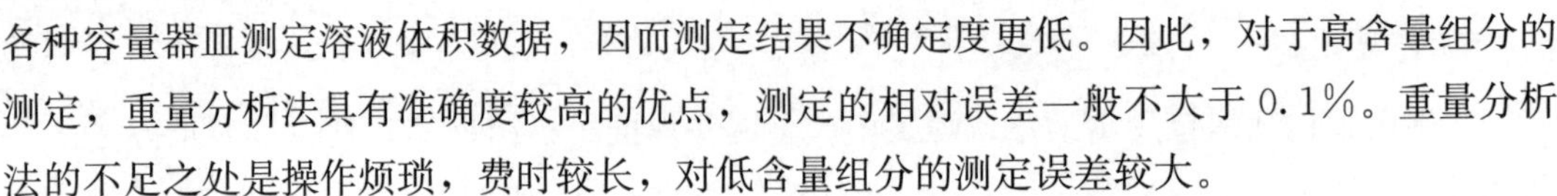

各种容量器皿测定溶液体积数据，因而测定结果不确定度更低。因此，对于高含量组分的测定，重量分析法具有准确度较高的优点，测定的相对误差一般不大于0.1%。重量分析法的不足之处是操作烦琐，费时较长，对低含量组分的测定误差较大。

2. 光谱分析法

根据物质的光谱来鉴别物质及确定它的化学组成和相对含量的方法叫光谱分析法。根据辐射传递的情况，光谱分析可分为发射光谱分析与吸收光谱分析两种；根据产生光谱的基本微粒的不同可分为原子光谱分析与分子光谱分析。现代光谱分析仪器主要有原子发射光谱仪、原子吸收光谱仪、X射线光谱仪、红外光谱仪、拉曼光谱仪等。

光谱分析法的优点：一是非破坏性的。检测过程中不会对样品产生破坏，可以节约取样带来的损耗。二是分析速度快。可设定多通道瞬间多点采集，并通过计算机实时输出。三是操作简便。有些样品不经任何化学处理，即可直接进行光谱分析。

光谱分析法的局限性在于其定量分析建立在相对比较的基础上，必须有一套标准样品作为基准，而且要求标准样品的组成和结构状态应与被分析的样品基本一致，这常常使得光谱分析难以获得准确的定量结果。

3. 火花鉴定法

火花鉴定法主要用于鉴定钢材的化学成分。将钢与高速旋转的砂轮接触，根据磨削产生的火花形状和颜色，近似地确定钢的化学成分的方法称为火花鉴定法。火花鉴定法的优点是操作简单、不需要复杂的设备，且成本较低。它的缺点是只能对材料的化学成分作出大致的判断，无法提供精确的结果；另外，要求检验人员有一定的经验，否则容易造成错判。

总的来说，火花鉴定法是一种相对简单、低成本的方法，适用于简单的材料鉴别。

二、力学性能试验

金属材料的力学性能是指金属材料在不同环境（如温度、介质、湿度）下，承受各种外加载荷（拉伸、压缩、弯曲、扭转、冲击、交变应力等）时所表现出的力学特征。金属材料的力学性能是零件设计和选材的重要依据，同时也是评定材料质量和生产工艺水平的必要手段，对冶金产品的生产来说，金属材料的力学性能还是改进生产工艺、控制产品质量的重要参数。当载荷性质、环境温度与介质等外在因素改变时，对材料力学性能的要求也不同。常用的金属材料力学性能包括强度、硬度、塑性、冲击韧性和疲劳等。

（一）强度试验

强度是指金属材料在载荷作用下抵抗塑性变形与断裂的能力。而塑性是金属材料在载荷作用下产生塑性变形而不被破坏的能力。根据载荷作用方式不同，强度指标可分为抗拉强度、抗压强度、抗剪强度、抗扭强度和抗弯强度等，生产中常用抗拉强度作为判别金属

材料强度高低的指标。

金属材料在静载荷作用下的强度指标与塑性指标主要通过拉伸试验测定。金属拉伸试验是力学性能检测中最基本的试验，能清楚地反映出金属材料受载荷时表现出的弹性变形、塑性变形及断裂三个过程，由此确定出相应的性能指标。

1. 试验方法

金属材料室温拉伸试验按照 GB/T 228.1《金属材料　拉伸试验　第 1 部分：室温试验方法》进行。拉伸时将一定形状和尺寸的金属试样装夹在拉伸试验机上，然后对试样施加缓慢增加的拉伸载荷，直至把试样拉断为止。记录试样在拉伸过程中承受的载荷和产生的变形量之间的关系，作出该金属试样的拉伸曲线，由拉伸曲线确定力学性能的强度指标。

（1）拉伸试样。为了能比较在不同试验条件下的试验结果，GB/T 228.1《金属材料　拉伸试验　第 1 部分：室温试验方法》对拉伸试样的形状、尺寸与加工要求有统一的规定。此标准规定，常用的拉伸试样有圆形横截面试样与矩形横截面试样两种，图 2-11 所示为圆形横截面试样。其他试样类型，如剖管试样、薄板薄带试样、线材棒材试样、型材管材试样，也可遵循相关规定应用于拉伸试验中。图 2-11 中 S_0 为标准试样的原始横截面积，L_0 为标准试样的原始标距长度。原始标距长度与横截面积的比值应当满足一定的比例关系。

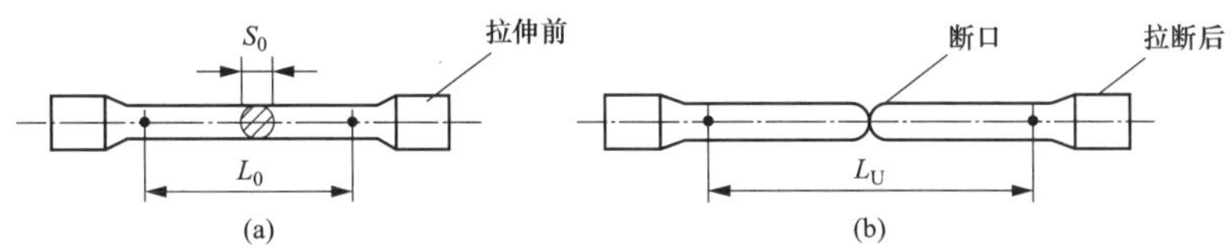

图 2-11　拉伸试样初始及拉断状态

（a）初始状态；（b）拉断状态

（2）力-伸长曲线。在进行拉伸试验时，拉伸力 F 和试样伸长量 ΔL 之间的关系曲线称为力-伸长曲线（也称拉伸曲线）。通常把拉伸力 F 作为纵坐标，伸长量 ΔL 作为横坐标，可由拉伸试验机自动绘出，图 2-12 所示为低碳钢拉伸曲线。由曲线分析，低碳钢试样在拉伸过程中表现为以下几个变形阶段。

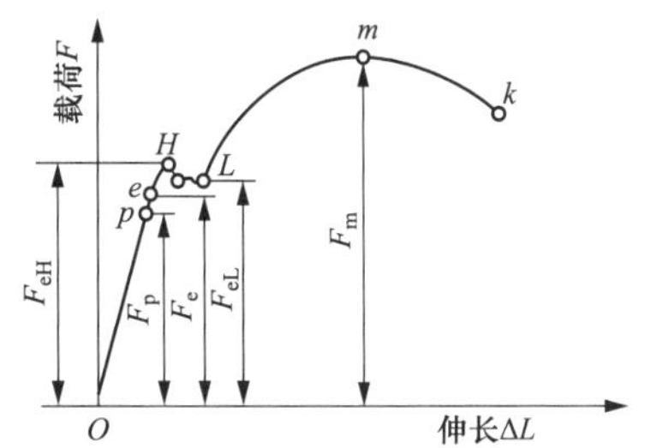

图 2-12　低碳钢拉伸曲线

1）Oe-弹性变形阶段。由试样开始受力，直到外力达到 F_e 时，试样发生的变形为弹性变形，当除去外力后试样能恢复原来的形状与尺寸。曲线的 Op 段为一直线，这表明试样的伸长量与外力成正比关系，符合胡克定律。F_p 是能够保持正比例关系的最大外力；曲线的 pe 段略有弯曲，此时试样的伸长量与外力不再成正比关系，但还属于弹性变形阶段；F_e 是试样发生弹性变形的最大拉伸力。

2）eH-微量塑性变形阶段。外力超过 F_e 后，试样进一步发生变形，此时若除去外力，弹性变形消失，而另一部分变形不能消失，即试样不能恢复到原来的尺寸，此部分变形为塑性变形，变形量比较小。

3）HL-屈服阶段。当外力达到 F_{eH} 时，拉伸曲线出现了水平或锯齿形，这表明在外力不增加或增加很小甚至略有下降时，试样继续变形，这种现象称为“屈服”。

4）Lm-均匀塑性变形阶段。外力超过 F_{eL} 后，开始产生大量塑性变形。此阶段随外力增加，变形不断增加，而且外力增加量不大，试样的变形量较大。试样的变形是沿着整个标距均匀进行，直到 m 点。F_m 是试样拉伸过程的最大外力。

5）mk-局部塑性变形阶段。m 点以后，总外力不断下降，变形继续进行。塑性变形集中在试样的某个局部进行，使此处截面面积迅速下降，产生所谓缩颈现象，缩颈现象在拉伸曲线上表现为一段下降的曲线，直到 k 点发生断裂。

以上是低碳钢拉伸曲线的各变形阶段，从拉伸曲线可分析出试样从开始拉伸到断裂要经过弹性变形、屈服、均匀塑性变形、集中塑性变形与断裂几个主要阶段，用它可以说明金属材料在常温拉伸过程的全部行为。但是不同材料因其性能不同，变形特点不同，拉伸曲线也各不相同。如铸铁在破坏前没有大量的塑性变形，因此无屈服现象与缩颈现象。图 2-13 所示为铸铁的拉伸曲线。

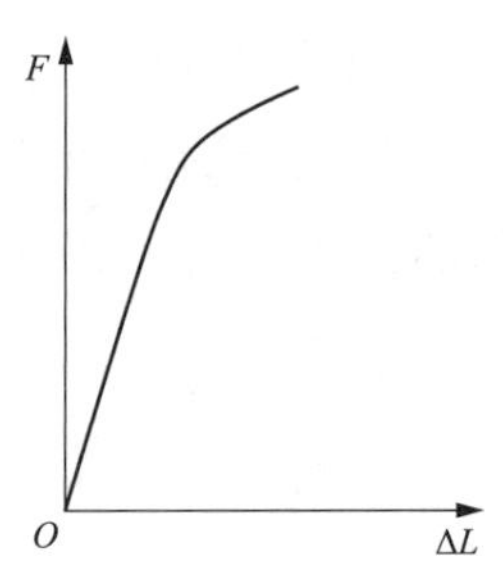

图 2-13　铸铁的拉伸曲线

（3）应力-应变曲线。拉伸曲线全面体现了金属材料在单向拉伸力作用下，从开始变形直至断裂过程的各种性质。但是拉伸曲线上的拉伸力 F 与伸长量 ΔL 不仅与试样的材质有关，还与试样的原始尺寸有关。为了消除试样尺寸的影响并且能够直接从拉伸曲线上读取力学性能指标，将拉伸曲线的纵坐标用应力 R 表示，横坐标用应变 ε 表示，则得到与试样尺寸无关的应力-应变曲线。

试样承受的拉伸力 F 除以试样的原始横截面积 S_0，则可得到试样受到的应力 $R(R=F/S_0)$，将试样的伸长量 ΔL 除以试样的原始标距长 L_0 则可得到试样的相对伸长量，即应变 $\varepsilon(\varepsilon=\Delta L/L_0)$。

图 2-14 所示为低碳钢的应力-应变曲线。拉伸曲线与应力-应变曲线因其横、纵坐标仅是用一个常数相除，因此曲线的形状一致。应力-应变曲线不受试样尺寸的影响，由应力-应变曲线上的各特殊点，可确定材料在不同变形阶段的强度指标。

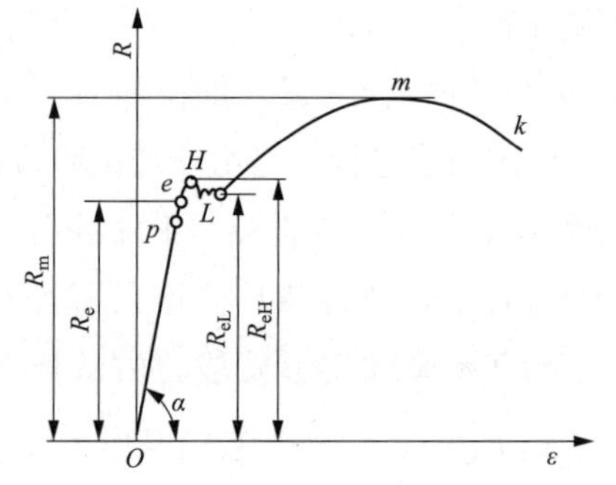

图 2-14　低碳钢的应力-应变曲线

2. 强度指标

（1）弹性极限和刚度。

1）弹性极限。指产生完全弹性变形时材料所能承受的最大应力，以 R_e 来表示，即

$$R_e = \frac{F_e}{S_0} \tag{2-1}$$

式中　F_e——材料完全弹性变形时所能承受的最大载荷，N；

S_0——试样的原始横截面积，mm^2。

2）刚度。材料抵抗弹性变形的能力称为刚度。刚度的大小以弹性模量 E 衡量，是在弹性范围应力与应变的比值，即

$$E = \frac{R}{\varepsilon} \tag{2-2}$$

式中　R——应力，N/m^2；

ε——应变。

弹性模量 E 相当于引起单位变形所需的应力，在拉伸曲线上表现为 Oe 的斜率。弹性模量 E 越大，表明其在一定应力作用下，产生的弹性变形越小，即刚度越大。弹性模量 E 是材料的重要力学性能指标之一。在机械工程中，一般机器零件都在弹性状态下工作，均有较大的刚度要求。

实际工件的刚度首先取决于其材料的弹性模量 E。不同的材料，其刚度差异很大。陶瓷材料的刚度最大，金属材料与复合材料次之，而高分子材料最低。常用的金属材料中，钢铁材料刚性最好，铜及铜合金次之（为钢铁材料的 2/3 左右），铝及铝合金最差（为钢铁材料的 1/3 左右）。实际工件的刚度除取决于材料的弹性模量外，还与工件的形状和尺寸有关。受力的截面越大，工件的刚度越大。

需要指出的是，金属材料的弹性模量是组织不敏感参数，主要决定于基体金属的性质，当基体金属确定时，难以通过合金化、热处理、冷热加工等方法使之改变。如钢铁材料是铁基合金，不论其成分和组织结构如何变化，室温下的 E 值均在 200～214GPa 范围之内。而陶瓷材料、高分子材料、复合材料的弹性模量对其成分和组织结构较为敏感，可以通过不同的方法使之改变。

（2）屈服强度与规定塑性延伸强度。

1）屈服强度。指当材料呈现屈服现象时，在试验期间达到塑性变形发生而力不增加的应力点。分为上屈服强度和下屈服强度。上屈服强度（R_{eH}）是试样发生屈服而力首次下降的最高应力；下屈服强度（R_{eL}）是指在屈服期间，不计初始瞬时效应时的最低应力。即

$$R_{eH} = \frac{F_{eH}}{S_0} \tag{2-3}$$

$$R_{eL} = \frac{F_{eL}}{S_0} \tag{2-4}$$

式中 R_{eH}——上屈服强度，MPa；

F_{eH}——试样发生屈服而力首次下降前承受的最大载荷，N；

S_0——试样原始横截面积，mm^2；

R_{eL}——下屈服强度，MPa；

F_{eL}——试样发生屈服时承受的最小载荷，N。

由于材料的下屈服强度 R_{eL} 数值比较稳定，所以一般以 R_{eL} 作为材料对塑性变形抗力的指标。

2）规定塑性延伸强度。拉伸试验中，在任一给定的塑性延伸（总延伸去除弹性延伸部分）与试样标距之比的百分率称为塑性延伸率。塑性延伸率等于规定的百分率时对应的应力称为规定塑性延伸强度，以 R_p 表示。规定的百分率在脚注中标示，例如 $R_{p0.2}$。

$$R_{p0.2}=\frac{F_{p0.2}}{S_0} \tag{2-5}$$

式中 $R_{p0.2}$——规定塑性延伸率为 0.2%时的应力值，其中的 0.2 表示试验中任一给定时刻引伸标距的塑性延伸等于引伸计标距的 0.2%，MPa；

$F_{p0.2}$——试样标距产生 0.2%规定塑性延伸率时的外力，N；

S_0——试样的原始横截面积，mm^2。

有许多金属材料没有明显的屈服现象，此时可以把规定塑性延伸强度（$R_{p0.2}$）作为该材料的条件屈服强度。

机械零件在工作状态一般不允许产生明显的塑性变形，因此屈服强度或 $R_{p0.2}$ 是机械零件设计和选材的主要依据，以此来确定材料的许用应力。需要说明的是，关于材料在弹性变形阶段的比例极限 σ_P 和弹性极限 σ_e 的定义实际上只是理论上的物理定义，对于实际使用的工程材料，用普通的测量方法很难测出准确而唯一的比例极限和弹性极限数值。在实际工程中比例极限、弹性极限以及屈服强度等在本质上都是一样的，都是材料开始产生微量塑性变形时的应力值，只不过根据生产实际对它们所规定的微量塑性变形量不同，以满足不同的工程设计要求。为了便于实际测量和应用，GB/T 228.1《金属材料 拉伸试验 第 1 部分：室温试验方法》采用“规定伸长应力”定义材料的微量塑性变形强度。比例极限 σ_P 相当于规定残余应变量（即微量塑性变形量）为 0.005%时的应力值 $R_{p0.005}$；弹性极限 σ_e 相当于规定残余应变量为 0.01%时的应力值 $R_{p0.01}$；前述的条件屈服强度 $R_{p0.2}$，规定的残余变形稍大一点，表征开始产生明显塑性变形的抗力。对于要求服役时其应力应变关系严格遵守线性关系的机件，如测力计弹簧，是依靠弹性变形的应力正比于应变的关系显示载荷大小的，则应以 $R_{p0.005}$ 作为选择材料的依据；对于服役条件不允许产生微量塑性变形的机件（如汽车板簧、仪表弹簧等），设计时应按 $R_{p0.01}$ 来选择材料。

（3）抗拉强度。抗拉强度指材料在断裂前能承受的最大应力（对于无明显屈服的金属材料，为试验期间的最大力），即

$$R_m = \frac{F_m}{S_0} \tag{2-6}$$

式中　R_m——抗拉强度，MPa；

F_m——试样在断裂前能承受的最大外力，N；

S_0——试样的原始横截面积，mm^2。

由应力-应变曲线分析可知，抗拉强度是金属材料由均匀塑性变形向局部塑性变形过渡的临界值，也是材料在静拉伸条件下承受的最大应力。对于脆性材料制成的零件，断裂是失效的主要原因，因此抗拉强度也是零件设计时的主要依据与评定材料强度的重要指标。

另外，比值 R_e/R_m 称为屈强比，也是一个重要的指标。其比值越大，越能发挥材料的潜力，减少工程结构自重。但为了使用安全，也不宜过大，一般合理的比值在 0.65～0.75 之间。

3. 塑性指标

金属材料的塑性指标也是通过拉伸试验来确定的，用断后伸长率 A 与断面收缩率 Z 来表示。

（1）断后伸长率是试样拉断后标距增长量与原始标距长度之比，即

$$A = \frac{L_U - L_0}{L_0} \times 100\% = \frac{\Delta L}{L_0} \times 100\% \tag{2-7}$$

式中　A——断后伸长率，%；

L_U——试样断裂后的标距长度，mm；

L_0——试样原始的标距长度，mm。

材料伸长率的大小与试样原始标距 L_0 和原始横截面积 S_0 密切相关，在 S_0 相同的情况下，L_0 越长则 A 越小；反之亦然。因此，对于同一材料而具有不同长度或横截面积的试样要得到比较一致的 A 值，或者对于不同材料的试样要得到具有可比性的 A 值，必须使 $L_0/\sqrt{S_0}$ 的比值为一定系数（比例系数）的试样尺寸，也称为比例试样。GB/T 228.1《金属材料　拉伸试验　第 1 部分：室温试验方法》中规定，比例系数优先采用 5.65，所得的伸长率 A（$A_{5.65}$ 省去下脚标注 5.65）表示，并且此标准中规定原始标距 L_0 应不小于 15mm。当试样横截面积太小，以致采用比例系数为 5.65 的原始标距不能符合这一最小标距要求时，可以采用较高的比例系数（优先采用 11.3 的值）或采用非比例试样。对于比例试样，若比例系数不为 5.65，则在 A 符号下脚标说明所使用的比例系数，如 $A_{11.3}$；对于非比例试样，在 A 符号下脚标说明所使用的原始标距（以毫米表示），如 A_{50}。同种材料的 A 为 $A_{11.3}$ 的 1.2～1.5 倍，因此，在比较不同材料的断后伸长率时，只有采用相同的比例系数，即 $A_{11.3}$ 与 $A_{11.3}$ 比较，或者 A 与 A 比较，才是正确的。

（2）断面收缩率是材料受拉力断裂后，原始横截面积与断后最小横截面积之差除以原

始横截面积的百分率，即

$$Z=\frac{S_0-S_U}{S_0}\times 100\% \tag{2-8}$$

式中 Z——断面收缩率，%；

S_0——试样原始横截面积，mm^2；

S_U——试样断后最小横截面积，mm^2。

金属材料的断后伸长率 A 和断面收缩率 Z 的数值越大，材料的塑性越好。一般认为，$A<5\%$ 的材料为脆性材料，A 为 5%～10% 为韧性材料，$A>10\%$ 为塑性材料。断后伸长率与断面收缩率是从不同角度衡量材料的塑性，因此同一材料的伸长率与断面收缩率一般是不同的。而断面收缩率不受试样标距长度的影响，能更可靠地反映材料的塑性。

金属材料的塑性好坏，对零件的加工和使用具有重要的实际意义。塑性好的材料不仅能通过锻压、轧制、冷拔等工艺加工成型，而且在使用过程中如遇偶然的原因造成过载，则由于塑性变形提高了材料的强度，可以避免发生突然的断裂，增加使用的安全性。因此，大多数机械零件除要求具有较高的强度外，还需有一定的塑性。

必须指出，对零件塑性的要求是有一定限度的，并不是越大越好。因为塑性好的材料往往强度、硬度较低，过高要求材料的塑性会限制材料的强度水平，不能充分发挥材料的强度潜力，造成材料的浪费和使用寿命的降低。

（二）硬度试验

材料局部抵抗硬物压入其表面的能力称为硬度，固体对外界物体入侵的局部抵抗能力是比较各种材料软硬的指标。

硬度试验是应用最广泛的力学性能试验，可分为压入法和刻划法。在压入法中，按照加力方式不同又可分为静态力试验法和动态力试验法。通常所采用的布氏硬度、洛氏硬度和维氏硬度等均属于静态力试验法，肖氏硬度、里氏硬度等属于动态力试验法。动载压入法比较简单，能测量所有金属材料的硬度，不损坏零件，而且在一定条件下和材料抗拉强度等性能指标有一定关系，可由硬度值推断其他强度指标，实际工作中使用最多。各种不同硬度试验方法的适用范围见表 2-4。

表 2-4　　各种不同硬度试验方法的适用范围

硬度测量方法	适用范围
布氏硬度试验	测量晶粒粗大且组织不均的零件，对成品件不宜采用。钢铁件的硬度检验中，现已逐渐采用硬质合金球压头测量退火件、正火件、调质件、铸件和锻件的硬度
洛氏硬度试验	批量、成品件及半成品件的硬度检验。对晶粒粗大且组织不均的零件不宜采用。A 标尺适于测量高硬度淬火件、较小与较薄件的硬度，以及具有中等厚度硬化层零件的表面硬度。B 标尺适于测量硬度较低的退火件、正火件及调质件。C 标尺适于测量经淬火、回火等处理零件的硬度，以及具有较厚硬化层零件的表面硬度

续表

硬度测量方法	适用范围
表面洛氏硬度试验	测量薄件、小件的硬度，以及具有薄或中等厚度硬化层零件的表面硬度。钢铁件硬度检验中一般用 N 标尺
维氏硬度试验	钢铁件硬度检验中，试验力一般不超过 294.2N。主要用于测量小件、薄件的硬度，以及具有浅或中等厚度硬化层零件的表面硬度
小试验力维氏硬度试验	测量小件、薄件的硬度，以及具有浅硬化层零件的表面硬度。测定表面硬化零件的表层硬度梯度或硬化层深度
显微维氏硬度试验	测量微小件、极薄件或显微组织的硬度，以及具有极端或极硬硬化层零件的表面硬度
肖氏硬度试验	主要用于大件的现场硬度检验，例如轧辊、机床面、重型构件等
努氏硬度试验	实际检验中，试验力一般不超过 9.807N。主要用于测量微小件、极薄件或显微组织的硬度，以及具有极薄或极硬硬化层零件的表面硬度
里氏硬度试验	大件、组装件、形状较复杂零件等的现场硬度检验

1. 布氏硬度

布氏硬度是材料抵抗通过淬火钢球或硬质合金球压头施加试验力所产生永久压痕变形的度量单位。由布氏硬度计测定，首先由瑞典人布纳瑞（J. A. Brinell）提出，故称布氏硬度。

（1）试验原理。布氏硬度试验按照 GB/T 231.1《金属材料　布氏硬度试验　第 1 部分：试验方法》、GB/T 231.2《金属材料　布氏硬度试验　第 2 部分：硬度计的检验与校准》、GB/T 231.3《金属材料　布氏硬度试验　第 3 部分：标准硬度块的标定》和 GB/T 231.4《金属材料　布氏硬度试验　第 4 部分：硬度值表》进行。

将一直径为 D 的碳化钨合金球在规定的试验力 F 的作用下压入被测材料表面保持一定的时间后卸除载荷，测量被测材料表面的压痕直径 d，计算出压痕面积，然后按式（2-9）计算出单位面积压痕所受的压力，即为布氏硬度值。布氏硬度试验原理如图 2-15 所示。

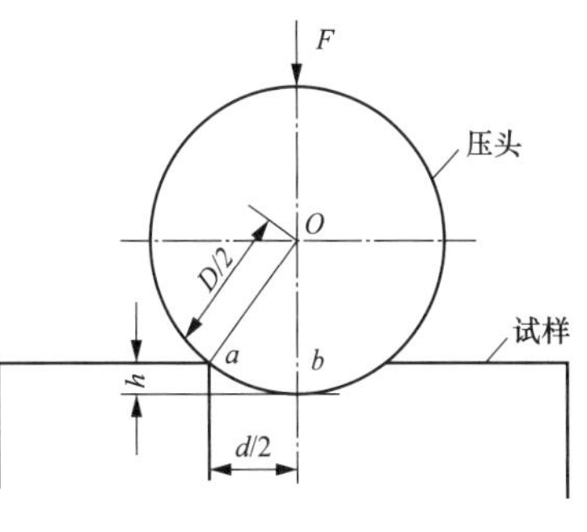

图 2-15　布氏硬度试验原理图

$$HBW=0.102\times\frac{F}{S}=0.102\times\frac{2F}{\pi D(D-\sqrt{D^2-d^2})} \tag{2-9}$$

式中　F——试验力，N；

S——压痕面积，mm^2；

D——压头直径，mm；

d——压痕直径，mm。

（2）表示方法。测量材料的布氏硬度只要量出压痕的直径 d，就可以通过式（2-9）计算或查布氏硬度表得到硬度值。表示布氏硬度时，一般不标单位，根据现行标准 GB/T

231.1 用 HBW 表示。布氏硬度的表示方法为硬度值＋HBW＋试验条件［压头直径(mm)/试验力（kgf)/试验力保持时间（s)（10～15s 不标注）］。例如，650HBW10/3000/30，表示用直径 10mm 的合金球为压头，试验力为 3000kgf，试验力持续时间为 30s，测得的布氏硬度值为 650。

由于金属材料有软有硬，被测工件有薄有厚，尺寸有大有小，如果只采用标准的试验力 3000kgf 和压头直径 10mm，就会出现较软的材料和较薄的工件被压头压入或压透的现象。因此，在进行布氏硬度试验时要根据工件的尺寸大小与薄厚，选用不同的试验力 F 与压头直径 D，国家标准 GB/T 231.2 中规定的压头直径有 10、5、2.5、2mm 和 1mm，根据被测材料的软硬不同选择 F/D^2 的比值与载荷保持时间，标准 GB/T 231.2 规定的 F/D^2 的比值有 30、15、10、5、2.5、1.25、1。同一材料进行布氏硬度测量时，不论试验力与压头直径多大，只要 F/D^2 的比值相等，其 HB 值一定相等，若测量时 F/D^2 的比值不同则 HB 值不同。硬度试验时，压头压入被测金属材料表面后，为了使塑性变形能充分进行，试验力必须保持一定时间。试验力保持时间为黑色金属为 10～15s，有色金属为 30s，布氏硬度小于 35 时为 60s。不同材料的试验力-压头球直径平方的比率见表 2-5。

表 2-5　　不同材料的试验力-压头球直径平方的比率

材料	布氏硬度 HBW	试验力-球直径平方的比率 $(0.102F/D^2)$/MPa	材料	布氏硬度 HBW	试验力-球直径平方的比率 $(0.102F/D^2)$/MPa
钢、镍合金、钛合金		30	轻金属及合金	<35	2.5
铸铁	<140	10		35～80	5
	>140	30			10
铜及铜合金	<35	5			15
	35～200	10		>80	10
	>200	30			15
			铅、锡	1	

（3）特点。布氏硬度试验的优点是硬度代表性好。由于通常采用的是 10mm 直径球压头，29.42kN（3000kgf）试验力，其压痕面积较大，能反应较大范围内金属各组成相综合影响的平均值，而不受个别组成相及微小不均匀度的影响，因此特别适用于灰铸铁、轴承合金和具有粗大晶粒的金属材料。布氏硬度的试验数据稳定，重现性好，精度高于洛氏硬度，低于维氏硬度。此外，布氏硬度值与抗拉强度值之间存在较好的对应关系。可由硬度值近似地得到强度指标。低碳钢 Rm≈3.6HB，高碳钢 Rm≈3.4HB，铸铁 Rm≈1.0HB。

布氏硬度试验的特点是压痕较大，成品检验有困难，试验过程比洛氏硬度试验复杂，测量操作和压痕测量都比较费时。由于压痕边缘的凸起、凹陷或圆滑过渡都会使压痕直径的测量产生较大误差，因此要求操作者具有熟练的试验技术和丰富的工作经验，一般要求由专门的试验员操作。另外，软硬不同的材料，测量要选择不同的 F/D^2 的比值，因此从

软到硬布氏硬度的取值是不连续的。

2. 洛氏硬度

洛氏硬度是材料抵抗通过硬质合金或对应某一标尺的金刚石圆锥体压头施加试验力所产生永久压痕变形的度量单位。1919 年由 S. P. 洛克威尔首先提出而得名。

(1) 试验原理。金属材料洛氏硬度试验按照 GB/T 230.1《金属材料　洛氏硬度试验　第 1 部分：试验方法》、GB/T 230.2《金属材料　洛氏硬度试验　第 2 部分：硬度计及压头的检验与校准》和 GB/T 230.3《金属材料　洛氏硬度试验　第 3 部分：标准硬度块的标定》进行。

洛氏硬度试验方法以锥角为 120°的金刚石圆锥体或直径为 1.5875mm 或者 3.175mm 的碳化钨合金球为压头在规定的试验力 F 的作用下压入被测材料表面，形成压痕，如图 2-16 所示，从而以压痕深度来衡量试样硬度大小。

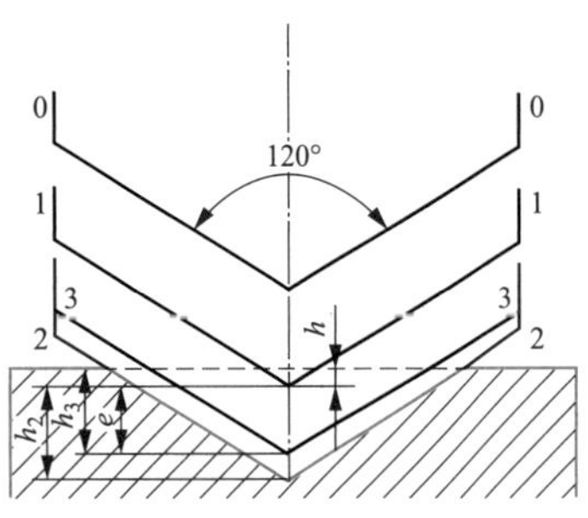

图 2-16　洛氏硬度试验原理示意

进行洛氏硬度试验时，先加初试验力 F_0，将压头压入试样表面至 1-1 位置，深度为 h_1，消除因试样表面不平整对试验结果的影响。然后施加主试验力 F_1，在主试验力的作用下压头被压入至试样 2-2 位置，深度为 h_2。卸除主试验力，保持初试验力，由于金属弹性变形的恢复，使压头回升到 3-3 位置，实际压入深度为 h_3。由此得出主试验力所引起的塑性变形使压头压入试样的深度 $h=h_3-h_1$，并以此来衡量被测金属的硬度。

显然，h 值越大，被测金属的硬度就越低；反之越高。为了符合数值越大，材料硬度越高的读值习惯，洛氏硬度根据 h 及常数 N 和 S，通过式（2-10）计算得出，用符号 HR 表示，即

$$HR = N - \frac{h}{s} \tag{2-10}$$

式中　N——给定标尺的全量程常数；

h——压痕深度，mm；

S——给定标尺的标尺常数，为 0.002mm，表面洛氏硬度标尺常数为 0.001mm。

由洛氏硬度的取值方式可见，它是一个无名数，纯粹是不同金属试样被压入深度的相互比较。洛氏硬度数值可以从硬度计刻度盘上的指示针直接读取，而无须测量压痕深度。

(2) 表示方法。洛氏硬度试验，根据被测材料的软硬程度不同，选择不同的压头与试验力，组合成 15 种不同的洛氏硬度测量标尺，其中当遇到材料较薄、试样较小、表面硬化层较浅或测试表面镀覆层等情况时，就应改用表面洛氏硬度标尺。最常用的洛氏硬度标尺为 HRA、HRB、HRC 三种标尺，各洛氏硬度标尺的试验条件与适用范围见表 2-6 及表 2-7。

表 2-6　　　　常用洛氏硬度标尺技术条件

洛氏硬度标尺	硬度符号	压头类型	初试验力 F_0（N）	总试验力（F_0+F_1）（N）	标尺常数 S（mm）	全量程常数 N	适用范围
A	HRA	120°金刚石圆锥	98.07	588.4	0.002	100	20～95HRA
B	HRBW	1.5875mm 钢球		980.7		130	10～100HRBW
C	HRC	120°金刚石圆锥		1471		100	20～70HRC
D	HRD			980.7			44～77HRD
E	HREW	3.175mm 钢球				130	70～100HREW
F	HRFW	1.5875mm 钢球		588.4			60～100HRFW
G	HRGW			1471			30～94HRGW
H	HRHW	3.175mm 钢球		588.4			80～100HRHW
K	HRKW			1471			40～100HRKW

注　当金刚石圆锥表面和顶端球面是经过抛光的，且抛光至金刚石圆锥轴向距离尖端至少 0.4mm，实验适用范围可延伸至 10HRC。

表 2-7　　　　表面洛氏硬度标尺技术条件

表面洛氏硬度标尺	硬度符号	压头类型	初试验力 F_0（N）	主试验力 F_1（N）	总试验力（F_0+F_1）（N）	标尺常数 S（mm）	全量程常数 N	适用范围
15N	HR15N	120°金刚石圆锥	29.42	117.7	147.1	0.001	100	70～94HR15N
30N	HR30N			264.8	294.2			42～86HR30N
45N	HR45N			411.9	441.3			20～77HR45N
15T	HR15T	1.5875mm 钢球		117.7	147.1			67～93HR15T
30T	HR30T			264.8	294.2			29～82HR30T
45T	HR45T			411.9	441.3			10～72HR45T

在测试洛氏硬度时，要选取不同位置的 3 个测试点测出硬度值，再计算 3 个测试点硬度的平均值作为被测材料的硬度值。洛氏硬度试验应在被测试样的平面上进行，若在曲率半径比较小的柱面或球面上测定硬度时，须要查阅相关手册对硬度值进行修正。

洛氏硬度的表示方法为硬度数值＋HR＋使用的标尺。如表示用“C”标尺测定的洛氏硬度值为 56。

（3）特点。

1）洛氏硬度的优点。硬度试验的压痕小，对试样表面损伤小，可用来测定工件表面与较薄工件的硬度，也常用来直接检验成品或半成品的硬度，尤其是经过淬火处理的零件，常采用洛氏硬度计进行测试；试验操作简便，可以直接从试验机上读出硬度值，省去

了烦琐的测量计算和查表等工作。洛氏硬度是生产中广泛应用的一种硬度试验方法。

2）洛氏硬度的缺点。由于压痕小，不适合粗大组织（如铸铁）的硬度测量；而且硬度值的准确性不如布氏硬度，数据重复性差；不同洛氏硬度标尺的试验条件不同，测得的硬度值无法直接比较。

3. 维氏硬度

维氏硬度是材料抵抗通过金刚石正四棱锥体压头施加试验力所产生永久压痕变形的度量单位，维氏硬度由英国史密斯（Robert L. Smith）和塞德兰德（George E. Sandland）于 1921 年在维克斯公司（Vickers Ltd）提出。

（1）试验原理。金属材料维氏硬度试验按照 GB/T 4340.1《金属材料　维氏硬度试验　第 1 部分：试验方法》、GB/T 4340.2《金属材料　维氏硬度试验　第 2 部分：硬度计的检验与校准》、GB/T 4340.3《金属材料　维氏硬度试验　第 3 部分：标准硬度块的标定》和 GB/T 4340.4《金属材料　维氏硬度试验　第 4 部分：硬度值表》进行。

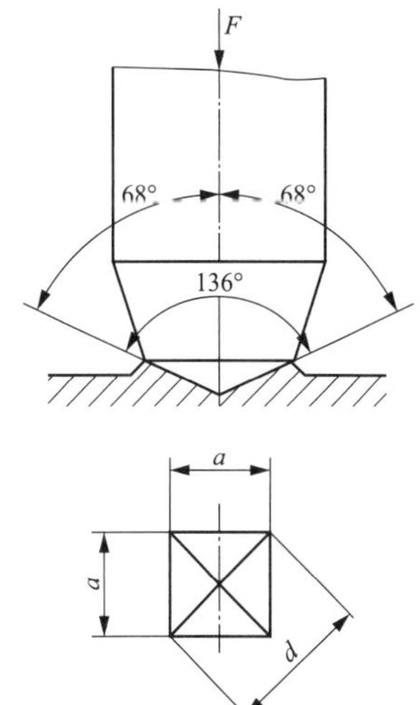

图 2-17　维氏硬度试验原理示意

维氏硬度的测定原理与布氏硬度相似，也是以单位面积压痕所受的压力作为硬度值，所不同的是维氏硬度的压头形状不是球体。试验原理示意如图 2-17 所示，将相对面夹角为 136°的金刚石正四棱锥体作为压头，在规定的试验力 F 作用下，压入被测试样表面，持续试验力一定时间后，去除试验力，在试样表面上压出一个四方锥形的压痕，测量压痕两对角线的平均长度 d，计算出压痕面积，然后计算单位面积压痕所受的压力，即为硬度值，维氏硬度用符号 HV 表示。

维氏硬度的计算为

$$HV = 0.102 \times \frac{F}{A} \approx \frac{0.1891F}{d^2} \tag{2-11}$$

式中　F——试验力，N；

　　A——压痕表面积，mm^2；

　　d——压痕平均对角线长度，mm。

维氏硬度试验所用的试验力可根据试样的大小、薄厚等条件进行选择，一般在试样厚度允许的情况下尽可能选用较大的试验力，以获得较大的压痕，提高测量精度。常用的试验力大小在 49.03～980.7N 范围内。

（2）表示方法。维氏硬度符号的范围为 HV5～HV100。标注方法与布氏硬度相同，即硬度值＋HV＋试验条件。对于钢和铸铁若试验力保持时间为 10～15s 时，可以不标出。例如，640HV30 表示用 30kgf（294.2N）试验力，保持 10～15s 测定的维氏硬度值为

640。

（3）特点。

1）维氏硬度的优点。试验所加的试验力小，压入浅，尤其适用于零件表面层硬度的测量，如化学热处理的渗层硬度测量，其测量结果精确可靠；维氏硬度的试验力可任意选取，硬度值连续，适用范围宽，从很软的材料到很硬的材料都可以测量及比较硬度。

2）维氏硬度的缺点。测量维氏硬度值时，需要测量对角线长度，然后查表或计算，比较烦琐；而且进行维氏硬度测试时，对试样表面的质量要求高，测量效率较低，因此在实际生产中维氏硬度的应用远没有洛氏硬度、布氏硬度广泛。

4. 里氏硬度

里氏硬度是用规定质量的冲击体在弹性力作用下以一定速度冲击试样表面，冲头在距试样表面 1mm 处的回弹速度与冲击速度的比值计算的硬度值。由瑞士人 Dietmar Leeb 博士于 1978 年首次提出。

（1）试验原理。金属材料里氏硬度试验按照 GB/T 17394.1《金属材料　里氏硬度试验　第 1 部分：试验方法》、GB/T 17394.2《金属材料　里氏硬度试验　第 2 部分：硬度计的检验与校准》、GB/T 17394.3《金属材料　里氏硬度试验　第 3 部分：标准硬度块的标定》和 GB/T 17394.4《金属材料　里氏硬度试验　第 4 部分：硬度值换算表》进行。

里氏硬度是一种动态硬度试验法。它是用一定质量的装有碳化钨球头的冲击体，在一定力的作用下冲击试件表面，然后反弹。由于材料硬度不同，撞击后的反弹速度也不同。在冲击体上安装有永磁材料，当冲击体上下运动时，其外围线圈便感应出与速度成正比的电压信号，再通过冲击和回弹时的微小电压差异计算出里氏硬度值。里氏硬度用符号 HL 表示，其硬度值定义为距离工件表面 1mm 时冲击体回弹速度（V_R）与冲击速度（V_A）之比的 1000 倍。即

$$HL = \frac{V_R}{V_A} \times 1000 \tag{2-12}$$

式中　V_R——冲击体回弹速度，m/s；

V_A——冲击体冲击速度，m/s。

（2）表示方法。里氏硬度值的表示方法为硬度值＋HL＋冲击装置型号。如 700HLD 表示用 D 型冲击装置测定的里氏硬度值为 700。常用的冲击装置有 D、DC、G、C 四种型号。硬度越高，其回弹速度也越大。对于用里氏硬度换算的其他硬度，应在里氏硬度符号之前附以相应的硬度符号。例如：400HVHLD 表示用 D 型冲击装置测定的里氏硬度值换算的维氏硬度值为 400。

（3）特点。

1）里氏硬度的优点。里氏硬度计是一种小型便携式硬度计，操作方便，无论是大、重型工件还是几何尺寸复杂的工件都能容易地检测；主观因素造成的误差小，对被测件的

损伤极小，适合于各类工件的测试，特别是现场测试。

2）里氏硬度的缺点。里氏硬度计虽然在金属材料的硬度测试中被广泛使用，但它的测试结果并不总是准确和可靠，受表面粗糙度以及工件重量、厚度等因素的影响。

5. 硬度及强度换算

正如前文所述，硬度的试验方法和表达方式有多种，这就造成了在不同国家、行业和单位中采用的硬度单位不统一的问题。为了从一种硬度单位换算成另一种硬度单位，就需要借助硬度换算表或硬度换算工具。

目前，我国现有两个推荐性标准。一是 GB/T 33362《金属材料　硬度值的换算》，采标情况：ISO 18265：2013《Metallic materials-Conversion of hardness values》，IDT。另一个是 GB/T 1172《黑色金属硬度及强度换算值》，由中国计量科学研究院等多家研究机构经过大量试验研究得出。

此外，两个标准都给出了硬度与强度之间的换算关系，但两者之间的关系不是简单的线性关系，已有的硬度—抗拉强度的换算标准给出的换算值都是近似值。

（三）冲击试验

材料抵抗冲击载荷的能力称为材料的冲击性能。冲击载荷是指以较高的速度施加到零件上的载荷。当零件在承受冲击载荷时，瞬间冲击所引起的应力和变形比静载荷时要大得多。因此，在制造这类零件时，就必须考虑材料的冲击性能。

冲击试验是利用能量守恒原理，将具有一定形状和尺寸的带有 V 形或 U 形缺口的试样，在冲击载荷作用下冲断，以测定其吸收能量的一种试验方法。冲击试验是试样在冲击试验力作用下的一种动态力学性能试验。冲击试验对材料的缺陷很敏感，它能灵敏地反映出材料的宏观缺陷、显微组织的微小变化和材料质量。因此，冲击试验是生产上用来检验冶炼、热加工、热处理工艺质量的有效方法。

1. 试验原理

由于大多数材料冲击吸收能量随温度变化，因此试验应在规定温度下进行，当不在室温下试验时，试样必须在规定条件下加热或冷却，以保持规定的温度。金属材料冲击试验按照 GB/T 229《金属材料夏比摆锤冲击试验方法》进行。冲击试样有夏比 U 形缺口试样与夏比 V 形缺口试样两种。两种试样的形状、尺寸如图 2-18 所示。

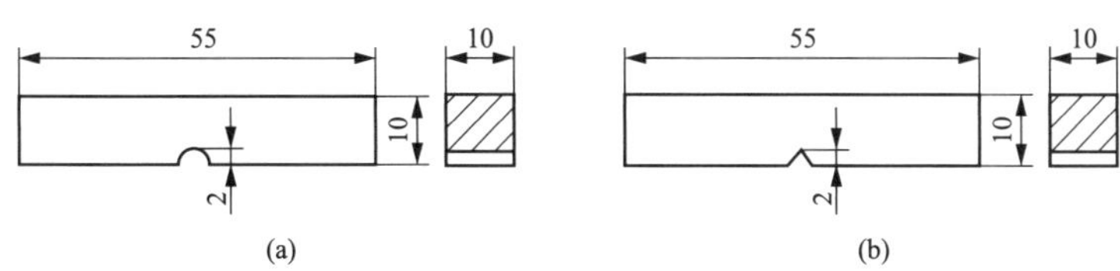

图 2-18　冲击试样

（a）U 形缺口试样；（b）V 形缺口试样

试验时，将试样放在试验机的机架上，试样缺口背向摆锤冲击方向，然后将摆锤提升到一定高度 H，如图 2-19 所示，使其具有势能，然后让摆锤自由落下将试样冲断，冲断试样后摆锤到达高度 h 处，通过测量摆锤冲击前后的能量变化或试样的断口形貌特点来评估材料的抗冲击性能。在忽略摩擦和阻尼等条件下，摆锤冲断试样所消耗的能量，称为冲击吸收功，用 K 表示。

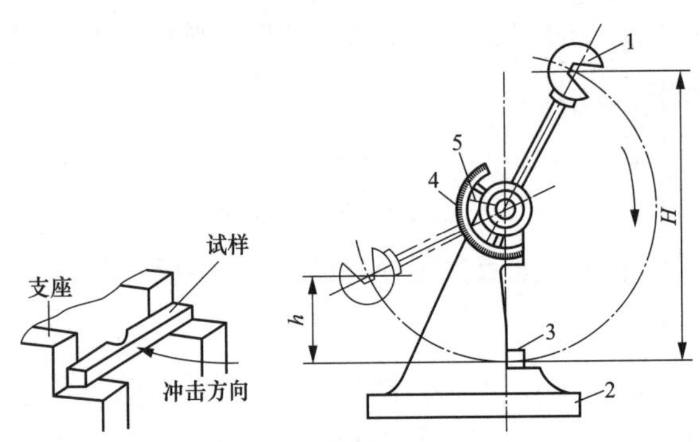

图 2-19　一次摆锤式冲击试验示意

1—摆锤；2—机架；3—试样；4—刻度盘；5—指针

由于冲击载荷是能量载荷，因此其抗力指标不是用力，而是用冲击吸收的能量来表示，即用冲击功 K 表示。冲击韧性值是冲击功除以试样断口处横截面积所得的商，即

$$a_{\mathrm{K}}=\frac{K}{S} \tag{2-13}$$

式中　a_{K}——冲击韧性值，$\mathrm{J/mm^2}$；

K——冲击功，J；

S——试样断口处横截面积，$\mathrm{mm^2}$。

对常用钢材来说，所测冲击功 K 越大，材料的抗冲击能力越强，韧性越好。一般将 a_{K} 值低的材料称为脆性材料，a_{K} 值高的材料称为韧性材料。但由于测出的冲击功 K 的组成包括冲断试样消耗的弹性变形功、塑性变形功、裂纹撕裂功，比较复杂。只有塑性变形功、裂纹撕裂功所占比例较大，试样在破断前有明显塑性变形的断裂，为韧性断裂；如果塑性变形功、裂纹撕裂功所占比例小，则表明试样在破断前几乎不发生塑性变形，这种断裂为脆性断裂。因此，有时测得的 K 值及计算出来的 a_{K} 值并不能真正反映材料的韧脆性质。往往脆性材料在断裂前没有明显的塑性变形，断口比较平整，呈颗粒状，有金属光泽；韧性材料在断裂前有明显的塑性变形，断口呈纤维状，没有金属光泽。

2. 试验应用

（1）确定韧脆转变温度。某些金属材料在一定的低温条件下，其断裂性质由韧性断裂转变为脆性断裂. 表现为冲击韧性突然降低，这种现象称为金属材料的冷脆。金属由韧性

断裂转变为脆性断裂的温度称为冷脆转变温度。

为了确定材料的冷脆转变温度，可分别在一系列不同温度下进行冲击试验，测定出冲击功值随试验温度的变化曲线，如图 2-20 所示。由曲线可见，冲击功随温度的降低而减小；在某一温度范围，材料的冲击功值急剧下降，表明材料由韧性状态向脆性状态转变，此变化对应的温度范围即为韧脆转变温度。

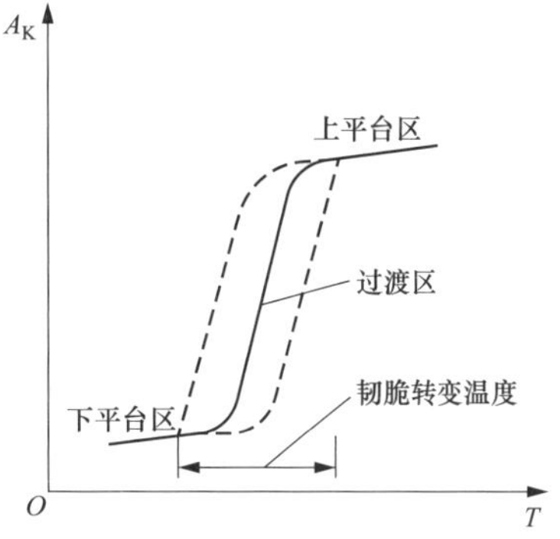

图 2-20　冲击吸收功-温度曲线

金属材料的韧脆转变温度越低，材料低温抗冲击性能越好，这对于在高寒地区或低温条件下工作的机械和工程结构非常重要。在选择金属材料时，应考虑工作的最低温度要高于材料的韧脆转变温度，才能保证工作的安全性。

(2) 检验钢材的回火脆性、热脆等脆性转变趋势。有一些合金钢在中温区回火时会出现冲击韧性下降的现象称作回火脆性。也有些结构钢在高温区热加工时会出现冲击韧性下降的现象称作热脆。为检验脆性转变趋势是否出现，可通过冲击试验作出冲击功值随试验温度的变化曲线，根据冲击功值的变化及冲击断口的形貌，了解脆性转变趋势，制定相应的热处理工艺与热加工工艺，避免出现回火脆性、热脆等。

(3) 间接分析材料的质量。冲击功对金属材料的内部组织、缺陷敏感，能灵敏地反映材料品质、宏观缺陷和显微组织方面的微小变化，因而可利用冲击试验来检验冶炼、热处理及各种热加工的产品质量，为改进生产工艺、控制产品质量提供依据。例如，可通过测量冲击功及试样断口分析，判断材料有无脆性转变；检查试样断口有无夹渣、气泡、白点、严重分层及偏折等。

(4) 可靠性的评定指标。冲击试验由于其本身反映了对大能量冲击破断的抗力，因此对于一些特殊条件下服役的机件，冲击吸收能量就是一个重要的抗力指标。对一些承受大能量冲击的机件，冲击吸收能量也可以作为结构性能指标以防止发生脆断。对于高强度和超高强度材料，冲击吸收能量被认为是十分重要的安全可靠性评定指标，用来评定其缺口敏感性高低。

(四) 疲劳试验

工程上有许多构件在服役过程中承受的应力大小、方向呈周期性变化，这种随时间做周期性变化的应力称为交变应力（也称循环应力）。在交变应力作用下即使构件所承受的应力低于材料的抗拉强度，有时甚至低于屈服强度，经过较长时间工作也会发生断裂，这种现象叫作金属的疲劳。疲劳失效是指材料在交变应力的反复作用下，经过一定的循环次数后产生破坏的现象。

由于疲劳失效前材料往往不会出现明显的宏观塑性变形，这种破坏容易造成严重的灾难性事故。统计表明，在机械失效总数中疲劳失效约占 80%以上。不管是脆性材料还是塑性材料零件，疲劳失效都表现为突然的断裂破坏，失效前无明显的变形，而且疲劳失效的零件工作应力比较小，很容易被人们忽视，很难预防，所以金属疲劳经常造成重大事故。疲劳失效对零件的形状、尺寸、表面状态和使用条件环境比较敏感。因此，为使零件在使用过程安全、可靠、耐久，合理地选择材料、提高零件的疲劳强度是不容忽视的问题。

疲劳按其承受交变载荷的大小及循环次数的高低，通常分为高周疲劳和低周疲劳两大类。高周疲劳表征材料在线弹性范围内抵抗交变应力破坏的能力，一般包括疲劳寿命、疲劳强度、疲劳极限和 S-N 曲线等指标。低周疲劳则表征材料在弹塑性范围内抵抗交变应变破坏的能力，一般用循环应力-应变曲线和应变-寿命曲线表征。

1. 疲劳的特征

一般来说，金属的疲劳失效可分为疲劳裂纹萌生、疲劳裂纹扩展和失稳断裂三个阶段。疲劳失效有以下特征。

（1）疲劳失效是在交变载荷作用下的破坏。

（2）疲劳失效必须经历一定的载荷循环次数。

（3）零件或试样在整个疲劳过程中通常不发生宏观塑性变形，其断裂方式类似于脆性断裂。

（4）疲劳断口上明显地分为三个区域：疲劳源区、裂纹扩展区和瞬时断裂区。图 2-21 所示为典型疲劳宏观断口，断口表面较平滑并伴有放射线的区域为疲劳裂纹扩展区，表面较粗糙的区域为瞬时断裂区。一般来说，高应力水平下疲劳裂纹扩展区占整个断口的比例较小，低应力水平下疲劳裂纹扩展区占整个断口的比例较大。疲劳裂纹扩展区域的射线归拢处就是裂纹源的位置，分析疲劳断口中裂纹源产生的机理是非常必要的，通过分析裂纹源产生的原因可以指导材料的制造工艺或改进加工工艺。

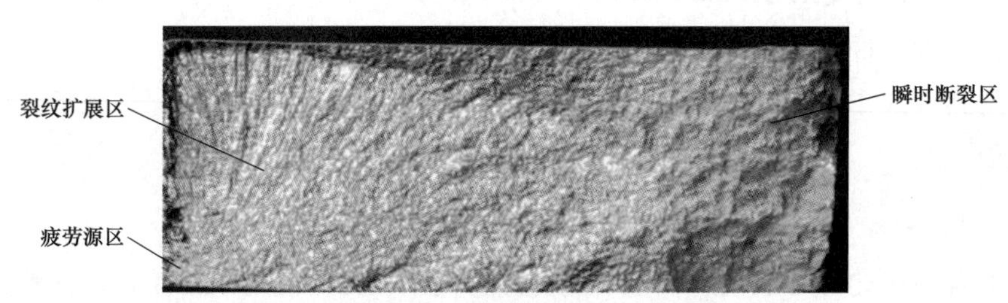

图 2-21　典型疲劳宏观断口

2. 疲劳试验分类

金属材料疲劳试验按载荷施加方式的不同可以分为旋转弯曲疲劳、扭转疲劳、滚动接触疲劳、轴向应力疲劳和轴向应变疲劳等。不同疲劳试验参照的标准见表 2-8。

表 2-8　　不同疲劳试验参照的标准

试验方法	参考标准
旋转弯曲疲劳	GB/T 4337《金属材料　疲劳试验　旋转弯曲方法》
扭转疲劳	GB/T 12443《金属材料　扭矩控制疲劳试验方法》
滚动接触疲劳	YB/T 5345《金属材料　滚动接触疲劳试验方法》
轴向应力疲劳	GB/T 3075《金属材料　疲劳试验　轴向力控制方法》
轴向应变疲劳	GB/T 26077《金属材料　疲劳试验　轴向应变控制方法》

3. 疲劳 *S-N* 曲线

试件的疲劳寿命取决于施加的应力水平，描述外加应力水平 *S* 与标准试样疲劳寿命 *N* 之间关系的曲线称为材料的 *S-N* 曲线。在未声明存活率时，*S-N* 曲线默认表示具有 50%存活率的中值疲劳寿命与外加应力间的关系，因此也称为中值 *S-N* 曲线。这一曲线通过拟合不同应力水平下中值疲劳寿命估计量和指定寿命下中值疲劳强度估计量获得，如图 2-22 所示。

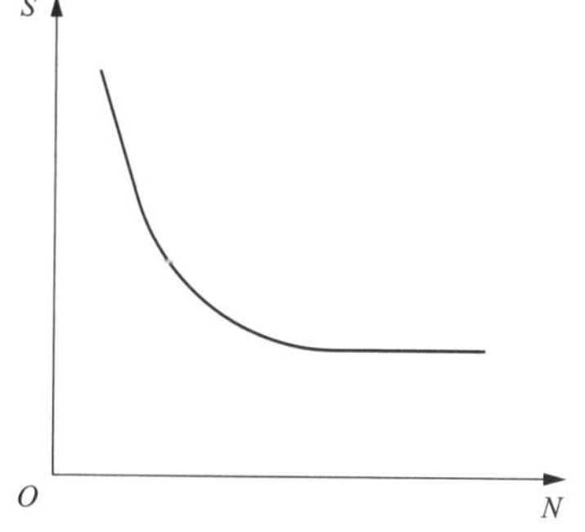

图 2-22　疲劳 *S-N* 曲线示意图

S-N 曲线的特点如下。

（1）外加应力水平越低，试样的疲劳寿命越长。

（2）曲线右端常有一段水平渐近段。

（3）低于某一应力水平试样不发生断裂。

4. 疲劳极限

S-N 曲线上水平部分对应的应力即为材料的疲劳极限。疲劳极限是材料能经受无限次应力循环而不发生疲劳断裂的最大应力，一般认为试样只要经过 10^7 次循环不发生破坏，就可以承受无限次循环而不发生破坏。但现有的研究表明在 10^7 次循环不发生破坏的试件在经受更长的循环载荷作用后（如 10^8 次或 10^9 次）仍然会发生破坏。因此，在任一指定寿命下测定的疲劳强度，一般称为条件疲劳极限。如测定 10^6 条件疲劳极限就是测定 10^6 循环次数对应的疲劳强度。前面所说的疲劳极限实际上也是条件疲劳极限，是指定 10^7 循环次数对应的疲劳强度。

5. 循环应力-应变曲线

通常所说材料的应力-应变曲线是指由静力拉伸试验测定的曲线，也称单调应力-应变曲线。材料在循环载荷作用下测定的应力-应变曲线称为循环应力-应变曲线，它是由在不同总应变范围下得到的一系列稳定滞后回线顶点构成的迹线，如图 2-23 所示。许多材料在单调与循环加载条件下所得到的这两种应力-应变曲线有着明显的差异，在同一坐标中比较这两种曲线，可判断材料的循环强化与软化特性，若循环应力-应变曲线低于单调应力-应变曲线，则材料呈循环软化特性；反之，则呈循环硬化特性。

循环应力-应变曲线通常有两种表达形式。一种是以应力幅与塑性应变幅来表达，即

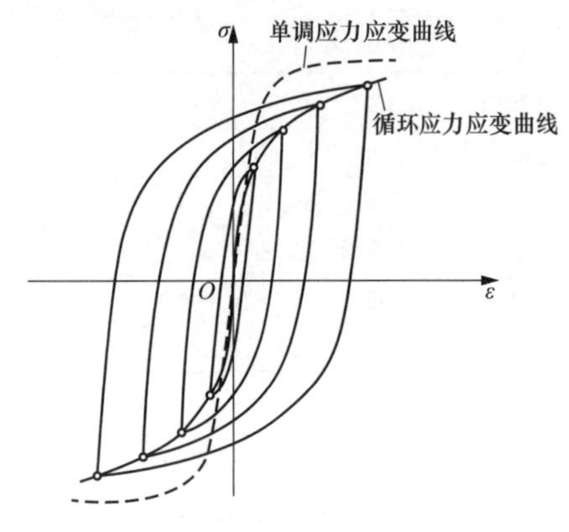

图 2-23 循环应力-应变曲线

$$\frac{\Delta\sigma}{2}=K'\left(\frac{\Delta\varepsilon_p}{2}\right)^{n'} \tag{2-14}$$

式中 K'——循环强度系数；

n'——应变硬化指数。

到目前为止，所有研究过的材料其 n' 值都介于 0.05～0.5 之间。

6. 应变-寿命曲线

材料的应变-寿命关系特性一般是低周疲劳试验关注的重点，是反映材料低周疲劳抗力最直接的依据。对于多根低周试样，不同的总应变范围 $\Delta\varepsilon_t$ 与其对应的断裂循环周次 N_f 之间建立起来的关系曲线称为应变-寿命（$\Delta\varepsilon_t$-N_f）曲线，如图 2-24 所示。

疲劳寿命通常以循环次数的形式给出。考虑一个循环中在加卸载方向存在两次损伤，因此，通常采用反向次数 $2N_f$ 和应变幅 $\Delta\varepsilon/2$ 之间的关系来表征低周疲劳临界破坏行为。

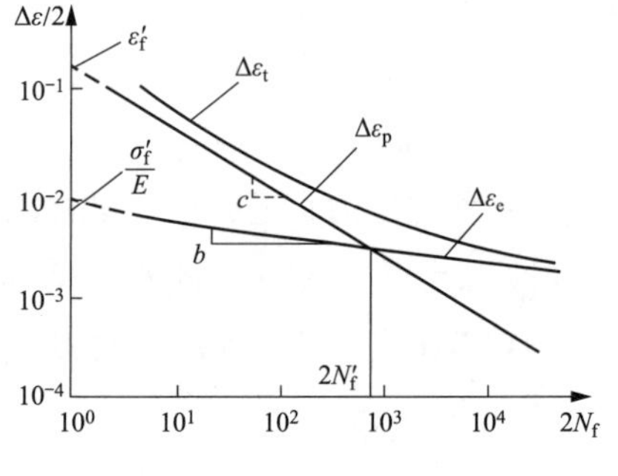

图 2-24 应变-寿命曲线

材料在低周疲劳试验中，试样的失效寿命 N_f 可以基于不同的规定来确定，N_f 可以取为试样断裂时对应的循环次数，也可以取为由稳定载荷幅下降到一定的百分比（比如 5%或 10%）对应的循环次数，有时也可以规定为出现特定尺寸的宏观裂纹长度所对应的循环次数。因此，在对比不同材料的疲劳寿命特性时应注意寿命规定的一致性。

三、显微组织分析

金属材料的显微组织结构与材料的硬度、强度、延展性等性能有着直接和密切的联系。因此，对显微组织的大小、形态、分布数量和性质等进行分析十分有必要。

（一）常用仪器

观察显微组织主要通过显微镜进行，常用的显微镜又可分为光学显微镜和电子显微镜。

光学显微镜是使用可见光作为照明源的显微镜，其最基础的结构包括物镜、目镜、光源和移动平台。光学显微镜的放大倍率通常在几十倍到上千倍之间，分辨的最小极限达到波长的 1/2，因此它主要用于观察可见光下可见的实体结构。

电子显微镜是以电子束作为照明源，通过电磁透镜对电子束的聚焦和偏转来观察微小物体。电子显微镜的分辨率远高于光学显微镜，放大倍数可以达到几十万倍，适用于观察微纳米级别的组织结构。电子显微镜的放大倍率可以连续地调节，而且景深大，可以在观

察图像的同时进行拍摄。

（二）晶粒度

晶粒度是表示材料晶粒大小的尺度。常用的表示方法有单位体积的晶粒数目、单位面积内的晶粒数目或晶粒的平均线长度（或等效圆直径）。GB/T 6394《金属平均晶粒度测定方法》规定了晶粒度的测定方法。工业生产上采用晶粒度等级来表示晶粒大小，标准晶粒度共分 12 级，1～4 级为粗晶粒，5～8 级为细晶粒。晶粒度大小示意图如图 2-25 所示。

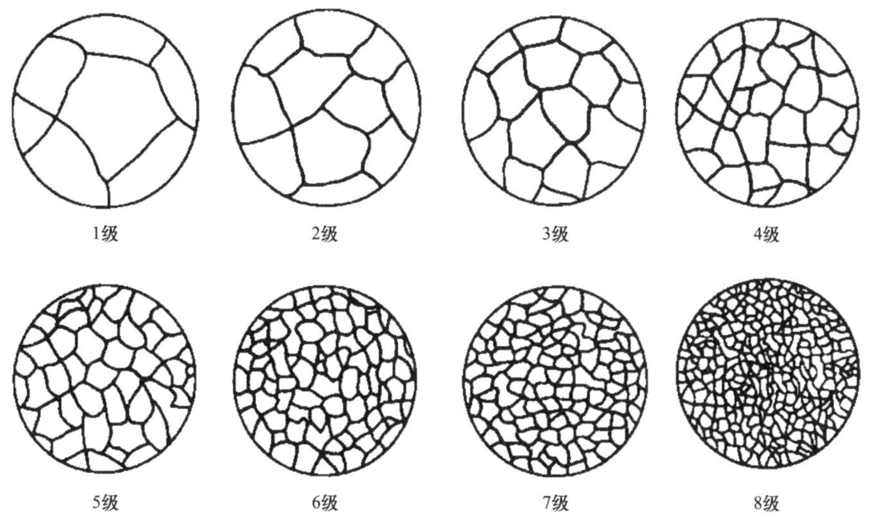

图 2-25　晶粒度大小示意图

晶粒度对金属的力学性能有很大的影响。晶粒越小，屈服强度越高，而且塑性、韧性也越好。例如，奥氏体晶粒度粗大不仅降低机械性能，而且易使材料在淬火时变形和开裂。另外，晶粒度对材料的腐蚀性也有影响，晶粒度越大越易被腐蚀。

一般情况下测定平均晶粒度有三种基本方法：比较法、面积法、截点法。具体如下。

（1）比较法。比较法不需计算晶粒、截距。与标准系列评级图进行比较，用比较法评估晶粒度时一般存在一定的偏差（±0.5 级）。评估值的重现性与再现性通常为±1 级。

（2）面积法。面积法通过计算已知面积内晶粒个数，利用单位面积晶粒数来确定晶粒度级别数。该方法的精确度中所计算晶粒度的函数，通过合理计数可实现±0.25 级的精确度。面积法的测定结果是无偏差的，重现性小于±0.5 级。面积法评价晶粒度的关键在于晶粒界面是否能够被明显地识别，从而准确地对晶粒进行计数。

（3）截点法。截点法是计算已知长度的试验线段（或网格）与晶粒界面相交的截点数，利用单位长度截点数来确定晶粒度级别数的评价方法。截点法的精确度是计算的截点数或截距的函数，通过有效的统计结果可达到±0.25 级的精确度。截点法的测量结果是无偏差的，重现性和再现性小于±0.5级。对同一精度水平，截点法由于不需要精确标计截点或截距数，因而较面积法测量快。

（三）钢的统一数字代号表示方法

统一数字代号由固定的6位符号组成，左边第一位用大写拉丁字母作前缀（一般不使用“I”和“O”字母），后接5位阿拉伯数字，字母与数字之间应无间隙排列。每一个统一数字代号只适用一个产品牌号；反之，每一个产品牌号只对应于一个统一数字代号。当产品牌号取消后，一般情况下，原对应的统一数字代号不再分配给另一个产品牌号。统一数字代号的结构形式如图2-26所示。

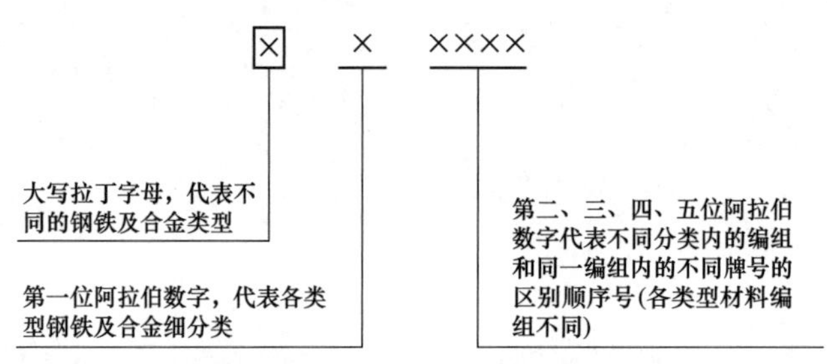

图2-26 统一数字代号的结构形式

钢铁及合金的类型与统一数字代号如表2-9所示。

表2-9 钢铁及合金的类型与统一数字代号

钢铁及合金类型	前缀字母	统一数字代号
合金结构钢	A	A×××××
轴承钢	B	B×××××
铸铁、铸钢及铸造合金	C	C×××××
电工用钢和纯铁	E	E×××××
铁合金和生铁	F	F×××××
耐蚀合金和高温合金	H	H×××××
金属功能材料	J	J×××××
低合金	L	L×××××
杂类材料	M	M×××××
粉末及粉末冶金材料	P	P×××××
快淬金属及合金	Q	Q×××××
不锈钢和耐热钢	S	S×××××
工模具钢	T	T×××××
非合金钢	U	U×××××
焊接用钢及合金	W	W×××××

第五节　金属材料常见加工方法及缺陷

一、金属材料的加工方法

金属材料主要有压力加工、铸造、轧制、锻造等多种加工方式。

压力加工是指金属坯料在外力作用下产生塑性变形，从而获得一定形状、尺寸和力学性能的原材料、毛坯或零件的加工方法，根据受力状态和施加方式分为以下几种，如图 2-27 所示。

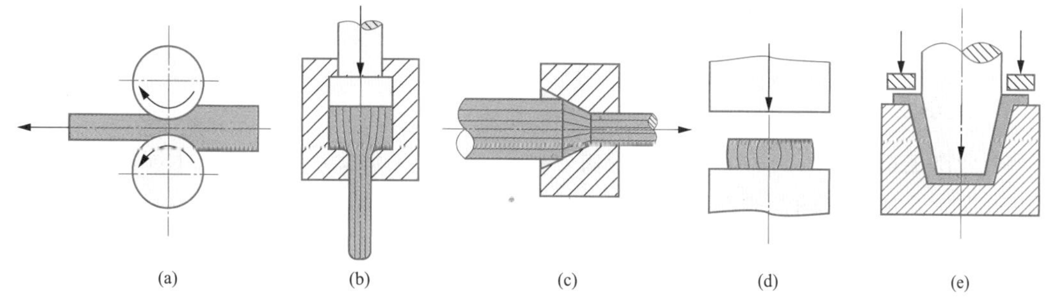

图 2-27　压力加工方法示意图

（a）轧制；（b）挤压；（c）拉拔；（d）锻造；（e）冲压

铸造是将液态金属浇注到与所要求毛坯或零件的形状和尺寸相适应的铸型型腔中，冷却凝固后获得毛坯或零件的一种成形工艺方法。它具有成本低、工艺灵活性大，适合生产不同材料、形状和重量的铸件，并适合于批量生产。

如图 2-28 所示的上冠铸钢件是混流式水轮机组的关键部件之一，与下环及多个叶片焊接成一个转轮，是水轮机中技术含量最高、制造难度最大的铸件之一。需要承受巨大的动水头压力、泥沙磨损、汽蚀破坏，因此，须具有良好的综合力学性能、较高的耐磨性和抗汽蚀性能，以及良好焊接性。

图 2-28　上冠铸钢件

轧制是金属坯料在旋转轧辊的间隙中靠摩擦力的作用连续进入轧辊而产生塑性变形的一种压力加工方法。除了平板轧制外，还可以通过成形轧制来生产各种横截面的产品。轧制的产品有板料、薄板、箔、杆、无缝管和管件。水电站压力钢管就是轧制生产的中厚板经过车间进行卷板和钢管组圆、焊接工作等后续加工制成的，卷板一般都在三辊卷板机等压力设备上进行，利用设备延滚压方向对钢板瓦片施加外力，使其发生弹性和塑性变形，同时用样板控制和调整瓦片弧度，多次反复滚压，直至瓦片弧度满足设计要求。

锻造是在加压设备及工（模）具的作用下，使坯料或铸锭产生局部或全部的塑性变形，以获得一定几何尺寸、形状的零件（或毛坯）并改善其组织和性能的加工方法。

二、金属材料的常见缺陷

（一）表面缺陷

1. 裂纹

裂纹是金属材料中最常见的缺陷类型，通常表现为材料表面出现垂直于应力方向，并且具有一定深度和宽度的未连接部分。裂纹可能是由于材料加工过程中热处理不当、应力集中、承受过大应力等原因导致的。裂纹会影响材料的强度和耐久性，严重时可能导致意外断裂。

2. 夹杂物

夹杂物是指在金属材料表面或近表面处存在的小块状杂质，通常是由于原材料中含有高熔点杂质，如氧化物；或在加工过程中受到污染所导致的。夹杂物会影响材料的表面质量、硬度和抗腐蚀性能。

3. 表面粗糙

表面粗糙是指金属材料表面呈现出高低不平、质地不均匀的现象。表面粗糙一般是由于加工工艺不当、操作不当或热处理不当等原因导致的。表面粗糙会影响材料的外观和使用性能。

4. 锈蚀

表面生成的铁锈，其颜色由杏黄色到黑红色，除锈后，严重的有锈蚀麻点。

5. 麻点

在型材表面呈现局部或连续的成片粗糙面，分布着形状不一、大小不同的凹坑，严重时有类似橘子皮状的、比麻点大而深的麻斑。

（二）内部缺陷

1. 气孔

气孔是指在金属材料内部存在的孔洞，通常是由于熔炼或铸造过程中未能完全排除气体所导致的。气孔会影响材料的强度和抗冲击性能。

2. 裂缝

裂缝是指在金属材料内部出现的垂直于应力方向、具有一定深度和宽度的裂纹。裂缝可能是由于材料加工过程中承受过大应力、热处理不当等原因导致的。裂缝会影响材料的强度和耐久性，严重时可能导致意外断裂。

3. 空洞

空洞是指在金属材料内部存在的空心部分，通常是由于加工过程中出现漏铸、缩孔等原因导致的。空洞会影响材料的致密度和强度。

4. 白点

白点是钢的一种内部破裂缺陷，在钢件的纵向断口上呈圆形或椭圆形的银白色斑点。在经过磨光和酸蚀以后的横向切片上，则表现为细长的发裂，有时呈辐射状分布，有时则平行于变形方向或无规则地分布。

（三）结构缺陷

1. 晶粒度不均匀

晶粒度不均匀是指金属材料中晶粒的大小不一致，导致材料的力学性能不均匀。晶粒度不均匀一般是由于材料加工过程中冷却速度不均匀、热处理不当等原因导致的，会影响材料的强度和韧性。

2. 夹杂

夹杂是指在金属材料内部存在的异质杂质，会影响材料的力学性能和抗腐蚀性能。夹杂物可能是由于原材料中含有高熔点杂质，如氧化物；或在加工过程中受到污染所导致的。

3. 偏析

偏析是指在金属材料中某些元素的分布不均匀，导致材料的力学性能不能达到设计指标。偏析通常是由于材料铸造、焊接过程中冷却速度没有得到应有的控制或均匀化热处理工艺不到位等原因导致的。偏析会影响材料的强度和耐腐蚀性能。

第三章

焊接方法与缺陷

第一节 焊接加工基础

按照国际焊接学会的定义，焊接是指通过加热或加压或两者并用，使被焊材料达到原子间的结合，从而形成永久性连接的工艺。其中，被焊的材料一般被称为母材或工件。

焊接至少包括三个方面的含义：一是焊接的途径，即加热或加压或两者并用；二是焊接的本质，即微观上达到原子间的结合；三是焊接的结果，即宏观上形成永久性的连接。从焊接的本质来看，被焊材料必须达到原子间的结合，这是由实现焊接的途径一解决原子间的相互作用力与其距离的关系决定的。

目前，金属的焊接，按其工艺过程的特点分有熔焊、压焊和钎焊三大类。

熔焊是在焊接过程中将工件接口加热至熔化状态，不加压力完成焊接的方法。熔焊时，热源将待焊两工件接口处迅速加热熔化，形成熔池。熔池随热源向前移动，冷却后形成连续焊缝而将两工件连接成为一体。

压焊是在加压条件下，使两工件在固态下实现原子间结合，又称固态焊接。常用的压焊工艺是电阻对焊，当电流通过两工件的连接端时，该处因电阻很大而温度上升，当加热至塑性状态时，在轴向压力作用下连接成为一体。各种压焊方法的共同特点是在焊接过程中施加压力而不加填充材料。多数压焊方法如扩散焊、高频焊、冷压焊等都没有熔化过程，因而没有像熔焊那样的有益合金元素烧损和有害元素侵入焊缝的问题，从而简化了焊接过程，也改善了焊接安全卫生条件。同时由于加热温度比熔焊低、加热时间短，因而热影响区小。许多难以用熔化焊焊接的材料，往往可以用压焊焊成与母材同等强度的优质接头。

钎焊是使用比工件熔点低的金属材料作钎料，将工件和钎料加热到高于钎料熔点、低于工件熔点的温度，利用液态钎料润湿工件，填充接口间隙并与工件实现原子间的相互扩散，从而实现焊接的方法。

对焊接方法进行分类，如图 3-1 所示。如熔化焊，按能源种类细分为电弧焊、气焊、铝热焊等，而电弧焊又可进一步分为熔化极焊和非熔化极焊。

各种焊接方法的热源特性如表 3-1 所示。总的来看，作为各种焊接方法的热源，其共有的特性就是具有很高的能量密度，能实现快速焊接。但就不同的焊接方法而言，它们所具有的能量密度明显不同，其中气焊较低，电弧焊较高，高能束流焊最高。

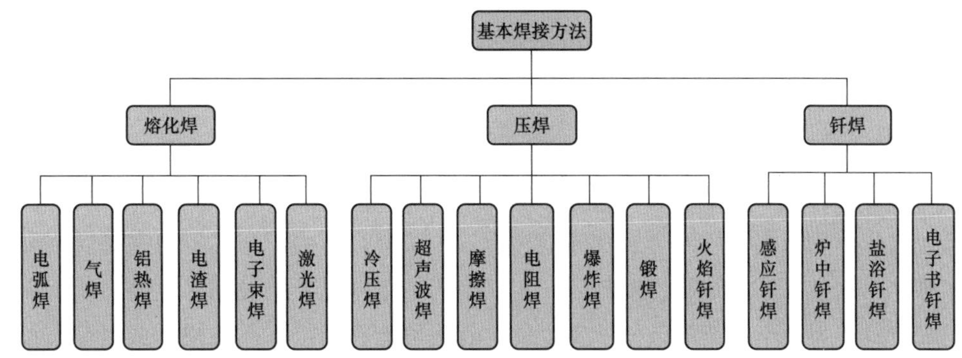

图 3-1　焊接方法分类

表 3-1　　各种焊接方法的热源特性

焊接方法		最小加热面积（cm^2）	最大能量密度（W/cm^2）	正常焊接时的温度（K）
气焊	氧乙炔焊	10^{-2}	2×10^3	3400
电渣焊		10^{-2}	10^4	2300
电弧焊	焊条电弧焊	10^{-3}	10^4	6000
	埋弧焊	10^{-3}	2×10^4	6400
	钨极氩弧焊	10^{-3}	1.5×10^4	8000
	熔化极气体保护焊	10^{-4}	$10^4\sim10^5$	—
	等离子弧焊	10^{-5}	1.5×10^5	18000～24000
高能束流焊	电子束焊	10^{-7}	$10^7\sim10^8$	6500
	激光束焊	10^{-8}	$10^7\sim10^9$	500～3500

正是由于能量密度不同，造成对母材的热输入明显不同，因而所产生的影响也不同。由图 3-2 可以看出，从气焊到电弧焊，再到高能束流焊，能量密度明显提高，对母材的热输入明显降低，因而焊接质量提高，同时焊接效率和熔深也提高。

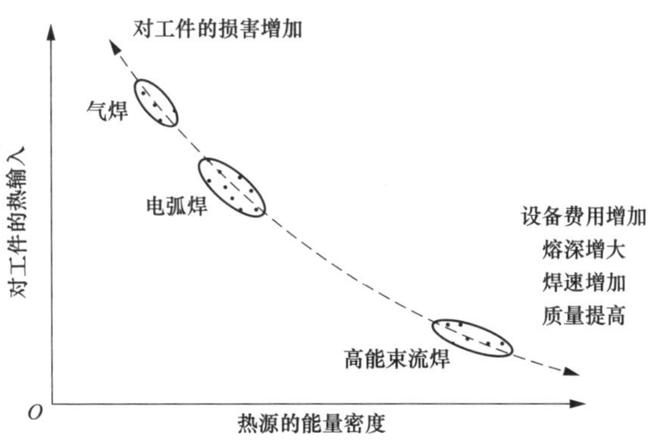

图 3-2　不同焊接方法对工件的热输入及影响

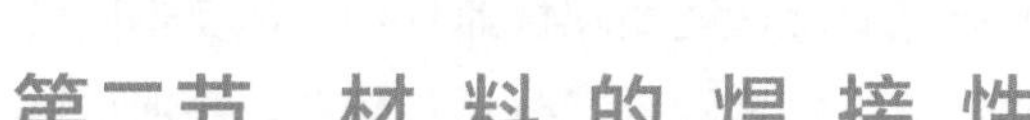

第二节 材料的焊接性

一、焊接性概述

焊接性是说明材料对焊接加工的适应性，用以衡量材料在一定的焊接工艺条件下获得优良接头的难易程度和该接头能否在使用条件下可靠地运行。

绝大部分作为结构材料的金属都要通过焊接方法进行连接，金属材料在焊接时要经受加热、熔化、冶金反应、结晶、冷却、固态相变等一系列复杂的过程，这些过程又都是在温度、成分及应力极不平衡的条件下发生的，有时可能在焊接区造成缺陷或者使金属的性能下降而不能满足使用时的要求，因而金属材料的焊接性是一项非常重要的性能指标。为了确保焊接质量，必须研究金属材料的焊接性，采用合理有效的工艺措施，以保证获得优质的焊接接头。实践证明，不同的金属材料获得优质焊接接头的难易程度不同，或者说各种金属对焊接工艺的适应性不同。这种适应性就是通常所说的焊接性。本章简要介绍金属焊接性的基本概念及一些常用的焊接性试验方法。

金属材料具备良好的强度、韧性，适合在高温、低温以及腐蚀介质中工作。然而，焊接会使金属性能发生某些变化。例如，可能在焊缝和热影响区形成裂纹、气孔、夹渣等一系列的宏观缺陷，破坏了金属材料的连续性和完整性，造成焊接接头的强度、低温韧性、高温强度、耐腐蚀等性能下降。因此，为了能够使用焊接工艺将金属材料制成合格的金属结构，这就要求不仅要了解金属材料本身的性能，而且还要了解金属材料进行焊接加工之后性能的变化，也就是要了解金属的焊接性问题。因此，焊接性的具体内容可分为工艺焊接性和使用焊接性。优质的焊接接头应具备两个条件：一是接头中不允许存在超过质量标准规定的缺陷，二是具有预期的使用性能。

1. 工艺焊接性

工艺焊接性是指在一定焊接工艺条件下，能否获得优质、无缺陷的焊接接头的能力。它不仅取决于金属本身的成分与性能，而且与焊接方法、焊接材料和工艺措施有关。随着焊接工艺条件的变化，某些原来不能焊接或不易焊接的金属材料，可能会变得能够焊接和易于焊接。对于熔焊，一般都要经历传热过程和冶金反应过程，因而又可把工艺焊接性分为热焊接性和冶金焊接性。热焊接性是指焊接热循环对焊接热影响区组织性能及产生缺陷的影响程度，主要与被焊材质及焊接工艺条件有关。冶金焊接性是指冶金反应对焊缝性能和产生缺陷的影响程度，它包括合金元素的氧化、还原、蒸发，氢、氧、氮的溶解等对形成气孔、夹杂、裂纹等缺陷的影响，用以评定被焊材料对冶金反应产生缺陷的敏感性。

2. 使用焊接性

使用焊接性是指焊接接头或整体结构满足技术条件中所规定的使用性能的可靠性。通

常包括常规力学性能、低温韧性、抗脆断性能、高温蠕变、疲劳性能、持久强度、耐蚀性能和耐磨性能等。

二、影响焊接性的因素

焊接性是金属材料的一种工艺性能，除了受材料本身性质影响外，还受工艺条件、结构条件和使用条件的影响。影响焊接性的因素主要如下。

（一）材料因素

材料因素包括母材和焊接材料。在相同的焊接条件下，决定母材焊接性的主要因素是它本身的物理化学性能。对于钢材的焊接，影响其焊接性的主要因素是所含的化学成分。其中影响最大的元素有碳、硫、磷、氢、氧和氮等，它们容易引起焊接工艺缺陷和降低接头的使用性能，其他合金元素，如锰、硅、铬、镍、钼、钛、钒、铌、铜、硼等都在不同程度上增加焊接接头的淬硬倾向和裂纹敏感性。钢材的焊接性总是随着含碳量和合金元素含量的增加而恶化。此外，钢材的冶炼轧制状态、热处理状态、组织状态等，在不同程度上都对焊接性发生影响。

焊接材料直接参与焊接过程一系列化学冶金反应，决定着焊缝及金属的成分、组织、性能及缺陷的形成。如果选择焊接材料不当，与母材不匹配，不仅不能获得满足使用要求的接头，还会引起裂纹等缺陷的产生和组织性能的变化。因此，正确选用焊接材料也是保证获得优质焊接接头的重要冶金条件。

（二）工艺因素

工艺因素包括焊接方法、焊接工艺参数、装焊顺序、预热、后热以及焊后热处理等。焊接方法对焊接性影响很大，主要表现在热源特性和保护两个方面。

不同的焊接方法其热源在功率、能量密度、最高加热温度等方面有很大差别。金属在不同热源下焊接，将显示出不同的焊接性能。如电渣焊功率很大，但能量密度很低，最高加热温度也不高，焊接时加热缓慢，高温停留时间长，使得热影响区晶粒粗大，冲击韧性显著降低，必须经正火处理才能得到改善。与此相反，电子束焊、激光焊等方法，功率不大，但能量密度很高，加热迅速。高温停留时间短，热影响区很窄，没有晶粒长大的危险。

调整焊接工艺参数，采取预热、多层焊和控制层间温度等其他工艺措施，可以调节和控制焊接热循环，从而可改变金属的焊接性。例如，焊接某些有淬硬倾向的高强钢时，材料本身具有一定冷裂纹敏感性。当工艺选择不当时，焊接接头可能产生冷裂纹或降低接头的塑性和韧性。如果选择合适的填充材料、合理的焊接热循环，并采取焊前预热或焊后热处理等措施，则可能获得没有裂纹缺陷、满足使用性能要求的焊接接头。

（三）结构因素

焊接结构和焊接接头的设计形式，如结构形状、尺寸、厚度、接头坡口形式、焊缝布

置及其截面形状等因素对焊接性也有影响。在设计时应使接头处的应力处于较小的状态，能够自由收缩，这样有利于减小应力集中和防止焊接裂纹。要尽量避免接头处的缺口、截面突变、交叉焊缝等容易引起应力集中。也要避免不必要地增大母材厚度或焊缝体积而产生多向应力。

（四）使用条件

使用条件因素是指焊接结构的工作温度（高温、低温）、受载类别（静载荷、动载荷、冲击载荷、交变载荷等）和工作环境（焊接结构的服役地点、工作介质有无腐蚀性等）。如在高温下工作时，有可能发生蠕变；在低温或冲击载荷下工作时，会发生脆性破坏；在腐蚀介质中工作时，焊接接头要考虑耐各种腐蚀破坏的可能性。总之，使用条件越苛刻，对焊接接头的质量要求越高，焊接性就越不容易得到保证。

综上所述，金属的焊接性与材料、工艺、结构及使用条件等密切相关，因此，不应脱离开这些因素而单纯从材料本身的性能来评价焊接性，因此很难找到一项技术指标可以概括金属材料的焊接性，只能通过多方面的研究对其进行综合评定。

三、焊接性试验方法

评定焊接性的试验方法有很多种。每一种试验方法都是从某一特定的角度来考核焊接性的某一方面的要求。概括起来说，焊接性试验主要包括以下几个方面的内容。

（1）焊缝金属抗热裂纹的能力。热裂纹是焊缝中较常见且危害严重的缺陷，因此常用金属抗热裂纹的能力来判定金属材料冶金焊接性的指标。

（2）焊缝及热影响区抗冷裂纹的能力。冷裂纹是低合金高强度钢焊接中常出现的焊接缺陷。氢致延迟冷裂纹的发生具有延迟性，其危害更大。冷裂纹是焊缝及热影响区金属在焊接热循环作用下，由于组织硬化倾向严重，又有拉伸应力和扩散氢共同作用下而产生的。测定焊缝和热影响区金属抵抗产生冷裂纹的能力，是焊接性试验中很重要且最常用到的一项试验内容。

（3）焊接接头抗脆性转变的能力。焊接时，焊接接头由于受各种因素的影响会发生脆性转变，从而使韧性降低，将会影响使用焊接性。因而，对于在低温下工作和承受冲击载荷的焊接结构，焊接接头抗脆性转变的能力也是一项重要试验内容。

（4）焊接接头的使用性能。焊接接头的使用性能对焊接性有不同的要求，因而应根据特定的工作条件和设计的技术要求制定专门的焊接性试验方法。

焊接性试验方法种类繁多，从不同角度可以进行不同的分类。通常可以将其分为直接法和间接法两大类，具体的分类如图 3-3 所示。抗裂性能是衡量金属焊接性的主要标志，因此，在生产中还是常用焊接裂纹试验来表征材料的焊接性。这里重点介绍最为常用的碳当量法、裂纹敏感指数法、斜 Y 形坡口焊接裂纹试验、插销试验和热影响区最高硬度试验法，并简要介绍一些其他试验。

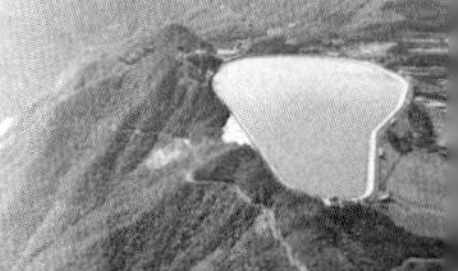

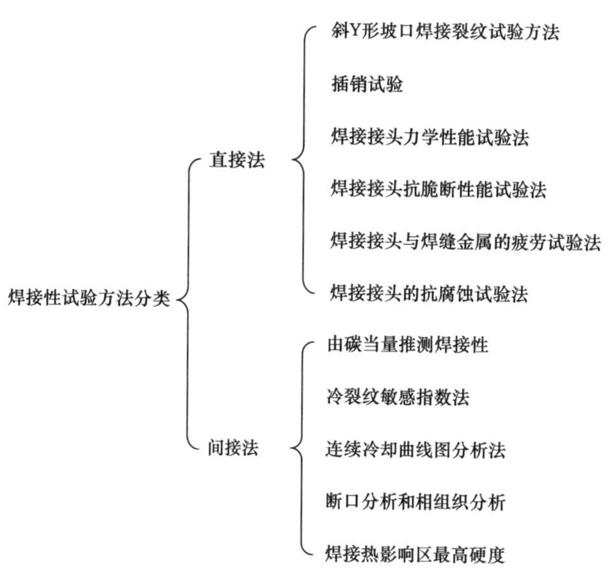

图 3-3　焊接性试验方法分类

对工艺焊接性方面的分析，主要是考察金属材料在给定的工艺条件下，产生焊接缺陷的倾向性和严重性。焊接工艺缺陷很多，其中以裂纹的危害性最大，产生的原因多而复杂，故分析的重点通常是放在材料的抗裂性能上。

按材料中合金元素及其含量简单地评估材料的焊接性是最常用的分析方法，如碳当量法和裂纹敏感指数法等。在通常情况下，对钢材焊接性的理论分析并不能对材料的焊接性进行十分准确可靠的评价，但是可以作为很好的补充辅助材料，有助于在短期内迅速把握复杂的冶金因素和焊接因素在焊接过程中所起的作用，从而可以降低试验成本。

此外，也可利用合金相图或模拟焊接热影响区的连续冷却曲线（Simulated HAZ Continuous Cooling Transformation，SH-CCT）图进行分析，合金相图可以用来判断热裂倾向，SH-CCT 图可以用来估计有无冷裂的危险和焊后接头的大致性能（硬度值）。

对使用焊接性方面的分析，主要是考察材料在给定的焊接工艺条件下，焊成的接头或整个焊接结构是否满足使用要求，主要是指强度、韧性、塑性等性能要求。对于以等性能原则设计的焊接接头，则以母材的性能为依据，分别考察焊缝金属和焊接热影响区在焊接热的作用下可能引起哪些不利于使用性能的变化。对于已经建立焊接连续冷却曲线（Continuous Cooling Transformation，CCT）图的材料，可以利用该图来预测或判断焊缝或热影响区熔合线附近的组织与性能的变化极为方便。

（一）碳当量法

碳当量反映钢中化学成分对硬化程度的影响，碳当量法是把钢中包括碳在内的合金元素对淬硬、冷裂和脆化的影响折合成碳的相当含量，用以进行焊接性分析的间接试验方法。一般碳当量越高，则材料的冷裂敏感性越大，焊接性越差。

国际焊接学会（IIW）推荐的CEIIW及日本的JIS标准所规定的CE_{jis}分别适用于屈服强度不同的钢材，且都适用于含碳量偏高（C%≥0.18%）的钢种。随着低碳微合金高强度钢的开发，发展了冷裂纹敏感指数P_{cm}公式，P_{cm}原则上适用于含碳量较低（0.07～0.22%）的钢。之后又发展了新的碳当量公式CEN，适用于含碳量为0.034%～0.254%的钢种。

$$CEN=\omega(C)+A(C)\left[\frac{1}{24}\omega(\mathrm{Si})+\frac{1}{16}\omega(\mathrm{Mn})+\frac{1}{15}\omega(\mathrm{Cu})+\frac{1}{20}\omega(\mathrm{Ni})+\frac{1}{5}\omega(\mathrm{Cr}+\mathrm{Mo}+\mathrm{V}+\mathrm{Nb})+5\omega(\mathrm{B})\right] \tag{3-1}$$

式中　$A(C)$——碳的适当系数，$A(C)=0.75+0.25\tanh[20\omega(C)-0.12)]$；

ω——某元素的质量分数，%。

CEN公式是目前含碳量范围较宽的碳当量公式，对于确定防止冷裂纹的预热温度比其他碳当量更为可靠。从碳当量来看，CEN>0.5%，则属于高淬硬倾向，焊接性差的钢种，CEN≤0.45%时，钢种的焊接性良好。

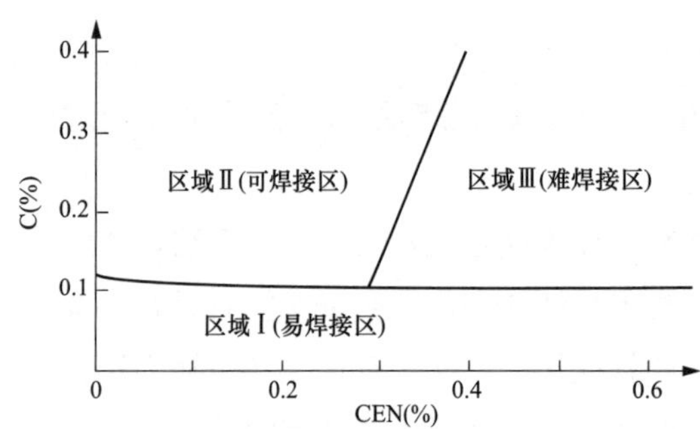

图3-4　碳当量、碳含量与钢的冷裂敏感性的关系

碳当量、碳含量与钢的冷裂敏感性的关系见图3-4。

根据钢材的含碳量及碳当量可判断材料的焊接难易程度。单纯以碳当量法评价材料的冷裂倾向是比较片面的。钢种的淬硬倾向、焊接接头含氢量及其分布和接头所承受的拘束应力状态是高强钢焊接时产生冷裂纹的三大主要因素。预热对于三者都有影响，合理的预热工艺给三者带来积极的作用，从而能达到防止冷裂纹的目的。

（二）冷裂纹敏感指数法

焊接冷裂纹敏感指数是日本焊接协会于1983年制订的《低焊接冷裂纹敏感性高强度钢》标准中提出的用于评定焊接冷裂纹敏感性的指数。根据该标准中有关钢板低裂纹敏感性的规定，只有当钢板的P_{cm}≤0.20%时，防止根部裂纹的预热温度才不会高于50℃。

$$P_{cm}=\omega(\mathrm{C})+\frac{1}{30}\omega(\mathrm{Si})+\frac{1}{20}\omega(\mathrm{Mn}+\mathrm{Cu}+\mathrm{Cr})+\frac{1}{60}\omega(\mathrm{Ni})+\frac{1}{15}\omega(\mathrm{Mo})+\frac{1}{10}\omega(\mathrm{V})+5\omega(\mathrm{B}) \tag{3-2}$$

焊接冷裂纹公式是在大量不同成分的低合金高强钢斜Y形坡口试验的基础上，对试验结果进行统计分析后得到的经验公式。因此，目前焊接界更倾向于采用该指数来评估低合金高强度钢的焊接冷裂纹敏感性。根据P_{cm}被焊材料的板厚及熔敷金属中的含氢量（用

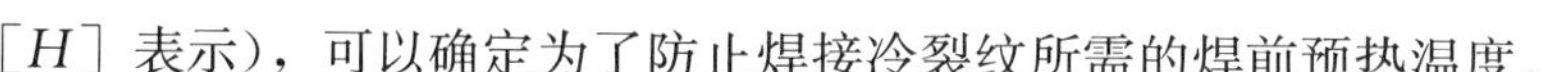

［H］表示），可以确定为了防止焊接冷裂纹所需的焊前预热温度。

$$P_w = P_{cm} + \frac{[H]}{60} + \frac{\delta}{600} \tag{3-3}$$

$$T_0 = 1440P_c - 392 \tag{3-4}$$

式中　P_{cm}——冷裂纹敏感指数；

P_w——冷裂纹敏感性；

［H］——熔敷金属的扩散氢含量，mL/100g，每 100g 取 1～5mL/100，也可取 3mL（平均值）；

δ——被焊金属的厚度，mm；

T_0——预热温度，℃；

P_c——冷裂纹敏感系数。

（三）斜 Y 形坡口焊接裂纹试验方法

斜 Y 形坡口焊接裂纹试验方法是在工程中广泛应用的一种焊接裂纹试验方法。该试验主要用于评价碳钢和低合金高强度钢焊接热影响区的冷裂纹敏感性，斜 Y 形坡口焊接裂纹试验试件加工如图 3-5 与图 3-6 所示，对板厚不做规定，常用 9～38mm，模拟实际结构的拘束状况和焊接区的焊接热循环，通常采用和实际结构相同的板厚进行试验。为防止组织发生变化，焊接坡口采用机械方法加工，在焊接前应利用砂轮打磨要焊接位置，去除试件表面有害于焊接的水、油、铁锈及过厚的氧化皮，试板两端的拘束焊缝采用双面焊，焊接时注意防止角变形和未焊透，保证中间待焊试样焊缝处有 2mm 间隙。

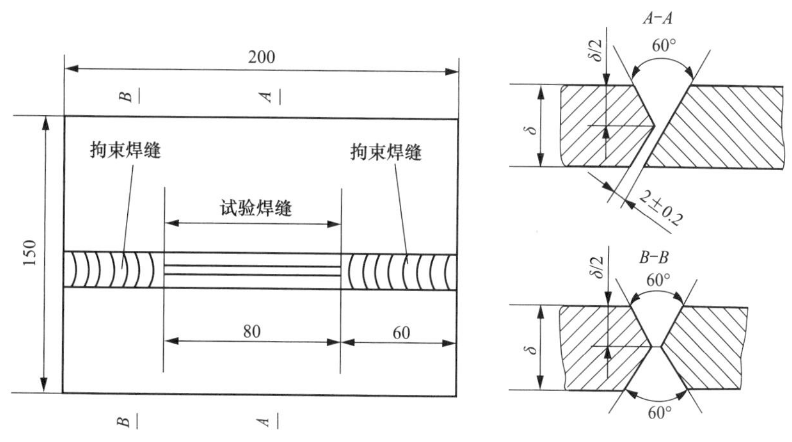

图 3-5　斜 Y 形坡口焊接裂纹试验试件加工示意图

通常以标准焊接参数（焊条直径 4mm，焊接电流 170A，焊接速度 150mm/min，电弧电压 24V，焊条焊前烘干）在 3 个试件上重复试验。焊后经不少于 24h 的时效后再做裂纹检查。首先用放大镜目测或磁性荧光粉检查焊缝表面裂纹，然后沿焊缝长度方向均匀截成六段，检查 5 个断面的裂纹情况。各类裂纹率可根据下列各式计算求得

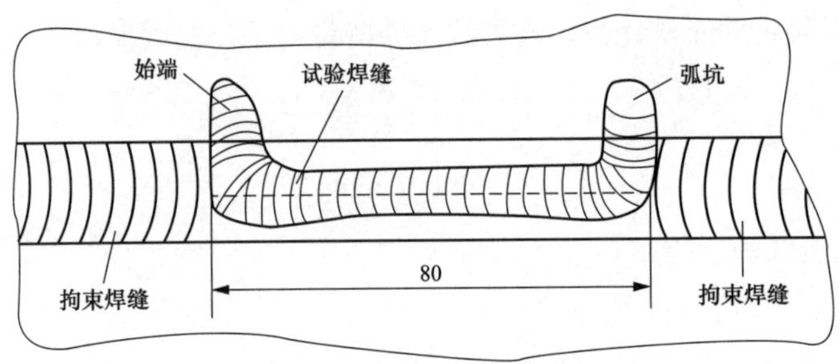

图 3-6 采用焊条电弧焊时试验焊缝位置

$$根部裂纹率=\frac{\sum l_{CR}}{l_C}\times100\% \tag{3-5}$$

$$表面裂纹率=\frac{\sum l_{CF}}{l_C}\times100\% \tag{3-6}$$

$$断面裂纹率=\frac{\sum h}{5H}\times100\% \tag{3-7}$$

式中 $\sum l_{CR}$——断面上根部纹长度总和，mm；

l_C——试验焊缝长度，mm；

$\sum l_{CF}$——表面裂纹长度总和，mm；

$\sum h$——横截面上的裂纹深度总和，mm；

H——焊缝厚度，mm。

由于斜 Y 形坡口对接裂纹试验的接头所受拘束度很大，根部尖角又有应力集中，试验条件比较苛刻，所以一般认为在这种试验中若裂纹率不超过 20%，则在实际结构焊接时就不会产生裂纹。

（四）插销试验

插销试验主要是用于测定碳钢和低合金高强度钢焊接热影响区对冷裂纹敏感性的一种定量试验方法。因试验消耗钢材少，试验结果稳定可靠，在国内外都广泛应用。插销试验的基本原理是根据产生冷裂纹的三大要素（即钢的淬硬倾向、氢的行为和局部区域的应力状态），以定量的方法测出被焊钢焊接冷裂纹的“临界应力”，作为冷裂纹敏感性指标。具体方法是把被焊钢材做成直径为 8mm（或 6mm）的圆柱形试棒（插销），插入与试棒直径相同的底板孔中，其上端与底板的上表面平齐，如图 3-7 所示。为了模拟实际焊接接头的应力集中效应，并使试验数据集中，在插销上开有缺口。试棒的上端有环形或螺形缺口，然后在底板上按规定的焊接热输入一道熔敷焊缝，尽量使焊道中心线通过插销的端面中心。该焊道的熔深，应保证插销试棒缺口位于热影响区的粗晶部位。

在不预热的条件下，待焊后冷至 100～150℃时加载；如有预热，则应高出初始温度 50～70℃时加载，规定的载荷应在 1min 内，并在试验冷却到 100℃或高出初始温度 50～

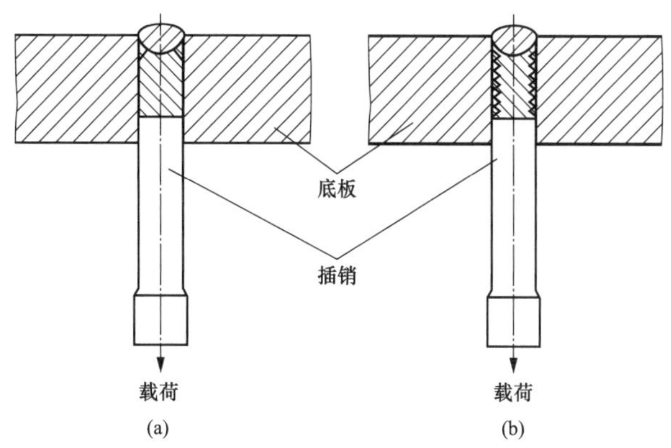

图 3-7　插销试验试棒、底板及熔敷焊道

（a）环形缺口试棒；（b）螺形缺口试棒

70℃以前加载完毕；如有后热，则应在后热以前加载。对试件加载后并保持到试件断裂，然后再逐渐小载荷重复试验，在无预热条件下，直到试件 16h 后不断裂即可卸载。如有预热或预热后加热时，载荷应至少保持 24h 后不断裂才可卸载，此时得到的应力值即为临界应力值。

（五）焊接热影响区最高硬度试验方法

焊接热影响区最高硬度比碳当量能更好地判断钢种的硬倾向和冷裂纹敏感性。因为它不仅反映了钢种化学成分的影响，而且也反映了金属组织的作用。

最高硬度试板用气割下料，形状和尺寸如图 3-8 和表 3-2 所示。标准厚度为 20mm，当厚度超过 20mm 时，则须机械加工成 20mm，只保留一个轧制表面。当厚度小于 20mm 时，则无须加工。

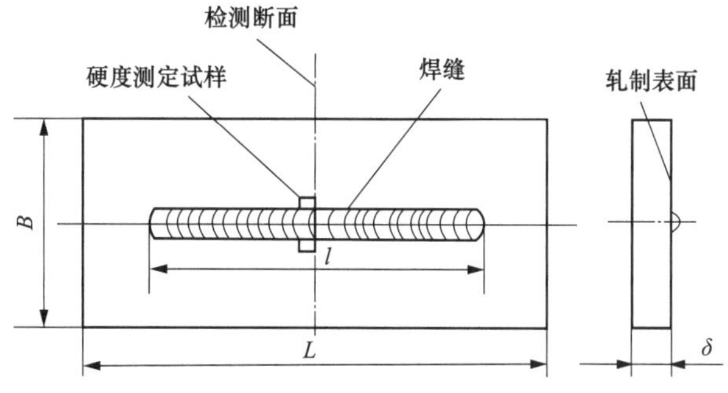

图 3-8　最高硬度试板

表 3-2　　HAZ 最高硬度试件尺寸

试件号	L（mm）	B（mm）	l（mm）
1号	200	75	125±10
2号	200	150	125±10

焊前应仔细去除试件表面的油污、水分和铁锈等杂质。焊接时试件两端由支撑架空，下面留有足够的空间。1 号试件在室温下，2 号试件在预热温度下进行焊接。焊接参数：焊条直径为 4mm，焊接电流为 170A，焊接速度为 150mm/min。沿轧制方向在试件表面中心线水平位置焊长（125±10）mm 的焊道，如图 3-9 所示。焊后自然冷却 12h 后，采用机加工法垂直切割焊道中部，然后在断面上切取硬度测定试样。切取时，必须在切口处冷却，以免焊接热影响区的硬度因断面升温而下降。

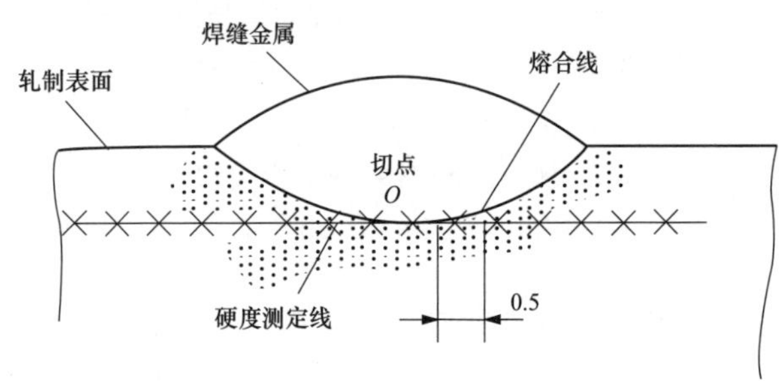

图 3-9　测量硬度的位置

测量硬度时，试样表面经研磨后，进行腐蚀，按图 3-9 所示的位置，在 O 点两侧各取 7 个以上的点作为硬度测定点，每点的间距为 0.5mm，采用载荷为 100N 的维氏硬度在室温下进行测定。试验按 GB/T 4340.1《金属材料　维氏硬度试验　第 1 部分：试验方法》有关规定进行。

将试验测出的硬度值中最大的一个确定为最高硬度值 HV_{max}，并将其作为间接评定钢材焊接性的指标。对不同强度等级和不同含碳量的钢种，应该确定出不同的 HV_{max} 许可值来评价钢种的焊接性，HV_{max} 越大，说明钢材的淬硬倾向越大，越易产生冷裂纹。

（六）其他焊接性试验方法

焊接接头力学性能试验法主要测定母材、焊缝及热影响区在不同的载荷作用下的强度、塑性和韧性。

焊接接头抗脆断性能试验法通过 V 形缺口的冲击试验来评定脆性转变温度。

焊接接接头与焊缝金属的疲劳试验法主要测定焊接结构在交变载荷作用下的疲劳极限。

焊接接头的抗腐蚀试验法主要通过硫酸-硫酸铜腐蚀试验方法（弯曲法）或硫酸-硫酸铁腐蚀试验法（失重法）来评定焊接接头的晶间腐蚀倾向，用恒负荷拉伸试验或 U 形弯曲试验来评定应力腐蚀开裂倾向。

焊接接头的高温性能试验法主要评定焊接接头在高温下的拉伸强度、持久强度和蠕变极限。

连续冷却曲线图分析法利用其各自的连续冷却曲线图或模拟焊接热影响区的连续冷却曲线图分析其焊接性问题。这些曲线可以大体上说明在不同焊接热循环条件下将获得什么样的金相组织和硬度，可以估计有无冷裂的危险，以便确定适当的焊接工艺条件。

第三节　焊接接头与坡口设计

一、焊接接头基本知识

焊接结构是由若干零件或部件按设定的形状和位置用焊接方法连接而成的，焊接接头就是用焊接方法连接起来的不可拆卸的接头，简称接头，是焊接结构的基本要素。焊接接头的形成，一般需要经历加热、熔化、冶金、凝固结晶、固态相变过程。焊接接头除了将被焊工件连接成一个整体外，也和工件一起承担工作载荷。根据化学成分、金相组织，以及力学性能的不同特征，将焊接接头分为焊缝、热影响区、熔合区以及母材，如图 3-10 所示。

熔焊时，在热源作用下，焊材与部分母材发生熔化，由熔化的焊材与母材组成的具有一定几何形状的液态金属就是熔池。

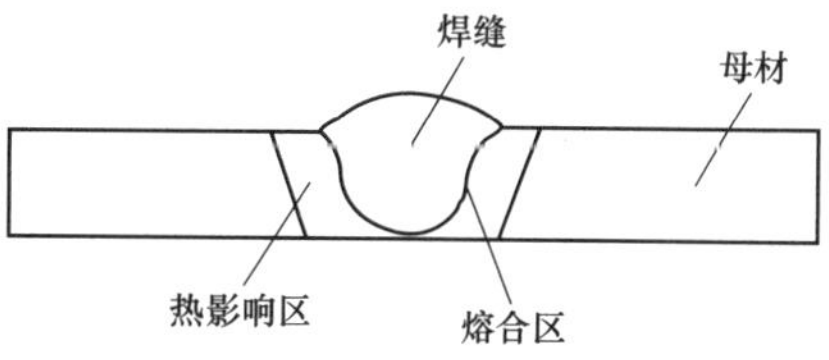

焊缝
母材
热影响区
熔合区

图 3-10　焊接接头示意图

焊缝金属是由焊接填充材料及部分母材熔化结晶后形成的铸造组织，相较于母材，其组织和化学成分都会发生变化。焊缝起着连接金属和传递力的作用，按其焊前准备和工作特性可分为坡口焊缝和角焊缝两大类。在焊接过程中用填充金属填满坡口的焊缝为坡口焊缝，用填充金属填待焊件交角的焊缝称为角焊缝。

焊缝两侧受热但并未熔化的区域称热影响区（Heat Affected Zone，HAZ）。这一区域由于受热的影响，其金相组织和力学性能都会发生变化。焊接过程中，离焊缝越近的区域，母材达到的峰值温度越高，远离焊缝的区域则更接近于室温，因此，不同部位在整个焊接过程发生的组织转变不同，这就导致了热影响区的组织和性能不均匀。在这个区域内，有些部位的组织和性能优于母材焊前的组织和性能，有些部位的组织和性能则劣于焊前的组织和性能。此区域有可能会发生脆化、硬化等不利现象。焊接热影响区的性能与材料本身的特性、焊接工艺方法与参数等因素有关。

熔合区是接头中介于焊缝与热影响区相互过渡的窄小区域，此区域很窄，又可以叫作“熔合线”，低碳钢和低合金钢的熔合线宽为 0.1～0.5mm。熔合区的化学成分、组织分布极其不均匀，是接头中最薄弱的地带，通常是冷裂纹、热裂纹以及脆性相等缺陷的源头，因此研究熔合区的形成机理以及组织特性以期提高焊接质量是研究焊接问题的重点。

二、焊接接头的基本类型

焊接接头的构造形式主要取决于焊接过程所需的几何形状以及被连接件之间的相互位置，不同的结构形式的接头其工作性能也不同。充分地了解各种焊接接头的构造以及作用，对正确地设计相应的接头以实现焊接件的制造具有十分重要的意义。

焊接接头的种类和形式按照焊接方法可分为熔焊接头、压焊接头以及钎焊接头。按照结构形式可分为对接接头、搭接接头、T形（十字）接头、角接接头、端接接头五种基本类型，如图3-11所示。

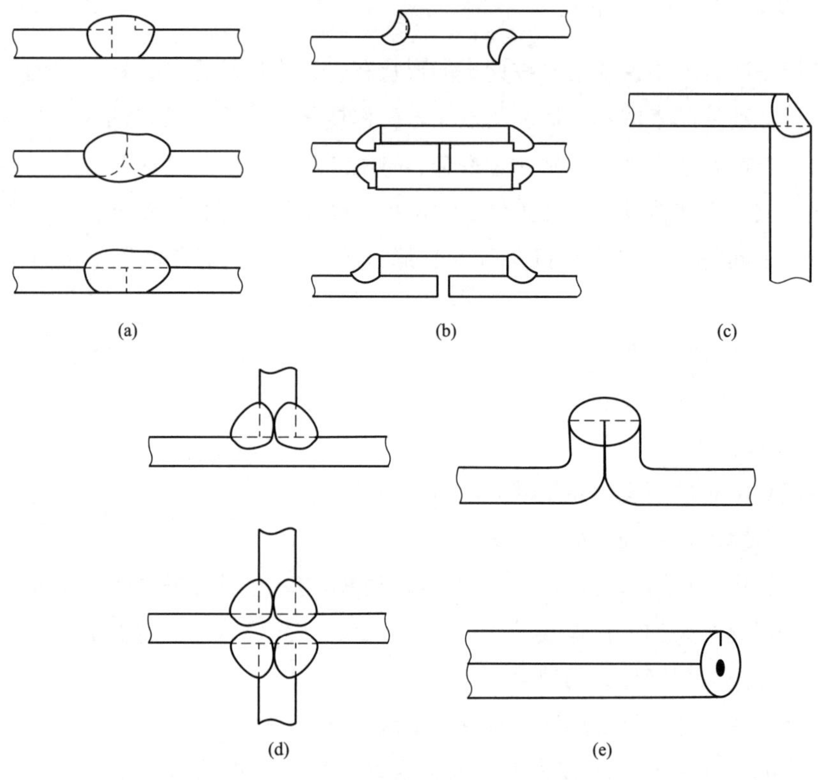

图3-11　焊接接头的基本形式

(a) 对接接头；(b) 搭接接头；(c) 角接接头；(d) T形接头；(e) 端接接头

（一）对接接头

两焊件相对平行，两件表面构成大于或等于135°、小于或等于180°的夹角，即两板件相对断面焊接而成的接头叫对接接头。对接接头的应力集中程度较小，能够承受较大的静载荷或动载荷，是焊接结构中采用最多和最完善的理想接头。

在进行对接接头焊接时，为了保证焊接质量、减小焊接变形和焊材消耗，往往根据板厚或壁厚，将对接边缘加工成不同形式的坡口。对接接头常用的坡口形式有单边卷边、双边卷边、I形、V形、U形等，如图3-12所示。坡口形式主要取决于板材厚、焊接方法，同时也要考虑焊接质量和施工难度。

（二）搭接接头

搭接接头是将两板件部分相互搭接，通过角焊缝、或塞焊缝、槽焊缝连接起来的接头。搭接接头有多种连接方式，一般采用正面角焊缝、侧面角焊缝或正面、侧面联合角焊缝，有时也采用塞焊缝、槽焊缝连接，如图 3-13 所示。搭接接头的应力集中比对接接头复杂，母材和焊材消耗量大，动载荷强度低，因此不适合在复杂工况下使用。然而，搭接接头的焊前准备工作简单，装配容易，因此适用于在工作环境良好和不重要的结构中。

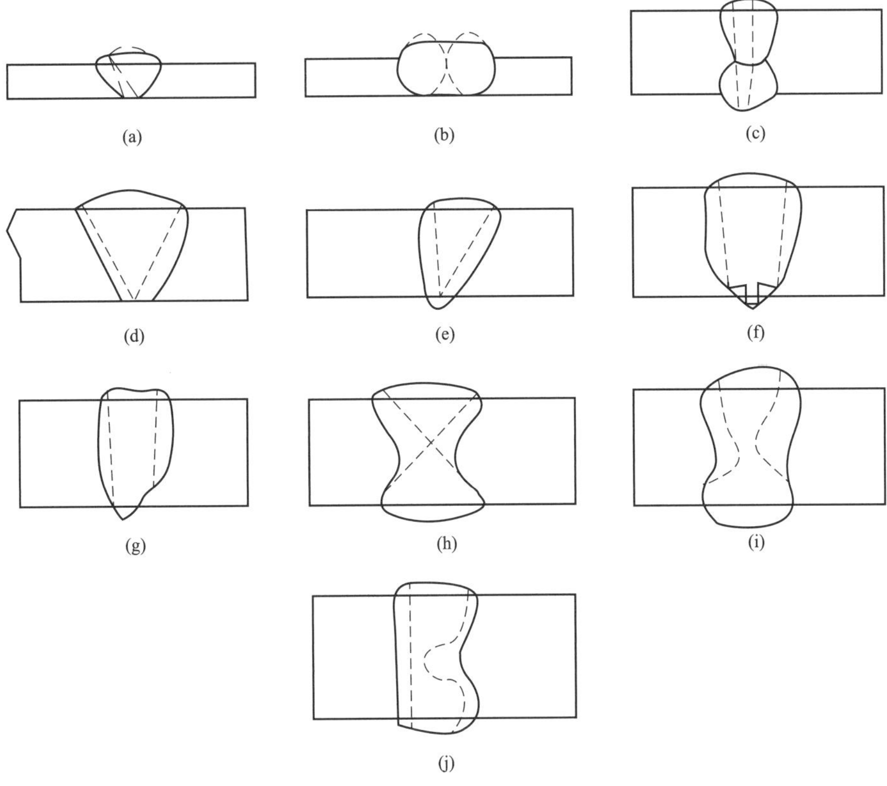

图 3-12　熔焊对接接头常用坡口形式

(a) 单边卷边坡口；(b) 双边卷边坡口；(c) I 形坡口；(d) V 形坡口；(e) 单边 V 形坡口；(f) 带钝边 U 形坡口；(g) 带钝边 J 形坡口；(h) 双 V 形坡口；(i) 带钝边双 U 形坡口；(j) 带钝边双 J 形坡口

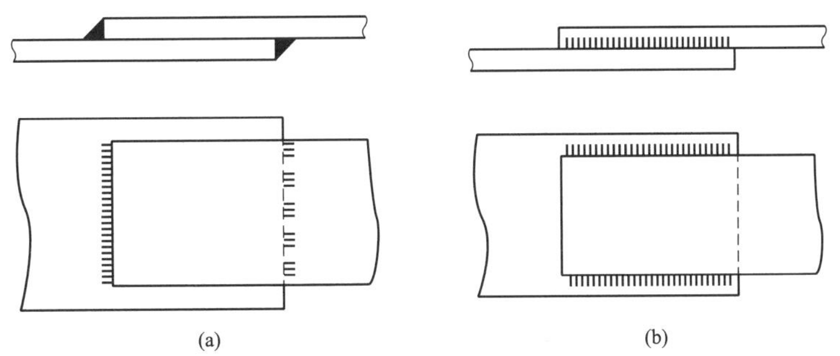

图 3-13　搭接接头常见形式（一）

(a) 正面角焊缝连接；(b) 侧面角焊缝连接

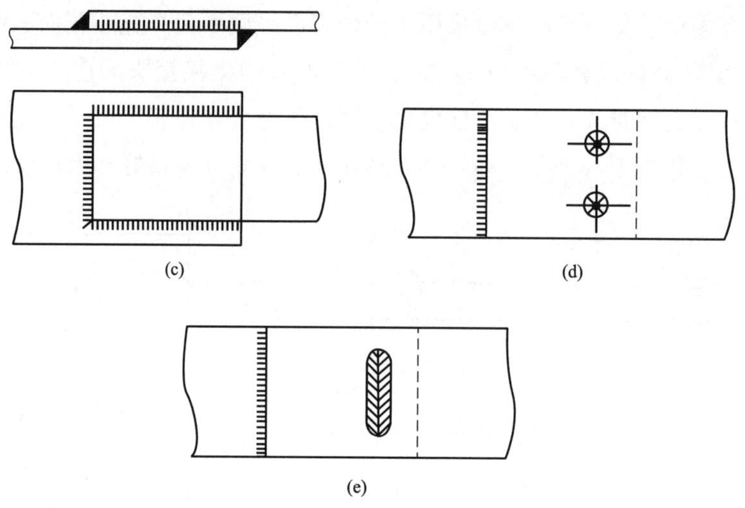

图 3-13 搭接接头常见形式（二）

（c）联合角焊缝连接；（d）塞焊缝连接；（e）槽焊缝连接

（三） T形（十字）接头

T 形接头是将互相垂直的两被连接件用角焊缝将一板件的端部与另一板件的中部连接起来的接头。十字接头是 3 个板件组成十字形，并通过角焊缝连接起来构成的接头。T 形（十字）接头通常采用双侧角焊缝进行焊接，以提高其承载能力。T 形（十字）接头应尽量避免在板厚方向承受高拉应力，因为轧制的板材常有夹层缺陷，易产生层状撕裂，尤其厚板更应该注意。T 形及十字接头常用的坡口形式有单边 V 形、带钝边单边 V 形、双单边 V 形、带钝边双单边 V 形、带钝边 J 形、带钝边双 J 形等，如图 3-14 所示。

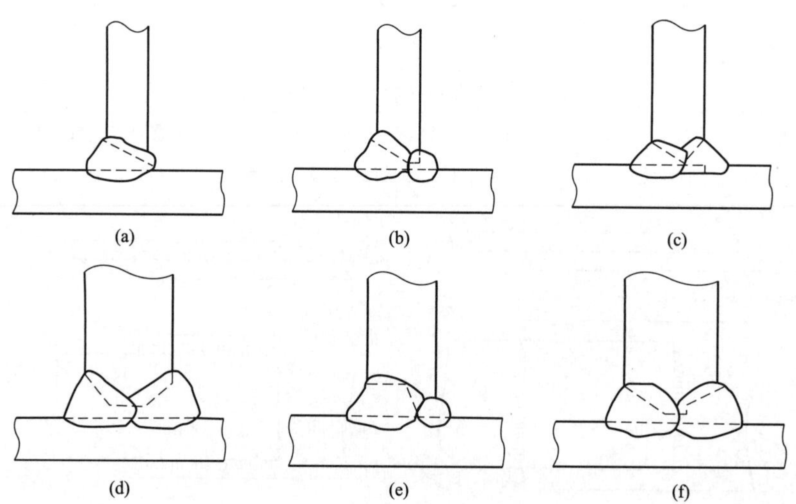

图 3-14 T 形接头常用坡口形式

（a）单边 V 形；（b）带钝边单边 V 形；（c）双单边 V 形；（d）带钝边双单边 V 形；
（e）带钝边 J 形坡口；（f）带钝边双 J 形坡口

（四）角接接头

角接接头是指被焊工件断面间构成大于 30°、小于 135°夹角的接头。单独使用角接接头的承载能力很低，通常是被用来连接箱体、容器结构。常用的角接接头如图 3-15 所示。图 3-15（a）所示的结构最为简单，但承载能力最差，特别是当接头处承受弯曲力矩时，焊根处会产生严重的应力集中，焊缝容易自根部撕裂。图 3-15（b）、图 3-15（c）所示为开坡口焊透的角接接头，有较高的强度，具有良好的抗层状撕裂性能。图 3-15（d）所示的结构采用双面角焊缝连接，其承载能力可大大提高。

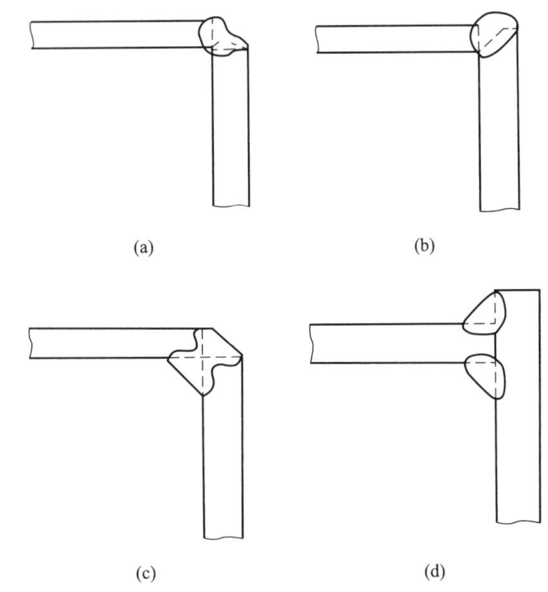

图 3-15　角接接头常见形式

（a）未开坡口（b）单边 V 形坡口；（c）X 形坡口；（d）双面角焊缝

三、坡口的设计

由于焊接工艺和结构设计的要求，在焊接前将被焊工件的待焊部位加工成具有规定尺寸的几何形状，组对后形成的沟槽称为焊接坡口。

熔焊接头的坡口可分为基本型、组合型和特殊型。

基本型坡口是一种形状简单、加工容易、应用普遍的坡口。主要有以下几种：I 形坡口、V 形坡口、单边 V 形坡口、U 形坡口、J 形坡口等，如图 3-16 所示。

组合型坡口由两种或两种以上的基本型坡口组合而成。常见常用的组合型坡口如图 3-17 所示。比如 Y 形坡口是图 3-17（a）V 形坡口带钝边组成，V-V 形组合坡口图 3-17（b）是两个坡度不同的 V 形坡口组合，双半边 V 形坡口就变成了 K 形坡口图 3-17（i）。为了防止焊接根部烧穿，可在基本型坡口上添加钝边，如图 3-17（c）、图 3-17（f）、图 3-17

(h)、图 3-17（j)、图 3-17（k）所示。

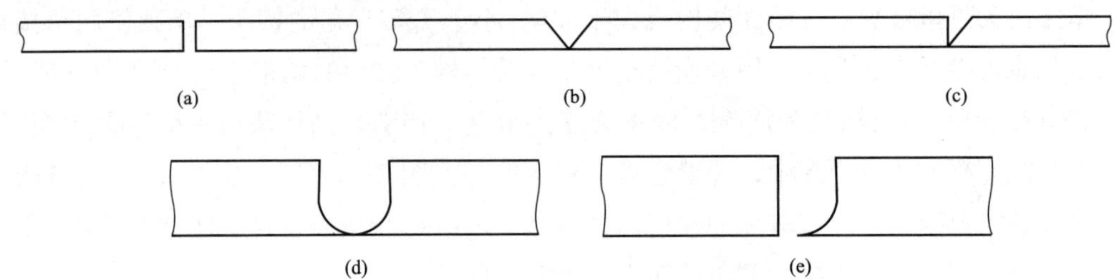

图 3-16　基本型坡口

（a）I 形坡口；（b）V 形坡口；（c）单边 V 形坡口；（d）U 形坡口；（e）J 形坡口

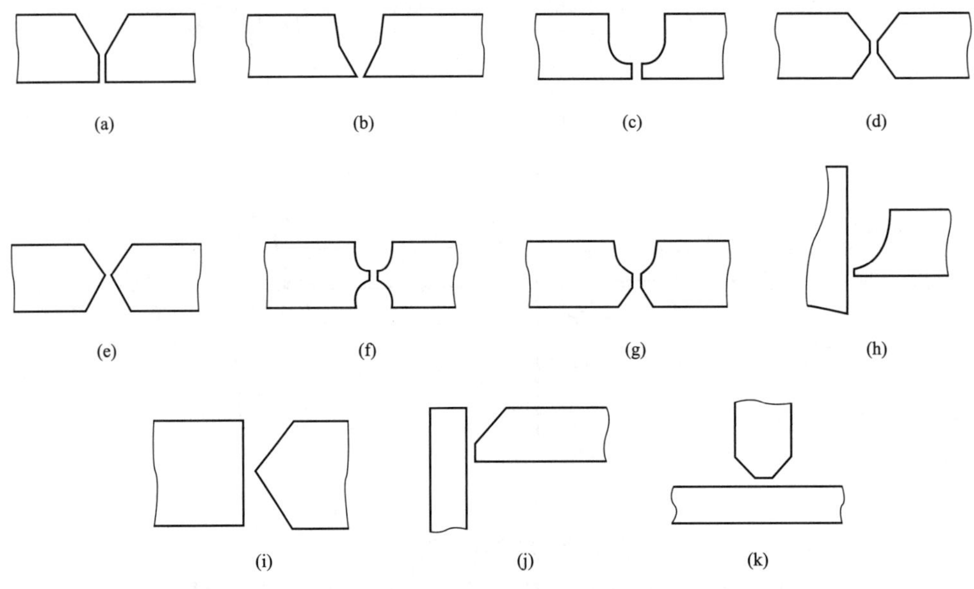

图 3-17　组合型坡口

（a）Y 形坡口；（b）V-V 形坡口；（c）带钝边 U 形坡口；（d）双 Y 形坡口；（e）X 形坡口；（f）带钝边双 U 形坡口；（g）U-Y 形坡口；（h）带钝边 J 形坡口；（i）K 形坡口；（j）带钝边单边 V 形坡口；（k）带钝边单边 V 形坡口

特殊型坡口是不属于上述基本型又不同于上述组合型的形状特殊的坡口。这种坡口主要有卷边坡口，带垫板坡口，锁边坡口，塞焊、槽焊坡口等，如图 3-18 所示。

坡口的设计原则应考虑以下几个方面：保证焊接质量；坡口易于加工；保证焊接效率和经济性；焊接变形易于控制；保证焊接可达性。I 形坡口适合于平板对接，可采用单面或双面焊接。V 形坡口适合于中厚板且反面施焊有困难的场合，两斜面的夹角称为口角，口角小则可达性差且运条困难，口角大则填充金属高，因此 V 形坡口一般在 40°～60°。若采用双面焊接，宜设计成 X 形坡口，这样可以节省填充金属并且能够减少角变形。厚板对接时，U 形坡口要比 V 形坡口节省填充金属，这是因为 U 形坡口的根部半径，坡面角很

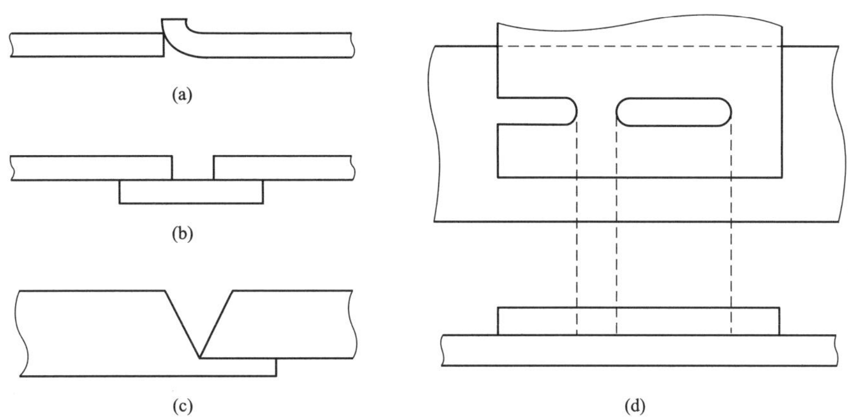

图 3-18　特殊型坡口

(a) 卷边坡口；(b) 带垫板坡口；(c) 锁边坡口；(d) 塞焊、槽焊坡口

小，但是 U 形坡口加工困难。V 形和 X 形坡口可以通过气割和等离子弧加工，也可通过机械切削加工，加工难度较低。但 U 形坡口需要刨边机加工。因此，从加工难度出发，在坡口选择时，优先选用 V 形和 X 形坡口。

在设计坡口时除了形状外，还有具体的几何参数。坡口尺寸名称及其代号字母主要有：坡口角度 α、根部间隙 b、钝边高度 P、坡口面角度 β、坡口深度 H、根部半径 R 等，如图 3-19 所示。

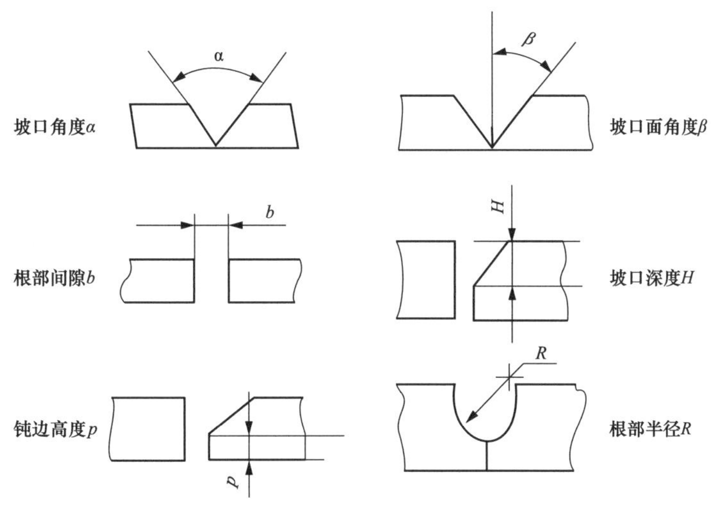

图 3-19　坡口参数

设计人员在设计焊接坡口时可参照有关焊接坡口设计的相关标准，比如 GB/T 985.1《气焊、焊条电弧焊、气体保护焊和高能束焊的推荐坡口》、GB/T 985.2《埋弧焊的推荐坡口》、GB/T 985.3《铝及铝合金气体保护焊的推荐坡口》、GB/T 985.4《复合钢的推荐坡口》；也可根据所焊钢板厚度和接头类型，从相关标准中选择合适的坡口形式和尺寸；

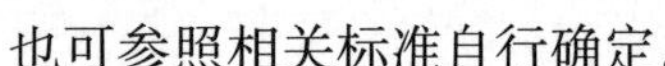

也可参照相关标准自行确定。

第四节 焊 接 材 料

焊接材料是指能填充焊缝、对焊缝起保护作用和冶金处理作用的所有消耗材料。在熔焊中，焊接材料包括焊条、焊丝、焊剂和气体等，不同的焊接方法采用不同的焊接材料。例如，焊条电弧焊采用焊条，埋弧焊采用焊剂和焊丝，而气体保护焊采用保护气体和焊丝。焊接材料参与整个焊接过程，因而不仅影响过程的稳定性和接头的最终质量，同时也影响焊接生产率。

选择焊接材料时必须考虑三个原则：一是不能产生有裂纹等焊接缺陷焊缝组织；二是能满足使用性能要求，保证焊缝金属的强度、塑性和韧性等力学性能与母材相匹配，还包括常温、高温短时强度、弯曲性能、冲击韧性、硬度、化学成分等，以及一些技术标准和设计图纸中对接头性能的特殊要求，诸如持久强度、蠕变极限、高温抗氧化性能、抗腐蚀性能等；三是考虑经济性。

一、焊条

焊条是指由一定长度的金属丝和外表涂有特殊作用的涂层所构成的焊接材料，主要用于焊条电弧焊。其中，焊条内部的金属丝被称为焊芯，外部的涂层被称为药皮。因此，可以说焊条由焊芯和药皮两部分组成。

焊芯是焊条中被药皮包敷的金属芯。焊条电弧焊时，焊芯与焊件之间产生电弧并熔化为焊缝的填充金属。焊芯既是电极，又是填充金属。焊芯的成分将直接影响熔敷金属的成分和性能。

涂敷在焊芯表面的有效成分称为药皮，也称涂层。焊条药皮是矿石粉末、铁合金粉、有机物和化工制品等原料按照一定比例配制后压涂在焊芯表面上的一层涂料，其在焊接过程中的作用：一是焊条药皮熔化或分解后产生气体和熔渣，保护熔滴。金属熔池和焊缝金属表面防止氧化或氮化，并减缓焊缝金属的冷却速度，获得良好的焊缝成形；二是与焊芯配合，通过冶金反应脱氧、除硫、除磷、去氢等，还可以加入适当的合金元素以改善焊缝的性能，如耐热、耐蚀、耐磨等性能；三是改善焊接工艺性能，保证电弧集中、稳定，使熔滴金属过渡容易，减少飞溅，改善焊缝成形等。

（一）焊条的选用原则

焊条的种类繁多，每种焊条均有特定的性能和用途。焊接前，选用焊条是直接关系到焊接质量的重要环节。在实际生产中，对于同种金属焊接，一般根据焊件的材质、施工条件、工艺及焊接性能要求等因素综合考虑选用焊条的成分、性能和用途。

1. 焊接材料的力学性能和化学成分

（1）对于普通结构钢，通常要求焊缝金属与母材等强度，应选用抗拉强度等于或稍高于母材的焊条。

（2）对于合金结构钢，通常要求焊缝金属的主要合金成分与母材金属相同或相近。

（3）在被焊结构刚性大、接头应力高、焊缝容易产生裂纹的情况下，可以考虑选用比母材强度低一级的焊条。

（4）当母材中碳及硫、磷等元素含量偏高时，焊缝容易产生裂纹，应选用抗裂性能好的低氢型焊条。

2. 焊件的使用性能和工作条件

（1）对承受动载荷和冲击载荷的焊件，除满足强度要求外，还要保证焊缝具有较高的韧性和塑性，应选用塑性和韧性指标较高的低氢型焊条。

（2）接触腐蚀介质的焊件，应根据介质的性质及腐蚀特征，选用相应的不锈钢焊条或其他耐腐蚀焊条。

（3）在高温或低温条件下工作的焊件，应选用相应的耐热钢或低温钢焊条。

3. 焊件的结构特点和受力状态

（1）对结构形状复杂、刚性大及大厚度焊件，由于焊接过程中产生很大的应力，容易使焊缝产生裂纹，应选用抗裂性能良好的低氢型焊条。

（2）对焊接部位难以清理干净的焊件，应选用氧化性强，对铁锈、氧化皮、油污不敏感的酸性焊条。

（3）对受条件限制不能翻转的焊接，有些焊缝处于非平焊位置，应选用全位置焊接的焊条。

4. 施工条件及设备

（1）在没有直流电源而焊接结构又要求必须使用低氢型焊条的场合，应选用交、直流两用低氢型焊条。

（2）在狭小或通风条件差的场所，应选用酸性焊条或低尘焊条。

5. 改善操作工艺性能

在满足产品性能要求的条件下，尽量选用电弧稳定、飞溅少，焊缝成形均匀整齐、容易脱渣的工艺性能好的酸性焊条。焊条工艺性能要求满足施焊操作需要。如在非水平位置施焊时，应选用适于各种位置焊接的焊条。如在立向下焊、管道焊接、底层焊接、盖面焊、重力焊时，可选用管道焊接专用焊条、立向下焊条、底层焊条和盖面焊条等。

6. 合理的经济效益

（1）异种金属钢焊接对焊条的选用原则。碳钢和低合金钢，以及强度级别不等的低合金钢和低合金高强钢。一般要求焊缝金属及接头的强度大于两种被焊金属的最低强度，因此选用的焊接材料强度应能保证焊缝及接头的强度高于强度较低钢材的强度，同时焊缝的塑性和冲击韧性应不低于强度较高而塑性较差的钢材的性能。为了防止裂纹，应按焊接性较差的钢种确定焊接工艺，包括规范参数、预热温度及焊后热处理等。

(2) 低合金钢和奥氏体不锈钢。通常按照对焊缝熔敷金属化学成分限定的数值来选用焊条，建议使用铬镍含量高于母材的，塑性、抗裂性较好的不锈钢焊条。对于非常重要结构的焊接，可选用与不锈钢成分相近的焊条。

（二）焊条的分类

焊条的分类方法很多，可以从不同的角度对焊条进行分类。从焊接冶金角度，按熔渣的碱度可将焊条分为碱性焊条和酸性焊条；按焊条药皮的主要成分，焊条可分为钛型焊条、钛钙型焊条、钛铁矿型焊条、低氢型焊条、纤维素焊条等；从用途看，又可将焊条分为结构钢焊条、耐热钢焊条及不锈钢焊条等十大类。现将各种分类方法分别叙述如下。

1. 按熔渣的碱度分类

在实际生产中通常将焊条分为两大类酸性焊条和碱性焊条（又称低氢型焊条），熔渣中酸性氧化物的比例高时为酸性焊条；反之，即为碱性焊条。

从焊接工艺性能比较，酸性焊条电弧柔软，飞溅小，熔渣流动性和覆盖性均好，因此焊缝外表美观，焊波细密，成形平滑。碱性焊条的熔滴过渡是短路过渡，电弧不够稳定，熔渣覆盖性差，焊缝形状凸起，且焊缝外观波纹粗糙，但在向上立焊时，容易操作。

酸性焊条的药皮中含有较多的氧化钛、氧化铁及氧化硅等，氧化性较强，因此在焊接过程中使合金元素烧损较多，同时由于焊缝金属中含氧量较多，因而熔敷金属塑性、韧性较低。酸性焊条一般均可以交、直流两用。碱性焊条的药皮中含有多量的大理石和萤石，并有较多的铁合金作为脱氧剂和渗合金剂，因此药皮具有足够的脱氧能力。另外，碱性焊条主要靠大理石等碳酸盐分解出二氧化碳做保护气体，与酸性焊条相比，弧柱中氢的分压较低，且萤石中的氟化钙在高温时与氢结合成氟化氢（HF），从而降低了焊缝中的含氢量，故碱性焊条又称为低氢型焊条。但由于氟的反电离作用，碱性焊条的电弧稳定性较差，一般只采用直流反接（即焊条接正极）进行焊接，只有当药皮中含有多量稳弧剂时，才可以交、直流两用。采用碱性焊条焊接时，由于焊缝金属中氧和氢的含量较少，非金属夹杂物也少，故具有较高的塑性和冲击韧性。通常焊接重要结构（如承受动载荷的结构）或刚性较大的结构，以及可焊性较差的钢材均采用碱性焊条。

焊条牌号末尾数字 0～5 为酸性焊条，6～9 为碱性焊条。如 J422、A102、J502 等为酸性焊条，J506、J507、W707 等为碱性焊条。

2. 按焊条药皮的主要成分分类

焊条药皮由多种原料组成，按照药皮的主要成分可以确定焊条的药皮类型。药皮中以钛铁矿为主的称为钛铁矿型；当药皮中含有 30%以上的二氧化钛及 20%以下的钙、镁的

碳酸盐时，就成为钛钙型。唯有低氢型例外，虽然它的药皮中主要组成为钙、镁的碳酸和萤石，但却以焊缝中含氢量最低作为其主要特征而予以命名。对于有些药皮类型，由于使用的黏结剂分别为钾水玻璃（或以钾为主的钾钠水玻璃）或钠水玻璃，因此，同一药皮类型又可进一步划分为钾型和钠型，而钠型只能使用直流电源。

焊条药皮类型见表 3-3。

表 3-3　　焊条药皮类型

药皮类型	药皮主要成分	焊接电源	药皮类型	药皮主要成分	焊接电源
钛型	氧化钛≥35%	直流或交流	纤维素型	有机物 15%以上，氧化钛 30%左右	直流
钛钙型	氧化钛≥30%，钙、镁的碳酸盐小于或等于 20%	直流或交流	低氢型	钙、镁的碳酸盐和萤石	直流
钛铁矿型	钛铁矿大于或等于 30%	直流或交流	石墨型	多量石墨	直流或交流
氧化铁型	多量氧化铁及较多的锰铁脱氧剂	直流或交流	盐基型	氯化物和氟化物	直流

由于药皮配方组分不同，致使各种药皮类型焊条的焊接工艺性能、焊接熔渣的特性以及焊缝金属力学性能均有很大差别，因此在选用焊条时，要充分考虑各类焊条药皮类型的特点。

3. 按用途分类

我国现行的焊条分类方法，主要是根据焊条国家标准和原机械工业部编制的《焊接材料产品样本》按用途进行分类。

通常，焊条按用途可分为十大类，见表 3-4。

表 3-4　　按用途对焊条进行分类

序号	焊条类别	代号		序号	焊条类别	代号	
		拼音	汉字			拼音	汉字
1	结构钢焊条	J	结	6	铸铁焊条	Z	铸
2	钼及铬钼耐热钢焊条	R	热	7	镍及镍合金焊条	Ni	镍
3	铬不锈钢焊条	G	铬	8	铜及铜合金焊条	T	铜
	铬镍不锈钢焊条	A	奥	9	铝及铝合金焊条	L	铝
4	堆焊焊条	D	堆	10	特殊用途焊条	TS	特
5	低温钢焊条	W	温				

注　焊条牌号的代号以汉语拼音为主，如 J422。

（三）焊条的型号及牌号

焊条的型号和牌号是用来反映焊条的主要特性和类别的标识系统。型号是国际通用的，在同一类型中，根据不同特性分成不同的型号。同一型号焊条往往有很多不同的牌号。焊条牌号是厂家或行业自定的，种类繁多，国产约有 300 多种。焊条牌号是对焊条产

品的具体命名。它是根据焊条的主要用途及性能特点来命名的。每种焊条产品只有一个牌号，但多种牌号的焊条可以同时对应于一种型号。

1. 焊条型号

焊条型号按熔敷金属力学性能、药皮类型、焊接位置，电流类型，熔金属化学成分等进行划分，是焊条生产、检验和选用的依据。在 GB/T 983《不锈钢焊条》中规定了，焊条型号由字母和数字组成，主要表示焊条的类别、熔敷金属的化学成分或抗拉强度、适用的焊接位置。各大类焊条按主要性能不同再分成若干小类。为了说明焊条型号所代表的具体命文，图 3-20 给出了钢焊条型号及其含文的实例，其通用的形式为 Exxx。

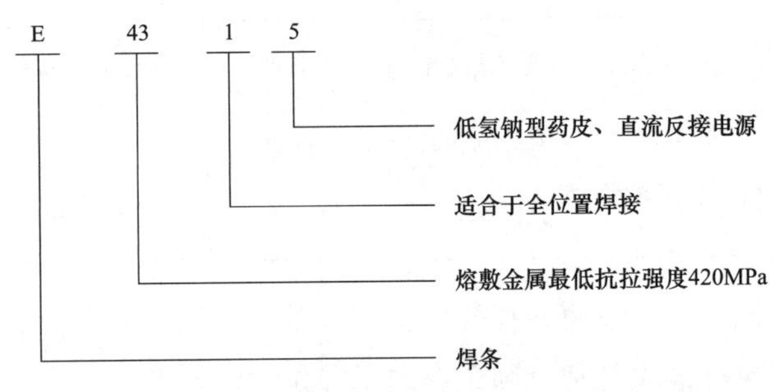

图 3-20　钢焊条型号及其含义的实例

其中，E 表示焊条，E 之后的前两位数字表示熔敷金属的最低抗拉强度值，E 之后第三位数字表示焊条使用的焊接位置，其中 0 或 1 表示全位置焊接，2 表示平焊和平角焊，4 表示立向下焊。E 之后的第四位数字与第三位数字的组合表示药皮类型和焊接电源的种类。

2. 焊条牌号

焊条牌号则是根据焊条的主要用途及性能特点而命名的，由焊条生产企业制定。各类焊条牌号的分类编制方法如下。

（1）结构钢焊条（包括碳钢、高强度钢和低合金耐蚀钢焊条）。牌号前加“J”（或者“结”字）表示结构钢焊条。牌号前两位数字，表示焊缝金属抗拉强度等级，其等级见表 3-5。牌号第三位数字，表示药皮类型和焊接电源种类，见表 3-6。药皮中含有铁粉且焊条效率在 105%以上时，在牌号末尾加注“Fe”；焊条效率在 125%以上时，在“Fe”后面再加两位数字，如 J506Fe13 等。结构钢焊条有特殊性能和用途的，则在牌号后面加注起主要作用的化学元素符号或主要用途的拼音字母。

（2）钼和铬钼耐热钢焊条。牌号前加“R”（或“热”字），表示钼和铬钼耐热钢焊条。牌号第一位数字，表示熔敷金属主要化学成分组成等级，参见表 3-7。牌号第二位数字，表示同一熔敷金属主要化学成分组成等级中的不同牌号，对于同一组成等级的焊条，可有十个牌号，按 0，1，2，…，9 顺序编排，以区别铬钼之外的其他成分的不同。牌号第三位数字，表示药皮类型和焊接电源种类。

表 3-5　　焊缝金属抗拉强度等级

焊条牌号	焊缝金属抗拉强度等级		焊条牌号	焊缝金属抗拉强度等级	
	MPa	kgf/mm^2		MPa	kgf/mm^2
J42×	420	43	J75×	740	75
J50×	490	50	J80×	780	80
J55×	540	55	J85×	830	85
J60×	590	60	J90×	880	90
J70×	690	70	J10×	980	100

表 3-6　　焊条牌号中第三位数字的含义

焊条牌号	药皮类型	焊接电源种类	焊条牌号	药皮类型	焊接电源种类
□××0	不属于已规定的类型	不规定	□××5	纤维素型	直流或交流
□××1	钛型	直流或交流	□××6	低氢钾型	直流或交流
□××2	钛钙型	直流或交流	□××7	低氢钠型	直流
□××3	钛铁矿型	直流或交流	□××8	石墨型	直流或交流
□××4	氧化铁型	直流或交流	□××9	盐基型	直流

注　表中“□”表示焊条牌号的拼音字母或汉字，“××”表示牌号中的前两位数字。

表 3-7　　耐热钢焊条熔敷金属主要化学成分组成等级

焊条牌号	熔敷金属主要化学成分等级	焊条牌号	熔敷金属主要化学成分等级
R1××	含 Mo 约 0.5%	R5××	含 Cr 约 0.5%，含 Mo 约 0.5%
R2××	含 Cr 约 0.5%，含 Mo 约 0.5%	R6××	含 Cr 约 7%，含 Mo 约 1%
R3××	含 Cr1%～2%，含 Mo 0.5%～1%	R7××	含 Cr 约 9%，含 Mo 约 1%
R4××	含 Cr 约 2.5%，含 Mo 约 1%	R8××	含 Cr 约 11%，含 Mo 约 1%

（3）低温钢焊条。牌号前加“W”（或“温”字），表示低温钢焊条。牌号前两位数字，表示低温钢焊条工作温度等级，参见表 3-8。牌号第三位数字，表示药皮类型和焊接电源种类。

表 3-8　　低温钢焊条工作温度等级

焊条牌号	工作温度等级（℃）	焊条牌号	工作温度等级（℃）
W60×	−60	W10×	−100
W70×	−70	W19×	−196
W90×	−90	W25×	−253

（4）不锈钢焊条。牌号前加“G”（或“铬”字）或“A”（或“奥”字），分别表示铬不锈钢焊条或奥氏体铬镍不锈钢焊条。牌号第一位数字，表示熔敷金属主要化学成分组成等级，参见表 3-9。牌号第二位数字，表示同一熔敷金属主要化学成分组成等级中的不同牌号。对同一组成等级焊条，可有 10 个牌号，按 0，1，2，…，9 顺序排列，以区别镍铬

之外的其他成分的不同。牌号第三位数字，表示药皮类型和焊接电源种类。

表 3-9　　不锈钢焊条熔敷金属主要化学成分组成等级

焊条牌号	熔敷金属主要化学成分等级	焊条牌号	熔敷金属主要化学成分等级
G2××	含 Cr 约 13%	A4××	含 Cr 约 26%，含 Ni 约 21%
G3××	含 Cr 约 17%	A5××	含 Cr 约 16%，含 Ni 约 25%
A0××	含 C≤0.04%（超低碳）	A6××	含 Cr 约 16%，含 Ni 约 35%
A1××	含 Cr 约 19%，含 Ni 约 10%	A7××	铬锰氮不锈钢
A2××	含 Cr 约 18%，含 Ni 约 12%	A8××	含 Cr 约 18%，含 Ni 约 18%
A3××	含 Cr 约 23%，含 Ni 约 13%	A9××	含 Cr 约 20%，含 Ni 约 34%

（5）堆焊焊条。牌号前加“D”（或“堆”字），表示堆焊焊条。牌号的前两位数字表示堆焊焊条的用途或熔敷金属的主要成分类型，见表 3-10。牌号第三位数字表示药皮类型和焊接电源种类。

表 3-10　　堆焊焊条的用途或熔敷金属的主要成分类型

焊条牌号	主要用途或主要成分类型	焊条牌号	主要用途或主要成分类型
D00×～D09×	不规定	D60×～D69×	合金铸铁堆焊焊条
D10×～D24×	含 Cr 约 17%	D70×～D79×	碳化钨堆焊焊条
D25×～D29×	不同硬度的常温堆焊焊条	D80×～D89×	钴基合金堆焊焊条
D30×～D49×	常温高锰钢堆焊焊条	D90×～D99×	待发展的堆焊焊条
D50×～D59×	阀门堆焊焊条		

（6）铸铁焊条。牌号前加“Z”（或“铸”字），表示铸铁焊条，牌号第一位数字，表示熔敷金属主要化学成分组成类型，其含义见表 3-11。牌号第二位数字，表示同一熔敷金属主要化学成分组成类型中的不同牌号，对同一成分组成类型的焊条，可有十个牌号，按 0，1，2，…，9 顺序排列。牌号中的第三位数字，表示药皮类型和焊接电源种类。

表 3-11　　铸铁焊条牌号第一位数字含义

焊条牌号	主要用途或主要成分类型	焊条牌号	主要用途或主要成分类型
Z1××	碳钢或高钒钢	Z5××	镍铜合金
Z2××	铸铁（包括球墨铸铁）	Z6××	铜铁合金
Z3××	纯镍	Z7××	待发展

（7）有色金属焊条。牌号前加“Ni”（或“铸”字）、“T”（或“铜”字）、“L”（或“铝”字），分别表示镍及镍合金焊条、铜及铜合金焊条、铝及铝合金焊条。牌号第一位数字，表示熔敷金属化学成分组成类型，其含义见表 3-12。牌号第二位数字，表示同一熔敷金属化学成分组成类型中的不同牌号，对于同一成分组成类型焊条，可有十个牌号，按 0，

1，2，…，9 顺序排列。牌号第三位数字，表示药皮类型和焊接电源种类。

表 3-12　　有色金属焊条牌号第一位数字的含义

焊条牌号		主要用途或主要成分类型	焊条牌号		主要用途或主要成分类型
镍及镍合金焊条	Ni1××	纯镍	铜及铜合金焊条	T3××	白铜合金
	Ni2××	镍铜合金		T4××	待发展
	Ni3××	因康镍合金	铝及铝合金焊条	L1××	纯铝
	Ni4××	待发展		L2××	铝硅合金
铜及铜合金焊条	T1××	纯铜		L3××	铝锰合金
	T2××	青铜合金		L4××	待发展

二、焊丝

焊丝是焊接时作为填充材料的金属丝，在熔化极气体保护焊及埋弧焊中还兼有导电的作用。随着焊接工艺方法的不断发展和焊接生产日益增长的需求，焊丝的种类和性能也在不断发展和完善。

（一）焊丝的分类

焊丝的分类方法很多，按制造方法的不同可分为实心焊丝和药芯焊丝两大类。

实芯焊丝是由热轧线材经拉拔加工制成的。为防止生锈，焊丝表面一般还经过了镀铜处理。从焊接工艺角度来看，实芯焊丝已广泛用于气体保护焊、埋弧焊以及其他焊接方法中。从材料角度来看，结构钢焊丝获得了最多的应用。

药芯焊丝是由包有一定成分粉剂（药粉或金属粉）的不同截面形状的薄钢管或薄钢带经拉拔加工而形成的焊丝。这种焊丝中的药粉具有与焊条药皮相似的作用，只是它们所在的部位不同。正因为这样，药芯焊丝具有实芯焊丝无法比拟的优点，同时又克服了焊条不能自动化焊接的缺点，是很有发展前途的焊接材料。

按其适用的焊接工艺方法可分为埋弧焊用焊丝、气体保护焊用焊丝、电渣焊用焊丝、堆焊用焊丝和气电立焊用焊丝等。按被焊接材质的不同又可分为碳钢焊丝、低合金钢焊丝、不锈钢焊丝、铸铁焊丝和有色金属焊丝等。

（二）焊丝的型号

实心焊丝的型号由字母和数字组成，主要表示焊丝的类别、熔敷金属的抗拉强度、化学成分或者金属类型等。图 3-21 给出了碳钢和合金钢实心焊丝型号含义的实例。其他实心焊丝的含义可以参看有关标准和手册。

其中 ER 表示焊丝；ER 之后的两个数字表示熔敷金属的最低抗拉强度值；短横后面的字母或数字表示焊丝化学成分分类代号；如还附加其他化学元素，直接用元素符号表示，并以短横与前面数字分开。

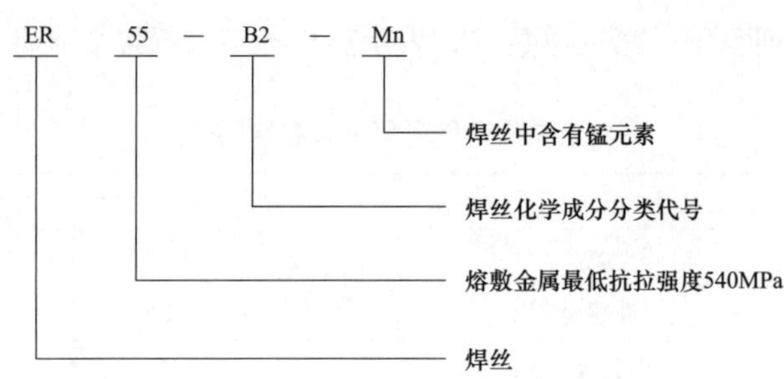

图 3-21　碳钢和合金钢实心焊丝型号含义的实例

碳钢药芯焊丝的型号是由焊丝类别代号和焊缝金属的力学性能代号两部分组成，如图 3-22 所示。在此代号中，前两位字母 EF 表示药芯焊丝；EF 之后的第一位数字表示适用的焊接位置，其中 0 表示用于平焊和横焊，1 表示用于全位置焊；EF 之后的第二位数字或字母表示焊丝类别，它是按药芯类型、是否采用保护气体、焊接电流种类以及对单道焊和多道焊的适用性进行分类的。型号的后一部分是焊缝金属的力学性能代号，由四位数字组成。其中，前两位数字表示最低抗拉强度值：后两位数字表示夏比（V 形缺口）冲击吸收功和试验温度。

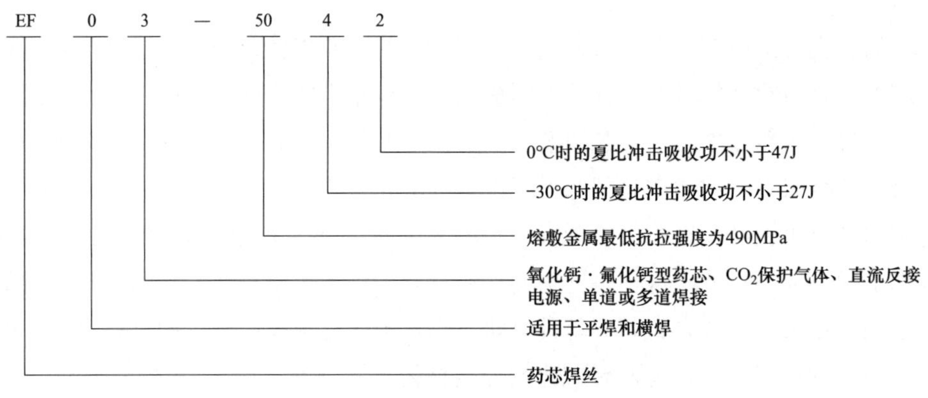

图 3-22　药芯焊丝型号含义的实例图

（三）焊丝的牌号

1. 实心焊丝的牌号编制

碳钢、低合金钢和不锈钢焊丝牌号第一个字母“H”表示焊接用实心焊丝。“H”后面的一位或两位数字表示含碳量。接下来的元素符号及其后面的数字表示该元素大致含量的百分数值。合金元素含量小于 1%时，该合金元素化学符号后面的数字省略。在结构钢焊丝牌号尾部标有“A”或“E”时，“A”表示硫、磷含量低的优质钢，“E”表示硫、磷含量更低的高级优质钢。

硬质合金堆焊焊丝和铸铁焊丝两个字母“HS”表示焊丝，牌号中第一位数字表示焊

丝的化学组成类型，数字“1”表示堆焊硬质合金，数字“4”表示铸铁类型。牌号第二、第三位数字表示同一类型焊丝的不同牌号。

2. 药芯焊丝的牌号编制

牌号第一个字母“Y”表示药芯焊丝，第二个字母表示焊丝类别，“J”为结构钢用，“R”为耐热钢用，“W”为低温钢用，“G”为铬不锈钢用，“A”为铬镍不锈钢用，“D”为堆焊用。其后的三位数字按同类用途的焊条牌号编制方法。短横“—”后的数字，表示焊接时的保护方法，“1”为气保护，“2”为自保护，“3”为气保护和自保护两用。

药芯焊丝有特殊性能和用途时，则在牌号后面加注起主要作用的元素或主要用途的字母（一般不超过两个字母）。

三、焊剂

焊剂是一种在焊接过程中能够熔化形成熔渣和气体的颗粒状物质，主要由各种氧化物和氟化物组成。焊剂具有与焊条药皮相类似的功能，即对熔化金属起到保护作用和冶金处理作用。焊剂的组成及其性质对焊缝的成分和性能有决定性的影响，如何选择焊剂及其与焊丝的合理组配是获得高质量接头的关键所在。因此，下面将重点介绍焊剂的种类、组成、牌号等。

（一）焊剂的分类

焊剂是埋弧焊和电渣焊不可缺少的焊接材料。焊剂起着对金属保护作用、冶金处理作用和改善工艺性能的作用。

焊剂的分类方法很多，如按制造方法分类、按焊剂的化学成分分类、按焊剂的酸碱性以及按化学活度系数分类等。

（1）按制造方法的不同，可以把焊剂分成两大类，即熔炼焊剂和非熔炼焊剂。非熔炼焊剂也称为陶瓷焊剂。在熔炼焊剂中，根据颗粒的结构不同，又分成玻璃状焊剂、玉石状焊剂和浮石状焊剂。

（2）按照焊剂的化学成分进行分类是一种常用的分类方法。按 SiO_2 含量可分为高硅焊剂、低硅焊剂和无硅焊剂；按 MnO 含量可分为高锰焊剂、中锰焊剂、低锰焊剂和无锰焊剂。

（3）按焊剂的酸碱性，可将焊剂分为酸性焊剂、中性焊剂和碱性焊剂。

（4）按化学活度系数进行分类，可将焊剂分为高活度焊剂、活度焊剂、低活度焊剂和惰性焊剂。

（二）焊剂的型号

焊剂的型号是依据国家标准的规定进行划分的，不同材料及不同钢种所用焊剂的型号是不同的。这里仅以碳钢埋弧焊用焊剂为例说明焊剂型号所代表的含义，其焊剂型号由

GB/T 12470《埋弧焊用热钢实心焊丝、药芯焊丝、和焊丝—焊剂组合分类要求》规定，其他焊剂型号的含义可参看有关标准和手册。焊剂型号含义的实例如图 3-23 所示。

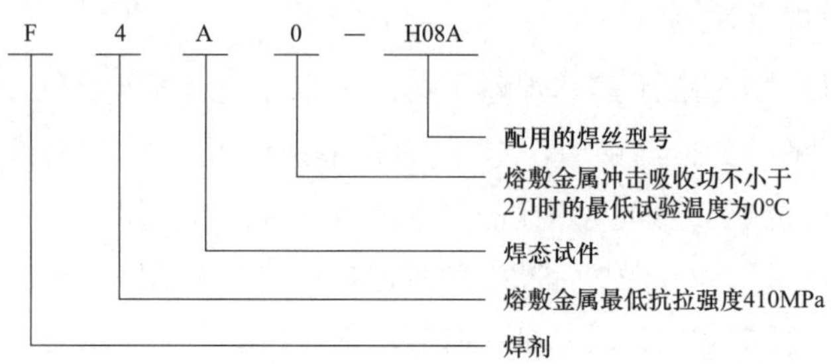

图 3-23 焊剂型号含义的实例

其中，型号中首位上的字母 F 表示焊剂。第二位上的数字表示熔敷金属的最低抗拉强度，第三位上的字母表示试样的状态，其中 A 表示焊态，P 表示焊后热处理状态。第四位上的数字表示熔敷金属冲击吸收功不小于 27J 时的最低试验温度。短横后的所有字母和数字表示焊丝的牌号。我国埋弧焊和电渣焊用焊剂主要分为熔炼焊剂和烧结焊接两大类，其牌号编制分述如下。

1. 熔炼焊剂

牌号前加“HJ”表示埋弧焊及电渣焊用熔炼焊剂。

牌号第一位数字表示焊剂中氧化锰的含量，牌号第二位数字表示焊剂中二氧化硅、氟化钙的含量，牌号第三位数字表示同一类型焊剂的不同牌号，按 0，1，2，…，9 顺序排列。对同一牌号焊剂有两种颗粒度时，在细颗粒焊剂牌号后面加“X”字。

2. 烧结焊剂

牌号前加“SJ”表示烧结焊剂。牌号第一位数字表示焊剂熔渣的渣系，牌号第二位、第三位数字表示同一渣系类型焊剂中的不同牌号，按 01，02，…，09 顺序排列。

四、保护气体

用作气体保护焊的保护气体有二氧化碳（CO_2）、氩气（Ar）、氦气（He）、氧气（O_2）、氮气（N_2）和氢气（H_2），其中 CO_2、Ar、He 可以单独用于焊接保护，也可以相互混合或与其他气体混合使用。O_2、N_2、H_2 则不能单独作为焊接用保护气体，只能用于混合气体中，而且其加入比例也受限制。混合气体可以有不同的组合以及不同的配比比例。目的是利用其物理、化学性能的相对稳定性来实现对焊接过程更好的保护，在各种焊接应用中防止产生焊接缺陷。

各种保护气体对焊接工艺有不同的影响，主要表现在：

（1）电弧温度升高的热特性不同。气体在电弧中的导热性影响电弧电压及输入焊缝的

热能。例如，He 和 CO_2 的导热性比 Ar 高得多，从而输入焊缝的热量也较多，因此 He 和 CO_2 要求更高的焊接电压和能量以维持稳定的电弧。

（2）氧化性气体与被焊金属及焊丝中各种元素的反应。CO_2 和大多数含有 O_2 的保护气体不能用来焊铝，因为铝会氧化，但 CO_2 和 O_2 则常用于熔化极气体保护焊焊接钢材，它们能促进电弧稳定性和焊接熔池与母材之间的熔合。O_2 比 CO_2 具有更强的氧化性，因此氩气中加氧的比例通常较低，而低碳低合金钢则常使用 100%CO_2 作为保护气体。

（3）保护气体还影响金属过渡形式。Ar+CO_2 混合气中，随着 CO_2 含量的增加，得到喷射过渡电弧形态的临界电流会提高，当 CO_2 体积分数大于 20%时就不会出现真正的喷射过渡，在高电流下会有类喷射电弧存在，当采用富 CO_2 的混合气体时则不能得到喷射过渡。富 CO_2 的混合气体也会使飞溅增大。但 CO_2 含量过低（<2%）的混合气体也很难维持电弧的稳定。

五、焊接材料的管理

焊接材料包括焊条、焊丝、焊剂、保护气体等。焊接材料的选用应根据焊接的母材、焊接方法、焊接工艺等因素决定；焊接材料在使用时，如果出现混淆用错、受潮、氧化将直接影响焊接质量，同时还应防止焊接材料变形、泄漏、爆炸等问题，因此，焊接材料从采购、验收入库、保管到发放都必须加强管理，以确保保存安全和焊接产品质量。

（一）焊接材料的采购

焊接材料的采购应根据技术部门制订的材料清单所规定的型号（或牌号）、规格和计划供应部门确定的用量和时间要求进行采购，所购的焊接材料必须是具有制造资质的正规企业生产的产品，具有清楚的标志，并与焊接材料生产单位提供的检验合格的质量证明书相符。在提运焊接材料时注意不得损坏包装材料，做好防雨、防潮措施。

（二）焊接材料的验收

焊接材料入厂后，需要复验的应先放置于焊材库的待验区，由检验部门进行外观检查和质量证明书和标志的验收，合格后取样并提出复验通知单，经有关负责人审批后，由焊接实验室焊制试件，经检验后，进行化学成分分析和力学性能试验，检验部门综合检验结果并确认合格与否，合格时，则通知库房办理入库手续，并建立焊材台账；不合格时，则通过供应部门退货。对于不需要复验的焊材可以直接入库，并建立台账。

（三）焊接材料的保管

焊接材料的保管应分类设置存放区域。按种类、型号（或牌号）、规格、入库日期分别堆放，对每垛进行编号，并挂上明显的标记，避免混放。焊接材料应放置在干燥、通风良好的室内仓库内，室内不允许放置有害气体、腐蚀性物品，并应保持整洁。焊条、焊丝、焊剂应放在架子上，架子离地面、墙壁的距离不小于 300mm，架下应放置干燥剂或

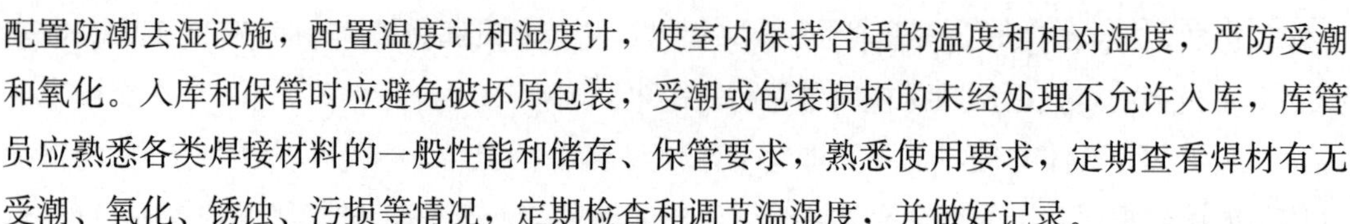

配置防潮去湿设施，配置温度计和湿度计，使室内保持合适的温度和相对湿度，严防受潮和氧化。入库和保管时应避免破坏原包装，受潮或包装损坏的未经处理不允许入库，库管员应熟悉各类焊接材料的一般性能和储存、保管要求，熟悉使用要求，定期查看焊材有无受潮、氧化、锈蚀、污损等情况，定期检查和调节温湿度，并做好记录。

（四）焊接材料的领用

1. 焊条、焊剂的烘干

烘干室内应根据平时焊接工作量的大小，配备足够数量的高、低温烘干箱，以满足生产的需要。烘干箱上应有恒温自控装置，并定期对测温仪表进行校验，以保证烘干符合要求。各类焊材与产品母材的对应关系及其焊材的烘干温度、保温时间和存放温度等规定应贴在烘干箱附近的醒目位置，库管员应严格按要求对焊材进行烘干，内容包括施焊产品和制造编号、焊件母材牌号、焊材牌号、规格、使用量及使用时间等项目。库管员对焊材进行烘干前，应对照委托单的焊件母材牌号，核对所委托的焊材牌号是否有误，同时检查其外观质量，去除药皮脱落、开裂、偏心及受潮严重的焊条，以确保焊条的使用质量。放入烘干箱内的焊材的堆层不应过厚，并在烘干过程中注意翻转，以使焊材干燥均匀。

2. 焊材的发放与回收

焊工领用焊条时，必须携带焊条保温筒，否则不予以发放。通常每名焊条电弧焊焊工均应配备一个焊条保温筒，以防在使用过程中受潮，同时也便于焊条的携带和现场的管理。

发放焊材时，库管员应核对其牌号、规格是否与委托单上的要求相一致，防止错发和错用，并做好“焊材发放与回收记录”。

焊丝一般由施焊组或焊工按工艺要求开领料单直接领用。当日未使用完的焊条以及剩余焊剂和焊条头应收交焊材库。回收的整根焊条应按其牌号、规格单独存放。

3. 焊材的使用

焊工必须明确所焊焊件母材的牌号、规格以及对应的焊材牌号、规格，并严格按照焊接工艺文件的要求进行施焊。如果焊丝表面有油污、锈蚀及其他污物，使用前应按规定清除，并注意在使用过程中保持表面清洁。在使用焊条过程中应注意保持干燥，不得随意将焊条从焊条筒中拿出露天放置。

第五节　焊接缺陷及其控制

在焊接接头中的不连续性、不均匀性以及其他不健全等的缺欠统称为焊接缺欠（weld imperfection）。不符合焊接产品使用性能要求的焊接缺欠称为焊接缺陷（weld defect）。焊接结构在制作过程中，由于受到设计、工艺、材料、环境等各种因素影响，生产出的每一

件产品不可能完美无缺，不可避免地会有一些焊接缺欠，缺欠的存在不同程度地影响到产品的质量和安全使用。存在焊接缺欠，即便使焊接接头的质量和性能下降，但不超过容限标准，不影响设备的运行，是可以允许的，对焊接结构的运行不致产生危害。焊接缺陷是焊接过程中或焊后在接头中产生的不符合标准要求的缺欠，或者说焊接缺陷超出了焊接缺欠的容限，是不允许的，存在焊接缺陷的产品应被判废或必须进行返修。因为焊接缺陷的存在将直接影响焊接结构的安全使用。

焊接缺陷主要有焊接裂纹、未焊透、夹渣、气孔和焊缝外观缺陷等。这些缺陷会减少焊缝截面积，降低承载能力，产生应力集中，引起裂纹，也或降低疲劳强度，易引起焊件破裂，导致脆断。焊接接头常见缺陷的分类见表 3-13。

表 3-13　　　　焊接接头常见缺陷的分类

名称	根据产生原因分类
裂纹	热裂纹，冷裂纹等
气孔	氢气孔、CO 气孔、氮气孔
偏析	显微偏析、区域偏析和层状偏析
夹杂	非金属夹杂、焊剂或熔剂夹杂、氧化物夹杂、硫化物夹杂等
夹渣	金属夹渣、非金属夹渣
未焊透	根部未焊透、边缘未焊透、层间未焊透
未熔合	坡口未熔合、层间未熔合、根部未熔合

一、咬边

焊接咬边是指沿着焊趾，在焊件部分形成凹陷或者沟槽。主要形成原因是焊接参数选择不正确、焊速太慢、电弧拉得太长、电流过大、焊枪位置不准确导致。其危害导致焊件工作截面减小，咬边处应力集中。图 3-24 所示为典型咬边缺陷图。

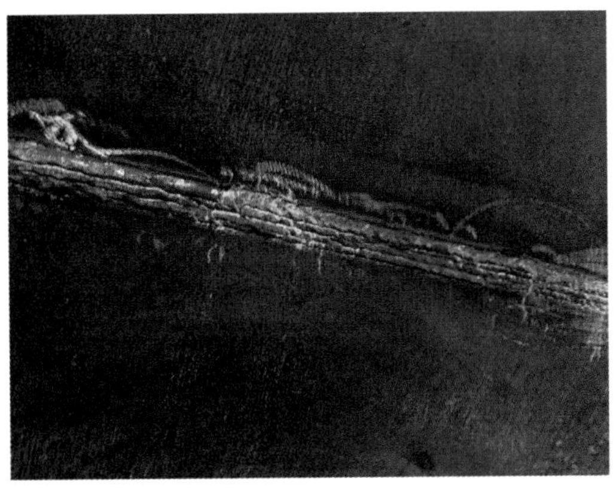

图 3-24　典型咬边缺陷

不同焊接方法咬边产生的原因及防止措施见表 3-14。

表 3-14　不同焊接方法咬边产生的原因及防止措施

焊接方式	产生的原因	防止措施
手工电弧焊	（1）电流太强。 （2）焊条不适合。 （3）电弧过长。 （4）操作方法不当。 （5）母材不洁。 （6）母材过热	（1）使用较低电流。 （2）选用适当种类及大小的焊条。 （3）保持适当的弧长。 （4）采用正确的角度、较慢的速度、较短的电弧及较窄的运行法。 （5）清除母材油渍或锈。 （6）使用直径较小的焊条
CO_2 气体保护焊	（1）电弧过长、焊接速度太快。 （2）角焊时，焊条对准部位不正确。 （3）立焊摆动或操作不良，使焊道二边填补不足产生咬边	（1）降低电弧长度及速度。 （2）在水平角焊时，焊丝位置应离交点 1～2mm。 （3）改正操作方法

二、气孔

气孔是指焊接熔池中的气体来不及逸出而停留在焊缝中形成的孔穴。气孔的产生是因为焊缝凝固时从焊缝熔池中释放出的气体被冻结而产生的。图 3-25 所示为典型气孔缺陷照片，表 3-15 所示为不同焊接方式下气孔产生的原因及防止措施。

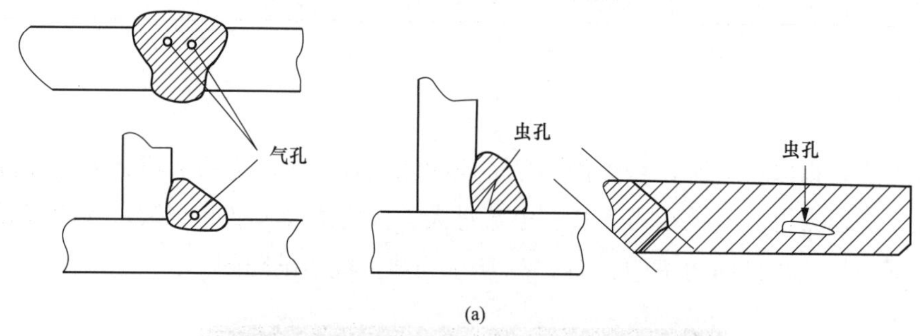

(a)

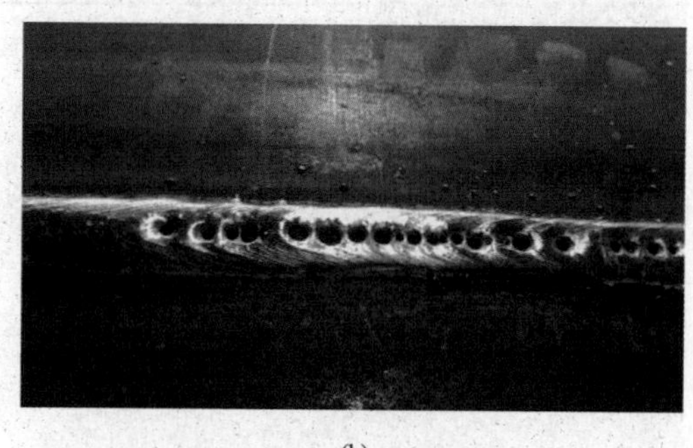

(b)

图 3-25　典型气孔缺陷照片

（a）气孔位置；（b）气孔形貌

表 3-15　不同焊接方式下气孔产生的原因及防止措施

焊接方式	产生的原因	防止措施
手工电弧焊	(1) 焊条不良或潮湿。 (2) 焊件有水分、油污或锈。 (3) 焊接速度太快。 (4) 电流太强。 (5) 电弧长度不适合。 (6) 焊件厚度大，金属冷却过速	(1) 选用适当的焊条并注意烘干。 (2) 焊接前清洁被焊部分。 (3) 降低焊接速度，使内部气体容易逸出。 (4) 使用厂商建议适当电流。 (5) 调整适当电弧长度。 (6) 施行适当的预热工作
CO_2 气体保护焊	(1) 母材不洁。 (2) 焊丝有锈或焊药潮湿。 (3) 点焊不良，焊丝选择不当。 (4) 干伸长度太长，CO_2 气体保护不周密。 (5) 风速较大，无挡风装置。 (6) 焊接速度太快，冷却快速。 (7) 火花飞溅粘在喷嘴，造成气体乱流。 (8) 气体纯度不良，含杂物多（特别含水分）	(1) 焊接前注意清洁被焊部位。 (2) 选用适当的焊丝并注意保持干燥。 (3) 点焊焊道不得有缺陷，同时要清洁干净，且使用焊丝尺寸要适当。 (4) 减小干伸长度，调整适当气体流量。 (5) 加装挡风设备。 (6) 降低速度，使内部气体逸出。 (7) 注意清除喷嘴处焊渣，并涂以飞溅附着防止剂，以延长喷嘴寿命
埋弧焊接	(1) 接头处有锈、氧化膜、油脂等有机物的杂质。 (2) 焊剂潮湿。 (3) 焊剂受污染。 (4) 焊接速度过快。 (5) 焊剂高度不足。 (6) 焊剂高度过大，使气体不易逸出（特别在焊剂粒度细的情形）。 (7) 焊丝生锈或沾有油污。 (8) 极性不适当（特别在对接时受污染会产生气孔）	(1) 待焊区域附近需打磨或以火焰烘烤，再以钢丝刷清除。 (2) 注意焊剂的储存及焊接部位附近地区的清洁，以免杂物混入。 (3) 降低焊接速度。 (4) 焊剂出口橡皮管口要调整高些。 (5) 焊剂出口橡皮管要调整低些，在自动焊接情形适当高度为 30～40mm。 (6) 换用清洁焊丝。 (7) 将直流正接（DC−）改为直流反接（DC+）
自保护药芯焊丝	(1) 电压过高。 (2) 焊丝突出长度过短。 (3) 钢板表面有锈蚀、油漆、水分。 (4) 焊枪拖曳角倾斜太多。 (5) 移行速度太快，尤其横焊	(1) 降低电压。 (2) 依各种焊丝说明使用。 (3) 焊前清除干净。 (4) 减少拖曳角至 0°～20°。 (5) 调整适当

三、焊接变形

焊接变形是指在焊接过程中，由于不均匀的热输入和热输出，导致被焊件的形状和尺寸发生改变的现象。焊接变形不仅影响焊接质量和外观，还会降低焊接结构的强度和刚度，甚至导致裂纹、脱层等缺陷的产生。焊接变形的产生主要是由于以下三个方面的因素。

（1）焊接温度场。在焊接过程中，被焊件受到高温热源的作用，产生温度梯度和热循环。这些温度变化会引起被焊件的热胀冷缩和相变，从而导致不同部位的收缩量不同，产生内部应力和变形。

（2）焊缝收缩。在焊接过程中，熔敷金属从液态到固态的过程中会发生体积收缩。这种收缩会使熔敷金属对周围基体金属产生拉力，从而导致基体金属向焊缝方向移动，造成变形。

（3）结构刚度。在焊接过程中，被焊件受到周围环境或其他部件的约束或支撑，使其不能自由收缩或伸展。这种约束或支撑会影响被焊件的刚度，即抵抗变形的能力。一般来说，结构刚度越大，变形越小；结构刚度越小，变形越大。

四、未焊透

未焊透是指焊缝的熔透深度小于板厚时形成的。在单面时，焊缝熔透到达不了焊件底部；双面焊时两道焊缝熔深总厚度小于焊件厚度而形成的。主要形成原因有焊条位置不准确，偏离中心位置；坡口角度太小，焊接空隙小，钝边太大；电流太小等。图 3-26 所示为典型未焊透缺陷照片。不同焊接方法未焊透的原因及防止措施如表 3-16 所示。

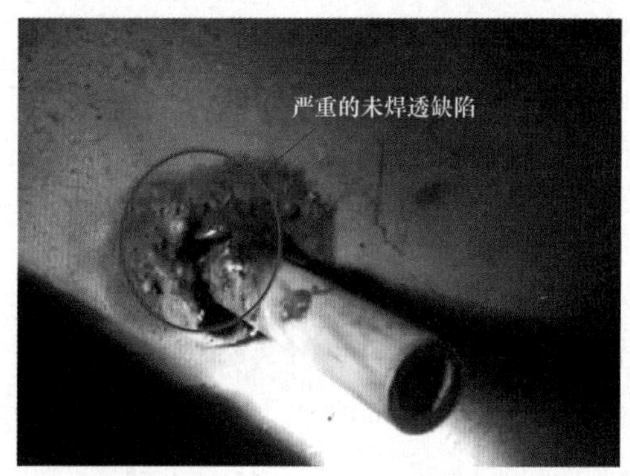

图 3-26　典型未焊透缺陷照片

表 3-16　　不同焊接方法未焊透产生的原因及防止措施

焊接方式	产生的原因	防止措施
手工电弧焊	（1）焊条选用不当。 （2）电流太低。 （3）焊接速度太快温度上升不够，进行速度又太慢，电弧冲力被焊渣所阻挡，不能给予母材。 （4）焊缝设计及组合不正确	（1）选用塑性和韧性指标较高的低氢焊条。 （2）使用适当电流。 （3）改用适当焊接速度。 （4）增加坡口角度，增加间隙，并减少钝边厚度
CO_2 气体保护焊	（1）电弧过小，焊接速度过低。 （2）电弧过长。 （3）开槽设计不良	（1）增加焊接电流和速度。 （2）降低电弧长度。 （3）增加开槽度数，增加间隙，减少根深
自保护药芯焊丝	（1）电流太低。 （2）焊接速度太慢。 （3）电压太高。 （4）摆弧不当。 （5）坡口角度不当	（1）提高电流。 （2）提高焊接速度。 （3）降低电压。 （4）多加练习。 （5）采用开槽角度大一点

五、未熔合

未熔合是焊接时焊道与母材之间或焊道与焊道之间未能完全熔化结合的部分。熔池金

属在电弧力作用下被排向尾部而形成沟槽，当电弧向前移动时，沟槽中又填进熔池金属，如果这时槽壁处的液态金属层已经凝固，填进的熔池金属的热量又不能使金属再度熔化，则形成未熔合。未熔合常出现在焊接坡口侧壁、多层焊的层间及焊缝的根部。图 3-27 所示为典型未熔合缺陷照片。

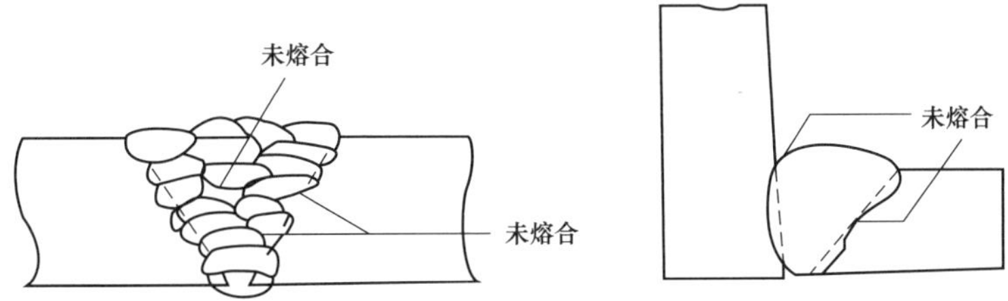

图 3-27 典型未熔合缺陷照片

典型未熔合缺陷产生的原因主要是焊接电流过小、焊接热输入太低、焊速过高、焊条偏离坡口一侧、坡口侧面未清理干净、层间清渣不彻底以及起弧温度过低、先焊的焊道开始端未熔化等。

防止措施有选用较大的焊接电流、较小的焊接速度，增加热输入使其足以熔化母材或前一条焊道；焊条有偏心时，调整角度使电弧处于正确方向。焊前预热对防止未熔合有一定的作用。

六、夹渣

夹渣缺陷是指焊后熔渣残留在焊缝中的情况。夹渣主要有金属夹渣（即夹钨或夹铜）和非金属夹渣（即焊条药皮、焊剂、硫化物、氧化物或氮化物留存在焊缝中）。夹渣产生的主要原因是坡口清理不彻底、坡口尺寸不符合设计要求、焊条质量不合格等。图 3-28 和表 3-17 所示为典型夹渣缺陷照片以及不同焊接方法夹渣产生的原因及防止措施。

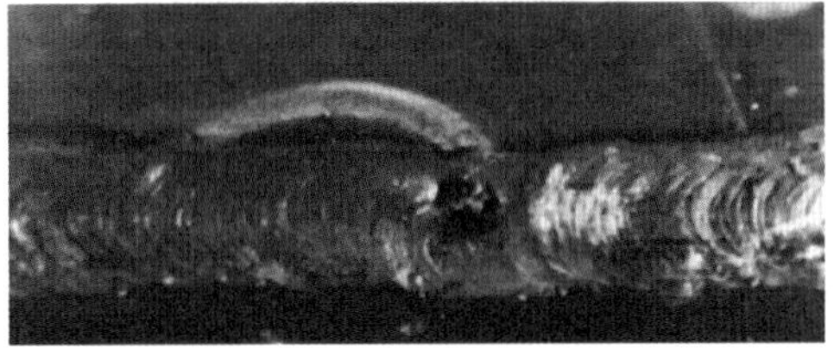

图 3-28 典型夹渣缺陷照片

表 3-17 不同焊接方法夹渣产生的原因及防止措施

焊接方式	产生的原因	防止措施
手工电弧焊	（1）前层焊渣未完全清除。 （2）焊接电流太低。 （3）焊接速度太慢。 （4）焊条摆动过宽。 （5）焊缝组合及设计不良	（1）彻底清除前层焊渣。 （2）采用较高电流。 （3）提高焊接速度。 （4）减少焊条摆动宽度。 （5）改正适当坡口角度及间隙

续表

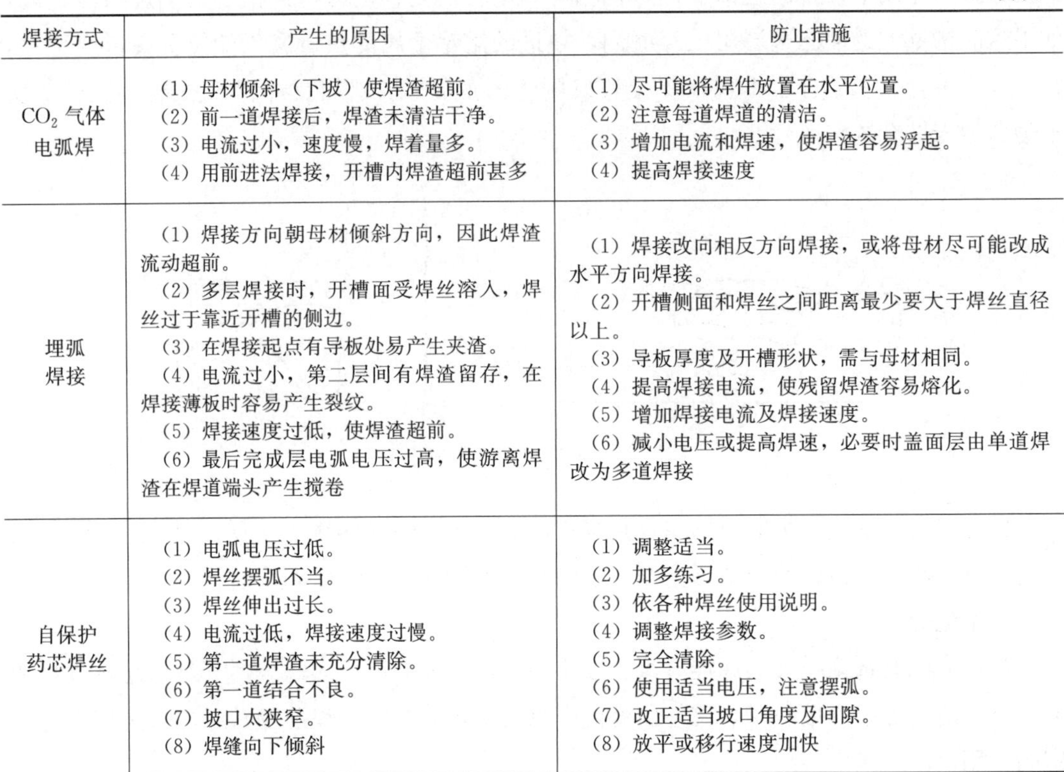

焊接方式	产生的原因	防止措施
CO_2 气体电弧焊	（1）母材倾斜（下坡）使焊渣超前。 （2）前一道焊接后，焊渣未清洁干净。 （3）电流过小，速度慢，焊着量多。 （4）用前进法焊接，开槽内焊渣超前甚多	（1）尽可能将焊件放置在水平位置。 （2）注意每道焊道的清洁。 （3）增加电流和焊速，使焊渣容易浮起。 （4）提高焊接速度
埋弧焊接	（1）焊接方向朝母材倾斜方向，因此焊渣流动超前。 （2）多层焊接时，开槽面受焊丝溶入，焊丝过于靠近开槽的侧边。 （3）在焊接起点有导板处易产生夹渣。 （4）电流过小，第二层间有焊渣留存，在焊接薄板时容易产生裂纹。 （5）焊接速度过低，使焊渣超前。 （6）最后完成层电弧电压过高，使游离焊渣在焊道端头产生搅卷	（1）焊接改向相反方向焊接，或将母材尽可能改成水平方向焊接。 （2）开槽侧面和焊丝之间距离最少要大于焊丝直径以上。 （3）导板厚度及开槽形状，需与母材相同。 （4）提高焊接电流，使残留焊渣容易熔化。 （5）增加焊接电流及焊接速度。 （6）减小电压或提高焊速，必要时盖面层由单道焊改为多道焊接
自保护药芯焊丝	（1）电弧电压过低。 （2）焊丝摆弧不当。 （3）焊丝伸出过长。 （4）电流过低，焊接速度过慢。 （5）第一道焊渣未充分清除。 （6）第一道结合不良。 （7）坡口太狭窄。 （8）焊缝向下倾斜	（1）调整适当。 （2）加多练习。 （3）依各种焊丝使用说明。 （4）调整焊接参数。 （5）完全清除。 （6）使用适当电压，注意摆弧。 （7）改正适当坡口角度及间隙。 （8）放平或移行速度加快

七、偏析和夹杂物

偏析是焊缝金属在不平衡结晶过程中由于快速冷却造成的元素不均匀分布的现象。偏析常出现在焊缝及热影响区中，严重的偏析易导致焊接接头产生热裂纹缺陷。焊缝中的夹杂物是由于焊接冶金过程中熔池中一些非金属夹杂物在结晶过程中来不及浮出而残存在焊缝内部造成的。

（一）偏析产生的原因

（1）焊接材料选用不当、焊接热输入太大都会导致焊缝金属晶粒粗化，当焊缝的结晶组织呈胞状晶长大时，在胞状晶的中心，含低熔点溶质的浓度最低，而在胞状晶相邻的边界上，低熔点溶质的浓度最高。当焊缝金属呈树枝晶长大时，先结晶的树干含低熔点溶质的浓度最低，后结晶的树枝含低熔点溶质浓度略高，最后结晶的部分，即填充树枝间的残液，也就是树枝晶和相邻树枝晶之间的晶界，低熔点溶质的浓度是最高的，导致在晶粒尺度上发生化学成分不均匀的现象。

（2）当焊接速度较大时，成长的柱状晶最后都会在焊缝中心附近相遇，使低熔点溶质都聚集在那里，结晶后的焊缝中心附近出现严重偏析。在应力作用下，容易产生焊缝纵向裂纹。

（二）防止偏析的措施

（1）正确选用焊接材料，适当改善焊接工艺，以细化焊缝金属组织，因为随着焊缝金属晶粒的细化，晶界增多，可减弱偏析的程度。

（2）适当降低焊接速度，因为高速焊接时，柱状晶近乎垂直地向焊缝轴线方向生长，在接合面处形成显著的区域偏析；而低速焊接时，熔池为椭圆形，柱状晶呈人字纹路向焊缝中部生长，区域偏析程度相应降低。

（3）控制偏析产物不形成膜状，而是最好呈球状或块状。以硫化物为例，碳或镍增多促使硫化物呈膜状分布于晶界；提高 Mn 含量使 Mn/S>6.7，不会产生热裂纹，若C 含量超过 0.10%时，Mn/S 应大于 22。

（三）影响夹杂的因素

固体夹杂是焊缝中残留的固体异物，根据异物的属性，一般有非金属夹杂和金属夹杂两大类，非金属夹杂较为典型的是夹渣、焊剂类夹杂和氧化物、硫化物夹杂，金属夹杂有夹钨、夹铜及夹入其他金属。

影响焊缝中产生夹杂物的因素主要有冶金因素、工艺因素和结构因素等几个方面（见表 3-18）。冶金因素主要是熔渣的流动性、药皮或焊剂的脱氧程度等；工艺因素主要有焊接电流和操作技巧等方面的影响；结构因素主要是焊缝形状和坡口角度等方面的影响。

表 3-18　　影响夹杂形成的主要因素

冶金因素	结构因素	工艺因素
（1）焊条和焊剂的脱氧脱硫效果不好。 （2）熔渣的流动性差。 （3）原材料中含硫量较高及硫的偏析程度较大	（1）立焊、仰焊易产生夹杂。 （2）深坡口易产生夹杂。 （3）坡口角度太小易产生夹杂物	（1）电流大小不合适，熔池搅动不足。 （2）焊条药皮成块脱落。 （3）多层焊时层面清渣不够。 （4）电渣焊时焊接条件突然改变，母材熔深突然减小。 （5）操作不当

（四）防止焊缝中夹杂物的措施

控制焊缝中的含氧量和减少焊缝中的非金属夹杂物含量是保证焊接质量、提高焊缝金属韧性的重要措施。防止焊缝中产生夹杂物的最重要措施就是控制原材料（包括母材和焊丝）中的夹杂物来源，正确选择焊条、焊剂等，使之更好地脱氧、脱硫；其次是注意焊接工艺操作。

八、焊接裂纹

裂纹是在焊接应力作用下，接头中局部区域的金属原子结合力遭到破坏所产生的缝隙，如图 3-29 所示。根据焊接裂纹的形态及产生原因，可分为冷裂纹（包括延迟裂纹、淬硬脆化裂纹、低塑性裂纹）、热裂纹（包括结晶裂纹、液化裂纹和多边化裂纹）、再热裂纹、层状撕裂和应力腐蚀裂纹。各种裂纹的分类及特征见表 3-19。表 3-20 介绍了冷裂纹和热裂纹产生的主要原因。

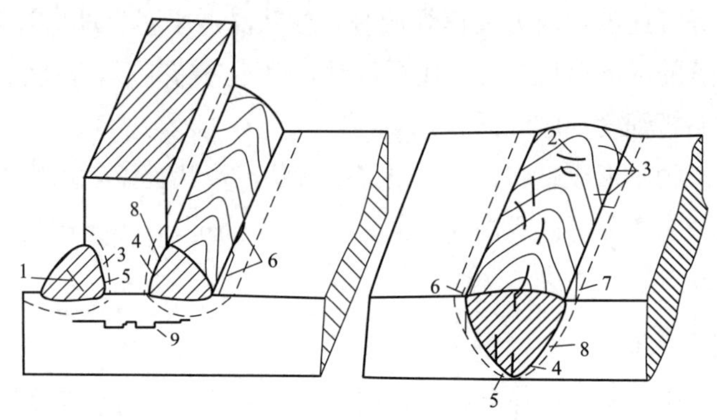

图 3-29　焊接裂纹的分布形态

1—焊缝中的纵向裂纹与弧形裂纹（多为结晶裂纹）；2—焊缝中的横向裂纹（多为延迟裂纹）；3—熔合区附近的横向裂纹（多为延迟裂纹）；4—焊缝根部裂纹（延迟裂纹、热应力裂纹）；5—近缝区根部裂纹（延迟裂纹）；6—焊趾处纵向裂纹（延迟裂纹）；7—焊趾处纵向裂纹（液化裂纹、再热裂纹）；8—焊道下裂纹（延迟裂纹、液化裂纹、高温低频性裂纹、再热裂纹）；9—层状撕裂

表 3-19　各种裂纹的分类及特征

裂纹分类		特征	母材	裂纹位置	裂纹走向
冷裂纹	延迟裂纹	在淬硬组织、氢和拘束应力的共同作用下而产生的其有延迟特征的裂纹	中、高碳钢，低、中合金钢等	热影响区，少量在焊缝	沿晶或穿晶
	淬硬脆化裂纹	主要是由淬硬组织在焊接应力作用下产生的裂纹	含碳的 NiCrMo 钢马氏体不锈钢、工具钢	热影响区，少量在焊缝	沿晶或穿晶
	低塑性裂纹	在较低温度下，由于母材的收缩应变超过了材料本身的塑性储备而产生的裂纹	铸铁、堆焊硬质合金	热影响区，少量在焊缝	沿晶或穿晶
热裂纹	结晶裂纹	在结晶后期，由于低共晶形成的液态薄膜削弱了晶粒间的连接，在拉伸应力作用下发生开裂	杂质较多的碳钢，低、中合金钢，奥氏体钢，镍基合金及铝	热影响区及焊缝	沿奥氏体晶界开裂
	液化裂纹	在焊接热循环最高温度的作用下，在热影响区和多层焊的层间发生重熔，在应力作用下产生的裂纹	含 S、P、C 较多的镍基合金等，铬高强钢、奥氏体钢	焊缝上，少量在热影响区	沿晶界开裂
	多边形裂纹	已凝固的结晶前沿，在高温和应力的作用下晶格缺陷发生移动和聚集，形成二次边界，在高温处于低塑性状态，在应力作用下产生的裂纹	纯金属及单相奥氏体合金	焊缝上，少量在热影响区	沿晶界开裂

表 3-20　　　　　　**焊接缺陷产生的主要原因**

<table>
<tr><th colspan="2">名称</th><th>材料因素</th><th>结构因素</th><th>工艺因素</th></tr>
<tr><td rowspan="3">冷裂纹</td><td>氢致裂纹</td><td>（1）钢中 C 或合金元素含量高，使淬硬倾向增大。
（2）焊接材料含氢量较高</td><td rowspan="2">（1）焊缝附近刚度较大（如大厚度、高拘束度），焊缝布置在应力集中区。
（2）坡口形式不合适（如 V 形坡口拘束应力较大）</td><td>（1）熔合区附近冷却时间小于出现铁素体临界冷却时间，热输入过小。
（2）未使用低氢焊条。
（3）焊接材料未烘干，焊口及工件表面有水分、油污及铁锈。
（4）焊后未进行保温处理</td></tr>
<tr><td>淬火裂纹</td><td>（1）钢中 C 或合金元素含量高，使淬硬倾向增大。
（2）对于多元合金的马氏体钢焊缝中出现块状铁素体</td><td>（1）对冷裂倾向较大的材料，预热温度未作相应的提高。
（2）焊后未立即进行高温回火。
（3）焊条选择不合适</td></tr>
<tr><td>层状撕裂</td><td>（1）焊缝中出现片状夹杂物（如硫化物、硅酸盐和氧化铝等）。
（2）母材组织硬脆或产生时效脆化。
（3）钢中含硫量过多</td><td></td><td></td></tr>
<tr><td rowspan="3">热裂纹</td><td>结晶裂纹</td><td>（1）焊缝金属中合金元素含量不合理。
（2）焊缝金属中 P、S、C、Ni 含量较高。
（3）焊缝金属中 Mn/S 比例不合适</td><td>（1）焊缝附近的刚度较大，如大厚度、高拘束度。
（2）接头形式不合适，如熔深较大的对接接头和角焊缝（包括搭接接头、丁字接头和外角接焊缝）抗裂性差。
（3）接头附近应力集中，如密集、交叉的焊缝</td><td>（1）焊接热输入过大，使近缝区过热，晶粒长大，引起结晶裂纹。
（2）熔深与熔宽比过大。
（3）焊接顺序不合适，焊缝不能自由收缩</td></tr>
<tr><td>液化裂纹</td><td>母材中的 P、S、B、Si 含量较多</td><td rowspan="2">（1）焊缝附近刚度较大，如大厚度、高拘束度。
（2）接头附近应力集中，如密集、交叉的焊缝</td><td>（1）热输入过大，使过热区品粒粗大，晶界熔化严重。
（2）熔池形状不合适。凹度太大</td></tr>
<tr><td>高温失塑裂纹</td><td></td><td>热输入过大，使温度过高，容易产生裂纹</td></tr>
</table>

（一）焊接热裂纹的原因和分类

焊接热裂纹是在高温下产生的，它的微观特征一般是沿原奥氏体晶界开裂。热裂纹发生的部位一般是在焊缝中，有时也出现在热影响区中，如图 3-30 所示。当焊接裂纹贯穿表面，与外界空气相通时，热裂纹表面呈氧化色彩。根据所焊材料不同（低合金高强钢不锈钢、铸铁、铝合金等），产生热裂纹的形态、温度区间和主要原因也各有不同。根据产生的原因，热裂纹可分为结晶裂纹、液化裂纹和多边化裂纹三类。

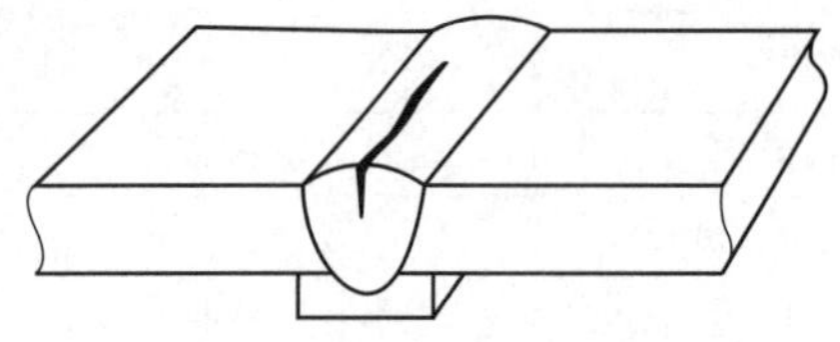

图 3-30　常见热裂纹出现位置

1. 结晶裂纹

结晶裂纹又称凝固裂纹，是在焊缝凝固过程的后期形成的，是焊接生产中最为常见的热裂纹之一。结晶裂纹多产生在焊缝中，呈纵向分布在焊缝中心，也有呈弧形分布在焊缝中心线两侧，而且这些弧形裂纹与焊波呈垂直分布。纵向裂纹通常较长、较深，而弧形裂纹较短、较浅。

结晶裂纹尽管形态、分布和走向有区别，但都有一个共同特点，即所有结晶裂纹都是沿一次结晶的晶界分布，特别是沿柱状晶的晶界分布。焊缝中心线两侧的弧形裂纹是在平行生长的柱状晶晶界上形成的。在焊缝中心线上的纵向裂纹则恰好是处在从焊缝两侧生成的柱状晶的汇合面上。

由于是在高温下产生的，所以多数结晶裂纹的断口上可以看到氧化的色彩，在扫描电镜下观察结晶裂纹的断口具有典型的沿晶开裂特征，断口晶粒表面光滑。

2. 液化裂纹

在母材近缝区或多层焊的前一焊道因受热作用而在液化的晶界上形成的焊接裂纹称液化裂纹。因为是在高温下沿晶开裂，故其也属热裂纹之一，如图 3-31 所示。近缝区上的液化裂纹多发生在母材向焊缝凹进去的部位，该处熔合区向焊缝侧凹进去而过热严重。液化裂纹多为微裂纹，尺寸很小，一般在 0.5mm 以下，个别达 1mm。主要出现在合金元素较多的高合金钢、不锈钢和耐热合金的焊件中。

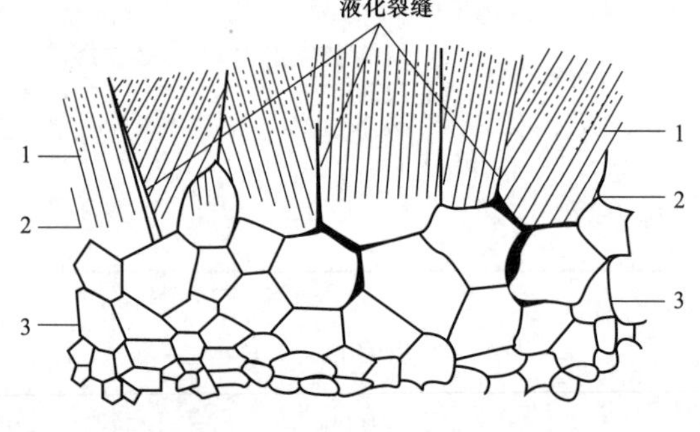

图 3-31　近缝区的液化裂纹

1—未混合区；2—部分熔化区；3—粗晶区

3. 多边形裂纹

焊接时在金属多边化晶界上形成的热裂纹称为多边化裂纹。它是由于在高温时塑性很低而造成的，又称为高温低塑性裂纹。这种裂纹多发生在纯金属或单相奥氏体焊缝中，个别也出现在热影响区中。其特点是在焊缝金属中裂纹的走向与一次结晶方向并不一致，常以任意方向贯穿于树枝状结晶中；裂纹多发生在重复受热的多层焊层间金属及热影响区中，其位置并不靠近熔合区；裂纹附近常伴随有再结晶晶粒出现；断口无明显的塑性变形痕迹，呈现高温低塑性开裂特征。

（二）预防热裂纹的主要措施

1. 冶金方面

严格限制母材和焊接材料中的 C、P、S 等有害杂质含量；在焊缝金属或母材中加入一些细化晶粒元素（如 V、Ti、Nb、Zr 等），以提高其抗裂性能；对于一些易于向焊缝转

移某些有害杂质的母材，焊接时必须尽量减少稀释率，如开大坡口、减小熔深、堆焊隔离层等。

2. 工艺方面

总体原则是尽量使大多数焊缝在较小的刚度条件下焊接，避免焊接结构产生较大的拘束应力。确定合理的焊接工艺参数，焊接工艺参数直接影响焊缝的横断面形状，适当减小电流可以减少焊缝厚度，改善焊缝形状。采用低电压有利于形成凸形焊缝，避免高速焊接可减小稀释率并促进形成凸形焊缝，必要时采取预热可以降低冷却速度并减少应力。

3. 焊接冷裂纹的原因和分类

焊接冷裂纹是指金属在焊接应力及其他致脆因素共同作用下，焊接接头局部区域金属原子结合力遭到破坏而形成新界面所产生的缝隙。焊接冷裂纹具有尖锐的缺口和长宽比大的特征，是焊接结构中最危险的缺陷。焊接结构产生的脆性破坏大多是由焊接冷裂纹引起的。焊接冷裂纹种类繁多，产生的条件和原因各有不同。有些裂纹在焊后立即产生，有些在焊后延续一段时间才产生，甚至在使用过程中在一定外界条件诱发下才产生。裂纹出现在焊缝和热影响区表面，也可产生在其内部，如图 3-32 所示。

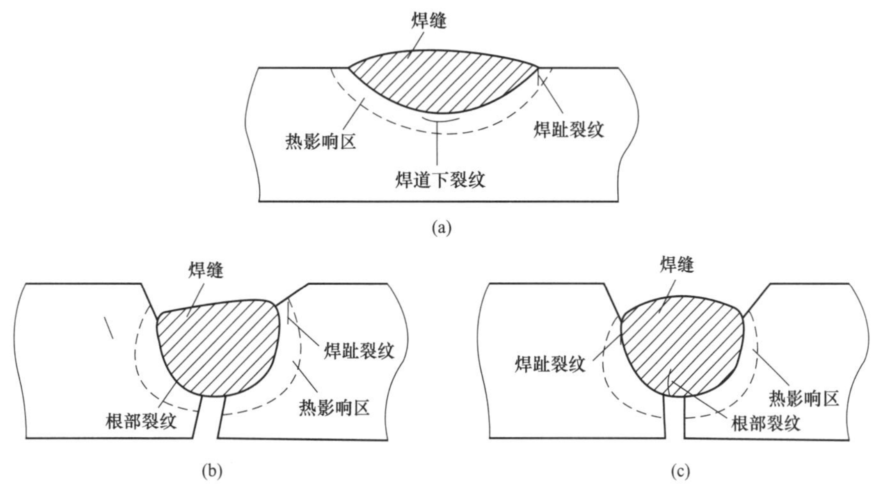

图 3-32　焊接接头区的冷裂纹分布形态

（a）焊道下裂纹；（b）表面裂纹；（c）内部裂纹

冷裂纹的起源多发生在具有缺口效应的焊接热影响区或物理化学性能不均匀的氢聚集局部区。冷裂纹的断裂行径，有时沿晶界扩展，有时是穿晶扩展，较多的是沿晶为主兼有穿晶的混合型断裂，取决于焊接接头的金相组织、应力状态和含氢量等。裂纹的分布与最大应力方向有关：纵向应力大，出现横向冷裂纹；横向应力大，出现纵向冷裂纹。冷裂纹的裂口是具有金属光泽的脆性断口。

对于易淬硬的高强钢来说，冷裂纹是在焊后冷却过程中，在马氏体转变点 M_s 附近或更低的温度区产生的，也有的要推迟很久才产生。钢种的淬硬倾向、焊缝中的含氢量及其分布、焊接接头的拘束应力是促使形成冷裂纹的三大要素。这三个因素是相互联系和相互促进的。当焊缝和热影响区中有对氢敏感的高碳马氏体组织形成，又有一定数量的扩散氢时，在焊接拘束的作用下，容易在焊接接头产生冷裂纹。

根据被焊钢种和结构的不同，冷裂纹大致可以归为三类：淬硬脆化裂纹（或称淬火裂）低塑性脆化裂纹和延迟裂纹。

淬硬脆化裂纹（或称淬火裂纹）在一些硬倾向大的钢种，焊接时即使没有氢的诱发，仅在应力的作用下就能导致开裂。焊接含碳量较高的 Ni-Cr-Mo 钢、马氏体钢、工具钢以及异种钢等都有可能出现这种裂纹。它是由于冷却时发生马氏体相变而脆化所造成的，与氢的关系不大，基本上没有延迟现象。焊后常立即出现裂纹，在热影响区和焊缝上都可能发生。

低塑性脆化裂纹是某些塑性较低的材料冷至低温时，由于热胀冷缩而引起的应变超过了材料本身所具有的塑性储备或材质变脆而产生的裂纹。例如，铸铁补焊、堆焊硬质合金和焊接高铬合金时，就容易出现这类裂纹。通常也是焊后立即产生，无延迟现象。

延迟裂纹，焊后不立即出现，有一定孕育期（又称潜伏期），具有延迟现象。延迟裂纹决定于钢种的淬硬倾向、焊接接头的应力状态和熔敷金属中的扩散氢含量。

4. 焊接冷裂纹的防止措施

防止冷裂纹产生的常用措施主要是控制母材的化学成分，合理选用焊接材料、确定合理的接头形式和严格控制焊接工艺参数，必要时采用焊后热处理等。

5. 控制母材的化学成分

从设计上选用抗冷裂纹性能好的钢材，把好进料关。选择碳当量或冷裂纹敏感指数小的钢材。因其数值越高，淬硬倾向越大，产生冷裂纹的可能性越大，近年来各国都在致力于发展低碳、纯净和多元合金化的新钢种，发展了一些无裂纹钢（如控轧控冷钢），这些钢具有良好的焊接性，中、厚板焊接也无须预热。

6. 合理选择和使用焊接材料

主要目的是减少氢的来源和改善焊缝金属的塑性和韧性。

选用低氢和超低氢焊接材料；在焊接生产中，对于不同强度级别的钢种，都有相应配套的焊条、焊丝和焊剂，基本上可以满足要求。碱性焊条每百克熔敷金属中的扩散氢含量仅几毫升，而酸性焊条可高达几十毫升，因此碱性焊条的抗冷裂纹性能优于酸性焊条。重要的低合金高强钢结构的焊接，原则上都应选用碱性焊条。焊条和焊剂要妥善保管，不能受潮。焊前必须严格烘干，使用碱性焊条更应如此，随着烘干温度的升高，焊条扩散氢含量明显下降。选用强度级别比母材略低的焊条有利于防止冷裂纹，因强度较低的焊缝不仅本身冷裂纹倾向小，而且由于容易发生塑性变形，从而降低了接头的拘束应力，使焊趾、焊根等部位的应力集中效应相对减小，改善了热影响区的冷裂纹倾向。日本在 800MPa 钢

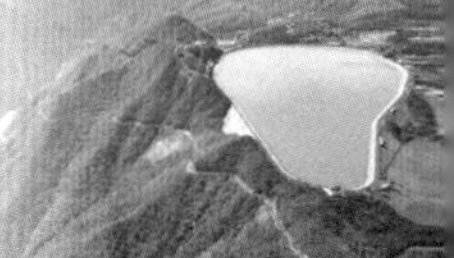

厚壁承压水管焊接件的制造中，认为焊缝强度为母材强度的82%时，可以达到使用性能要求，采用奥氏体焊条焊接淬硬倾向较大的低、中合金高强度钢能避免冷裂纹。因为奥氏体焊缝可以溶解较多的氢，同时奥氏体组织的塑性好，可以减小接头的拘束应力。但必须注意，奥氏体焊缝强度低，对承受主应力的焊缝，只有在接头强度允许的情况下才能使用。

7. 正确制定焊接工艺

包括控制焊接热输入、预热及层间温度、焊后热处理、合理的接头形式和正确的施焊顺序等。目的在于改善热影响区和焊缝组织，促使氢的逸出以及减小焊接拘束应力。

第六节 常用电弧焊

电弧焊是应用最广泛的一种方法，焊条电弧焊、埋弧焊、气体保护焊等都属于电弧焊。电弧焊的热源为焊接电弧，但其并不是简单的燃烧现象。实际上，电弧是一种气体导电现象，气体在一般情况下是呈电中性的，无法导电。电弧稳定燃烧时，参与导电的带电粒子主要是电子和正离子。这些带电粒子是通过电弧中气体介质的电离和电极的电子发射这两个物理过程而产生的。在电弧现象中，气体的电离主要有热电离、电场电离和光电离三种方式，以一次电离为主。电极的电子发射主要有热发射、电场发射、光发射和碰撞发射四种方式。由于电子和正离子所带的电量相同，故所受到的电场力相同。值得注意的是，在每一瞬间，电弧中的正、负电荷数是相等的，电弧对外界呈现的是电中性。

两电极之间产生电弧放电时，在电弧长度方向电场强度分布是不均匀的，通过实际测量得到的沿电弧长度方向的电压分布，如图3-33所示。电压分布分为阴极压降区（U_K）、阳极压降区（U_A）以及弧柱区（U_C）。弧柱区电压变化幅度小，而在阴极和阳极附近很小的区域内电压变化较大。总的电弧电压$U_a=U_A+U_K+U_C$。阳极和阴极压降区长度尺寸很小，只有$10^{-6}\sim10^{-2}$cm，其余为弧柱，因此可认为弧柱长度为电弧长度。

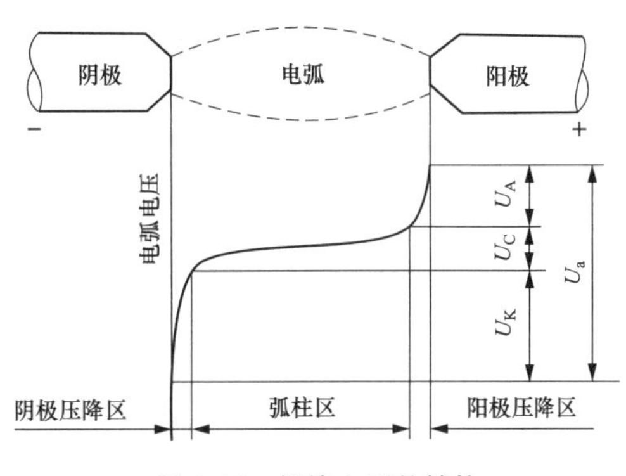

图3-33 焊接电弧的结构

一、焊条电弧焊

（一）焊条电弧焊的原理及特点

焊条电弧焊是通过手工操控焊条进行焊接的电弧焊方法，也称手工电弧焊。虽然这种方法工艺较为落后，但其生产性灵活，设备简单，一般不受焊接位置和环境的影响，因此在工业生产中仍然被广泛应用。

焊条电弧焊是利用焊条末端和工件之间的电弧产生的高温使焊条药皮与焊芯及工件熔化，熔化的焊芯端部迅速地形成细小的金属熔滴，通过弧柱过渡到局部熔化的工件表面，融合一起形成熔池，随着电弧以适当的弧长和速度在工件上不断地前移，熔池液态金属逐步冷却结晶，形成焊缝。药皮熔化过程中产生的气体和熔渣，不仅使熔池和电弧周围的空气隔绝，而且和熔化的焊芯、母材发生一系列冶金反应，保证焊接质量。焊条电弧焊示意图如图 3-34 所示。

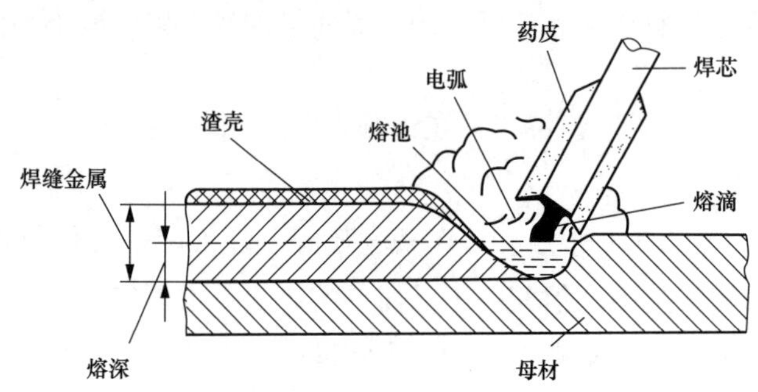

图 3-34　焊条电弧焊示意图

焊条电弧焊具有以下特点。

焊接设备简单，设备成本低，操作灵活，焊接可达性好。在焊条能达到的地方都可进行施焊，不受场地和焊接位置的限制，这也是其被广泛应用的原因。

不需要辅助气体防护。焊条在焊接过程中能够产生保护焊接部位的保护气，具有较强的抗风能力。

可焊接材料种类多，大多数工业金属和合金的焊接都可以通过焊条电弧焊实现，比如碳素钢、低合金钢、高合金钢以及有色金属等，但不适用于特殊金属、易氧化材料及薄板（小于 1mm）的焊接。

手工焊的缺点也很明显，其劳动条件差，生产效率低，不适用于大批量生产，手工焊的焊接质量很大程度上取决于焊工的操作水平和经验，对焊工要求很高，在焊工的培训费用很大。

（二）焊条电弧焊设备及工具

焊条电弧焊设备及工具组成包括弧焊电源、电焊钳、面罩和护目镜、电缆等，除了以上焊接工具外，还有焊条烘干设备、焊缝检测尺、钢丝刷、清渣锤等辅助工具，在通风不好的焊接场合，还应配有烟雾吸尘器或排风扇等辅助工具。

1. 手工电弧焊电源

当弧长一定，电弧稳定燃烧时，电极之前总电压 U 与电流 I 之间的关系曲线成为电弧静特性曲线，也称为伏-安特性曲线，如图 3-35 所示。电弧的静特性曲线分为三个部分。

A 段的电流小，电弧电压高，随着电流的增加，电弧电压下降，这一段为负阻特性区。当电流继续增大到中等程度，随着电流的增大，弧柱电流的导电截面增大，但是电弧电压的变化趋于平稳，这一区域为电弧的平特性区，也就是曲线的 B 段。在大电流范围内，电弧的电离度基本上不再增加，电弧的导电截面也不能再进一步扩大，这样，随着电流增加，电弧电压也要升高，表现为上升特性区，即静特性曲线的 C 区。

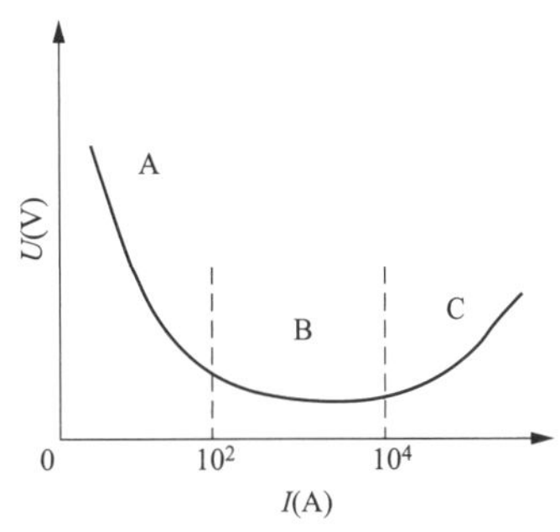

图 3-35　电弧静特性曲线

焊接电弧有直流电弧和交流电弧两大类，弧焊电源也就分为交流电源和直流电源两大类。目前，我国通常采用的弧焊电源有如下类型：弧焊变压器、直流弧焊发电机、弧焊整流器和弧焊逆变器，前一种属于交流电源，后几种大多为直流电源。弧焊电源应满足以下要求：弧焊电源外特性的要求；电源空载电压的要求；电源调节特性的要求。

弧焊电源的外特性是指在规定范围内电源的稳态输出电流与输出电压的关系。弧焊电源与电弧组成供电和用电系统，为了保证焊接电弧的稳定燃烧和焊接参数稳定，系统必须有个稳定工作点，而工作点是弧焊电源外特性与电弧静特性水平段的交点，因此，要求弧焊电源外特性曲线应具有下降的趋势。根据斜率不同又可分为陡降特性、缓降特性、垂降外拖特性等，如图 3-36 所示。

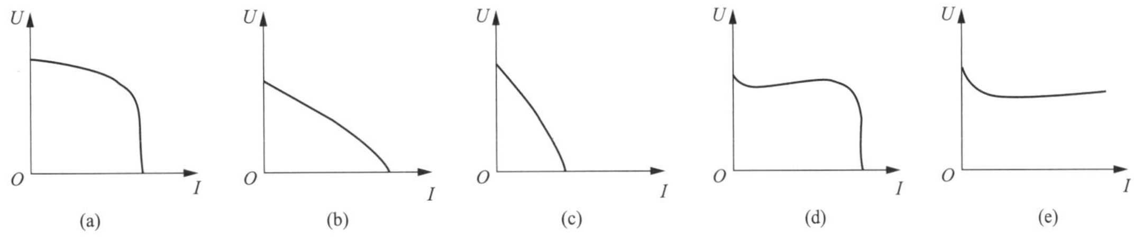

图 3-36　弧焊电源外特性

(a) 垂直特性；(b) 缓降特性；(c) 陡降特性；(d) 垂直外拖特性；(e) 平特性

2. 焊钳

焊钳又叫焊把，焊钳是用夹持焊条进行焊接的工具，同时也起着传导焊接电流的作用。焊钳应具有良好的导电性、不易发热、质量轻、加持焊条牢固及转换焊条方便等特性。焊钳主要是由上下钳口、弯臂、弹簧、直柄、胶木手柄及固定销等组成，如图 3-37 所示。焊钳分为各种规格，以适应各种规格焊条直径。每种规格焊钳，是以所要夹持的最大直径焊条所需的电流设计的。常用的焊钳有 300A 和 500A 两种规格。

图 3-37　焊钳

3. 面罩及护目镜

面罩及护目玻璃的作用是防止焊接时的飞溅物、强烈弧光及其他辐射对焊工面部及颈部灼伤的工具，面罩正面装有护目玻璃（护目镜），用来减弱弧光强度，吸收由电弧发射的红外线、紫外线和大多数可见光。面罩通过耐热或不燃的绝缘材料进行制作，焊工通过护目玻璃观察熔池情况，正确掌握和控制焊接过程，能够有效减少弧光对眼睛的损伤。面罩一般分为手持式和头盔式，护目玻璃有各种色泽，以墨绿色的为多，护目玻璃的颜色有深浅之分，应根据焊接电流大小、焊工年龄和视力情况来确定，选用护目镜玻璃色号、规格、面罩时，其有关性能和技术指标应符合 GB/T 3609.1《职业眼面部防护　焊接防护　第 1 部分：焊接防护具》。

4. 焊条保温筒

焊条保温筒是对已烘干的焊条进行保温以防止焊条受潮的工具。保温桶有立式和卧式两种。在使用低氢型焊条焊接重要结构时，焊条必须先进烘箱烘焙，烘干温度和保温时间因材料和季节而异。在焊接锅炉压力容器时尤为重要，焊条从烘箱内取出后，应储存在焊条保温筒内，在施工现场逐根取出使用。

5. 快速接头

快速接头能够快速方便地连接焊接电缆与焊接电源，其主体是由导电性好的黄铜加工而成，外套采用氯丁橡胶，具有轻便适用、接触电阻小、无局部过热、操作简单、连接快、拆卸方便等特点。常用的快速接头、快速连接器型号见表 3-21。

表 3-21　　常用的快速接头、快速连接器型号

名称	型号规格	额定电流（A）	用途
焊接电缆快速接头	DJK-16	100～160	由插头、插座两部组件组成，能随意将电缆连接在弧焊电源上，螺旋槽端面接触
	DJK-35	160～250	
	DJK-50	250～310	
	DJK-70	310～400	
	DJK-95	400～630	
	DJK-120	630～800	
焊接电缆快速连接器	DJL-16	100～160	能随意连接两根电缆的器件，螺旋槽端面接触
	DJL-35	160～250	
	DJL-50	250～310	
	DJL-70	310～400	
	DJL-95	400～630	
	DJL-120	630～800	

6. 接地夹钳

接地夹钳是将焊接导线或接地电缆接到工件上的一种器具。接地夹钳必须能形成牢固

的连接，又能快速且容易地夹到工件上。对于低负载率来说，弹簧夹钳比较合适。使用大电流时需要螺栓夹钳，以便夹钳不过热并形成良好的连接。

7. 电缆

焊钳和接地夹钳通过电缆接到电源上。焊接电缆是焊接电路的一部分，除要求应具有足够的导电截面以免过热而引起导线绝缘破坏外，还必须耐磨和耐擦伤，应柔软易弯曲，具有最大的挠度，以便焊工容易操作，减轻劳动强度。焊接电缆规格应按焊接电流、焊接电路的长度和负载持续率进行选择。一般要求焊接电缆上的压降不大于 4V。焊接电缆截面积与电缆长度、焊接电流的关系见表 3-22。

表 3-22　焊接电缆截面积与电缆长度、焊接电流的关系

额定电流（A）	电缆长度（m）								
	20	30	40	50	60	70	80	90	100
	电缆截面积（mm^2）								
100	25	25	25	25	25	25	25	28	35
150	35	35	35	35	50	50	60	70	70
200	35	35	35	50	60	70	70	70	70
300	35	50	60	60	70	70	70	85	85
400	35	50	60	70	85	85	85	95	95
500	50	60	70	85	95	95	95	120	120
600	60	70	85	95	95	95	120	120	120

（三）焊接工艺参数及选择

焊条电弧焊的焊接工艺参数包括焊条直径、电弧电压、焊接电流、焊接层数、焊接速度等。焊接工艺参数直接影响焊缝质量和生产效率。

1. 焊条直径

焊条直径是影响焊接质量与生产效率的关键因素。为了保证焊接生产效率，一般尽可能选择大直径焊条进行焊接，但前提是要保证焊接质量。为了保证焊接质量，在选择焊条直径时需要考虑多方面因素：焊件厚度、焊接位置、单面焊接或双面焊接等因素。

一般来说厚焊件可以采用较大直径焊条及相应大的焊接电流，这样有助于焊缝金属在焊接接头中完全熔合，也可以保证焊接效率。但在进行开坡后厚件的多层焊时，第一层焊缝往往采用小直径焊条打底（一般不超过 3.2mm），这是因为用粗焊条焊接开坡口的焊件会使电弧拉长造成未焊透，用小直径焊条打底也便于控制焊缝形状，在其余各层可采用大直径焊条进行快速填充。

在横焊、立焊、仰焊等位置焊接时，熔化的金属在重力的作用下容易流出，此时应采取小直径焊条进行焊接。船型焊接位置（在焊接角焊缝时，把焊缝至于像船一样的位置进行焊接，通常在焊接 T 形和角接接头时采用此焊接位置）焊条直径应不大于角焊缝尺寸。

2. 电源种类和极性

电源分为直流电源和交流电源。直流电源的电弧稳定，飞溅少，但电弧磁偏吹较交流严重，一般重要焊接结构和厚度大的焊接结构采用直流电源，低氢型焊条稳弧性差，通常必须采用直流电源。用小电流焊接薄板时，也常用直流电源，在其他情况下，首选交流电源，因为交流焊机结构简单，造价低，使用维护方便。

极性是指在直流电弧焊或电弧切割时，焊件的极性。焊件与电源输出端正负极的接法有正接和反接两种。所谓正接就是焊件接电源正极、焊条接负极的接线法，正接也称正极性；反接就是焊件接电源负极，焊条接电源正极的接线法，反接也称反极性。对于交流电源来说，由于极性是交变的，所以不存在正接和反接。一般情况下，使用碱性焊条或薄板的焊接，采用直流反接；而酸性焊条，通常选用正接。

3. 焊接电流

焊接时，流经焊接回路的电流称为焊接电流。焊接电流直接影响焊接质量和生产效率。电流过小易造成未焊透、未熔合、夹渣等缺陷，而电流过大，易产生咬边和烧穿等缺陷。影响焊接电流选择的因素有很多，如焊条类型、焊条直径、焊件厚度、接头形式、焊接位置等，但最主要是焊条直径、焊缝位置、焊条类型以及焊缝层次。

焊接电流大小与焊条直径的关系可通过经验公式（3-8）获得，在相同焊条直径条件下，焊接平焊缝时，由于运条和焊接熔池控制相对于立焊、横焊以及仰焊时较为容易，因此通常立焊和横焊时，电流小 10%～15%；仰焊时的焊接电流比平焊时的焊接电流小15%～20%。碱性焊条的焊接电流应比酸性焊条小 10%～15%，以防止焊缝形成气孔；不锈钢焊条的焊接电流比碳钢焊条小 15%～20%。在进行多层焊接时，第一层通常采用较小的焊接电流，焊接填充层时通常采用较大的焊接电流，即

$$I = Kd \tag{3-8}$$

式中 I——焊接电流，A；

K——经验系数，见表 3-23；

d——焊条直径，mm。

表 3-23　焊条直径与 *K* 值关系

d（mm）	1.6	2～2.5	3.2	4～6
K	15～25	20～30	30～40	40～50

4. 电弧长度

焊条电弧焊的焊接电弧电压不是焊接工艺的重要参数，但是电弧电压由电弧长度决定，电弧越长电压越高。电弧长度是焊条芯的熔化端到焊接熔池表面的距离，在焊接过程中，若电弧长度过长，电弧飘摆，燃烧不稳定，飞溅增大，外部空气容易侵入，降低焊缝

质量；若电弧长度过短，则容易出现短路。电弧长度的控制取决于焊工的经验，一般情况下，碱性低氢焊条焊接时弧长小于或等于焊条直径，以减少气孔等缺陷；在使用酸性焊条时，为了预热和加大熔宽，有时将弧长稍微拉长。

5. 焊缝层数

厚板焊接通常是采用开坡口，并采用多层焊接或多层多道焊接。对于低碳钢和强度等级较低的低合金钢的多层焊，每层焊缝厚度过大时，对焊缝金属的塑性（主要表现在冷弯上）有不利影响。因此，对质量要求较高的焊缝，每层厚度最好不大于 4～5mm。

焊接层数主要根据焊件厚度、焊条直径、坡口形式和装配间隙等来确定，可根据式（3-9）估算，即

$$n=\frac{\delta}{d} \tag{3-9}$$

式中 n——焊接层数；

δ——焊件厚度，mm；

d——焊条直径，mm。

二、埋弧焊

（一）埋弧焊的工作原理及特点

1. 埋弧焊的工作原理

埋弧焊是一种电弧在焊剂层下燃烧进行焊接的方法。相较于明弧焊，焊接过程中焊丝端部、电弧和工件被可熔化颗粒状焊剂覆盖，电弧不可见，因此被称为埋弧焊。

埋弧焊工作原理如图 3-38 所示，颗粒状焊剂由漏斗均匀地敷在接口处，焊丝由送丝机构送进，经导电嘴与焊件轻微接触。引弧后电弧将焊丝和焊件熔化形成熔池，同时将电弧区周围的焊剂熔化并有部分蒸发，形成稳定燃烧空间，熔渣（熔化的焊剂）浮在熔池表面上，从而使液态金属与空气隔绝。随着电弧的移动，熔池金属冷却形成焊缝，熔渣形成焊壳，熔渣对焊缝起机械保护作用，使焊缝不易产生夹渣和气孔等缺陷。埋弧焊的焊机启动、引弧、送丝等过程由焊机自动化进行，因此也可以叫作埋弧自动焊。

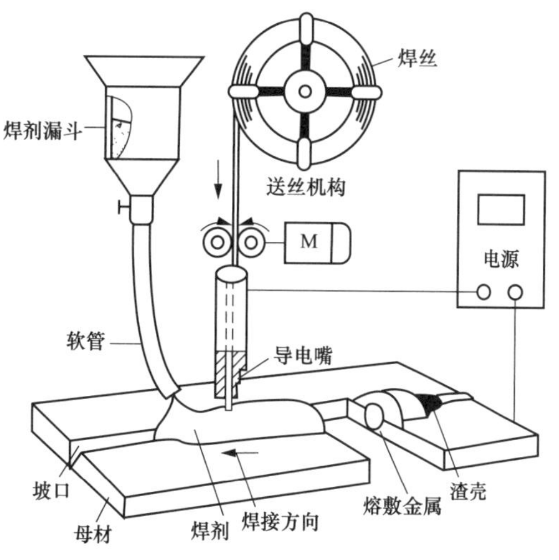

图 3-38 埋弧焊工作原理

2. 埋弧焊的特点

(1) 埋弧焊的优点。

1) 焊接生产率高。埋弧焊焊丝伸出长度短，可采用较大的焊接电流，因此熔透能力和熔覆率高，一般不开坡口单面一次焊熔深可达 20mm，埋弧焊焊接电流与焊条电弧焊焊接电流对比如表 3-24 所示。埋弧的焊接速度也较焊条电弧快，单丝埋弧焊焊速可达 60～150m/h，而焊条电弧焊焊速则不超过 6～8m/h。

表 3-24　　埋弧焊焊接电流与焊条电弧焊焊接电流对比

焊材直径（mm）	焊条电弧焊电流（A）	埋弧焊电流（A）
1.6	25～40	150～400
2.0	40～65	200～600
2.5	50～80	260～700
3.2	100～130	300～900
4.0	160～210	400～1000
5.0	200～270	520～1100
5.8	260～300	600～1200

2) 焊接质量好。因熔池有熔渣和焊剂的保护，使空气难以侵入，焊接飞溅少，焊缝力学性能好；另外，焊接参数由系统设定，对焊工要求不高，焊缝表面光洁、平整，成型美观。

3) 劳动条件好。由于实现了焊接过程机械化，操作较简便，而且电弧在焊剂层下燃烧没有弧光的有害影响，放出烟尘也少，因此焊工的劳动条件得到了改善。

4) 节省焊材和能源。由于熔深较大，埋弧自动焊时可不开或少开坡口，减少了焊缝中焊丝的填充量，也节省因加工坡口而消耗掉的母材。

(2) 埋弧焊的缺点。

1) 焊接灵活性差，由于埋弧焊需要颗粒状焊剂的保护，为了保证焊剂的覆盖以及减少熔池泄漏，一般情况下只适用于平焊或倾斜角度不大的角焊位置焊接，在特殊情况下，需要使用特殊装置来保证焊剂的覆盖。

2) 由于焊剂的覆盖，所以焊缝质量不易观察。在进行埋弧焊时，需要采用焊缝自动追踪装置保证焊炬对准焊缝不偏焊。

3) 埋弧焊的焊接电流大，适用于长焊缝和中厚板，不适用于薄板短焊缝的焊接。

（二）埋弧焊设备

埋弧焊设备包括焊接电源、埋弧焊机（包括送丝机构、行走机构、导电嘴、焊丝盘、焊剂漏斗等）以及辅助设备（焊接夹具、工位变位设备、焊剂回收装置）。

1. 埋弧焊机

埋弧焊机的分类方式有很多种。埋弧焊机按照自动化程度可分为半自动埋弧焊机和自动埋弧焊机。自动埋弧焊机的送丝过程、输出电流以及电弧移动等过程都是自动化控制，而半自动焊机的电弧移动是由焊工操作的，劳动强度大，目前已经很少使用。按用途可分为专用焊机和通用焊机两种；按送丝方式可分为等速送丝式埋弧焊机和变速送丝式埋弧焊机；按焊丝的数目和形状可分为单丝埋弧焊机、多丝埋弧焊机及带状电极埋弧焊机，其中单丝焊机应用最多，多丝埋弧焊机，常用的是双丝埋弧焊机和三丝埋弧焊机。按行走机构形式分为小车式、悬挂式、车床式、门架式、悬臂式等，如图 3-39 所示。小车式结构多应用于通用埋弧焊机，门架式行走机构适用于大型结构件的平板对接、角接；悬臂式焊机则适用于大型工字梁、化工容器、圆筒、圆球形结构上的纵缝和环缝的焊接。表 3-25 列举了部分国产埋弧焊机的主要技术参数。

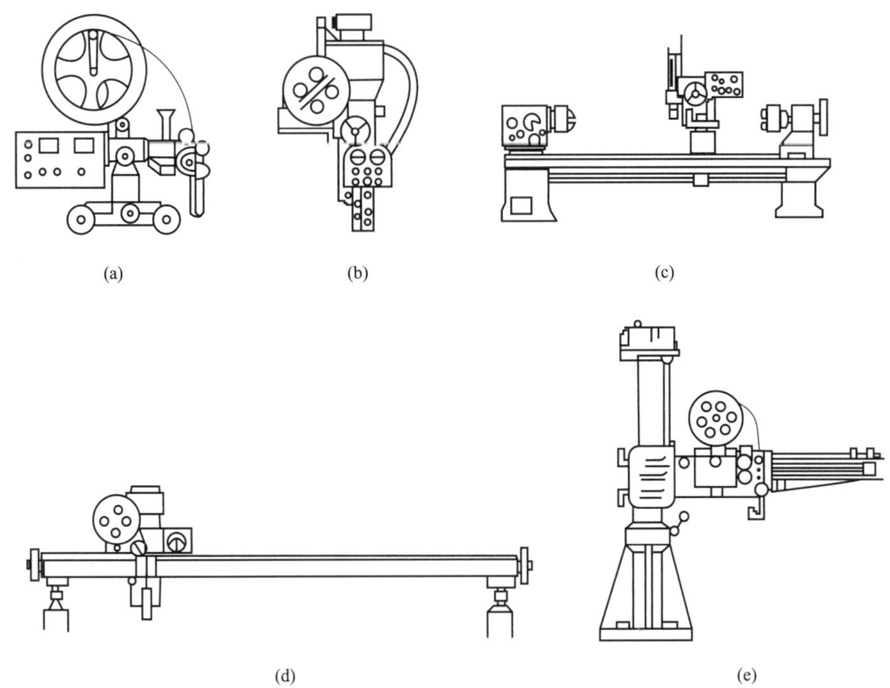

图 3-39 常见的埋弧焊机结构形式

（a）小车式；（b）悬挂式；（c）车床式；（d）门架式；（e）悬臂式

表 3-25 部分国产埋弧焊机的主要技术参数

技术参数 \ 型号	NZA-1000	MZ-1000	MZ1-1000	MZ2-1000	MU-2×300
送丝方式	变速送丝	变速送丝	等速送丝	等速送丝	等速送丝
焊机结构特点	埋弧、明弧两用	焊车	焊车	悬挂式自动机头	堆焊专用焊机
焊接电流（A）	200～1200	200～1000	200～1000	400～1500	160～300
焊丝直径（mm）	3～5	1.6～5	1.6～5	3～6	1.6～2
送丝速度（cm/min）	50～600	50～200	87～672	87～672	250～1000

续表

技术参数 \ 型号	NZA-1000	MZ-1000	MZ1-1000	MZ2-1000	MU-2×300
焊接速度（cm/min）	3.5～130	25～117	26.7～210	22.5～187	13.3～100
焊接电流种类	直流	直流、交流	直流	直流或交流	交流

2. 埋弧焊电源

埋弧焊电源根据电流类型、电流大小以及送丝方式等因素选择。埋弧焊的电源可以采用交流电源或直流电源，电源的额定电流一般为500A、1000A和1500A。表3-26所示为单焊丝埋弧焊常用的电源类型，小电流焊接时一般采用直流电源，而大电流焊接电流则用交流电源。这是因为交流电源多是选用弧焊变压器，其正弦波电流过零时间长，小电流产生的电弧在过零时容易产生失燃现象，并且小电流时铁心振动严重，电弧燃烧不稳定。因此在小电流条件下，直流电源更具优势。然而，弧焊变压器具有结构简单、维修方便的特点，因此在大电流条件下选用交流电源具有更好的经济效益。多丝埋弧焊中应用最多的是双丝方式，其次为三丝，多丝埋弧焊的电源可交、直流联用，采用电源组合的方式进行供电。

表3-26　　单焊丝埋弧焊常用的电源类型

埋弧焊方法	焊接电流（A）	焊接速度（cm/min）	电源类型
半自动焊	300～500	—	直流
自动焊	300～500	>100	直流
	600～900	3.8～75	交流、直流
	>1200	12.5～38	交流

常用的埋弧焊交流电源有BX2-500型和BX-1000型；直流电源为ZXG-1000RG型和ZDG-1500型。

（三）埋弧焊工艺参数

埋弧焊的焊接工艺参数有焊接电流、电弧电压、焊接速度、焊丝直径等，其中最关键的参数为焊接电流、电弧电压和焊接速度。

1. 焊接电流

焊接电流对焊缝的影响主要体现在熔深上，在其他参数一定时，电流越大熔深S越大。同时，焊丝的熔化速度也相应加快，焊缝余高稍有增加，但电弧的摆动小，所以焊缝宽度变化不大，电流过大，如图3-40所示。熔深与焊接电流的关系可通过式（3-10）表示，即

$$S = K_m I \tag{3-10}$$

式中　S——熔深，mm；

K_m——熔深系数；

I——电流，A。

对直径 2mm 和 5mm 焊丝实测的 K_m 分别为 1.0～1.7 和 0.7～1.3，这些数据可根据焊接熔深要求提前预估焊接电流的选择。

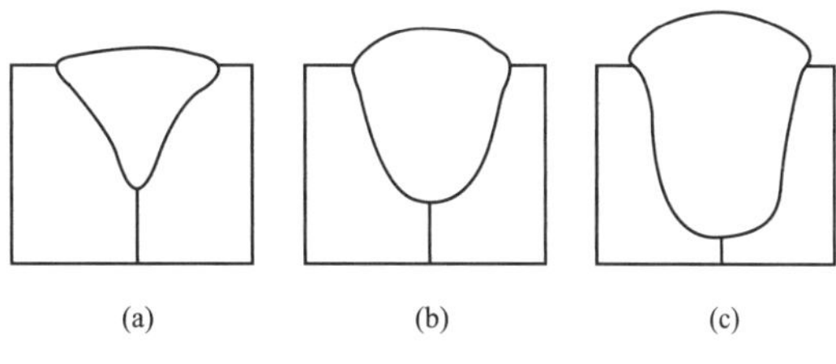

(a)　(b)　(c)

图 3-40　焊接电流对焊缝的影响

(a) 电流过小；(b) 电流适当；(c) 电流过大

2. 电弧电压

电弧电压和电弧长度成正比，在其他条件不变的情况下，电弧电压越低，焊缝熔深越大，焊缝宽度越窄，容易导致热裂纹的产生，电压越高，焊缝宽度越大，电弧电压对焊缝的影响如图 3-41 所示。埋弧焊时，电弧电压要根据焊接电流调整，一定的焊接电流配合一定的弧长才能保证焊接电弧的稳定。

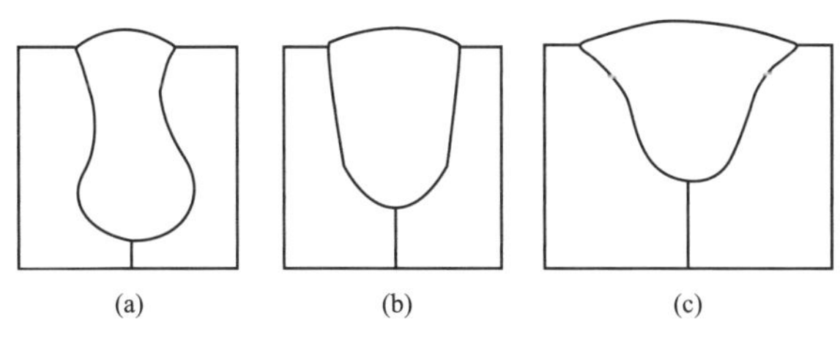

(a)　(b)　(c)

图 3-41　电弧电压对焊缝的影响

(a) 电压过小；(b) 电压适当；(c) 电压过大

3. 焊接速度

通常焊接速度慢，焊接熔池大，焊缝熔深和熔宽均较大。随着焊接速度增加，焊缝熔深和熔宽都将减小，即熔深和熔宽与焊接速度成反比，焊接速度对焊缝断面形状的影响如图 3-42 所示。焊接速度过小，熔化金属量多，焊缝成形差；焊接速度较大的，熔化金属量不足，容易产生咬边。实际焊接中为了提高生产率，同时保持一定的线能量，在增加焊接速度的同时必须加大电弧功率，才能保证一定的熔深和熔宽。

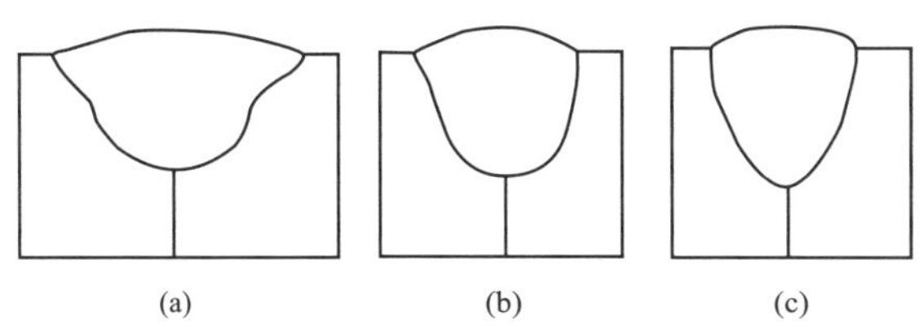

(a)　(b)　(c)

图 3-42　焊接速度对焊缝断面形状的影响

(a) 速度过慢；(b) 速度适当；(c) 速度过大

三、钨极惰性气体保护焊

钨极惰性气体保护焊是指在惰性气体保护作用下，利用纯钨或活化钨电极与工件之间电弧热熔化母材和填充金属的焊接方法，称为非熔化极惰性气体保护电弧焊（Tungsten Inert Gas Welding），简称 TIG 焊。

（一） TIG 焊工作原理及特点

1. TIG 焊工作原理

TIG 焊是在惰性气体保护下，利用钨极与焊件之间的电弧热熔化母材和焊丝，形成焊缝。在进行焊接时，一定流量的惰性气体从焊枪的喷嘴流出，在电弧周围起隔离空气的作用，防止氧气等对焊缝质量产生不良影响，从而保证焊接质量。当需要填充金属时，一般在焊接方向把焊丝送入焊接区，如图 3-43 所示。焊接时，难熔金属钨或钨合金制成的电极基本不熔化。

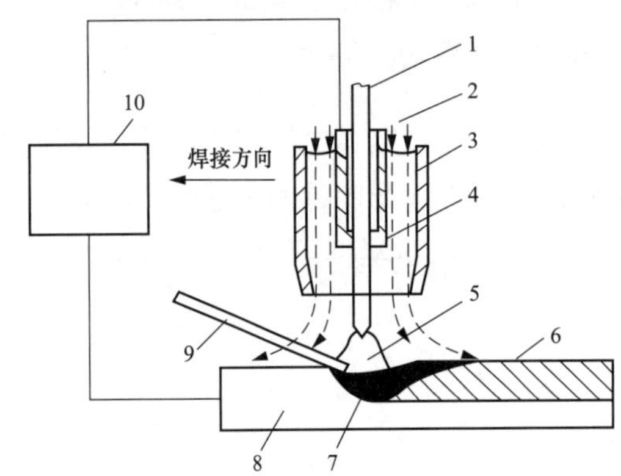

图 3-43　TIG 焊工作原理示意图

1—钨极；2—惰性气体；3—喷嘴；4—电极夹；5—电弧；6—焊缝；7—熔池；8—焊件；9—焊丝；10—电源

TIG 焊分为手工焊和自动焊两种方式，在焊接时所用的惰性气体有氩气（Ar）、氦气（He）或氩氦混合气体，在焊接不锈钢、镍基合金和镍铜合金时，通常加入少量的氢气（H_2）。使用氩气做保护气体的焊接称为钨极氩弧焊，用氦气保护的称为钨极氦弧焊。

2. TIG 焊的特点

（1）惰性气体不与金属发生反应，并且能够有效隔绝焊接周围的空气，焊接电弧还能够清除焊接表面氧化膜，因此，TIG 焊可以焊接易氧化、化学性活泼的金属。

（2）焊接质量高，TIG 焊为明弧焊接，在焊接时能够观察电弧和熔池，并且钨极电弧稳定，小电流条件也能够稳定燃烧，适合于超薄板的焊接，不会产生飞溅，焊缝美观。

（3）焊接灵活性好，能够进行全位置焊接，是单面焊双面成形的理想焊接方法。

（4）电弧具有阴极清理作用。电弧中的阳离子受阴极电场加速，以很高的速度冲击阴极表面，使阴极表面的氧化膜破碎并被清除，在惰性气体的保护下，形成清洁的金属表面，又称阴极破碎作用。

（5）熔深较浅，焊接速度较慢，焊接生产率较低，惰性气体较贵，生产成本较高。焊接时气体的保护效果受周围气流的影响较大，需采取防风措施。

（6）惰性气体在焊接过程中仅仅起保护隔离作用，因此对工件表面状态要求较高。焊件在焊前要进行表面清洗、除油、去锈等准备工作。

（二）钨极惰性气体保护焊设备

手工 TIG 焊的焊接设备通常包括焊接电源、焊枪、引弧及稳弧装置、供气和供水系

统等，自动 TIG 焊还应包括焊接小车行走机构及送丝装置。

1. 焊接电源

TIG 焊接设备的电源包括直流、交流以及矩形波弧焊电源。根据 TIG 焊电弧静特性曲线，电弧的稳定工作点在水平段，为了避免因弧长变化而引起的焊接电流波动，要求焊接电源的外特性为陡降特性。直流焊接电源有正极性和反极性两种接法，焊接铝、镁优先选用交流焊接电源，其他金属一般选择直流正极性。

在进行直流正极性焊接时，钨极为阴极，工件为阳极，此时发射电子能力强，电流密度大，易形成深而窄的焊缝形状。直流反接的阳极为钨极，电弧离子撞击工件表面，产生阴极破碎作用，能够焊接易被氧化的金属，此时钨极吸收电子能量，若电流过大容易导致熔化烧损，因此反接时采用的电流很小，得到浅而宽的焊缝。采用交流焊接的原因是利用电流正半周期时的电弧稳定和负半周期的阴极清理作用共同进行焊接。

交流电源的波型主要包括正弦波、矩形波以及脉冲波。

TIG 焊设备的型号编制依据 GB/T 10249《电焊机型号编制方法》，TIG 焊机符号代码编制原则的第一字母“W”代表 TIG 焊机，第二字母代表焊机的工作方式，第三字母代表焊接电源的种类，第四字母为焊机的结构形式，第五字母为焊机的基本规格，字母具体含义如表 3-27 所示。例如，“WSJ-300”代表此焊机为交流手工钨级氩弧焊机，额定电流为 300A。

表 3-27　　TIG 焊机符号代码

第一字位		第二字位		第三字位		第四字位		第五字位	
大类名称	代表字母	小类名称	代表字母	附注特征	代表字母	系列序号	数字序号	基本规格	单位
TIG 焊机	W	自动焊	Z	直流	省略	焊车	省略	额定焊接电流	A
						全位置焊车式	1		
						横臂式	2		
		手工焊	S	交流	J	机床式	3		
						旋转焊头式	4		
		点焊	D	交、直流	E	台式	5		
						机械手式	6		
		其他	Q	脉冲	M	变位式	7		
						真空充气式	8		

常见的手工直流氩弧焊机型号有 WS-250、WS-300、WS-400；手工交直流氩弧焊机型号有 WSE-150、WSE-250 以及 WSE-400；手工交流氩弧焊机型号有 WSJ-300、WSJ-400-1、WSJ-500。

2. 焊枪

焊枪的用途是夹持钨级、传导焊接电流以及输送保护气，因此焊枪满足的条件有能够

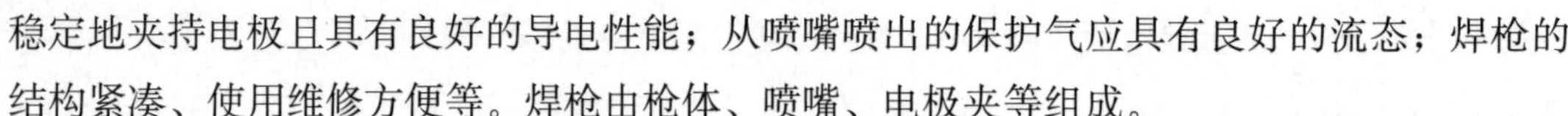

稳定地夹持电极且具有良好的导电性能；从喷嘴喷出的保护气应具有良好的流态；焊枪的结构紧凑、使用维修方便等。焊枪由枪体、喷嘴、电极夹等组成。

焊枪分气冷式和水冷式两种。气冷式焊枪的冷却作用依靠保护气体的流动，质量轻，成本比较低，其主要用于小电流（≤150A）焊接。水冷式焊枪依靠流经焊枪内导电部分和焊接电缆的循环水，结构复杂，成本高，主要用于大电流（150A）焊接。焊枪的标志由形式符合及主要参数组成，形式符号为两位字母，表示冷却方式："QQ"表示气冷；"QS"表示水冷。形式符号后的数字表示焊枪参数，如"QQ-85/100-C"代表焊枪的冷却方式为气冷，喷嘴中心线与手柄轴线夹角 85°，额定电流为 100A。表 3-28 所示为常用手工钨极氩弧焊焊枪的技术数据。

表 3-28　　手工钨极氩弧焊的技术参数

型号	冷却方式	出气角度（°）	额定电流（A）	适用钨极尺寸（mm）	
				长度	直径
Ql-150	循环水冷却	65	150	110	1.6、2、3
PQl-350		75	350	150	3、4、5
QS-65/700		65	200	90	1.6、2、2.5
QS-85/250		85	250	160	2、3、4
QQ-0/10	气冷却（自冷）	0	10	100	1、1.6
QQ-0～90/150		0～90	150	70	1.6、2、3
QQ-85/200		85	200	150	1.6、2、3

焊枪的喷嘴是决定气体保护性能的重要部件。常见的喷嘴材料有陶瓷、纯铜和石英，陶瓷喷嘴的电流不能超过 350A，纯铜喷嘴电流不能超过 500A，但需用搭配绝缘套，石英喷嘴的焊接可见度好，但成本高，应用较少。常见喷嘴的截面形式有收敛形、等截面形以及扩散形，收敛形喷嘴的电弧可见度好，等截面形喷嘴气流保护作用好，扩散形喷嘴多用于熔化极气体保护焊接。

表 3-29 列出了 TIG 焊常用的喷嘴孔径与钨极直径的关系。

表 3-29　　TIG 焊常用的喷嘴孔径与钨极直径的关系　　mm

喷嘴孔径	钨极直径
6.4	0.5
8	1.0
9.5	1.6 或 2.4
11.1	3.2

3. 引弧及稳弧装置

TIG 焊的引弧方法包括短路引弧、高频引弧、高压脉冲引弧以及高频叠加辅助直流电源引弧。短路引弧是依靠钨极和工件之间接触引弧，这种引弧方法对钨极损伤极大，

一般不采用此方法。高频引弧是利用高频振荡器的高频高压击穿钨极与工件之间间隙（3mm左右）而引燃电弧。高压脉冲引弧是在钨极与工件添加高压脉冲进行引弧。高频叠加辅助直流电源是指在电源两端并联一个辅助的直流电源，提供一个大约5A的恒流帮助引弧。

由于交流氩弧焊的稳定性差，因此需要通过稳弧装置以提高焊接质量，高频高压稳弧是通过高频振荡器完成，高压脉冲稳弧通过高压脉冲发生器完成，在引弧时只产生引弧脉冲，电弧引燃后只产生稳弧脉冲。电弧引燃后，每当交流电从正半波负半波过渡瞬间，电弧熄灭须再重燃时，由焊接电源产生信号，高压脉冲发生器又发出高压脉冲，使电弧引燃而起到稳弧作用。

（三）TIG焊工艺

1. 焊前清理

惰性气体在焊接时不与金属发生化学作用，没有脱氧去氢的能力，只对焊接过程起机械保护作用。故对焊件与填充金属表面的油、锈及其他污物非常敏感，如清理不当，焊缝中很容易产生气孔、夹渣等缺陷。为此焊前必须认真清理，彻底除去填充金属、焊件坡口面、间隙及焊接区（包括接头上下表面50～100mm内）表面上的油脂油漆、涂层，以及加工用的润滑剂、氧化膜及锈等。

去除油污、灰尘可以用有机溶剂（汽油、丙酮、三氯乙烯等），也可配置专用化学溶液进行清洗，表3-30所示为铝及铝合金去油污溶液配方的参考工艺条件。

表3-30　　铝及铝合金去油污溶液配方的参考工艺条件

配方		温度（℃）	清洗时间（min）	清水冲洗
$NaPO_4$	40～50g	60	5～8	热水30℃、冷水室温
Na_2CO_3	40～50g			
Na_2SiO_3	20～30g			
水	1L			

去除氧化膜的方法分为机械清理和化学清理。机械清理通常采用打磨、刮削、喷砂或抛丸等方法。机械清理的方法比较简单，但清除效果不好，通常只用于焊前临时处理。化学清理法是通过配置化学清洗液去除表面氧化膜，经化学清洗后的工件保存时间长，清洗效果好。常见的铝及铝镁合金去氧化膜液配方及工艺条件如表3-31所示。

表3-31　　常见的铝及铝镁合金去氧化膜液配方及工艺条件

工序 / 母材	碱洗			光化		
	NaOH（%）	温度（℃）	时间（min）	硝酸（%）	温度（℃）	时间（min）
铝	15	室温	10～15	30	室温	≤2
	4～5	60～70	1～2			
铝合金	8	50～60	5～10	30	室温	≤2

2. 焊接工艺参数

TIG焊的工艺参数主要有焊接电流、钨极直径及端部形状、气体流量等，对于自动焊还包括焊接速度和送丝速度。

焊接电流的种类和极性根据母材材料选择，焊接电流的大小主要影响焊缝熔深，应根据母材的厚薄、接头形式和空间位置选择合适的焊接电流。TIG焊开始和结束时的焊接电流通常采取缓升和缓降，即在引弧时采用较小的电流引弧，方便对电弧引燃后的初始状态进行观察，焊接结束时，焊接电流按设定好的速率下降熄灭，是为了使熔池有金属回填过程，防止熄弧时产生弧坑。

焊接电压主要由弧长决定，增大电弧长度，焊缝宽度增加，熔深减小。电弧越长，观察熔池和加丝越容易，不容易损坏钨极，但弧长过大时，容易产生未焊透和咬边，弧长太短，焊丝容易与钨极接触，容易损坏钨极，通常弧长应近似等于钨极直径。

焊接速度的选择主要根据工件厚度决定，并和焊接电流、预热温度等配合以保证获得所需的熔深和熔宽。焊接速度增加，熔深与熔宽减小，但速度过快容易导致未焊透。焊接速度太慢，焊缝宽，容易导致烧穿等缺陷。铝及铝合金应采取较大的焊接速度以减小变形。在高速焊接时，会减弱气体的保护作用，此时应采取加大保护气体流量等措施，以保持良好保护作用。

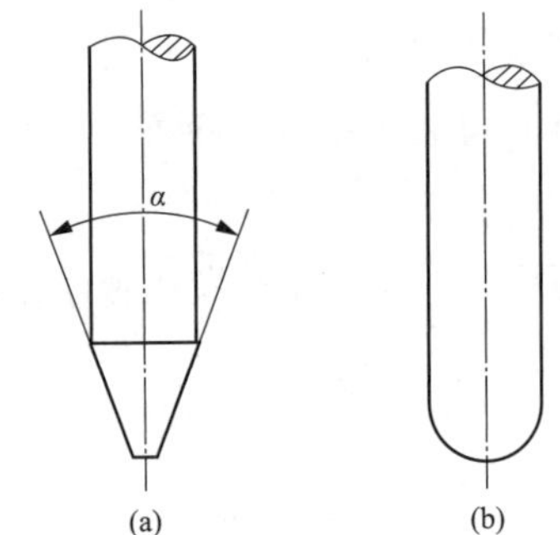

图 3-44　钨极端部形状
(a) 直流正接；(b) 交流

钨极直径根据焊接电流大小、电流种类和极性选择，钨极端部形状是重要的工艺参数，钨极端部形状如图 3-44 所示。尖端角度 α 的大小会影响钨极的许用电流、引弧及稳弧性能。小电流焊接时，选用小直径钨极和小的锥角，可使电弧容易引燃和稳定；在大电流焊接时，增大锥角可避免尖端过热熔化、减少损耗，并防止电弧往上扩展而影响阴极斑点的稳定性。表 3-32 列举了几种常用钨极的许用焊接电流。

表 3-32　几种常用钨极的许用焊接电流　　A

钨极直径（mm）	直流				交流	
	正接		反接			
	纯钨	钍钨、铈钨	纯钨	钍钨、铈钨	纯钨	钍钨、铈钨
0.5	5～20	5～20	—	—	5～15	5～15
1.0	10～75	10～75	—	—	15～55	15～70
1.6	40～130	60～150	10～20	10～20	45～90	60～125
2.0	75～180	100～200	15～25	15～30	65～130	85～160
2.4	—	150～250	—	15～30	60～130	100～180
2.5	130～230	170～250	17～30	17～30	80～140	120～210

续表

钨极直径（mm）	直流				交流	
	正接		反接			
	纯钨	钍钨、铈钨	纯钨	钍钨、铈钨	纯钨	钍钨、铈钨
3.2	160～310	225～330	20～35	20～35	150～190	150～250
4.0	275～450	350～480	35～50	35～50	180～260	240～350
5.0	400～625	500～675	50～70	50～70	240～350	330～460
6.3	550～675	650～950	65～100	65～100	300～450	430～575
8.0	—	—	—	—	—	650～830

钨极伸出长度是指钨极从喷嘴端部伸出的距离。这段钨极不仅受电弧热作用，而且在传导电流时会产生电阻热，因此这段长度越长，许用电流越小。伸出长度越短，喷嘴离工件距离越近，对钨极保护效果越高，但容易烧坏喷嘴。对接焊时一般为 3～6mm，角焊缝时为 7～8mm。

实际焊接时，确定各焊接参数的顺序是根据被焊材料的性质，先选定焊接电流的种类、极性和大小，然后选定钨极的种类和直径，再选定焊枪喷嘴直径和保护气体流量，最后确定焊接速度。表 3-33 和表 3-34 分别列举了铝以及铝镁合金手工钨极氩弧焊和自动钨极氩弧焊常见的工艺参数（交流）。

表 3-33　纯铝、铝镁合金手工钨极氩弧焊焊接条件（对接接头、交流）

板厚（mm）	坡口形式	焊接层数（正/反）	钨极直径（mm）	焊丝直径（mm）	预热（℃）	焊接电流（A）	氩气流量（L/min）	喷嘴孔径（mm）
1	卷边	正 1	2	1.6	—	40～60	7～9	8
1.5	卷边或I形	正 1	2	1.6～2.0	—	50～80	7～9	8
2	I形	正 1	2～3	2～2.5	—	90～120	8～12	8～12
3	Y形	正 1	3	2～3	—	150～180	8～12	8～12
4		(1～2)/1	4	3	—	180～200	10～15	8～12
5		(1～2)/1	4	3～4	—	180～240	10～15	10～12
6		(1～2)/1	5	4	—	240～280	16～20	14～16
8		2/1	5	4～5	100	260～320	16～20	14～16
10		(3～4)/(1～2)	5～6	4～5	100～150	280～340	16～20	14～16
12		(3～4)/(1～2)	5～6	4～5	150～200	300～360	18～22	16～20
14		(3～4)/(1～2)	6	5～6	180～200	340～380	20～24	16～20
16		(4～5)/(1～2)	6	5～6	200～220	340～380	20～24	16～20
18		(4～5)/(1～2)	6	5～6	200～240	360～400	25～30	16～20
20		(4～5)/(1～2)	6	5～6	200～260	360～400	25～30	20～22
16～20	双Y形坡口	(4～5)/(1～2)	6	5～6	200～260	300～380	25～30	16～20
22～25		(4～5)/(1～2)	6～7	5～6	200～260	360～400	30～35	20～22

表 3-34　　铝及铝合金自动钨极氩弧焊常见的工艺参数（交流）

板厚 (mm)	焊接层数	钨极直径 (mm)	焊丝直径 (mm)	电流 (A)	氩气流量 (L/min)	喷嘴孔径 (mm)	送丝速度 (cm/min)
1	1	1.5～2	1.6	120～160	5～6	8～10	—
2	1	3	1.6～2	180～220	12～14	8～10	108～117
3	1～2	4	2	220～240	14～18	10～14	108～117
4	1～2	5	2～3	240～280	14～18	10～14	117～125
5	2	5	2～3	280～320	16～20	12～16	117～125
6～8	2～3	5～6	3	280～320	18～24	14～18	125～133
8～12	2～3	6	3～4	300～340	18～24	14～18	133～142

四、熔化极气体保护焊

（一）熔化极气体保护焊的原理及分类

熔化极气体保护焊（Gas Metal Arc Welding，GMAW）是直接以可熔化的金属焊丝作为电极，并利用外加气体作为电弧介质并保护焊接接头免受空气的有害作用，形成熔池和焊缝方法。熔化极气体保护焊示意图如图 3-45 所示，焊丝由送丝机构不断送入，与焊件之间形成电弧，由于焊丝在作为焊材不断被熔化的同时也作为电极放电，因此被称为“熔化极”，这也是此种方法与 TIG 焊最大的区别，TIG 焊中的钨极只作为电极，焊丝只作为填充金属。

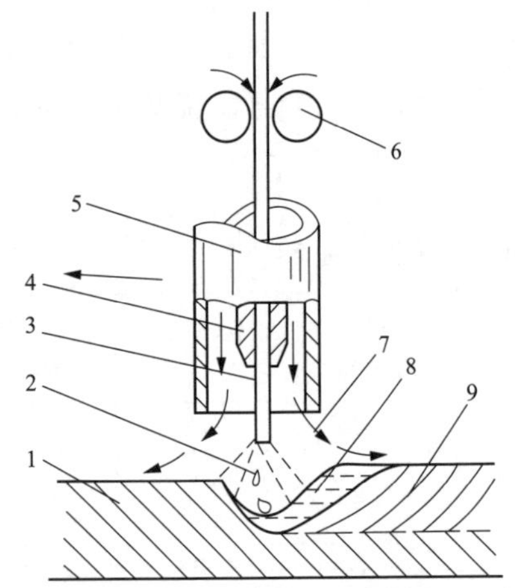

图 3-45　熔化极气体保护焊示意图

1—母材；2—电弧；3—焊丝；4—导电嘴；5—喷嘴；6—送丝轮；7—保护气体；8—熔池；9—焊缝金属

不同种类的保护气体及焊丝对电弧形态、电气特性、焊缝等的影响不同，根据保护气体的不同可以分为熔化极惰性气体保护焊（Metal Inert Gas Welding，MIG）、熔化极活性气体保护焊（Metal Active Gas Welding，MAG）和 CO_2 气体保护焊（CO_2 焊）。表 3-35 列举了不同气体保护焊方法的特点及应用。

表 3-35　　不同气体保护焊方法的特点及应用

焊接方法	保护气体	特点	应用范围
CO_2 气体保护焊	CO_2、CO_2+O_2	生产效率高，对油、锈不敏感，焊接变形和应力小，成本低，但飞溅较多，难以在有风的地方焊接	广泛应用于低碳钢、低合金钢、耐热钢、不锈钢，特别适用于薄板焊接
熔化极惰性气体保护焊	Ar、Ar+He、He	几乎可焊接所有金属材料，飞溅小，质量高，但成本较高，对油、锈敏感	主要用于有色金属、不锈钢、合金钢的焊接，或用于碳钢及低合金钢的管道焊接，能够焊接薄板、中板和厚板

续表

焊接方法	保护气体	特点	应用范围
熔化极活性气体保护焊	$Ar+O_2+CO_2$、$Ar+CO_2$、$Ar+O_2$	飞溅小，熔覆系数高，焊缝成形质量及力学性能好，成本较惰性气体保护焊低	可焊接碳钢、低合金钢、不锈钢，能够焊接薄板、中板和厚板

熔化极气体保护焊常用的气体有氩气（Ar)、氦气（He)、氮气（N_2）、氢气（H_2）、二氧化碳（CO_2）气体及混合气体。氩气和氦气属于惰性气体，应用于铝、镁、钛等易与氧气反应的活性金属及其合金的焊接。氦气价格昂贵，消耗量大，因此常与氩气混合使用。氮气与氢气属于还原性气体，氮能够与多数金属反应，是焊接中的有害气体，但不溶于铜及其合金，因此常作为铜的焊接，氮气、氢气常与其他气体混合使用。二氧化碳是氧化性气体，但其成本低，主要应用于碳素钢及低合金钢的焊接。此外，有时在氩气中添加少量氧化性气体（CO_2、O_2 等）形成混合气体进行焊接保护，常用来焊接碳钢、低合金钢及不锈钢。表 3-36 列举了不同材料常用的气体保护种类。

表 3-36 常用的气体保护种类

被焊材料	保护气体	混合比（%）	化学性质
铝及铝合金	Ar		惰性
	Ar+He	He：10	
铜及铜合金	Ar		惰性
	$Ar+N_2$	N_2：20	
	N_2		还原性
不锈钢	$Ar+O_2$	O_2：1～2	氧化性
	$Ar+O_2+CO_2$	O_2：2；CO_2：5	
碳钢及低合金钢	CO_2		氧化性
	$Ar+CO_2$	CO_2：20～30	
	CO_2+O_2	O_2：10～30	
钛锆及其合金	Ar		惰性
	Ar+He	H：25	
镍基合金	Ar+He	He：15	惰性

（二） CO_2 焊

1. CO_2 焊的原理及特点

CO_2 焊是利用 CO_2 作为保护气体的熔化极电弧焊接方法。焊枪和焊件分别接入电源的输出端，焊丝由送丝机构，经软管和导电嘴不断向电弧区域输送，同时，CO_2 气体以一定压力和流量送入焊枪，形成保护气流。与氩气、氦气等惰性气体不同的是，CO_2 是氧化性气体，在高温下具有高的氧化性。根据 CO_2 焊使用的焊丝直径不同，可以分为细丝 CO_2 焊（焊丝直径≤1.6mm）和粗丝 CO_2 焊（焊丝直径＞1.6mm）。按操作方式分为半

自动 CO_2 焊和自动 CO_2 焊。

（1）CO_2 焊具有以下优点。

1）CO_2 焊的成本低。CO_2 气体来源广，价格便宜，且消耗电能少，通常 CO_2 焊接的成本为焊条电弧焊的 30%～50%。

2）CO_2 焊的焊接生产率高，由于焊接电流密度较大，电弧热量利用率高，并且焊后不需要清渣，其生产率比普通焊条电弧焊高 2～4 倍。

3）CO_2 焊对铁锈的敏感性低，因此焊缝中不易产生气孔，而且焊缝含氢量低，不易产生焊接裂纹。

4）操作性能好，CO_2 焊是明弧焊，可以看清电弧和熔池情况，便于掌握与调整，也有利于实现焊接过程的机械化和自动化。

5）适用范围广，CO_2 焊可进行各种位置的焊接，不仅适用焊接薄板，还常用于中、厚板的焊接，而且也用于磨损零件的修补堆焊。

（2）CO_2 焊具有以下缺点。

1）CO_2 焊接最突出的问题是金属飞溅，通常在使用大电流焊接时，焊缝表面成形较差，飞溅较多。

2）不能焊接容易氧化的有色金属材料。

3）抗风能力差，很难用交流电源焊接及在有风的地方施焊。弧光较强，特别是大电流焊接时。

2. CO_2 气体保护焊设备

半自动 CO_2 设备由焊接电源、送丝机构、焊枪、电缆、供气系统等组成，如图 3-46 所示。自动 CO_2 焊设备还包括焊接行走机构。

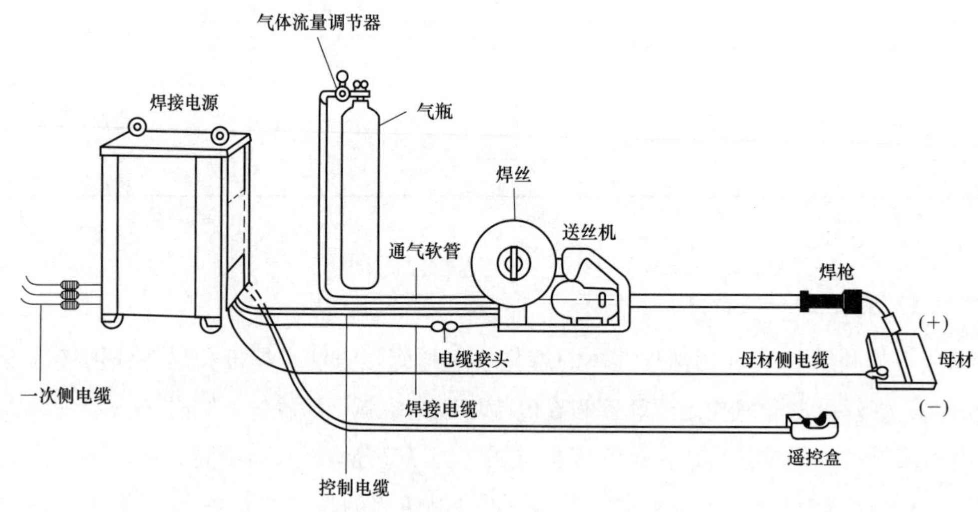

图 3-46　半自动 CO_2 焊接设备组成

(1) 焊接电源。CO_2 焊一般采用直流电源反极性连接，这是由于采用交流电源焊接时，电弧不稳定，飞溅比较大，通常选用等速送丝机配合平外特性的弧焊电源。因为 CO_2 焊电弧静特性曲线工作点在上升段，所以外特性为平特性和下降特性的电源都可以满足电弧稳定条件。细焊丝焊接一般采用平特性外电源，粗焊丝焊接一般采用变速送丝式焊机配合缓降的外特性电源，下降率一般为 4V/100A。

(2) 送丝系统。送丝系统由送丝机（包括电动机、减速器、校直轮和送丝轮）、送丝软管、焊丝盘等组成。根据使用焊丝直径不同，送丝系统可分为等速送丝式（焊丝直径≤2.4mm）和变速送丝式（直径≥3mm）。CO_2 半自动焊的焊丝送给为等速送丝，送丝方式有拉丝式、推丝式和推拉式，如图 3-47 所示。

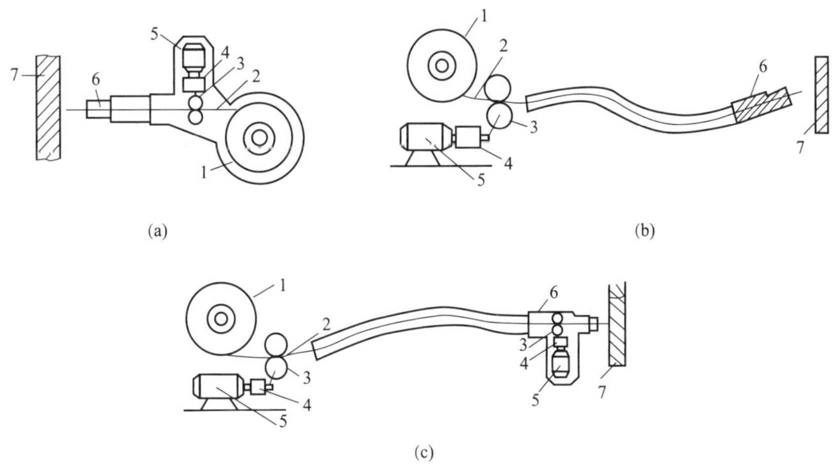

图 3-47 CO_2 焊送丝方式

1—焊丝盘；2—焊丝；3—送丝滚轮；4—减速器；5—电动机；6—焊枪；7—焊件

拉丝式的焊丝盘、送丝机构与焊枪相连，无须安装软管，送丝均匀稳定，但结构复杂，只适用于直径为 0.5～0.8mm 范围内的细焊丝输送。推丝式的焊丝盘、送丝机构与焊枪分离，焊丝通过软管输送到焊枪，焊枪结构简单，但软管会给送丝过程带来阻力，软管长度受到限制，通常采用推丝式的焊丝直径在 0.8mm 以上，目前 CO_2 半自动焊多采用推丝式。推拉式的特点是具有焊丝拉直作用以减小软管的送丝阻力，从而能够增加软管长度，但其结构复杂。

(3) 焊枪。焊枪的作用是导电、导丝和导气，焊枪由喷嘴、导电嘴、软管、枪体等部件组成。焊枪在焊接时同时受到电弧热和电阻热，因此需要冷却，冷却方式分为空气冷却和内循环水冷却两种。按照送丝方式分为推丝式焊枪和拉丝式焊枪；按结构可分为鹅颈式焊枪和手枪式焊枪。喷嘴和导电嘴式焊枪的关键部件直接影响焊接工艺性能。喷嘴一般为直径 12～25mm 的圆柱形，焊前通常在内外表面喷涂防飞溅喷剂或刷硅油。导电嘴常用紫铜、铬青铜或磷青铜制造。自动焊焊枪多用于大电流情况，一般安装在自动焊机上，结构与半自动焊枪类似。

（4）供气系统。CO_2 焊的供气系统由气源（气瓶）、预热器、减压器、流量计和气阀组成，如气体不纯，还需串接高压和低压干燥器。CO_2 焊供气系统示意图，如图 3-48 所示。CO_2 气瓶用来储存液态 CO_2，通常用黄字标注 CO_2 标志。预热器的作用是防止管路在液态 CO_2 转为气态吸热时冻结，预热器一般采用电阻加热，36V 交流供电，功率为 100～150W。干燥器内装有干燥剂（硅胶、脱水硫酸铜、无水氯化钙等），其目的是吸收 CO_2 气体中的水分。减压器用来将高压 CO_2 变为低压气体。流量计用来调节和测量气体流量。电磁气阀用来接通和切断保护气体。

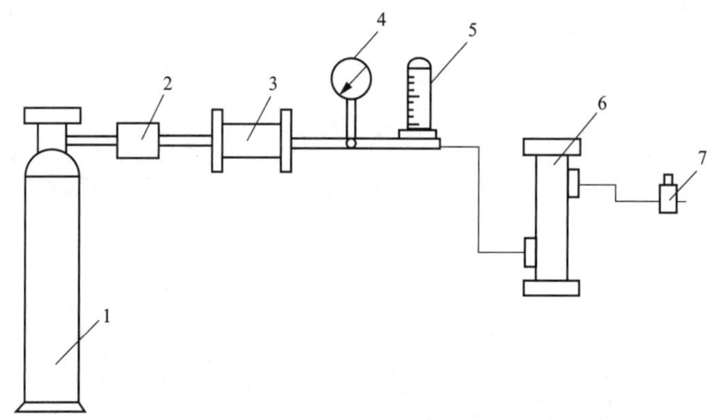

图 3-48　CO_2 焊供气系统示意图

1—气源；2—预热器；3—高压干燥器；4—气体减压阀；5—气体流量计；6—低压干燥器；7—气阀

（5）典型 CO_2 焊设备。目前，我国定型生产使用较广的 NBC 系列 CO_2 半自动焊机有 NBC-160 型、NBC-250 型、NBC1-300 型、NBC1-500 型等。此外，OTC 公司 XC 系列 CO_2 半自动焊机，唐山松下公司 KR 系列 CO_2 半自动焊机使用也较广。

3. CO_2 焊的焊接工艺

CO_2 焊的主要焊接工艺参数有焊丝直径、焊接电流、电弧电压、焊接速度、焊丝伸出长度、气体流量、电源极性、装配间隙与坡口尺寸等。

（1）焊丝直径。焊丝直径应根据焊件厚度、焊接空间位置及生产率的要求来选择。当焊接薄板或中厚板的立、横、仰焊时，多采用直径 1.6mm 以下的焊丝；在平焊位置焊接中厚板时，可以采用直径 1.2mm 以上的焊丝。常见焊丝直径的选择见表 3-37。

表 3-37　　常见焊丝直径的选择

焊丝直径（mm）	焊件厚度（mm）	焊缝位置
0.5～0.8	1.0～2.5	全位置
	2.5～4.0	平焊

续表

焊丝直径（mm）	焊件厚度（mm）	焊缝位置
1.0～1.4	2.0～8.0	全位置
	2.0～12.0	平焊
1.6	3.0～12.0	全位置
≥1.6	＞6.0	平焊

（2）焊接电流。焊接电流的大小应根据焊件厚度、焊丝直径、焊接位置及熔滴过渡形式来确定。通常直径0.8～1.6mm的焊丝，在短路过渡时，焊接电流在50～230A内选择。细滴过渡时，焊接电流在250～500A内选择。

（3）焊接速度。在一定的焊丝直径、焊接电流和电弧电压条件下，随着焊速增加，焊缝宽度与焊缝厚度减小。焊速过快，不仅气体保护效果变差，可能出现气孔，而且还易产生咬边及未熔合等缺陷；但焊速过慢，则焊接生产率降低，焊接变形增大。一般CO_2半自动焊时的焊接速度在15～40m/h。

（4）焊丝伸出长度。焊丝伸出长度取决于焊丝直径，一般约等于焊丝直径的10倍，且不超过15mm。长度过大，焊丝会成段熔断，飞溅严重，气体保护效果差；过小，不但易造成飞溅物堵塞喷嘴，影响保护效果，也影响焊工视线。

（5）气体流量。CO_2气体流量应根据焊接电流、焊接速度、焊丝伸出长度及喷嘴直径等选择。气体流量过小电弧不稳，有密集气孔产生，焊缝表面易被氧化成深褐色；气体流量过大会出现气体紊流，也会产生气孔，焊缝表面呈浅褐色。

通常在细丝CO_2焊时，CO_2气体流量为8～15L/min；粗丝CO_2焊时，CO_2气体流量为15～25L/min。

（三）熔化极惰性气体保护焊（MIG焊）

1. 熔化极惰性气体保护焊的特点

MIG焊接的工作原理与CO_2焊类似，但不同的是采用氩气或氩气和氦气的混合气体作为保护进行焊接的。按照操作方式有熔化极半自动氩弧焊和熔化极自动氩弧焊。

（1）MIG焊具有以下特点。由于采用惰性气体作为保护气体，保护气体不与金属起化学反应，而且也不溶解于金属。因此保护效果好，相比于CO_2焊，其飞溅极少，能获得较为纯净及高质量的焊缝。

1）焊接范围广。几乎所有的金属都可采用MIG焊，尤其是化学性质活泼的金属。

2）焊接效率高。MIG焊与TIG焊相比，焊丝作为电极克服了TIG焊钨极损坏的限制，焊接电流大大提高，焊丝熔覆速度快，焊缝厚度增加。

（2）MIG焊的主要缺点是惰性气体没有脱氧去氢作用，对焊丝和母材的油、锈敏感，若清理不当，则易产生气孔等缺陷。此外，由于氩气和氦气价格高，成本相对较高。

2. MIG 焊的焊接设备

熔化极弧焊设备与 CO_2 焊基本相同，主要是由焊接电源、供气系统、送丝机构、控制系统、半自动焊枪、冷却系统等部分组成。熔化极自动氩弧焊设备与半自动焊设备相比，多了一套行走机构，并且通常将送丝机构与焊枪安装在焊接小车或专用的焊接机头上，这样可使送丝机构更为简单可靠。

熔化极半自动氩弧焊机由于多用细焊丝施焊，所以采用等速送丝式系统配用平外特性电源。熔化极自动氩弧焊机自动调节工作原理与埋弧焊基本相同。选用细焊丝时采用等速送丝系统，配用缓降外特性的焊接电源；选用粗焊丝时，采用变速送丝系统，配用陡降外特性的焊接电源，以保证自动调节作用及焊接过程稳定性。熔化极自动弧焊大多采用粗焊丝。熔化极氩弧焊的供气系统中，由于采用惰性气体，不需要预热器。又因为惰性气体也不像 CO_2 那样含有水分，故不需干燥器。

我国定型生产的熔化极半自动氩弧焊机有 NBA 系列，如 NBA-500 型等，熔化极自动氩弧焊机有 NZA 系列，如 NZA-1000 型等。

3. MIG 焊工艺

MIG 焊的主要工艺参数有焊丝直径、焊接电流、电弧电压、焊接速度、喷嘴直径、氩气流量等。

焊接电流和电弧电压是获得喷射过渡形式的关键，只有焊接电流大于临界电流值，才能获得喷射过渡，不同的材料和不同焊丝直径的临界电流如表 3-38 所示。要获得稳定的喷射过渡，在选定焊接电流后，还要匹配合适的电弧电压。实践表明，对于一定的临界电流值都有一个最低的电弧电压值与之相匹配，如果电弧电压低于这个值，即使电流比临界电流大得多，也不能获得稳定的喷射过渡。但电弧电压也不能过高。电弧电压过高，不仅影响保护效果，还会使焊缝成形恶化。由于熔化极氩弧焊对熔池和电弧区的保护要求较高，而且电弧功率及熔池体积一般较钨极氩弧焊时大，所以氩气流量和喷嘴孔径相应增大，通常喷嘴孔径为 20mm 左右，气流量在 30～65L/min 范围内。熔化极氩弧焊采用直流反接，原因为直流反接易实现喷射过渡，飞溅少，并且还可发挥“阴极破碎”作用。

表 3-38　　不同的材料和不同焊丝直径的临界电流

材料	焊丝直径（mm）	临界电流（A）
铝	0.8	95
	1.2	135
	1.6	180
脱氧铜	0.9	180
	1.2	210
	1.6	310

续表

材料	焊丝直径（mm）	临界电流（A）
钛	0.8	120
	1.6	225
	2.4	320
不锈钢	0.8	160
	1.2	210
	1.6	240
	2.0	280
	2.5	300
	3.0	350

（四）熔化极活性气体保护焊（MAG 焊）

1. 熔化极活性气体保护焊的特点

熔化极活性气体保护焊是采用惰性气体混合少量的氧化性气体的合体作为保护气体的焊接方法，简称 MAG 焊。现常用氩气与 CO_2 混合气体来焊接碳钢及低合金钢。

MAG 焊除了具有气体保护焊的一般特点外，与 CO_2 焊相比，其电弧温度高，易形成喷射过渡，电弧燃烧稳定，飞溅小，由于其大部分气体为惰性气体，所以产生焊缝气孔的概率低，焊缝质量高，但其焊接成本高。与 MIG 焊相比，MAG 焊的电流密度和熔滴温度高，因此焊缝熔深和厚度大，生产效率高。由于具有一定的氧化性，所以克服了纯氩保护时表面张力大、液态金属黏稠、易咬边及斑点漂移等问题。由于加入了一定量 CO_2，所以焊接成本相较于 MIG 焊更低。

熔化极活性气体保护焊的常用混合气体有 $Ar+O_2$、$Ar+CO_2$、$Ar+O_2+CO_2$。$Ar+O_2$ 组合可用于碳钢、低合金钢、不锈钢等材料的焊接，焊接不锈钢时，O_2 含量应控制在 1%～5%；焊接碳钢、低合金钢时，O_2 含量可达 20%。$Ar+CO_2$ 组合的气体比例通常是 8∶2 或 7∶3，因为这种比例可用于喷射过渡电弧、短路过渡及脉冲过渡电弧。$Ar+O_2+CO_2$ 组合可用于焊接低碳钢、低合金钢，其焊缝质量及电弧稳定性都比 $Ar+O_2$、$Ar+CO_2$ 强。

2. 熔化极活性气体保护焊的设备及工艺参数

MAG 焊的设备与 CO_2 焊和 MIG 焊的设备类似，但多了氩气和气体混合配比器。焊接工艺参数主要有焊接电流、电弧电压、焊接速度、电源种类极性等。MAG 焊在焊接时由于保护气体有一定的氧化性，因此使用的焊丝必须含有 Si、Mn 等脱氧元素的焊丝，焊接低碳、低合金钢时常选用 ER50-3、ER50-6、ER49-1 焊丝。MAG 焊的电源极性和 CO_2 焊相同，一般采用直流反极性焊接。

第七节 钎 焊

一、钎焊的工作原理

钎焊是在低于母材熔点、高于钎料熔点的某一温度下加热母材金属，通过液态钎料在母材金属表面或间隙中润湿、铺展、毛细流动填缝，最终凝固结晶而实现原子间结合的一种材料连接方法。钎焊包括三个基本过程：一是钎剂的熔化及填缝过程，预置的钎剂熔化后流入母材间隙并与表面氧化物发生化学反应，从而去除氧化膜，清洁表面；二是随着温度升高，钎料开始熔化并润湿、铺展，同时排除钎剂残渣；三是钎料与母材相互作用，冷却凝固形成钎焊接头，如图 3-49 所示。

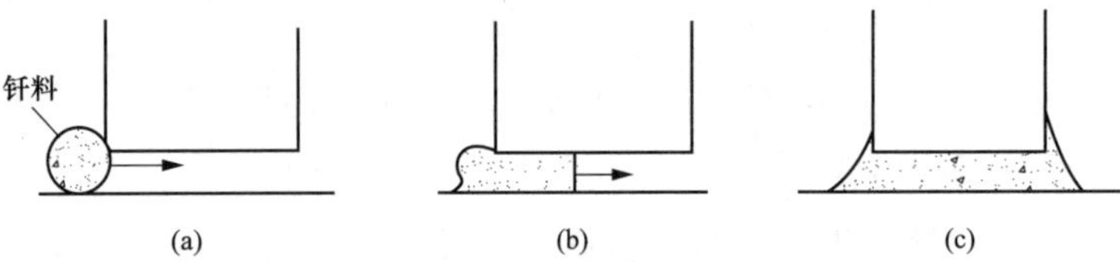

图 3-49 钎焊过程示意图

(a) 在接头处安置钎料，并对焊件和钎料进行加热；(b) 钎料熔化并开始流入钎缝间隙；(c) 钎料填满整个钎缝间隙，凝固后形成钎焊接头

液态钎料能够填充接头间隙依靠的是钎料的润湿作用和毛细作用，此外，钎料在填缝过程中还会与母材产生相互作用，包括溶解作用和扩散作用。一种是固态母材向液态料的溶解作用，另一种是液态料向固态母材的扩散作用。

（一）润湿作用

液态钎料对固体表面浸润和附着的作用称为润湿作用。液态处于自由状态时，在表面张力的作用下会呈现保持球形的趋势；而发生润湿作用时，液态钎料在与母材钎料接触时，将母材表面气体排开，沿母材表面铺展，形成新的固液界面，液态钎料的润湿作用是填充间隙的必要条件。固体平界面上液态金属发生润湿后，固-液-气三相边界上的表面张力最终会达到平衡状态，如图 3-50 所示。钎料的润湿性通过润湿角大小表示，润湿角是固液相的接触角。润湿角通过杨氏方程式（3-11）求出。

$$\cos\theta = \frac{\sigma_{SG} - \sigma_{LS}}{\sigma_{LG}} \tag{3-11}$$

式中 σ_{SG}——固体和气体介质间沿边界作用于液滴上的表面张力，MN/m；

σ_{LS}——在液固边界上的表面张力，MN/m；

σ_{LG}——在液气边界上的表面张力，MN/m。

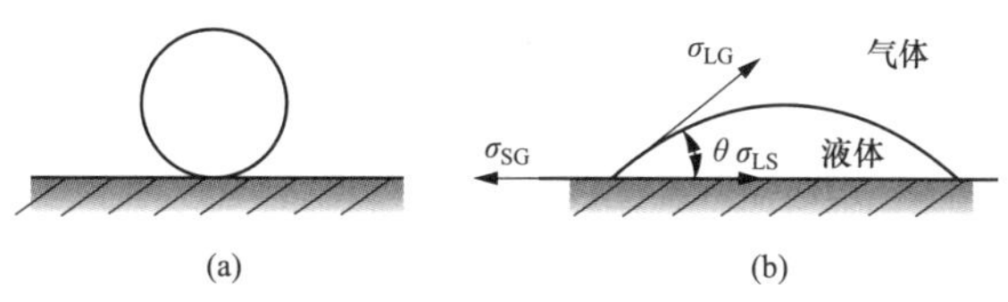

图 3-50　润湿作用示意图

（a）不润湿；（b）润湿作用

将 cosθ 作为描述液体润湿能力的润湿系数，cosθ 是指平衡状态下的润湿角，其大小表征了体系润湿与铺展能力的强弱，当 cosθ＝0 时称为完全润湿，0＜cosθ＜90°时称为润湿，当 90°＜0＜180°时称为不润湿，当 cosθ＝180°时称为完全不润湿。

（二）毛细作用

实验证明，液态钎料是依靠毛细作用在钎缝间隙内流动，铺展和流动之间没有直接关系。例如，铝基钎料沿含镁防锈铝表面会发生铺展，但不会流动。假设把间隙很小的两平行板插入液体中，液体在两平行板的间隙内会自动上升或下降于液面的一定高度，如图 3-51 所示。

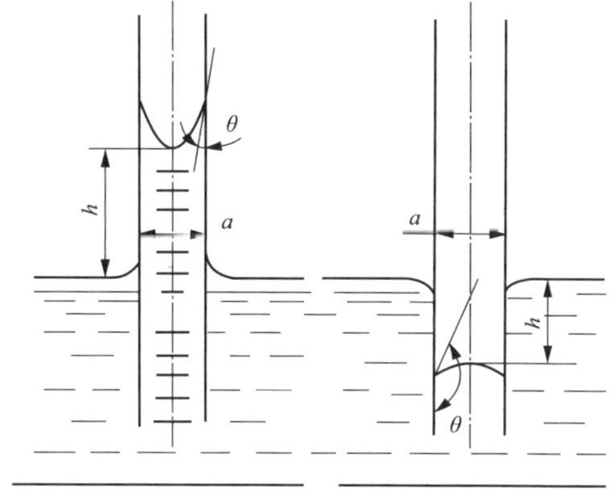

图 3-51　毛细作用示意图

二、钎焊的分类及特点

钎焊的分类可以按照加热温度、反应特点以及加热方法分类。按钎焊加热温度分为低温钎焊（450℃以下）、中温钎焊（450～950℃）及高温（950℃以上），钎料熔点在 450℃以下的钎焊称为软钎焊，450℃以上的钎焊称为硬钎焊。按钎焊反应特点又可分为毛细钎焊、大间隙钎焊以及反应钎焊等。按加热方法不同钎焊还可分为火焰钎焊、浸渍钎焊、烙铁钎焊、感应钎焊、炉中钎焊、电弧钎焊等。近年来，在钎焊蜂窝型零件时，已采用了新的加热技术，如石英加热钎焊、红外线加热钎焊以及保证钎焊零件外形精度的陶瓷模钎焊、真空电子束加热钎焊、激光加热钎焊、光束加热钎焊等，钎焊的主要分类方法如图 3-52 所示。

同熔焊方法相比，钎焊具有以下特点。

（1）钎焊时加热温度低于焊件的熔点，因此，焊接时钎料熔化而母材不融化，焊件金属的组织和性能变化较少，焊接变形小，能够应用对尺寸精度要求高的部件焊接。

（2）钎焊不仅可以焊接同种金属，也能够焊接异种金属，如金属与玻璃钎焊。

（3）钎焊的生产效率高，一次可以钎焊多道焊缝。

（4）钎焊接头的强度和耐热属性差，由于母材与钎料成分差异而引起的电化学腐蚀导致耐蚀性低，因此其装配要求比较高。

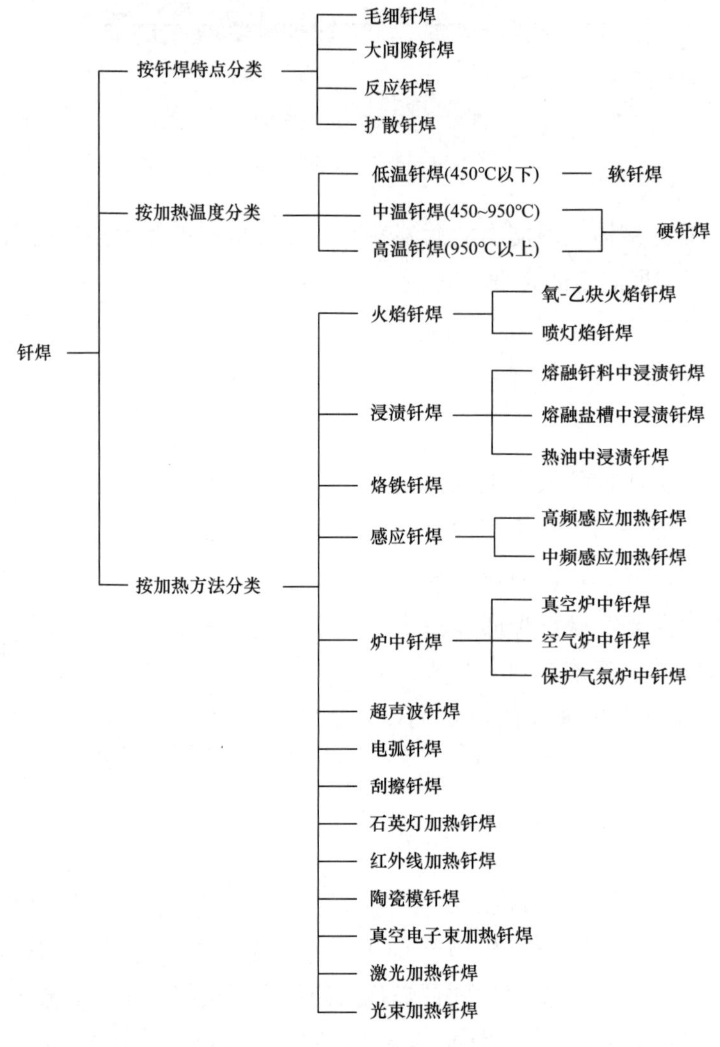

图 3-52　钎焊的主要分类方法

三、钎焊材料

（一）钎料

1. 钎料的基本要求

钎焊时用作形成钎缝的填充金属称为钎料。为了满足钎焊工艺要求和保证钎焊接头的质量，钎料应满足以下基本要求：钎料应该具有合适的熔点，钎料熔点至少低于母材熔点几十度；钎料应具有良好的润湿性并且能够与焊件金属充分发生溶解、扩散作用，以能够充分填满钎缝间隙，形成满足技术要求的钎焊接头；为了减少钎焊过程的偏析和易挥发元素的损耗，钎料应该具有稳定和均匀的成分；需要考虑钎料的经济性，一般不用或少用贵

金属合金。

2. 钎料的分类

根据钎料的熔点，钎料可以分为软钎料（熔点低于450℃）和硬钎料（熔点高于450℃）。

按照钎料的组成元素，软钎料包括锡基、铅基、铋基、铟基、锌基、镉基等，其中锡铅钎料是应用最广的一类软钎料。硬钎料包括铝基、银基、铜基、镁基、锰基、镍基、金基、钯基、钼基、钛基等，其中银基钎料是应用最广的一类硬钎料。

不同材料钎料的型号可通过相应标准查阅。例如，GB/T 3131《锡铅钎料》规定了锡铅钎料的型号。锡铅钎料的型号由两部分组成，中间用“-”分开，其中钎料牌号第一部分用“S”表示软钎料，第二部分由主要合金组分的化学元素符号组成，在这部分中第一个化学元素符号为Sn，其他元素符号按其质量分数顺序列出，当几种元素具有相同的质量分数时，按其原子序数顺序排列。公称质量分数小于1%的元素，在牌号中不必标出，但某元素是钎料的关键组分一定要标出时，可标出其化学元素符号，牌号中最后部分AA、A、B，指钎料等级。如S-Sn95PbA，代表锡质量分数为95%，铅元素质量分数为5%，类别为软钎料，质量等级为A；再比如，根据GB/T 10046《银钎料》，BAg72Cu代表银元素质量分数为72%，Cu元素质量分数28%，其中“B”代表硬钎料。

（二）钎剂

1. 钎剂的基本要求

钎剂是钎焊时使用的溶剂。钎剂的主要作用是消除母材和液态表面的氧化膜，以改善钎料对母材表面的润湿性。钎剂需满足以下基本要求：钎剂应具有足够的溶解或破坏母材和钎料表面氧化膜的能力；钎剂应具有表面张力小、黏度低、流动性好的特点，以便于钎剂和液态钎料在母材表面的湿润和铺展；钎剂的熔点应低于钎料的熔点；钎剂在加热过程中应保持其成分和作用稳定不变，不至于发生钎剂组分的分解、蒸发或炭化而丧失其应有的作用；钎剂及其作用产物的密度应小于液态钎料的密度，防止它们滞留在钎缝中形成夹渣。此外，钎剂在钎焊后所形成的残渣应容易排除；钎剂及其残渣不应对母材和钎缝有强烈的腐蚀作用，也不应具有毒性或在使用过程中析出有害气体。

2. 钎剂的分类

钎剂可以按照使用温度、用途分类。根据使用温度不同分为软钎剂和硬钎剂；按照用途分为普通钎剂和专用钎剂；考虑状态特征，还可以分出一类气体钎剂。钎剂的分类如图3-53所示。

软钎剂是指在450℃以下使用的钎剂，包括无机软钎剂和有机软钎剂，无机软钎剂又包括无机盐类和无机酸类软钎剂，无机软钎剂消除氧化膜能力强，热稳定性好，但它的残渣有强烈腐蚀作用，焊后须清洗干净。有机软钎剂包括水溶性和松香类软钎剂，常用的无机和有机软钎剂的成分和用途分别如表3-39和表3-40所示。

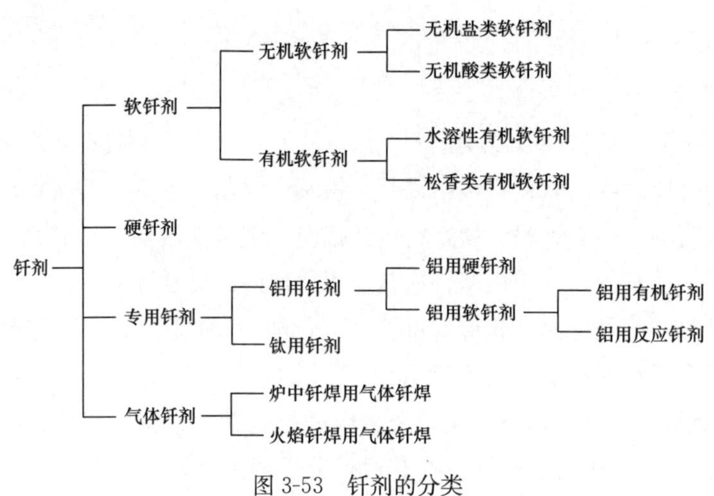

图 3-53　钎剂的分类

表 3-39　　常用无机软钎剂的成分和用途

<table>
<tr><th>名称</th><th>化学成分（wt,%）</th><th>钎焊温度（℃）</th><th>适用范围</th></tr>
<tr><td>氯化锌溶液</td><td>$ZnCl_2$：40；
H_2O：60</td><td>290～350</td><td rowspan="3">锡铅钎料钎焊钢、铜及铜合金</td></tr>
<tr><td>氯化锌氯化铵溶液</td><td>$ZnCl_2$：20；
NH_4Cl：15；
H_2O：65</td><td>180～320</td></tr>
<tr><td>钎剂膏</td><td>$ZnCl_2$：20；
NH_4Cl：15；
凡士林：65</td><td>180～320</td></tr>
<tr><td>氯化锌盐酸溶液</td><td>$ZnCl_2$：25；
HCl：15；
H_2O：50</td><td rowspan="2">180～320</td><td rowspan="2">锡铅钎料钎焊铬钢、不锈钢、镍铬合金</td></tr>
<tr><td>磷酸溶液</td><td>H_3PO_4：40～60</td></tr>
<tr><td>QJ1205</td><td>$ZnCl_2$：50；
NHCl：15；
$CdCl_2$：30；
NaF：5</td><td>250～400</td><td>镉基、锌基钎料钎焊铝青铜、铝黄铜</td></tr>
</table>

表 3-40　　常用有机软钎剂的成分和用途

<table>
<tr><th>名称</th><th>化学成分（wt,%）</th><th>钎焊温度（℃）</th><th>适用范围</th></tr>
<tr><td>乳酸型</td><td>乳酸：15；
水：85</td><td>180～280</td><td rowspan="2">锡铅钎料钎焊铜、黄铜、青铜</td></tr>
<tr><td>盐酸型</td><td>盐酸：5；
水：95</td><td>150～300</td></tr>
<tr><td rowspan="2">松香型</td><td>松香：100</td><td>150～300</td><td rowspan="2">铜、镉、锡、镁</td></tr>
<tr><td>松香：30；
酒精：70</td><td>150～300</td></tr>
</table>

续表

<table>
<tr><th>名称</th><th>化学成分（wt,%）</th><th>钎焊温度（℃）</th><th>适用范围</th></tr>
<tr><td rowspan="3">活化松香型</td><td>松香：30；
水杨酸：2.8；
三乙醇胺：1.4；
酒精：余量</td><td>150～300</td><td>铜及铜合金</td></tr>
<tr><td>松香：30；
氯化锌：3；
氯化铵：1；
酒精：66</td><td>290～300</td><td rowspan="2">铜及其合金、镀锌铁及镍</td></tr>
<tr><td>松香：24；
三乙醇胺：2；
盐酸二乙胺：4；
酒精：余量</td><td>200～350</td></tr>
</table>

在450℃以上钎焊用的钎剂称为硬钎剂，常用的硬钎剂主要是以硼砂、硼酸及它们的混合物为基体，以某些碱金属或碱土金属的氟化物、氟硼酸盐等为添加剂的高熔点溶剂，如QJ102、QJ103等。常用硬钎剂的成分和用途如表3-41所示。

表3-41　　常用硬钎剂的成分和用途

<table>
<tr><th>名称</th><th>化学成分（wt,%）</th><th>钎焊温度（℃）</th><th>适用范围</th></tr>
<tr><td>硼砂型</td><td>硼砂：100</td><td rowspan="3">850～1150</td><td>铜基钎料钎焊碳钢、铜、铜合金</td></tr>
<tr><td>硼酸型</td><td>硼砂：25；
硼酸：75</td><td></td></tr>
<tr><td>QJ201</td><td>硼酸：80；
硼砂：14.5；
氟化钙：5.5</td><td>铜基钎料钎焊不锈钢、合金钢、高温合金</td></tr>
<tr><td>QJ101</td><td>硼酸：30；
氟硼酸钾：70</td><td>550～850</td><td rowspan="3">银基钎料钎焊铜及铜合金、合金钢、不锈钢、高温合金</td></tr>
<tr><td>QJ102</td><td>硼酸：35；
氟硼酸钾：23；
氯化钾：42</td><td>600～850</td></tr>
<tr><td>QJ103</td><td>氟硼酸钾≥95；
碳酸钾≤5</td><td>550～750</td></tr>
<tr><td>QJ104</td><td>硼砂：50；
硼酸：35；
氯化钾：15</td><td>650～850</td><td>银基钎料炉中钎焊铜合金、碳钢、不锈钢</td></tr>
</table>

专用钎剂是为那些氧化膜难以去除的金属材料钎焊而设计的，如铝用钎剂、钛用钎剂等。气体钎剂是炉中钎焊和火焰钎焊过程中起钎剂作用的气体，常用的气体是三氟化硼、硼酸甲酯等。钎剂牌号的编制方法：QJ表示钎剂；QJ后的第一位数字表示钎剂的用途类型，如“1”为铜基和银基钎料用的钎剂，“2”为铝及铝合金钎料用钎剂。

四、铜和铜合金的银钎焊

（一）铜的钎焊性

铜及其合金具有优良的导电性、导热性、耐腐蚀性和良好的加工成形性能，因而获得

广泛的应用。铜及其合金通常可分为四大类：纯铜（紫铜）、黄铜、青铜和白铜。纯铜是含（Cu）量不低于99.5%的纯铜；黄铜是指铜锌合金；青铜实际上是除铜-锌、铜-镍合金外所有的铜合金的统称；白铜是铜和镍的合金，它具有较好的综合力学性能和高耐腐蚀性能。

纯铜表面可能形成Cu_2O和CuO两种氧化物。室温下铜表面为Cu_2O所覆盖；高温下的氧化皮分为两层，外层为CuO，内层为Cu_2O。因为铜的氧化物容易去除，所以纯铜的钎焊性是很好的。

青铜的种类比较多，加入的合金元素不同，其钎焊性也就不同。如加入锡元素，或一些少量的铬或镉元素，则对钎焊性影响不大，一般较容易进行钎焊。但加入铝元素，尤其是铝含量较多时，表面有铝的氧化物，难以去除，钎焊性降低，必须采用专门的钎剂来进行钎焊。

当Zn含量大于20%时，其氧化物主要由ZnO组成。锌的氧化物也比较容易去除，因此黄铜的钎焊性也是很好的。黄铜不宜在保护气氛和真空中钎焊，钎焊黄铜时必须使用钎剂。白铜含镍，选用钎料时应避免选用含磷的钎料，如铜磷钎料和铜磷银钎料，因含磷的钎料于钎焊后在界面上容易形成脆性镍磷化合物而降低接头的强度和韧性。

总之，铜和绝大部分铜合金都是比较容易钎焊的。只有含铝的铜合金，由于形成氧化铝的缘故，比较难钎焊。

（二）银基钎料

银基钎料属于硬钎料。银基钎料的熔点适中，工艺性好，并具有良好的强度韧性、导电性、导热性和抗腐蚀性，是应用极广的硬钎料。银基钎料的主要合金元素是铜、锌、镉和锡等元素。铜是最主要的合金元素，因添加铜可降低银的熔化温度，又不形成脆性相。含Cu28%的银铜合金为共晶合金，熔化温度为780℃。添加锌可进一步降低其熔化温度。该合金系的最低熔化温度为670℃左右，下面列举一些常见银钎料的特点。

BAg50CuSn、BAg60CuSn钎料不含易挥发元素，适用于保护气氛炉中钎焊和真空钎焊。

BAg70CuZn钎料具有较好的强度和韧性。由于含银高，是银铜锌钎料中导电性最好的，特别适宜于钎焊要求导电性高的工件。

BAg65CuZn钎料熔化温度较低，强度和韧性好，可用于钎焊性能要求高的黄铜、青铜和钢件。

BAg50CuZn钎料和BAg45CuZn钎料性能相似，但结晶间隔大，适用于钎焊间隙不均匀或要求圆角较大的零件。BAg45CuZn钎料熔化温度低，含银较低，比较经济，应用甚广，常用于要求钎缝表面粗糙度细，强度高，能承受振动载荷的工件，在电子和食品工业中得到广泛应用。

BAg25CuZn钎料的用途与BAg45CuZn钎料相似，但钎焊温度稍高。钎料具有良好的润湿作用和填充缝隙的能力。

BAg10CuZn 钎料的含银量最低，价格便宜，但钎焊温度较其他银铜锌钎料都高。钎焊接头韧性较差。主要用于钎焊要求较低的铜和铜合金、钢等。

BAg50CuZnCd 和 BAg45CuZnCd 钎料的用途和性能与 BAg40CuZnCdNi 相似，但熔化温度和钎焊温度较高。钎料加工性能比 BAg40CuZnCdNi 好。

BAg40CuZnCdNi 钎料是银基钎料中熔化温度最低的一种，钎焊工艺性能非常好，常用于铜和铜合金、钢、不锈钢等材料的钎焊，特别适宜于要求钎焊温度低的材料，如调质钢、铍青铜、铬青铜等，以及分步钎焊中最后一步钎焊。由于镉蒸气有毒，熔炼和钎焊时要加强通风措施。

表 3-42 列举了常见银基钎料的化学成分和主要性能。

表 3-42　　常见银基钎料的化学成分和主要性能

钎料	化学成分（wt,%）						熔化温度（℃）	钎焊温度（℃）
	Ag	Cu	Zn	Cd	Sn	其他		
BAg72Cu	72±1	余量	—	—	—	—	779～779	780～900
BAg50Cu	50±1	余量	—	—	—	—	779～850	—
BAg70Cu	70±1	26±1	余量	—	—	—	730～755	—
BAg65Cu	65±1	20±1	余量	—	—	—	685～720	—
BAg60Cu	60±1	余量	—	10±0.5	—	—	602～718	720～840
BAg50Cu	50±1	34±1	余量	—	10±0.5	—	677～775	775～870
BAg45Cu	45±1	30±1	余量	—	—	—	677～743	745～845
BAg25CuZn	25±1	40±	余量	—	—	—	745～775	800～890
BAg10CuZn	10±1	53±1	余量	—	—	—	815～850	850～950
BAg50CuZnCd	50±1	15.5±1	16.5±2	—	—	—	627～635	635～760
BAg45CuZnCd	45±1	15±1	16±2	—	—	—	607～618	620～760
BAg40CuZnCdNi	40±1	16±0.5	17.8±0.5	—	—	Ni0.2	632～668	605～705
BAg34CuZnCd	34±1	26±1	21±2	—	—	—	618～652	700～845
BAg50CuZnCdNi	50±1	15.5±1	15.5±2	—	—	Ni3±0.5	630～730	690～815
BAg56CuZnSn	56±1	22±1	17±2	±0.5	5±0.5	—	650～670	650～760
BAg34CuZnSn	34±1	36±1	27±2	3±0.5	3±0.5	—	630～730	730～820
BAg50CuZnSnNi	50±1	21.5±1	27±1	1±0.3	1±0.3	Ni0.3～0.65	650～670	670～770
BAg40CuZnSnNi	40±1	25±1	30.5±1	3±0.3	3±0.3	Ni1.3～1.65	630～640	640～740

用银基钎料钎焊铜及铜合金时，采用 FB101 或 FB102 钎剂可得到良好的效果。钎焊铍青铜和硅青铜，最好采用 FB102。用银铜锌镉钎料钎焊时，应采用 FB103。常见硬钎剂的成分及用途如表 3-43 所示。

（三）铜的银钎焊工艺

钎焊前要对钎焊铜或铜合金表面进行处理，溶剂除油或碱液除油都适用于铜和铜合金。机械方法、金属丝刷和喷砂等可用来去除氧化物。铜和铜合金的化学清洗如下。

表 3-43　　　　常见硬钎剂的成分及用途

牌号	化学成分（wt,%）	作用温度（℃）	用途
FB101	硼酸：30； 氟硼酸钾：70	550～850	银钎料钎剂
FB102	无水氯化钾：40； 氟硼酸钾：25； 硼酐：35	600～850	应用最广的银钎料钎剂
FB103	氟硼酸钾>95； 碳酸钾<5	550～750	用于银铜锌镉钎料
FB104	硼砂：50； 硼酸：35； 氟化钾：15	650～850	银基钎料炉中钎焊

(1) 铜、黄铜和锡青铜在 10%～20% H_2SO_4 冷水溶液中浸洗 10～20min；或在 H_2SO_4：HNO_3：H_2O=2.5：1：0.75 溶液中浸洗 15～25s。

(2) 硅青铜先在 5%H_2SO_4 的热水溶液中浸洗，再在 2%HF 和 5%H_2SO_4 的冷混合酸水溶液中浸洗。

(3) 铬青铜和铜镍合金在 5%H_2SO_4 的热水溶液中浸洗，然后在 15～37g/L 重铬酸钠和 4%H_2SO_4 的溶液中浸洗。

(4) 铝青铜先在 2%的 HF 和 3%的 H_2SO_4 的冷混合酸水溶液中浸洗，然后在 5%的 H_2SO_4 的溶液中浸洗。

(5) 铍青铜、厚氧化皮应在 50%的 H_2SO_4 水溶液中于 65～75℃下浸洗。薄氧化膜可在 2%的 H_2SO_4 水溶液于 71～82℃温度下浸洗，然后在 30%的 HNO_3 水溶液中浸一下。

铜及铜合金可用多种方法进行钎焊，如烙铁钎焊、浸沾钎焊、火焰钎焊、感应钎焊、电阻钎焊、炉中钎焊、接触反应钎焊等。但高频感应钎焊时，由于铜的电阻小，要求加热的电流比较大。

含氧铜暴露在含氢的气氛下能使铜产生脆化，因此应避免使用火焰钎焊大型组件，炉中钎焊也应避免使用含氢气氛，温度高、时间长会加重发生氢脆的危险。黄铜在炉中钎焊时，锌发生蒸发，使黄铜成分发生变化，故钎焊黄铜最好先镀铜。含锌的钎料在炉中钎焊时，为了防止锌蒸发，最好加少量的钎剂。含铅的铜合金经长时间加热容易析出铅，因此大型组件的火焰钎焊和炉中钎焊因其加热时间较长，会造成某些困难。如果从合金中（特别是含铅的质量分数高于 2.5%）析出大量的铅，由于变脆和钎焊不良，就能造成有缺陷的钎焊接头。铝青铜钎焊时，为了防止铝向银钎料中扩散，使接头质量变坏，钎焊加热时间必须尽可能短。

钎焊后要清除钎剂的残渣，清洗工件表面。清除残渣的主要目的是为了防止残渣对工件的腐蚀，有时也是为了获得一个良好的外观或对钎焊后的工件做进一步加工，这些残渣很容易用热水浸泡而溶解掉。

第八节　焊接应力与变形

焊接时，由于局部高温加热而造成焊件上温度分布不均匀，最终导致在结构内部产生了焊接应力与变形。焊接应力是引起脆性断裂、疲劳断裂、应力腐蚀断裂和失稳破坏的主要原因。另外，焊接变形也使结构的形状和尺寸精度难以达到技术要求，直接影响结构的制造质量和使用性能。

本节主要讨论焊接应力与变形的基本概念及其产生原因、焊接变形的种类、降低焊接应力的工艺措施和焊后如何消除焊接残余应力。

一、焊接应力与变形的概念

物体在外力或温度等因素的作用下，其形状和尺寸发生变化，这种变化称为物体的变形。当使物体产生变形的外力或其他因素去除后物体可复原状的变形称为弹性变形。材料及构件受载超过弹性变形范围之后将发生永久的变形，即卸除载荷后将出现不可恢复的变形称为塑性变形。由焊接引起的焊件尺寸的改变称为焊接变形。物体受到外力作用和加热引起物体内部之间相互作用的力称为内力，其单位面积上的内力称为应力。由外力作用产生的应力为工作应力。由物体化学成分、金相组织及温度等因素的变化，造成内部不均匀性变形产生的应力为内应力变形。随焊接过程发生的内应力和变形称为焊接瞬态应力与焊接瞬态变形；焊接冷却后，残留在焊接构件中的内应力和变形称为焊接残余应力和残余变形；以上统称为焊接变形和焊接应力。焊接应力可按照不同的分类依据进行分类，如表 3-44 所示。焊接残余变形示意图如图 3-54 所示。

表 3-44　　焊接应力分类

分类依据	名称	含义
焊接应力生成机理	拘束应力	在工件受拘束条件下，焊缝收缩和变形受限而产生的应力
	热应力	焊件各部分受热不均匀产生的应力
	相变应力	局部金属相变，体积发生变化产生的应力
焊接应力发展阶段	瞬态应力	焊接过程中，不同时刻的内应力
	残余应力	焊接后，室温下残留在构件中的内应力
焊接应力分布区域	宏观应力（第Ⅰ类内应力）	在较大的材料区域内基本上是均衡的内应力场，能够用连续介质力学描述
	微观应力（第Ⅱ类内应力）	在较小的材料区域内基本上是均衡的内应力场，存在于晶粒之间
	超微观应力（第Ⅲ类内应力）	在极小的材料区域是不均衡的内应力，存在于晶粒内部

续表

分类依据	名称	含义
焊接应力作用方向	单向应力	应力在焊件一个方向产生的应力
	双向应力	应力在焊件一个平面内不同方向产生的应力
	三向应力	应力沿空间三个方向发生
焊缝位置	厚度方向应力	工件板厚方向的焊接应力
	径向应力	半径方向的焊接应力
	切向应力	圆周方向的焊接应力
	轴向	垂直于圆周平面的焊接应力

注 在本节中，如不特别说明，焊接应力一般是指宏观焊接应力。

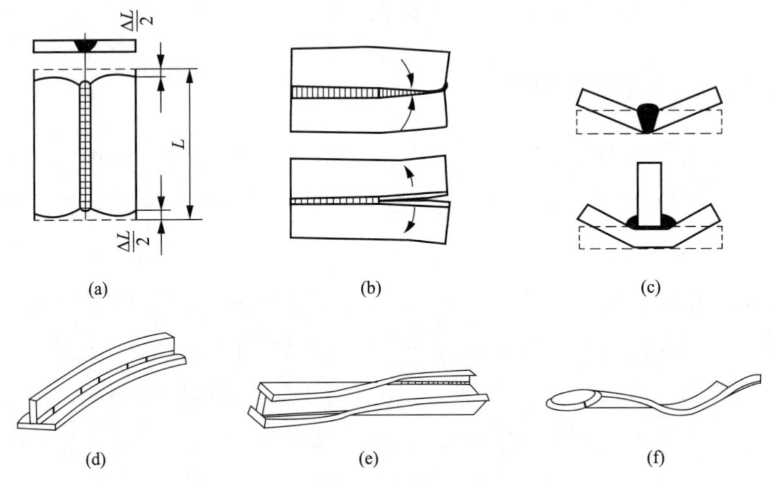

图 3-54 焊接残余变形示意图

(a) 焊缝收缩；(b) 回转变形；(c) 角变形；(d) 弯曲变形；(e) 扭曲变形；(f) 失稳波浪变形

热胀冷缩是材料的固有属性，焊接过程伴随温度的变化必然使物体发生碰撞或收缩，由此会产生热应力和热应变。在对构件应力进行定量分析时，需要了解构件内部的真实变形情况，下面以简单金属杆件受约束情况下的热膨胀过程，分析自由变形率、外观变形率和内部变形率的概念，为焊接应力分析做基础。

图 3-55 所示为金属杆件受热变形分析，金属杆件一端固定，另一端无约束。在初始温度 T_0 时，杆件长度为 L_0，随后随着温度增加，杆件发生伸长；当温度变化为 T_1 时，长度变为 L_1，此时的自由变形量为

$$\Delta L_T = L_1 - L_0 = \alpha L_0 (T_1 - T_0) \tag{3-12}$$

式中 α——杆件的线膨胀系数。

自由变形率为

$$\varepsilon_T = \Delta L_T / L_0 = \alpha (T_1 - T_0) \tag{3-13}$$

当杆件另一端也有刚性约束时。随温度上升，杆件接触刚性约束再进行膨胀时会受到阻碍，此时的变形量已不再和自由变形量相等，此变形称为外观变形量 ΔL_c，外观变形率被定义为

$$\varepsilon_c = \frac{\Delta L_c}{L_0} \tag{3-14}$$

需要指出，当在自由变形量较小和杆件尚未约束接触时，自由变形量和外观变形量相等。在杆一端受约束时，由于受到约束作用的杆件受到内应力，该内应力由内部变形造成，这一部分没有表现出来的变形叫作内部变形，记为 ΔL。内部变形是自由变形和外观变形的差值，为同材料力学中符号正负表示一致，此时杆件受到压缩，记为负值，则内部变形量记为 $-\Delta L$，即

$$\Delta L = -(\Delta L_T - \Delta L_T) = \Delta L_c - \Delta L_T \tag{3-15}$$

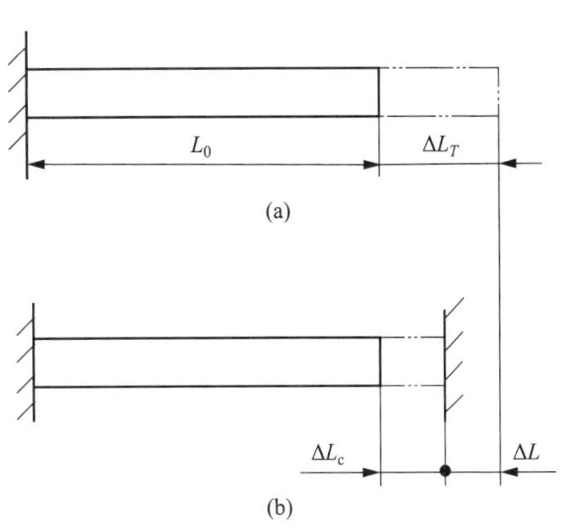

图 3-55　金属杆件的受热变形

(a) 自由变形量；(b) 外观变形量

内部变形率 ε 为

$$\varepsilon = \frac{\Delta L}{L_0} = \frac{\Delta L - \Delta L_T}{L_0} = \varepsilon_c - \varepsilon_T \tag{3-16}$$

由应力和应变关系曲线可知

$$\sigma = E\varepsilon = E(\varepsilon_c - \varepsilon_T) \tag{3-17}$$

式中　E——弹性模量。

采用简化的三杆件金属框架模型来对焊接残余应力的形成过程进行说明，如图 3-56 所示。在加热前，三杆件温度相同，处于力学平衡状态，没有内应力的存在。随着中间杆件的加热，由于热胀冷缩现象，中间杆件必然发生热伸长，然而由于两侧杆件的阻碍，此时中间杆件会产生压应力，而两侧杆件承受拉应力。中间杆件承受的压应力会随着温度的升高（也即膨胀量的增加）而增大，当该力达到屈服应力时，此时中间杆件就会发生塑性变形，需要注意该塑性变形是不可逆的，将保留下来。在随后的冷却过程中，中间杆件的内部压应力会随之减少，一直到零。由于加热过程中塑性变形的影响，中间杆件已经难以恢复原始尺寸，随着进一步的冷却，中间杆件有收缩的趋势，因此承受拉应力，此时两侧杆件对中间杆的限制作用导致它们自身产生压应力。

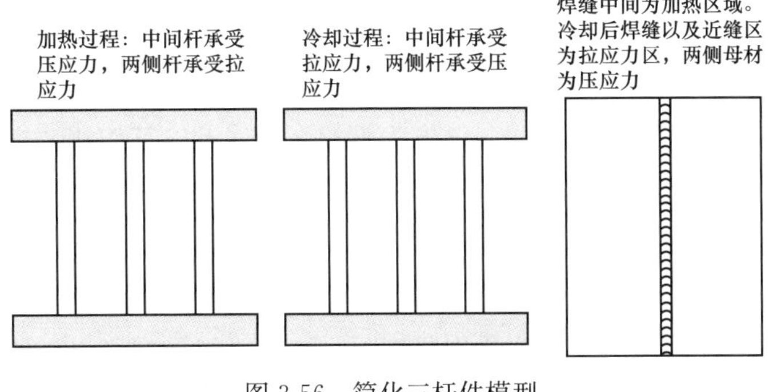

图 3-56　简化三杆件模型

二、焊接残余应力

（一）残余应力测试方法

目前，传统的残余应力检测技术分为有损检测技术与无损检测技术。有损检测技术又称机械方法。机械法测量残余应力需要释放应力，因此会对工件造成一定损伤和破坏，但其理论完善，技术成熟，目前在现场测试中应用较多，常见的机械法有取条法、小孔法、深孔法等。无损检测技术对工件不会造成破坏，常见的方法有 X 射线法、纳米压痕法等。

机械法中小孔法是目前工程上最常用的残余应力测试方法，GB/T 31310《金属材料 残余应力测定 钻孔应变法》对此方法进行了规范。根据钻孔是否钻通，小孔法又分为通孔法（穿透工件）和盲孔法（不穿透工件），两者原理相同。小孔法的原理是在应力场中钻小孔，应力的平衡受到破坏，则小孔周围的应力将重新调整，测得孔附近的弹性应变增量，就可以用弹性力学原理来推算出小孔处的残余应力。小孔法的测试过程是在试样待测表面按圆周方向三等分位置放三条应变片，然后钻孔，测出各应变片的应变增量，通过其松弛应力计算残余应力，如图 3-57 所示。实际上，一般构件的厚度尺寸远大于钻孔深度，因此相对于通孔法而言，盲孔法更为常见。小孔法结果的精确性取决于应变片粘贴位置的准确性。孔径越小对相对位置的准确性要求越高。在钻孔时，为防止孔边产生附加的塑性应变，可采用喷砂射流代替钻削。

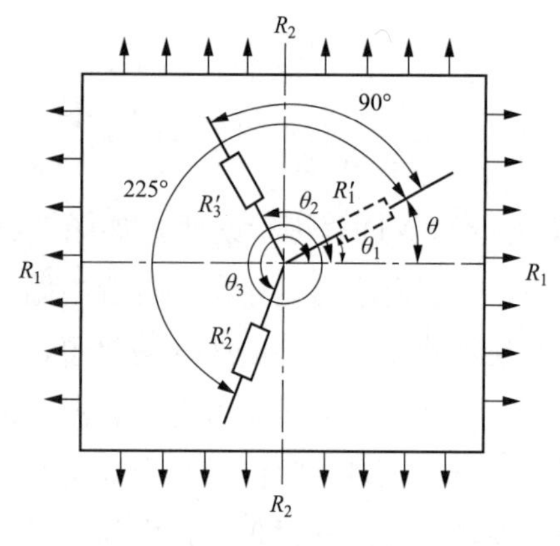

图 3-57　小孔法示意图

小孔法只能测试材料的表面残余应力，若想测试厚度方向的残余应力，则需要通过深孔法测量。深孔法可测量材料沿厚度方向的应力分布，厚度也不受限制，是相比于其他方法的最大优势。深孔法的原理是在被测构件表面钻一参考孔，通过测量参考孔某一深度在不同角度的直径变化，来获得应变释放大小，从而计算出残余应力大小。深孔法是利用径向变化推测残余应力的分量，此变化至少从三个不同的角度进行测量，而实际实验中通常要测量 9 个不同的角度。

切槽法是一种半破坏应力释放法，该方法是指在构件上进行切槽，由于切槽而形成残余应力的释放区，测量此部分的应变，求出构件的残余应力。切槽法相对简单，在实际工程中较易推广。切槽法测量残余应力的步骤为根据构件受力选定测点，并粘贴应变片，粘贴完成后，切割细槽，让工件应力完全释放，并通过应变值计算出残余应力值。应变片的粘贴方式与工件受力状态有关，单向受力状态下，切槽法仅需在测点周围切割出两条直线形细槽即可，在双向受力状态下，要粘贴成应变片花，如图 3-58 所示。

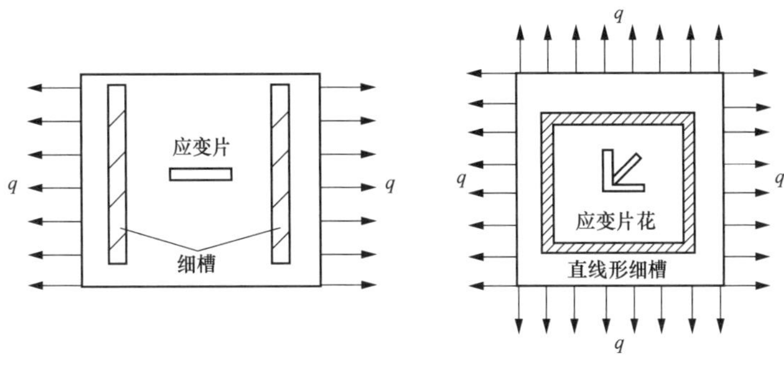

图 3-58　切槽法示意图

X 射线衍射法的原理是晶体在应力作用下原子间的距离发生变化，其变化量与应力成正比，如图 3-59 所示。如果能直接测得晶格尺寸，则可不破坏物体而直接测出内应力的数值。当 X 射线以 θ 角入射到晶面上时，能满足布拉格方程，即

$$2d\sin\theta = n\lambda \tag{3-18}$$

式中　d——晶面间距；

n——任一正整数；

λ——X 射线的波长。

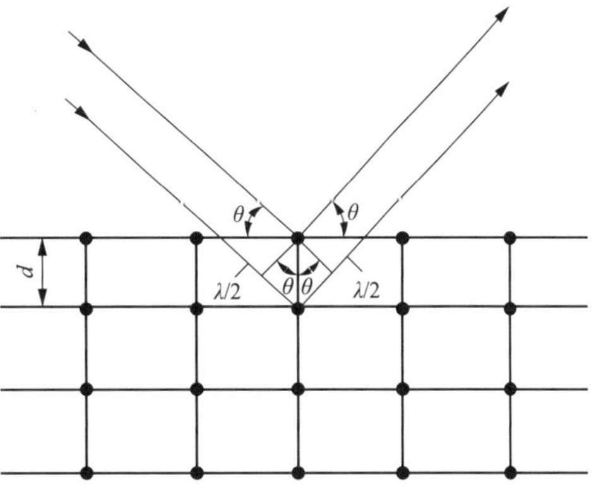

图 3-59　X 射线测量残余应力原理

X 射线在反射角方向上将因衍射而加强。根据这一原理可以求出 d 值。用 X 射线以不同角度入射物体表面，则可测出不同方向的 d 值，从而求得表面上的内应力。本法的最大优点是它的非破坏性，并且技术成熟。但它的缺点是只能测表面应力；对被测表面要求较高，为避免由局部塑性变形所引起的误差，需用电解抛光去除表层；被测材料晶粒较大、织构严重时会影响到测量的精度；测试所用设备比较昂贵。纳米压痕技术是近年发展起来的一种新技术。它可以在无须分离薄膜与基底材料的情况下直接得到薄膜材料的许多力学性能，如弹性模量、硬度、屈服强度、加工硬化指数等。纳米压痕技术不只是显微硬度的简单延伸，其通过对加载、卸载曲线的分析不仅可以得到硬度和弹性模量，而且可以得到诸如蠕变、残余应力、相变等丰富的信息。纳米压痕技术在微电子科学、表面喷涂、磁记录及薄膜等相关的材料科学领域得到了越来越广泛的应用。

（二）残余应力的消除方法

残余应力通常会对零件的尺寸精度、机械性能以及疲劳等造成不良影响，因而对残余应力的消除是工程中十分重要的问题。常见的残余应力消除方法有滚压焊缝、锤击法、爆炸法和回火热处理法等。

（1）滚压焊缝是在薄壁构件上，焊后用窄滚轮滚压焊缝和近缝区，是一种调节和消除

焊接残余应力和变形的有效而经济的工艺手段。在滚轮的压力下可达到补偿因焊接而造成的接头中压缩塑性变形的目的。

(2) 锤击法是用锤击焊缝的方法调节焊接接头中残余应力在金属表面层内产生局部双向塑性延展，补偿焊缝区的不协调应变（受拉应力区），达到释放焊接残余应力的目的。与其他消除残余应力的方法相比，锤击法可节省能源、降低成本、提高效率，是在施工过程中即可实现的工艺措施，并可在焊缝区表面形成一定深度的压应力区，有效地提高结构的疲劳寿命。目前，锤击法的方式主要有手动方式、气动方式以及机械方式。

(3) 爆炸法是通过布置在焊缝及其附近的炸药带，引爆产生的冲击波与残余应力的交互作用，使金属产生适量的塑性变形，从而达到残余应力松弛的目的。爆炸法具有十分有效的消除焊接应力的效果，国内已在不同规格卧罐、电站压力钢管等多件大中型结构上使用，取得了较好的经济技术效果。根据构件厚度和材料的性能，选定恰当的单位焊缝长度上的药量和布置方法是取得良好消除残余应力效果的决定性因素。

(4) 回火热处理法是指通过高温回火工艺进行残余应力消除，可分为整体高温回火和局部高温回火。重要焊接构件多采用整体加热的高温回火（回火是将淬火后的金属成材或零件加热到某一温度，保温一定时间后，以一定方式冷却的热处理工艺）方法消除残余应力，这种热处理工艺参数的选择，因材料而异，见表 3-45。局部高温回火是只针对焊缝及其附近的区域进行热处理，因此其消除应力效果不如整体热处理，多用于比较简单的焊接结构，如圆筒容器、管道接头。用热处理方法消除应力，并不意味着能够消除焊接的残余变形。为了同时消除残余变形和残余应力，在加热之前应采取一定措施来保持工件形状，否则就会由于冷却不均匀等原因产生新的热处理应力。对于高强钢材料可采用调质回火处理；对于再热裂缝倾向的厚大结构，应注意控制加热速度和加热时间。表 3-45 列举了不同材料消除焊接残余应力的回火温度。

表 3-45　　不同材料消除焊接残余应力的回火温度

材料	碳钢及低合金钢	奥氏体钢	铝合金	镁合金	钛合金	铌合金	铸铁
回火温度（℃）	580～680	850～1050	250～300	250～300	550～600	1100～1200	600～650

三、焊接变形控制措施

从焊接结构设计开始，就应考虑控制变形可能采取的措施，合理安排焊缝位置。进入生产制造阶段，可采用在焊前的预防变形措施和在焊接过程中的主动工艺措施，而在焊接完成后，只好选择适用的被动矫正措施来减小或消除已发生的残余变形。

根据预测的焊接变形大小和方向，在待焊工件装配时造成与焊接残余变形大小相当、方向相反的预变形量（反变形量），如图 3-60 所示。焊后，焊接残余变形抵消了预变形量，使构件回复到设计要求的几何型面和尺寸。

预拉伸法多用于薄板平面结构件，如壁板的焊接。在焊前，先将薄板件用机械方法拉

伸或用加热方法使之伸长；然后再与其他构件（如框架或肋条）装配焊接在一起。焊接是在薄板有预张力或有预先热膨胀量的情况下进行的。焊后，去除预拉伸或加热薄板回复初始状态，可有效地降低残余应力，控制波浪形失稳变形效果明显。对于面积较大的壁板结构，预拉伸法要求有专门设计的机械装置与自动化焊接设备配套，工程应用受到局限。在加热法中，也可以用电流通过面板自身电阻直接加热的办法取代附加的加热器间接加热，简化工艺。

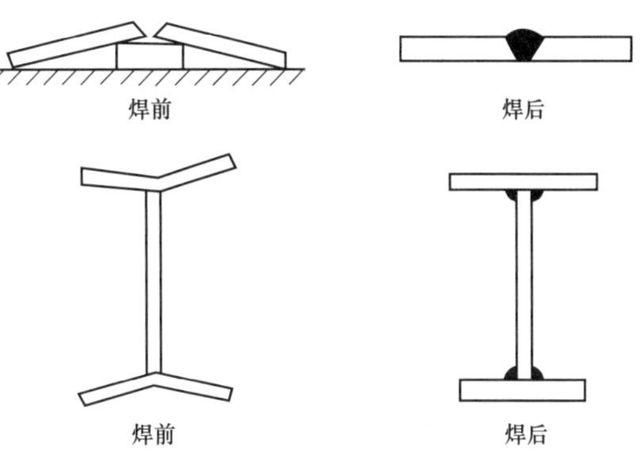

图 3-60　预变形法

焊缝滚压技术不仅可用于消除薄壁构件上的焊接残余应力，而且是一种焊后矫正板壳构件变形的有效手段，多用于自动焊方法完成的规则焊缝（直线焊缝、环形焊缝）。此外，窄轮滚压法也用于某些材料（如铝合金）焊接接头的强化；但滚压所产生的塑性变形量比用于消除应力和变形时大得多。用窄轮滚压法还可以在工件待焊处先造成预变形，以抵消焊接残余变形。

局部加热法多采用火焰对焊接构件局部进行加热，在高温处，材料的热膨胀受到构件本身刚度制约，产生局部压缩塑性变形，冷却后收缩，抵消了焊后在该部位的伸长变形，达到矫正的目的。可见，局部加热法的原理与锤击法的原理正好相反。锤击法是在有缩短变形的部位造成金属延展，达到矫形的目的。因此，这两种方法都会引起新的矫正变形残余应力场，所产生的残余应力符号相反。

对于某些刚度较大的焊接构件，除用火焰矫形外，还可以采用机械矫正法。机械矫正法利用外力使构件产生与焊接变形方向相反的塑性变形，二者互相抵消，图 3-61 为用加压机构来矫正工字梁的挠曲变形的例子。

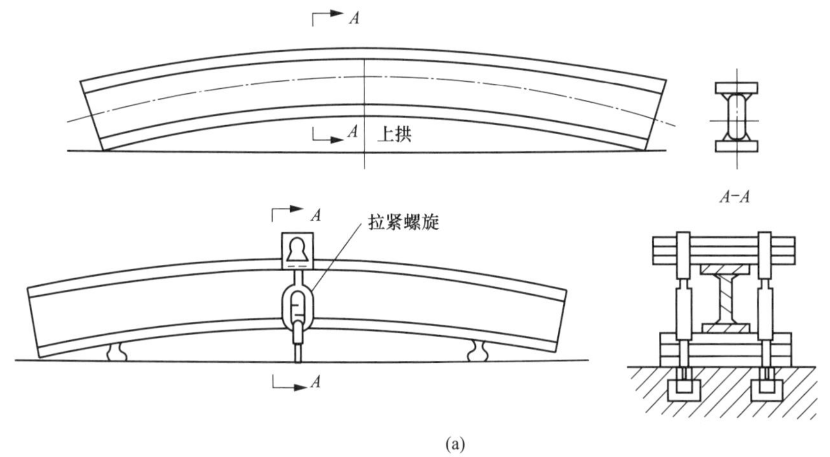

图 3-61　工字梁焊后弯曲变形的机械矫正（一）

（a）变形焊件

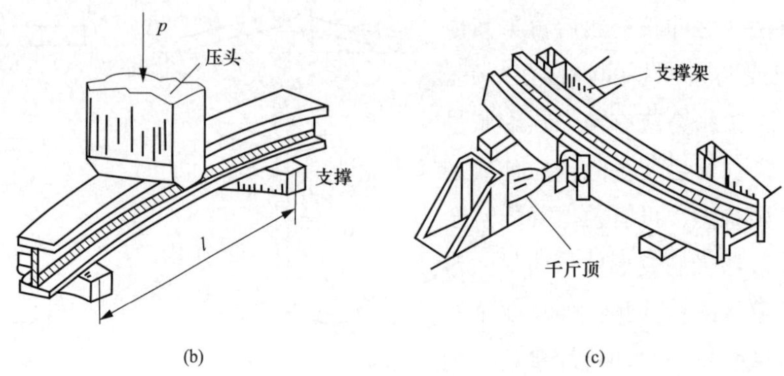

图 3-61　工字梁焊后弯曲变形的机械矫正（二）

（b）压力机矫正；（c）千斤顶矫正

除了采用压力机外，还可用锤击法来延展焊缝及其周围压缩塑性变形区域的金属，达到消除焊接变形的目的。这种方法比较简单，经常用来矫正不太厚的板结构。锤击法的缺点是劳动强度大，表面质量欠佳。

第四章

无损检测技术

第一节　概　　述

一、无损检测定义及分类

无损检测是在不损坏检测对象的前提下，以物理或化学（声、热、电、磁、射线等）方法为手段，借助相应的设备器材，按照规定的技术要求，对检测对象的内部及表面的结构、性质、状态进行检查和测试，并对结果（微观或宏观缺陷）进行分析和评价。即利用材料内部组织和结构异常时引起物理量变化来推断材料内部的组织和结构的异常。

无损检测技术在发展进程中出现过三个名称，分别为无损探伤（Nondestructive Inspection，NDI）、无损检测（Nondestructive Testing，NDT）和无损评价（Nondestructive Evaluation，NDE）。可以认为，这三个名称体现了无损检测技术发展进程的三个阶段（如图 4-1 所示）。

图 4-1　无损检测技术发展进程图

（1）无损探伤阶段。早期阶段的名称，其含义是探测有无缺陷，掌握缺陷位置、大小、形状、性质等基本信息。

（2）无损检测阶段。当前阶段的名称，其内涵不仅仅是探测缺陷，通过测试还需掌握产品或构件的化学成分、组织结构、力学性能等更多相关信息。

（3）无损评价阶段。即将进入或正在进入的新的发展阶段。不仅要求发现缺陷，还要求获取更全面、更准确的综合信息。包含缺陷的形状、尺寸、位置、取向、内含物、缺陷部位的组织、残余应力等信息，采用成像技术、自动化技术、计算机数据分析和处理等技术，结合材料力学、失效分析、复核计算等领域知识，对试件或产品的质量、性能、安全等给出全面、准确的评价。

无损检测技术贯穿工业产品制造生产（原材料、机械加工、焊接、热处理等）和投入使用后（在役检测、事故分析、疲劳分析、安全评价等）的全生命周期。目前应用最广泛的无损检测方法主要有射线检测（RT）、超声检测（UT）、磁粉检测（MT）、渗透检测（PT）、电磁检测（EMT）等。近年来声发射检测（AT）、热像/红外（TIR）、泄漏试验（LT）、交流场测量技术（ACFMT）、漏磁检验（MFL）、远场测试检测方法（RFT）、激光全息摄影等检测技术也获得了一定的发展和应用。

无损检测方法、技术分类详见表 4-1。无损检测技术类别分为三类：A 为基本技术类，B 为特殊技术类，C 为专门技术类。

表 4-1　　无损检测方法、技术分类

无损检测方法	无损检测技术			
	类别	名称		代号
超声检测	A	脉冲反射法超声检测		UT
	B	衍射时差法超声检测		TOFD
	B	相控阵超声检测		PA
	C	超声检测专项	超声导波检测	GW
			瓷绝缘子超声检测	PIUT
射线检测	A	射线检测		RT
磁粉检测	A	磁粉检测		MT
渗透检测	A	渗透检测		PT
电磁检测	A	涡流检测		ET
振动声学检测	A	振动声学检测		VA

随着现代工业发展，对产品质量、结构安全性、使用可靠性的要求越来越高。基于无损检测技术具有非破性检测、检测灵敏度高等特点，在机械、冶金、石化、船舶、铁道、核工业、航空航天等行业得到广泛应用。近年随着国家能源行业产业布局调整、产能升级和长期规划，大批的水电站及抽水蓄能电站开工建设，无损检测技术在水电（电力）行业也得到了充分应用和发展（如图 4-2 所示），对保障电站的金属结构设备和机电设备的制造质量起到了至关重要的作用。

二、无损检测目的及应用特点

（一）无损检测目的

应用无损检测技术可以达到以下目的。

1. 保证产品质量

无损检测技术可以检测出产品中肉眼无法看到的内部的缺陷及肉眼难以观察的表面细

图 4-2　无损检测在水电行业的应用

(a) 转轮；(b) 压力钢管；(c) 导叶；(d) 管道弯头

小缺陷，能够及时控制非连续加工（如多工序生产）或连续加工（如自动化生产）的原材料、半成品、产品构件以及成品的工序质量。相较于破坏性检测技术，其检测完成后产品也被破坏，仅适用抽样检验。而无损检测技术是非破坏性检验，可实现百分之百检验或逐件检验。水电站重要设备的材料、结构或产品，只有采用无损检测手段实施全过程检测，才能为质量提供有效保证。

2. 保障使用安全

即使设计和制造质量完全符合规范要求的金属设备或部件，在使用一段时间后，也有可能产生破坏事故。例如水电站由于机组运行条件（工况）使设备性能状态发生变化，其整体或局部承受交变载荷（压力脉动）形成应力集中，导致缺陷扩展开裂或设备中原来没有缺陷的地方产生疲劳缺陷，最终导致设备或部件失效。为了保障使用安全，必须对金属设备或部件定期进行检验，及时掌握缺陷状态，避免事故发生，而无损检测技术正是定期检验的主要内容和评价缺陷最有效的手段。

3. 改进制造工艺

在产品生产中，为了解制造工艺是否适宜，必须事先进行工艺试验。无损检测是工艺试验中常用的手段，根据检测结果向设计与工艺部门反馈检测所获取的质量信息，助其改

进设计和制造工艺，最终确定理想的制造工艺。例如，为了确定焊接工艺规范，在焊接试验时对焊接试样进行射线照相，随后根据检测结果修正焊接参数，最终得到能够达到质量要求的焊接工艺。

4. 降低生产成本

在产品制造过程中进行无损检测，往往被认为要增加检查费用，从而增加制造成本。如果在制造过程中对关键质量环节（关键质量控制点）进行无损检测，可以防止后续工序浪费，减少返工，降低废品率，从而降低制造成本。例如，在厚板焊接时，可以在焊至一半时进行一次无损检测，确认没有超标缺陷后再继续焊接，既可以避免焊接全部完成后再进行无损检测发现超标缺陷，消耗人力、物力、工时进行返修增加投入，也可以保障焊接质量。因此，虽然这样无损检测费用有所增加，但总的制造成本降低了。

（二）无损检测应用特点

无损检测应用时，应对以下几个方面做充分的理解和认识。

1. 无损检测与破坏性检测

无损检测在不损伤被检对象使用性能的前提条件下，检验生产工艺参数，探测材料内部及表面缺陷，表征材料的组织结构，评价物理及力学性能，综合评价预测其使用寿命，被检对象的检查率可以达到100%。但是为了对被检对象质量和性能做出一定的判断，必须首先对同样条件的试样进行无损检测，随后再进行破坏性检测，两种检测方式相辅相成，将无损检测结果与破坏性检测结果对比，分析检测结果之间的关系，从而指导如何评价无损检测所得到的结果。

例如管子焊缝除无损检测外，必要时还要切取试样做金相组织、力学性能、焊接应力、断口等检验。

2. 无损检测实施时机

被检对象受到各种制造工序（加工工艺）、环境、时效变化等因素影响，应正确选择无损检测实施的时机。例如，有延迟裂纹倾向的高强度钢焊缝无损检测应安排在焊接完成24h或48h后进行；为避免被检对象需进行热处理工序产生再热裂纹，无损检测就应安排在热处理之后进行。

3. 无损检测方法的选择

无损检测工作开展前，应根据被检对象的材质、易产生缺陷的种类、部位、加工制造工艺、结构型式、空间位置、运行工况等因素进行综合分析，选择最合适的检测方法。如钢板的分层缺陷因其延伸方向与板平行，不适合采用射线检测而应选择超声检测；检测工件表面细小裂纹，不适合采用射线和超声检测而应选择磁粉或渗透检测。

4. 无损检测结果的可靠性

无损检测方法、技术均存在检测局限性，为确保缺陷的有效检出率及检测结果的可靠

性，应根据被检对象的性质特征，采取多种无损检测方法结合的方式，从而获得更多缺陷信息。例如，超声检测对平面型缺陷探测灵敏度较高，但定性困难，而射线检测可以准确定性。另外，还应利用无损检测以外的其他检测所得到的结果，综合有关材料、焊接的加工工艺的指示做出判断。

第二节　超　声　检　测

一、超声检测基本原理

超声波采用一定的方式进入工件，在工件中传播并与工件材料以及其中的缺陷相互作用，使其传播方向或特征被改变，就接收到的反射、透射、散射和衍射的回波进行研究，对工件进行宏观缺陷检测、几何特性测量、组织结构和力学性能变化的检测和表征，并进而对其特定应用性进行评价的技术。超声检测技术的适用范围广泛，可用于检测金属、非金属、复合材料等；也可用于检测锻件、铸件、焊接件、胶结件等；还可以用于检测表面缺陷和内部缺陷。

通常用以下信息发现缺陷和对其进行评估。

（1）是否存在缺陷的超声波信号及其幅度。

（2）入射声波与接收声波之间的传播时间。

（3）超声波通过材料以后能量的衰减。

（一）超声检测方法分类

超声检测方法分类的方式有很多种，常用的有以下几种。

（1）按原理分类，可分为脉冲反射法、穿透法和共振法。

脉冲反射法：超声波探头发射脉冲波到被检工件，通过观察来自内部缺陷或工件底面反射波的情况来对工件进行检测的方法。

穿透法：是采用一发一收双探头分别放置在工件相对的两端面，依据脉冲波或连续波穿透工件之后的能量变化来检测工件缺陷的方法。

共振法：常用于工件测厚，超声波垂直入射到平板工件底面，全反射。当工件厚度为入射波长一半（$\lambda/2$）的整数倍时，反射波与入射波互相叠加，形成驻波，产生共振，利用共振信号检验缺陷和厚度情况。

新型的超声检测技术有超声导波、相控阵（PA-UT）和衍射时差法超声检测（Time of Flight Diffraction，TOFD）等。

超声导波：一种以超声或声频率在波导中平行于边界传播，波速会随着波的频率和构件几何尺寸变化而发生显著变化，可用于长距离管线检测。

相控阵：根据设定的延迟法则激发阵列探头各独立压电晶片，合成声束实现声束的移动、偏转和聚焦等功能，再按一定的延迟法则对各阵元收到的超声信号进行处理并以图像的方式显示被检对象内部状态的检测方法，可实现扇形扫查、线性扫查、电子动态聚焦等功能。

衍射时差法：是采用一发一收探头对工作模式，主要利用缺陷端点的衍射波信号探测和测定缺陷位置及尺寸的检测方法，可实现缺陷垂直高度测量。

（2）按超声波波型分类，可分为纵波、横波、瑞利波、兰姆波以及爬波，还有最新发展的导波以及相控阵所激发出来的复合波型。

1）纵波：根据纵波传播方向与工件入射界面法线夹角的关系，可以分为垂直入射纵波法（简称垂直法）、小角度入射纵波法以及特殊检测中应用的纵波斜入射法（例如用于奥氏体不锈钢焊缝的检测），常用于检测锻铸件及型材、复合板材的内部缺陷。

2）横波：将纵波倾斜入射至工件检测面，利用波型转换得到横波进行检测的方法，常用于检测焊缝、管材以及锻件内倾斜取向的缺陷等。

3）瑞利波：压电晶片激发的纵波通过斜楔以大于或等于瑞利波临界角的角度入射而在被检工件表面激发的方法，常用于检测表面粗糙度低的工件表面缺陷。

4）兰姆波：是无限大且具有上下两平行界面的板状介质中传播的弹性波，其质点振动轨迹呈椭圆形，具有多模式，可分为对称模式和反对称模式，常用于检测薄金属板材、细棒和薄壁管。

5）爬波：当纵波以第一临界角附近的角度（±30°以内）入射时而产生，以接近纵波声速传播，常用于检测工件表面下的近表层缺陷。

（3）按超声波进入被检工件的方式分类，可分为接触法、液浸法。接触法是指超声波探头通过薄层的液体或流体耦合介质直接与被检工件的探测面接触；液浸法主要是指采用水作为耦合介质，俗称水浸法，声波经过一定厚度的水层再进入被检工件，超声波探头不与被检工件接触。

（二）超声检测的特点

1. 超声检测的优点

（1）超声检测可用于检测原材料（板材、复合材料、管材、铸锻件）和零部件中的缺陷，其穿透能力强，可用于大厚度（100mm 以上）原材料和焊接接头的检测。

（2）超声检测可测量内部缺陷的大小、位置、取向、埋深、性质等参量，面状缺陷检出率较高。

（3）超声检测对人体无伤害，无须特殊防护。可以交叉作业，可提高工作效率，节约成本。此外，超声检测技术还有检测范围广、灵敏度高、速度快等优点。

2. 超声检测的局限性

（1）对材料及制作缺陷作精确的定性、定量表征仍需深入研究。

(2) 为使超声波能以常用的压电转化器为声源进入试件，一般需用耦合剂。

(3) 对试件形状的复杂性有一定的限制。

(4) 缺陷显示不直观，检测技术难度大，易受主、客观条件的影响。

二、超声检测设备与器材

超声检测器材主要包括超声检测仪、探头、试块、耦合剂和机械扫查装置等。

(一) 超声检测仪器的选择

超声检测仪是超声检测中的主体设备，它的作用是产生或接收与换能器相关的电振荡，并由换能器获得的电信号进行放大，以一定的方式显示出来，从而得到被检对象内部结构和是否存在缺陷、缺陷位置和大小等信息。

超声检测仪按声波的种类分为脉冲波检测仪、连续波检测仪和调频波检测仪。按照处理信号的方式分为模拟式和数字式。目前使用的超声检测仪多为数字式脉冲反射式超声检测仪，在其保留原模拟式超声检测仪的基本性能的基础上，利用计算机系统的功能，对接收到的回波波形先完成模数转换，再执行数字化处理，实时显示数字化的回波波形，同时具有记录、存储、计算分析能力，还可与计算机联机实现通信及打印输出。

(二) 探头的选择

超声波探头是用来产生与接收超声波的器件（如图 4-3 所示），由压电晶片、阻尼块、接头、电缆线、保护膜和外壳组成。超声波的发射和接收都是通过探头来实现的，其性能直接影响发射的超声波的特性，影响超声波的检测能力。检测前应根据被检对象的形状、声学特点和技术要求来选择探头。

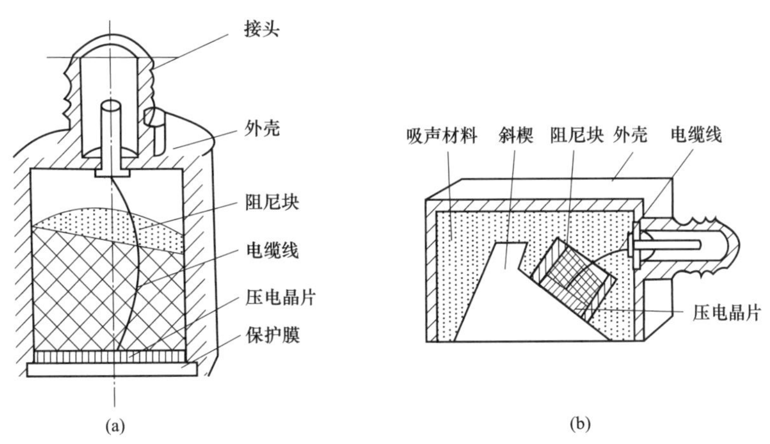

图 4-3　超声波探头的基本结构

(a) 直探头；(b) 斜探头

超声检测用探头的种类很多，晶片常用材料有单晶材料（石英、硫酸锂、铌酸锂）和

多晶材料（钛酸钡、锆钛酸铅、钛酸铅）。根据波型不同可分为纵波探头、横波探头、表面波探头、板波探头等。根据耦合方式分为接触式探头和液（水）浸探头。根据波束分为聚焦探头与非聚焦探头。根据晶片数不同分为单晶探头、双晶探头等。此外还有高温探头、微型探头等特殊用途的探头。水利水电行业常用超声探头种类是纵波探头和横波探头。探头的选择包括探头的型式、频率、带宽、晶片尺寸和横波斜探头 K 值的选择等。

1. 探头型式的选择

根据工件的形状和可能出现缺陷的部位、方向等条件来选择探头的型式，选择的依据是声束轴线尽量与缺陷垂直。例如，纵波直探头检测与被检面平行或近似平行的缺陷，如锻件、钢板中的夹层、折叠等缺陷。横波斜探头检测与检测面垂直或成一定角度的缺陷，如焊缝中的未焊透、夹渣、裂纹、未熔合等缺陷。纵波斜探头是利用小角度的纵波进行检测，或在横波衰减过大的情况下，利用纵波穿透能力强的特点进行斜入射纵波检测。双晶探头用于检测薄壁工件或近表面缺陷。水浸聚焦探头可用于检测管材或板材；接触聚焦探头可有效提高信噪比，但检测范围较小，可用于已发现缺陷的精确定量等目的。

2. 探头频率的选择

超声检测频率一般在 0.5～10MHz，对于小缺陷、厚度不大的工件，宜选择较高频率；对于大厚度工件、高衰减材料，应选择较低频率。如对于晶粒较细的锻件、轧制件和焊接件等，一般选用较高的频率，常用 2.5～10MHz；对晶粒较粗大的铸件、奥氏体钢等宜选用较低的频率，常用 0.5～2.5MHz。

3. 探头带宽的选择

宽带探头由于脉冲短，在材料内部散射噪声较高的情况下，具有比窄带探头信噪比好的优点。如对晶粒较粗大的铸件、奥氏体钢等宜选用宽带探头。窄带探头则脉冲较宽，深度分辨力变差，盲区大，但灵敏度较高，穿透能力强。

4. 探头晶片尺寸的选择

探头晶片面积一般不大于 $500mm^2$，圆晶片直径一般不大于 25mm。实际检测中，检测面积范围大的工件时，为了提高检测效率宜选用大晶片探头。检测厚度大的工件时，为了有效地发现远距离的缺陷宜选用大晶片探头。检测小型工件时，为了提高缺陷定位、定量精度宜选用小晶片探头。检测不太平整或曲率较大的工件时，为了减少耦合损失宜选用小晶片探头。

5. 横波斜探头 K 值的选择

超声的斜探头发出的超声波在材料中折射角的正切值称为 K 值。在横波检测中，探头的 K 值对缺陷检出率、检测灵敏度、声束轴线的方向、一次波的声程（入射点至底面反射点的距离）有较大的影响。探头 K 值的选择应从三个方面考虑，一是使声束能扫查

到整个焊缝截面；二是使声束中心线尽量与主要危险性缺陷垂直，三是保证有足够的检测灵敏度。

（三）耦合剂的选择

耦合剂的作用在于排除探头与工件表面之间的空气，使声波能有效地传入工件，达到检测的目的。超声检测中常用耦合剂有机油、变压器油、甘油、水、水玻璃和化学浆糊等，应与工件材质、表面状况及下道施工工序等相结合。

（四）试块的选择

为了保证检测结果的准确性、可重复性和可比性，必须用一个具有已知固定特性的试样对检测系统进行校准。这种按一定用途设计制作的具有简单几何形状人工反射体或模拟缺陷的试样，通常称为试块。试块和仪器、探头一样，是超声检测中的重要器材。超声检测用试块通常分为标准试块、对比试块和模拟试块三大类。

(1) 标准试块通常是由权威机构制定的试块，其特性与制作要求有专门的标准规定。标准试块通常具有规定的材质、形状、尺寸及表面状态，用于仪器探头系统性能测试校准和检测校准。

(2) 对比试块是以特定方法检测特定工件时采用的试块，含有意义明确的人工反射体（平底孔、槽、长横孔、短横孔等），主要用于检测校准以及评估缺陷的当量尺寸，以及将所检出的不连续信号与试块中已知反射体产生的信号相比较。

(3) 模拟试块主要用于检测方法的研究、无损检测人员资格考核和评定、评价和验证仪器探头系统的检测能力和检测工艺等。

三、超声检测技术

（一）脉冲发射法超声检测技术

1. 纵波直探头检测技术

(1) 检测设备的调整。主要是对仪器进行扫描速度调整和检测灵敏度调整，以保证在确定的检测范围内发现规定尺寸的缺陷，并确定缺陷的位置和大小。

1）时基线的调整。调整的目的：一是使时基线显示的范围足以包含需检测的深度范围；二是使时基线刻度与在材料中声传播的距离成一定比例，以便准确测定缺陷的深度位置。

调节时应根据检测范围，利用已知尺寸的试块或工件上的两次不同反射波，通过调节仪器上的扫描范围和延迟旋钮，使两个信号的前沿分别位于相应的水平刻度值处。即仪器示波屏上时基线的水平刻度值 τ 与实际声程 x（单程）的比例关系，即 $\tau : x=1 : n$ 称为扫描速度或时基扫描线比例。

调节时应注意以下两点，一是不能利用始波和一个反射波来调节，因其传输时间包括声波通过保护膜、耦合剂的时间，将声程零位设置在所选定的水平刻度线上，称为零位调节；二是调节扫描速度用的试块应与被检工件具有相同的声学特征。

2）检测灵敏度的调整。检测灵敏度是指在确定的声程范围内发现规定大小缺陷的能力。一般根据产品技术要求或有关标准确定，可通过调节仪器上的增益、衰减器、发射强度等灵敏度旋钮来实现。调整检测灵敏度的目的在于发现工件中规定大小的缺陷，并对缺陷进行定量。检测灵敏度太高或太低都对检测不利。灵敏度太高，示波屏上杂波多，缺陷判断困难；灵敏度太低，容易发生漏检。调整检测灵敏度的常用方法有试块调整法和工件底波调整法两种。

3）传输修正值的测定。传输修正是在利用试块调节灵敏度时，当工件的表面状态和材质衰减与对比试块存在一定差异时采取的一种补偿措施。测定两者差异的分贝数，即传输修正值，则可以在调节灵敏度时利用衰减（或增益）旋钮进行补偿。

测定的方法均是通过试块的底波与工件底波进行比较，取其比值的分贝差。因此，要求试块与工件均有相互平行的大平底表面。当工件不具备平行表面时，无法进行传输修正，则要求试块与工件表面状态和材质基本一致，通过计算去除声程差引起的底波高度差值。

4）工件材质衰减系数的测定。测定材质衰减系数的目的是在检测大厚度工件时，用计算法调整灵敏度和评定缺陷当量时，计算材质衰减引起的信号幅度差。由于材质的衰减系数与频率有关，因此测定时应采用实际检测工件所用的探头进行。测试的方法是利用工件两个相互平行的底面的反射波。

在工件无缺陷完好区域，选取三处检测面与底面平行且有代表性的部位，调节仪器使第一次底面回波幅度为满刻度的50%，记录此时衰减器的读数，再调节衰减器，使第二次底面回波幅度为满刻度的50%，两次衰减器读数之差（不考虑底面反射损失）即为材质衰减系数，取工件上三处衰减系数的平均值即作为该工件的衰减系数。

（2）扫查。扫查就是移动探头使声束覆盖到工件上需检测的所有范围的过程，包括探头移动方式、扫查速度、扫查间距等。扫查时还需在调整好的灵敏度基础上再增益4～6dB，作为扫查灵敏度。

1）扫查方式。扫查方式按探头移动方向、移动轨迹来描述。纵波直探头检测的扫查方式一方面要考虑声束覆盖范围，另一方面还要根据受检工件的形状、缺陷的可能取向和延伸方向，尽量使缺陷能够重复显现，并使动态波形容易判别。

2）扫查速度。扫查速度指的是探头在检测面上移动的相对速度，一般不应超过150mm/s，当采用自动报警装置扫查时，应通过对比试验来确定。

3）扫查间距。扫查间距指的是相邻扫查线之间的距离（锯齿形扫查为齿距，螺旋线扫查为螺距等），扫查的间距应大于探头直径或宽度的15%。

（3）缺陷的评定。超声检测发现缺陷显示信号之后，要对缺陷进行评定，以判断是否

危害使用。缺陷评定主要内容是缺陷位置和缺陷尺寸，缺陷位置包括缺陷平面位置和埋藏深度；缺陷尺寸的评定包括缺陷回波幅度的评定、当量尺寸的评定和缺陷延伸长度（或面积）的测量。

1）缺陷位置的确定。

a. 缺陷平面位置的确定。纵波直探头检测时，发现缺陷后，首先找到缺陷波为最大幅度的位置，则缺陷通常位于探头的正下方。由于声束通常有一定的宽度，这种方法确定的缺陷平面位置并不是十分精确的。确定平面位置时需考虑探头声束是否有偏离，如果在近场区，需考虑是否有双峰，这些因素可使得信号幅度最大时，缺陷不在探头的正下方。

b. 缺陷埋藏深度的确定。纵波直探头进行直接接触法检测时，如果超声检测仪的时基线是按 1∶n 的比例调节的，缺陷至探头的距离为

$$x_f = n\tau_f \tag{4-1}$$

式中　x_f——缺陷至探头的距离；mm；

τ_f——缺陷回波前沿所对的水平刻度值，mm。

例如：用纵波直探头检测，时基线比例为 1∶2，在水平刻度 50 处有一缺陷回波，则缺陷至探头的距离 $x_f = 50 \times 2 = 100$mm。

2）缺陷尺寸的评定。目前主要是利用来自缺陷的反射波高、沿工件表面测出的缺陷延伸范围以及存在缺陷时底面回波的变化等信息，对缺陷的尺寸进行评定。评定的方法包括回波高度法、当量评定法和长度测量法。当缺陷尺寸小于声束截面时，可用缺陷回波幅度当量直接表示缺陷的大小；当缺陷大于声束截面时，幅度当量不能表示出缺陷的尺寸，则需用缺陷指示长度测定方法确定缺陷的延伸长度。

（4）非缺陷回波的判定。纵波直探头法超声检测中，除了始波、底波和缺陷波外，常常还会出现一些其他的信号波，如迟到波、三角反射波、61°反射波、探头杂波、工件轮廓回波、幻象波以及侧壁干涉波等非缺陷回波，这些信号波将影响到对缺陷波的正确判别。

2. 横波斜探头检测技术

（1）检测设备的调整。

1）探头入射点和折射角的测定。由于有机玻璃楔块易磨损，所以在每次检测前应对探头实际入射点和折射角进行测定。

2）扫描速度的调节。如图 4-4 所示，横波检测时，缺陷位置可由折射角 β 和声程 x 来确定，也可由缺陷的水平距离 l 和深度 d 来确定。

一般横波扫描速度的调节方法有三种：声程调节法、水平调节法和深度调节法。

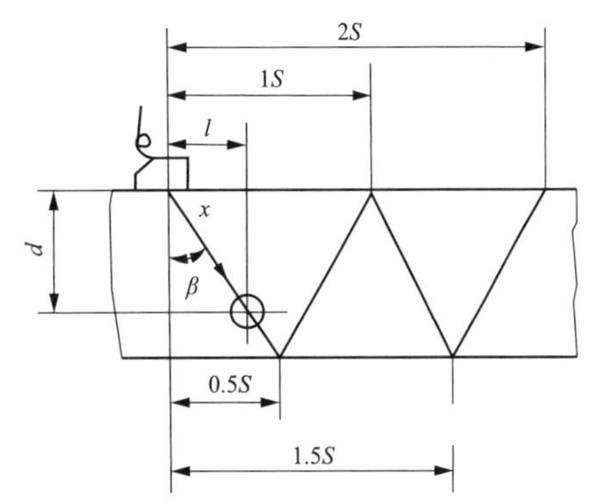

图 4-4　横波检测缺陷位置的确定

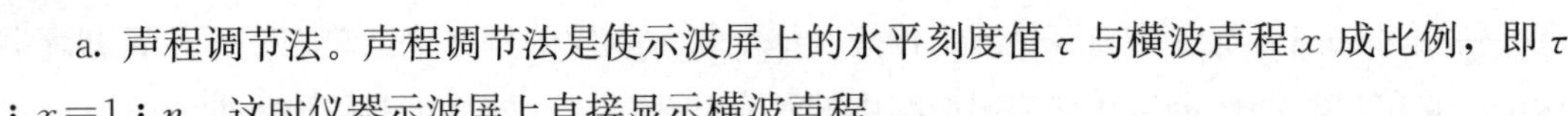

a. 声程调节法。声程调节法是使示波屏上的水平刻度值 τ 与横波声程 x 成比例，即 $\tau:x=1:n$。这时仪器示波屏上直接显示横波声程。

b. 水平调节法。水平调节法是指示波屏上水平刻度值 τ 与反射体的水平距离 l 成比例，即 $\tau:l=1:n$。这时示波屏水平刻度值直接显示反射体的水平投影距离（简称水平距离），多用于薄板工件焊缝横波检测。

c. 深度调节法。深度调节法是使示波屏上的水平刻度值 τ 与反射体深度 d 成比例，即 $\tau:d=1:n$，这时示波屏水平刻度值直接显示深度距离。常用于较厚工件焊缝的横波检测。

3）距离-波幅曲线的制作和灵敏度调整。距离-波幅曲线是相同大小的反射体随距探头距离的变化其反射波高的变化曲线。需将检测用探头，在含不同深度人工反射体的试块上实测距离-波幅曲线。在检测中常采用距离-波幅曲线进行缺陷回波幅度和尺寸的评定，尤其在焊缝检测中使用极为广泛。

4）传输修正值的测定和补偿。横波斜探头法灵敏度的调整采用试块法，传输修正值包括两者间材料的材质衰减、检测面曲率及粗糙度和耦合状态引起的表面声能损失。

（2）扫查。横波斜探头扫查时，扫查速度和扫查间距的要求与纵波检测时相同。但扫查方式有其独特点，不仅要考虑探头相对于工件的移动方向、移动轨迹，还要考虑探头的朝向。声束方向是根据拟检测缺陷的取向确定的，声束方向确定之后，探头移动就有了前后左右之分。斜探头的扫查方式如图 4-5 所示。通常前后左右扫查用于发现缺陷的存在，寻找缺陷的最大峰值；左右扫查可用于缺陷横向长度的测定；转动扫查和环绕扫查则为了确定缺陷的形状。

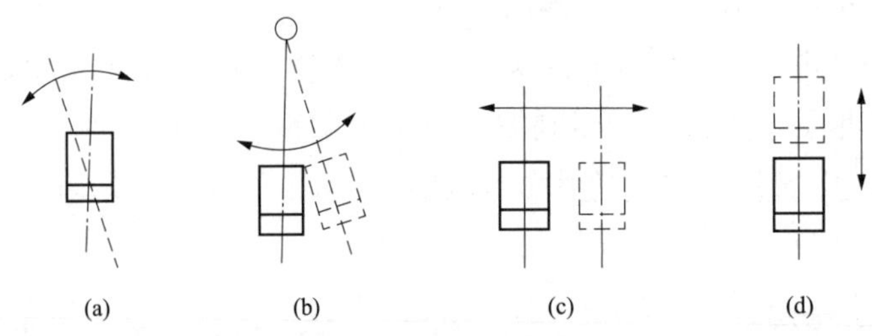

图 4-5　斜探头的扫查方式

（a）转动；（b）环绕；（c）左右；（d）前后

根据基本扫查方式的不同组合，扫查方式可分为两大类：锯齿形扫查和栅格扫查。锯齿形扫查适用于手工检测，而栅格扫查主要适用于自动检测。

（3）缺陷的评定。斜探头横波检测中缺陷的评定包括缺陷水平位置、垂直深度的确定以及缺陷的尺寸评定。缺陷的水平位置和垂直深度是根据缺陷反射回波幅度最大时，在经校准的荧光屏时基线上缺陷回波的前沿位置所读出的声程距离或水平、垂直距离，再按已知的探头折射角计算得到的。与纵波直射法不同，横波斜射法时基线上最大峰值的位置是在探头移动中确定的，定位准确度受声束宽度的影响，而且多数缺陷的取向、

形状、最大反射部位也是不确定的，因此，所确定的缺陷位置不是十分精确。缺陷的尺寸也是通过测量缺陷反射波高与基准反射体回波波高之比，以及测定缺陷的延伸长度来进行评定的。

1）平面工件的缺陷定位。采用横波斜探头检测平面工件时，波束轴线在检测面处发生折射，工件中缺陷的位置由探头的折射角和声程来确定或由缺陷的水平和垂直方向的投影来确定。使用横波斜探头检测发现缺陷时，首先找到缺陷波幅度最大的位置，根据已知的折射角数值，读出缺陷波在仪器示波屏上的声程（x_f）、深度（d_f）或是水平距离（l_f），均可通过简单的几何关系算出其他位置数据。

2）圆柱曲面工件的缺陷定位。当采用横波斜探头检测圆柱曲面时，若沿轴向检测，缺陷定位与平面相同；若沿周向检测，缺陷定位则与平面不同，应按折射角度和检测面曲率计算所得。

3）缺陷定量。横波斜探头法对缺陷的定量包括缺陷回波幅度和指示长度两个参数。回波幅度依据的是规则反射体的回波幅度与缺陷尺寸的关系，常用实测距离 波幅曲线进行评定。缺陷指示长度也是缺陷评定的重要指标，同纵波直探头检测技术类似，其测长方法也有相对灵敏度法、绝对灵敏度法和端点峰值法。

(4）非缺陷回波的判定。与纵波直探头一样，横波斜探头也会产生一些非缺陷回波，而且比纵波检测还要多。例如：工件轮廓回波、端角反射波、探头杂波、表面波、幻象波、草状回波、焊缝中的变形波、“山”形波等。总之，在检测过程中可能会出现各种各样的非缺陷回波，干扰对缺陷波的判别。检测人员应注意应用超声波反射、折射和波型转换理论，并计算相应回波的声程和时间来分析判别可能出现的各种非缺陷回波，从而达到正确检测的目的。

（二）衍射时差法超声检测（TOFD）检测技术

衍射时差法超声检测（TOFD）是一种基于衍射信号实施检测的技术，利用在固体中声速最快的纵波在缺陷端部产生的衍射来进行检测。使用一对晶片尺寸和频率等参数相同或相近的探头，在同一直线上分别置于焊缝两侧，同时垂直于焊缝或者平行于焊缝移动扫查，根据入射纵波（使用纵波斜探头）或横波（使用横波斜探头）在缺陷端部产生的衍射波信号传播时间与两个探头之间直接传播的横向波（也称为侧向波、直通波）和直达内壁的反射信号（底波）的时间差来进行缺陷埋藏深度和缺陷自身高度的测定，通过计算机技术处理对缺陷进行定位和定量及成像显示，两个探头之间的距离以及折射角度的选择要根据被检测的板厚考虑，接收探头可以接收到来自各方向的缺陷衍射波。

例如在焊缝检测上，TOFD 对于焊缝中部缺陷检出率很高，容易检出方向性不好的缺陷，可以识别判断缺陷是否向表面延伸，和脉冲回波相结合，可以实现 100％焊缝覆盖，沿焊缝扫查具有较高的检测速度，缺陷定量、定位精度高。但 TOFD 检测较难检测出扫查面表面和近表面存在的缺欠，较难检测粗晶粒焊接接头中存在的缺欠，较难检测复杂结构工件的焊缝，较难确定缺欠的性质。

在目前的数字式 TOFD 检测仪上，能实现 A 显示（特别是采用射频显示波形，有利于观察缺陷波和侧向波的相位）、D 显示（探头沿焊缝或缺陷延伸长度方向做垂直于声束方向移动，由采集数据在屏幕上显示焊缝或缺陷纵断面图形）、B 显示（探头沿声束平行方向做横切焊缝或缺陷横断面移动，由采集数据在屏幕上显示焊缝或缺陷横断面图形）三种显示方式同时在显示屏上分屏显示，图 4-6 所示为双探头平行于焊缝方向和垂直于焊缝方向的 D 扫描和 B 扫描结果显示，探伤结果记录较直观和客观，通过对缺陷波的相位、显示轮廓、缺陷所处的深度位置以及缺陷波幅的观察，结合所检测的焊接结构，可以作为对缺陷定性的重要依据。

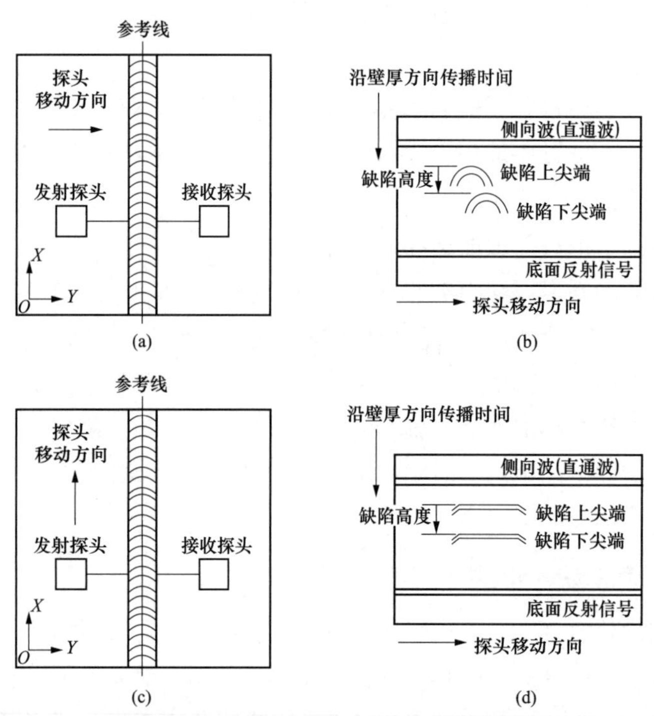

图 4-6　双探头平行于焊缝方向和垂直于焊缝方向的 D 扫描和 B 扫描结果显示

（a）垂直扫描，B 扫描；（b）B 扫描图像；（c）平行扫描，D 扫描；（d）D 扫描图像

1. TOFD 检测系统的要求

目前对于进行 TOFD 检测的超声波探伤仪一般要求为具有 A、D、B 显示的数字式超声波探伤仪，使用小晶片大指向角的纵波双斜探头（波型通常为纵波，也可以是横波，但横波的波形较复杂），需要有能做 X 和 Y 向移动的机械扫查器、追踪检测部位的光学或磁性编码器、放大微弱衍射波信号以供接收电路获得所需较高增益调整值的前置放大器以及配合含有模拟衍射体的参考试块。

2. TOFD检测的超声波探伤仪特性要求

（1）接收探头的－6dB带宽通常至少为标称探头频率的0.5～2.0倍，可采用适当的带宽滤波。

（2）发射脉冲的脉冲上升时间不应超过标称探头频率相应周期的0.25倍。

（3）非检波信号应使用至少4倍标称探头频率的取样率进行数字化。

（4）超声设备和机械扫查装置组合后，一般每毫米扫查长度应至少能获得一个A扫描信号，并将信号数字化，数据的获取与扫查装置的移动应同步。

（5）为选择适当的时基部分将A扫描信号数字化，显示屏上应显示编程位置和范围的窗口。编程窗口始点离发射脉冲0～200μs，窗口范围为5～100μs。

（6）数字化A扫描结果应能以相关灰度或单色等级的幅度显示，并在邻近绘出D扫描（焊缝纵断面显示）或B扫描（焊缝横断面显示）图像，灰度或单色等级数至少为64。

（7）所有A、D或B扫描结果均应能存储在磁性或光学储存介质（硬盘、软盘、磁带或光盘）上。检测报告用A、D或B扫描的硬拷贝。

（8）TOFD设备应能对信号作平均化处理，应具有足够的系统增益和信噪比，以检出要评定的衍射信号，应能获得许可的分辨力和足够的评定范围，能有效使用系统动态范围。

（9）前置放大器应能对所关注的频率范围有平缓的响应，位置尽可能靠近接收探头，如果探头上具有前置放大器是最好的。

3. TOFD检测的超声波探头的要求

TOFD探头主要用于发射和接收超声波信号，具有频带宽、脉冲窄、频率高和灵敏度高等特点。焊缝TOFD检测常用探头频率在5MHz以上，晶片尺寸在6mm左右。楔块起到波折射作用，用探头和楔块独立设计，为了实现对焊缝的检测，需要根据被检工件的厚度，配备相应角度的楔块。TOFD探头与楔块必须配合使用，两者之间须有必要的耦合，便于声波入射工件。

4. TOFD设备的调整

（1）探头参数的选择。TOFD探头为两个一组（“一发一收”，相向对置），探头的角度、晶片尺寸和频率的选择、探头的延时、两个探头以缺陷为中心的对称布置以及根据检测壁厚设定探头中心距（PCS）、扫查速度等都是保障和提高缺陷检测分辨力和定量准确度的关键，在很大程度上决定了总的准确度、信噪比和TOFD法评定区范围。此外，探头入射点和声速误差对检测定量的影响也不可忽视。

根据检测工件厚度进行探头的选择，如表4-2所示。

表 4-2　　　　探　头　选　择

工件厚度 t（mm）	厚度分区数	深度范围（mm）	标称频率（MHz）	声束角度 α（°）	晶片直径（mm）
12～15	1	0～t	15～7	70～60	2～4
5～35	1	0～t	10～5	70～60	2～6
35～50	1	0～t	5～3	70～60	3～6
50～100	2	0～$2t/5$	7.5～5	70～60	3～6
		$2t/5$～t	5～3	60～45	6～12
100～200	3	0～$t/5$	7.5～5	70～60	3～6
		$t/5$～$3t/5$	5～3	60～45	6～12
		$3t/5$～t	5～2	60～45	6～20

探头中心间距的选择：除非指定特定的焊缝区域，否则通常采用 2/3 厚度规则作为首次检查的探头中心距（PCS）的设置，即双探头的声束会聚点位于距离表面 2/3 厚度的深度处。在试样检测中覆盖区不够时，需要使用不止一对 TOFD 探头，并分别调整探头中心距来优化每对探头的覆盖区。当指定某一特定区域时，如焊缝根部，则设置探头中心距聚焦在该特定深度。如果工件厚度是 d，探头楔块角度为 θ，对于 2/3 厚度的标准情况，探头中心距应按以下公式计算，即

$$2S=\frac{4}{3}d\tan\theta \tag{4-2}$$

当聚焦深度要求为 d 时，探头中心距可由下式求出，即

$$2S=2d\tan\theta \tag{4-3}$$

（2）耦合要求。常用的耦合剂有机油、甘油、糨糊、润滑脂和水等，应与工件材质、表面状况及下道施工工序等相结合。

（3）灵敏度调整。TOFD 法检测需要使用参考试块来校正系统灵敏度，以获得足够的体积覆盖范围（时基线应至少覆盖所需评定的深度范围），判断增益调整值和信噪比是否恰当。

焊缝 TOFD 被测灵敏度设置有三种方式。一是采用直通波设置灵敏度，即将直通波的波幅设定为满屏高度的 40%～80%；二是在无法使用直通波设置灵敏度（例如由于工件表面的结构会阻碍直通波，或者由于所用的探头的波束折射角较小，导致直通波比较微弱）的情况下，选择使用底面回波来进行灵敏度设置，即将底面回波信号的幅度设定为满屏高度，再增益 18～30dB；三是在既不适合使用直通波也不适合使用底面反射波来设置灵敏度的情况下，选择使用晶粒噪声设置灵敏度，也就是将材料晶粒造成的噪声信号（杂波）设定为满屏高度的 5%～10%。

5. 机械扫查器的要求

机械扫查器的作用是使两个探头的入射点间距保持固定并始终对准，并能向 TOFD 探伤仪提供探头位置信息，以产生与位置有关的 D 扫描或 B 扫描图像。探头的位置信息一

般可由步进磁性编码器、光学编码器提供。机械扫查器可由电动机驱动（用于自动探伤），也可用手工驱动（例如做验证试验），可使用钢轨、钢带、追踪系统的自动跟踪器和导轮等适当的导向机构。

6. TOFD检测技术局限性

（1）存在近表面检测盲区和底面检测盲区（达到数毫米），贴近内壁的检测信号也往往不够清晰，通常需要采用常规的脉冲回波法（横波单斜探头）补偿。

（2）如果材料存在各向异性，由于声速在不同方向上有变化，在不同检测方向的情况下将影响缺陷高度的计算评定。

（3）尖端衍射波的能量很低，因此TOFD法所得到的信号幅度较低，TOFD仪器的增益要求比传统的超声波脉冲反射法仪器高出10～20dB，而且TOFD法对“噪声”敏感，通常只适用于超声波衰减较小的材料。它可用于低碳钢、低合金钢材料和焊缝，也可用于细晶奥氏体钢和铝材。对于粗晶材料和有严重各向异性的材料，如铸铁、奥氏休焊缝和高镍合金等则有困难，需做附加验证和数据处理。

（4）由于尖端衍射信号很弱，被检表面状态不良会引起信号质量（幅度和形状等）下降，从而严重影响检测的可靠性，因此，需要进行缺陷定量的被检表面越光滑平整，定量结果越精确。一般要求机加工表面粗糙度至少小于6.3μm，喷砂表面粗糙度至少小于12.5μm以下，探头与接触面的间隙不大于0.5mm。此外，在焊缝检测中有可能会夸大一些良性的缺陷，如气孔、冷夹层、内部未熔合等，而且检测显示的结果解释起来也比较困难。

（5）需要使用对比试块验证TOFD法的可检性和校正系统灵敏度，但要注意人工模拟衍射体的衍射特性与实际缺陷往往存在明显的差异。因此对TOFD检测设备、探头、机械扫查器及检测设置的要求较高，TOFD必须在设置正确时才能成为一种很好的缺陷定量和定位方法。

（三）相控阵超声检测技术

相控阵超声检测（PAUT）是利用电子方式控制阵列换能器中各个阵元激励（或接收）脉冲的时间延迟，改变由各阵元发射（或接收）声波到达（或来自）物体内某点时的相位关系，实现聚焦点和声束方位的变化，从而完成相控阵波束合成，形成成像扫描线的技术（如图4-7所示）。其复杂结构检测工艺可灵活实施，成像方式丰富（A型、B型、C型、D型、S型及3D型等扫描成像方式）。

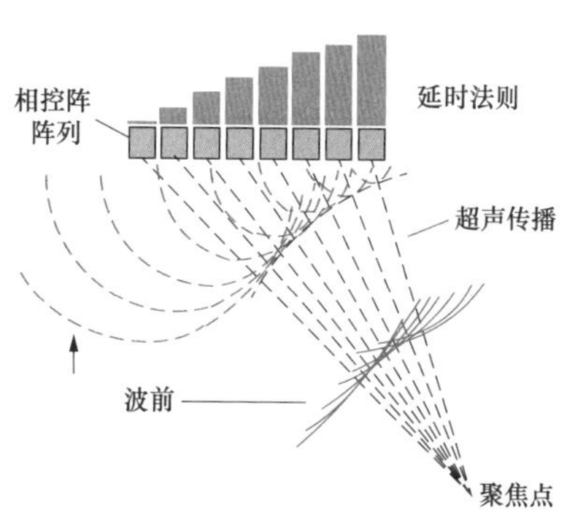

图4-7　相控阵超声检测技术示意图

相控阵仪器：与探头阵列相对应，仪器中用于发射和接收信号的电路是多通道的，每一个通道接一个阵元。根据所需发射的声束特征，由仪器软件计算各通道的相位（延迟）关系，并控制发射/接收移相控制器，从而形成所需的声束和接收信号。通常由数据采集单元、脉冲发生单元、驱动控制单元、相控阵探头、计算机、扫描器/操纵器等组成。系统在 Windows 平台上运行专用的操作软件，完成对被检工件的扫查、实时显示和结果评判，如图 4-8 所示。

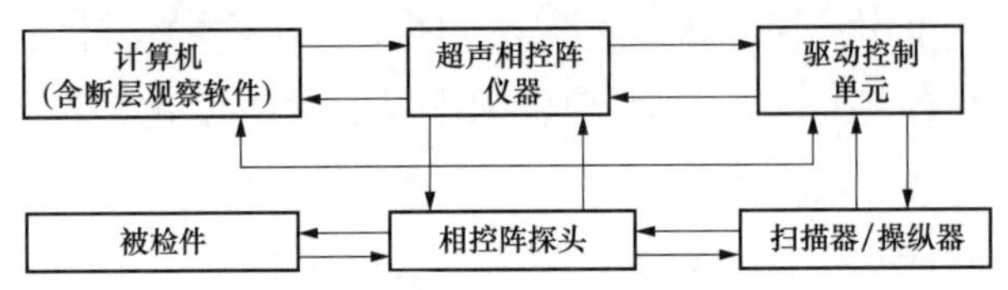

图 4-8　相控阵超声检测系统

相控阵探头的特点：压电晶片不再是一个整体，而是由多个独立小晶片单元组成的阵列，常见的有直线排列的线阵、环形排列的面阵探头等。

1. 相控阵声束偏转和声束聚焦

声束偏转：通过各单元的激励脉冲从左到右等间隔增加延迟时间，如图 4-9（a）所示，使各阵元发出的声波在与探头成一定角度的平面上具有相同的相位，通过倾斜一定角度的波阵面来实现声束方向的偏转。

声束聚焦：两端阵元先激励，中间阵元逐渐改变延时间隔加大延时，调整焦距长短，使合成波阵面形成具有一定曲率的圆弧面，声束指向曲面圆心实现聚焦，如图 4-9（b）所示，同样方式也可得到一样的回波信号。

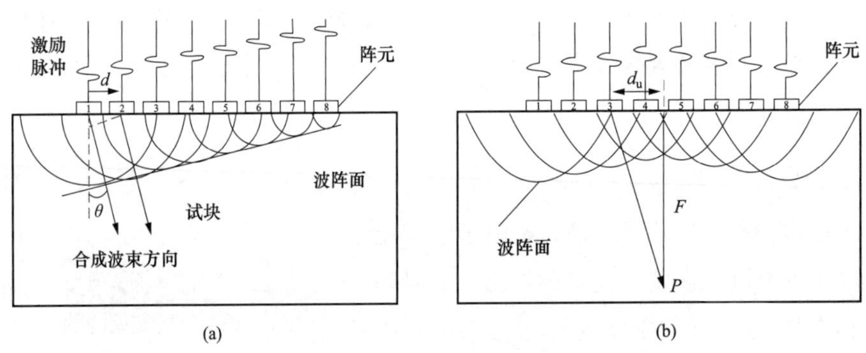

图 4-9　相控阵声束偏转和声束聚焦

（a）声束偏转；（b）声束聚焦

2. 扫描方式

与常规超声检测不同，超声相控阵不同的阵元组合和不同的聚焦法则相结合，形成了三种独有的工作方式，即线形扫描、扇形扫描和动态聚焦扫查。

（1）线形扫描以相同的延时法则施加在相控阵探头中的不同晶片组，每组激活晶片产生某一特定角度的声束，通过改变起始激活晶片的位置，使该声束沿晶片阵列方向前后移动，以实现类似常规手动超声检测探头前后移动的检测效果。线扫描包括垂直入射线扫描和倾斜入射线扫描两种。线形扫描的波束合成方式是通过同相激励实现的，这种方式使得合成波束的方向与振元排列平面的法线方向一致。这种激励方式确保了波束合成的平行性，从而保证了成像侧向分辨率的均匀一致性（如图 4-10 所示）。

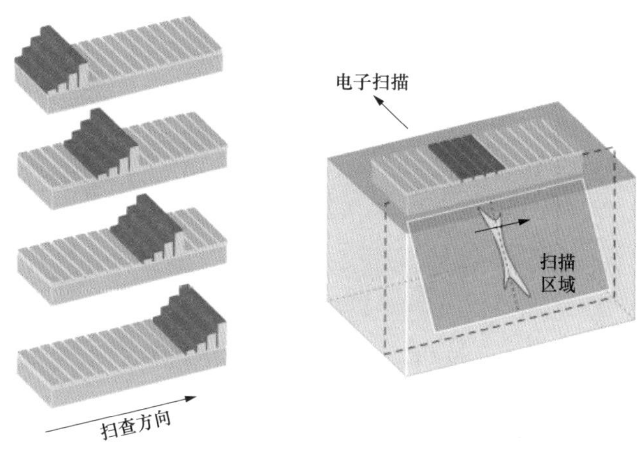

图 4-10　相控阵检测技术线形扫查示意图

（2）扇形扫查通过在不同的时刻激发不同的阵元晶片，使得波束按照预想的角度偏转，从而实现对某一区域的覆盖检查。相控阵检测技术扇形扫查示意图如图 4-11 所示。

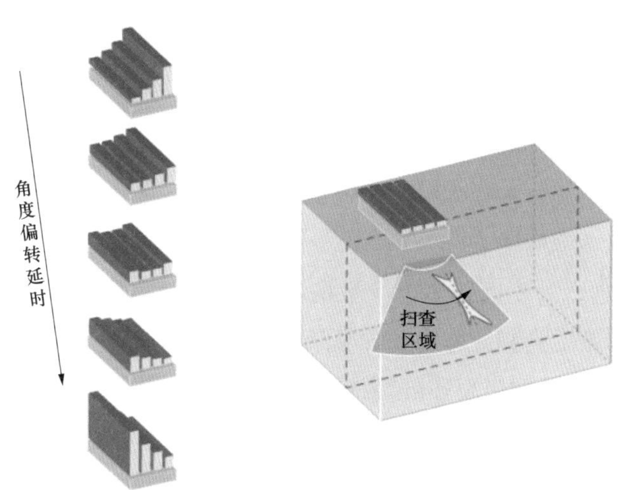

图 4-11　相控阵检测技术扇形扫查示意图

（3）动态聚焦扫查是在激励发射时，使波束集中聚焦在被测物下方的某一个焦点上，通过实时改变聚焦法则，超声声束就能沿阵元中轴线，对不同深度的焦点进行扫描，这样就能够覆盖整个深度。该方式保障每个探测深度都包含了聚焦的波束，可以在每个位置上都获得分辨率较高的图像，如图 4-12 所示。

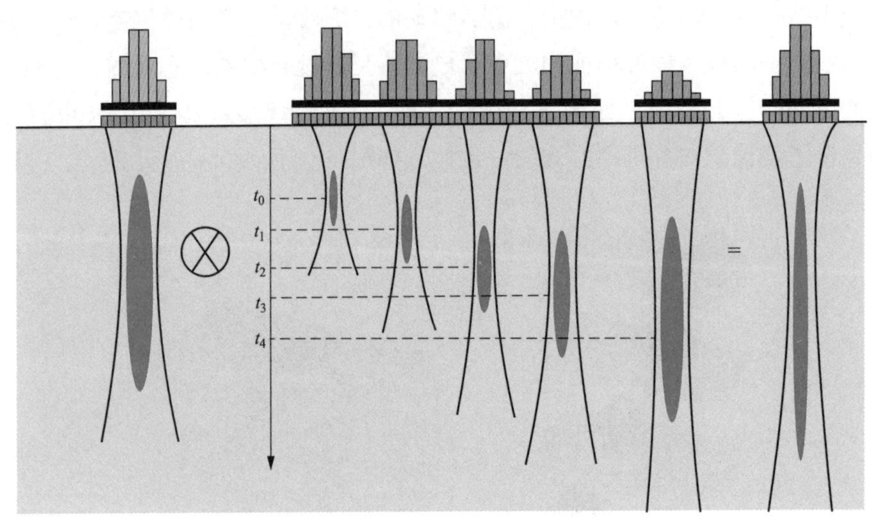

图 4-12　相控阵检测技术动态聚焦扫查示意图

3. 相控阵检测技术特点

（1）超声相控阵检测的优点。

1）采用电子方法可精确控制声束聚焦和扫描，具有良好的声束可达性，能对复杂几何形状的工件进行检测。

2）可改变声束方向，将探头置于固定位置便能实现线形扫查或扇形扫查。

3）通过优化控制焦点尺寸、聚焦深度和声束方向，可使检测分辨力、信噪比和灵敏度等性能得到提高。

4）检测数据以电子文件形式存储和分析，检测结果可以用图像方式显示，直观且重复性好，便于分析出缺陷在被检件中的位置和特征。

（2）超声相控阵检测的缺点。

1）仪器校准困难，需要进行多个参数的补偿增益以保证显示图像灵敏度的一致性，但如何确定准确的参数受到相控阵声场的复杂性制约。

2）与常规超声相比，超声相控阵检测存在各种可能的回波图像，需要检测人员具有较高的超声理论知识和丰富的现场经验。

（四）超声导波检测技术

超声导波（Ultrasonic Guided Wave，也称为超声制导波）检测技术是一种特殊的在线管道检测技术，又称为长距离超声遥探法。检测过程简单，不需要耦合剂，能在－40～180℃环境温度范围内工作。对于有保护层的管道，只需要剥离一小块防腐保护层在金属

管道表面放置探头环即可进行检测，是一种经济、高效的管道扫查方法。

超声导波技术因其衰减小，检测距离长，可一次性对管壁进行100%检测（100%覆盖管道壁厚），当管道横截面发生改变时，导波会向传感器发射一个反射信号，通过分析该反射信号即可探知管道的内外部缺陷位置和腐蚀状况（包括冲蚀、腐蚀坑和均匀腐蚀）以及管道对接环焊缝中的危险性缺陷，也能检出管子断面的平面状缺陷（例如环向裂纹、疲劳裂纹等），特别是对于地下埋管不开挖状态下的长距离检测更具有独特的优势。

超声导波检测技术可识别管道的特征（焊缝、支撑、弯头、三通等），能够检出管道中的外部腐蚀、内部腐蚀或冲蚀、环向裂纹、焊缝错边、焊接缺陷、疲劳裂纹等缺陷。超声导波检测技术已经能够应用于直径50～1800mm的管道现场检测，其最高检测精度为管子横截面积的1%，可靠的检测精度能达到管子横截面积的9%（即一般能检出占管壁截面3%～9%以上的缺陷区以及内外壁缺陷），缺陷轴向定位精度可达±6cm，缺陷在管道周向分布的环向定位精度最高可达22°，理想状态下超声导波可以沿管壁单方向传播最长达200m，在同一测试点可以双向检测，从而达到更长的检测距离。采用了聚焦增强功能后，更能够选择性地对重点区域进行进一步检测，提高检测精度，成为管道和管网评估的有效工具，对检测的安全性、经济性具有重大价值。

1. 超声导波检测装置

超声导波检测装置主要由超声导波传感器、检测装置（低频超声检测仪）和用于控制和数据采样的计算机三部分组成。

按传感器与被检构件的接触方式可分类为接触式（干耦合式、黏结式）和非接触式传感器，按传感器产生超声波的工作原理可分类为压电式、电磁超声式、磁致伸缩式和激光超声式传感器，按传感器激励与接收导波的模态可分类为纵向导波传感器、扭转导波传感器、弯曲导波传感器和复合导波传感器。

不同的传感器对不同模态的导波和缺陷检测的精度不同，超声导波检测需要考虑选择适当的传感器以满足检测需要，这涉及多种因素，包括被检构件的材料特性（电磁特性、化学成分、力学性能、声学特性等）、类型及结构特征（几何形状，如管材、棒材、线材、型材、板材等）、外部状况（如表面可接近状况、包覆层状态等）、工作环境状况（如工作温度、工作介质、承载状态、干扰噪声等）以及检测目的和检测缺陷的类型等。

不同类型的传感器在被检构件上的安装方式是有区别的。例如对接触式传感器要求被检构件表面应清理干净、平整，以提高耦合效率，压电式传感器的安装与传统超声检测方法相似，而非接触式传感器则应尽可能包围被检构件，以减小外界电磁、振动等的干扰。

在管道的超声导波检测中，最常应用的是固定在管子上的探头套环（探头矩阵）。探头套环由一组并列的等间隔的换能器阵列组成，组成阵列的换能器数量取决于管径大小和使用的波型，换能器阵列绕管子周向布置。探头套环的结构按管道尺寸可以一分为二，用螺栓固定以便于装拆（多用于直径较小的管道），或者柔性探头套环（充气式探头套环）

采用内置气泵靠空气压力保证探头与管体充分接触（多用于直径较大的管道）。接触探头套环的管子表面需要进行清理但无须耦合剂，除安放探头套环的位置外，无须在清除和复原大面积包覆层或涂层上花费功夫，这也是超声导波检测的优点之一。

超声导波探头套环上的探头矩阵架设在一个探测位置，就可向套环两侧长距离发射和接收 100kHz 以下的回波信号，从而可对探头套环两侧的长距离进行全面检测，并且是对整个管壁做 100%检测，因此，超声导波检测技术可以应用于常规超声检测难以接近的区域，如安装有管夹、支座、套环的管段，套管、穿公路、过河等埋地管线、水下管线，以及大坝、交叉路面下或桥梁下的管道等，由于除探头套环的安装区域外，可不必全长开挖，不必全长拆除保温层或保护层，从而大大减少了为接近管道进行常规超声检测所需要的各项费用，降低了检测成本。

2. 超声导波检测系统

超声导波检测系统构成如图 4-13 所示。在激励单元中，计算机控制的信号发生单元产生所需频率的激励信号源，经功率放大单元放大后驱动探头阵列发出一束超声脉冲在构件中激励出所需模态的沿构件传播的导波，此脉冲导波充斥整个圆周方向和整个管壁厚度，向远处传播。导波在传输过程中遇到腐蚀等缺陷时，由于缺陷在径向截面上有一定的面积，导波会在缺陷处返回一定比例的反射波，因此可由同一探头阵列（接收传感器）检出返回信号即反射回波进入信号处理单元，前置放大器将接收传感器接收到的信号放大后传输到信号主放大器，通过 A/D 转换（通常要求采样频率至少大于激励频率的 10 倍）输入计算机，通过超声导波软件分析回波信号特征和传播时间，显示检测信号波形及结果，从而可以发现和判断缺陷的大小和位置。例如管道壁厚度中的任何变化，无论内壁或外壁，都会产生反射信号，被探头阵列接收到，因此可以检出管子内外壁由腐蚀或侵蚀引起的金属缺损（缺陷），根据缺陷产生的附加波型转换信号，可以把金属缺损与管子外形特征（如焊缝轮廓等）识别开来。

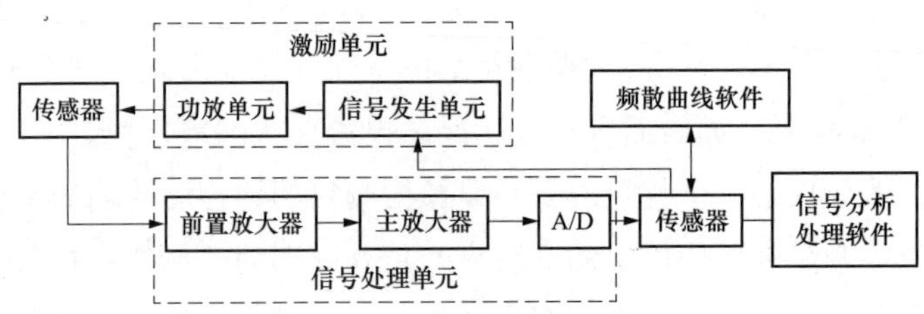

图 4-13 超声导波检测系统构成

超声导波的检测灵敏度与检测结果用管道环状截面上金属缺损面积的百分比评价（测得的量值为管子断面积的百分比），导波设备和计算机结合生成的图像可供专业人员分析和判断。

超声导波检测得到的回波信号基本上是脉冲回波型，有轴对称和非轴对称信号两种，检测中以法兰或焊缝回波做基准，根据回波幅度、距离，识别是法兰回波或者焊缝回波还是管壁横截面的缺损回波，利用管壁横截面缺损率的缺陷评价阈值等以及轴对称和非轴对称信号幅度之比，可以评价管壁减薄程度，能提供有关反射体位置和近似尺寸的信息，确定管道腐蚀的周向和轴向位置。

缺陷的检出和定位借助计算机软件程序显示和记录，减少了人工操作判断的依赖性（避免了操作者技能对检测结果的影响），能提供重复性高、可靠的检测结果。

应当注意，超声导波检测不能提供壁厚的直接量值，显示的结果是腐蚀或裂纹所占管道横截面积损失量的百分比，而不是沿壁厚方向的腐蚀深度，但对任何管壁深度和环向宽度范围内的金属缺损都较敏感，在一定程度上能测知缺陷的轴向长度，这是因为沿管壁传播的圆周导波会在每一点与环状截面相互作用，对截面的减小比较灵敏。

3. 超声导波检测技术的局限性

超声导波检测技术的局限性如下。

（1）管道内的特大面积腐蚀会造成信号衰减。

（2）虽然管道内的气体或液体填充物对扭曲波模式的影响可以忽略，但是对纵波模式的影响很大。

（3）由于超声导波检测技术采用的是低频超声波，缺陷检测的灵敏度及精度较低，所以无法发现总的横截面损失量没有超过检测灵敏度的细小的裂纹、纵向缺陷、小而孤立的腐蚀坑或腐蚀穿孔。

（4）需要通过实验选择最佳频率，需要采用模拟管壁减薄的对比试样管。

（5）因为在检测中通常是以法兰、焊缝回波做基准，所以焊缝余高（焊缝横截面）不均匀会影响评价的准确程度。

（6）如果存在多重缺陷，会产生叠加效应而影响评价的准确性。

（7）受外界环境及边界条件影响大，如构件承载、外带包覆层材料特性、环境噪声等。在管线检测时，沿管线传播的超声导波的衰减直接影响其有效检测距离（可检范围）和最小可检测缺陷（检测灵敏度），这除了与应用导波的频率、模式有关外，还与例如埋地管的沥青防腐绝缘层、埋地深度、周围土壤的压紧程度、湿度以及土壤特性，或管道保温层以及管道本身的腐蚀情况与程度等相关，例如环氧树脂涂料、岩棉（如珍珠岩）绝热材料和油漆等对超声导波信号的影响很小，但外壁带有涂防锈油的防腐包覆带或浇有沥青层等的管道却对超声导波信号的影响很大，能引起超声导波较大的衰减。对于有严重腐蚀的管道，超声导波检测的长度范围也是有限的。

（8）超声导波能够通过带有弯头的管道，但是通过弯头后，信号会发生扭曲或失真，将使回波信号的检出灵敏度和分辨力受到影响，缺陷的辨别分析变得困难，因为导波在圆周方向的声程发生变化或者由于壁厚有变化而发生散射、波型转换和衰减，因此在一次检测距离段不宜有过多弯头（一般不宜超过 2～3 个弯头，且适合曲率半径大于管道直径 3

倍的弯头)。

(9) 对于有多种形貌特征的管段，例如在较短的区段有多个T形头(三通接头)，就不可能进行可靠的检验。

(10) 超声导波检测数据的解释难度大，对检测结果的解释通常需要参考相关实验建立的数据库。需要利用超声导波检测系统对检测所必需相关参数进行采集和存储，利用超声导波检测系统进行数据实时显示和分析、检测后的数据回放和分析以及信号辨别和缺陷定位。因此要由训练有素、对被检测对象的超声导波检测有丰富经验的技术人员来进行操作。

4. 超声导波检测工艺

超声导波属于频散波，要根据被测构件计算其频散曲线，进而选择导波模态和激励信号频率，频散曲线是导波检测的理论基础，只有获取正确的频散曲线，才能够保证检测的正常进行。超声导波在构件中传播时的频散曲线计算方法需要根据被检构件选择合适的计算方程和材料密度、材料弹性模量、材料泊松比、构件的内外径(管材)或直径(棒材和缆索)、壁厚(板材)等参数来进行。

利用超声导波检测时，要注意选择合适的导波模式，这是由于有多模态存在，导波在遇到不连续等边界条件发生变化时会产生模态转换，从而使导波信号成分变得复杂。首先应选择频散曲线中的非频散频率区间，进而根据被检构件的工况、被检测的长度和需要检测的缺陷类型及形状(例如对横向缺陷选择纵向模态，而对纵向缺陷选择扭转或弯曲模态)等来选择不同的检测波型模式。超声导波有频散现象(波速会随着波的频率和构件几何尺寸变化发生显著变化，因而在材料中的导波随传播距离增加，波型会发生变化，从而使导波波型变得复杂)，存在相速度(恒定相位点扰动传播的速度)和群速度(能量传播的速度)，不同导波模式的应力、位移和轴向功率流等参量在管道横截面上(沿管道径向厚度方向上)的分布是不同的，即便是同一导波模式在管道中传播时，其应力、位移和轴向功率流等参量在横截面的内外壁面上的分布也不同。当管道内有液体存在时，管壁内传播的导波能量还会向管内液体扩散而导致导波衰减，影响传播距离。导波衰减系数的大小与管内液体种类有关，与导波的模式有关，与频厚积(频厚积是频率与壁厚的乘积，对于导波模态激励非常有用)有关。

超声导波检测需要有对比试样来选择最佳频率、调整检测灵敏度等，不同的检测对象有不同的对比试样要求，对比试样应采用与被检测构件材料性能及几何形状相同或相近的材料制作，其长度通常不小于12m。对比试样上的人工缺陷，例如：管材、棒材、管道检测通常采用具有不同截面损失率的横向环形切槽或径向钻制不同深度的平底孔；钢索或钢丝绳等构件通常在对比试样上不同部位分别加工出环向均匀分布的断丝缺陷，每处断丝的数量具有不同的截面损失率。

在对比试样上进行实测绘制距离-波幅曲线(由评定线和判废线组成)应用于超声导

波检测，如图 4-14 所示，根据反射回波的信号幅度与距离-波幅曲线进行比对评级，按验收标准确定验收、拒收或复检，例如用目视和小锤敲击的方法分辨是位于外表面或内部的缺陷，用深度尺直接测量外表面缺陷的深度，用射线、超声、漏磁等各种无损检测方法进行复检，必要时还要采用解剖抽查的方式进行验证。

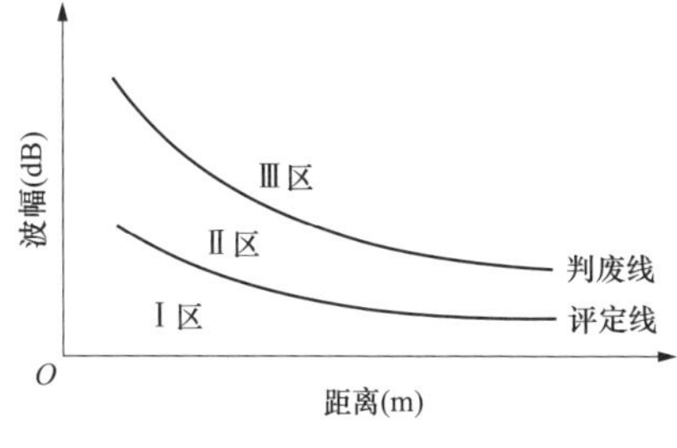

图 4-14 GB/T 31211《无损检测 超声导波检测 总则》中给出的距离-波幅曲线

四、超声检测应用

（一）锻件超声检测

锻件常用于使用安全要求较高的关键部件，经过一定锻造变形，外形较复杂。锻件中的缺陷通常与冶金缺陷的种类、分布、方向及锻造流线方向有关。常用的超声检测技术有纵波直入射检测、纵波斜入射检测、横波检测，有时为了发现不同取向的缺陷，在同一个锻件上需同时采用纵波和横波检测。

锻件的内部组织均匀、晶粒细化，声波衰减和散射相对较小，锻件检测时可以采用较高的检测频率（如 10MHz 以上），以提高检测高分辨力，实现对较小尺寸缺陷检测的目的。

一般在热处理之后，孔、台等结构机加工之前进行检测，在最终热处理之后不能进行检测的锻件，应在之前某个合适的阶段进行。

1. 检测条件测选择

（1）探头的选择。一般以纵波直探头为主，辅以纵波双晶（近表面检查）探头和横波斜探头。额定频率范围为 1～6MHz，斜探头角度范围在 35°～70°之间。对探测面粗糙的锻件要用软保护膜探头。对轴类锻件圆柱面探测宜用较小晶片的探头以改善耦合效果。

（2）耦合选择。可以选用水、油脂、油、甘油和水质糨糊等。在校验、设定扫查灵敏度，扫查和不连续评定时应使用相同型号的耦合剂，如果耦合剂对后道生产、成品完整性等有影响时，检测完成后应清除干净。

一般应选用两个相互垂直的面作为探测面，且检测面应无油漆、无氧化皮等，质量等级 1、2 级表面粗糙度 $Ra \leqslant 12.5\mu m$，质量等级 3 级或更高要求表面粗糙度 $Ra \leqslant 6.3\mu m$。

（3）纵波直入射法检测面的选择。一般应选用两个相互垂直的面作为探测面，且检测面应无油漆、无氧化皮等，质量等级 1、2 级，表面粗糙度 $Ra \leqslant 12.5\mu m$；质量等级 3 级或更高要求，表面粗糙度 $Ra \leqslant 6.3\mu m$。锻件厚度超过 400mm 时，应从相对两端面进行 100%的扫查。

（4）材质衰减系统的测定。当锻件尺寸较大时，材质的衰减对缺陷定量有一定的影响。特别是若材质衰减严重时，影响更明显。因此，在锻件检测中有时要测定材质的衰减系数。

（5）试块选择。锻件检测中，要根据探头和检测面的情况选择试块。采用单晶直探头检测时，常选用 CSI 标准试块；工件检测距离小于 45mm 时，应采用双晶直探头和 CSII 标准试块来调节检测灵敏度。

2. 扫描速度和灵敏度的调节

（1）扫描速度调节。锻件检测前，一般根据锻件要求的检测范围来调节扫描速度，以便发现缺陷，并对缺陷进行定位。扫描速度的调节可在试块上进行，也可在锻件上尺寸已知的部位上进行，在试块上调节扫描速度时，试块上的声速应尽可能与工件相同或相近。调节扫描速度时，一般要求第一次底波前沿位置不超过水平刻度极限的 80%，以利观察一次底波之后的某些信号情况。

（2）检测灵敏度调节。锻件的扫查灵敏度一般不低于最大检测距离处的 ϕ2mm 平底孔当量直径。调节锻件检测灵敏度的方法有两种：一种是利用锻件底波来调节，另一种是利用试块来调节。

3. 缺陷位置和大小的测定

（1）缺陷位置的测定。在锻件检测中，主要采用纵波直探头检测，因此可根据示波屏上缺陷波前沿所对的水平刻度值 τ_f 和扫描速度 1∶n 来确定缺陷在锻件中的位置。缺陷至探头的距离 x_f 为

$$x_f = n\tau_f \tag{4-4}$$

（2）缺陷大小的测定。锻件检测中，对于尺寸小于声束截面的缺陷一般用当量法定量。若缺陷位于 3 倍近场区之外（$x \geqslant 3N$）时，常用当量计算法和当量 AVG 曲线法定量；若缺陷位于 3 倍近场区之内（$x < 3N$）区域内，常用试块比较法定量，对于尺寸大于声束截面的缺陷一般采用测长法，常用的测长法有 6dB 法和端点 6dB 法。必要时还可采用底波高度法来确定缺陷的相对大小。

在平面工件检测中，用 6dB 法测定缺陷的长度时，探头的移动距离就是缺陷的指示长度。然而在对圆柱形锻件进行周向检测时，探头的移动距离不再是缺陷的指示长度了。外圆周向测长时，缺陷的指示长度 L_f 为

$$L_f = \frac{L}{R}(R - x_{f1}) \tag{4-5}$$

式中 L——探头移动的外圆弧长，mm；

R——圆柱体外半径，mm；

x_{f1}——缺陷的声程，mm。

内孔周向测长时，缺陷的指示长度 L_f 为

$$L_f = \frac{L'}{r}(r + x_{f2}) \tag{4-6}$$

式中 L'——探头移动的内圆弧长，mm；

r——圆柱体内半径，mm；

x_{f2}——缺陷的声程，mm。

4. 缺陷回波的判定

（1）单个缺陷回波。锻件检测中，示波屏上单独出现的缺陷回波称为单个缺陷回波。一般单个缺陷是指与邻近缺陷间距大于 50mm、回波高不小于 ϕ2mm 的缺陷。如锻件中单个的夹层、裂纹等。检测中遇到单个缺陷时，要测定缺陷的位置和大小，当缺陷较小时，用当量法定量；当缺陷较大时，用 6dB 法测定其边界和面积范围。

（2）分散缺陷回波。锻件检测时，工件中的缺陷较多且较分散，缺陷彼此间距较大，这种缺陷回波称为分散缺陷回波。一般在边长为 50mm 的立方体内少于 5 个，不小于 ϕ2mm，如分散性的夹层。分散缺陷回波一般不太大，因此常用当量法定量，同时还要测定分散缺陷的位置。

（3）密集缺陷回波。实际检测中，以单位体积内缺陷回波数量划分较多。一般规定在边长 50mm 的立方体内，数量不少于 5 个，当量直径不小于 ϕ2mm 的缺陷为密集缺陷。密集缺陷可能是疏松、非金属夹杂物、白点或成群的裂纹等。

锻件内不允许有白点缺陷存在，这种缺陷的危险性很大。通常白点的分布范围较大，且基本集中于锻件的中心部位，回波清晰、尖锐，成群的白点有时会使底波严重下降或完全消失。

（4）游动回波。游动回波的产生是由于不同波束射至缺陷产生反射引起的。波束轴线射至缺陷时，缺陷声程小，回波高。左右移动探头，扩散波束射至缺陷时，缺陷声程大，回波低。这样同一缺陷回波的位置和高度随探头移动发生游动。

不同的检测灵敏度，同一缺陷回波的游动情况不同。一般可根据检测灵敏度和回波的游动距离来鉴别游动回波。一般规定游动范围达 25mm 时，才算游动回波。根据缺陷游动回波包络线的形状，可粗略地判别缺陷的形状。

（5）底面回波。锻件检测中，有时还可根据底波变化情况来判别锻件中的缺陷情况。当缺陷回波很高，并有多次重复回波，而底波严重下降甚至消失时，说明锻件中存在平行于检测面的大面积缺陷；当缺陷回波和底波都很低甚至消失时，说明锻件中存在大面积且倾斜的缺陷或在检测面附近有大缺陷；当示波屏上出现密集的互相彼连的缺陷回波，底波明显下降或消失时，说明锻件中存在密集性缺陷。

（二）铸件超声检测

1. 检测技术

对于厚度较大，表面较光滑的铸件，可采用纵波直探头，通过观察一次底面回波之前是否出现缺陷信号进行检测。如需检测裂纹，或由于形状和缺陷取向原因无法采用纵波检测的部位，可采用斜探头检测。要检测近表面缺陷，可采用双晶探头。

对于厚度不大，表面较粗糙的铸件，可采用纵波直探头检测，通过观察一次底面和二次底面回波之间是否出现缺陷信号进行判断。

对于厚度较薄，材质均匀，检测面与底面平行的铸件，可采用纵波直探头，通过底面多次回波法检测。

2. 铸件检测条件的选择

（1）探头。铸钢件检测，一般以纵波直探头为主。辅以横波斜探头和纵波双晶探头。铸钢件晶粒比较粗大，衰减严重，宜选用较低的频率，一般为 0.5～2.5MHz。对于厚度不大经过热处理的铸钢件，可选用 2.0～2.5MHz；对于厚度较大和未经热处理的铸钢件，宜选用 0.5～2.0MHz。

（2）试块。纵波直探头检测常用 ZGZ（铸钢试块）系列平底孔对比试块。试块材质与被检铸钢件相似，不允许存在大于 ϕ2mm 平底孔缺陷。试块平底孔直径分别为 ϕ3mm、ϕ4mm、ϕ6mm 三种。平底孔声程为 25mm、50mm、75mm、100mm、150mm、200mm 六种。该试块用于测试距离-波幅曲线和调整检测灵敏度。

（3）检测表面与耦合剂。铸钢件表面粗糙，耦合条件差，检测前应对其表面进行打磨清理，要求粗糙度 $Ra\leqslant 12.5\mu m$。铸钢件检测时，常用黏度较大的耦合剂，如糨糊、黄油、甘油、水玻璃等。

（4）透声性测试。铸钢件晶粒较粗，组织不致密，对声波吸收和散射严重，透声性差，对检测结果影响较大，一般检测前要测试其透声性。通过参考反射体回波高度（通常是第一次底波）和噪声信号来评价，参考反射体的回波高度至少应比噪声信号高出 6dB。

3. 距离-波幅曲线的测试与灵敏度调节

根据检测要求选定一组平底孔对比试块（平底孔直径相同、声程不同），测出工件与对比试块的透声性和耦合损失差 ΔdB。将探头置于厚度与工件相近的试块上，对准平底孔，调节仪器使平底孔最高回波达满刻度的 80%，然后固定各旋钮，将探头分别对准不同声程的平底孔，标记各平底孔回波的最高点，连成曲线，从而得到该平底孔的距离-波幅曲线（即面板曲线）。用衰减器增益 ΔdB，这时灵敏度就调好了。为了便于发现缺陷，有时再增益 6dB 扫查灵敏度。

4. 缺陷的判别与测定

探头按选定的方式进行扫查，相邻两次扫查重叠 15%，探头移动速度小于或等于 150mm/s。扫查中根据缺陷波高与底波降低情况来判别工件内部是否存在缺陷。以下几种情况要作为缺陷记录。

（1）缺陷回波幅度达距离-波幅曲线者。

（2）底面回波幅度降低量小于或等于 12dB 者。

（3）不论缺陷回波高低，认为是线状或片状缺陷者。

发现缺陷以后，要测定缺陷的位置与大小。缺陷的位置由示波屏上缺陷波前沿对应的水平刻度值来确定。缺陷的面积大小用下述方法测定：当利用缺陷反射法判别缺陷时，用缺陷 6dB 法测定缺陷面积大小；当采用底波降低 12dB 法时，用底波降低 12dB 作为缺陷边界来测定缺陷面积。

（三）焊缝超声检测

1. 管道对接环焊缝的检测

对于管道对接环焊缝的检测不宜使用尺寸较大的晶片，在确定探伤起始灵敏度时，最好使用实物对比试块，当没有条件使用实物对比试块而只能使用普通平面试块时，则除了普通的表面声能损失和材质衰减补偿外，很重要的就是必须考虑内、外曲面引起的声能发散损失补偿。此外，斜探头的入射点和 K 值一般是在平面试块上测定的，当把斜楔底面改磨成纵向凹圆柱面与管材表面吻合时，探头的前沿长度会有改变（变长），K 值也可能发生变化，从而影响缺陷定位和定量评定的准确性，磨制时还要注意保证声轴线不偏斜和保证 K 值不变，在磨制后及使用一段时间后都要进行校验（可以利用实际管材端面的上下棱边进行校验）。

例如，电站中常见的小直径管的对接环焊缝检测就是作为一类特殊形式的焊缝检测，需要使用诸如小晶片（例如 4mm×6mm）、短前沿（例如 5mm）的特种斜探头以及专用的实物对比试块（小径管超声对比试块）等，并需要采用特殊的检测工艺。

2. 直缝管纵焊缝的检测

圆形直缝管纵焊缝的超声检测结合了对接焊缝与管材横波检测的特点，除了考虑管材壁厚与管外径之比能否满足折射横波能够到达内壁外，还要考虑把探头斜楔底面改磨成与管材表面吻合的横向凹圆柱面以保证接触耦合的稳定，这将同样引起入射点（探头前沿）和 K 值变化的可能，以及曲面上入射声能和反射声能的发散损失。需要注意在实际工件上校验修正，其定标方法可见管材横波检测部分，此外，还应注意晶片的切向尺寸不宜太大，以免在管材中激发出表面波或变形波干扰。

3. T 形焊缝与角焊缝的检测

T 形焊缝和角焊缝可以采用直探头从平面侧探查中间未焊透缺陷，用横波斜探头从适当的表面上探测焊缝截面中的缺陷。但是在采用斜探头时应考虑声束的传播路径与普通对接焊缝的情况有所不同，在评定缺陷位置、识别假信号等方面要特别注意。

有些钢结构的 T 形焊缝允许存在一定大小的中间未焊透（例如水电站的一些钢梁、闸板结构），在超声检测时需要特别注意测定其未焊透长度有无超标，这需要使用接触法聚焦直探头或者小直径直探头进行精确测长。

4. 奥氏体不锈钢焊缝的检测

在奥氏体不锈钢焊缝中，一般需要采用纵波斜探头探伤。对于对接焊缝，采用折射角

45°纵波斜探头探测时的信噪比高而衰减较小。当焊缝较薄时也可采用折射角 60°的探头探测，但灵敏度降低较为明显。用作纵波斜探头的斜楔材料，合理的是采用奥氏体不锈钢材料制作，有利于保证纵波倾斜入射到奥氏体不锈钢焊缝中去。探测奥氏体不锈钢焊缝的超声波频率通常选用较低频率，既能保证满足检测灵敏度的需要，又不至于衰减过大而使穿透力不足。

（四）瓷绝缘子超声检测

瓷绝缘子及瓷套一般采用白瓷、金属和水泥等多种材料组合而成，瓷体主要由瓷土、长石、石英等铝硅酸盐粉末原料混合配制，加工成一定形状后，在高温下烧结而成，属于由许多微晶聚集的多晶体构成的无机绝缘材料，瓷表面还覆盖了一层玻璃质平滑薄层釉。如果在制作过程中配方不当，工艺流程中原料混合不均匀，均容易形成瓷件的内部缺陷。而瓷件本身的特点就是韧性极低，在使用中要长期承受运行中的机械负荷，风、雨、雪等气候冷热变化还会使附加应力增大，如果这些瓷件存在或产生缺陷，就有可能在运行中突然断裂，导致电力系统的破坏。陶瓷材料的特点是显微组织复杂且不均匀，对于瓷绝缘子及瓷套来说，检测任务最主要的是检测有无裂纹存在，也包括点状、多个或丛状缺陷。

支柱瓷绝缘子使用的高强度陶瓷晶粒细小、均匀程度高，气孔和玻璃相含量较普通瓷低，具有良好的强度，纵波声速可达 6700m/s 左右（普通瓷的声速一般在 5600m/s 左右），常见的缺陷有裂纹（中心孔隙裂纹、铸铁法兰和瓷绝缘子结合部裂纹）、黄芯（瓷绝缘子烧制时未完全烧熟造成的中心区域局部缺陷，芯部为浅黄色，结构较疏松，含有较多的闭合气孔即氧化泡，黄芯部分的电性能很差，机械强度很低，甚至产生断裂）等。

瓷绝缘子及瓷套超声检测方法主要有纵波法、爬波法。瓷绝缘子及瓷套的超声检测时机主要有单个零件检测和在役带电原位检查，需要有相适应的调整探伤灵敏度专用模拟裂纹试块和入射点、折射角、定标的校验试块以及特制探头，利用小角度纵波方法可检测瓷件的中心部位缺陷，利用爬波法可检测表面下 1～1.5mm 范围内的缺陷。当采用一种检测方法发现缺陷时，还可采用其他检测方法进行验证。支柱瓷绝缘子及瓷套超声检测中的波型判别与金属超声检测基本相似，例如，纵波检测时通常也是缺陷波与底波或形状反射波同时存在（爬波检测时通常没有底波），也有晶粒粗大引起的杂波，采用半波高度法（6dB 法）测长，但是对于组合件的检测，要注意例如制造厂将支柱瓷绝缘子插入铸铁法兰时在圆周填充灌注的水泥胶与砂粒，这些胶合的砂粒作为过渡加强部分环绕在铸铁法兰与瓷体的交接面上，因此会出现当探头沿圆周转动时，底波附近无缺陷部位可能出现类似缺陷的较强反射波群，此时除底波反射当量较强外，其他杂波起伏不定，移动探头时杂波此起彼伏，无指示长度，变化较大，反射当量偏低，属较明显的点状缺陷反射波的情况，然而这里也是裂纹容易形成的区域，要注意将这种波与裂纹波区分开来，还应注意把裂纹波与底波区分开来。

瓷绝缘子及瓷套的超声检测耦合剂常用甘油、机油、化学糨糊等。根据瓷绝缘子及瓷

套的应用场合、安装位置、结构特点（例如支柱瓷绝缘子有平直型、小角度锥体型，瓷套的特点是空腹）以及尺寸大小等，考虑其容易开裂的位置，决定检测部位、超声波的波型及投射方向。例如在役支柱瓷绝缘子的检测重点范围是在支柱瓷体插入铸铁法兰部分约20mm，铸铁法兰端面的水泥砂浆胶结区，支柱瓷绝缘子易断裂的部位是应力集中的铸铁法兰与瓷体的结合部，在可能的情况下，应尽可能选择较高频率，以提高缺陷的分辨率。

在役带电进行支柱瓷绝缘子及瓷套探伤能有效地早期发现瓷件内部裂纹，从而预防事故的发生，是状态检修的一项新突破，对电厂和变电站避雷器、支柱瓷绝缘子等因瓷件断裂造成停电事故提供了有效的预防手段。带电探伤时，一定要注意做好试验前的准备以确保人身安全，如要求天气良好，准备绝缘梯，穿戴绝缘鞋及绝缘手套，试验前先测量检测位置的感应电压，当感应电压符合安全要求时，方可进行带电操作。检测时应用棉纱或卫生纸将被检部位擦拭干净，涂上耦合剂，测试结束时，应将被检部位擦拭干净。

目前电力工业应用的绝缘子还有复合材料绝缘子，其中瓷复合绝缘子是在瓷盘表面以及相关界面采用特殊工艺加工的严密包覆热硫化一次成型的硅橡胶复合外套，还有聚合物类的复合绝缘子，由玻璃纤维树脂芯棒组成，这类复合材料绝缘子的无损检测有很多待研究的问题。

第三节　射　线　检　测

一、射线检测的基本原理及特点

射线检测是常用的无损检测技术之一，最主要的应用是探测试件内部的宏观几何缺陷。射线是波长很短的电磁波或能量较高的粒子流，具有穿透物体的能力，主要是X射线、γ射线、中子射线。X射线和γ射线属于电磁辐射，而中子射线是中子束流。X射线是射线检测领域中应用最广泛的一种射线。

（一）射线检测的原理

X射线具有微观物质的波粒二象性，由于具有较短的波长和较高的能量，所以具有较强的贯穿能力，能够穿透金属等可见光不能穿透的固体材料。射线在贯穿物质的过程中，由于和物质发生相互作用，产生散射和吸收，强度逐渐减弱。射线强度随贯穿厚度的增加而减弱满足衰减定律，射线衰减定律是射线检测的理论基础。

射线在穿透物体过程中会与物质发生相互作用，因吸收和散射而使其强度减弱。强度衰减程度取决于物质的衰减系数和射线在物质中穿越的厚度。如果被透照物体（试件）的局部存在缺陷，且构成缺陷的物质的衰减系数又不同于试件，该局部区域的透过射线强度就会与周围产生差异。把胶片放在适当位置使其在透过射线的作用下感光，经暗室处理后得到的底片，底片上各点的黑化程度取决于射线照射量（射线强度、照射时间），由于缺陷部位和完好部位的透射线强度不同，底片上相应部位就会出现黑度差异。底片上相邻区域的黑度差定义为"对比度"。把底片放在观片灯光屏上借助透过光线观察，可以看到由对比度构成的不同形状的影像，评片人员据此判断缺陷情况并评价试件质量。

（二）射线检测的特点

射线检测对象是各种熔化焊接方法（电弧焊、气体保护焊、电渣焊、气焊等）的对接接头，在特殊情况下也可用于检测角焊缝或其他一些特殊结构试件。射线检测法容易检出那些形成局部厚度差的缺陷，对气孔和夹渣之类缺陷有很高的检出率，对裂纹类缺陷的检出率易受透照角度的影响，不能检出垂直照射方向的薄层缺陷，例如钢板的分层。射线检测所能检出的缺陷高度尺寸与透照厚度有关，可以达到透照厚度的1%，甚至更小。所能检出的长度和宽度尺寸分别为毫米数量级和亚毫米数量级，甚至更小。射线检测法检测薄工件没有困难，几乎不存在检测厚度下限，但检测厚度上限受射线穿透能力的限制，而穿透能力取决于射线光子能量。420kV的X射线机能穿透的钢厚度约80mm，更大厚度的试件则需要使用加速器，其最大穿透厚度可达到400mm以上。

射线检测法用底片作为记录介质，可以直接得到缺陷的直观图像，且可以长期保存。通过观察底片能够比较准确地判断出缺陷的性质、数量、尺寸和位置。

射线检测法几乎适用于所有材料，在钢、钛、铜、铝等金属材料上使用均能得到良好的效果，该方法对试件的形状、表面粗糙度没有严格要求，材料晶粒度对其不产生影响，可用于铸件检测。但较少用于钎焊、摩擦焊等焊接方法的接头的检测。

射线检测法检测成本较高，检测速度较慢。射线对人体有伤害，需要采取防护措施。

二、射线检测设备及器材

（一）X射线机

工业检测用的X射线机按照其结构可以分为携带式X射线机和移动式X射线机。

携带式X射线机是一种体积小、质量轻、便于携带、适用于高空和野外作业的X射线机。它采用结构简单的半波自整流线路，X射线管和高压发生部分共同装在射线机头内，控制箱通过一根多芯的低压电缆将其连接在一起，其构成如图4-15所示。

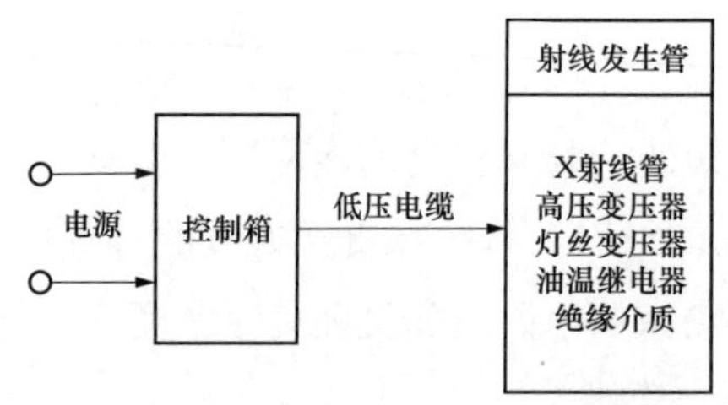

图4-15　携带式X射线机结构图

移动式X射线机是一种体积和质量都比较大，安装在移动小车上，用于固定或半固定场合使用的X射线机。它的高压发生部分（一般是两个对称的高压发生器）和X射线管是分开的，其间用高压电缆连接，为了提高工作效率，一般采用强制油循环冷却，其构成如图4-16所示。

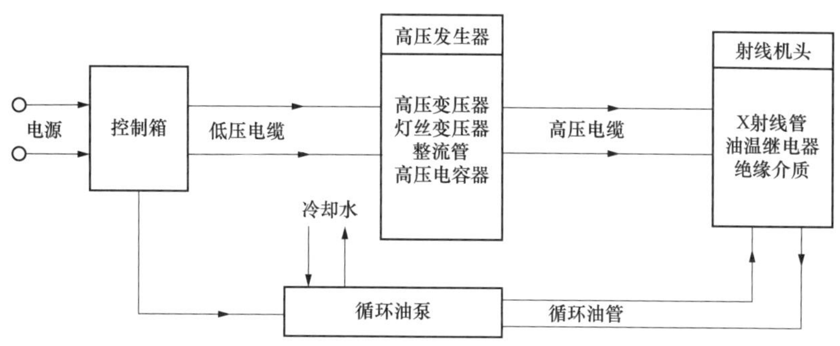

图 4-16　移动式 X 射线机结构图

（二） X射线管

1. X 射线管的结构

X 射线管的阴极是发射电子和聚集电子的部件，它由发射电子的灯丝（一般用钨制作）和聚焦电子的凹面阴极头（用铜制作）组成。阴极形状可分为圆焦点和线焦点两大类，圆焦点的阴极的灯丝绕成平面螺旋形，装在井式凹槽阴极头内，线焦点阴极的灯丝绕成螺旋管形，装在阴极头的条形槽内，如图 4-17 所示。

当阴极通电后，灯丝被加热、发射电子，阴极头上的电场将电子聚集成一束，在 X 射线管两端高压所建立的强电场作用下，飞向阳极，轰击靶面，产生 X 射线。X 射线管的阳极是产生 X 射线的部分，它由阳极靶、阳极体和阳极罩三部分构成。由于高速运动的电子撞击阳极靶时只有约 1%的动能转换为 X 射线，其他绝大部分均转化为热能，使靶面温度升高，同时 X 射线的强度与阳极靶材的原子序数有关，所以一般工业用 X 射线管的阳极靶常选用原子序数大、耐高温的钨来制造。

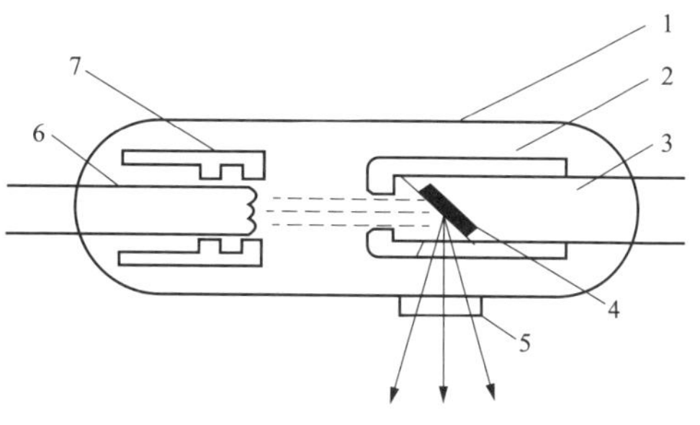

图 4-17　移动式 X 射线机结构图

1—玻璃外壳；2—阳极罩；3—阳极体；4—阳极靶；5—窗口；6—灯丝；7—阴极罩

2. X 射线管的技术性能

（1）阴极特性和阳极特性。

1）阴极特性。金属热电子发射与发射体的温度关系极大，假定在一定的管电压下，X 射线管阴极发出的电子全部射到阳极上，在阴极的工作温度范围内，较小的温度变化就会引起较大的电流变化。

2）阳极特性。阳极特性即 X 射线管的管电压与管电流的关系，在管电压较低时（10～20kV），X 射线管的管电流随管电压增加而增大；当管电压增加到一定程度后，管电流趋

于饱和，从而不再增加。在某一恒定的灯丝加热电流下，阴极发射的热电子已经全部到达了阳极，再增加电压也不可能再增加管电流，也就是说，工业检测用的X射线管工作在电流饱和区。由此可知，对工作在饱和区的X射线管，要改变管电流，只有改变灯丝的加热电流（即改变灯丝的温度）。

X射线管的管电流和管电压在工作过程中可以相互独立进行调节。

（2）X射线管的管电压。管电压U是指X射线管承载的最大峰值电压，单位为kV。管电压是X射线管的重要技术指标，管电压越高，发射的X射线的波长越短，穿透能力就越强。在一定范围内，管电压和穿透能力有近似直线关系。

（3）X射线管的焦点。焦点是X射线管重要技术指标之一，其数值大小直接影响照相灵敏度。X射线管焦点的尺寸主要取决于X射线管阴极灯丝的形状和大小、阴极头聚焦槽的形状及灯丝在槽内安装的位置。阳极靶被电子撞击的部分叫作实际焦点，焦点大，有利于散热，可承受较大的管电流；焦点小，照相清晰度好，底片灵敏度高。实际焦点垂直于管轴线上的正投影叫作有效焦点，探伤仪说明书提供的焦点尺寸就是有效焦点。它的形状有三种：圆焦点（用直径表示）、长方形焦点［用（长＋宽）/2表示］和正方形焦点（用边长表示）。管电压和管电流对焦点大小也有一定影响。

（4）辐射场的分布。定向X射线管的阳极靶与管轴线方向呈20°的倾角，因此，发射的X射线束有40°左右的立体锥角，随着角度不同X射线的强度有一定差异。阴极侧比阳极侧射线强度高，在大约30°辐射角处射线强度最大。但实际上，由于阴极侧射线中包含着较多的软射线成分，所以对具有一定厚度的试件照相，阴极侧部位的底片并不比阳极侧更黑，利用阴极侧射线照相也并不能缩短多少时间。

（5）X射线管的真空度。X射线管必须在高真空度（$1.33\times10^{-6}\sim1.3\times10^{-5}$Pa）才能正常工作，故在使用时要特别注意不能使阳极过热。一是阳极金属过热时会释放气体，使X射线管的真空度降低，发生气体放电现象，气体放电会影响电子发射，从而使管电流减少。二是高温金属离子也能吸收气体，当管内某些部分受电子轰击时，放出的气体立即被电离，其正离子飞向阴极，撞击灯丝所溅散的金属会吸收一部分气体。这两个过程在X射线管工作中是同时存在的，达到平衡时就决定了此时X射线管的真空度，这就是X射线机的基本原理。

（6）X射线管的寿命。X射线管的寿命是指由于灯丝发射能力逐渐降低，射线管的辐射剂量率降为初始值的80％时的累积工作时限。玻璃管寿命一般不少于400h，金属陶瓷管寿命不少于500h。如果使用不当，将使X射线管的寿命大大降低。保证X射线管使用寿命的措施主要有以下几条。

1）在送高压前，灯丝必须提前预热、活化。

2）使用负荷应控制在最高管电压的90％以内。

3）使用过程中一定要保证阳极的冷却，例如，将工作和间歇时间设置为1∶1。

（三）辅助设备器材

1. 射线胶片

射线胶片的构造由片基、结合层、感光乳剂层、保护层组成。在片基的两面均涂布感光乳剂层，增加卤化银含量，以吸收较多的穿透能力很强的X射线和γ射线，从而提高胶片的感光速度，增加底片的黑度。胶片受到可见光或X射线、射线的照射时，在感光乳剂层中会产生眼睛看不到的影像即潜影。射线穿透被检查试件后照射在胶片上，使胶片产生潜影，经过显影、定影化学处理后，胶片上的潜影成为永久性的可见图像，称为射线底片（简称为底片）。底片上的影像是由许多微小的黑色金属银微粒组成的，影像各部位黑化程度大小与该部位被还原的银量多少有关，被还原的银量多的部位比银量少的部位难透光，底片黑化程度通常用“黑度”表示。

2. 黑度计（光学密度计）

射线照相底片的黑度按射线检测标准是有要求的，并按其等级进行分类。要想知道射线照相底片的黑度值大小，一般是通过透射式黑度计测量的。

3. 增感屏

射线胶片对射线能量的吸收能力很小，例如用X射线透照，当管电压为100kV时，被射线胶片吸收的能量仅为射线能量的1%左右。因此，射线胶片感光速度慢，曝光时间长。为了增加射线胶片对射线能量的吸收，缩短曝光时间，透照时一般都采用增感屏。常用的增感屏有金属增感屏、荧光增感屏和金属荧光增感屏三种。金属增感屏所得底片像质最佳，金属荧光增感屏次之，荧光增感屏最差。增感系数以荧光增感屏最高，金属增感屏最低。

4. 像质计

像质计是用来检查和定量评价射线底片影像质量的工具，又称为图像质量指示器、像质指示器、透度计。像质计的作用是用来检查射线检测的灵敏度。所谓灵敏度，是指在照相底片上，能发现工件中沿透照方向上的最小缺陷尺寸。能发现的缺陷尺寸越小，则灵敏度越高。这种用能发现的最小缺陷尺寸来表示的灵敏度称为绝对灵敏度。用在射线透照方向上能发现的最小缺陷尺寸与工件厚度的比值来表示的灵敏度称为相对灵敏度。

常用丝型像质计，其材料应和被检工件材料相近或相同。

5. 其他辅助器材

（1）暗袋（暗盒）。装胶片的暗袋可采用对射线吸收少而遮光性好的黑色塑料膜或合成革制作，要求材料薄、软、滑。其宽度要与增感屏、胶片尺寸相匹配，既能方便地出片、装片，又能使胶片、增感屏与暗袋很好地贴合。日常检测中应经常检查清理暗袋表面，如发现破损，应及时更换。暗袋的外面画上中心标记线，贴片时应对准透照中心。暗袋背面还应贴上一个“B”铅字标记，监测背散射线。

（2）标记。射线底片应与工件部位相对应，在透照过程中应将铅质识别标记和定位标记与被检区域同时透照在底片上。识别标记包括工件编号（或探伤编号）、焊缝编号（纵缝、环缝或封头拼接缝等）、部位编号（或片号）。定位标记包括中心标记和搭接标记（如为抽查，则为检查区段标记）。其他还有拍片日期、板厚、返修、扩探等标记。所有标记都可用透明胶带黏在中间挖空（长宽约等于被检焊缝的长宽）的长条形透明片基或透明塑料上，组成标记带。标记带上同时配置适当型号的透度计。所有标记应摆放整齐，其在底片上的影像不得相互重叠，并离被检焊缝边缘 5mm 以上。

（3）屏蔽铅板。为屏蔽后方散射线，应制作一些与胶片暗袋尺寸相仿的屏蔽板。屏蔽板由 1mm 厚的铅板制成。贴片时，将屏蔽铅板紧贴暗袋，以屏蔽后方散射线。

（4）中心指示器。射线机窗口应装设中心指示器。中心指示器上装有约 6mm 厚的铅光阑，可有效地遮挡非检测区的射线，以减少前方散射线；还装有可以拉伸、收缩的对焦杆，在对焦时，可将拉杆拨向前方，透照时则拨向侧面。利用中心指示器可方便地指示射线方向，使射线束中心对准透照中心。

（5）其他小器件。射线照相辅助器材很多，除上述用品、设备、器材之外，为方便工作，还应备齐一些小器件，如卷尺、钢印、榔头、照明灯、电筒、各种尺寸的铅遮板、补偿泥、贴片磁钢、透明胶带、各式铅字、盛放铅字的字盘、划线尺、石笔、记号笔等。

三、射线检测工艺要点

（一）照相操作步骤

一般把被检的物体安放在离 X 射线装置适当的位置，把胶片盒紧贴在试样背后，让射线照射适当的时间（几分钟至几十分钟）进行曝光。把曝光后的胶片在暗室中进行显影、定影、水洗和干燥。将干燥的底片放在观片灯的显示屏上观察，根据底片的黑度和图像来判断存在缺陷的种类、大小和数量。随后按通行的标准，对缺陷进行评定和分级。以上就是射线照相探伤的一般步骤。

按射线源、工件和胶片之间的相互位置关系，透照方式分为纵缝透照法、环缝外透法、环缝内透法、双壁单影法和双壁双影法五种。其中双壁单影法用于小直径的容器或大口径管子焊缝，双壁双影法用于 ϕ100mm 以下管子对接环焊缝。

（二）照相规范的确定

要得到一张好的射线照相底片，除了合理地选择透照方式外，还必须选择好透照规范，使小缺陷能够在底片上尽可能明显地辨别出来，即照相要达到高灵敏度。为了达到这一目的，除了选择质量好的细颗粒胶片外，还要取得好的射线照相对比度和清晰度。射线照相对比度是指射线底片上有缺陷部分与无缺陷部分的黑度差，用 ΔD 表示。射线照相清晰度是指底片上的图像的清晰程度。它主要由两部分组成，即固有不清晰度和几何不清晰度。

为得到高的缺陷检出率。照相规范的选择应注意以下几点。

(1) 透照方式的选择。除了管道和无法进入内部的小直径容器只能采用双壁透照外，大多数容器壳体的焊缝照相都采用单壁透照，透照时既可以把射线源放在外面而把胶片贴在内壁（称为外透法），也可以把射线源放在里面而胶片贴在外面（称为内透法）。外透法的优点是操作比较方便，内透法的优点是透照厚度差小，在满足透照厚度比 K 值的情况下，一次透照长度较大。

(2) 透照厚度比 K_{zh} 值。限制透照厚度比，也就间接控制了横向裂纹检出角 θ，使之不致过大。过大的角 θ 有可能导致横向裂纹漏检。采用源在内的透照方式，其角 θ 比源在外方式小得多，尤其是源在中心的内透法，K_{zh} 值为 1，θ 为 0，是最佳透照方式。

(3) 射线能量及焦点尺寸的选择。越是使用低能量的射线，材料吸收系数 μ 值就越大，从而可以得到射线照相对比度较大的缺陷图像。为了达到这一目的，要尽可能降低管电压，但是由于降低管电压，射线穿透力比较小，因而不能得到黑度足够的底片。所以降低管电压也是有一定限度的，应在能穿透检测工件的前提下尽可能地降低 X 射线管电压。另外，选择射线源时，应选择小尺寸的射线源，可以得到清晰度好的底片。

(4) 透照距离的选择。焦距（射线源到胶片的距离）越大，被检物体和胶片贴得越紧，半影就越小，在选择透照距离时，应将焦距选得大一些。但是由于射线的强度与焦距的平方成反比，所以不能把焦距选得过大，不然透照时，射线强度将不够。焦距应在满足几何不清晰度要求的前提下合理选择。

(5) 曝光量的选择。曝光量 E 为射线强度 I 与曝光时间 t 的乘积，即 $E=It$。曝光量的大小要能保证足够的底片黑度。如果管电压偏高，那么小的曝光量也能使底片达到规定黑度，但这样的底片灵敏度不够好。因此，一般情况下 X 射线照相的曝光量选择 15mA・min 以上。

(6) 胶片、增感屏的选择与底片黑度控制。通常照相时是将厚度为 0.03～0.2mm 的铅箔增感屏与非增感型胶片一起使用。铅箔吸收射线，而放出二次电子。这种电子易使胶片感光，因此用铅箔时感光度可提高 2～5 倍。而且由于铅箔吸收散乱射线，能使散射比减小，从而提高底片的对比度。非增感型胶片有多种，低感光度的胶片有较大的胶片梯度，而且粒度细，其底片对比度也大。底片黑度一般规定在 1.5～4.0 的范围内，黑度值增大，胶片梯度值也增大，因此一般来说，应使底片黑度大些，但黑度大于 4.0 观片灯有时就不容易看清了，所以底片黑度也不宜太大。

（三）底片评定

通过观片灯观察底片，首先应评定底片本身质量是否合格。在底片合格的前提下，再对底片上的缺陷进行定性、定量和定位，对照标准评出工件质量等级。

对底片的质量要求包括：

(1) 底片的黑度应在规定范围内，影像清晰，反差适中，灵敏度符合标准要求，即能识别规定的像质指数。现行的射线检测标准中，底片黑度下限一般规定为 1.5～2.0，上限黑度一般为 4.0～4.5。

（2）标记齐全，摆放正确。必须摆放标记有设备号、焊缝号、底片号、中心标记和边缘标记等。标记应距焊缝边缘 5mm。

（3）评定区内无影响评定的伪缺陷。底片上产生的伪缺陷有划伤、水迹、折痕、压痕、静电感光、显影斑纹、霉点等。

四、射线检测在焊件中的应用

（一）裂纹

裂纹主要是在熔焊冷却时因热应力和相变应力而产生的，也有在校正和疲劳过程中产生的，是危险性最大的一种缺陷。裂纹影像较难辨认。因为断裂宽度、裂纹取向、断裂深度不同，使其影像有的较清晰、有的模糊不清。常见的有纵向裂纹、横向裂纹和弧坑裂纹，分布在焊缝上或热影响区。焊缝裂纹示意图与底片如图 4-18 所示。

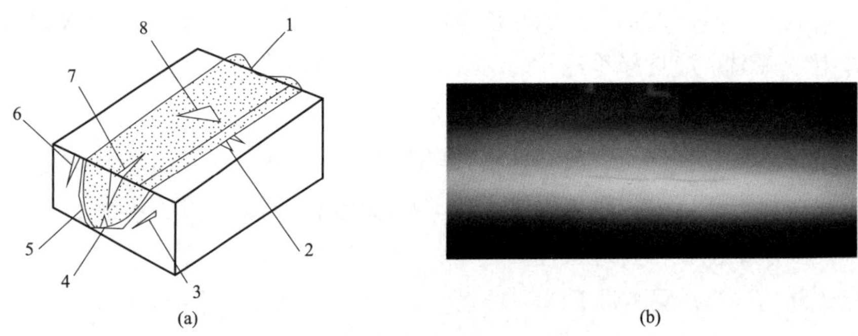

图 4-18　焊缝裂纹示意图与底片

（a）焊缝裂纹示意图；（b）底片

1—焊口裂纹；2—热影响区的横裂纹；3—焊道下裂纹；4—焊接金属的根部裂纹；5—结合裂纹；6—缝边裂纹；7—焊接金属的纵裂纹；8—焊接金属的横裂纹

（二）气孔

气孔是在熔焊时部分空气停留在金属内部而形成的缺陷。气孔在底片上的影像一般呈圆形或椭圆形，也有不规则形状的，以单个、多个密集或链状的形式分布在焊缝上。在底片上的影像轮廓清晰，边缘圆滑，如气孔较大，还可看到其黑度中心部分较边缘要深一些，如图 4-19 所示。

图 4-19　焊缝气孔示意图与底片

（a）焊缝气孔示意图；（b）底片

（三）夹渣

夹渣是在熔焊时所产生的金属氧化物或非金属夹杂物因来不及浮出表面，停留在焊缝内部而形成的缺陷。在底片上其影像是不规则的，呈圆形、块状或链状等，边缘没有气孔，圆滑清晰，有时带棱角，如图 4-20 所示。

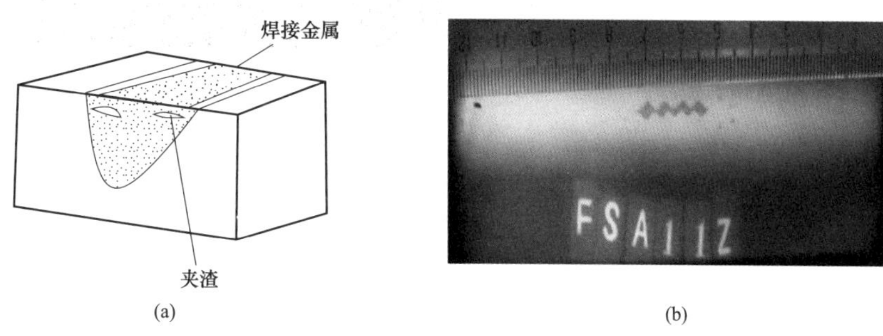

图 4-20　焊缝夹渣示意图与底片

（a）焊缝夹渣示意图；（b）底片

（四）未熔合

未熔合是熔焊金属与基体材料没有熔合为一体且有一定间隙的一种缺陷。在胶片上的影像特征是连续或断续的黑线，黑线的位置与两基体材料相对接的位置间隙一致。图 4-21 所示为焊缝未熔合示意图与底片。

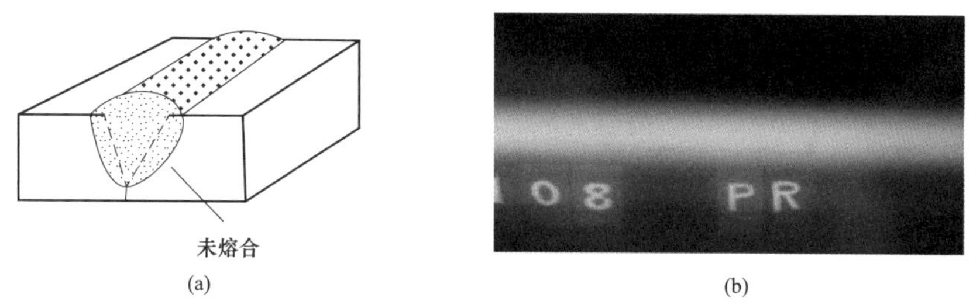

图 4-21　焊缝未熔合示意图与底片

（a）焊缝未熔合示意图；（b）底片

（五）未焊透

未焊透的典型影像是细直黑线，图 4-22 两侧轮廓都很整齐，为坡口钝边痕迹，宽度恰好为钝边间隙宽度。有时坡口钝边有部分熔化，影像轮廓就变得不很整齐，线宽度和黑度局部发生变化，但只要能判断是处于焊缝根部的线性缺陷，仍判定为未焊透。未焊透在底片上处于焊缝根部的投影位置，一般在焊缝中部，因透照偏、焊偏等原因也可能偏向一侧。未焊透呈断续或连续分布，有时能贯穿整张底片。

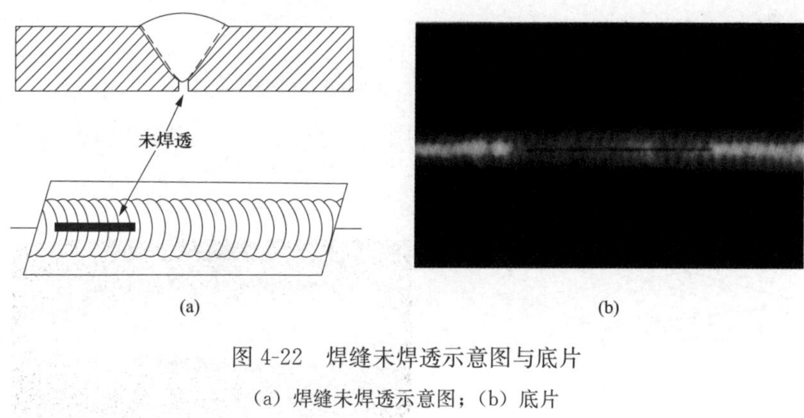

图 4-22　焊缝未焊透示意图与底片

（a）焊缝未焊透示意图；（b）底片

第四节　磁　粉　检　测

一、磁粉检测的基本原理及特点

（一）磁粉检测原理

磁粉检测（MT）适用于检测铁磁性材料表面和近表面宏观几何缺陷，不适合埋藏较深的内部缺陷。在工件表面施加磁场，铁磁性材料被磁化后，由于不连续的存在，使工件表面和近表面磁力线发生局部畸变而产生漏磁场，吸附施加在工件表面的磁粉，形成目视可见的磁痕，从而显示出不连续的位置、大小、形状和严重程度。漏磁场原理图如图 4-23 所示。

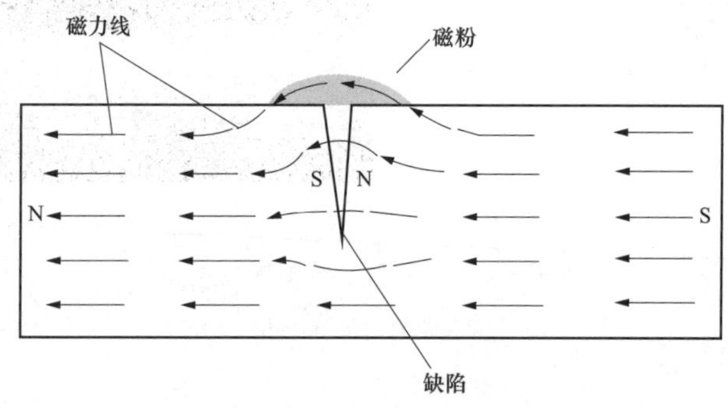

图 4-23　漏磁场原理图

（二）磁粉检测特点

磁粉检测优点是操作简单方便；可检测出铁磁性材料表面和近表面的缺陷；能直观地显示出缺陷的位置、形状、大小和严重程度；具有很高的检测灵敏度，可检测微米级宽度的缺陷；可以检测到工件表面的各个部位，基本上不受工件大小和几何形状的限制；缺陷检测重复性好；可检测受腐蚀的表面。

局限是不适用于以下情况：奥氏体不锈钢及其他非铁磁性材料的检测；缺陷方向与磁化方向近似平行或表面夹角小于 20°的缺陷；表面浅而宽的划伤、锻造皱褶也不易发现；易受几何形状影响和工件表面有覆盖层的影响；对被检测件的表面粗糙度要求高；部分磁化后具有较大剩磁的工件需进行退磁处理。

二、磁粉检测设备器材

（一）磁粉探伤仪

按设备体积和重量，磁粉探伤仪可分为固定式、移动式、携带式三类。

1. 固定式探伤仪

最常见的固定式探伤仪为卧式湿法探伤仪，设有放置工件的床身，可进行包括通电法、中心导体法、线圈法多种磁化，配置了退磁装置和磁悬液搅拌喷洒装置、紫外线灯，最大磁化电流可达 12kA，主要用于中小型工件探伤。

2. 移动式探伤仪

体积、重量中等，配有滚轮，可运至检验现场作业，能进行多种方式磁化，输出电流为 3～6kA。检验对象为不易搬运的大型工件。

3. 便携式探伤仪

体积小、质量轻，适合野外和高空作业，多用于压力管道焊缝和大型工件局部探伤，最常使用的是电磁轭探伤仪。

电磁轭探伤仪是一个绕有线圈的 U 形铁芯，当线圈中通过电流时，铁芯中产生大量磁力线，轭铁放在工件上，两极之间的工件局部被磁化。轭铁两极可做成活动式的，极间距和角度可调。磁化强度指标是磁轭能吸起的铁块重量，称为提升力，标准要求交流电磁轭的提升力至少为 44N，直流电磁轭的提升力至少为 177N。

（二）灵敏度试片

灵敏度试片用于检查磁粉探伤设备、磁粉、磁悬液的综合性能。检测时常用 A1 型灵敏度试片，通常是由一侧刻有一定深度的直线和圆形细槽的薄铁片制成。

使用时，将试片刻有人工槽的一侧与被检工件表面贴紧，然后对工件进行磁化并施加磁粉。如果磁化方法、规范选择得当，在试片表面上应能看到与人工刻槽相对应的清晰显示。

（三）磁粉与磁悬液

磁粉是具有高磁导率和低剩磁的 Fe_3O_4 或 Fe_2O_3 粉末。湿法磁粉平均粒度为 2～10μm，干法磁粉平均粒度不大于 90μm。按加入的染料可将磁粉分为荧光磁粉和非荧光磁粉，非荧光磁粉有黑、红、白几种不同颜色供选用。由于荧光磁粉的显示对比度比非荧光

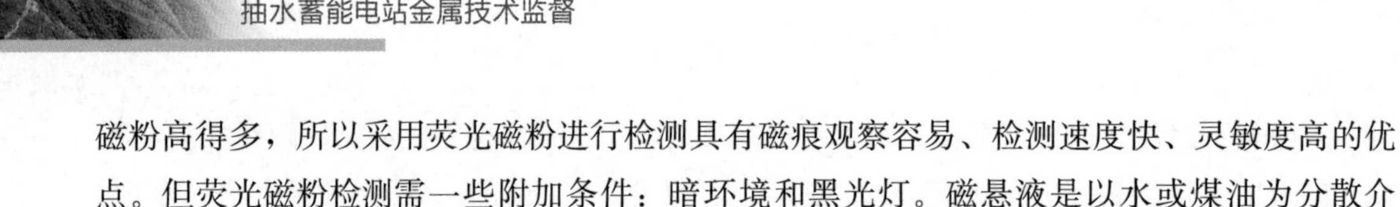

磁粉高得多，所以采用荧光磁粉进行检测具有磁痕观察容易、检测速度快、灵敏度高的优点。但荧光磁粉检测需一些附加条件：暗环境和黑光灯。磁悬液是以水或煤油为分散介质，加入磁粉配成的悬浮液。

三、磁粉检测工艺要点

（一）磁化方向

按磁化方向可分为周向磁化、轴向磁化和复合磁化。周向磁化又可称为环向磁化或横向磁化，磁化后的工件获得与轴向垂直的磁力线，可检查与工件（焊缝）的中心线相平行的缺陷（纵向缺陷）；轴向磁化也叫纵向磁化，磁化后工件获得与工件或焊缝中心线相平行的磁力线，可检查与工件（焊缝）的中心线相垂直或接近垂直的横向缺陷；复合磁化又称联合磁化，复合磁化是用电流同时或先后在工件上施以两个相互垂直的磁场-纵向及周向磁场。这种方法可以一次完成工件纵向和环向缺陷的检查，而前两种方法则须分别各进行一次才能检查出工件上的全部缺陷。

（二）磁粉检测方法

磁粉检测按施加时机可分为连续法和剩磁法。磁化、施加磁粉和观察同时进行的方法称为连续法。先磁化，后施加磁粉和检验的方法称为剩磁法。剩磁法只适用于剩磁很大的硬磁材料。按使用的电流种类可分为交流法、直流法两大类。交流电因有集肤效应，对表面缺陷检测灵敏度较高。按施加磁粉的方法分类可分为湿法和干法，其中湿法采用磁悬液，干法则直接喷洒干粉。湿法适宜检测表面光滑的工件上的细小缺陷，干法多用于粗糙表面。

（三）磁粉探伤的一般程序

探伤操作包括以下几个步骤：预处理、磁化和施加磁粉、磁痕的观察与判断、记录以及后处理（包括退磁）等。

1. 预处理

把试件表面的油脂、涂料以及铁锈等去掉，以免妨碍磁粉附着在缺陷上。用干磁粉时还应使试件表面干燥。组装的部件应拆解后进行检测。

2. 磁化

磁化工件是磁粉检测中较为关键的工序，通过磁化工件中在缺陷部位产生足够强度的漏磁场，以便吸附磁粉形成磁痕显示。应根据不同的检测对象，选择合理的磁化方法、磁化电流、磁化时间及施加磁粉或磁悬液的方法和施加的时机。

3. 施加磁粉

按所选的干法或湿法施加干粉或磁悬液。磁粉的喷撒时间，按连续法和剩磁法两种施

加方式。连续法是在磁化工件的同时喷撒磁粉，磁化一直延续到磁粉施加完成为止。而剩磁法则是在磁化工件之后才施加磁粉。

4. 磁痕的观察与判断

磁痕的观察是在施加磁粉后进行的，用非荧光磁粉探伤时，在光线明亮的位置，用自然的日光和灯光进行观察，而用荧光磁粉探伤时，则在暗室等暗处用紫外线灯进行观察。在磁粉探伤中，肉眼见到的磁粉堆积，简称磁痕。然而，不是所有的磁痕都是缺陷，形成磁痕的原因很多，因此，对磁痕必须进行分析判断，把假磁痕排除掉。有时还需用其他探伤方法（如渗透检测法）重新探伤进行验证。

5. 记录

工件上的缺陷磁痕显示记录有时需要连同检测结果保存下来，可采用照相、贴印、橡胶铸型法、录像、可剥性涂层、临摹等方法进行记录，记录的内容应包括磁痕显示的位置、形状、尺寸和数量等。

6. 后处理

探伤完后，应根据需要对工件进行退磁、除去磁粉和防锈的处理。进行退磁处理的原因是剩磁可能造成工件运行受阻和加大零件的磨损。尤其是转动部件经磁粉探伤后，更应进行退磁处理。退磁时，要一边使磁场反向，一边降低磁场强度。

四、磁粉检测应用

磁粉检测适用于检测铁磁性材料，工件表面和近表面尺寸很小，间隙极窄和目视难以看出的缺陷，马氏体不锈钢和沉淀硬化不锈钢材料具有铁磁性，因而可以进行磁粉检测。奥氏体不锈钢材料、用奥氏体不锈钢焊条焊接的焊缝以及铝、镁、钛合金等非铁磁性材料无法采用磁粉检测。

磁粉检测适用于工件表面或近表面的裂纹、白点、发纹、折叠、疏松、冷隔、气孔、夹杂等缺陷，但是不适用于检测工件表面浅宽的划痕、针孔状缺陷、埋藏较深的内部缺陷和延伸方向与磁感应线方向夹角小于 20°的缺陷。

磁粉检测在水电金属结构可以用于所有铁磁性金属工件的检测，紧固件是磁粉检测中检验数量最多的零件。主要有螺栓、螺钉和螺母等。此外，与螺栓相类似的零件还有轴类、销钉、棒料和管料等。除螺母以外，其他螺栓与轴类零件都应在固定式磁粉探伤仪上直接通电进行磁化，并按照附加磁场法进行检验。其磁化电流的选择应按照不同材料的磁特性或根据有关技术标准规定的磁化规范进行。

管状零件或管料若无特殊要求，一般用直接通电法进行磁化检验。若要求检查内表面缺陷，则应采用芯杆法磁化，并用荧光磁粉显示。有的零件应该采用磁橡胶法或橡胶铸型法检验。螺母采用芯杆法检测。由于螺母的长径比小，通常用细铜棒将一系列螺母串起

来，然后对芯杆通电使螺母磁化。

在紧固件和轴类零件的磁粉检验中，主要检查的缺陷是白点、裂纹和夹层。发纹是冶金缺陷，磁粉检测很容易发现，但对发纹的评判要根据不同零件的技术要求和有关标准执行。有时磁化电流偏大，材料中的链状碳化物和工件表面的车刀痕等可能吸附磁粉而造成伪缺陷，检测时应特别注意识别。

第五节 渗透检测

一、渗透检测的基本原理

渗透检测（PT）是一种以毛细作用原理为基础的检测技术，主要用于检测非疏孔性的金属或非金属零部件的表面开口缺陷。将溶有荧光染料或着色染料的渗透液施加到被检对象的表面，由于毛细作用，渗透液渗入到细小的表面开口缺陷中，清除附着在工件表面的多余渗透液，干燥后再施加显像剂，缺陷中的渗透液在毛细现象的作用下被重新吸附到零件表面上，就形成放大了的缺陷显示，即可检查出缺陷的形貌和分布状态。

（一）渗透检测的分类

1. 依据渗透剂所含染料成分分类

依据渗透剂所含染料成分，渗透检测可分为荧光法、着色法和荧光着色法三类。渗透剂内含有荧光物质，缺陷图像在紫外线下能激发出黄绿色荧光的为荧光法；渗透剂内含有红色染料，缺陷图像在白光或日光下显红色的为着色法；荧光着色法兼备荧光和着色两种方法的特点，缺陷图像在白光或日光下能显红色，在紫外线下又能激发出荧光。

2. 依据渗透剂去除方法分类

依据渗透剂去除方法，渗透检测可分为水洗型、后乳化型和溶剂去除型三类。水洗型渗透检测所用渗透液内含有一定量的乳化剂，试件表面多余的渗透剂可直接用水洗掉。有的渗透剂虽不含乳化剂，但是溶剂是水，即水基渗透剂，试件表面多余的渗透剂也可直接用水洗掉，它也属于水洗型渗透检测；后乳化型渗透检测所用的渗透剂不能直接用水从试件表面洗掉，必须增加一道乳化工序，即试件表面上多余的渗透剂要用乳化剂“乳化”后才能用水洗掉；溶剂去除型渗透检测需要使用有机溶剂去除试件表面多余的渗透剂。

3. 依据显像剂类型分类

依据显像剂类型，渗透检测可分为干式显像法和湿式显像法。干式显像法是直接使用白色显像粉末作为显像剂的一种方法。显像时直接把白色显像粉末喷洒到试件表面，显像剂附着在试件表面并从缺陷中吸出渗透剂形成显示痕迹。湿式显像法是将显像粉末悬浮于水中（水悬浮显像剂）或溶剂中（溶剂悬浮显像剂），也可将显像粉末溶解于水中（水溶

性显像剂），也可以不用显像剂，实现自显像。

（二）渗透检测的优点及局限性

1. 优点

渗透检测操作简单，设备简单、携带方便、适于野外工作。缺陷显示直观，能大致确定缺陷的性质。不受材料组织结构和化学成分的限制，可用于有色金属、黑色金属、塑料、焊接件、机加工件、陶瓷及玻璃等表面开口缺陷检测。不受缺陷形状（线性缺陷或体积型缺陷）、尺寸和方向的限制，只需要一次渗透检测，即可同时检查开口于表面的所有缺陷。灵敏度高，可清晰地显示宽 0.5μm、深 10μm、长 1mm 的裂纹。

2. 局限性

渗透检测也存一定的局限性，仅能检测表面开口缺陷，对外来因素造成开口或堵塞的缺陷，缺陷不能有效检出。受被检物体表面粗糙度的影响较大，不适用于多孔材料及其制品的检测。只能检出缺陷表面分布，不能定量。检测速度慢，因为使用的检测剂为化学试剂，所以对人的健康和环境有较大的影响。

（三）表面缺陷无损检测方法的对比

渗透检测、磁粉检测和涡流检测都属于表面无损检测方法，但其方法原理和适用范围区别很大，无损检测人员应熟悉掌握这三种检测方法，并能根据试件材料、状态和检测要求，选择合理的方法进行检测。如磁粉检测对铁磁性材料试件的表面和近表面缺陷具有很高的检测灵敏度，可发现微米级宽度的小缺陷，因此对铁磁性试件表面和近表面缺陷的检测宜优先选择磁粉检测，确因试件结构形状等原因不能使用磁粉检测时，方可使用渗透检测或涡流检测。表面缺陷无损检测方法对比见表 4-3。

表 4-3　　表面缺陷无损检测方法对比

项目	渗透检测	磁粉检测	涡流检测
方法原理	毛细作用	磁场作用	电磁感应作用
试用材质	非多孔性材料	铁磁性材料	导电材料
能检出的缺陷	表面开口缺陷	表面及近表面缺陷	表面及近表面缺陷
应用对象	任何非多孔性材料试件及使用中的上述试件检测	铸钢件、锻钢件、压延件、管材、棒材、型材、焊接件、机加工件及使用中的上述试件检测	管材、线材、棒材等时间检测，材料状态检验和分选
主要检测缺陷	裂纹、白点、疏松、针孔、夹杂物	裂纹、发纹、白点、折叠、夹杂物、冷隔	裂纹、材质变化、厚度变化
显示缺陷的器材	渗透剂、显像剂	磁粉	记录仪、示波器或电压表
缺陷表现形式	渗透剂被显像剂吸附	漏磁场吸附磁粉形成磁痕	线圈输出电压和相位的变化

续表

项目	渗透检测	磁粉检测	涡流检测
缺陷显示	直观	直观	不直观
缺陷性质判断	能大致确定	能大致确定	难以判断
灵敏度	较高	高	较低
检测速度	慢	较快	很快（可自动化）
污染	较重	较轻	很轻
其他	检测不受试件几何形状和缺陷方向影响；可不用水、电，特别适用于现场检验	检测几乎不受试件几何形状和缺陷方向影响，检测时的灵敏度与磁化方向有很大关系	对形状复杂的试件不适用，有边界效应影响，非接触法检测

二、渗透检测设备、试剂及试块

（一）渗透检测设备

渗透检测设备由渗透剂、去除剂和显像剂组成，水电金属结构现场检测常见的渗透检测设备是套装喷灌式的便携式设备，如图 4-24 所示。

图 4-24　渗透检测剂（清洗剂、显像剂、渗透剂）

渗透剂是一种含有着色染料或荧光染料且具有很强的渗透能力的溶液，它能深入表面开口的缺陷并以适应的方式显示缺陷的痕迹。渗透剂是渗透检测中使用的最关键的材料，其性能直接影响检测的灵敏度。

渗透检测中用来去除试件表面多余渗透剂的溶剂叫去除剂。其中水洗型渗透剂直接用水去除，水就是一种去除剂；溶剂去除型渗透剂采用有机溶剂去除，这些有机溶剂就是去除剂，比如煤油、乙醇、丙酮、三氯乙烯等；后乳化型渗透剂是在乳化后再用水去除，它的去除剂是乳化剂和水。

显像剂的作用在于通过毛细作用将缺陷中的渗透剂吸附到试件表面上形成缺陷显示；将形成的缺陷显示在被检表面上横向扩展，放大至人眼可见；提供与缺陷显示较大反差的背景，以利于观察。

（二）渗透检测试块

试块是指带有人工缺陷或自然缺陷的试件，用来衡量渗透检测灵敏度的器材，也称为灵敏度试块。渗透检测试块可分为铝合金淬火试块（A 型试块）、不锈钢镀铬辐射状裂纹试块（B 型试块）、黄铜板镀镍铬层裂纹试块（C 型试块）等。其中铝合金（A 型试块）和镀铬试块（B 型试块）较为常用。

（1）A 型对比试块：试块由同一试块剖开后具有相同大小的两部分组成，适合于不同

的渗透检测剂在互不污染的情况下进行灵敏度对比试验，也适合于同一种渗透检测剂的某一不同操作工序的灵敏度对比试验。

（2）不锈钢镀铬辐射状裂纹试块（B型试块）：试块为单面镀铬的长方形不锈钢，在试块上单面镀铬，在镀铬层背面中央选相距约25mm的3个点位，用布氏硬度法在其背面施加不同负荷，在镀铬面形成从大到小、裂纹区长径差别明显、肉眼不易见的三个辐射状裂纹区。

三、渗透检测工艺方法

（一）基本方法

渗透检测方法的选取必须考虑被检工件表面粗糙度、检测现场水源、电源等条件，灵敏度级别达到预期检测目的即可。相同条件下，荧光法比着色法有较高的检测灵敏度。对于细小裂纹，宽而浅裂纹，表面光洁的工件宜选取后乳化型荧光法或后乳化型着色法，也可选取溶剂去除型荧光法；疲劳裂纹、磨削裂纹及其他微小裂纹的检测宜选取后乳化型荧光法或溶剂去除型荧光法；表面粗糙且检测灵敏度要求低的工件宜选取水洗型荧光法或水洗型着色法；检测场所无电源、水源时，宜选取溶剂去除型着色法；允许使用较高灵敏度等级的渗透剂代替较低灵敏度等级；铁磁性材料表面缺陷的检测优先选用磁粉检测法。

工件的状态不同，缺陷种类不同，所需渗透时间不同。实际渗透时间，需根据所用渗透剂型号、检验灵敏度要求或渗透剂制造厂推荐的渗透时间来具体制定；实际渗透时间还与渗透温度有关，当渗透温度改变较大时，应通过试验确定。不同的材料和不同的缺陷，不仅渗透时间不同，而且显像试件也不同。

广泛使用的渗透检测方法主要有水洗型渗透检测法、后乳化型渗透检测法和溶剂去除型渗透检测法，如图4-25所示。相较于水洗型渗透检测法和溶剂去除型渗透检测法，后乳化型渗透检测法的操作步骤多了乳化环节，必须严格控制乳化时间，才能保证检验灵敏度。

（二）基本工艺

渗透检测一般应安排在焊接、热处理、校形、磨削、机械加工等工序完成之后，吹砂、喷丸、抛光、阳极化、涂层和电镀等工序之前。焊接件在热处理后进行渗透检测，如果需进行两次以上热处理，可在温度较高的一次热处理后进行渗透检测，紧固件和锻件的渗透检测一般安排在热处理之后进行；对有延迟裂纹倾向的材料，至少应在焊接完成24h后进行焊接接头的渗透检测。铸件、焊接件和热处理件，允许用吹砂的方法去除表面氧化皮，再进行渗透检测，但精密铸造的关键件吹砂后一般先进行浸蚀，然后再进行渗透检测；机械加工后的铝、镁、钛、奥氏体钢等关键件，一般应先进行酸或碱浸蚀，再进行渗透检测；使用过的零件，应去除表面积碳、氧化层及涂层后再进行渗透检测。

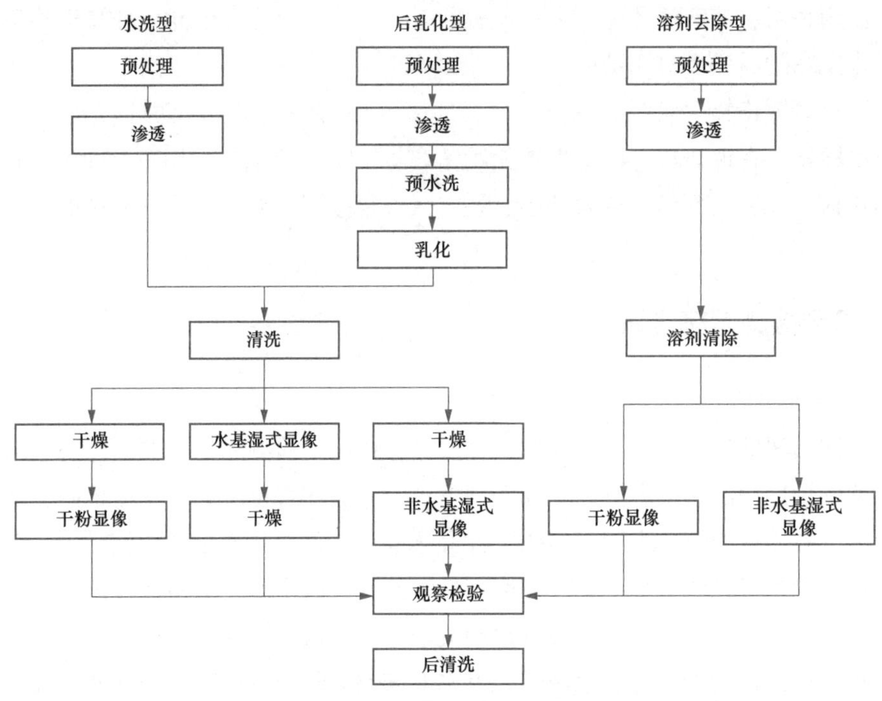

图 4-25　不同渗透检测方法的操作步骤

1. 表面准备和预清洗

被检工件在进行表面准备之后，应进行预清理以去除检测表面影响渗透检测的污垢、铁锈、氧化皮、焊接飞溅、铁屑、毛刺以及各种防护层，被检面为机加工面时其表面粗糙度 $Ra \leqslant 25\mu m$。清理时可采用溶剂、洗涤剂等进行，清理范围应符合标准要求。铝、镁、钛合金和奥氏体钢制零件经机械加工的表面，如确有需要可先进行酸洗或碱洗，然后再进行渗透检测。清理后检测面上遗留的溶剂和水分等必须干燥，且应保证在施加渗透剂前不被污染。

2. 施加渗透剂

施加方法可采用喷涂、刷涂、浇涂和浸涂等方法。渗透剂施加方法应根据工件大小、形状、数量和检测部位等来选择。所选方法应保证被检部位完全被渗透剂覆盖，并在整个渗透时间内保持润湿状态。

在整个检测过程中，渗透检测剂的温度和工件表面温度应该在 5～50℃的温度范围。在 10～50℃的温度条件下，渗透剂持续时间一般不应少于 10min；在 5～10℃的温度条件下，渗透剂持续时间一般不应少于 20min 或者按照说明书进行操作。

3. 去除多余的渗透剂

在清洗工件被检表面以去除多余的渗透剂时，应注意防止过度去除而使检测质量下

降，同时也应注意防止去除不足而造成对缺陷显示识别困难。水洗型渗透剂直接用水去除，后乳化型渗透剂经乳化后再用水去除，溶剂去除型渗透剂用有机溶剂擦除。用荧光渗透剂时，可在紫外灯照射下边观察边去除。

4. 干燥处理

检测面应在施加显像剂前进行干燥处理，一般采用热风干燥或自然干燥。热风干燥时，被检面的温度应不高于 50℃。当采用溶剂去除多余渗透剂时，应在室温下自然干燥，干燥时间通常为 5～10min。

5. 施加显像剂

在被检工件表面干燥处理后施加显像剂，利用毛细作用原理将缺陷中的渗透剂吸附至被检工件表面，从而产生清晰可见的缺陷显示图像。显像时间取决于显像剂种类、需要检测的缺陷大小以及被检工件温度等，一般应不小于 10min，且不大于 60min。

6. 观察和评定

观察显示应在显像剂施加后 7～60min 内进行。着色渗透检测时，缺陷显示的评定应在白光下进行，显示为红色图像。通常被检工件被检面处白光照度应大于等于 1000lx；当现场采用便携式设备检测，由于条件所限无法满足时，可见光照度可以适当降低，但不得低于 500lx。荧光渗透检测时，缺陷显示的评定应在暗室或暗处的黑光灯下进行，显示为明亮的黄绿色图像。暗室或暗处白光照度应不大于 20lx，被检工件表面的辐照度应大于等于 1000μW/cm^2，自显像时被检工件表面的辐照度应大于等于 3000μW/cm^2。

7. 后清洗

完成渗透检测之后，应当去除显像剂涂层、渗透剂残留痕迹剂其他污染物，这就是后清洗，其目的是为保证渗透检测后，去除任何影响后续处理的残余物，使其不对被检工件产生损害或危害。

（三）缺陷评定

渗透检测检出表面开口缺陷的检出率主要取决于表面开口缺陷的开口宽度，其次取决于深度及长度。缺陷容积（深度×宽度×长度）越大，它容纳的渗透剂就越多，留在缺陷中输送给显像剂形成显示的渗透剂就越多，缺陷显示就越明显。显像剂显示的缺陷图像尺寸比缺陷的实际图像尺寸要大。

渗透检测显示可分为由缺陷引起的相关显示、由于工件的结构等原因引起的非相关显示、由于表面未清洗干净而残留的渗透剂等引起的虚假显示。

小于 0.5mm 的显示不计，其他任何相关显示均应作为缺陷处理。长度与宽度之比大于 3 的为相关显示，若按线性缺陷处理；长度与宽度之比小于或等于 3 的为相关显示，若按圆形缺陷处理；相关显示在长轴方向与工件（轴类或管类）轴线或母线的夹角大于或等

于 30°时，按横向缺陷处理，其他按纵向缺陷处理。两条或两条以上线性相关显示在同一条直线上且间距不大于 2mm 时，按一条缺陷处理，其长度为两条相关显示之和加间距，其质量评定按相关标准执行。

四、渗透检测应用

（一）焊接件的渗透检测

焊缝中常见缺陷有气孔、夹渣、未焊透、未熔合和裂纹等，这些缺陷露出表面时可采用渗透检测方法。可在焊接坡口制备完成、焊接过程中及焊接完成后分别进行。

（二）铸件的渗透检测

铸件中常发现的主要缺陷是气孔、夹杂物、缩孔、疏松、冷隔、裂纹和白点。前几种缺陷易产生于浇冒口及其下部截面最大部位和最后凝固的部位；而冷却速度过快、几何形状复杂、截面变化大的铸件易产生收缩裂纹；白点易产生于某些合金铸件中。

（三）锻件的渗透检测

锻件是由可锻金属经锻压、挤压、热轧、冷轧和爆炸成形等方法得到的。锻件晶粒很细，且有方向性。锻件经锻造加工形成后，原缺陷形态和性质均会发生变化。如夹杂、气孔等体积性缺陷会变得平展细长，可能形成发纹，铸坯的中心小孔，可能形成夹层，表面折皱可能形成折叠或裂纹等，锻件中常见缺陷有缩孔、疏松、夹杂、分层、折叠和裂纹等，而且这些缺陷具有方向性，其方向一般与压延方向垂直而与金属流线方向平行。

第六节　其他检测方法

一、涡流检测

涡流检测的理论基础是电磁感应原理。金属材料在交变磁场作用下产生涡流。根据涡流的大小和分布，可检出铁磁性和非铁磁性材料的缺陷，或分选材料、测量膜层厚度和工件尺寸，以及材料某些物理性能等。

（一）涡流检测的原理

如图 4-26 所示，使线圈 1 与线圈 2 相靠近，在线圈 1 中通过交流电，在线圈 2 中就会感应产生交流电。这是由于线圈 1 通过交流电时，能产生随时间而变化的磁力线，这些磁力线穿过线圈 2，就使它感应产生交流电。如果用金属板代替线圈 2，同样可以使金属板导体产生交流电，如图 4-27 所示。交流磁场在这里感生出的交流电叫作涡流。

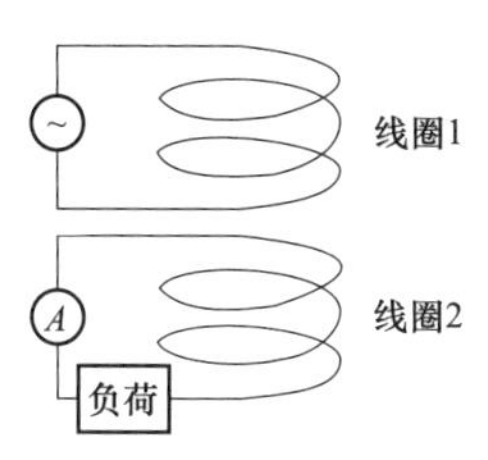

图 4-26　电磁感应现象

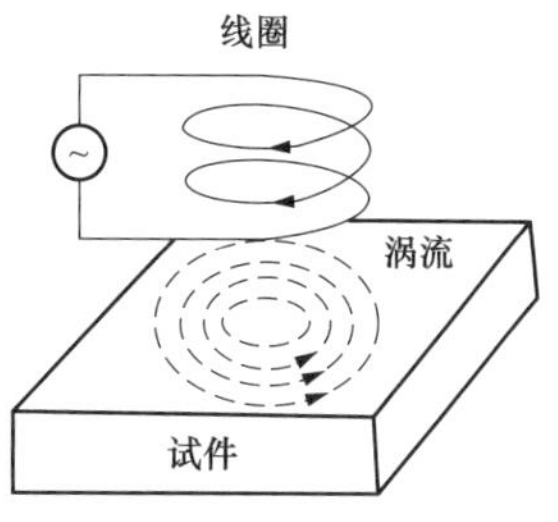

图 4-27　涡流的产生

在图 4-27 中，试件中的涡流方向与给试件施加交流磁场线圈（称为初级线圈或励磁线圈）的电流方向相反。由涡流所产生的交流磁场也产生磁力线，其磁力线也是随时间而变化，它穿过励磁线圈时又在线圈内感生出交流电。因为这个电流方向与涡流方向相反，结果就与励磁线圈中原来的电流（叫作励磁电流）方向相同了。这就是说线圈中的电流由于涡流的反作用而增加了。假如涡流变化，这个增加的部分（反作用电流）也变化。测定这个电流变化，就可以测得涡流的变化，从而可得到试件的信息。涡流的分布及其电流大小，是由线圈的形状和尺寸，交流频率（试验频率），导体的电导率、磁导率、形状和尺寸，导体与线圈间的距离，以及导体表面缺陷等因素所决定的。因此，根据检测到的试件中的涡流，就可以取得关于试件材质、缺陷和形状尺寸等信息。

（二）涡流检测工艺要点

1. 试件表面的清理

探伤前要清理试件表面，除去对探伤有影响的附着物。

2. 探伤仪器的稳定

探伤仪器通电之后，应经过必要的稳定时间，方才可以选定试验规范并进行探伤。

3. 探伤规范的选择

（1）探伤频率的选定。选择探伤频率应考虑透入深度和缺陷及其他参数的阻抗变化，利用指定的对比试块上的人工缺陷找出阻抗变化最大的频率和缺陷与干扰因素阻抗变化之间相位差最大的频率。

（2）线圈的选择。线圈的选择要使它能探测出指定的对比试块上的人工缺陷，并且所选择的线圈要适合试件的形状和尺寸。

（3）探伤灵敏度的选定。探伤灵敏度的选定是在其他调整步骤完成之后进行的，要把指定的对比试块的人工缺陷的显示图像调整在探伤仪器显示器的正常动作范围之内。

（4）平衡调整。应在实际探伤状态下，在试样无缺陷的部位进行电桥的平衡调整。

（5）相位角的选定。调整移相器的相位角，使得指定的对比试块的人工缺陷能最明显地探测出来，而杂乱信号最小。

(6) 直流磁场的调整。对强磁性材料进行探伤时，用磁饱和装置对所检测的区域施加强直流磁场，使试件磁导率不均匀性所引起的杂乱信号降低到不影响探伤结果的水平。

4. 探伤试验

在选定的探伤规范下进行探伤。如果发现探伤规范有变化，应立即停止试验，重新调整之后再继续进行。当线圈或试件被传送时，线圈与试件间距离的变动也会成为杂乱信号的原因。因此，必须注意保持固定的距离。另外，必须尽量保持固定的传送速度。

(三) 涡流检测的特点

涡流检测的特点(优点和局限性)如下。

(1) 适用于各种导电材质的试件探伤。包括各种钢、钛、镍、铝、铜及其合金。

(2) 可以检出表面和近表面缺陷。

(3) 探测结果以电信号输出，容易实现自动化检测。

(4) 由于采用非接触式检测，所以检测速度很快。

(5) 不适用于形状复杂的试件。因此一般只用其检测管材、板材等轧制型材。

(6) 不能显示出缺陷图形，因此无法从显示信号判断出缺陷性质。

(7) 检测干扰因素较多，容易引起杂乱信号。

(8) 由于集肤效应，埋藏较深的缺陷无法检出。

(9) 不能用于不导电的材料。

二、声发射检测

(一) 声发射检测原理

材料或结构受外力或内力作用产生变形或断裂，以弹性波形式释放出应变能的现象称为声发射，也称为应力波发射。各种材料声发射的频率范围很宽，从次声频、声频到超声频。应力波在材料中传播，可以使用压电材料制作的换能器将其接收，并转换为电信号进行处理。

声发射检测就是通过探测受力时材料内部发出的应力波判断容器内部结构损伤程度的一种新的无损检测方法。它与X射线、超声波等常规检测方法的主要区别在于，声发射技术是一种动态无损检测方法。它能连续监视容器内部缺陷发展的全过程。

材料在力的作用下能产生多种声发射信号，但无损检测关注的主要是裂纹的形成和扩展。材料的断裂过程大致可分为三个阶段：①裂纹成核阶段；②裂纹扩展阶段；③最终断裂阶段。这三个阶段都可成为强烈的声发射源。单个原子排列位错滑移也会产生声发射，但裂纹形成产生的声发射比单个位错滑移产生的声发射至少大两个数量级。因此，能够将两者区别开来。

在微观裂纹扩展成为宏观裂纹之前，需要经过裂纹的慢扩展阶段。但裂纹扩展所需要

的能量比裂纹成核需要的能量大 100 倍以上。裂纹向前扩展，积蓄的能量大部分是以弹性波的形式释放出来，使得裂纹扩展产生的声发射比裂纹成核的声发射大得多。

如果裂纹持续扩展，接近临界裂纹长度时，就开始失稳扩展，形成快速断裂。这时的声发射强度更大，以至于人耳都可听见。

（二）压力容器的声发射检测

承压类特种设备中，以压力容器声发射检测应用最多。压力容器声发射检测应按照 GB/T 18182《金属压力容器声发射检测及结果评价方法》的有关规定执行。

现就压力容器耐压试验时进行声发射检测的程序，简单介绍如下。

1. 准备工作

准备工作包括耐压试验准备和声发射检测准备，声发射检测准备包括检测方案和设备器材准备。

2. 换能器和校准声发射仪器布置

换能器和校准声发射仪器布置包括确定使用通道数，换能器布置方式和位置，施加耦合剂，固定换能器，用模拟声发射源检查和校正耦合质量、信号衰减特性、换能器间距、各通道增益、源定位精度，并根据背景噪声调整门槛电压。

3. 升压并进行声发射检测

升压并进行声发射检测应尽可能采用两次加压循环过程。在升压和保压过程中应连续测量和记录声发射各参数。声发射检测参数至少应包括以下三个：声发射试件数、声发射源位置、声发射信号幅度。

4. 检测结果的分析与评价

按活度和强度划分声发射源的等级，并确定源的综合等级。活度是指声发射源的事件数随着加压过程或时间变化的程度。当事件数随着升压或保压呈快速增加时，则认为该部位的源具有强活性；当事件数随着升压或保压呈连续增加时，则认为该部位的源具有活性。如果在升压和保压过程中事件数是离散的，或间断出现的，则认为该部位的源是弱活性或非活性的。

源的强度用能量、幅度或计数参数来表示。声发射信号的幅度 Q 与材料特性有关，相关标准规定，对 16MnR，$Q>80\text{dB}$ 为高强度源，$60\text{dB}\leqslant Q\leqslant 80\text{dB}$ 为中强度源。

源的综合等级根据活度和强度分为 6 级，其中 A 级声发射源不需复验，B、C 级由检验人员决定是否复验，D、E、F 级声发射源必须采用常规无损检测方法复验。

（三）声发射检测原理

声发射检测的特点（优点和局限性）如下。

（1）能够探测出活动的缺陷，即材料的断裂与裂纹扩展，从而为使用安全性评价提供

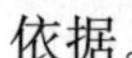

依据。

（2）可远距离操作，实现对设备运行状态和缺陷扩展情况的监控，但无法探测静态缺陷。

（3）设备价格较高。

（4）检测试验过程干扰因素较多。

第五章

抽水蓄能电站压力钢管

抽水蓄能电站压力钢管分为引水压力钢管和尾水压力钢管，输送上、下库之间的水，输送的介质为常温下的水。我国的抽水蓄能电站引水系统最初是用混凝土衬砌，引水系统内的水一般称为内水，混凝土衬砌外的水一般称为外水。对于地质条件不好的电站，如果采用混凝土衬砌，由于混凝土变形能力差，容易造成内水外渗，极端情况就是整个山体像一个吸水的海绵，内水不断外渗，需要定期给上、下库补水。因此，现阶段的引水系统一般均采用压力钢管衬砌。

压力钢管按照铺设形式、结构特征和受力特点，可以将钢管分为明管、地下埋管、坝内埋管及回填管四种形式。

明管是指暴露在空气中，利用镇墩和支墩来固定支撑的一种压力钢管，具有结构简单、施工检修方便、受力明确、经济安全等优点。因此在水电事业的早期，在小型水电站中明钢管受到设计者的青睐。但是对于现在巨型、超巨型压力钢管，要承受上千米的高压水头，仅靠钢管管壁承受内水压力，显得有点“身单力薄”，运行稍有不慎或遭遇自然灾害都有破坏的可能。同时，受地理环境的制约，当钢管要穿越岩体或坝体时，运用明管将造成压力管道投资数额的剧增。

地下埋管是指管道埋入岩体中，图 5-1 所示为管壁与岩壁之间填筑混凝土或水泥砂浆的压力钢管。地下埋管虽然增加了岩石开挖和混凝土衬砌的费用，但缩短了压力钢管的长度，省去支撑构造，利用围岩的承压作用提高钢管的承压能力，进而减小管壁厚度，节约钢材，降低压力管道投资。并且地下埋管处于地下，受自然因素的影响较小，运行相较于明管安全可靠，但由于地下埋管管道埋藏于地下，给检修带来了不便，同时，管道放空时，压力钢管也可能因外压而失去稳定，给地下埋管带来一定破坏风险。

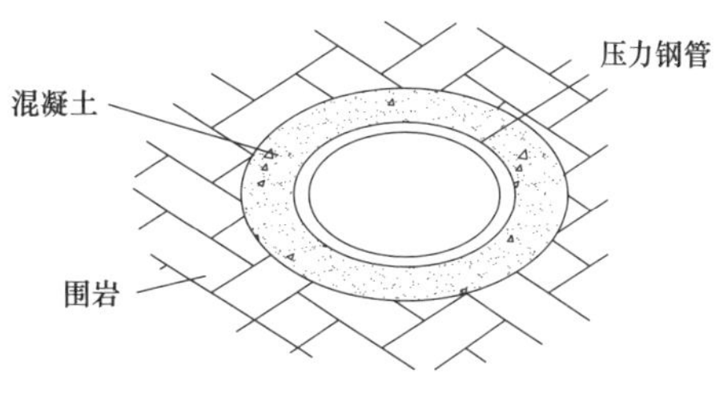

图 5-1　地下埋管断面图

坝内埋管是指埋设在混凝土坝体内的钢管，其结构形式可分为两种：一种是联合承载结

构，是指钢管和混凝土浇筑在一起从而联合承受荷载，它可以充分发挥外围钢筋混凝土的承载作用；另一种为垫层管，在钢管周围铺设垫层，将坝体与钢管隔开，钢管独自承担荷载。无论采用何种结构形式的钢管，坝内埋管都面临着一些无法避免的问题，如当压力钢管的HD（水头和直径）值增大到一定程度时，管壁过厚，对现有钢管制作工艺是一个很大的挑战；另外，有时因为压力钢管引起的拉应力及拉应力区过大，难以确保坝体的抗裂安全等。

第一节　压力钢管材料

水电与抽水蓄能电站的压力钢管标准有 GB/T 31946《水电站压力钢管用钢板》及 YB/T 4137《低焊接裂纹敏感性高强度钢板》，压力钢管用钢主要采用抗拉强度为 500MPa、600MPa、800MPa 三个级别的钢材。对于钢材而言，杂质元素 P、S 含量会严重影响材料的性能和焊接性。由于特殊设备的特殊性，我国的压力容器的钢材中对于 P、S 以及焊接性有很高的要求。对于抽水蓄能电站中的压力钢管，由于不具备返修性，设计时沿用了压力容器材料的思路，因此一般参照 GB 713《锅炉和压力容器用钢板》中 Q345R 和 GB/T 19189《压力容器用调质高强度钢板》中 07MnMoV 交付 500、600MPa 等级的钢板。对于 800MPa 等级的钢板，我国目前的压力容器钢板无对应的标准，钢厂一般参照 GB/T 16270《高强度结构用调质钢板》中的 Q690E 等级钢板交货。

水电站压力钢管用钢板焊接时要求不预热或低预热温度，采用低碳微合金化的开发思路可以降低焊接裂纹敏感性。低合金高强度钢的微合金化技术是 20 世纪 70 年代提出并发展起来的。它是在普通低合金钢中添加微量 Nb、V、Ti 等强碳氮化合物形成元素进行合金化，结合高纯净化冶炼及控制轧制和控制冷却等新工艺，在尽可能不添加或少添加贵重合金元素 Cr、Ni、Mo 的条件下通过控制钢中微合金元素碳氮化合物的沉淀析出，达到细化钢晶粒和第二相沉淀强化的目的，从而大幅提高钢的强韧性能。

钢板在轧制时一般采用控制轧制控制冷却技术（TMCP）。控制轧制工艺是人为使奥氏体中尽可能大量形成新的结晶核心，从而有效细化铁素体晶粒。根据变形温度和变形后钢中再结晶过程的特征，控制轧制工艺一般分为三个阶段：奥氏体再结晶区控制轧制、奥氏体未再结晶区控制轧制和 $\gamma+\alpha$ 两相区控制轧制。

奥氏体再结晶区控制轧制：轧制时，奥氏体变形和再结晶同时进行，因再结晶而获得细小奥氏体晶粒，将导致铁素体晶粒的细化。

奥氏体未再结晶区控制轧制：轧制时，塑性变形使奥氏体晶粒被拉长，在伸长而未再结晶的奥氏体内形成高密度形变孪晶和形变带，同时微合金碳、氮化物因应变诱导析出，增加了铁素体的形核位置，细化了铁素体晶粒。

$\gamma+\alpha$ 两相区控制轧制：轧制时，奥氏体和铁素体均发生变形，在晶粒内部形成大量位错，位错在高温形成亚结构，亚晶强化使强度提高。

控制轧制的三个工艺阶段如图 5-2 所示。

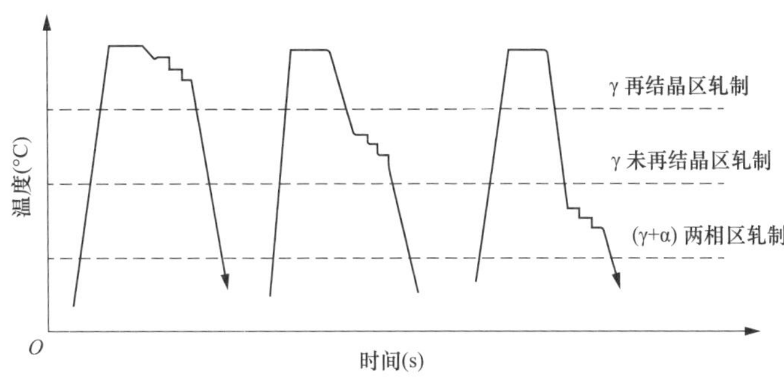

图 5-2 控制轧制的三个工艺阶段

在实际的控制轧制中，一般根据所需钢板的性能以及轧制设备的生产能力，对上述三种控制轧制工艺进行合理组合，以达到细化组织、提高强韧性的目的。现阶段中厚板最重要的控制轧制工艺是两阶段控轧工艺，通过奥氏体再结晶区轧制和未再结晶区轧制的相互配合，保证轧制变形不进入奥氏体部分再结晶区，然后进行待温或快速冷却。无论何种轧制工艺或者工艺组合，均是通过细化晶粒起到强韧化作用，或者通过增加位错、亚晶、织构等起到强化作用。

控制冷却是通过合理控制轧后钢板的冷却工艺参数（开冷温度、终冷温度、冷却速率等），为钢板相变做好组织准备，并通过控制相变过程的冷却速度，使钢中析出物的形态和析出部位发生变化，提高和改善钢材的综合力学性能和使用性能。

一、 500MPa 级钢板性能

Q345R 钢板是水电站压力钢管用国产 500MPa 级钢的主要材料，GB 713—2008《锅炉和压力容器用钢板》对 GB 713—1997《锅炉用钢板》及 GB 6654—1996《压力容器用钢板》进行了合并及修改，将 16MnR、16Mng、19Mng 合并为 Q345R，现阶段水电站用 Q345R 指以往的 16MnR。修订后的 GB 713—2008《锅炉和压力容器用钢板》中对碳素钢和低合金高强度钢的牌号用屈服强度和容器的汉语拼音的首字母为钢种命名，最新版标准为 GB/T 713.2《承压设备用钢板和钢带 第 2 部分：规定温度性能的非合金钢和合金钢》。Q345R 是锅炉、压力容器中应用范围最广、使用量最大的一个牌号，Q 表示屈服强度，345 表示钢板的强度下限为 345MPa 级别，钢板厚度不同则屈服强度下限也不同，R 是锅炉和压力容器用钢中容器首字母。Q345R 属于 C-Mn 系钢，以正火或热轧、控轧状态交货。无论是通过何种交货状态交货，由于其是低淬透性钢，组织均为铁素体和珠光体，铁素体为基体组织，珠光体为强化相。

（一）基本成分设计

16Mn 是 1957 年由鞍山钢铁公司开发成功的，也是我国自主研发低合金高强钢的起

点，Q345R 是在此基础上开发的适合于压力容器用的钢板，是 16Mn 系低合金高强度钢的典型代表。Q345R（16MnR）主要依靠 Mn、Si 的固溶强化作用来提高强度，利用碳化物的析出和细化晶粒，改善塑性和韧性。组织为铁素体＋珠光体，由于这类钢具有令人满意的韧性，从而在很长时间内占据了结构钢使用中的主流位置。

C 是低碳钢中最传统、最经济的强化元素，可以在钢中形成珠光体或弥散析出合金碳化物，因此它对强度、塑韧性和焊接性等影响极大。通常低合金高强度钢中 C 含量较低，一般低于 0.20%，最低可达 0.02%。降低钢中碳含量和碳当量，将其控制在下限内，是保证钢板良好焊接性能的发展趋势。

Mn 是钢中的固溶强化元素，细化晶粒，降低韧脆转变温度，促进 Nb、V、Ti 等微合金元素向奥氏体中固溶，是低合金高强度钢中提高强度的主要元素。钢的强度随 Mn 含量增加而提高，在小于 1.0%范围内韧性随 Mn 含量增加而增大，但超出该范围时韧性会降低，Mn 含量超过 1.5%～1.6%时，会促进贝氏体组织出现；同时 Mn 元素导致钢液凝固和冷却过程中产生晶内偏析，降低钢的导热性，易形成粗大晶粒。因此，铁素体/珠光体型钢板可以采用降 C 增 Mn 的方法提高强度和获得良好的塑韧性能，但同时需要控制 Mn 元素含量，避免贝氏体异常组织出现，另外，也减轻由于 Mn 元素偏析而造成的晶内偏析和中心偏析。

Si 在钢中不形成碳化物而固溶于铁素体，也是一种重要的固溶强化元素，可以显著提高钢的强度和硬度。Si 含量在小于 1.0%的范围内几乎不降低钢的塑性。低合金高强度钢中 Si 元素含量通常为 0.20%～0.40%，由于 Si 的固溶强化作用较大，且其含量对碳当量影响较小，因此将钢板中 Si 元素含量控制在上限是获得高强度和良好韧性的有效途径。

P、S 元素属于低熔点有害杂质元素，易于在连铸坯中偏析，其中 P 元素致使钢板产生回火脆性，恶化钢的塑韧性能，S 元素导致夹杂物数量增多且尺寸增大，因此应当尽量降低钢板中 P、S 等有害杂质元素的含量。

Q345R 的交货状态是热轧、控轧或正火，不同合金化的钢板对应不同的交货状态。早期的舞阳钢铁集团股份有限公司、重庆钢铁集团股份有限公司、武汉钢铁集团股份有限公司生产的 Q345R（16MnR）钢板的交货状态为正火态，其在成分设计时主要依靠 Mn、Si 的强化作用，轧制后通过正火来调整组织，从而改善强度和韧性。

（二）微合金化

历次标准中对于 Q345R 的合金元素含量要求有细微变化。可以看出，在 Q345R 应用的过程中，合金元素的作用逐渐被重视，对合金元素含量的添加也逐渐被细化。Q345R 钢板的成分要求见表 5-1。

GB 6654—1996《压力容器钢板用钢》、GB/T 713—2008《锅炉和压力容器用钢板》、GB/T 713—2014《锅炉和压力容器用钢板》中对于 Q345R（16MnR）强度及断后伸长率的要求均没有变化，对 0℃的冲击要求分别为 31J、34J、41J，对比其化学成分及力学性能要求。但在最新的标准 GB/T 713.2《承压设备用钢板和钢带　第 2 部分：规定温度性能的非合金钢和合金钢》中对 Q345 钢板的强度和断后伸长率提出了要求。通过以上标准的更新可以发现以下几个变化。

表 5-1　　Q345R 钢板的成分要求　　wt,%

成分	GB/T 713—2014	GB/T 713—2008	GB/T 6654—1996
C	≤0.20	≤0.20	≤0.20
Si	≤0.35	≤0.35	0.20～0.55
Mn	1.20～1.70	1.20～1.60	1.20～1.60
Cu	≤0.30		
Ni	≤0.30		
Cr	≤0.30		
Mo	≤0.08		
Nb	≤0.05		
V	≤0.05		
Ti	≤0.03		
Alt	≥0.02	≥0.02	
P	≤0.025	≤0.025	≤0.030
S	≤0.010	≤0.015	≤0.020
其他	Cu+Ni+Cr+Mo≤0.70，V+Nb+Ti≤0.12	如果钢种加入 V、Nb、Ti，则铝的下限不适用	可添加微量合金元素，Cu、Ni、Cr≤0.30，总含量≤0.60

(1) 关于添加微量合金元素的要求越来越具体，GB 6654—1996《压力容器钢板用钢》只是规定了可添加微量合金元素。GB/T 713—2008《锅炉和压力容器用钢板》中明确规定了合金元素的名称。GB/T 713—2014 规定了添加的合金元素的名称、每一种微量合金元素的上限。

(2) 随着标准版本的更新，对于 S、P 的含量的要求控制得更为严格，即对钢的纯净度要求更高。

(3) 随着标准版本的更新，对 0℃的冲击要求逐渐提高，力学性能要求更为严格。

在早期的 16MnR 中，Mn、Si 是最主要的强化元素，微量合金元素的作用并不突出。如前所述，当 Mn 含量超过 1.5%～1.6%时，会促进贝氏体组织出现，因此控制 Mn 含量上限为 1.6%。通过增加 Si 的含量达到强化的效果。随着对合金元素作用研究的逐步深入，微合金化成为该类钢的发展趋势。

由于 Cr、Mo 元素较贵，国内各钢厂在生产 Q345R 钢时基本均以 Nb、V、Ti 为主要添加微量合金元素，利用其强化作用，提高强度，同时利用晶粒细化作用提高韧性。

微合金元素 Nb 可以产生显著的晶粒细化和中等程度的析出强化。凝固过程中先期析出的 Nb（C，N）有利于奥氏体形核，从而获得细小的原始奥氏体晶粒，并在加热过程中抑制奥氏体晶粒长大。随着 Nb 含量的增加，开始时细化晶粒效果显著，当含量达到

0.04%以后，Nb 含量继续增加奥氏体晶粒尺寸基本不变；另外，析出强化效果取决于析出相的数量和尺寸两个因素，析出相的数量越多，尺寸越细小，强化效果越好。NbC 的体积分数增加及细化均有利于提高碳钢的屈服强度。

微合金元素 V 的溶解温度较低，几乎不形成奥氏体中的析出相，其阻止再结晶的作用较弱，具有轻微的晶粒细化和一定程度的析出强化作用。V 能促进珠光体的形成，细化铁素体晶粒，通过在铁素体中的沉淀析出，可使钢的强度增加 150MPa 以上。另外，V 对钢的低温韧性有明显的影响，当 V 的质量分数低于 0.1%时，随其含量增加钢的韧脆转变温度降低。这是因为 V 含量较低时，析出相细小弥散起到明显细化晶粒的作用，使钢的强韧性提高；V 含量过高时，析出相尺寸增大导致钢的韧性降低。钢中的钒元素还有一个重要作用，相变时伴随着碳氮化钒的析出改变 $\gamma \rightarrow \alpha$ 转变行为，使其加速转变，在 TTT 曲线鼻子处不到 30s 的时间内发生完全转变，降低贝氏体、马氏体出现的概率，可形成稳定的 F+P 组织。

微合金元素 Ti 能产生强烈的析出强化和晶粒细化作用，还能阻止奥氏体再结晶，提高钢的屈服强度，但对韧性的贡献不大。Ti（C，N）粒子结合力稳定、不易分解，只有当加热温度达 1000℃以上时，才开始缓慢固溶，而在未溶入前，Ti（C，N）粒子能有效阻止奥氏体晶粒粗化，保证奥氏体晶粒细小均匀。钢中 Ti 元素有助于降低铸坯和钢板裂纹的发生概率，对于含碳量为 0.10%～0.17%的钢，由于包晶相变形成气隙，导致坯壳生长不均匀，同时含 Nb、V 钢的高温塑性差，裂纹敏感性强，使铸坯和钢板裂纹的发生率增高。研究发现，C-Mn-Ti-Nb-V-Al 钢中 TiN 析出相多存在于晶粒内部，当 Ti 加入钢中时，由于它与 N 原子的亲和力比 Al、Nb 的大，因此高温下 Ti 优先与 N 结合成 TiN，降低钢中游离 N 含量，减少或避免 AlN 或 NbN 在奥氏体晶界上析出，TiN 的析出温度高于变形奥氏体的再结晶温度，防止其在再结晶奥氏体晶界上的析出，明显改善钢的热塑性，降低连铸坯和钢板裂纹的发生概率。

炼钢过程中，Al 作为脱氧剂加入钢液中，部分形成 Al_2O_3 或含有 Al_2O_3 的各种夹杂物，其余部分形成酸溶铝。钢中铝的作用主要有镇静钢液，防止钢液凝固时产生气泡；固定钢中的 N，形成弥散度大的 AlN 析出相，控制钢板在加热时的奥氏体晶粒度，提高奥氏体晶粒粗化温度；降低钢板的缺口敏感性和韧脆转变温度，并改善钢板的焊接性能。对于不需要强调焊接性能的普通热轧钢板，Als（酸熔铝）可以控制在 0.01%左右，对于焊接性能有较高要求的钢板，将 Al 可以控制在 0.02%～0.04%。该类型钢板中含量应控制在 0.04%左右。

对 A、B 两种 Q345R 钢板的 CCT 曲线进行对比，A 钢种未进行微合金化，B 钢种采用了多种元素微合金化。2 种 Q345R 钢板的化学成分见表 5-2，Q345R 的 CCT 曲线以及微合金化后的 CCT 曲线如图 5-3 所示。

表 5-2　　2 种 Q345R 钢板的化学成分　　wt,%

元素	C	Si	Mn	Cu	Ni	Cr	Nb	V	Ti	Alt	P	S
A 含量	0.16	0.38	1.35								0.012	0.002
B 含量	0.14	0.40	1.36	0.034	0.012	0.023	0.018	0.003	0.015	0.043	0.015	0.004

注　Alt 为全铝。

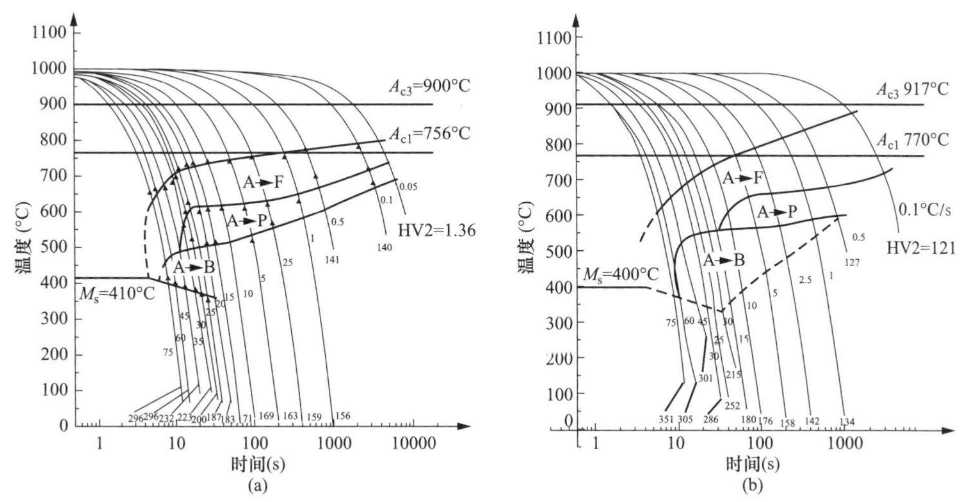

图 5-3　Q345R 的 CCT 曲线以及微合金化后的 CCT 曲线

（a）未微合金化的 CCT 曲线；（b）微合金化后的 CCT 曲线

钢 A 以不同速度连续冷却时，有先共析铁素体的析出（A→F）和珠光体转变（A→P）、贝氏体转变（A→B）以及马氏体转变（A→M）。当冷却速度为 15℃/s 时，转变产物为铁素体和贝氏体（F+B）；当冷却速度大于 20℃/s 时，有马氏体转变发生。Q345 钢几乎在每种冷却速度下都有铁素体形成，在很长的冷却速度范围内都有珠光体形成。当冷却速度大于 15℃/s 时，开始形成贝氏体。当冷却速度大于 20℃/s 时，发生马氏体转变。

微合金化的钢 B 的 C 曲线左移，A→F 和 A→P 的孕育期缩短，这是因为 Nb、Ti、V 等微合金元素能够延缓再结晶，细化奥氏体晶粒，有利于奥氏体的分解，降低了奥氏体的稳定性。另外，微合金元素的添加有利于铁素体和贝氏体的析出，扩展了贝氏体形成区域，但对珠光体相变有一定的抑制作用，使珠光体形成区域缩小。

伴随着控制轧制和控制冷却技术的发展，各钢厂在工艺控制手段方面又各有所长，因此生产的 Q345R 钢板不尽相同。Q345R 通过 Nb 微合金化，采用控轧控冷工艺，轧制加热温度要求在 1200℃，保证其碳氮化合物细晶作用充分完全，终轧温度为 800～870℃，卷取温度为 550～650℃。粗轧采用高温高压细化原始奥氏体晶粒，终轧温度较低利于最终成品的组织细化。

例如中国首钢集团股份有限公司认为含铌钢板坯产生缺陷的敏感性高，不使用细晶强化作用强烈的 Nb，而采用 V，Ti 复合微合金化方式开发生产 Q345R 钢。轧制加热温度要

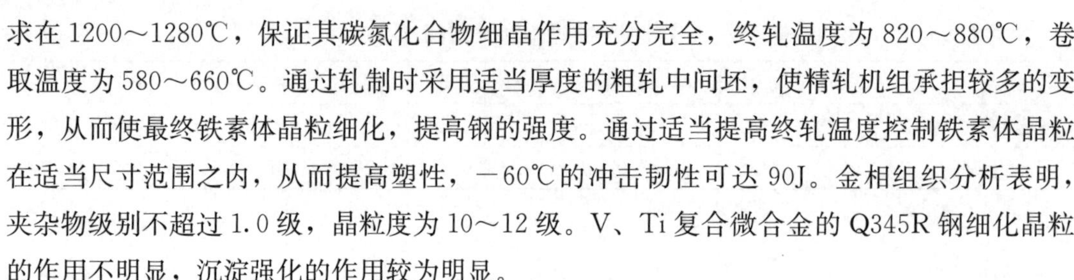

求在1200～1280℃，保证其碳氮化合物细晶作用充分完全，终轧温度为820～880℃，卷取温度为580～660℃。通过轧制时采用适当厚度的粗轧中间坯，使精轧机组承担较多的变形，从而使最终铁素体晶粒细化，提高钢的强度。通过适当提高终轧温度控制铁素体晶粒在适当尺寸范围之内，从而提高塑性，－60℃的冲击韧性可达90J。金相组织分析表明，夹杂物级别不超过1.0级，晶粒度为10～12级。V、Ti复合微合金的Q345R钢细化晶粒的作用不明显，沉淀强化的作用较为明显。

（三）焊接性能

Q345R的可焊性在低合金钢中较好，由于含有一定量的合金元素，淬硬、冷裂倾向都比低碳钢大一些。常温下焊接Q345R时，焊接热影响区一般不出现淬硬组织，其最高硬度通常小于300HBS。在常温下施焊时，焊接工艺与低碳钢的基本相同。Q345R的抗拉强度为460～640MPa，按照等强度要求，应采用E50型焊条。增大焊接电流时，因为冷却速度变慢，所以硬度较低，即淬硬倾向变小。在低温下焊接时可能会出现脆硬组织，易产生焊接裂纹。因此，在低温焊接、厚板焊接时应采取预热的措施，防止脆硬组织导致裂纹的产生。

二、600MPa级高强钢性能

随着钢板应用强度等级的提高，低合金高强度钢的焊接问题就成了较为突出的问题，为了满足大型钢结构对低焊接裂纹敏感性钢的需求，20世纪70年代率先开发出低碳微合金、低焊接裂纹敏感性钢，即CF钢（Crack Free）。CF钢设计的原则是在保证不预热或低温预热焊接、具有优良的抗裂性能的前提下，使钢板焊接区的强度、塑性和韧性等达到或超过相同级别钢的水平。

CF-62是抗拉强度为600MPa级钢板，日本CF-62钢主要有新日铁WEL-TEN62CF、神户制钢K-TEN62CF、日本钢管NK-HITEN610U2、住友金属SUMITEN610F、川崎制铁RIVERA62A（E）等。

GB/T 19189—2011《压力容器用调质高强度钢板》中07MnMoVR、07MnNiVDR、07MnNiMoDR钢板是国产水电站压力钢管用600MPa级钢的主要材料。2011年对GB/T 19189—2003《压力容器用调质高强度钢板》进行修订时，将牌号07MnCrMoVR改变为07MnMoVR，07MnNiMoVDR改变为07MnNiVDR，同时新增了07MnNiMoDR。同GB/T 19189—2003相比，GB/T 19189—2011《压力容器用调质高强度钢板》降低了P、S含量，将冲击吸收功由47J提高到80J。GB/T 19189—2011中对600MPa钢板的成分要求见表5-3。

表5-3　GB/T 19189—2011中对600MPa钢板的成分要求　wt，%

元素	07MnMoVR	07MnNiVDR	07MnNiMoDR	12MnNiVR
C	≤0.09	≤0.09	≤0.09	≤0.09
Si	0.15～0.40	0.15～0.40	0.15～0.40	0.15～0.40

续表

元素	07MnMoVR	07MnNiVDR	07MnNiMoDR	12MnNiVR
Mn	1.20～1.60	1.20～1.60	1.20～1.60	1.20～1.60
P	≤0.020	≤0.018	≤0.015	≤0.020
S	≤0.010	≤0.008	≤0.005	≤0.010
Cu	≤0.25	≤0.25	≤0.25	≤0.25
Ni	≤0.40	0.20～0.50	0.30～0.60	0.15～0.40
Cr	≤0.30	≤0.30	≤0.30	≤0.30
Mo	0.10～0.30	0.10～0.30	0.10～0.30	0.10～0.30
V	0.02～0.06	0.02～0.06	≤0.06	0.02～0.06
B	0.002	0.002	0.002	0.002
Pcm	≤0.20	≤0.21	≤0.21	≤0.25

（一）合金化特点

600MPa 级钢板采用低碳微合金钢成分设计，其优良性能主要来自钢的组织细化以及贝氏体中的高密度位错，在成分设计时沿用低合金高强度钢的微合金化的思路。

由 07MnNiVDR 的 CCT 图可见，当该试验钢奥氏体化后以不同速率冷却时，存在三种相变区：奥氏体向铁素体转变、贝氏体转变和马氏体转变。当冷却速率分别为 0.06℃/s、0.1℃/s 和 0.25℃/s 时，相变组织为铁素体和贝氏体；当冷却速率为 0.5℃/s 时，相变组织为贝氏体；马氏体转变温度根据理论公式计算所得为 Ms=464℃/s，当冷却速率为 5～40℃/s 时，相变后的组织为贝氏体与马氏体的混合物。随着冷却速率的提高，马氏体开始转变点提高，试验钢的硬度值增大，主要是因为随着冷却速率提高，组织变细会产生细晶强化，并且同时硬相马氏体和贝氏体的体积分数提高，这符合一般的相变规律。07MnNiVDR 的 CCT 图如图 5-4 所示。

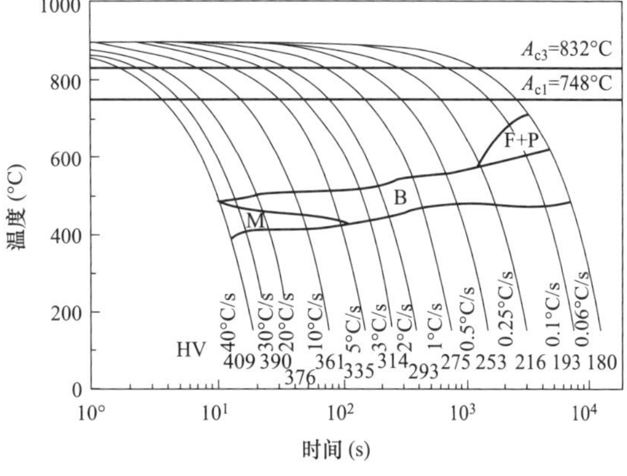

图 5-4　07MnNiVDR 的 CCT 图

微量合金元素的作用非常重要。钢板中 B 元素分为酸溶硼（80%左右）和固溶硼，固溶在奥氏体中的硼原子，由于尺寸效应，趋向于偏聚到奥氏体晶界处，抑制铁素体在晶界处形核，强烈提高钢的淬透性。在得到相同淬透性的情况下，添加 B 相比其他合金元素更有利于钢的焊接性，同时可以节约大量镍、铬、钼等昂贵的合金元素。钢中固溶硼将钢的高强度同良好的焊接性和抗冷脆能力相结合，同时提高晶界强度，进而提高抗氢致晶间断裂的能力。添加超微量的硼对钢板力学性能有明显影响，在相同的轧制及热处理条件下，含硼钢板的强度远高于不含硼的钢板，尤其对于厚规格钢板来说，硼对其综合

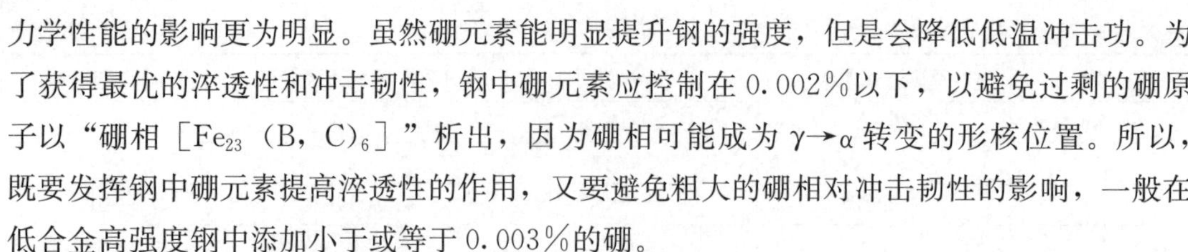

力学性能的影响更为明显。虽然硼元素能明显提升钢的强度，但是会降低低温冲击功。为了获得最优的淬透性和冲击韧性，钢中硼元素应控制在 0.002%以下，以避免过剩的硼原子以“硼相 [Fe_{23} (B，C)$_6$] ”析出，因为硼相可能成为 γ→α 转变的形核位置。所以，既要发挥钢中硼元素提高淬透性的作用，又要避免粗大的硼相对冲击韧性的影响，一般在低合金高强度钢中添加小于或等于 0.003%的硼。

Cu 作为钢中的残余元素在以前进行了严格的控制。但近年来，随着研究的不断深入和发展，对铜的作用有了新的认识，铜在铁素体中的溶解度很低，低温时能产生较强的时效强化现象，但在实际生产中铜的加入量应适当控制。

在低合金高强度钢中，Cr 含量一般不超过 0.3%，其作用主要有生成碳化物，提高钢的强度、硬度和耐腐蚀性；使 CCT 曲线右移，增加钢的淬透性；细化马氏体和珠光体片层尺寸。为了保持高温奥氏体组织的稳定性，通常加入少量的 Cr，这主要是由于大部分铬的碳化物（M_7C_3）被奥氏体的基体或其转化物所包围，处于碳化物状态并溶于奥氏体基体之中。Cr 元素含量对珠光体的精细度和硬度有一定影响，这是由于加入微合金元素 Cr 后，提高了钢的淬透性，使钢的 CCT 曲线向右移动，从而抑制了先共析铁素体的析出，在一定冷却速度不变的情况下，珠光体及马氏体片层间距得到细化，从而提高了调质型容器板的强度而不降低其塑性。在压力容器用钢板 07MnCrMoVDR 中，对强度和淬透性的提升显得非常重要。

Ni 在钢中属于全部固溶的元素，具有明显降低冷脆转变温度的作用，对提高钢的低温冲击韧性有重要作用。其作用机理是 Ni 与 Fe 会以互溶形式存在于 α 和 γ 铁相中，通过其在晶粒内的吸附作用细化铁素体晶粒，提高钢的冲击韧性。但是，Ni 也同时是扩大奥氏体区元素，降低奥氏体的转变温度，从而会影响碳与合金元素的扩散速度，阻止奥氏体向珠光体转变，降低钢的临界冷却速率，可提高钢的淬透性，易使钢中出现贝氏体及马氏体。因此，控制合适的 Ni 含量是改善冲击初性的关键。

合金元素 Mo 可以增强过冷奥氏体的稳定性，在接近贝氏体上限温度的范围内过冷奥氏体转变成少量的珠光体，极低的转变温度导致珠光体球团尺寸较小，剩余过冷奥氏体进入贝氏体较高温度区间转变成粒状贝氏体。贝氏体组织的出现，将导致屈服强度的大幅度提高，但对冲击功却有不利影响。

（二）热处理

早期的 CF-62 钢采用淬火+回火的工艺，GB/T 19189—2011 也要求 07MnNiVDR 等 600MPa 级钢板以淬火+回火状态交货。07MnNiVDR 等 600MPa 级采用控制冷却方式后得到全贝氏体组织，或者由于轧后冷却速度较慢，有部分铁素体及珠光体。

淬火工艺会直接影响材料中合金元素固溶效果，包括加热过程中碳化物在奥氏体中的溶解度、保温过程中的奥氏体晶粒长大速度以及冷却过程中的组织转变等，从而影响材料的组织性能，在选择加热工艺时，要考虑两个重要因素：获得较小的奥氏体晶粒尺寸和固

溶较多的 Nb、Ti、V 等微合金元素，加强析出强化作用。淬火加热控制是否合理会直接影响钢的初始奥氏体晶粒尺寸和微合金元素的固溶效果。

07MnNiVDR 钢在 910～950℃不同温度淬火的微观组织主要是板条贝氏体和粒状贝氏体，并且随着淬火加热温度的升高，粒状贝氏体含量逐渐减少，板条贝氏体含量逐渐增多。在淬火固溶处理时，合金元素充分溶解于奥氏体中，不仅可以获得成分均匀的奥氏体，还可以更好地发挥各合金元素的固溶强化、析出强化和晶粒细化等强化效果，这就要求在固溶处理过程中要保证有足够的固溶时间。当合金元素溶解于奥氏体中时，可以提高钢铁材料的淬透性，这是因为大多数合金元素（Ni、Co 除外）均减慢奥氏体的形成过程，奥氏体成分均匀化的时间要比碳钢长得多。另外，所有合金元素（C、Mn、P、和 N 除外）都有阻碍奥氏体晶粒长大的作用，但阻碍作用强弱程度有所不同。因为一些强碳化物形成元素，如 Nb、V 和 Ti 都有强烈阻止奥氏体晶粒长大的作用，所以含有这些元素的合金钢即使在高温下加热，也易于获得细晶粒组织。在合金钢中，通过晶粒细化可以提高综合力学性能，但是淬火保温时间会直接影响合金元素碳氮化合物在奥氏体中的溶解量，故选择适当的淬火时间尤为重要。

调质钢的最终组织性能取决于回火工艺，回火时间必须保证应力消除和组织转变充分。碳化物的弥散强化作用和合金元素的固溶作用相辅相成，保证钢铁材料有很高的强度和韧性。07MnNiVDR 钢的回火温度在 620℃左右。

07MnNiVDR 在轧后采用淬火＋回火处理保证了即使对轧制工艺控制不严格、冷却速度控制不严格的条件下也能达到标准所要求的力学性能。

随着控扎、控冷技术的发展和完善，以及低碳贝氏体钢的成熟，为非调质高强度钢实现工业性生产和大规模应用提供了技术保证和工艺基础。采用精确控制轧制温度、轧制速率、轧制变形量，合理地将轧制区间控制在理想的温度区间，利用微合金化的细化晶粒、沉淀强化等作用，在轧后采用精确的控冷技术，得到精细的显微组织。轧后免去淬火工艺，通过回火改善钢的韧性。

采用两阶段控制轧制，轧后采用空冷技术，回火工艺参照调质处理中的回火工艺，组织和性能即可达到要求，可代替传统的轧制、淬火＋回火工艺。既提高了效率，又节省了成本，同时省去了淬火工艺，使成型后的板型优良得到了保障。

（三）焊接性能

600MPa 级 CF 钢具有低的热裂纹和冷裂纹敏感性。在焊接过程中，焊缝和热影响区金属冷却到固相线附近的高温区时所产生的焊接裂纹称为热裂纹。解决焊接热裂纹，焊接材料是关键，但也需要有正确的焊接工艺措施。合金元素是影响热裂纹产生的主要因素。在钢中，S、P 是增大结晶裂纹倾向的元素，C 是影响结晶裂纹的主要因素。C 不仅影响合金结晶温度区间，而且还加剧了 S、P 的有害作用。因为 600MPa 级 CF 钢具有低 C、低 S、低 P、高 Mn 等特点，所以对热裂纹不敏感。

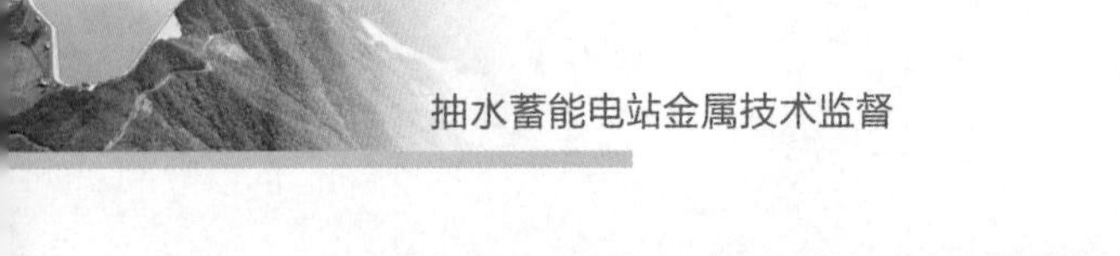

焊接冷裂纹常分为淬硬裂纹、氢致裂纹和低延裂纹。焊接性试验结果显示，600MPa级CF钢（国产WDB620、日本NKHITEN610U2等）焊缝热影响区最高硬度HV均小于350，按照国际焊接学会（IIW）最高硬度试验的评定标准，焊缝热影响区的硬化倾向较小。因此，CF钢具有优良的塑性，通常不会发生低延裂纹。

限制焊缝中的扩散氢量是CF钢焊接的控制重点。选择低氢或超低氢焊材，并防止再吸潮，有利于防止冷裂纹。焊接施工中采用适宜的预热或后热也可减少扩散氢量。预热和后热温度是CF钢焊接的重要工艺参数，需要根据理论计算和裂纹试验成果结合现场环境因素来确定。通常，焊缝强度越高，预热温度应相应提高；多层焊预热温度可比单层焊降低；碳当量增大，需提高预热温度。选择合适的焊接方法，可降低焊缝中的扩散氢量。

（四）典型600MPa级钢板

2000年以来，国内水电站建设普遍采用600MPa级压力钢管，2005年三峡右岸工程12台机组蜗壳（12000t）全部采用国产鞍山钢铁集团公司600MPa级钢板，冶勒水电站采用舞钢生产的600MPa级钢板。600MPa级钢板一般采用GB/T 19189—2011《压力容器用调质高强度钢板》中通用牌号，但各大钢厂根据自身生产特色及不同生产工艺也应用了不少特殊牌号如舞阳钢铁有限公司WDB620，宝山钢铁股份有限公司B610CF，中国首钢集团有限公司SG610CF，鞍山钢铁集团公司ADB610D等。目前国产的600MPa级钢板已全部代替进口。国内的钢板在开发时也沿用高纯净度、低碳微合金化、控轧空冷的方式，保证钢材的高强、高韧及焊接低裂纹敏感性。

1. WDB620

WDB620是舞阳钢铁有限公司研发的600MPa级CF钢牌号，W、D、B三个字母分别代表舞阳钢铁有限公司、低碳、贝氏体，620代表其抗拉强度等级。其在开发时也沿用低碳贝氏体钢的开发思路。WDB620在成分设计时加入Cu、Ni、Cr、Mo、V、Nb、Ti、B进行微合金化，保证其能够起到沉淀强化及细晶强韧化的作用，同时控制$P_{cm} \leqslant 0.20\%$，保证低裂纹敏感性。生产时采用电炉冶炼-炉外精炼-连铸-控制轧制-回火的工艺路线。

炼钢时采用炉外精炼（LF、VD），以实现对钢水纯净度及成分的稳定控制；WDB620采用了三阶段控轧工艺。第一阶段为奥氏体再结晶阶段，在这一阶段内（1000℃以上），奥氏体变形和再结晶同时进行，因再结晶而获得的细小奥氏体粒，将导致铁素体晶粒的细化。此阶段道次压下率大于或等于10%，累计压下率大于或等于60%。第二阶段为奥氏体非再结晶阶段（950℃～A_{r3}，A_{r3}为冷却时铁素体转变的开始温度），在这一阶段内，奥氏体晶粒被拉长，在伸长而未再结晶的奥氏体内形成高密度形变，孪晶和形变带，同时微合金碳、氮化物因形变诱导析出，因而增加了铁素体的形核位置，细化了铁素体晶粒。此阶段压下率尽量大，累计压下率大于或等于50%。第三阶段为（奥氏体+铁素体）两相区轧制阶段（A_{r3}～A_{r1}），在这一阶段内，奥氏体和铁素体均发生变形，晶粒

进一步细化，并产生位错强化、亚晶强化，使强度进一步提高。此阶段累计压下率控制在25%左右。

WDB620钢板在620～680℃间回火时强韧性最佳，故回火工艺温度在该温度范围内选择。在620℃回火时，钢板的力学性能结果完全满足WDB620及CF62技术要求且具有良好的抗层状撕裂能力。

2. B610CF

B610CF是宝山钢铁股份有限公司研发的600MPa级CF钢牌号，字母B代表宝山钢铁股份有限公司，610代表其抗拉强度等级。宝山钢铁股份有限公司开发成功球罐用B610CF钢板后，并应用于三峡右岸地下电站压力钢管。

B610CF开发时也沿用低碳贝氏体钢的开发思路，成分设计时加入Cu、Ni、Cr、Mo、V、Nb、Ti、B进行微合金化，保证其能够起到沉淀强化及细晶强韧化的作用，同时控制P_{cm}≤0.20%，保证低裂纹敏感性。采用控制较低温加热—低温轧制DQ—T（直接淬火—回火）工艺，以获得细小的低碳贝氏体，从而保证其高强度和良好的低温韧性。

3. SG610CF

SG610CF钢是中国首钢集团股份有限公司研发的600MPa级CF钢牌号，字母SG代表首钢，610代表其抗拉强度等级。SG610CF成分设计时采用V、Nb、Ti常见微合金化元素以及Ni、Cr、Mo、B进行微合金化，保证其能够起到沉淀强化及细晶强韧化的作用，同时控制P_{cm}≤0.20%，保证低裂纹敏感性。冶炼工艺路线：铁水脱硫预处理—转炉炼钢—LF炉精炼RH真空处理—板坯浇注。冶炼过程中严格控制P、S含量，保持钢的纯净度，控制影响焊接性能的残余元素含量，保证钢的焊接性能。

SG610CF钢坯采用两阶段轧制，在奥氏体再结晶区轧制采用低速大压下进行控制，通过加大道次压下量，使钢板在道次间充分发生奥氏体动态再结晶，细化晶粒；在奥氏体未再结晶区轧制在较低温度下进行，保证未再结晶区的轧制变形量，获得充分压扁的变形奥氏体，积累形变和位错，创造更多的形核位置，促进相变后获得细小的相变组织，两阶段轧制后采用控制冷却方式进行组织控制，使钢板温度进入贝氏体转变区间，进行贝氏体转变，得到了以粒状贝氏体为主的组织。钢板强度较高，韧性好。

回火过程中钢板发生了碳化物的析出。随着回火温度的不断提高，钢中碳氮化物不断析出，使钢板强度提高，当回火温度提高至700℃以上时，碳化物析出基本饱和，粒状贝氏体进入晶粒粗化阶段，钢板强度将开始下降。

针对20～60mm规格，采用TMCP+回火交货，对于60～80mm的厚板以及150mm的超厚板，采用淬火+回火状态交货。

4. ADB610D

ADB610D钢是鞍山钢铁集团公司2005年为三峡右岸电站水轮机蜗壳用钢板而研制生

产的610MPa级低焊接裂纹敏感性高强度钢。A代表鞍山钢铁集团公司，DB代表低碳贝氏体，610D表示抗拉强度为610MPa级别质量等级为D的CF钢。

ADB610D按照低碳贝氏体钢成分设计，特点是含碳量低，碳含量被限制在0.08%以下；含硫、磷低，硫、磷含量分别被限制在0.003%和0.009%以下；氮含量低，氮含量被限制在0.006%以下；碳当量和裂纹敏感系数 P_{cm} 低。由于碳当量和裂纹敏感系数小，ADB610D钢具有优良的焊接性和低温抗裂性能。

采用TMCP轧制工艺，通过钢的组织细化及贝氏体中的高密度位错来保证钢的优良力学性能。ADB610D钢在−20℃时的冲击吸收功以及应变时效（5%）冲击吸收功有很大的储备，应变时效冲击吸收功与无应变量时很接近，而一般要求应变时效冲击吸收功只要大于或等于钢材的力学性能规定的最小值47J即可，此钢种远远高于要求的性能指标，表明该钢种的低温韧性和冷加工性能很好。这与ADB610D钢化学成分中氮含量被限制在0.006%以下有很大关系。

三、800MPa级高强钢性能

大多数抽水蓄能电站，因为HD值较高，为了减小钢管、蜗壳、岔管的壁厚，降低施工和焊接的难度，开始采用800MPa级的水电用钢。国外使用800MPa高强钢相对较早，日本最早使用80kg级水电用钢制作压力钢管与钢岔管，并首次在熊本县大平蓄能式水电站上使用HT780钢板，牌号为SHY685NS，并形成JIS G 3128《焊接结构用高屈服强度钢板》（日本工业标准），在20世纪90年代开始成功应用。而我国在800MPa级高强度水电用钢的使用与开发起步较晚，从最早于1998年的北京十三陵抽水蓄能水电站所使用的日本进口高强钢板（SHY685NS），到2013年呼和浩特抽水蓄能电站开始采用国产800MPa级高强度钢板（B780CF），再到2015年开始建设的乌东德水电站所使用的SX780CF国产低裂纹敏感性的800MPa级高强度钢板，国产水电高强钢板的使用范围正在不断推进。目前国内设计的抽水蓄能电站压力钢管采用800MPa级钢板的最大壁厚已经达到60～70mm，月牙肋板的钢板达到120～140mm。不同电站所采用800MPa级别钢板的比例占15%～35%，随着800MPa级别钢板制造工艺的进一步优化与成熟，800MPa级别钢板在水电工程领域的应用比例会随之增加。

（一）合金化特点

800MPa级钢的设计过程中需要高强度、高塑韧性、低冷裂纹敏感性、优良的抗层状撕裂和优良的可焊性。

通过用C、Mn、Cr、Mo、V、B等合金元素调整钢板的淬透性，保证钢板中心部位具有足够的淬透性，实现钢板强韧性、强塑形匹配及较低的屈强比控制；控制Mo当量在适合范围，确保钢板回火稳定性。

成分上通过低C、低Si成分设计，控制Mn/C比，适当添加Ni元素，改善钢材的韧性。

特厚板中添加微量 Nb，实现控轧细化晶粒，并形成表面层细晶粒的梯度组织。工艺上采用梯度淬火工艺技术，均匀、细化晶粒，保证调质钢板表面层为均匀细小的马氏体组织，钢板中心部位为马氏体+下贝氏体混合组织，抑制裂纹发生与裂纹失稳扩展，从而抑制脆性断裂。

在成分上进行低 C、超低 Si 成分设计，适当控制 Cr、Mo、V 等促进 M-A 组元析出的元素含量，减少焊接热影响区 M-A 组元析出，降低 M-A 组元尺寸，控制杂元素 P、S、O、N、H 含量。降低焊接预热温度，提高焊接热输入范围，使焊接接头熔合线、焊接热影响区低温韧性优良，具有高的抗裂、止裂性。

根据国内外工程实例，800MPa 高强钢通常指最低屈服强度在 690MPa（$t \leqslant 50$）左右的钢材，在选择材料的过程中通常在 EN 10025—6《热轧结构钢制品　第 6 部分：调质高屈服强度结构钢扁平材交货技术标准》（欧洲标准）、ASTM A517/A517M《压力容器用调质高强度合金钢板》（美国标准）、JIS G 3128《焊接结构用高屈服强度钢板》（日本工业标准）、GB/T 16270《高强度结构用调质钢板》（中国标准）、YB/T 4137《低焊接裂纹敏感性高强度钢板》（中国冶金标准）下金相。

各国标准下的 800MPa 高强钢要求对比如表 5-4 所示。

从化学成分来看，YB/T 4137 中规定的碳含量最低为 0.09%，EN 10025-6 中规定了 N 与 Zr 的含量，但 YB/T 4137 中没有涉及 Cu 的含量，在有害元素 P 与 S 的要求方面，JIS G 3128 与 YB/T 4137 对 P 的要求最高，为 P≤0.015%；YB/T 4137 对 S 的要求最高，为 S≤0.008%。关于冲击韧性指标上在−40℃试验温度下三个试片的最低平均值，EN 10025-6 为 27J，JIS G 3128 为 47J，GB/T 16270 为 34J，YB/T 4137 为 60J，为最高要求。

通过表 5-4 可以看出，800MPa 水电钢一般由 C、Si、Mn、P、S、Ni、Cr、Cu、V、Ti、Mo、Nb 与 B 组成，不同元素对基体性能的影响如下。

（1）C 的作用：C 是强化工程结构钢材强度最有效与最经济的元素，C 含量增加可以提高钢材的强度和硬度，抗拉强度与 C 的含量保持线性关系，但 C 含量的增加会恶化材料的韧性、塑性、焊接性。高强钢为了保持良好的焊接性，一般通过添加合金元素来降低 C 含量，以获得尽可能高的综合力学性能。

（2）Si 的作用：Si 是钢材中良好的脱氧剂，有很强的固溶强化效果，提高钢材的淬透性。在非调质钢中加入不超过 0.5%的 Si 可以提高钢材的韧性，但超出之后会导致钢材的韧性变差，增加晶粒粗化的倾向。

（3）Mn 的作用：当钢材中 C 含量处在较低范围时，Mn 的固溶强化就显得尤为重要，Mn 元素能够提高钢材的抗拉强度与屈服极限，同时对钢材的变形能力影响较小。研究表明，含 1%Mn 的钢材抗拉强度约可提高 100MPa。Mn 能扩大奥氏体区，降低 $\gamma \rightarrow \alpha$ 转变的温度，从而促进晶粒的细化。但过高的 Mn 含量会加剧 TMCP 钢板的中心偏析，造成钢材的性能不均匀，降低钢材抗氢致裂纹的能力，并且过高的 Mn 含量会增加钢材的成本，提高钢材的碳当量，降低钢材的焊接性能。

表 5-4 各国标准下的 800MPa 高强钢要求对比

标准名称	代表钢材	最低屈服强度（MPa）	最低断裂延伸率（%）	横向最低冲击功（J）	C≤	Si≤	Mn≤	P≤	S≤
EN10025-6	S690Q	690（$t\leqslant50$） 650（$50<t\leqslant100$）	14	27（−20℃）	0.20	0.80	1.70	00.25	0.015
	S690QL			27（−40℃）				0.02	0.01
	S690QL1			27（−50℃）				0.02	0.01
AST A517/A517M	A517Gr. F	690（$t\leqslant65$）	16（$t\leqslant65$）、 14（$65\leqslant t\leqslant150$）	需与供应商协商	0.10～0.20	0.15～0.35	0.60～1.0	0.025	0.025
JIS G 3128	SHY685NS	685（$t\leqslant50$）、 665（$50<t\leqslant100$）	16	47（−40℃）	0.14	0.55	1.5	0.015	0.015
GB/T 16270	Q690D	690（$t\leqslant50$）、 650（$50<t\leqslant100$）	14	47（−40℃）	0.2	0.8	1.8	0.025	0.015
YB/T 4137	Q690CFE	690（$t\leqslant50$）、 670（$50<t\leqslant100$）	14	60（−40℃）	0.09	0.5	2.0	0.015	0.008

Ni≤	Cr≤	Cu≤	V≤	Ti≤	Mo≤	Nb≤	B≤	Zr≤	N≤
2.00	1.50	0.50	0.120	0.050	0.70	0.06	0.005	0.15	0.02
0.70～1.0	0.40～0.65	0.15～0.50	0.03～0.08	0.10	0.40～0.60	—	0.005～0.006	—	—
0.3～1.50	0.8	0.5	0.05	—	0.6	—	0.005		
2.0	1.5	0.5	0.12	0.05	0.7	0.06	0.005		
1.8	0.8	—	0.10	0.05	0.70	0.12	0.005		

注 t 代表温度，单位为℃，含量范围仅表示在此含量范围，单个数值表示不大于此数值。

(4) Cu 的作用：Cu 在钢材中主要起沉淀强化作用，此外，Cu 对钢材的低温韧性有利，还能增加钢材的耐候性与耐蚀性。但 Cu 在组织中有向晶界和表面富集的倾向，同时 Cu 的熔点为 1083℃，故含 Cu 量较高的钢材易发生热脆，因此 Cu 的含量一般不应超过 0.30%（wt）。

(5) Ni 的作用：Ni 是仅有的在钢材中起固溶强化而不影响钢材韧性的元素，Ni 的加入可以显著地改善钢材的韧性，特别是低温韧性，Ni 还能阻止含铜量较高的钢材产生热脆的倾向。

(6) Cr 的作用：Cr 可以有效提高钢材的强度，还可提高钢材的淬透性，同时可以提高钢材的耐蚀性，但当其含量过高时，钢材的低温韧性显著降低，一般控制其含量在 0.20%～0.50%（wt）。

(7) Mo 的作用：Mo 能显著提高钢材的强度，特别是高温强度，加入 0.5%的 Mo 能使钢的高温蠕变强度提高 75%，相比于 Mn、Cr 的强化效果更好，同时 Mo 也是增强钢材抗氢能力的主要元素之一。Mo 能降低 $\gamma \rightarrow \alpha$ 转变速率，抑制多边形铁素体及珠光体的形核，促进组织细小的贝氏体形成。但是 Mo 会提高钢材的淬硬性，同时对碳当量贡献较大，进而增加钢材焊接冷裂纹敏感性。

(8) V、Ti、Nb 的作用：V、Ti、Nb 在钢材中属于微量加入元素，这三种微量元素可以在组织中形成细小的碳化物、氮化物或碳氮化物粒子，在加热过程中，粒子钉扎在奥氏体晶界处，可以阻止奥氏体晶粒的长大，起到细化晶粒的效果，还可以在焊接过程中阻止焊接热影响区晶粒的粗化。每种元素具体的作用如下。

1) Nb 原子的尺寸比 Fe 原子的尺寸要大，在钢材组织中以置换溶质原子的形式存在，容易在位错附近偏聚，对位错的运动产生强烈的拖曳作用，抑制再结晶的形核，从而抑制奥氏体晶粒的再结晶，Nb 对奥氏体晶粒再结晶的抑制作用相比于 V 与 Ti 是最强的。另外，Nb 的碳化物、氮化物在相变过程与冷却过程中的析出，起到析出强化的作用。不过当 Nb 的含量超过 0.05%之后对钢材的强化效果达到饱和，并且由于 Nb 容易促使 M/A 组元的生成，过多的 Nb 将对焊接热影响区的韧性不利。

2) V（C，N）的固溶温度较低，相比于 Nb 与 Ti，V 在加热过程中对奥氏体晶粒长大的抑制与在控轧过程中对奥氏体晶粒的再结晶的阻碍作用较小，V 的主要作用在于它的析出强化，不过当 V 与 Cr、Mo 元素同时存在时会在回火过程中形成复杂的碳化物，而降低焊接接头的塑形和韧性，因此需要严格控制 V 的含量。

3) Ti 是一种强烈的碳化物和氮化物形成元素，Ti 对硫元素的亲和力要大于 Fe 对硫元素的亲和力，因此在钢材中加入一定量的 Ti，硫元素会优先和 Ti 发生结合，生成硫化钛，降低了生成硫化铁的概率，可以减少钢材的热脆性。TiN 的溶解温度很高，因而能在高温下强烈抑制奥氏体晶粒的长大，可以在一定程度上抑制焊接热影响区晶粒的粗化，而 TiC 可以在相变过程中析出，起到析出强化的作用。

(9) S、P的控制：S在钢材中容易形成低熔点的硫化物，引起热脆，并且对于钢材的焊接性能不利，应尽量减少其含量；P虽然能起到一定的固溶强化效果，但是P会导致钢材的冷脆，同样应该严格控制其含量。

(10) B的作用：微量B就可以大大改善钢材的致密性和热轧性能，可以显著提高钢材的淬透性。B能在奥氏体晶界上产生偏聚而阻碍铁素体在晶界上的形核。此外，B与氮元素的交互作用，能显著提高钢材的低温韧性。不过B的含量不易太多，较高的含量容易使B以氧化物或氮化物的形式存在于组织中，丧失了其抑制铁素体在晶界上形核的作用。

（二）热处理和组织状态

800MPa级水电钢的交货状态通常为调质态与TMCP（Thermo-Mechanically Controlled Processed）态，两者虽然都采用低碳成分设计以改善焊接性，但仍然存在淬硬倾向与冷裂纹倾向大、焊接热影响区（Heat Affect Zone，HAZ）性能下降等问题。从合金成分的角度来看，低碳调质钢合金元素含量相对于TMCP态钢材较高，具有一定的冷裂倾向，TMCP态合金成分虽较低，但仍存在冷裂纹倾向。

目前，为了满足水电站用钢对高强度、高韧性和超厚规格的要求，大部分800MPa级水电站用钢的交货状态仍为调质态，调质后的钢板组织结构相对于TMCP态较为均匀。大多数800MPa级水电站用钢通过调质处理获得以回火贝氏体或回火马氏体为基体的显微组织，从而获得良好的综合力学性能。

以在呼和浩特抽水蓄能电站所使用的宝钢股份有限公司生产的牌号为B780CF以及浙江仙居抽水蓄能电站所使用首钢生产的SG 780CFE调质钢板为例，B780CF为低碳回火马氏体+低碳回火下贝氏体的混合组织（如图5-5所示）；SG 780CFE在淬火后形成基体为板条贝氏体+低碳马氏体的淬火组织（如图5-6所示），在回火后生成以回火贝氏体为基体的组织（如图5-7所示）。

（三）焊接性能

800MPa级高强钢焊接接头裂纹敏感性高，容易出现焊接裂纹、热影响区局部脆化等问题。焊接过程中容易产生焊接冷裂纹，其主要影响因素有淬硬组织、熔敷金属扩散氢含量和焊接接头的拘束应力。此外，焊接热影响区的粗晶区和临界区通常被认为是焊接接头韧性较差的区域。因此，对于800MPa级高强钢而言，需集中研究其焊接裂纹敏感性，制定出避免焊接裂纹的工艺措施，同时提高其焊接接头的强韧性。

（四）典型800MPa级钢板

1. B780CF

B780CF是宝钢股份有限公司研发的800MPa级CF钢牌号，字母B代表宝钢股份有限公司，780代表其抗拉强度等级。B780CF合金成分设计时以保证高强度、高韧性与塑性以及良好的焊接性为原则。

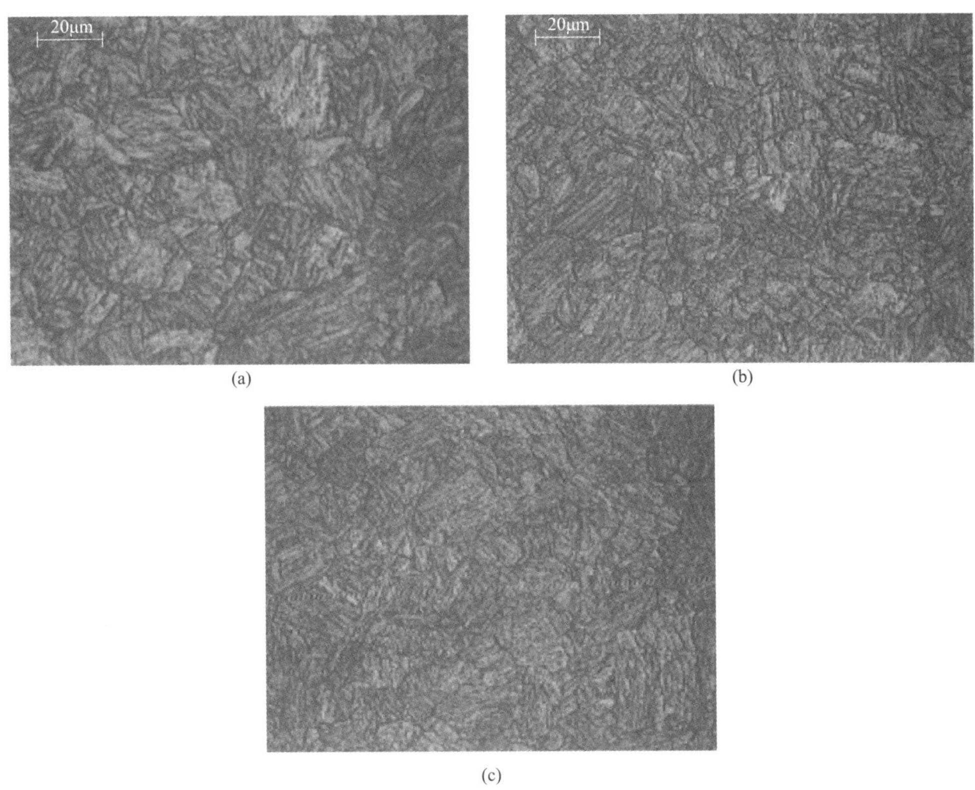

图 5-5　厚度≤80mm 的 B780CF 调质钢板典型显微组织

（a）表层；（b）板厚 1/4 处；（c）板厚 1/2 处

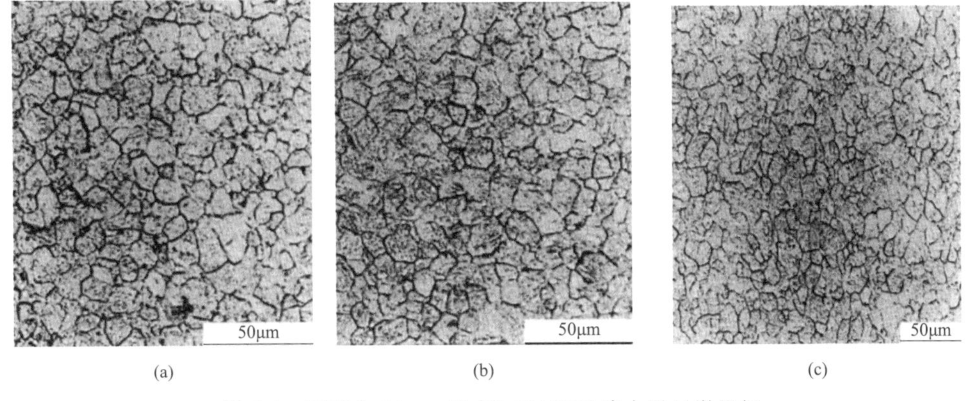

图 5-6　厚度为 50mm 的 SG 780CFE 淬火后显微组织

（a）心部；（b）板厚 1/4 处；（c）表面

（1）用 C、Mn、Cr、Mo、V、B 等合金元素保证钢板的淬透性，得到高的强度；控制 Mo 当量在适合范围，确保钢板回火稳定性；采用 AlN 析出控制技术，保证钢中固溶 B 原子，确保 B 发挥最大的淬透性效应。

（2）高强高塑性主要利用低碳低硅设计以及控制有害元素的含量，同时适当添加 Ni

图 5-7　厚度为 50mm 的 SG780CFE 回火后显微组织

元素，控制 Ni 当量在合适范围；添加微量的 Nb，细化晶粒。

(3) 通过低 C 设计及低 P_{cm} 保证焊接性能；提高钢的纯净度，控制 Cr、Mo、V 的含量，防止出现焊接热裂纹以及改善热影响区性能；通过添加微量 Ti、低 N 化，实现固 N 及固溶 B，控制板坯加热及轧制过程中的晶粒长大，改善钢板焊接性与 HAZ 低温韧性。

B780CF 钢板的显微组织为均匀细小的下贝氏体和板条马氏体，平均尺寸在 25μm 以下。钢板所用的板坯采用转炉、炉外精炼及连铸工艺生产，为保证钢板内质，采用凝固末端轻压下技术；板坯加热、轧制、调质（淬火＋回火），各工序温度的严密控制，保证钢板原始奥氏体晶粒细小。

B780CF 钢板具有优良的焊接性。焊接预热温度较低，50℃即可；焊接冷裂纹敏感性低；钢板适应较为宽泛的焊接热焊接；且可以承受较大热输入焊接，焊接接头尤其焊接具有优良的低温冲击韧性、强韧性与强塑性匹配，具备良好的抗裂性与止裂性特性。

2. SG780CF

SG780CF 钢是首钢研发的 800MPa 级别 CF 钢牌号，字母 SG 代表首钢，780 代表其抗拉强度等级。SG780CF 钢板成分设计时应尽量降低钢的碳当量和焊接裂纹敏感性系数 P_{cm}，尽可能降低钢板的预热温度。在恶劣的施工环境也使得焊接过程中线能量难以得到稳定控制，需要钢板在较大 $t_{8/5}$（$t_{8/5}$ 是指熔合线附近的金属从 800℃冷却到 500℃所持续的时间，该冷却速度对熔合区的组织和性能起着决定性的影响。）范围内具有较好的冲击韧性，保证钢板热影响区具有较好的韧性储备。钢管在制造过程中需要将整张钢板卷制成圆形后再进行焊接，对钢板的应变时效敏感性也提出了较高的要求。不同厚度的钢板同焊接裂纹敏感性系数 P_{cm} 关系图如图 5-8 所示。

由图图 5-8 可见，当 P_{cm} 低于 0.22%时，预热温度可以低于 100℃。添加少量 Cu 元素且提高 Ni 元素含量可以大大提高在较大线能量条件下热影响区韧性。

不同合金元素含量在不同的线能量输入条件下冲击性能对比如图 5-9 所示。

SG780CF 钢板成分设计时应综合考虑焊接裂纹敏感性以及不同元素对钢板性能的影响，因此采用低碳高镍的成分设计，在满足钢板淬透性要求的基础上，降低 C 元素含量，添加 Cu 元素提高热影响区韧性，添加 Nb、V 等微合金元素主要是固定钢中的元素，保证钢板具有较低的应变时效敏感性，添加微量元素 B 更进一步抑制先共析铁素体的生成。

冶炼过程中严格控制钢中各元素波动，同时冶炼过程中严格控制钢杂质元素含量。转炉采用双渣法冶炼，出钢严格控制下渣量，实现超低磷控制；采用铁水脱硫预处理、LF

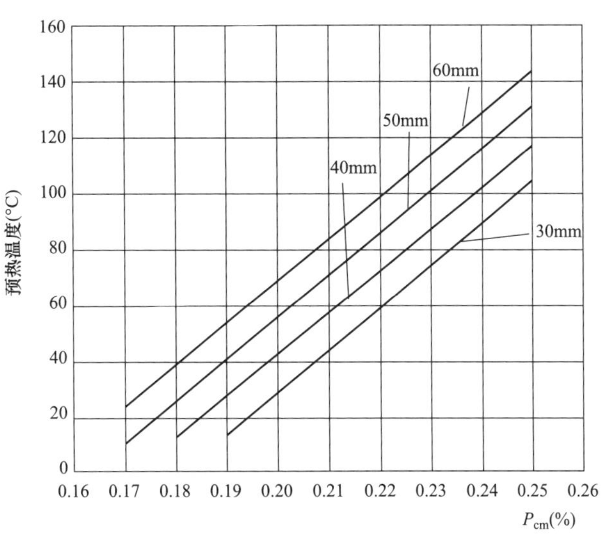

图 5-8　不同厚度的钢板同焊接裂纹敏感性系数 P_{cm} 关系图

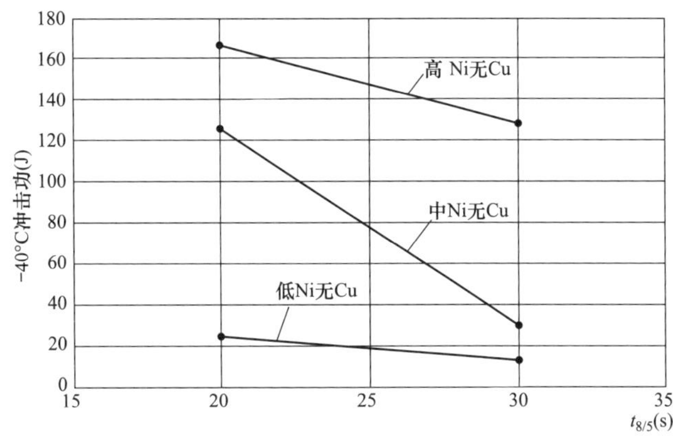

图 5-9　不同合金元素含量在不同的线能量输入条件下冲击性能对比

炉深脱硫实现了超低硫钢控制；控制出钢过程吸氮、RH 真空脱气处理、连铸保护浇铸，保证了低的气体含量。

浇铸时严格控制铸坯内部质量，均匀的铸坯组织和成分分布可以有效提高钢板力学性能均匀性。铸坯的中心偏析在热力学上不可能完全消除，通过严格控制温度梯度，优化凝固末端压下及增加固相区压下方法，增加铸坯等轴晶的比例。在均匀宏观中心偏析的基础上，也有效减轻铸坯近中心部位的枝晶偏析，从而提高铸坯的内部质量。

钢板采用 TMCP 工艺进行生产，轧制过程的核心就是细化奥氏体晶粒，这个过程主要通过形变过程中奥氏体晶粒的再结晶来实现，控制奥氏体再结晶后晶粒尺寸的关键是形变温度和相对变形量。充分利用轧机能力，严格控制各道次轧制时的温度及压下量，达到充分细化原奥氏体晶粒，厚度方向晶粒尺寸尽可能均匀。

SG780CF 钢板采用调质工艺保证最后的力学性能，在淬火过程中可以获得全截面均匀的板条贝氏体+低碳马氏体的混合组织，这种组织具有精细的亚结构，板条间被高密度的大角度界面分割，成为最终的强度和韧性控制单元。淬火后原奥氏体晶粒尺寸在 10～20μm。在回火过程中可以进一步消除淬火组织应力，回火过程中小角度晶界合并，进一步增加大角度晶界比例和稳定性，进一步提高韧性和塑性。

SG780CF 钢板的淬硬倾向不显著，焊接接头冷裂纹倾向较低，预热 80℃以上可基本避免焊接冷裂纹现象发生，预热至 100℃可以完全避免发生冷裂纹。热输入范围 12～30kJ/cm 满足压力钢管洞内施工时对焊接工艺窗口的苛刻要求。

3. WSD690E

WSD690E 是舞阳钢铁公司生产的 800MPa 级 CF 钢牌号，W 代表舞阳钢铁有限公司，SD 表示水电用 CF 钢，E 表示钢材质量等级。舞阳钢铁有限公司在生产中厚板方面具有独特的优势。WSD690E 在成分设计时也沿用低碳、合金化的思路，保持低的 P_{cm}。

炼钢时保持钢的纯净度，浇铸时尽量避免枝晶偏析。轧制时采用 TMCP 技术控制开轧温度和终轧温度，控制每道的压下量，轧制完成后控制冷却速度。最终的热处理方式采用调质处理。

WSD690E 在呼和浩特抽水蓄能电站得到了大量的应用，钢板焊接裂纹敏感性较好，焊接性较好。焊接的预热温度不小于 80℃。焊后热影响区硬度有所降低，为防止接头热影响区过度软化，焊接线能量输入应小于或等于 33kJ/cm，层间温度小于或等于 150℃。焊接接头的各项力学性能满足设计的技术指标，接头的冲击值虽普遍低于母材，但韧性储备仍较多，满足工程要求。钢板对气割、炭弧气刨、弯曲成型等工艺适应性较强，具有较好的可加工性。

4. SHY685NS 钢

SHY685NS 钢是依据 JIS G 3128《焊接结构用高屈服强度钢板》（日本工业标准）生产的 800MPa 钢板。供货状态为调质态，其名义化学成分与力学性能如表 5-5 和表 5-6 所示，根据材料合金化特点可以看出其碳当量与冷裂纹敏感系数均较高，对于焊接时的热输入以及预热温度都有一定要求。

表 5-5　　SHY685NS 名义化学成分　　wt，%

项目	C	Si	Mn	P	S	Ni	Cr	Cu	V	Ti	Mo	Nb	B
SHY685NS（≤50mm）	≤0.14	≤0.55	≤1.5	≤0.015	≤0.015	0.3～1.50	≤0.8	≤0.5	≤0.05	—	≤0.6	—	≤0.005

表 5-6　　SHY685NS 名义力学性能

项目	屈服强度 R_{el}（MPa）	抗拉强度 R_m（MPa）	伸长率 A（%）	冲击功 A_{kv}（横向）（J）
SHY685NS（≤50mm）	≥685	780～930	≥16	≥47（−40℃）

第二节　压力钢管焊接

抽水蓄能电站输水系统压力钢管现场安装环焊缝目前均采用双面焊接，在管道外侧需要留出焊接施工空间，一般在管壁以外至少需要空间 600～800mm。单面焊是在管道的内侧开坡口，在管道内侧焊接成型。采用单面焊最大的优点是由于在管道内侧焊接，避免了在管道外侧进行焊接，相应地减少了钢管外壁焊接的操作空间需求、洞室的开挖量和回填混凝土量；采用单面焊还可以避免双面焊时的背部清根，减少焊接工作量，提高效率。

一、800MPa 级高强钢的焊接性

800MPa 级高强钢板强化合金体系复杂，冷裂纹敏感指数较高，焊接时易产生冷裂纹，焊接性较差。从防止裂纹角度出发，要求焊缝冷却速度较慢，从防止脆化来说，要求冷却速度较快，冷却速度上限取决于不产生裂纹，下限取决于热影响区出现脆化的混合组织。常用控制冷却速度的方法就是通过预热减缓焊接接头的冷却速度。

在实际焊接过程中，热影响区各区距离焊缝距离不同，各区所经历的热循环也不相同，因而焊接热影响区是一个具有组织梯度和性能梯度的非均匀连续体，也是接头中性能薄弱的位置。由于 800MPa 高强水电钢的交货状态大多为调质态，在焊接时热影响区被加热到 A_{c1} 附近的区域会出现软化现象，在焊接热输入的作用下焊接热影响区的强度和韧性下降几乎是不可避免的，在实际焊接过程中一般通过控制热输入来降低软化程度。

由于焊接热影响区是组织连续变化的狭窄区域，且不同典型组织的范围较小，对 HAZ 中单一组织的研究造成诸多不便。采用焊接热模拟试验机可以再现实际焊接热影响区中某一特定区域所经历的焊接热循环过程，获得与实际焊接热影响区相同或相近的组织状态，实现某一特定区域的“放大”，可以方便地对其组织和性能进行表征。

（一） SH-CCT 曲线

通过热模拟技术建立试验钢焊接热影响区连续冷却组织转变曲线（SH-CCT），同时模拟特定热输入下热影响区不同亚区，用于判断金属材料焊接热影响区的组织、冷裂倾向、硬度与冲击韧性等性能，也可用来评估焊接线能量窗口、改进焊接工艺。对成分如表 5-7 所示的牌号为 Q690CFD 的 800MPa 级高强钢板以 120℃/s 的加热速度从室温加热到峰值温度 1320℃，保温 1min，然后以 0.5℃/s 的速度冷却至室温，使用切线法对试验钢焊接态的热膨胀曲线（如图 5-10 所示）进行 A_{C1} 与 A_{C3} 温度的测量，测得试验钢在焊接态的 A_{C1} 与 A_{C3} 的温度分别为 713℃与 917℃。

利用切线法对不同冷却速度下的相变点温度进行测量，随后对试样的显微组织和硬度进行测试，测试结果如表 5-8 所示，依据测试结果绘制出试验钢的 SH-CCT 曲线，如图 5-11 所

示。可以看出随着冷却速度的提高，相变开始温度与终了温度均出现了降低。当冷却速度为0.5～5℃/s时，基体组织类型均为粒状贝氏体，随着冷却速度增加为10～20℃/s时，基体组织类型为贝氏体铁素体与粒状贝氏体的混合组织。而当冷却速度增加至30℃/s时，基体组织全部转变为贝氏体铁素体，随着冷却速度的进一步增加，基体中开始出现板条状马氏体，且当冷却速度达到50℃/s时，基体组织全部转变为板条马氏体，相变开始温度降低至494℃。

表 5-7　　Q690CFD 母材名义化学成分与实测化学成分　　wt,%

项目	C	Si	Mn	P≤	S≤	Ni	Cr	Cu	V	Ti	Mo	Nb	B
名义成分	≤0.09	≤0.50	≤2.0	0.018	0.010	≤1.80	≤0.80	—	≤0.10	≤0.05	≤0.7	≤0.12	≤0.005
实测成分	0.08	0.27	1.62	0.011	0.0028	0.02	0.35	0.02	0.004	0.011	0.11	0.036	0.0008

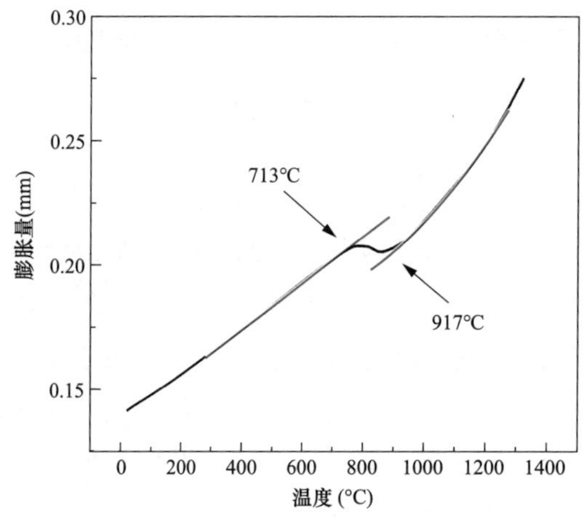

图 5-10　试验钢焊接态奥氏体化相变温度

表 5-8　　不同冷速下试样的相变点、硬度与组织构成测试结果

试样编号	冷却速度(℃/s)	$t_{8/5}$ (s)	相变开始温度(℃)	相变终了温度(℃)	硬度（HV）	组织构成
SH-1	50	6	494	353	342.9	M
SH-2	40	7.5	517	385	343.9	M+BF
SH-3	30	10	520	393	321.9	BF
SH-4	20	15	558	393	307.7	BF+GB
SH-5	15	20	564	399	296.5	BF+GB
SH-6	10	30	593	401	277.7	BF+GB
SH-7	5	60	596	428	249.2	GB
SH-8	2	150	636	468	237.0	GB
SH-9	1	300	648	487	224.2	GB
SH-10	0.5	600	678	489	227.2	GB

不同冷却速度下试验钢的显微组织如图5-12所示，当冷却速度在0.5～5℃/s时，

试验钢高温停留时间较长，主要发生高温转变，产生的组织均为形成温度较高的粒状贝氏体，粒状贝氏体中的 M-A 组元形态随冷却速度的提高由棒状与片状逐渐转变为颗粒状，同时贝氏体晶粒尺寸也随之减小。

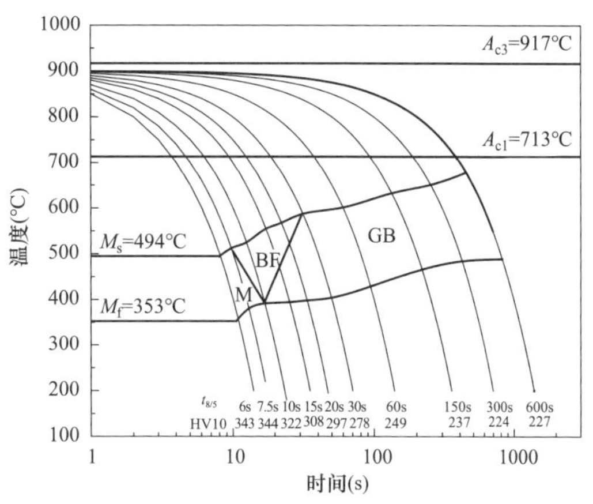

图 5-11　Q690CFD 的 SH-CCT 曲线

当冷却速度提高至 10℃/s 时，随着高温停留时间的降低，基体中出现了贝氏体铁素体，该组织的晶界中出现了具有一定取向的铁素体板条束，随着冷却速度的提高，铁素体板条束数量进一步提高，方向性更加明显，当冷却速度达到 30℃/s 时，基体组织构成全部为贝氏体铁素体。结合测试结果可以看出相对粒状贝氏体而言，贝氏体铁素体的形成温度较低，在冷速较快的情况下出现。

而当冷却速度提高至 40℃/s 时，基体中出现了马氏体，平行排列的马氏体条束在晶粒内部成一定角度相交，将原始奥氏体晶粒分割成不同块区，呈现出典型的板条状马氏体

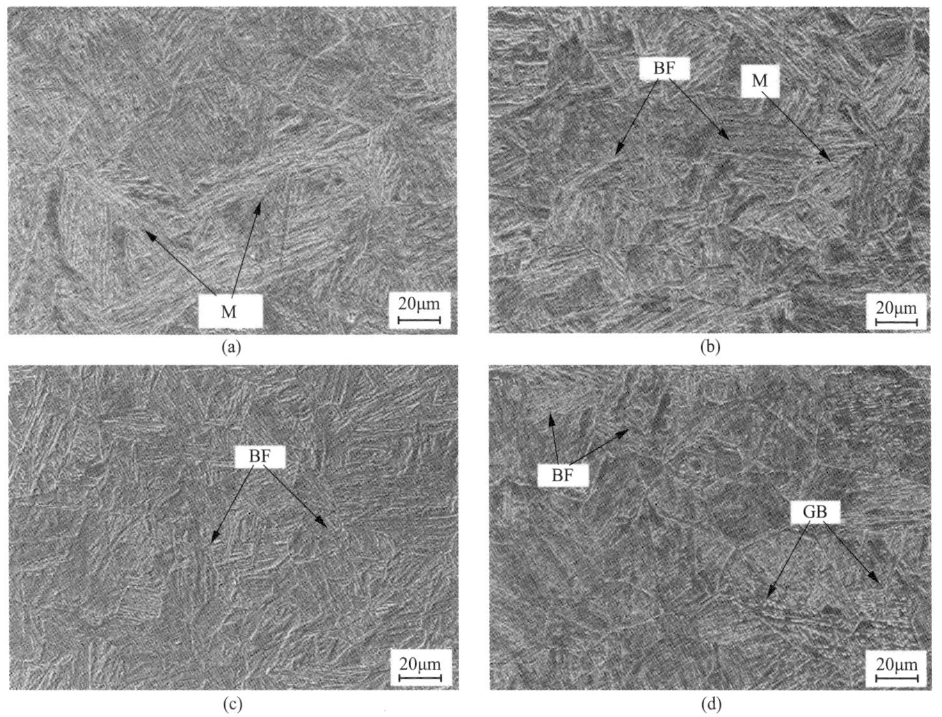

图 5-12　不同冷却速度下试验钢的显微组织图（一）

(a) 50℃/s；(b) 40℃/s；(c) 30℃/s；(d) 20℃/s

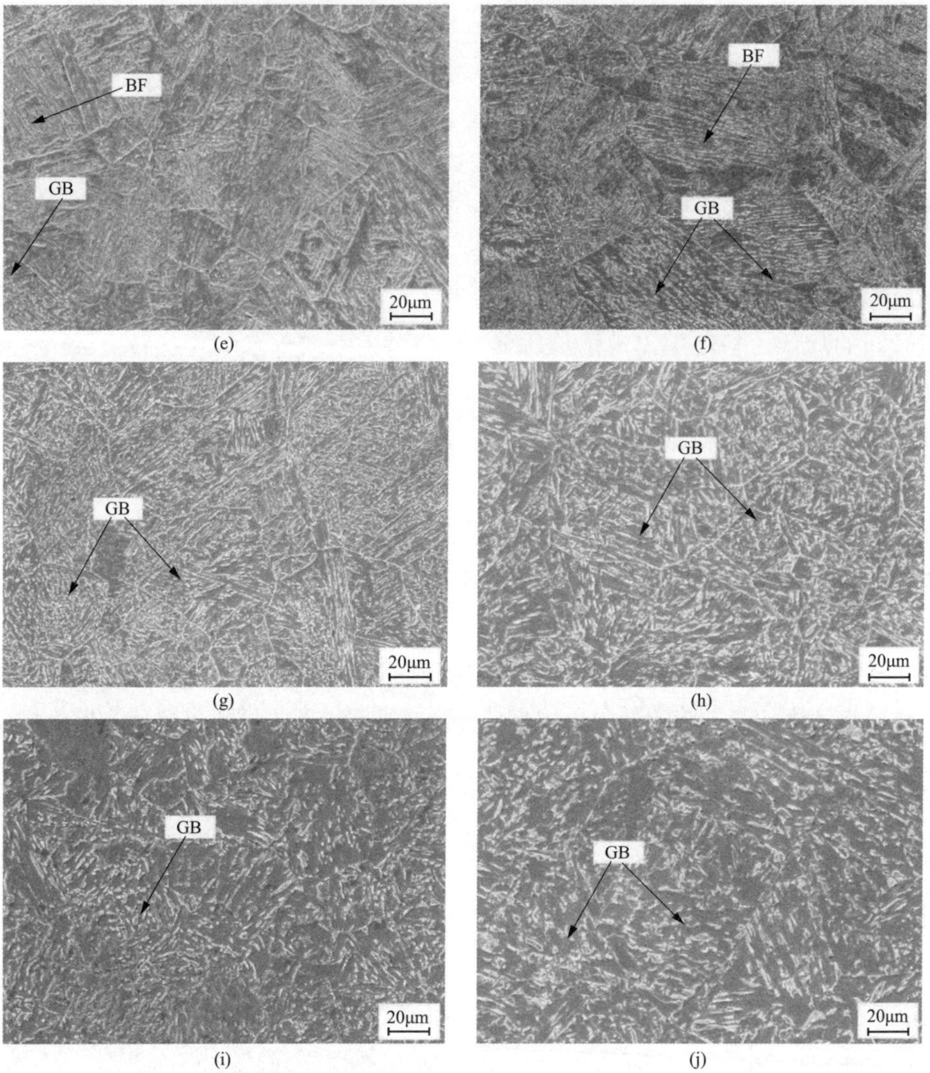

(e) (f)

(g) (h)

(i) (j)

图 5-12　不同冷却速度下试验钢的显微组织图（二）

(e) 15℃/s；(f) 10℃/s；(g) 5℃/s；(h) 2℃/s；(i) 1℃/s；(j) 0.5℃/s

特征。随着冷却速度的提高，当冷却速度达到 50℃/s 时，基体组织全部转变为板条马氏体，同时板条束的方向性更加明显。

不同冷却速度下试验钢维氏硬度测试结果如图 5-13 所示，可以看出随着冷却速度的增加，基体硬度呈现逐渐增大的趋势，由显微组织测试结果可知在较高冷速下基体中存在大量的马氏体板条与铁素体板条，有文献指出，板条束间存在大量的高密度位错，使基体具有较高的位错强化效果，同时在贝氏体铁素体中铁素体板条间还存在颗粒状的 M-A 组元（如图 5-14 所示），进而提高基体中的第二相强化效果，在两种强化效果的作用下，冷速较快的基体具有较高的硬度，因此，当冷却速率为 40℃/s 时基体的硬度达到最大，为

344HV。当冷速进一步减小时，基体中粒状贝氏体的数量进一步提升，贝氏体铁素体数量进一步较少，进而造成基体中位错强化效果减弱，同时随着冷速的减小，晶粒尺寸逐渐增大，M-A 组元的形态由颗粒状转变为棒状与片状（如图 5-15 所示），且数量进一步较少，造成第二相强化效果减弱，基体的硬度随两种强化效果的减弱进而降低，当冷却速度达到 1℃/s 时，基体的硬度达到最低为 224HV。

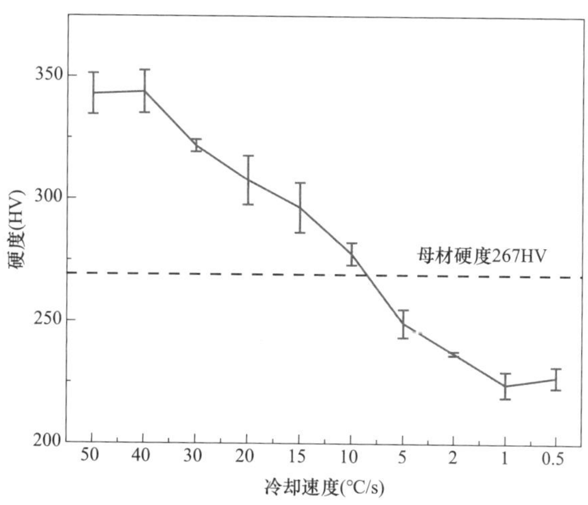

图 5-13 不同冷却速度下试验钢维氏硬度测试结果

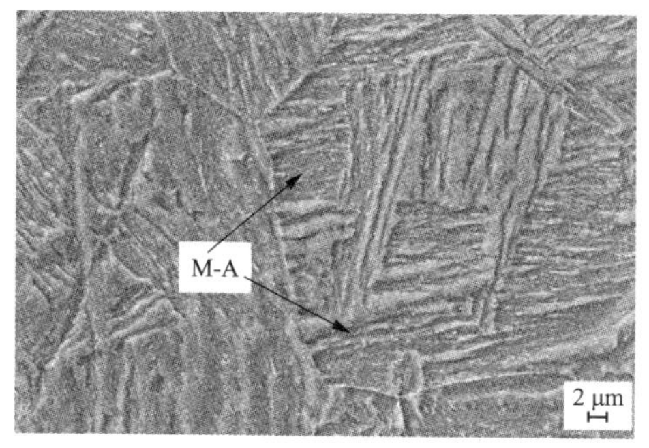

图 5-14 高冷速下的颗粒状 M-A 组元

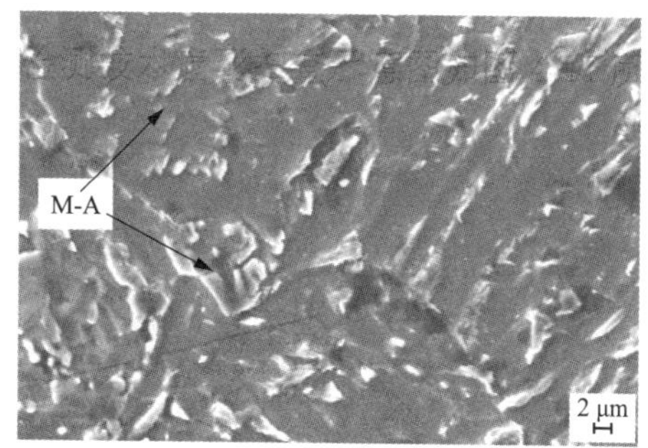

图 5-15 低冷速下的片状与棒状 M-A 组元

有研究指出，为了保证焊接接头具有较低的焊接冷裂倾向，焊接热影响区最高硬度应低于 350HV，从热模拟试验结果可以看出当冷却速度在 40～50℃/s 时，基体硬度为 344HV 左右，因此在实际焊接过程中可以采取预热或后热等方式避免冷却速度在 40～50℃/s 范围内。同时当冷却速度在 0.5～5℃/s 时，基体硬度出现了低于母材的软化现象，同样应采取控制热输入的手段来避免焊后冷却速度处于 0.5～5℃/s 区间内。

（二）单次热循环下焊接热影响区不同区域热模拟

为了获取试验钢单次热循环下焊接热影响区不同区域的组织性能，采用如表 5-9 所示热模拟参数，模拟热输入分别为 20kJ/cm 与 25kJ/cm，理论单道热循环下不同峰值温度所对应的焊接热影响区区域如图 5-16 所示，通过选取峰值温度为 1320、1100、980、860℃和 620℃来模拟热影响区粗晶区、细晶区、不完全相变区与高温回火区。

表 5-9　　拟定单次热循环下热影响区不同区域热模拟参数

加热速度（℃/s）	120				
峰值温度保持时间（s）	1				
模拟热输入（kJ/cm）	20/25				
峰值温度（℃）	620	860	980	1100	1320
模拟区域	高温回火区（SCHAZ）	不完全相变区（ICHAZ）	细晶区（FGHAZ）	粗晶区（CGHAZ）	粗晶区（CGHAZ）

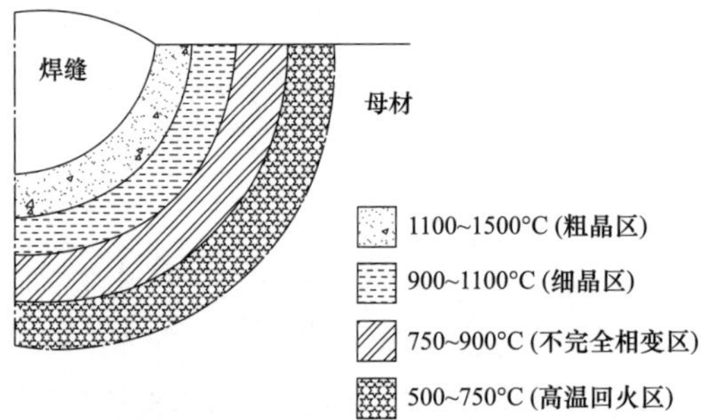

图 5-16　理论单道热循环下不同峰值温度所对应的焊接热影响区区域

不同热输入下单次热循环不同峰值温度热模拟参数示意图如图 5-17 所示。

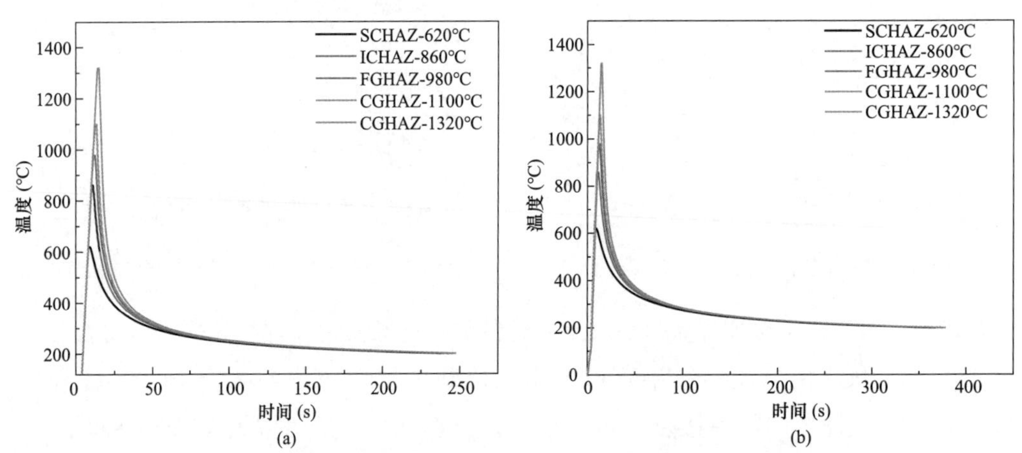

图 5-17　不同热输入下单次热循环不同峰值温度热模拟参数示意图

(a) 热输入为 20kJ/cm；(b) 热输入为 25kJ/cm

当热输入在 20kJ/cm 时，不同峰值温度下的显微组织形貌如图 5-18、图 5-19 所示。当峰值温度为 1320℃和 1100℃时，对应热影响区中的粗晶区，该区域组织主要为贝氏体

铁素体（bainite ferrite，BF）与粒状贝氏体（granular bainite，GB）的混合组织，且晶粒尺寸随峰值温度的降低而减小。当峰值温度为 980℃时，对应热影响区中的细晶区，该区域组织构成为粒状贝氏体。当峰值温度为 860℃时，对应热影响区中的不完全相变区，该

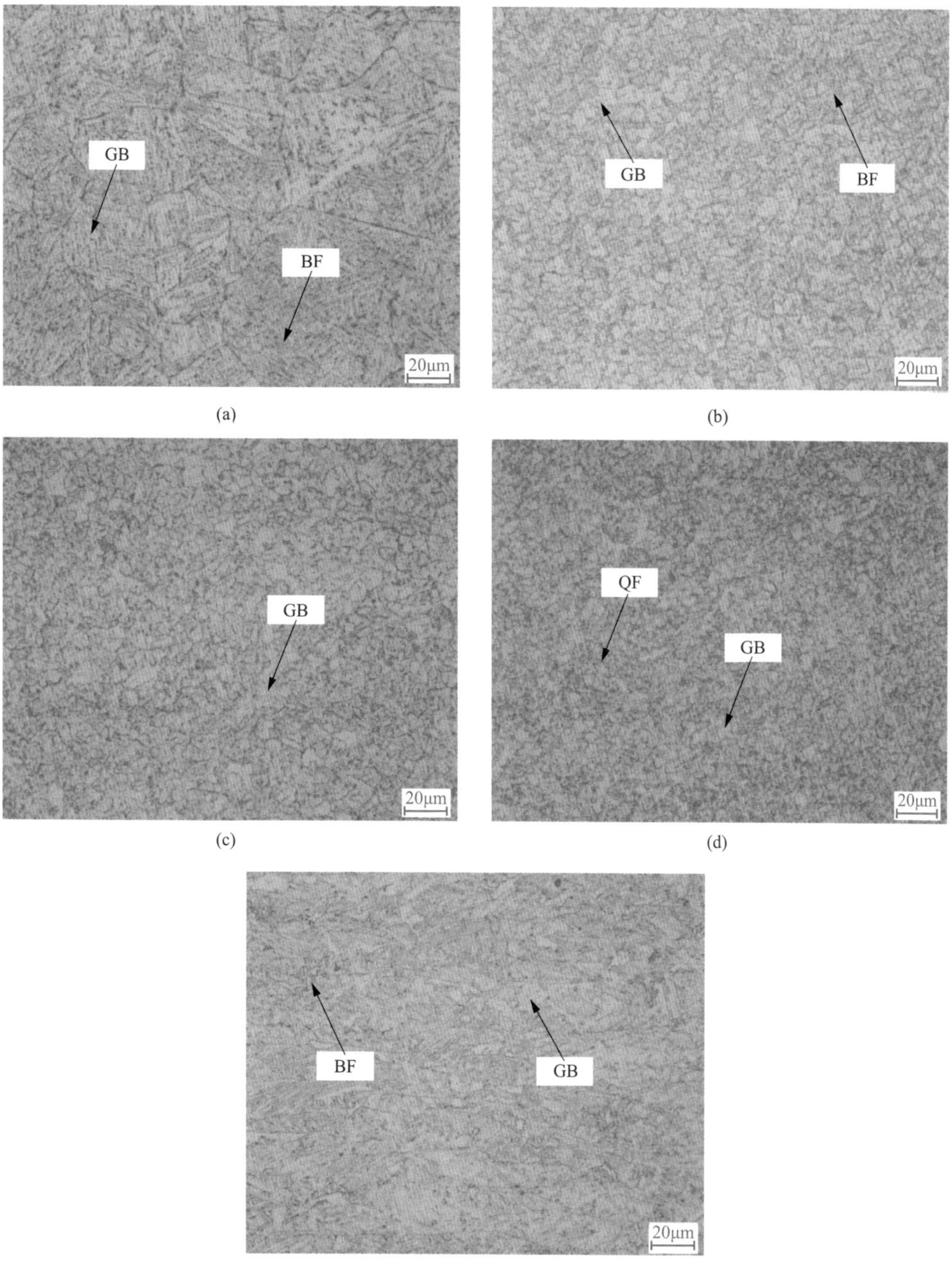

(a)

(b)

(c)

(d)

(e)

图 5-18　热输入 20kJ/cm 时不同峰值温度的 OM 图像

（a）峰值温度 1320℃；（b）峰值温度 1100℃；（c）峰值温度 980℃；

（d）峰值温度 860℃；（e）峰值温度 620℃

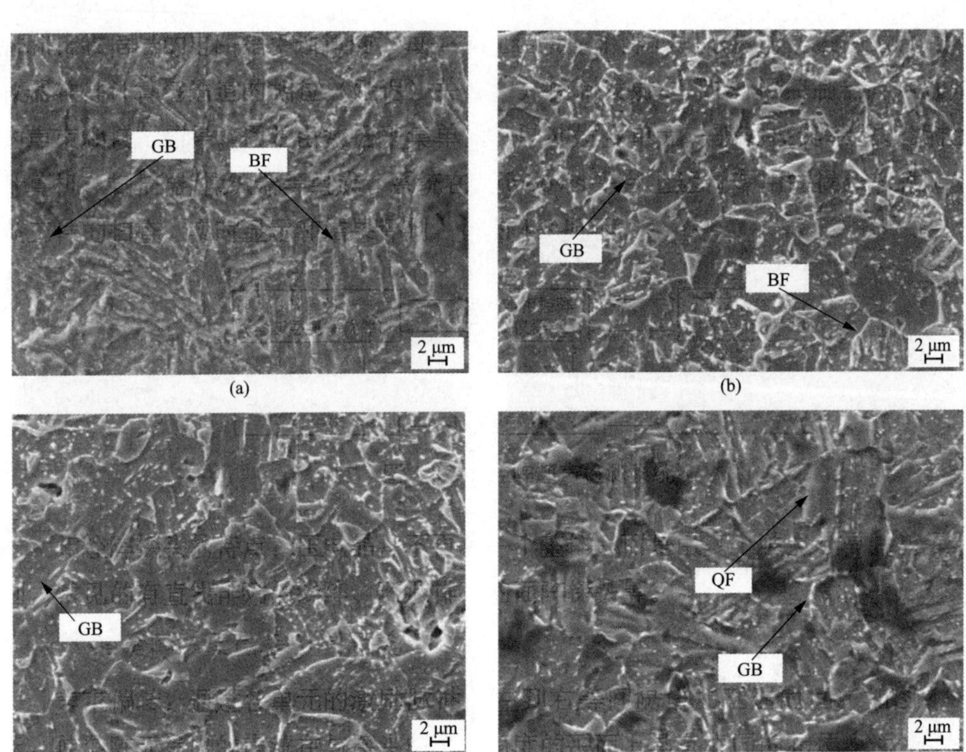

图 5-19 热输入 20kJ/cm 时不同峰值温度的 SEM 像

(a) 峰值温度 1320℃；(b) 峰值温度 1100℃；

(c) 峰值温度 980℃；(d) 峰值温度 860℃

区域峰值温度处于 A_{c1}～A_{c3} 区间中，仅有部分组织发生相变，基体中的晶粒大小不均匀，组织构成为多边形铁素体（Quasi-polygonal Ferrite，QF）与少量的粒状贝氏体，同时沿晶界存在片状的 M-A 组元。当峰值温度降低至 620℃时，对应为高温回火区，该区域中的晶粒边界不明显，基体组织构成仍为粒状贝氏体与少量的贝氏体铁素体。

图 5-20、图 5-21 所示为在热输入在 25kJ/cm 时，不同峰值温度下的显微组织形貌。当峰值温度为 1320℃和 1100℃时，对应热影响区中的粗晶区，该区域组织构成与热输入在 20kJ/cm 时相同，为贝氏体铁素体与粒状贝氏体的混合组织。当峰值温度为 980℃时，对应热影响区中的细晶区，该区域组织构成为贝氏体铁素体与粒状贝氏体的混合组织。当峰值温度为 860℃时，对应热影响区中的不完全相变区，在该热输入下该区域同样仅有部分组织发生相变，基体中的晶粒大小不均匀，组织构成为多边形铁素体与少量的粒状贝氏体，同时沿晶界存在片状的 M-A 组元。当峰值温度降低至 620℃时，对应为高温回火区，该区域中的晶粒边界不明显，基体组织构成仍为粒状贝氏体与少量的贝氏体铁素体。从显微组织可以看出，热输入为 20kJ/cm 和 25kJ/cm 时，热影响区不同区域的组织构成基本相同。

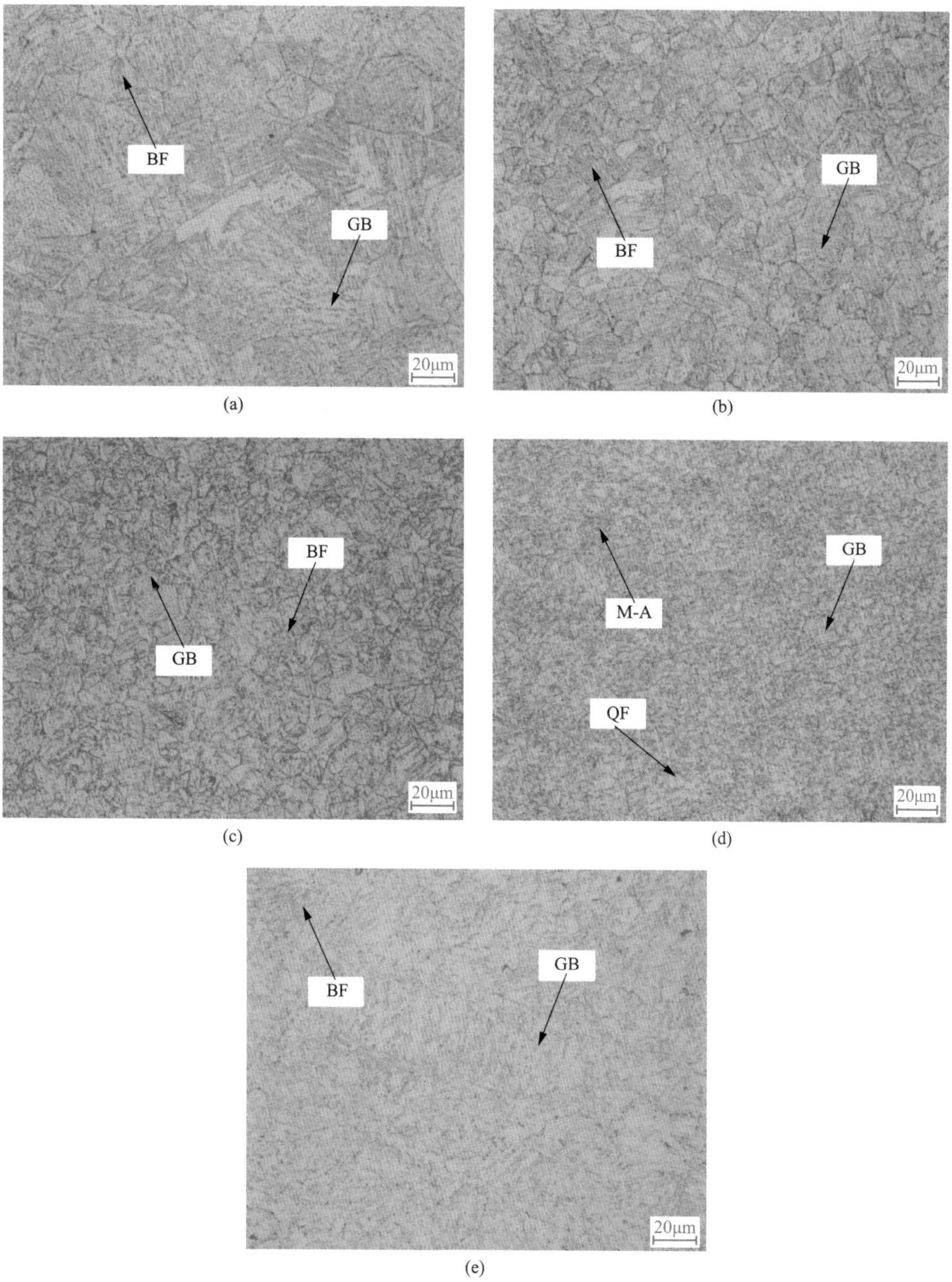

(a)

(b)

(c)

(d)

(e)

图 5-20 热输入 25kJ/cm 时不同峰值温度的 OM 像

(a) 峰值温度 1320℃；(b) 峰值温度 1100℃；(c) 峰值温度 980℃；

(d) 峰值温度 860℃；(e) 峰值温度 620℃

当热输入为 20kJ/cm 和 25kJ/cm 时，单次热循环下，热模拟试样的硬度测试结果如图 5-22 所示。当峰值温度为 1320℃时，不同热输入下的热模拟试样硬度均达到最大，分别为 335HV 与 326HV，该区域硬度较高的原因为基体组织为贝氏体铁素体与粒状贝氏

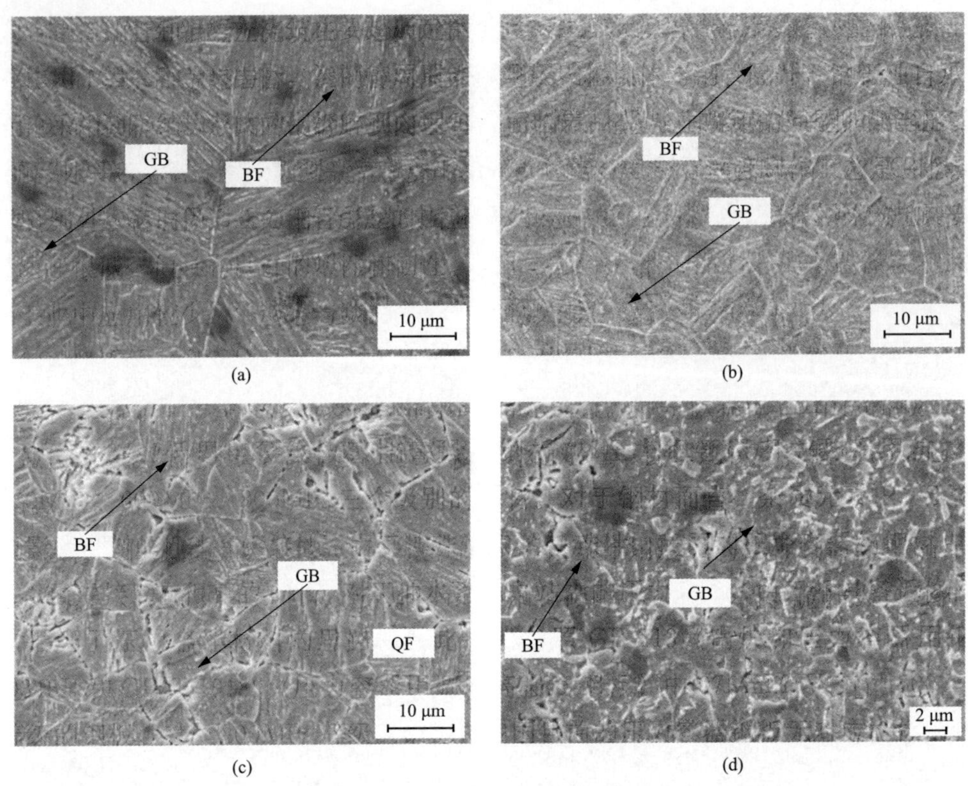

图 5-21　热输入 25kJ/cm 时不同峰值温度的 SEM 像

（a）峰值温度 1320℃；（b）峰值温度 1100℃；（c）峰值温度 980℃；（d）峰值温度 860℃

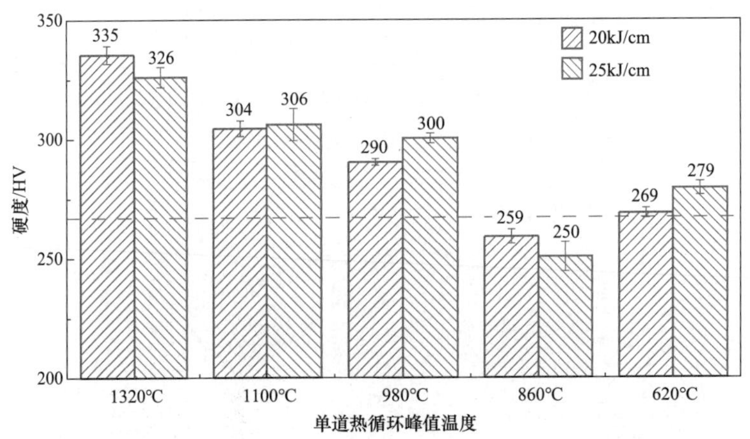

图 5-22　不同峰值温度下不同峰值温度热模拟试样的硬度测试结果

体，具有较高的位错强化与第二相强化效果。当峰值温度为 1100℃时，基体硬度略有降低，分别为 304HV 与 306HV。当峰值温度为 980℃时，基体硬度为 290HV 和 300HV。当峰值温度为 860℃时，该区域硬度降至最低分别为 259HV 和 250HV，出现了硬度低于母材的软化现象。这是由于在该峰值温度下只有晶界处发生奥氏体转变，由于奥氏体熔碳

能力较强，碳元素向发生奥氏体转变的晶界处扩散，在晶界处形成片状的 M-A 组元，原粒状贝氏体转变为硬度低的准多边形铁素体，进而导致硬度降低，同时随着热输入增大，软化现象更加严重。当峰值温度为 620℃时，该区域硬度分别为 269HV 和 279HV。

一次热循环不同峰值温度下热模拟试样冲击吸收能量与断口形貌分别如图 5-23～图 5-27 所示，不同热输入下峰值温度为 1320℃的粗晶区冲击吸收能量分别为 256J 和 235J，峰值温度为 1100℃的粗晶区冲击吸收能量分别为 274J 和 286J，粗晶区断口处均存在纤维区与剪切唇，通过扫描电镜可以观察到断口处存在一定数量的韧窝，断裂形式为韧性断裂。不同热输入下细晶区（峰值温度为 980℃）的冲击吸收能量分别为 320J 和 298J，细晶区断口处存在大量的细小韧窝，该区域具有较高的冲击韧性；不完全相变区（峰值温度为 860℃）与高温回火区（峰值温度为 620℃）断口处基本不存在韧窝，但宏观断口处仍具有纤维区与剪切唇，不同热输入下两区域的冲击吸收能量分别为 230J 和 209J、256J 和 235J，均具有良好的冲击韧性。从上述试验结果可以看出，在热输入为 20kJ/cm 和 25kJ/cm 下，热影响区各亚区均具有良好的冲击韧性。

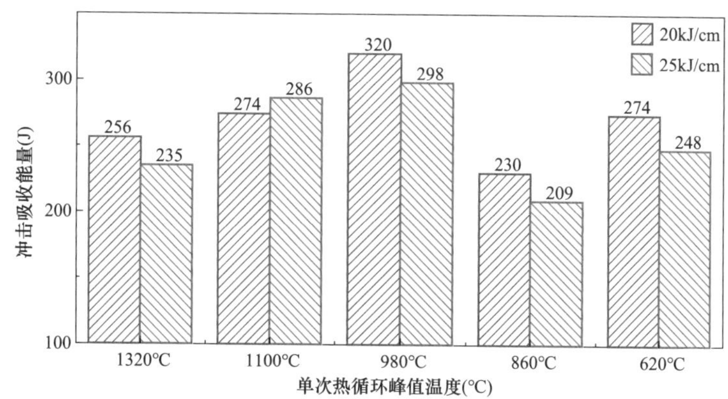

图 5-23 不同峰值温度下热模拟试样冲击能量

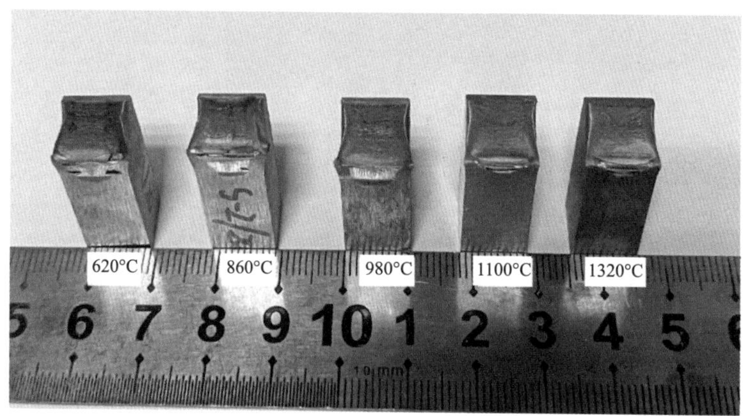

图 5-24 热输入为 20kJ/cm 时不同峰值温度下热模拟试样宏观断口

图 5-25　热输入为 25kJ/cm 时不同峰值温度下热模拟试样宏观断口

（三）单次热循环不同热输入粗晶区的热模拟

粗晶区作为整个热影响区性能较为薄弱的区域，其组织性能受热输入影响较大，在较高焊接热输入下该区域组织不仅更为粗大还会产生脆性组织，进一步降低接头冲击韧性，同时粗晶区作为接头中冷裂倾向较大的区域，冷裂纹通常起源于该区域。采用如表 5-10

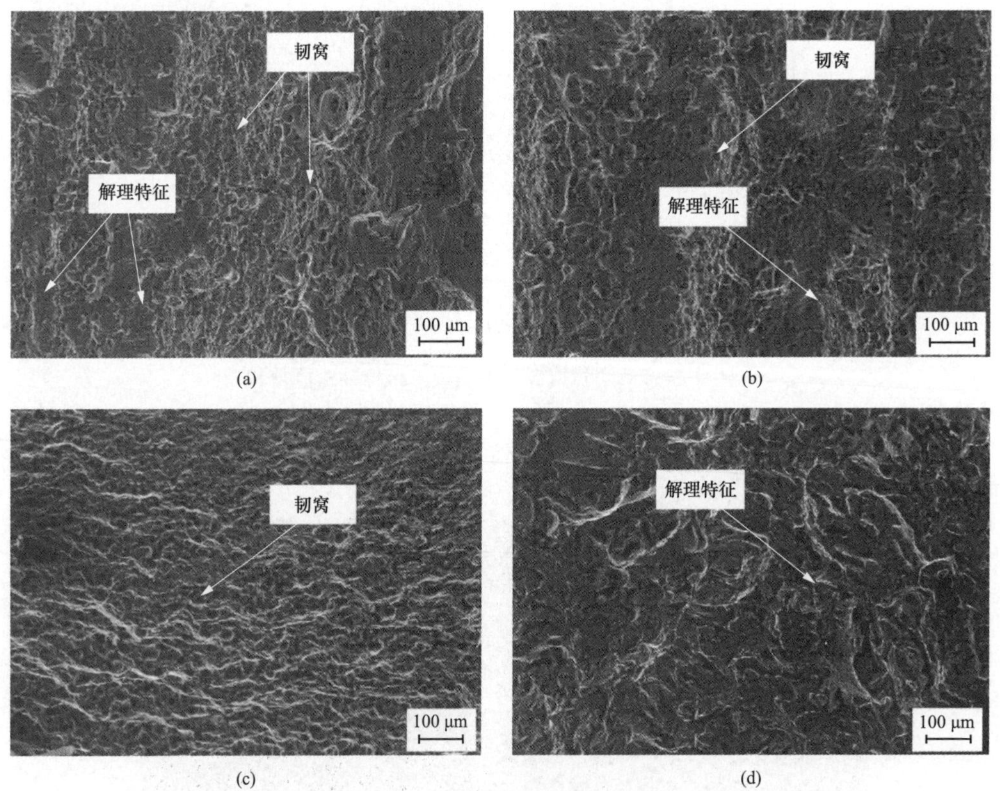

图 5-26　20kJ/cm 下不同峰值温度热模拟试样冲击断口（一）

(a) 峰值温度 1320℃；(b) 峰值温度 1100℃；(c) 峰值温度 980℃；(d) 峰值温度 860℃

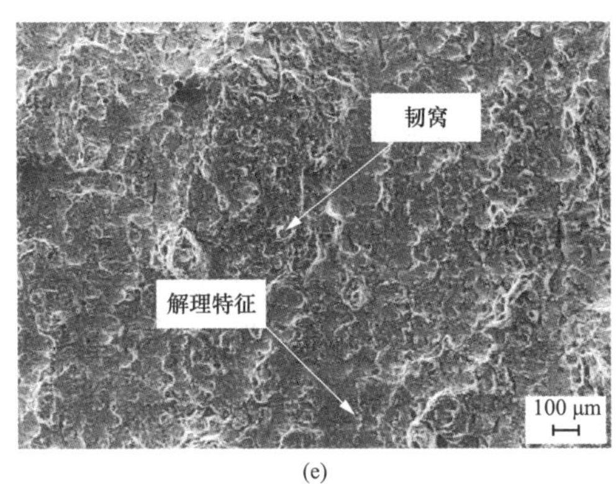

图 5-26 20kJ/cm 下不同峰值温度热模拟试样冲击断口（二）
（e）峰值温度 620℃

所示热模拟参数，获得不同热输入下的粗晶区的组织性能，探究粗晶区具有良好性能时的热输入窗口。不同热输下粗晶区热模拟温度曲线如图 5-28 所示。

不同热输入下的热影响区粗晶区的金相组织如图 5-29 所示，当热输入范围在 18～25kJ/cm 时，粗晶区组织主要由粒状贝氏体与贝氏体铁素体构成，随着热输入的提高，粗

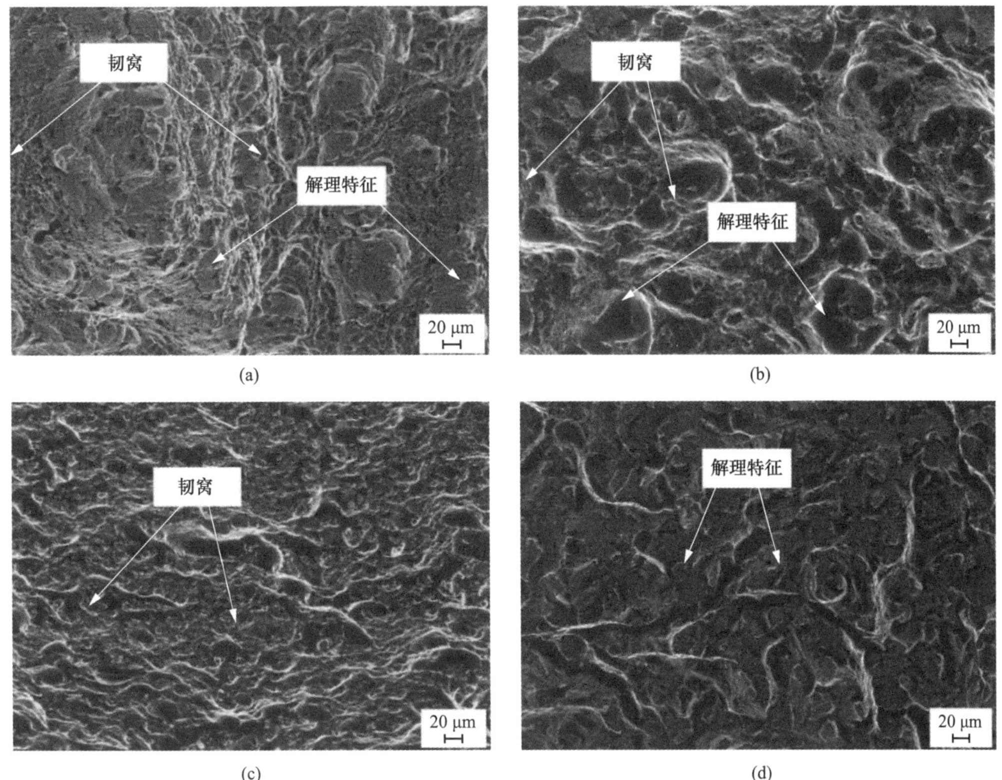

图 5-27 25kJ/cm 下不同峰值温度下热模拟试样冲击断口（一）
（a）峰值温度 1320℃；（b）峰值温度 1100℃；（c）峰值温度 980℃；（d）峰值温度 860℃

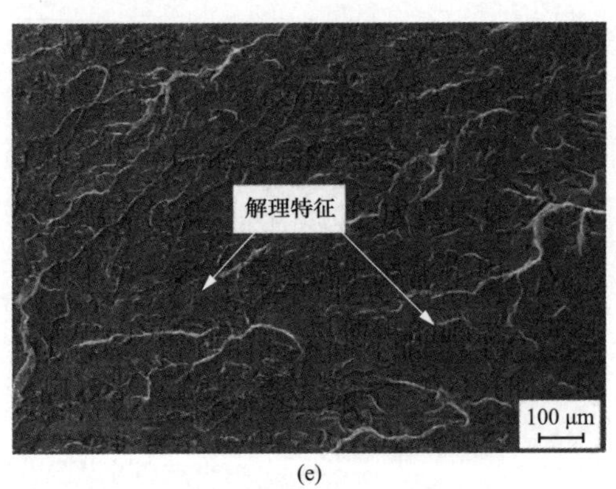

(e)

图 5-27　25kJ/cm 下不同峰值温度下热模拟试样冲击断口（二）
（e）峰值温度 620℃

表 5-10　　不同热输入下粗晶区热模拟参数

加热速度（℃/s）	120						
峰值温度（℃）	1320						
峰值温度 保持时间（s）	1						
加热速度（℃/s）	120						
模拟线能量（kJ/cm）	18	22	25	31	36	44	57
模拟焊接方法及描述	中等线能量手工电弧焊和气体保护焊		较大线能量手工焊和中等线能量气保焊	中等线能量埋弧焊		较大线能量埋弧焊	

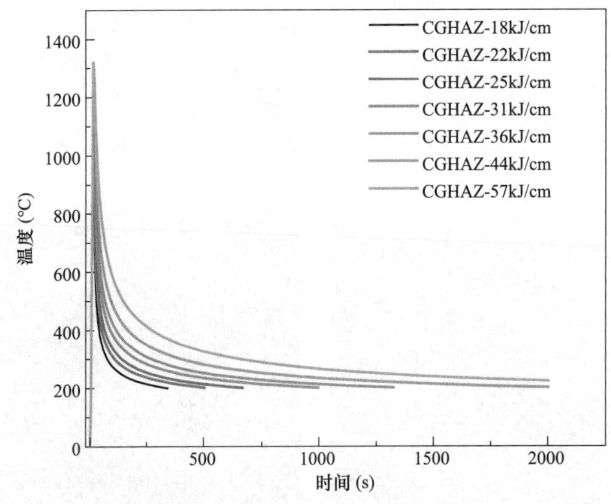

图 5-28　不同热输下粗晶区热模拟温度曲线

晶区中的贝氏体铁素体数量逐渐降低，同时随着高温停留时间的提高，晶粒尺寸逐渐增大。当热输入为 31kJ/cm 时晶粒尺寸达到最大，粗晶区组织全部转变为粒状贝氏体，同时粒状贝氏体中 M-A 组元的形态逐渐转变为棒状与片状。随着热输入增大至 36kJ/cm，粒状贝氏体中的 M-A 组元弥散程度进一步减弱。当热输入增大到 44 与 57kJ/cm 时，粗晶区中出现了多边形铁素体，且沿铁素体晶界处出现了片状 M-A 组元，基体中粒状贝氏体数量急剧减少。

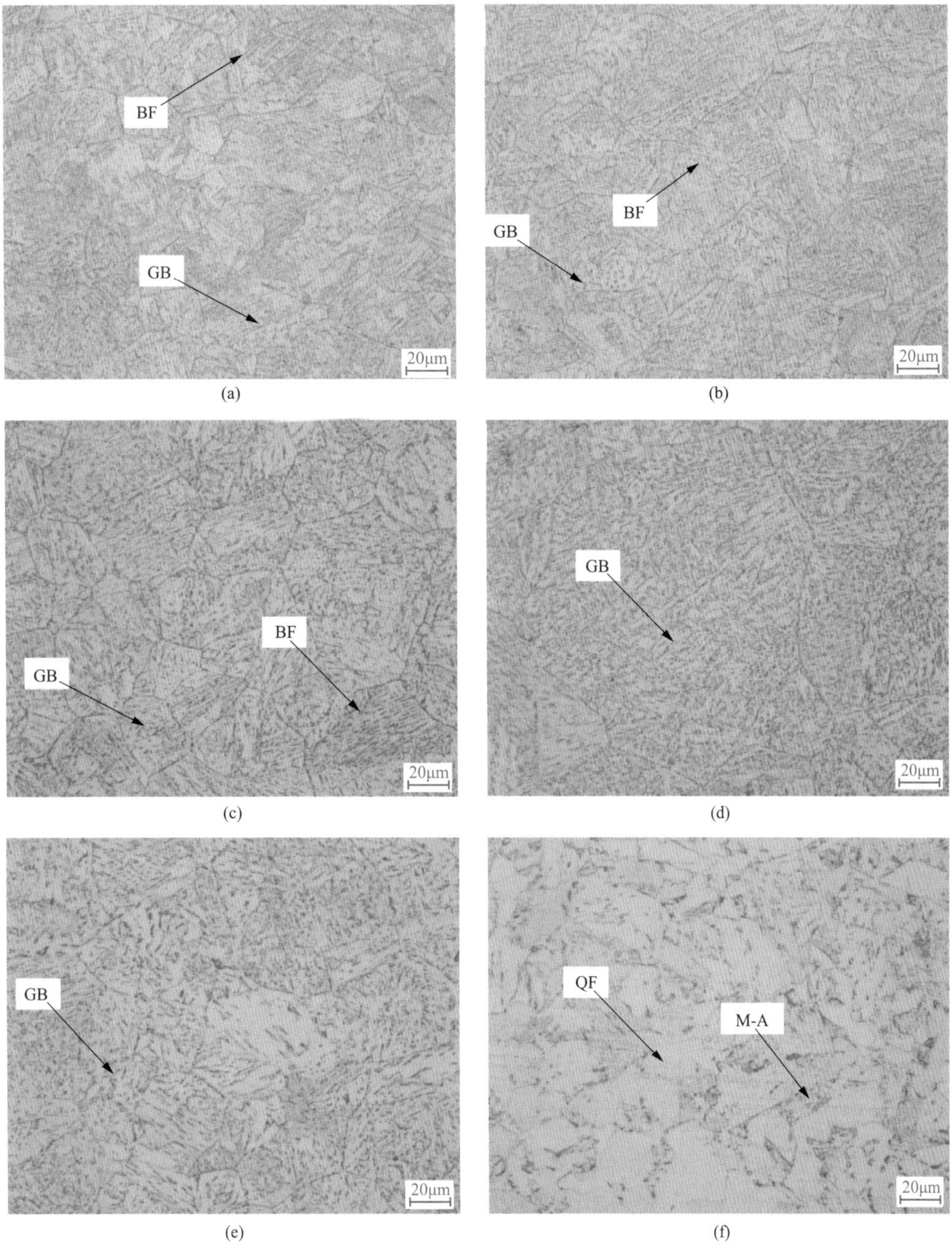

(a) (b)

(c) (d)

(e) (f)

图 5-29 不同热输入的热影响区的金相组织（一）

(a) 18kJ/cm；(b) 22kJ/cm；(c) 25kJ/cm；

(d) 31kJ/cm；(e) 36kJ/cm；(f) 44kJ/cm

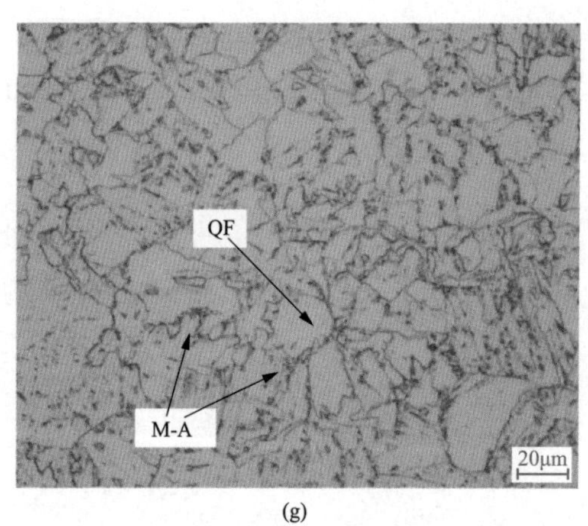

(g)

图 5-29　不同热输入的热影响区的金相组织（二）

（g）57kJ/cm

热模拟试样的维氏硬度测试结果如图 5-30 所示。可以看出随着热输入的增大，粗晶区的硬度呈现逐渐减小的趋势，在所模拟的参数中，当热输入为 18kJ/cm 时，粗晶区的平均硬度达到最大值为 321HV，这与该区域的组织特征有直接关联，贝氏体铁素体中的铁素体板条束之间具有较高的位错，同时在热输入较低时粒状贝氏体中的颗粒状 M-A 组元弥散程度较高，在位错强化与第二相强化的共同作用下致使基体硬度较高；当热输入为 22kJ/cm 和 25kJ/cm 时，粗晶区的硬度下降至 294HV 和 293HV，结合上述测试结果可以认为是随着高温停留时间的提高，基体中主要发生高温转变，由于贝氏体铁素体形成温度低于粒状贝氏体，因此基体中粒状贝氏体数量远高于贝氏体铁素体，且贝氏体铁素体数量急剧降低，基体中的位错强化效果减弱造成硬度降低；当热输入增加至 31kJ/cm 和 36kJ/cm 时，粗晶区的平均硬度下降至 265HV 和 261HV，造成这种现象的原因是由于粒状贝氏体

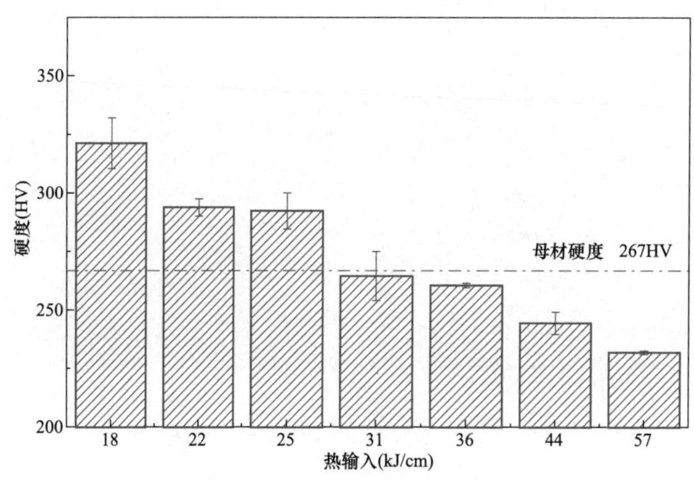

图 5-30　热模拟试样的维氏硬度测试结果

中弥散分布颗粒状的M-A组元逐渐转变为片状与棒状，M-A组元的弥散程度进一步降低，第二相的弥散强化效果减弱。当热输入增加至44kJ/cm和57kJ/cm时，粗晶区的平均硬度进一步降低至245HV和232HV，其原因主要为该区域的粒状贝氏体中数量急剧降低，弥散强化效果基本丧失，同时基体中产生大量硬度较低的多边形铁素体，进而造成基体硬度进一步降低。

不同热输入下热模拟试样的冲击韧性测试结果如图5-31所示，可以看出随着热输入的提高，粗晶区的冲击韧性逐渐降低，当热输入为18～25kJ/cm时，粗晶区具有良好的冲击韧性，－20℃冲击功分别为254、231J和248J。当热输入增加至31～36kJ/cm时，粗晶区的－20℃冲击功急剧下降至69J和87J。而随着热输入的进一步增大，粗晶区的冲击韧性进一步恶化，当热输入为44～57kJ/cm时，基体的－20℃冲击功降低至25J和17J。

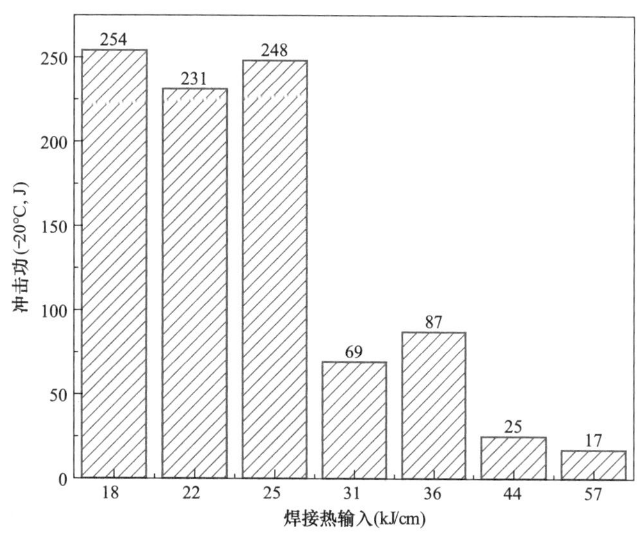

图5-31　不同热输入下热模拟试样的冲击韧性测试结果

不同热输入下粗晶区冲击断口的宏观形貌与SEM图像如图5-32和5-33所示，当热输入为18～25kJ/cm时，冲击断口处存在明显的纤维区以及剪切唇，断口处存在浅而平的韧窝，同时伴随有少量的解离平面，断裂形式为塑性断裂。但随着热输入的进一步增加，冲击断口韧窝数量急剧减少，当热输入达到31kJ/cm时，冲击断口中已经不再存在韧窝，解离平面中存在有明显的河流花样，同时随着热输入的进一步提高，断口较为平齐，表现为明显的脆性断裂。当热输入增大至57kJ/cm时，宏观断口处基本不存在起伏，冲击吸收能量降低至17J。

可见，当热输入为18～25kJ/cm时，粗晶区组织为贝氏体铁素体与粒状贝氏体的混合组织；当热输入为31～36kJ/cm时，粗晶区组织为粒状贝氏体；当热输入为44～57kJ/cm时，粗晶区组织主要为多边形铁素体。粗晶区硬度随着热输入的提高呈现整体下降的趋

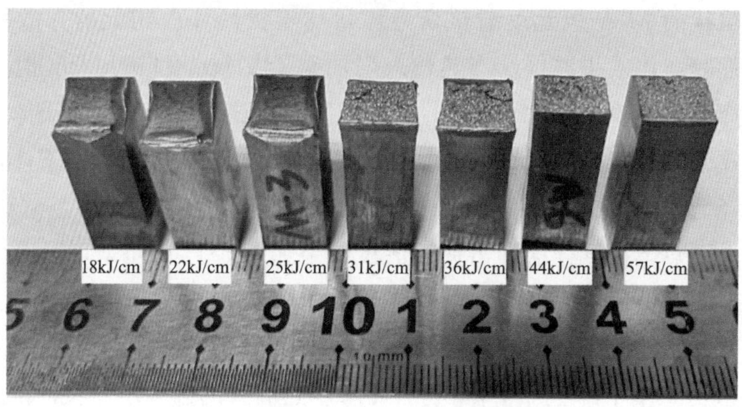

图 5-32　不同热输入下粗晶区断口宏观形貌

势，热输入在 18kJ/cm 时的粗晶区硬度达到最大，为 321HV，随着热输入增大至 36kJ/cm，粗晶区出现了硬度明显低于母材的现象，随着热输入增大至 57kJ/cm，粗晶区硬度下降至 232HV。粗晶区冲击韧性受热输入影响较大，当热输入为 18～25kJ/cm 时，粗晶区具有良好的冲击韧性，冲击吸收能量在 231～254J，同时冲击断口处也存在一定数量的韧窝。而当热输入提高至 31kJ/cm 时，冲击吸收能量急剧下降至 69J，宏观断口逐渐变得平齐，

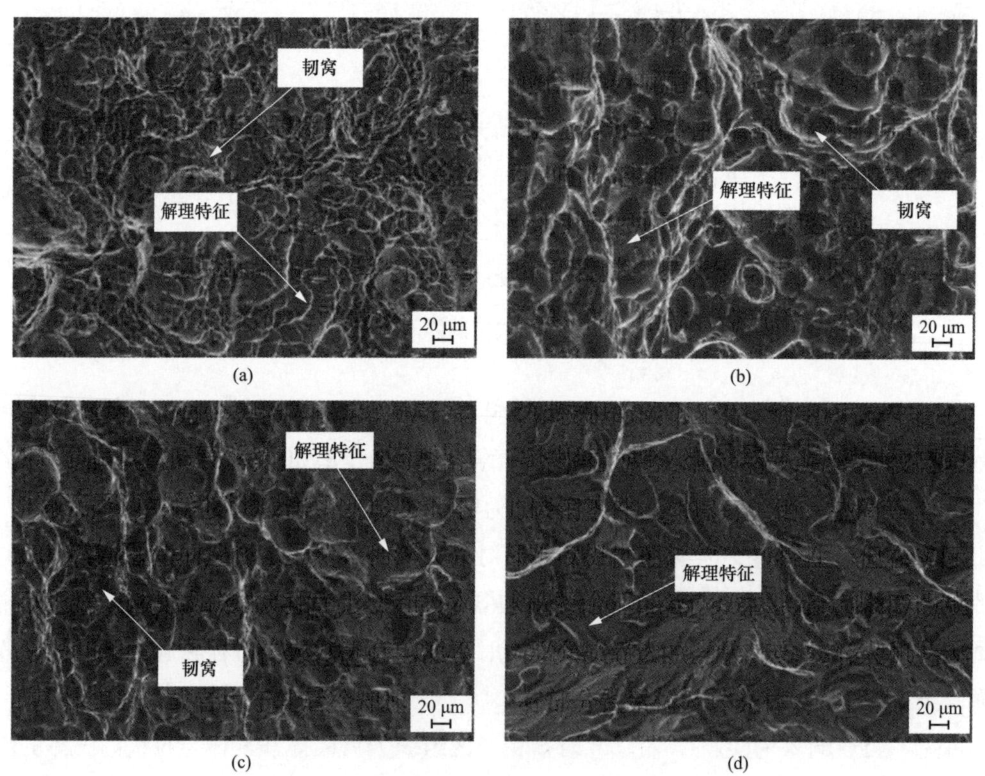

图 5-33　不同热输入下粗晶区断口 SEM 图像（一）

（a）18kJ/cm；（b）22kJ/cm；（c）25kJ/cm；（d）31kJ/cm

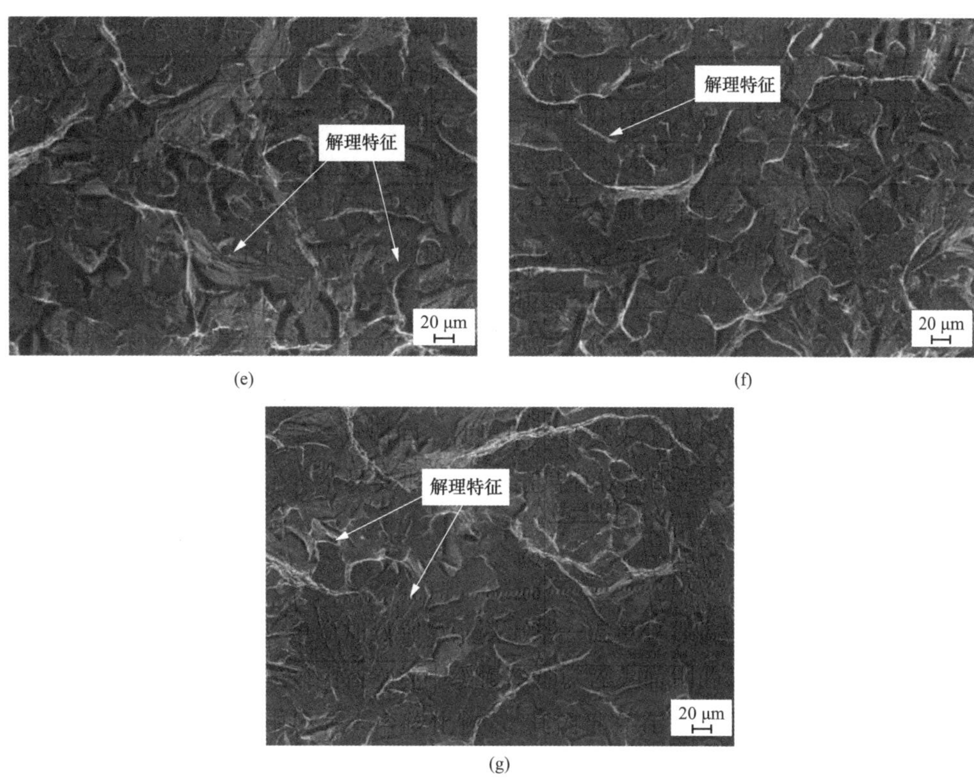

图 5-33　不同热输入下粗晶区断口 SEM 图像（二）

（e）36kJ/cm；（f）44kJ/cm；（g）57kJ/cm

且冲击断口处基本不存在韧窝。随着热输入增大至 57kJ/cm，粗晶区冲击吸收能量仅有 17J，宏观断口几乎不存在起伏，表现为明显的解离断裂，冲击韧性较差。

（四）二次热循环下焊接热影响区不同区域热模拟

在实际焊接过程中，焊接接头通常为多层多道焊接。一次焊接热影响区中的粗晶区受二次焊接热循环影响明显，形成二次热影响区，一般经历二次热循环的粗晶区组织性能变化规律较复杂，理论二次热循环下不同峰值温度所对应的焊接热影响区区域如图 5-34 所示。

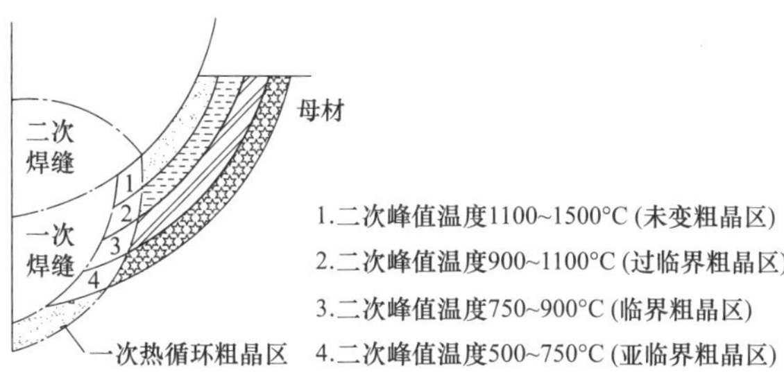

图 5-34　理论二次热循环下不同峰值温度所对应的焊接热影响区区域

采用如表 5-11 所示的热模拟试验参数，获取试验钢二次热循环下粗晶区的性能变化规律，模拟热输入分别为 20kJ/cm 和 25kJ/cm，一次峰值温度为 1320℃，二次峰值温度分别为 1320、1100、980、860℃和 620℃，从而模拟经历不同二次热循环后的一次粗晶区性能，热模拟温度曲线如图 5-35 所示。

表 5-11　　拟定二次热循环下热影响区不同区域热模拟参数

加热速度（℃/s）	120				
保持时间（s）	1				
模拟热输入（kJ/cm）	20/25				
一次峰值温度（℃）	1320				
二次峰值温度（℃）	620	860	980	1100	1320
模拟区域	亚临界再热粗晶区（SCGCHAZ）	临界再热粗晶区（ICCGHAZ）	过临界再热粗晶区（SCCGHAZ）	未变粗晶区（UACGHAZ）	未变粗晶区（UACGHAZ）

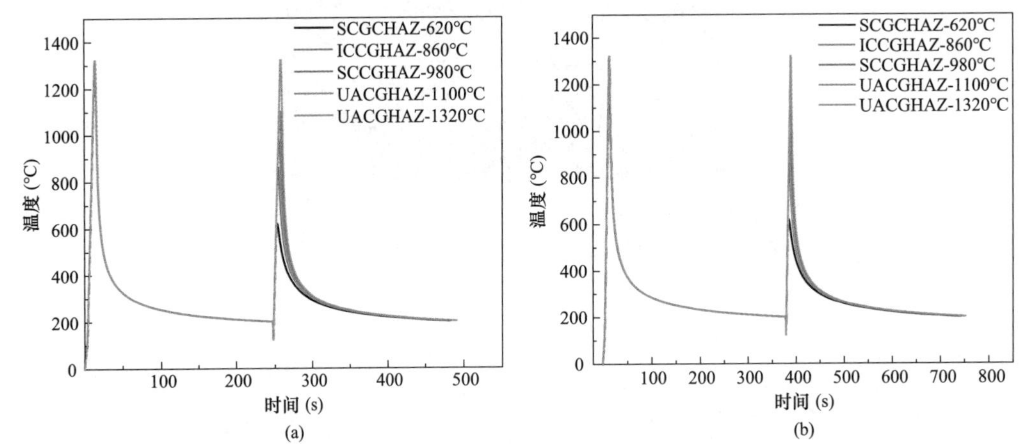

图 5-35　粗晶区二次热循环下不同峰值温度热模拟温度曲线

（a）热输入为 20kJ/cm；（b）热输入为 25kJ/cm

图 5-36～图 5-39 所示为在热输入在 20kJ/cm 与 25kJ/cm 时不同二次热循环峰值温度下的显微组织形貌。当二次热循环峰值温度为 1320℃和 1100℃时，对应热影响区中的未变粗晶区，该区域组织主要为贝氏体铁素体与粒状贝氏体的混合组织。当二次热循环峰值温度为 980℃时，对应热影响区中的过临界再热粗晶区，该区域组织构成为多边形铁素体与粒状贝氏体的混合组织。当二次热循环峰值温度为 860℃时，对应热影响区中的临界再热粗晶区，该区域组织为多边形铁素体以及少量的片状与棒状 M-A 组元。当峰值温度降低至 620℃时，对应为亚临界再热粗晶区，该区域组织为粒状贝氏体与少量的贝氏体铁素体。

当热输入为 20kJ/cm 和 25kJ/cm 时，不同峰值温度下二次热模拟试样维氏硬度的测试结果如图 5-40 所示。当二次热循环峰值温度为 1320℃时，不同热输入下热模拟试样硬

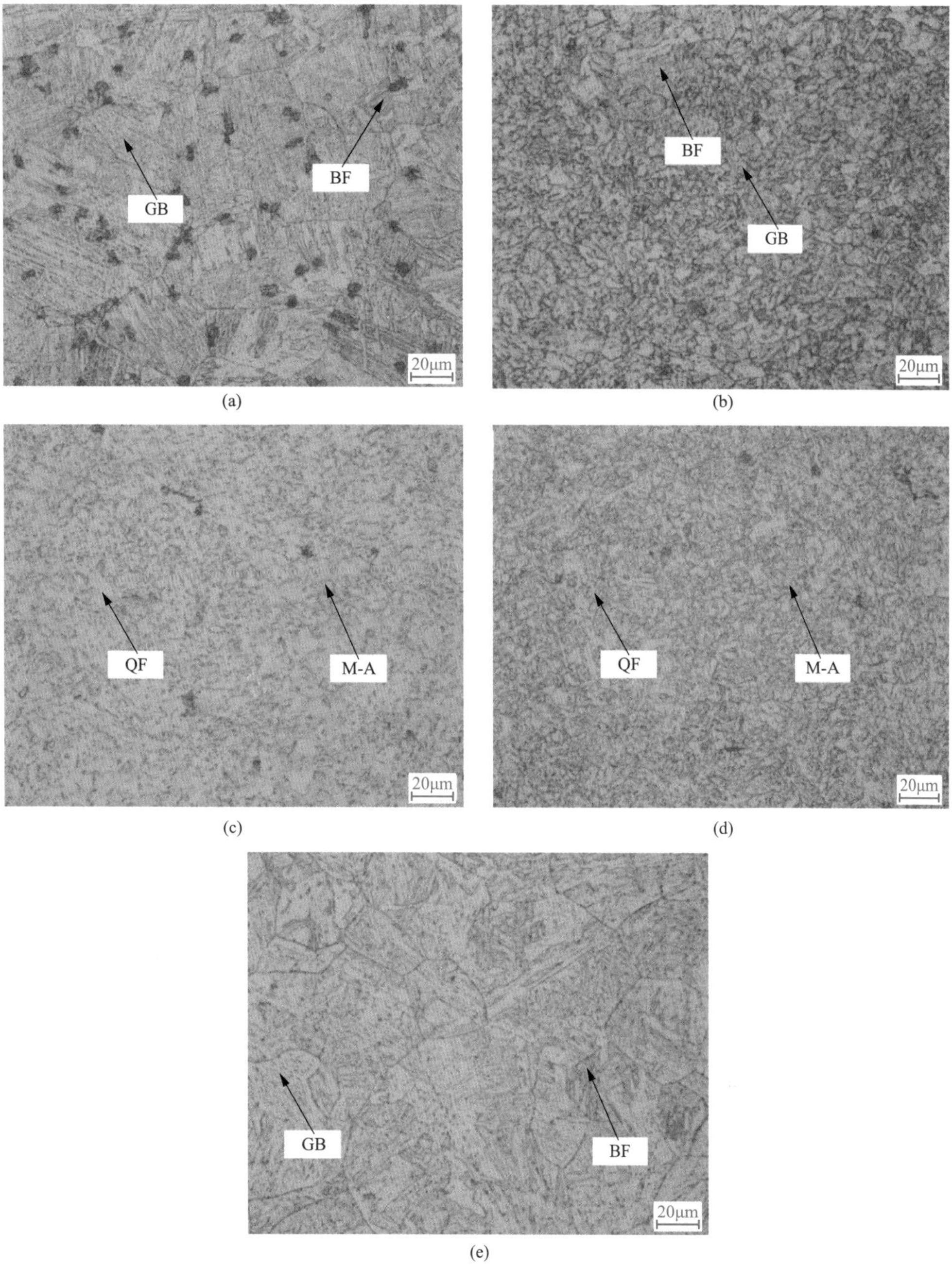

(a)　(b)

(c)　(d)

(e)

图 5-36　20kJ/cm 时二次热循环下热模拟试样 OM 像

(a) 峰值温度 1320℃+1320℃；(b) 峰值温度 1320℃+1100℃；(c) 峰值温度 1320℃+980℃；
(d) 峰值温度 1320℃+860℃；(e) 峰值温度 1320℃+620℃

度均达到最大，分别为 330HV 和 331HV，该区域硬度较高的原因与单次热循环时相同，基体组织构成为贝氏体铁素体与粒状贝氏体的混合组织，基体具有较高的位错强化与第二相强化效果。当二次热循环峰值温度为 1100℃时，硬度略有降低，分别为 327HV 和 313HV。

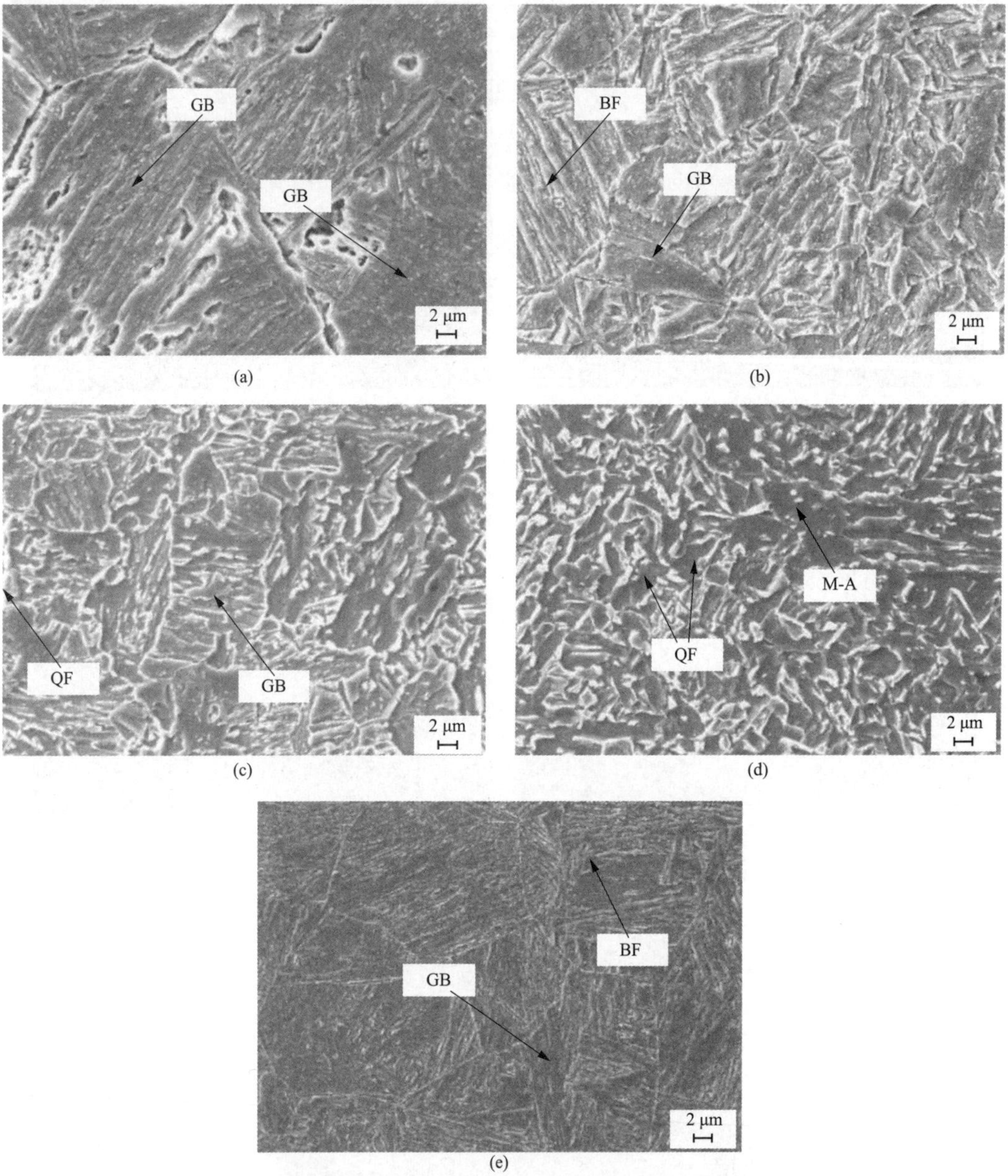

图 5-37　20kJ/cm 时二次热循环下热模拟试样 SEM 像

（a）峰值温度 1320℃+1320℃；（b）峰值温度 1320℃+1100℃；（c）峰值温度 1320℃+980℃；
（d）峰值温度 1320℃+860℃；（e）峰值温度 1320℃+620℃

当二次热循环峰值温度为 980℃时，基体硬度下降至 292HV 和 276HV，这与基体中出现了硬度较低的多边形铁素体有关。而当二次热循环峰值温度为 860℃时，该区域硬度降至最低，分别为 265HV 和 248HV，出现了一定程度的软化现象，软化原因与单次热循环下相似，为该区域出现了大量硬度较低的多边形铁素体，同时 M-A 组元的数量也大幅降低，进而造成基体强化效果减弱。当二次热循环峰值温度为 620℃时，该区域硬度分别为

290HV 和 289HV。

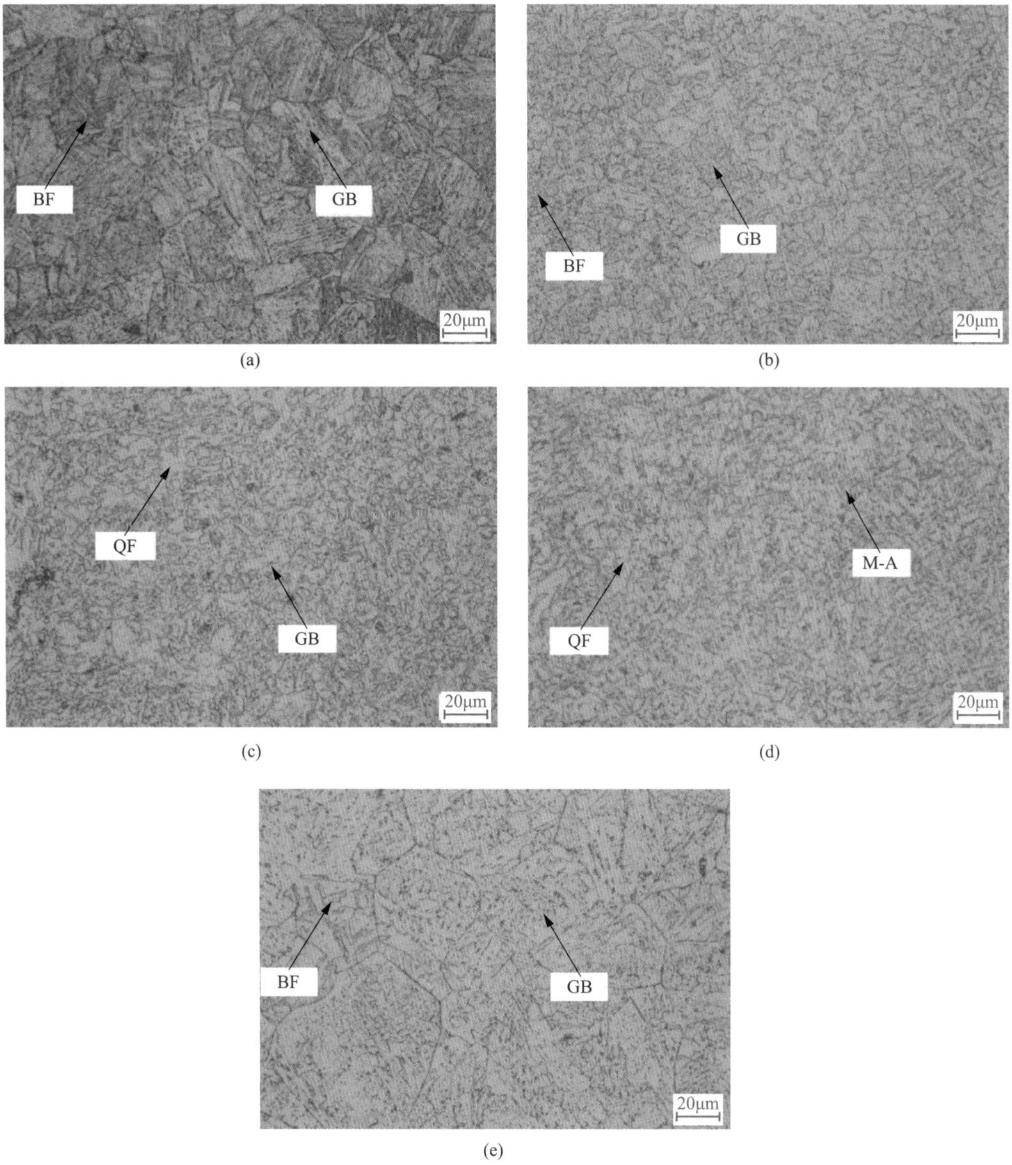

(a)　(b)

(c)　(d)

(e)

图 5-38　25kJ/cm 时二次热循环下热模拟试样 OM 像

(a) 峰值温度 1320℃＋1320℃；(b) 峰值温度 1320℃＋1100℃；(c) 峰值温度 1320℃＋980℃；(d) 峰值温度 1320℃＋860℃；(e) 峰值温度 1320℃＋620℃

热输入为 20kJ/cm 和 25kJ/cm 的不同二次热循环下热模拟试样冲击吸收能量如图 5-41 所示，图 5-42～图 5-45 分别为热输入为 20kJ/cm 和 25kJ/cm 不同峰值温度下二次热循环下，冲击试样断口的宏观形貌和微观形貌。不同热输入下峰值温度为 1320℃时的未变粗晶区冲击吸收能量分别为 198J 和 159J，峰值温度为 1100℃时冲击吸收能量分别为 233J 和

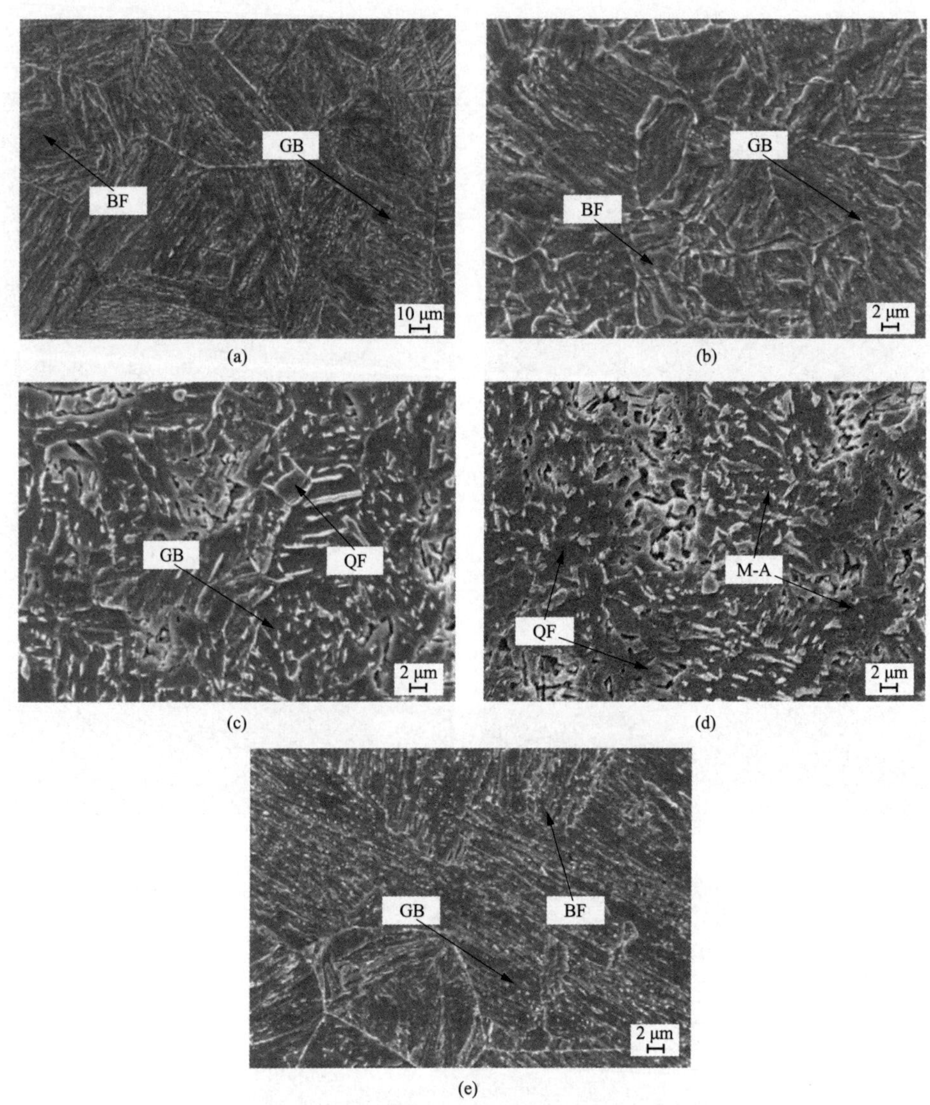

图 5-39　25kJ/cm 时二次热循环下热模拟试样 SEM 像

(a) 峰值温度 1320℃+1320℃；(b) 峰值温度 1320℃+1100℃；(c) 峰值温度 1320℃+980℃；(d) 峰值温度 1320℃+860℃；(e) 峰值温度 1320℃+620℃

202J，未变粗晶区断口处韧窝较浅，同时存在少量解离平面，断裂形式为韧性断裂；不同热输入下过临界再热粗晶区（二次峰值温度为 980℃）的冲击吸收能量分别为 255J 和 238J，断口处存在大量的浅平韧窝，具有良好的冲击韧性；临界再热粗晶区（二次峰值温度为 860℃）断口处基本不存在韧窝，不同热输入下该区域的冲击吸收能量分别为 64J 和 89J，冲击韧性相对其他区域较差，且宏观断口下断口较为平齐。亚临界再热粗晶区（峰值温度为 620℃）断口处存在大量浅平的韧窝，不同热输入下该区域的冲击吸收能量分别为 288J 和 279J。从上述试验结果可以看出，在热输入为 20kJ/cm 和 25kJ/cm 下，在二次热循环下热影响区各亚区中，临界再热粗晶区冲击韧性相对于其他亚区较低。

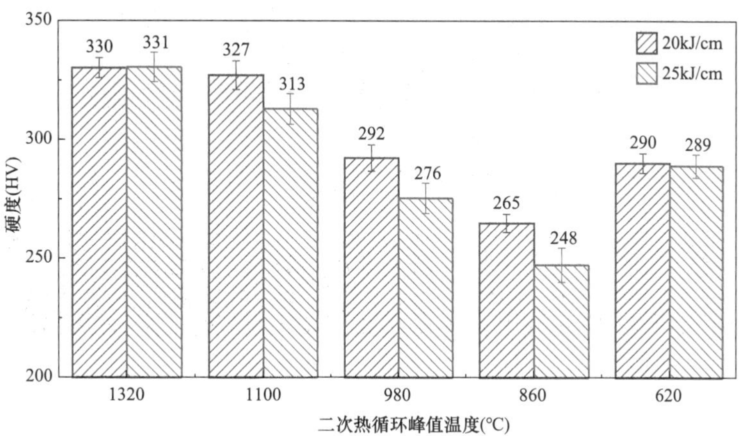

图 5-40　不同峰值温度下二次热模拟试样维氏硬度的测试结果

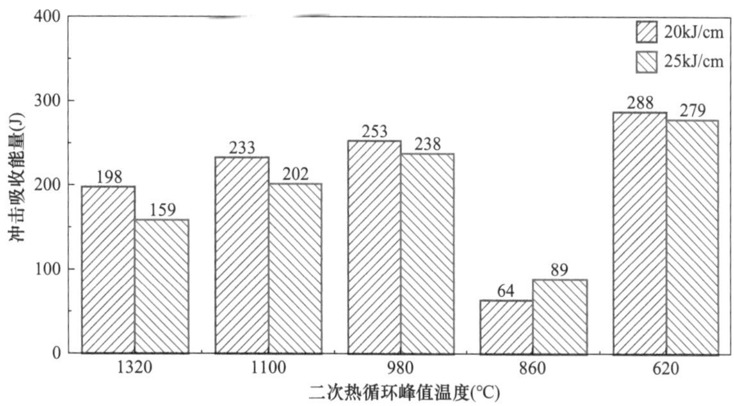

图 5-41　不同峰值温度下二次热循环下热模拟试样冲击能量

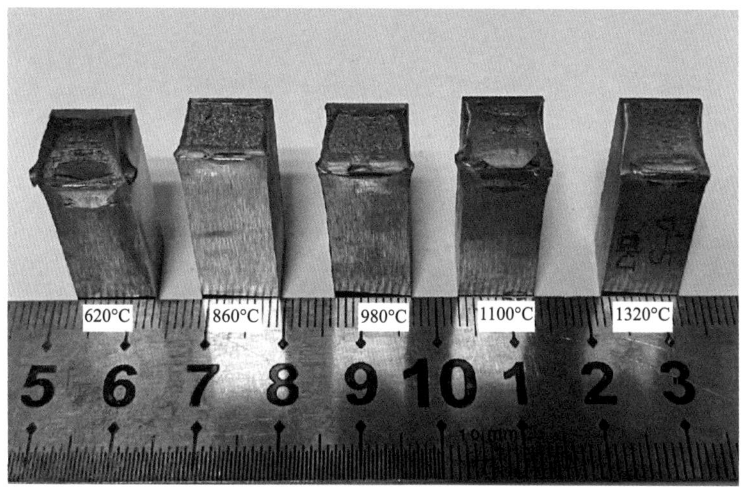

图 5-42　20kJ/cm 不同峰值温度下二次热循环热模拟试验宏观断口

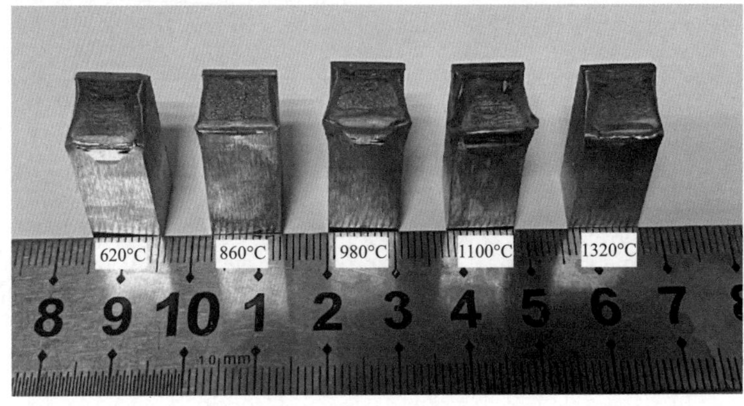

图 5-43　25kJ/cm 不同峰值温度下二次热循环热模拟试验宏观断口

二、压力钢管单面手工电弧焊

抽水蓄能电站压力钢管现场安装环焊缝目前均采用双面焊接，在管道外侧需要留出焊

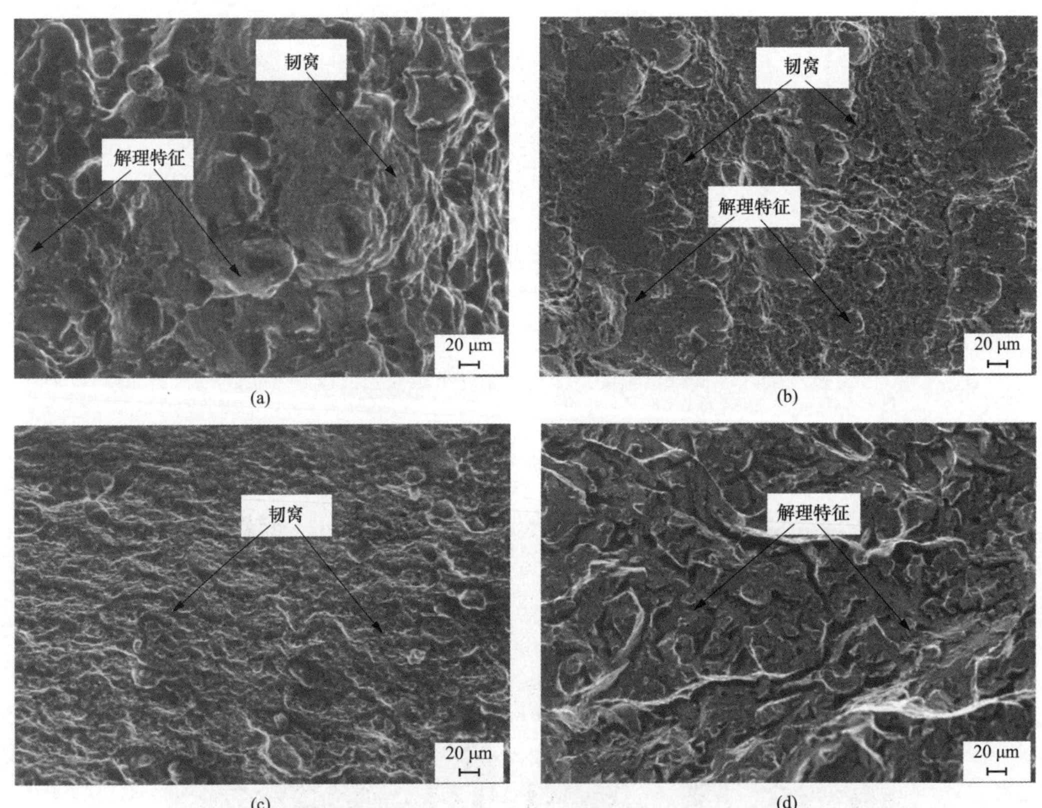

图 5-44　20kJ/cm 不同峰值温度下二次热循环热模拟试验微观断口（一）

（a）峰值温度 1320+1320℃；（b）峰值温度 1320+1100℃；

（c）峰值温度 1320+980℃；（d）峰值温度 1320+860℃；

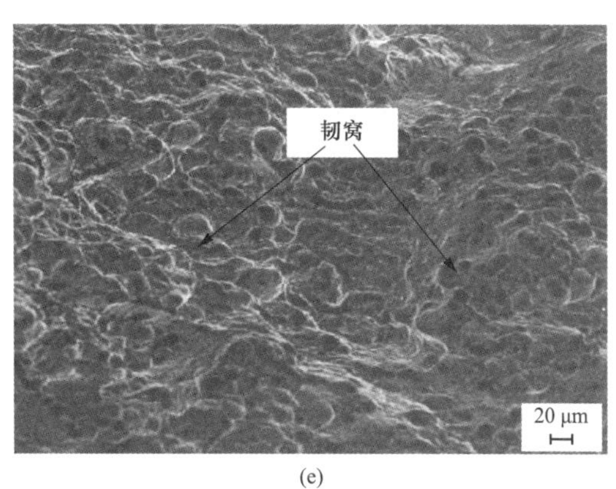

(e)

图 5-44　20kJ/cm 不同峰值温度下二次热循环热模拟试验微观断口（二）

（e）峰值温度 1320＋620℃

接施工空间，一般在管壁以外至少需要空间 600～800mm。单面焊是在管道的内侧开坡口，在管道内侧焊接成型。采用单面焊最人的优点是由于在管道内侧焊接，避免了在管道

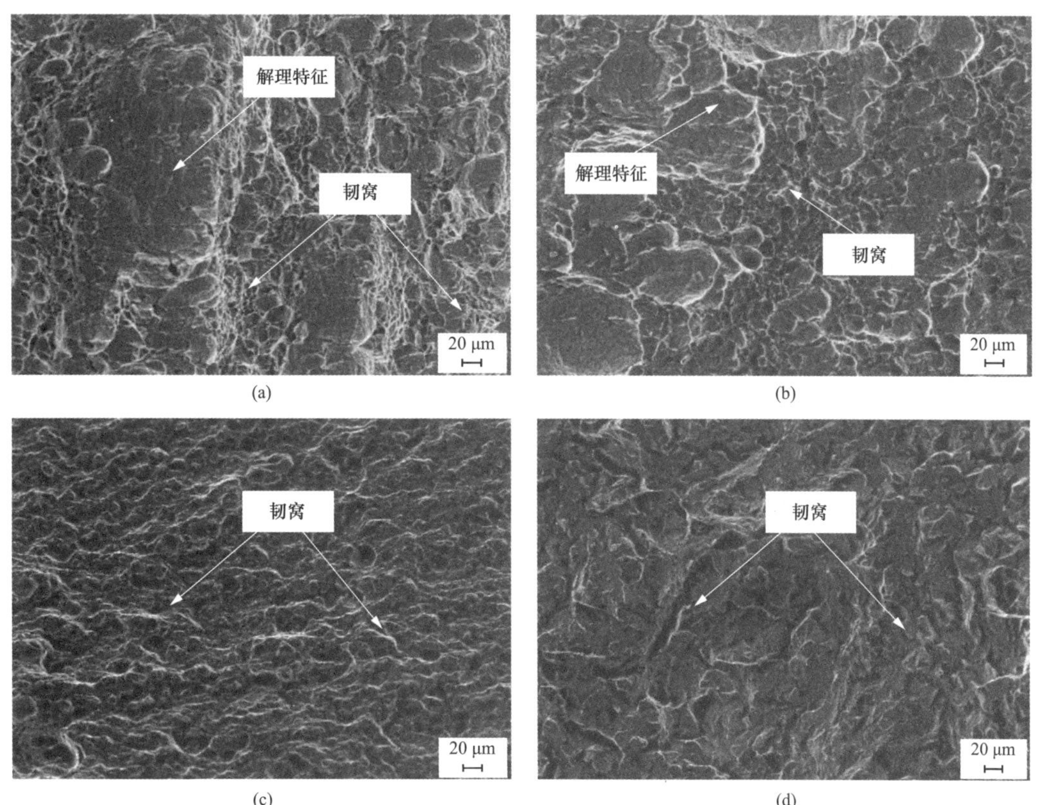

图 5-45　25kJ/cm 不同峰值温度下二次热循环热模拟试验微观断口（一）

（a）峰值温度 1320℃＋1320℃；（b）峰值温度 1320℃＋1100℃；

（c）峰值温度℃1320＋980℃；（d）峰值温度 1320℃＋860℃

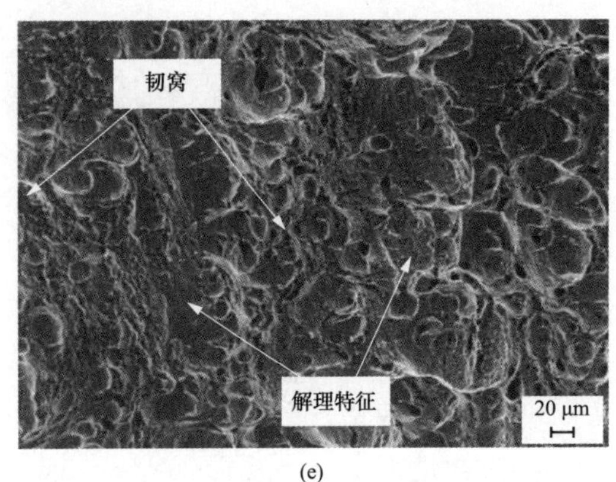

(e)

图 5-45　25kJ/cm 不同峰值温度下二次热循环热模拟试验微观断口（二）
(e) 峰值温度 1320℃+620℃

外侧进行焊接，相应地减少了钢管外壁焊接的操作空间需求、洞室的开挖量和回填混凝土量；采用单面焊还可以避免双面焊时的背部清根，减少焊接工作量，提高效率。

（一）单面焊双面成型基础试验

单面焊双面成型焊接技术是在焊件坡口的背面没有任何保护措施的条件下，只在坡口的正面进行施焊，焊接后坡口的正面和反面都能得到均匀美观、成型良好而且表面和内在的质量均符合要求的焊缝。单面焊双面成型焊接时，第一层的打底层焊缝焊接是操作的关键。

1. 打底焊接成型试验

单面焊双面成型形成熔孔是接头熔透的关键，焊接时液态金属通过熔孔输送到焊缝背面，使背面成型。同时焊条药皮熔化时所形成的熔渣和气体也通过熔孔对焊缝背面进行保护。如果不出现熔孔或者熔孔过小，则可能产生根部未熔合或未焊透、背面成型不良等缺陷；若熔孔过大，则会使得背面焊道余高过大或产生焊瘤。因此，背面焊缝的质量是由熔孔的尺寸、形状及其移动的均匀程度所决定的。要控制熔孔的形状和尺寸，必须严格控制根部间隙、焊条直径、焊接电流、焊条角度、运条方法与焊接速度等。从某种意义上讲，单面焊研究实质上就是试验研究打底焊道。

选用 500MPa、600MPa 和 800MPa 级别钢板进行单面焊双面成型试验，对应的牌号分别为 Q345C（δ=30mm）、AY610D（δ=40mm）、WSD690E（δ=46mm），试验钢板成分分析结果见表 5-12。采用 60°单 V 形坡口，试板尺寸及坡口型式见图 5-46。预热温度参考其他焊接试验结果以及工程实践经验确定，500MPa、600MPa 和 800MPa 级钢材的预热温度分别为不预热、不低于 60℃和不低于 80℃。

用 J507、J607RH 和 J807RH 焊条能够满足 500MPa、600MPa 和 800MPa 级别钢板等强度焊接打底焊接的要求，适用参数见表 5-13。

表 5-12 **试验钢板成分分析结果**

Q345C（δ=30mm）								
元素	C	Si	Mn	P	S	Als	Nb	V
含量	0.170	0.251	1.374	0.0245	0.0076	0.0341	<0.001	0.0018
元素	Ni	Cr	Mo	B	Ti	Cu	P_{cm}	C_{eq}
含量	0.007	0.028	0.002	0.0003	0.002	0.011	0.250	0.415
AY610D（δ=40mm）								
元素	C	Si	Mn	P	S	Als	Nb	V
含量	0.076	0.298	1.437	0.0090	0.0031	0.0310	0.040	0.0371
元素	Ni	Cr	Mo	B	Ti	Cu	P_{cm}	C_{eq}
含量	0.195	0.147	0.144	0.0016	0.024	0.010	0.190	0.401
WSD690E（δ=46mm）								
元素	C	Si	Mn	P	S	Als	Nb	V
含量	0.077	0.150	1.187	0.0072	0.0033	0.0324	0.012	0.0344
元素	Ni	Cr	Mo	B	Ti	Cu	P_{cm}	C_{eq}
含量	0.558	0.568	0.444	0.0011	0.004	0.216	0.228	0.522
备注	C_{eq}（%）=C+Mn/6+Si/24+Ni/40+Cr/5+Mo/4+V/14 P_{cm}（%）=C+Si/30+Mn/20+Cu/20+Cr/20+Ni/60+Mo/15+V/10+5B							

注 C_{eq} 为碳当量。

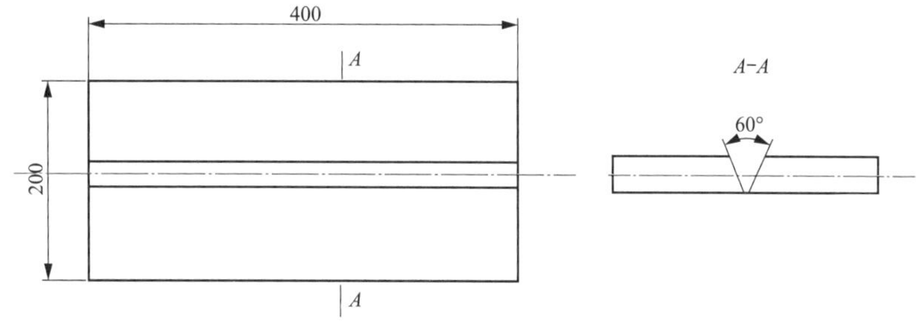

图 5-46 试板尺寸及坡口型式

表 5-13 **打底成型适用参数**

焊接方法	钢板牌号	试板厚度（mm）	坡口角度（°）	焊条牌号	焊条直径	预热温度（℃）	焊接电流（A）	焊接电压（V）
焊条电弧焊	Q345C	30	60	J507	ϕ3.2	常温	100～110	20～22
	AY610D	40	60	J607RH	ϕ3.2	60	100～110	20～22
	WSD690E	46	60	J807RH	ϕ3.2	80	100～110	20～22

2. 坡口间隙范围试验

焊接位置根据工地压力钢管安装的实际需要，采用平、立、仰三个位置。由于单面焊时根部既要保证焊透还要保证不被烧穿，且要有适当的根部间隙，才能保证焊条送到根部，确保电弧透过背部一部分，熔透根部。但在焊接工艺评定以及压力钢管安装过程中，在对口过程中难免引起根部间隙在整个钢管的圆周范围内不一致，针对对口间隙的偏差开展试验。三种强度等级的试板均采用等强度匹配的焊条进行对口间隙试验。坡口间隙焊接试验规范参数见表5-14。

表5-14　坡口间隙焊接试验规范参数

序号	材料牌号	焊接位置	坡口间隙(mm)	焊接电流(A)	焊接电压(V)	焊接时间(s)
1	Q345C	平	2.0	100	21	176
2	Q345C	平	3.0	100	21	345
3	Q345C	平	4.5	100	21	359
4	Q345C	立	2.5	100	21	299
5	Q345C	立	4.0	100	21	393
6	Q345C	立	5.5	100	21	489
7	Q345C	仰	3.5	105	21	320
8	Q345C	仰	5.0	105	21	455
9	Q345C	仰	6.5	105	21	550
10	AY610D	平	2.0	100	21	238
11	AY610D	平	3.0	100	21	327
12	AY610D	平	4.5	100	21	353
13	AY610D	立	2.5	100	21	299
14	AY610D	立	4.0	100	21	393
15	AY610D	立	5.5	100	21	489
16	AY610D	仰	3.5	110	21	317
17	AY610D	仰	5.0	110	21	356
18	AY610D	仰	6.5	110	21	521
19	WSD690E	平	2.0	100	21	169
20	WSD690E	平	3.0	100	21	171
21	WSD690E	平	4.5	100	21	431
22	WSD690E	立	2.5	100	21	338
23	WSD690E	立	4.0	100	21	391
24	WSD690E	立	5.5	100	21	468
25	WSD690E	仰	3.5	110	21	338
26	WSD690E	仰	5.0	110	21	383
27	WSD690E	仰	6.5	110	21	547

根据系列坡口间隙打底焊道成型试验结果，包括焊工体验，确定标准坡口间隙，用于焊接工艺评定试验。试验结果表明，最合适的间隙：平焊为4mm，立焊为4mm，仰焊为5mm。

3. 坡口错边打底焊接试验

在压力钢管安装过程中，在对口过程中很难保证不错边，整个钢管的圆周范围内的错边量也不一致，针对错边量的偏差开展试验。由于GB 50766—2012《水电水利工程压力

钢管制作安装及验收规范》允许坡口最大错边量为1mm，试验坡口错边量也采用1mm。

三种材质分别采用J507RH、J607RH、J807RH焊条进行错边量试验。试板长度为400mm，为单V形60°坡口。焊接完成后进行外观质量检测，外观质量需符合GB 50766—2012中表5.4.1的规定。外观质量检测合格后，进行了磁粉检测，合格标准为NB/T 47013.4—2015《承压设备无损检测　第4部分：磁粉检测》标准Ⅰ级。坡口错边焊接试验规范参数见表5-15。

表5-15　坡口错边焊接试验规范参数

序号	材料牌号	错边量（mm）	焊接位置	坡口间隙（mm）	焊接电流（A）	焊接电压（V）	焊接时间（s）
1	Q345C	1	平	3.0	110	21	230
2	Q345C	1	立	4.0	100	21	337
3	Q345C	1	仰	5.0	105	21	387
4	AY610D	1	平	3.0	105	21	226
5	AY610D	1	立	4.0	105	21	337
6	AY610D	1	仰	5.0	105	21	406
7	WSD690E	1	平	3.0	110	21	173
8	WSD690E	1	立	4.0	110	21	387
9	WSD690E	1	仰	5.0	110	21	387

4. 焊接热输入试验

采用间隙为4mm、单V形60°坡口试板，焊接位置为立向上焊，选定三种焊接热输入进行打底焊成型试验。根据试验结果确定焊接热输入的范围。根据以往经验，500MPa级试板的焊接热输入定为15J/cm、30J/cm、45J/cm；AY610D试板的焊接热输入定为15J/cm、30J/cm、40J/cm；WSD690E试板的焊接热输入初步定为12J/cm、22J/cm、32J/cm。焊接热输入试验焊接规范参数见表5-16。

表5-16　焊接热输入试验焊接规范参数

焊接方法		焊条电弧焊		相对湿度	≤80%	背面清根		不清根
层间温度		预热温度至180℃		后热温度	—	保温时间		—
焊后热处理		—		保温时间	—	探伤方法		100%MT+UT
试样序号	试板材料	预热温度（℃）	焊条直径	焊条	电流（A）	电压（V）	热输入（kJ/cm）	焊接速度（cm/min）
打底焊								
0	—	—	ϕ3.2	—	100	21	—	—
中间及盖面焊								
1	Q345C	室温	ϕ4.0	J507	145	23	15	13.34
2	Q345C	室温	ϕ4.0	J507	160	24	30	7.68

续表

试样序号	试板材料	预热温度	焊条直径	焊条	电流（A）	电压（V）	热输入（kJ/cm）	焊接速度（cm/min）
3	Q345C	室温	ϕ4.0	J507	175	25	40	6.56
4	AY610D	60℃	ϕ4.0	CHE607RH	145	23	15	13.34
5	AY610D	60℃	ϕ4.0	CHE607RH	160	24	30	7.68
6	AY610D	60℃	ϕ4.0	CHE607RH	175	25	40	6.56
7	WSD690E	80℃	ϕ4.0	CHE80CF	145	23	12	16.68
8	WSD690E	80℃	ϕ4.0	CHE80CF	160	24	22	10.47
9	WSD690E	80℃	ϕ4.0	CHE80CF	175	25	32	8.20

注 单面打底和盖面焊规范可以适当调整。

焊接完成后，经外观检查和无损检测合格后取样进行力学性能试验。试样的取样及试验合格标准同焊接工艺评定一致。根据试验成果，确定合适的焊接热输入范围。试板的力学性能检验结果见表5-17～表5-20。

表5-17 焊接热输入试板拉伸试验结果

母材等级	编号备注	试样编号	抗拉强度	断后伸长率（%）	断裂位置
500MPa	D-R-5-15-V	101	527	22.6	母材
		102	524	21.5	母材
	D-R-5-30-V	103	528	21.1	母材
		104	528	21.2	母材
	D-R-5-40-V	105	524	25.3	母材
		106	525	25.5	母材
600MPa	D-R-6-15-V	201	706	16.1	焊缝
		202	705	17.4	焊缝
	D-R-6-30-V	203	698	9.3	焊缝
		204	699	11.7	焊缝
	D-R-6-40-V	205	694	12.8	焊缝
		206	684	12.8	焊缝
800MPa	D-R-8-12-V	301-1	818	14.9	母材
		301-2	800	16.4	母材
		302-1	808	14	焊缝
		302-2	775	3.1	母材
	D-R-8-22-V	303-1	782	11	焊缝
		303-2	820	15	焊缝
		304-1	816	11.1	焊缝
		304-2	788	9.6	焊缝
	D-R-8-32-V	305-1	780	11.8	焊缝
		305-2	699	3	焊缝
		306-1	712	2.4	焊缝
		306-2	778	9.8	焊缝

表 5-18　　　　焊接热输入试板冲击试验结果

母材等级	编号备注	试验温度	缺口位置	试样编号	试验结果	结论
500MPa	D-R-5-15-V	0℃	焊缝	101	148、156、131	合格
			热影响区	102	143、113、107	合格
	D-R-5-30-V	0℃	焊缝	103	134、144、130	合格
			热影响区	104	99、144、97	合格
	D-R-5-40-V	0℃	焊缝	105	158、123、128	合格
			热影响区	106	206、217、207	合格
600MPa	D-R-6-15-V	−20℃	焊缝	201	112、109、107	合格
			热影响区	202	138、235、118	合格
	D-R-6-30-V	−20℃	焊缝	203	117、99、81	合格
			热影响区	204	89、77、94	合格
	D-R-6-40-V	−20℃	焊缝	205	98、87、77	合格
			热影响区	206	187、147、203	合格
800MPa	D-R-8-12-V	−40℃	焊缝	301	92、68、77	合格
			热影响区	302	197、81、224	合格
	D-R-8-22-V	−40℃	焊缝	303	77、90、91	合格
			热影响区	304	146、159、85	合格
	D-R-8-32-V	−40℃	焊缝	305	66、79、85	合格
			热影响区	306	111、220、123	合格

表 5-19　　　　焊接热输入试板弯曲试验结果

母材等级	编号备注	弯曲方式	试样编号	试验结果	结论
500MPa 弯芯直径 40mm 弯曲角度 180° 支辊间距 63mm	D-R-5-15-V	面弯	101	无可见裂纹	合格
			102	无可见裂纹	合格
		背（根）弯	103	点状开裂	合格
			104	点状开裂	合格
	D-R-5-30-V	面弯	105	无可见裂纹	合格
			106	无可见裂纹	合格
		背（根）弯	107	无可见裂纹	合格
			108	无可见裂纹	合格
500MPa 弯芯直径 40mm 弯曲角度 180° 支辊间距 63mm	D-R-5-40-V	面弯	109	无可见裂纹	合格
			110	无可见裂纹	合格
		背（根）弯	111	无可见裂纹	合格
			112	无可见裂纹	合格
600MPa 弯芯直径 54mm 弯曲角度 180° 支辊间距 77mm	D-R-6-15-V	面弯	201	无可见裂纹	合格
			202	无可见裂纹	合格
		背（根）弯	203	点状开裂	合格
			204	无可见裂纹	合格

续表

母材等级	编号备注	弯曲方式	试样编号	试验结果	结论
600MPa 弯芯直径 54mm 弯曲角度 180° 支辊间距 77mm	D-R-6-30-V	面弯	205	无可见裂纹	合格
			206	无可见裂纹	合格
		背（根）弯	207	无可见裂纹	合格
			208	无可见裂纹	合格
	D-R-6-40-V	面弯	209	无可见裂纹	合格
			210	无可见裂纹	合格
		背（根）弯	211	局部点状开裂	合格
			212	局部点状开裂	合格
800MPa 弯芯直径 60mm 弯曲角度 180° 支辊间距 83mm 800MPa	D-R-8-12-V	面弯	301	无可见裂纹	合格
			302	无可见裂纹	合格
		背（根）弯	303	无可见裂纹	合格
			304	无可见裂纹	合格
	D-R-8-22-V	面弯	305	局部点状开裂	合格
			306	无可见裂纹	合格
		背（根）弯	307	无可见裂纹	合格
			308	无可见裂纹	合格
	D-R-8-32-V	面弯	309	无可见裂纹	合格
			310	断裂	不合格
		背（根）弯	311	局部点状开裂	合格
			312	断裂	不合格

表 5-20　　热输入试板硬度测试结果（HV_{10}）

试板编号	D-R-5-15-V														
Z向	母材区域					热影响区域					焊缝区域				
上	153	159	160	166	174	186	196	206	194	192	194	184	190	198	184
中	160	155	168	160	166	182	158	186	202	192	190	198	192	184	190
下	149	151	149	146	144	155	162	168	162	158	155	166	160	164	180
试板编号	D-R-5-30-V														
上	166	160	170	162	162	174	172	164	164	182	180	182	188	190	202
中	153	148	156	158	160	160	170	176	174	186	178	176	166	180	170
下	160	156	172	170	170	158	170	160	170	160	176	162	170	172	170
试板编号	D-R-5-40-V														
上	138	138	145	148	147	150	157	160	157	160	158	159	160	170	168
中	152	148	151	160	154	160	160	162	166	178	176	174	170	174	178
下	150	149	156	152	153	148	158	154	156	156	160	160	162	155	154
试板编号	D-R-6-15-V														
Z向	母材区域					热影响区域					焊缝区域				
上	216	220	206	202	188	194	200	210	220	234	222	234	228	212	210
中	198	206	198	186	184	174	182	210	218	236	216	220	222	220	218
下	222	218	210	222	212	202	190	192	194	210	222	242	218	228	214

续表

试板编号	D-R-6-30-V														
上	214	222	200	190	194	224	224	220	236	224	218	214	228	210	210
中	220	198	200	190	200	192	188	206	202	238	212	220	216	220	218
下	212	210	182	214	214	188	186	190	182	210	222	232	210	234	212
试板编号	D-R-6-40-V														
上	216	214	216	206	216	216	220	210	208	204	180	190	200	206	214
中	208	198	202	194	190	194	186	200	210	198	228	228	214	200	204
下	198	202	194	208	204	198	184	188	182	194	182	190	190	194	190
试板编号	D-R-8-12-V														
Z 向	母材区域					热影响区域					焊缝区域				
上	216	190	214	222	220	234	234	285	290	280	252	242	256	285	280
中	240	204	212	210	206	226	234	230	220	254	285	300	295	285	258
下	258	256	214	218	210	236	212	236	224	234	254	224	228	236	230
试板编号	D-R-8-22-V														
上	254	254	242	248	242	218	220	232	236	254	258	265	212	270	270
中	236	246	236	234	228	210	244	222	238	232	244	250	265	236	238
下	250	248	246	236	240	212	218	210	214	210	210	220	224	250	250
试板编号	D-R-8-32-V														
上	232	236	216	226	218	212	232	224	232	240	224	234	240	260	275
中	242	238	220	220	220	226	228	232	210	218	242	256	250	244	242
下	250	256	254	244	240	222	224	214	216	210	210	220	216	216	236

（二）模拟管段安装

根据现场实际情况，模拟管段用料实际情况调整为 3m（内径）×1m（长度）×30mm（厚度）的钢管 2 支。每支钢管 3 条纵焊缝，纵焊缝采用埋弧焊焊接。利用前期试验评定成功的 600MPa 钢板的单面焊焊接工艺完成 2 支试验钢管之间的环焊缝焊接（Ⅱ类焊缝），模拟平段位置环焊缝单面焊。模拟试验段焊接示意图如图 5-47 所示。

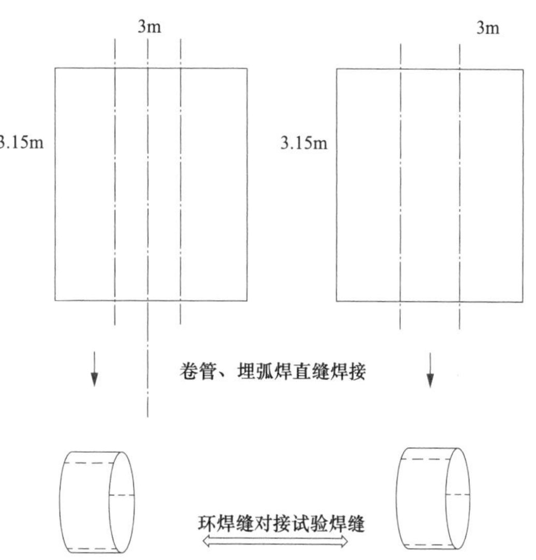

图 5-47　模拟试验段焊接示意图

利用车间吊装设备，将试验钢管水平安装在车间平台上。拼装调整到位后，对坡口间隙和错边进行测量。现场实测环缝坡口错边 1～2mm；坡口间隙 3～9mm，且不均匀，不满足试验要求间隙 4～6mm 的要求，但接近工程实际情况。

试验钢管环缝按试验规定的焊接工艺进行无垫板单面焊接。为了与钢管安装工况相同，坡口留在钢管内侧，焊工在管内位置施工。焊接工艺参数见表 5-21。

表 5-21　焊接工艺参数

预热温度		60℃		相对湿度	≤80%		背面清根	不清根	
层间温度		60～200℃		后热温度	—		保温时间	—	
焊后热处理		—		保温时间	—		探伤方法	100%MT+UT	
母材等级	焊接部位	焊接方法	焊条直径	焊材	电流（A）	电压（V）	热输入（kJ/cm）	焊接速度（cm/min）	焊接位置
AY610D	打底	焊条电弧焊	ϕ3.2	CHE607RH	100	21	≤15	—	平焊
	中间		ϕ4.0	CHE607RH	160	25	18～28	8.5～13.5	平焊
	盖面		ϕ4.0	CHE607RH	160	25	15～25	9.6～16	平焊
AY610D	打底	焊条电弧焊	ϕ3.2	CHE607RH	110	21	≤20	—	立向上焊
	中间		ϕ4.0	CHE607RH	165	25	20～30	8.3～12.4	立向上焊
	盖面		ϕ4.0	CHE607RH	160	25	15～25	9.6～16	立向上焊
AY610D	打底	焊条电弧焊	ϕ3.2	CHE607RH	115	23	≤20	—	仰焊
	中间		ϕ4.0	CHE607RH	140	24		—	仰焊
	盖面		ϕ4.0	CHE607RH	130	24		—	仰焊

注　单面打底焊规范可以根据焊工习惯微调，仰焊不限定速度。

焊接完成后，按 GB 50766—2012《水电水利工程压力钢管制作安装及验收规范》进行外观检查，焊缝外观合格后，焊缝超声检测按照 GB/T 11345—2023《焊缝无损检测 超声检测 技术、检测等级和评定》执行。为了对试验焊缝内部质量进行更准确的判定，增加了 TOFD 检测，TOFD 按 DL/T 330—2010《水电水利工程金属结构及设备焊接接头衍射时差法超声检测》执行。结果表明，焊缝的外观及无损检测均合格。

（三）试验段安装

利用已经完成的压力钢管单面焊焊接工艺评定进行压力钢管在洞室内的焊接安装，完成的钢种主要包含 500MPa 和 800MPa 级钢管的单面焊环焊缝安装。在某抽水蓄能电站 6 号引水隧洞段进行了两条 500MPa 级钢安装环缝焊接试验，焊缝编号为Ⅵ-11/12、Ⅵ-13/14，4 号下平段进行了一条 800MPa 级钢安装环缝焊接试验，焊缝编号为Ⅴ-420/421。500MPa 焊接工艺参数见表 5-22，800MPa 焊接工艺参数见表 5-23。

表 5-22　500MPa 焊接工艺参数

焊接名称	焊材直径（mm）	焊接电流（A）	电弧电压（V）	焊速（cm/min）	层间温度（℃）	焊道宽度（mm）	线能量（kJ/cm）
打底焊	ϕ3.2	103	21	12.1	97	5	10.7
中间层	ϕ4.0	136～141	23～24	6.0～7.0	115～157	7～10	26.8～33.8
盖面层	ϕ4.0	142	24	6.5	140	11	31.5

由于对对口间隙等要求较高，钢管安装压缝定位焊适当加密。单面焊试验段如图 5-48

所示。

表 5-23　　800MPa 焊接工艺参数

名称	焊材直径（mm）	焊接电流（A）	电弧电压（V）	焊速（cm/min）	层间温度（℃）	焊道宽度（mm）	线能量（kJ/cm）
打底焊	ϕ3.2	110	21	—	97	5	≤20
中间层	ϕ4.0	165	25	9.90	115～157	7～10	27.5
盖面层	ϕ4.0	160	24	11.52	140	11	22.5

图 5-48　单面焊试验段

焊接完成后，按 GB 50766—2012《水电水利工程压力钢管制作安装及验收规范》进行外观检查，外观检查合格。

焊缝外观合格后，焊缝超声检测按照 GB/T 11345—2023《焊缝无损检测　超声检测技术、检测等级和评定》执行，检测结果合格。TOFD 检测按 DL/T 330—2010《水电水利工程金属结构及设备焊接接头衍射时差法超声检测》执行，检测结果合格。

第三节　压力钢管典型质量案例

一、尾水压力钢管鼓包基本情况

某抽水蓄能电站投运 7 年后在 B 级检修时发现 4 号尾水支管压力钢管发生鼓包，鼓包位置在尾水事故闸门上游侧圆变方过渡段位置，如图 5-49 所示。第 1 处为面向下游右手侧，距闸门 3m 处开始，支管方变圆起始位置，鼓包面积约 $20m^2$，第 2 处为面向下游左手侧，距闸门 4.4m、高 3m 处，鼓包直径约为 1m，如图 5-50 所示。

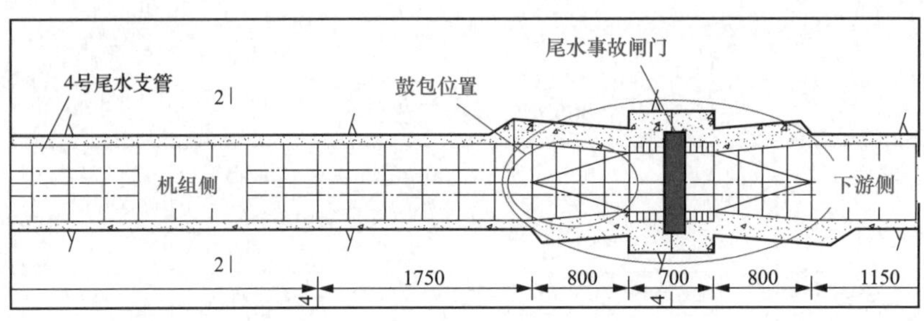

图 5-49　尾水管鼓包示意图

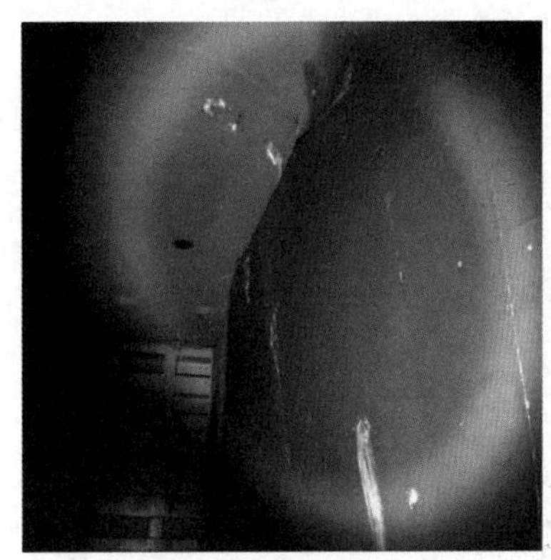

图 5-50　尾水管鼓包

二、尾水压力钢管排水过程分析

尾水压力钢管排水过程中，如果排水速率过大，补气不足，造成管内真空，也有可能引起鼓包。检查鼓包处钢管焊缝完好，且尾水压力钢管排水过程中排气阀和隔离阀处于全开状态，该压力钢管近三次的排空速率分别为 2.02m/h、1.89m/h 和 1.75m/h，此次排空时间最长，速率最慢，因此排除了钢衬内产生负压的可能。

三、尾水压力钢管设计复核

压力钢管设计主要由内水压力、管道外围岩地质条件限制等因素决定。对于埋藏式压力钢管而言，多数破坏是因为外水压力导致，外水引起压力钢管失稳的最主要的原因为内水外渗。内水外渗、上水库渗流边界以及山体地下水形成了山体地下渗流场。而地下埋管相对于外压是一种薄壳结构，如果高压水沿钢管衬砌和混凝土衬砌的缝隙作用于压力钢管上，容易导致钢管变形压屈鼓包。

该电站的下库正常蓄水位高程为 294.00m，尾水管进口高程为 192.45m。对于尾水压力钢管设计内压的取值，当下游正常蓄水位与尾水管底高程之差小于 100m 时，尾水压力钢管设计内水压力可取为 1.4～1.6 倍下游正常蓄水位与尾水管底高程之差；当下游正常蓄水位与尾水管底高程之差大于 100m 时，尾水压力钢管设计内水压力可取为 1.35～1.37 倍下游正常蓄水位与尾水管底高程之差。设计时水锤作用后的设计内水压力值取 1.6 倍最大静水压力，约 1.6MPa。

对于设计外压的取值，考虑尾水钢管上部有庞大的洞室群，特别是母线洞及主变压器洞仅距其不到 20m，因此外水压力不可能越过地下洞群作用到尾水压力钢管。因此尾水钢管的外水压力主要来自尾水支洞的内水外渗。特别是一个水力单元放空检修，邻近水力单元内水外渗对其的作用。因此，外水压力取值应是尾水道内压乘折减系数，考虑钢管首段

止水环、帷幕灌浆以及周围排水孔幕的防渗截排系统的作用，折减系数取 0.6，外水压力约 0.6MPa。

根据 NB/T 35056—2015《水电站压力钢管设计规范》的相关规定，抽水蓄能电站压力钢管结构按承载能力极限状态设计：钢管主要结构构件均应进行承载能力计算，管壁和加劲环还应进行抗外压稳定计算。

该电站尾水隧洞为一管两机式，鼓包处钢板厚度为 24mm，材质为 Q345R，支管圆段直径为 4800mm。压力钢管依据 GB 50199《水利水电工程结构可靠性设计统一标准》规定设计，其中重要性系数 $\gamma_0=1.0$，设计状况为持久状况，设计状况系数 $\psi=1.0$，钢管的结构系数（与焊缝系数相关的数值）$\gamma_d=1.3$，钢管内径 $r=4800$mm，钢材强度设计值取 317MPa，钢管厚度 $t=24$mm。

尾水压力钢管承受环向内外压力的允许值为

$$\sigma_R=\frac{1}{\gamma_0\psi\gamma_d}f=\frac{317}{1.0\times1.0\times1.3}=243.85(\text{MPa}) \tag{5-1}$$

为了加强压力钢管的抗外压稳定性，采用加劲环式的压力钢管，加劲环式的压力钢管设计包含加劲环间管壁的稳定性计算和加劲环的稳定性计算，加劲环间管壁的稳定计算采用米赛斯公式，计算临界外压 p_{cr} 为

$$p_{cr}=\frac{E_s t}{(n^2-1)\left(1+\dfrac{n^2l^2}{\pi^2r^2}\right)^2 r}+\frac{E_s}{12(1-\nu_s^2)}\left(n^2-1+\frac{2n^2-1-\nu_s}{1+\dfrac{n^2l^2}{\pi^2r^2}}\right)\frac{t^3}{r^3} \tag{5-2}$$

$$n=2.74\left(\frac{r}{l}\right)^{\frac{1}{2}}\left(\frac{r}{t}\right)^{\frac{1}{4}} \tag{5-3}$$

式中　p_{cr}——临界外压，Pa；

E_s——钢材弹性模量，N/mm²；

t——钢管计算壁厚，mm；

n——最小临界压力的波数，用上式估算，取相近的整数；

l——加劲环间距，mm；

r——钢管内半径，mm；

ν_s——钢材泊松比。

加劲环临界外压 p_{cr} 计算：

$$p_{cr}=\frac{R_e A_R}{rl} \tag{5-4}$$

$$A_R=ha+t(a+1.56\sqrt{rt}) \tag{5-5}$$

式中　A_R——加劲环有效截面面积，mm²；

R_e——钢材屈服强度，N/mm²；

h——加劲环高度，mm；

a——加劲环厚度，mm；

l——加劲环间距，mm。

因此，尾水压力钢管渐变段每节钢衬布置2道加劲环，间距为1000mm，采用T形加劲环，加劲环厚度为28～34mm，高度和翼缘宽度为200mm。在设计外水压力0.6MPa下，埋藏式尾水压力钢管的加劲环管壁和加劲环的抗外压稳定性均大于1.8。在加劲环结构稳定的前提下，该部位尾水压力钢管的极限抗外压能力最小可达0.6×1.8=1.08MPa，即108m水压力。

四、实际外水压力分析

尾水钢管的外水压力主要来自压力钢管与钢筋混凝土衬砌衔接点，由钢筋混凝土衬砌隧洞内水外渗透过帷幕灌浆产生。按照NB/T 35056—2015《水电站压力钢管设计规范》的规定，压力钢管首部应加设阻水环和环向高压帷幕灌浆；排水设施可采用排水洞及排水幕、管外岩壁排水、钢管外壁贴壁排水等排水方式。

尾水支管、尾水岔管洞身围岩以微风化晶屑凝灰熔岩为主，岩体较完整，虽然有断层发育，但大多宽度小且均为高陡倾角，无地下水，渗流水压的可能性极小，且尾水压力钢管上部有庞大的地下洞室群与完备的排水系统，来自山体的外水压力不可能作用于尾水钢管外壁。尾水支管外部设计了外排水结构，如图5-51所示。压力钢管外部水压力会通过外排水管路排至集水井，防止钢管外部产生过大水压力。

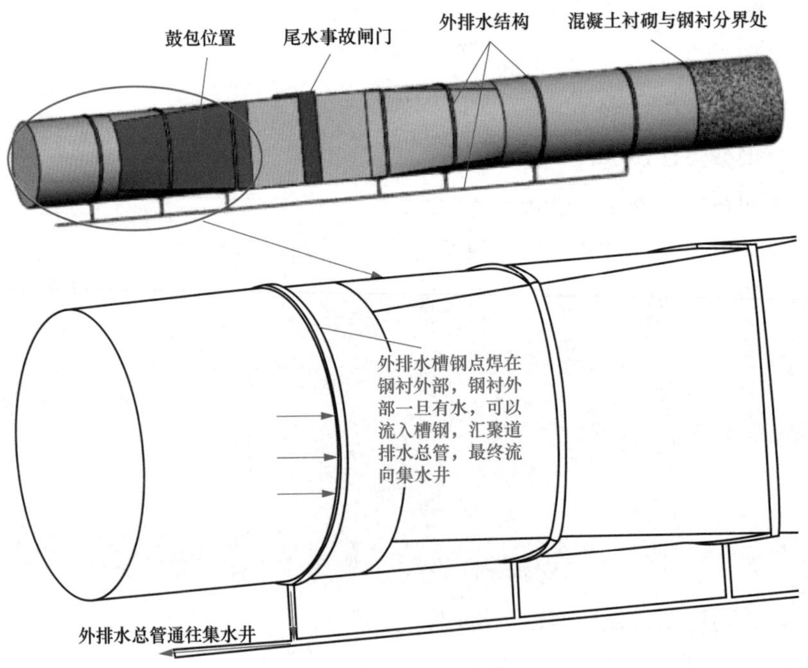

图5-51　尾水管外排水结构

检查发现尾水闸门井钢板焊缝存在两处明显的漏水，无损检测发现闸门井滑轨焊缝有3处裂纹，如图5-52所示，在机组长期运行过程中，由于尾水压力脉动作用，尾水闸门井焊缝开裂，导致内水外渗。

图5-52　尾水闸门井焊缝漏水

在渐变段右侧鼓包较大部位开孔，发现压力钢管外排水槽钢在腰线以下堵塞，排水不畅，如图5-53所示。

在尾水隧洞放空过程中，监测到鼓包较大部位外侧水头和下水库水位联动，数值基本相同，可以推测在尾水隧洞最高水位279.29m时，尾水压力钢管鼓包较大部位外侧中间部位水头约为279.29－193.5＝85.79（m）。如果钢管外侧回填混凝土或者围岩可能存在渗漏通道，直接将尾水压力引至尾水压力钢管外侧。

对尾水支管压力钢管两侧鼓包处各打一个ϕ6.7mm的泄压孔进行检查，左侧轻微鼓包处有少量水渗出，如图5-54所示，右侧大面积鼓包处泄压孔有水柱喷出，如图5-55所示。

图5-53　环向外排水槽钢堵塞

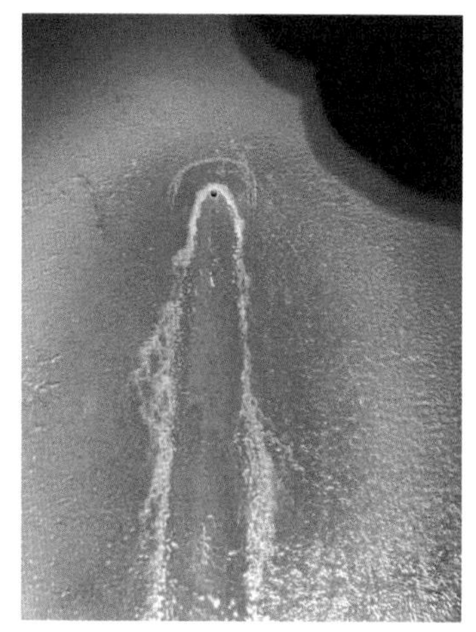

图5-54　左侧鼓包部位泄压

图5-55　右侧鼓包部位泄压

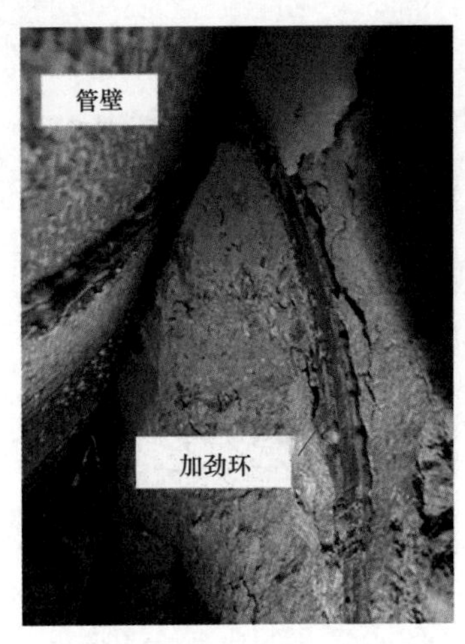

图 5-56 开孔部位上方照片
（加劲环嵌入回填混凝土中，
与压力钢管脱开）

检查压力钢管背后结构破坏情况，加劲环与管壁脱开，加劲环与管壁之间焊缝裸露部分已锈蚀，如图 5-56 所示。部分加劲环对接缝脱开，导致钢衬抗外压能力显著下降；钢衬和回填混凝土间脱空较大，存在水流渗透通道。

尾水压力钢管中加劲环脱离的部位，相当于光面管，光面管抗外压稳定临界压力计算值 p_{cr} 一般采用阿姆斯特兹公式计算，结合查表或者利用以下经验公式计算，即

$$p_{cr}=612\left(\frac{t}{r}\right)^{1.7}R_e^{0.25} \tag{5-6}$$

式中 p_{cr}——抗外压稳定临界压力计算值，N/mm^2；

t——钢管计算壁厚，mm；

r——钢管内半径，mm；

R_e——钢材屈服强度，取规范相应表中数值，N/mm^2。

此尾水压力钢管材质为 Q345R，根据 GB/T 713—2014《锅炉和压力容器用钢板》规定，屈服强度 R_e 取 $345N/mm^2$，根据设计资料此尾水压力钢管的计算壁厚为 24mm，钢管内半径为 2400mm，因此光面管尾水压力钢管在轴向外水压力作用下失去稳定性的临界值为

$$p_{0k}=612\left(\frac{t}{r}\right)^{1.7}R_e^{0.25}/2=612\times\left(\frac{24}{2400}\right)^{1.7}\times 345^{0.25}/2=0.583(\text{MPa}) \tag{5-7}$$

即该部位在 58.3m 水头作用下轴向外水压力即可使压力钢管产生压曲，远小于鼓包位置外侧水头 85.79m，这也是钢管产生鼓包的直接原因。

五、处理方式

对闸门井裂纹部分进行补焊修复，并且对混凝土脱空处进行灌浆，阻止尾水隧洞内水流向尾水压力钢管。此外，在尾闸洞上游侧布置一排水孔，在鼓包区域也布置一斜孔，利于排水。

第六章

抽水蓄能电站不锈钢部件缺陷分析及现场修复技术

第一节　不锈钢过流部件的材料特点及常见缺陷

一、不锈钢材料的合金化原理

不锈钢是对不锈耐酸钢的简称，是指暴露在空气或者一定腐蚀介质下一段时间不发生腐蚀的一种钢，工业上常用的不锈钢上百种，通常将其分成两大类：对弱腐蚀介质耐蚀性较好的不锈钢和对化学腐蚀介质耐蚀性较好的耐酸钢，不锈钢的腐蚀速率小于 0.01mm/a（毫米/年）。

铬是使不锈钢具有耐腐蚀性能的决定元素，现有的不锈钢从化学成分来看，都是高铬钢。由于在大气中，当钢中铬含量大约超过 12%时，基本上不会生锈，因此习惯上将铬含量超过这一含量的钢种统称为不锈钢。

铬溶入铁基固溶体后，当铬含量达到 12.5%摩尔分数时，可以使原来纯铁或低碳钢的电极电位由负变正，如图 6-1 所示。电极电位跃升可以使不锈钢有效地抵抗空气、水蒸气和稀硫酸的腐蚀。随着钢中铬元素含量的不断提高，钢的电极电位的变化不是均匀增加的，而是在特定的含量有突变的，当铬含量为 12.5%、25.0%、37.5%（相应为 1/8、2/8、3/8 原子比）时，钢的腐蚀速率都有一个突然的降低，这种变化规律通常叫作 $n/8$ 规律，即在一定的介质中铬对钢耐腐蚀性影响的原子比规律。

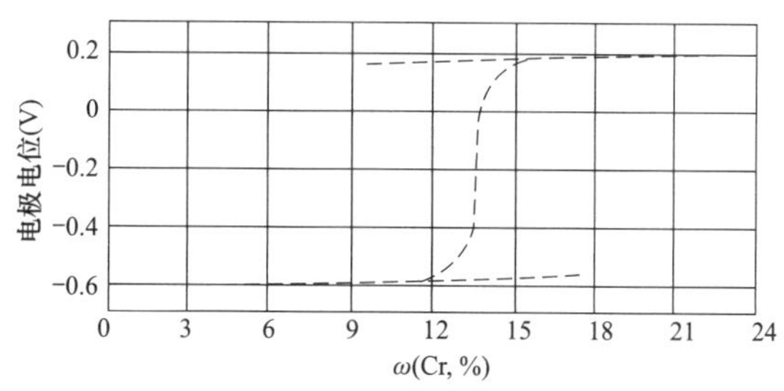

图 6-1　Fe-Cr 合金的含铬量对电极电位的影响

此外，合金元素铬对不锈钢的力学性能和工艺性能都具有很好的作用。铬可以提高钢

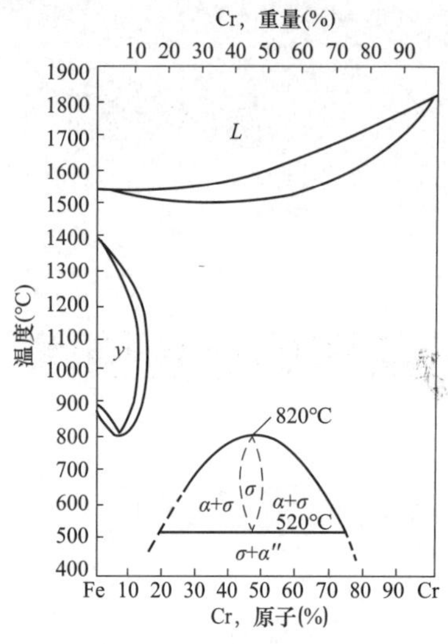

图 6-2　Fe-Cr 二元相图

的淬透性，这一作用已经在低合金结构钢中广泛应用。铬的这种性能降低了奥氏体向碳化物和铁素体的转变速率，使奥氏体等温转变明显向右移动，进而降低了钢的淬火临界冷却速度，使钢的淬透性提高。

铬是很强的铁素体形成元素，当铬含量低于12.5%时，形成完全封闭的γ区域，铁铬合金完全变成单相组织，如图 6-2 所示。

碳对不锈钢组织和性能影响作用很大。其对不锈钢的影响作用主要表现在两个方面：一方面它是不锈钢中形成、稳定和扩大奥氏体区的元素，其作用相当于镍的30倍；另一方面，因为铬和碳的亲和力很强，碳和铬可以形成一系列复杂的化合物，形成的化合物种类根据钢中铬含量不同而有所变化。铬的碳化物的形成降低了不锈钢中铬元素的含量，进而导致不锈钢的耐腐蚀性能显著下降。因此，以耐腐蚀性能为主的不锈钢碳含量一般都比较低。

不锈钢是一个广泛的定义，其种类繁多，且每种钢的性能各不相同，为方便管理和购买，需要对不锈钢进行分类。不锈钢常见的分类方法有多种。按钢的化学成分或一些特征元素来分类，可以分为铬镍铝不锈钢、铬镍不锈钢、铬不锈钢等。按钢的功能特点分类可分为易切削不锈钢、无磁不锈钢、低温不锈钢、超塑性不锈钢等。按钢的用途分类可分为耐硫酸不锈钢、耐应力腐蚀不锈钢、耐硝酸（硝酸级）不锈钢、耐点蚀不锈钢等。

钢中的γ相区随着铬含量的增加而逐渐减小。铬是 bcc 晶体结构，与 fcc 晶体结构γ-铁不会形成连续固溶体，Fe-Cr 相图形成封闭的γ相区。碳能扩大 Fe-Cr 相图中的γ相区，随着碳含量提高，γ相区会向外扩展，区域 1 为无碳的γ相区，区域 2 位含 0.6%C 的γ相区。当含碳量高于 0.6%时，因为形成的碳化铬无法溶解，对于扩展γ相区没有什么影响。马氏体钢铬含量为 12%～18%，而铁素体钢铬含量为 15%～30%，这两类钢的铬含量有重复区域（15%～18%），至于属于哪一类，以它们含碳量的多少来决定，如图 6-3 所示。

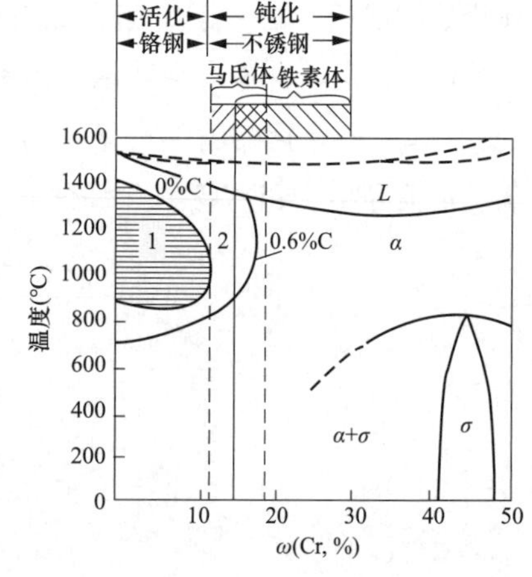

图 6-3　不锈钢种类

不锈钢标准主要以两大体系为主：德-法-俄体系和美-英-日体系。德-法-俄体系的特点是看到牌号就知道成分。中国不锈钢表示方法上套用苏联的方法，属于这个体系的国家还有意大利、西班牙、波兰、罗马尼亚、欧盟及印度等。美-英-日体系的特点是钢号简明、清晰、容易记，

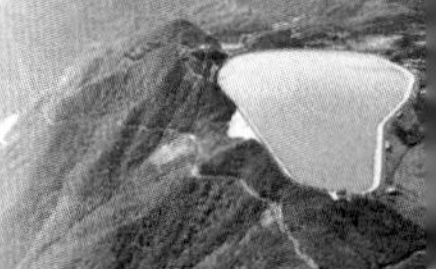

看到牌号就知道钢的组织结构。属于这个体系的国家和地区还有加拿大、巴西、澳大利亚、南非、韩国及中国台湾。

美国钢铁牌号表示方法较多，不锈钢普遍采用 AISI 牌号表示方法。AISI 牌号由三位阿拉伯数字组成，第一位数表示钢的类别。第二、三位数表示顺序号。钢的类别号：1—沉淀硬化不锈钢，2—Cr-Mn-Ni-N 奥氏体钢，3—CrNi 奥氏体钢，4—高铬马氏体和低碳高铬铁素体钢，5—低碳马氏体钢，6—沉淀硬化系。例如 304 为奥氏体不锈钢，201 为含锰的奥氏体不锈钢。

目前，我国不锈钢牌号的主要来源标准有 GB/T 221《钢铁产品牌号表示方法》及 GB/T 20878《不锈钢和耐热钢 牌号及化学成分》。我国的不锈钢的表示方法采用同 ISO 及 EN 相同的用字母符号表示，化学元素符号及阿拉伯数字相结合的原则命名钢铁牌号，从牌号就可以看出钢种的主要化学成分。我国的分类方法是根据钢的金相组织和热处理特点或者两者相结合，将钢分为五类：奥氏体型不锈钢（A）、奥氏体-铁素体型不锈钢（A-F）、铁素体型不锈钢（F）、马氏体型不锈钢（M）、沉淀硬化型不锈钢（PH）。

二、马氏体不锈钢材料特点

马氏体不锈钢的金相组织为马氏体，这类钢中铬的质量分数为 12%～27%，碳的质量分数最高可达 1.0%，马氏体不锈钢通过热处理发生马氏体相变进行强化。目前普遍采用的马氏体不锈钢可分为 Cr13 型马氏体不锈钢、低碳马氏体不锈钢以及超低碳马氏体不锈钢。对于 Cr13 型马氏体不锈钢，主要作为具有一般抗腐蚀性能的不锈钢使用，随着碳含量的不断增加，其强度与硬度提高，塑性与韧性降低，作为焊接用钢，碳含量一般不超过 0.15%。以 Cr12 为基的马氏体不锈钢，因加入 Ni、Mo、W、V 等合金元素，除具有一定的耐腐蚀性能之外，还具有较高的高温强度及抗高温氧化性能。

马氏体不锈钢组织中，除马氏体外，有的钢还含有少量的奥氏体、铁素体组织。1Cr13 属半马氏体型钢，含有铁素体组织。对于 Cr13 型马氏体不锈钢，主要作为具有一般抗腐蚀性能的不锈钢使用，随着碳含量的不断增加，其强度与硬度提高，塑性与韧性降低，作为焊接用钢，碳含量一般不超过 0.15%。以 Cr12 为基的马氏体不锈钢，因加入 Ni、Mo、W、V 等合金元素，除具有一定的耐腐蚀性能之外，还具有较高的高温强度及抗高温氧化性能。

在各类不锈钢中，马氏体不锈钢的焊接性能较差。马氏体不锈钢在焊接过程中最常见的问题通常是淬硬性所导致的冷裂和脆化问题。常见的马氏体不锈钢均具有淬硬性，淬硬倾向大小与含碳量成正比，含碳量越高它的淬硬倾向便越大。

1. *焊接接头的冷裂纹*

马氏体不锈钢具有良好的耐均匀腐蚀性能，同时还具有高淬硬性及淬透性。这是由于马氏体不锈钢中 Cr 的质量分数通常大于 12%，Cr 会提高钢的淬硬性和淬透性。此外，Cr

本身为稳定奥氏体化元素，可使奥氏体分解曲线右移，在添加 Ni 和 C 元素后，材料经过固溶处理后再进行空冷将会发生马氏体转变。因此，马氏体不锈钢焊后焊缝与热影响区中的组织为硬且脆的马氏体组织。由于马氏体不锈钢的热传导性能较差，所以焊接过程中的残余应力也就很大，便存在了冷裂倾向。如果焊接接头刚度大或母材焊丝的含氢量又比较高，当焊接后熔池温度从极热状态快速冷却到 100～120℃时，便会产生冷裂纹。

2. 焊接接头的硬化现象

解决马氏体不锈钢焊接接头硬化现象的难点主要在于如何把控焊后的冷却速度。由于多数马氏体不锈钢自身的成分特点，它的组织通常处在舍夫勒焊缝组织图中的 M 和 M+F 边界区，如图 6-4 所示。因此，当对马氏体不锈钢进行焊接时，要放慢冷却速度，防止淬火。即使放慢冷却速度，也不太可能像铁素体不锈钢（SUS430）那样发生 σ 相脆化。通过预热对母材进行加热，减少向周围逸散的热量，焊接后进行后加热，降低冷却速度。

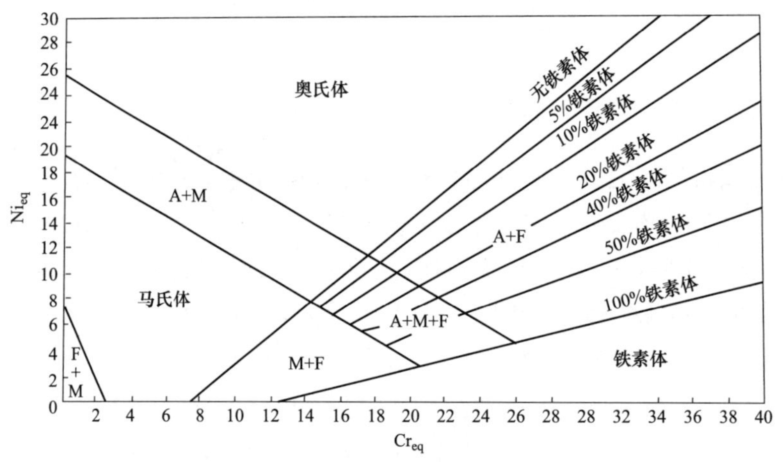

图 6-4 舍夫勒组织图

注 Cr_{eq} 和 Ni_{eq} 为铬当量和镍当量。

传统的 13%Cr 和 17%Cr 不锈钢含碳量较高，淬火后形成高碳马氏体，淬硬性很高。焊接是一个快速加热与快速冷却的不平衡冶金过程，马氏体不锈钢的焊缝及焊接热影响区焊后的组织通常为硬而脆的高碳马氏体，含碳量越高，这种硬脆倾向就越大。

在马氏体不锈钢的基础上通过降低碳、硫含量，增加镍、钼含量发展起来的超低碳铬镍马氏体不锈钢称为超级马氏体不锈钢。由于其含碳量及淬硬倾向较低。超级马氏体不锈钢经过淬火及回火后的组织为回火低碳板条状马氏体与逆转变奥氏体（由淬火后的低碳马氏体转变而成）的复相组织，从而既保留了高的强度水平又提高了钢的韧性和可焊性。其初始概念源于 20 世纪 50 年代初的瑞士，当时为了改善水轮发电机叶轮的焊接性能，将钢中的含碳量降至 0.07%以下，为获得相变的可能性，将 Ni 含量控制在 4%～6%的范围，还加入少量的 Mo、Ti 等合金元素的一类高强马氏体钢，除具有一定的耐腐蚀性能外，还

具有良好的抗气蚀、磨损性能。

超级马氏体不锈钢的典型基体为回火马氏体。对于不同牌号的超级马氏体不锈钢，不同热处理工艺会使其组织性能不同。为了获得理想细晶粒的回火马氏体，通常对超级马氏体不锈钢进行正火或淬火加回火处理。

与传统的马氏体不锈钢（1Cr13、2Cr13、1Cr17Ni2）相比，超级马氏体不锈钢强度水平高，塑韧性良好，焊接性能也得到了极大改善。这类钢不采用高碳马氏体和形成碳化物的强化手段，而以具有高韧性的超低碳马氏体和以镍、钼等固溶元素作为补充强化的强化手段。通过适当的热处理使之具有回火低碳板条状马氏体与逆转变奥氏体的复相组织，从而既保留了高的强度水平又提高了钢的韧性和可焊性。

超级马氏体不锈钢在回火过程中产生的一种软韧相逆变奥氏体，有利于提高材料的强度与韧性、改善钢的焊接性能及耐蚀性能。Fe-Ni 合金中在回火过程由马氏体直接切变成的奥氏体称为逆变奥氏体。逆变奥氏体在室温甚至更低的温度下也可以稳定存在，为了将它与残余奥氏体区别开来，根据其形成特点，将其称之为逆变奥氏体。

这使得此类钢在焊接时不会产生脆性马氏体区，并且逆变奥氏体会吸收部分应力，降低焊缝的应力集中，组织裂纹的形成与扩展，可很好地改善材料的焊接性能。

超级马氏体不锈钢中含有逆变奥氏体，可以有效改善钢的抗氢性能而被广泛应用在水轮机行业。逆变奥氏体的作用通过逆变奥氏体的溶氢量比板条马氏体的溶氢量高约 3 个数量级，它本身及马氏体板条边界均是吸附氢的陷阱，可以使钢中氢的扩散速率大幅度下降；此外，在任何温度下，氢在 γ-Fe 中的扩散系数最慢。逆变奥氏体本身就有很高的塑性，并弥散分布在马氏体板条间，使氢向裂纹尖端的扩散变得困难，从而削弱了氢脆对钢的危害。总之，钢的氢脆敏感性随着钢中逆变奥氏体含量的升高而降低。

钢铁材料中，较高的断裂韧性可以防止裂纹的形成及扩展，从而防止材料断裂。稳定性高的逆变奥氏体能够通过弥散分布在马氏体板条边界直接阻碍裂纹的扩展，提高钢的断裂韧性，而稳定性低的逆变奥氏体则在相变过程中吸收大量的能量以提高钢的断裂韧性。逆变奥氏体在应力作用下变为马氏体所吸收的能量大约是一个稳定的奥氏体的塑性变形所吸收能量的 5 倍。

超级马氏体不锈钢良好的机械性能与逆转变奥氏体的存在有着密切的联系，但并不是逆变奥氏体的含量越高越好。超级马氏体不锈钢中不同逆变奥氏体含量对材料抗气蚀性能影响进行的研究表明，逆变奥氏体的数量及分布状态对钢的抗气蚀性能有很大的影响，10%左右的逆变奥氏体会使钢具有最佳的抗气蚀性能，这为后续提高水轮机叶片材料的抗气蚀性能研究提供了一定的实验依据。

三、奥氏体不锈钢材料特点

奥氏体不锈钢在不锈钢中应用最为广泛，奥氏体不锈钢在室温下显微组织为奥氏体或奥氏体+少量铁素体。形成少量铁素体能够防止热裂纹的产生，也有利于防止焊缝的晶间腐蚀。奥氏体不锈钢具有良好的综合力学性能、优良的耐腐蚀性能和易加工性能，其生产量和使用量约占不锈钢总产量及用量的70%，在不锈钢中一直扮演着最重要的角色。

奥氏体不锈钢的主要合金元素有镍、铬以及锰元素。镍是奥氏体不锈钢中的主要合金元素，其主要作用是形成并稳定奥氏体，使不锈钢获得奥氏体组织，从而使钢具有良好的刚度、强度和塑性、韧性的配合。镍是扩大奥氏体区元素，但是镍的作用只有和铬元素配合才能充分表现出来。若单独使用镍，在低碳镍钢中镍含量要达到24%以上才能获得纯奥氏体单相组织，实际生产过程中则需要27%以上，如图6-5所示。

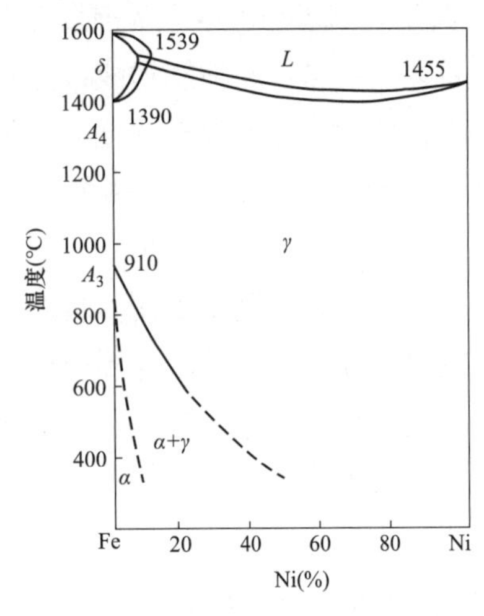

图6-5　Fe-Ni二元相图

当铬和镍配合使用时，合金元素镍提高钢的耐腐蚀作用就可以显著地表现出来，如在铁素体不锈钢中添加少量的镍后，就可以使不锈钢的金相组织从单相的铁素体组织转变为铁素体和奥氏体双相组织。镍含量进一步增加时，则可以获得单相的奥氏体组织。常用的18-8型铬镍奥氏体不锈钢就是在铬含量为18%的钢中加入的8%镍，从而获得的完全奥氏体组织，如图6-6所示。镍元素的加入还可以使不锈钢获得优良的冷、热加工性和冷成型性及焊接性、低温稳定性和无磁等性能，可以增加不锈钢表面钝化膜的稳定性，同时还能提高奥氏体不锈钢的热力学稳定性，使其比其他类型的不锈钢具有更好不锈性和耐氧化性。镍形成碳化物的倾向比铁要弱一些，可以促进石墨化，并可以微弱地增加钢的淬透性，铬不锈钢中加入镍，可提高铬不锈钢在硫酸、醋酸、草酸和中性盐特别是硫酸盐中的耐腐蚀性能。

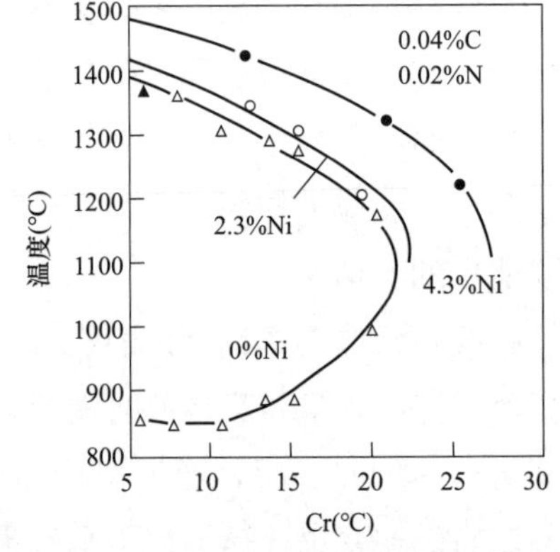

图6-6　Ni对Fe-Cr系相图γ区的影响

Fe-Mn相图与Fe-Ni相图相似，锰元素对奥氏体的作用不在于形成奥氏体，而在于降低不锈钢的临界冷却速度，使奥氏体在冷却过程中稳定性有所增加，并抑制奥氏体的分解，促使高温下形成的奥氏体可以保持到常温。锰在不锈钢中不仅可以稳定奥氏体区，还可以改善钢的热塑性，此外，由于锰和硫较强的亲和力，可以形成硫化锰，有利于除去不锈钢中的有害元素硫等。Fe-Mn相图与Fe-Ni相图相似，但是锰的价格比镍的价格低廉很多，因此美国专门开发一种Cr-Mn-Ni-N不锈钢，例如201，在很长一段时间都可以代替CrNi不锈钢，例如304。

304不锈钢即所称的18-8型不锈钢，是一种通用型奥氏体不锈钢，对应我国的牌号

06Cr19Ni10。304不锈钢室温下可为单相奥氏体组织，具有屈服强度、抗拉强度较低，但是塑韧性、耐蚀性优良，冷加工性能好，无磁性等特点。由于材料本身含碳量不高，所以焊接性良好，适用于制作现场安装的工件。

18-8型不锈钢中的铬镍含量分别为18%和8%，在此基础上添加Cr、Ni、Mo、Cu等元素，发展出铬镍奥氏体不锈钢系列。奥氏体不锈钢不能利用热处理使晶粒细化，也不能经过淬火来提高硬度。18-8型不锈钢在氧化性环境中具有优良的耐蚀性能和良好的耐热性能，是应用最为广泛的不锈钢，也是奥氏体不锈钢的基本钢种，其他奥氏体不锈钢的钢号都是根据不同使用要求由18-8型奥氏体不锈钢衍生出来的。

因为304不锈钢为单相奥氏体组织，所以想直接通过热处理来强化是不能实现的。因此，304不锈钢通常选择的热处理方式为固溶处理配合热处理。固溶处理是将不锈钢加热至组织中的过剩相能充分溶入固溶体中的温度范围内（1000～1150℃），并且在此温度下保持足够的时间，待保温结束迅速冷却。其目标是将不锈钢在固溶过程中生成或析出的第二相分解，并溶入奥氏体中最终得到单相奥氏体组织。经过固溶处理后，304不锈钢的硬度较低，但塑性得到提升，最重要的是腐蚀性能会得到大幅提升，为最佳的工业应用状态。固溶处理工艺中最首要的因素为固溶温度、保温时间及冷却速度，这些都对奥氏体不锈钢的组织结构和性能有着不同程度的影响。如果固溶温度超过适宜的范围，将使晶粒异常长大、过烧及脱碳等。相同固溶时间下，随着固溶温度的升高，不锈钢的强度和硬度下降，延伸率增加。另外，当固溶温度较高时，将溶解含Ti、Nb等元素的不锈钢中的TiC、NbC，这将促进碳与铬的反应，降低铬的含量，晶间腐蚀倾向变大。由此可知，对于这一种类的不锈钢应在保证性能的前提下尽可能选择低的固溶温度。如果保温时间太短，将使包括碳化物及金属间化合物等在内的第二相未能溶解，保温时间如果太长将导致晶粒粗大。由此可知，应严格选择保温时间，以得到符合要求的晶粒尺寸，并能使组织匀称。在加热完成后，冷却速度也有很大的影响，决定了不锈钢最终的组织状态。

在固溶处理后，进行850～950℃加热，经一段时间保温后，冷却方式选择水冷、油冷或者空冷。这种热处理工艺的目的是使稳定化元素优先与固溶的碳结合。

奥氏体不锈钢的焊接性能主要和焊缝金属中的气孔、焊接热裂纹及焊接接头的耐腐蚀性相关。

1. 奥氏体不锈钢焊缝中的气孔

气孔是在SUS304不锈钢焊接中经常遇到的一种焊接缺陷。它不仅削弱焊缝的有效工作断面、降低焊缝的强度及韧性，而且也易在此处形成应力集中，对动载强度和疲劳强度不利，有时还会诱发裂纹。奥氏体不锈钢焊缝中的气孔主要是氢气孔。影响焊缝中气孔产生的因素有很多，水分和油污等分解而产生的氢是产生气孔的根本原因。

2. 奥氏体不锈钢产生焊接热裂纹的敏感性

奥氏体不锈钢单相粗大的枝状结晶极有利于杂质的偏析，尤其在低熔点共晶元素含量

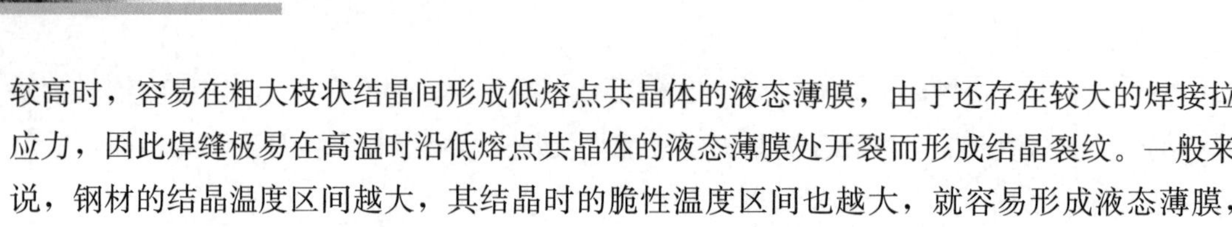

较高时，容易在粗大枝状结晶间形成低熔点共晶体的液态薄膜，由于还存在较大的焊接拉应力，因此焊缝极易在高温时沿低熔点共晶体的液态薄膜处开裂而形成结晶裂纹。一般来说，钢材的结晶温度区间越大，其结晶时的脆性温度区间也越大，就容易形成液态薄膜，易于形成结晶裂纹。

3. 奥氏体不锈钢焊接接头的晶间腐蚀

奥氏体不锈钢焊接接头在焊后快速冷却时，碳在奥氏体组织中将呈现过饱和状态，若在敏化温度区间 400～850℃加热并适当保温，将会在晶粒边界沉淀析出 Cr 的碳化物，这种比较复杂而不稳定的间隙化合物析出后，会极大地降低晶粒边界及其临近区域的铬含量，而此时晶粒内部的铬还来不及扩散到晶粒边界，这样就在晶界两侧形成贫铬区。若 Cr 的固溶度低于 12%，钝化状态就被破坏，将失去原有的耐腐蚀性而被腐蚀，从而降低奥氏体不锈钢的焊接性。另外，碳的固溶度还将随 Cr、Ni 含量的增加而降低，其晶间腐蚀倾向将增大。因此，除非特别需求，奥氏体不锈钢焊接后不建议进行退火处理，在有残余应力降低要求时，可采用振动的方式降低残余应力。

4. 奥氏体不锈钢焊接应力腐蚀开裂

经过焊接的焊接接头都会存在残余应力，如不设法消除，将会引起应力腐蚀，造成金属力学性能下降，导致早期开裂。特别是奥氏体不锈钢的热膨胀系数较大，焊接接头存在较大的残余应力，使其在某些腐蚀介质（如含 Cl 环境）中出现较为明显的应力腐蚀。焊接残余应力越大，越易发生应力腐蚀开裂。

5. 焊接接头的脆化

奥氏体不锈钢接头的脆化主要包括 δ 相析出脆化和低温脆化。其中 δ 相脆化是指焊件在经受一定时间的高温加热后在焊缝中析出脆性的 δ 相，导致整个接头脆化及塑韧性降低的现象。低温脆化是指焊缝组织中铁素体 δ 相的存在恶化了材料的低温韧性。故奥氏体不锈钢焊缝组织应尽量为单一的 γ 相，避免出现 δ 相。但从抗热裂性出发，要求焊缝金属中含有一定量的铁素体以形成 $\gamma+\delta$ 双相组织（δ 相可以打乱单一的 γ 相柱状晶的方向性）。因此，促进焊缝单相 γ 组织的获得、控制铁素体的形成或减少 δ 相的析出对于改善接头的低温韧性有重要作用。对于高温工作的接头，抑制 $\delta\rightarrow\sigma$ 或 $\gamma\rightarrow\sigma$ 的转变均可控制接头的 σ 相析出脆化。

简言之，如果焊接工艺及所处环境条件恶劣，是易产生晶间腐蚀的，焊件对焊接热裂纹敏感性较高，易析出脆性 δ 相，结构件发生焊接变形。但在工艺适当的条件下，所得焊接件具有较好的综合性能，在碱液、大部分无机酸和有机酸及大气、蒸汽中均有好的耐蚀性。总体上讲，奥氏体不锈钢具有较好的可焊性。

四、不锈钢过流部件的材料特点及常见缺陷

（一）材料特点

抽水蓄能电站的不锈钢过流部件主要包含导叶、转轮及各种供水管路。材料的性能要

求主要由构件的服役条件决定，但是同时还要考虑实际生产过程中的制造工艺要求。水轮机的叶片是空间变截面的曲面形状，厚薄截面相差悬殊，要经过铸造、热处理、机加工、焊接等多道工序，对材料的加工性能要求很高。因此，根据服役条件和制造工艺两方面的要求。以水泵水轮机叶片用材料为例，转轮在运转发电过程中，重达十几吨甚至几十吨的叶片高速旋转，由于巨大的流体动力负荷而产生振动，造成叶片根部截面承受很大的弯曲应力；同时还要承受自身重量的强大惯性，因此要求叶片材料具有高的强韧性。强韧性低会在受力最大的地方或有缺陷的地方直接导致开裂而发生破断事故。因此，对于抗空蚀磨损合金，在关注如何提高其硬度的同时，还应对其断裂韧性或疲劳强度提出要求，在一定的工况下尽可能获得兼顾两者的最佳值。从普通碳钢到低合金钢，一直发展到今天的高合金钢，叶片材料基本上达到了强度和塑韧性的和谐统一。

水电事业的发展，其实就是材料的发展，要想提高经济效益，降低性价比，就要研究出好的抗空蚀和泥沙冲蚀的材料来。随着流体机械的快速发展以及材料科学和工程技术的不断进步，近几十年在抗空蚀和泥沙冲蚀材料应用方面取得了很大进展。

材料的抗空蚀抗力通常与其结构、硬度、加工硬化能力、超弹性和超塑性、应变或应力诱发相变有联系。通常，马氏体不锈钢和奥氏体不锈钢的空蚀抗力高于铁素体不锈钢。马氏体不锈钢良好的耐蚀性可以归因为其均匀分布的变形以及短小均匀、弥散效果良好的马氏体板条。

在工程上，水轮机抗空蚀能力的好坏由水轮机的空蚀系数来保证；而对于其过流部件叶片来说，则用制造材料的抗空蚀破坏强度来保证，因此是叶片达到最终使用性能很重要的指标。由于水轮机叶片是水轮机组重要的过流部件之一，河流中难免存在着砂粒，叶片受到泥沙的冲蚀作用，加速了叶片的破坏，使寿命降低，影响整个机组的工作效率，严重者将导致停机。有关文献表明，含砂流体下水轮机等水力机械的使用寿命与清水下相比可相差几十倍，乃至几百倍。水轮机叶片的泥沙磨损破坏也是综合作用的结果，包括含砂水流的特性、泥沙颗粒的特性、材料的选择、电站的设计、机组运行的模式和机组的设计，其中材料的选择是极为重要的一点，一般材料的硬度越高，耐空蚀性越好。

水轮机的转轮包括叶片、上冠与下环三部分，其多为组焊件。水轮机转轮在运行过程中会随工况条件的不同而受到不同程度的空蚀和泥沙磨损，甚至产生裂纹，这将影响水轮机的正常运行和转轮的寿命。这就需要采用具有良好的空蚀、耐泥沙磨损与抗断裂性能的材料来制造转轮。马氏体不锈钢具有良好的耐空蚀和耐磨损性及抗断裂性能而被广泛采用。

体积庞大的铸件在浇铸过程中难免有偏析、大截面性能衰减等问题，而这些缺陷可能成为空蚀产生的诱因以及促使其发展的条件，直接影响着叶片的使用以及后续加工的难易，所以要求叶片材料具有良好的铸造性能。

由于水轮机转轮体积大，型线复杂，无法整铸而成，对于大型的混流式转轮大都采用焊接方式将上冠、叶片和下环进行组装，因而要求上冠、下环和叶片材料除了有上述的性能要求，还必须具有良好的焊接性能。

最初过流部件使用的主要是碳钢和低合金钢，碳钢和低合金钢的加工性能、焊接性能和力学性能良好，价格便宜，但是抗空蚀和泥沙磨损性能较差；后来国内外经过多年探索，确定了以不锈钢为重点的水轮机叶片铸钢材料研究方向。首先采用18-8型不锈钢来制造水轮机转轮，而后又相继采用了1Cr13，20世纪60年代瑞典人研制出低碳马氏体铸造不锈钢，该钢种不但强韧性和抗空蚀性好，而且具有良好的铸造工艺性能、优良的力学性能和优异的服役性能，因此，它在水轮机应用上获得了很大的成功，以极大的优势取代了低合金钢材料。

20世纪70～80年代，水轮机材料研制活跃，国内外多个科研院所开展了大量的材料研发工作。在此期间美国材料与试验协会把一种马氏体不锈钢材料牌号CA6NM引入到ASTM标准中，标准号为ASTM A743《一般用耐蚀铬铁及镍铬铁合金铸件规格》，该材料得到普遍的应用。国内在此期间开展了“330”工程，国家组织哈尔滨电机厂、中国一重集团、中国第二重型机械集团、哈尔滨大电机研究所、沈阳铸造研究所、郑州机械研究所等单位共同开发，成功研制了0Cr13Ni4Mo，0Cr13Ni5Mo马氏体不锈钢材料用于葛洲坝电站。

目前，大型水轮机转轮、活动导叶部件主要采用铬-镍-钼系马氏体不锈钢铸件制造，其国外牌号主要包括美标的ASTM CA6NM和欧标的GX4CrNi13-4，国内牌号主要包括ZG04Cr13Ni5Mo、ZG06Cr13Ni4Mo、ZG06Cr13Ni5Mo、ZG04Cr13Ni4Mo和ZG06Cr16Ni5Mo。其中美标CA6NM和欧标GX4CrNi13-4与国内牌号ZG06Cr13Ni4Mo为等同材料。随着冶炼水平的提高，三峡工程之后，精炼ZG04Cr13Ni4Mo和ZG04Cr13Ni5Mo因含碳量低而在对于焊接结构部件上应用较为广泛，如焊接结构的水轮机转轮部件和导叶部件，而ZG06Cr13Ni4Mo、ZG06Cr13Ni5Mo、ZG06Cr16Ni5Mo因含碳量高，强度、硬度高而在整铸导叶部件上的应用最广。

导叶材料的发展同转轮一样，也经历了从碳钢及低合合钢、奥氏体不锈钢到马氏体不锈钢的发展历程。我国早期的转轮采用碳钢材料，主要有ZG30、ZG20SiMn、ZG15MnMoVCu等。这些钢的金相组织是铁素体加珠光体，因此强度和硬度都不高，耐腐蚀能力也差，抗空蚀能力也很差，通常在运行一两年后就会产生明显的空蚀观象，过流面出现大量的鱼鳞或蜂窝状的凹坑，必须停机检修。后来采用ZG1Cr18Ni9Ti作为材料，ZG1Cr18Ni9Ti是奥氏体不锈钢，强度并不高，塑性和初韧性比碳钢强，抗空蚀能力优于碳钢，但在空化强度大时仍不理想。再后来，发展到用强度更高的马氏体不锈钢来制造导叶。最初用ZG1Cr13和ZG2Cr13，这两种钢抗气蚀和磨损能力都不错，但由于含碳量较高，焊接性不好，焊接和运行过程中都容易产生裂纹。

对于供水管路，之前采用的是碳钢管路，一般为Q345R或者相近材质，这类材料的

特点是焊接性较好，特别适合大部分均是现场焊缝的水管路。但是随着电站运行时间的延长，管路有比较严重的锈蚀。因此，近年来的水管路，包括技术供水管路、调相压水的管路以及旁通阀管路等均采用奥氏体不锈钢。这一类不锈钢，可以避免管路在长时间运行过程中产生锈蚀。

总体而言，抽水蓄能电站不锈钢过流部件中转轮和导叶的破坏形式主要为磨损、空化和裂纹，为了保证转轮和导叶的使用特性，材料逐渐在演变，目前的材料为抗空化以及强度较高的马氏体不锈钢。对于供水管路，包括调相压水管路以及旁通阀管路，材料选择由碳钢逐渐转变为奥氏体不锈钢。

（二）常见缺陷

对于导叶和转轮，由于长期受到水流和泥沙的作用，承受着较大的工作压力，服役环境十分恶劣，运行过程中容易产生空蚀、磨损和裂纹等失效行为。近年来，不管是常规水电机组的转轮还是抽水蓄能机组的水泵水轮机的转轮都在不同程度上产生过裂纹、空蚀、磨损或锈蚀等缺陷。各种供水管路也经常在电站运行过程中出现开裂、锈蚀等缺陷。

水泵水轮机同时具备水轮机发电和水泵抽水的双重功能，抽水蓄能机组中的水泵水轮机能在多种工况下运行，转轮的旋转方向也会发生变化。在各个工况下运行时，工况的转换较复杂，水泵水轮机的基本工况包括静止、抽水、抽水调相工况、发电和发电调相工况，相比于常规水轮机，水泵水轮机的工况转换更加复杂，其转轮受力情况复杂，更容易产生磨损、空蚀和裂纹等缺陷。

水轮机的泥沙磨损属于水流动力学磨粒磨损，泥沙对过流部件会造成严重的破坏。水轮机在高速运转时，含沙水流的冲击力很大，由于流道的不规则性，水中的固体颗粒会冲撞和切割流道，导致过流部件表面发生变形。当磨损程度较小时，只会出现一些轻微的擦痕和凹点。当磨损大时，表面会产生更为严重的沟槽及鱼鳞坑。

据初步统计，我国水电站的水轮机中的磨损破坏有1/3以上是泥沙磨损和空蚀联合作用造成的。泥沙中含有的大量硬质颗粒，这些硬质颗粒会对水轮机造成严重的破坏，比如流道组件、活动导叶、转轮叶片、进口密封阀等。同时这些颗粒会加重空化的发生，进一步加速磨蚀速度。这种磨损与空蚀问题达到一定程度后，就会造成机组发电不稳定，影响发电效率，造成经济损失，还会诱发机组的不安全。混流式水轮机的泥沙磨损与空蚀联合作用是一个复杂的现象，它不仅取决于沙粒直径、硬度、形状和含量，同时还与水轮机材料特性、运行工况、水速和冲击角度有关。水轮机叶片的泥沙磨损与空蚀通常发生在叶片出水边靠近下环部位、叶片进水边背面及叶片的正压侧与下环的交界处。但是以上这些状况都是根据实际工作经验得到的，泥沙磨损与空蚀情况会根据具体工况的不同而产生不同的变化。

近些年来，因水轮机转轮叶片发生的裂纹事件时有发生，对机组安全运行构成极大威胁，势必也使电厂的经济效益大打折扣。早在美国、印度、日本都有报道过水轮机叶片开

裂问题，普遍认为是由疲劳裂纹引起的，而疲劳裂纹与交变应力有关。因此，应从水力、结构设计、铸造缺陷、制造技术、运行工况及共振等多方面原因探索。

水力方面，转轮运行中一般产生两种叶片裂纹形式：规律性和非规律性裂纹，其中大部分规律性裂纹属于疲劳裂纹，其断口呈贝壳纹。从材料和力学角度对疲劳破坏的定义得知：判定金属材料构件是否发生疲劳破坏的标准是材料承受的应力幅值是否大于该材料的疲劳极限；由此可知叶片若要产生疲劳裂纹，叶片承受的应力幅值需大于叶片材料的水下疲劳极限。叶片承受的应力大多是交变载荷，而交变载荷又由转轮的水力自激振动引发，这可能是卡门涡、水力弹性振动或水压力脉动所诱发。紧接导叶或转轮叶片出口后所发生的脱流旋涡涡列称为卡门涡列。卡门涡的作用能量很小，只有当其频率与叶片自振频率耦合而引起共振，导致叶片开裂时，才对机组产生有害影响。

水力弹性振动是由不稳定水流冲击下激起的，往往发生在机组启动过程中，水轮机叶片头部过度肥大；同时导叶处于小开度状况下时，当弹性振动主频恰与主轴一阶扭振重合时，则引起幅动应力。当遇到这种情况时，除了要向导叶后补气以外，还要注意加快启动速度，增大启动开度，从而稳定水流，避免叶片受外力影响过大。叶片裂纹受水压力脉动诱发主要来自尾水管和转轮流道。当水轮机偏离设计工况运行时，尾水管有涡带产生，涡带运动干扰水流会引起脉动压力，这种脉动会以某种形态传递到转轮叶片上，同时转轮流道内会因作用着水流脱流而造成脉动压力，这种脉动压力是直接作用在叶片上的。

除去以上提到的水力因素之外，材料承受动载荷能力的不足也是叶片产生裂纹的重要原因之一。其中，材料的化学成分、组织结构、杂质含量、热处理状态及缺陷等都是可能影响材料承受动载荷能力的因素。也就是说在转轮叶片结构设计、铸造及制造过程中，首先需充分考虑这些因素。

叶片裂纹作为一种疲劳裂纹，尽管是由动载荷引起的，却几乎全部发生在静应力较大的部位。转轮叶片存在两个静应力相对较高的区域：靠近上冠处以及出水边，裂纹几乎全部发生在这两个区域。且为了保证流线和型面的高要求，反复修磨型面时造成叶片厚度过薄，刚度被严重削弱，导致叶片强度不够，也有可能使叶片重复产生裂纹。转轮叶片裂纹或多或少都与铸造质量有关，铸造缺陷主要表现为缩孔缩松、偏析、夹渣、微裂纹或宏观裂纹等情况。疲劳是一种损伤累积的过程，先是裂纹萌生，再是裂纹扩展，最后才导致断裂。若构件本身就含有裂纹或微裂纹，疲劳破坏则跳过萌生阶段而直接进入扩展阶段，断裂很快形成。同理，若含有其他缺陷，则会大大缩短裂纹萌生所需的时间，且其在裂纹扩展阶段也起一定的促进作用，致使缺陷快速形成破坏。

制造水平对构件的疲劳性能具有重要的决定作用。焊接工艺不正确或焊工技能水平都是决定焊接质量的重要因素，焊接工艺不正确或焊工操作不良都会在转轮焊缝中出现焊接缺陷，这些缺陷导致焊接接头实际强度没有达到抵抗动载荷冲击的程度。焊接工艺不当产生焊接缺陷导致焊接接头实际强度没有达到抵抗动载荷冲击的程度，由其产生的裂纹主要

出现在焊缝处，一般不向叶片母材上延伸。焊接质量不良主要表现在存在夹渣、气孔、未熔合、微裂纹等缺陷，其结果也是使焊接金属及其热影响区承受动载荷的能力降低。

第二节　不锈钢转轮锈蚀缺陷的分析

一、基本情况

某抽水蓄能电站的转轮材质为 ZG04Cr13Ni5Mo，属于典型的超级马氏体不锈钢，焊接性相对较好，且强度和硬度高，耐磨性好。转轮叶片及上冠、下环采用铸造成型，焊接时选用同类型的 410NiMo 焊接材料，由于此类材料有较强的淬透性，焊接后采用整体入炉进行高温回火消除焊接应力。

该转轮在使用一年 C 修时发现部分叶片局部出现锈蚀现象，多分布在叶片负压面靠近出水边位置，且形状和位置较为规律，如图 6-7 所示。

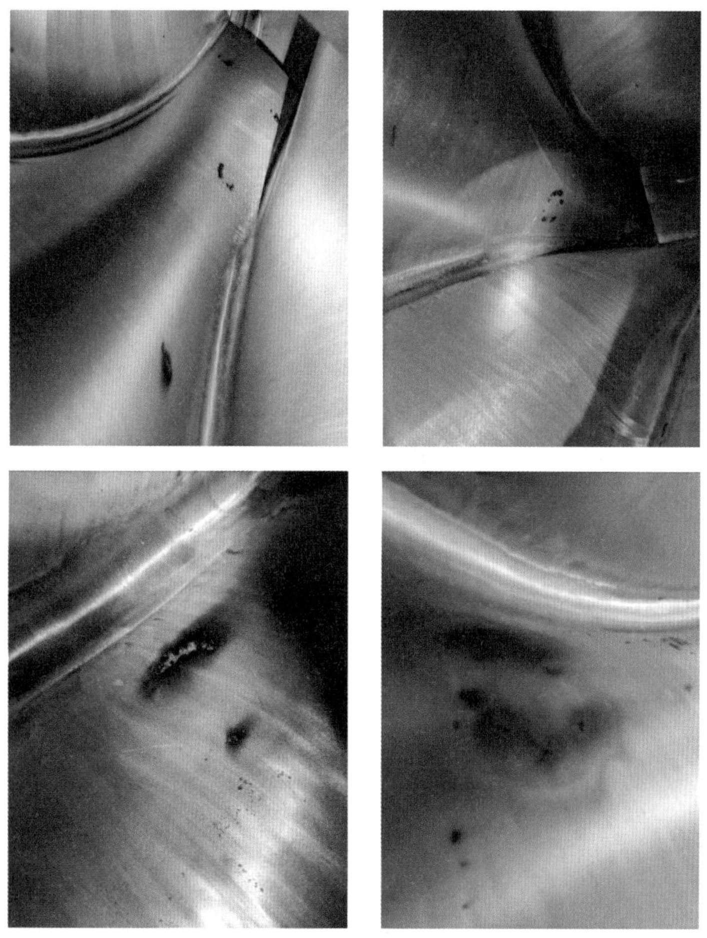

图 6-7　转轮叶片局部锈蚀

二、原因分析

锈蚀部位呈圆环形或成对的月牙形状，类似于圆管或者圆碳与叶片焊接支撑去除后的形貌。叶片铸件完成后，需进行机械加工，由于叶片的形状为扭曲的空间曲面结构，所以加工过程中需要安装在辅助胎具上，胎具与叶片通过点焊连接固定。加工时胎具与叶片的装卡如图 6-8 所示。

图 6-8　加工时胎具与叶片的装卡

不同材料之间的性能不同会影响异质钢的焊接质量，实际生产，必须要考虑异质钢焊接所具有的特殊性质所造成的影响。对于转轮叶片加工时，如果胎具采用低合金钢，需要考虑异质钢焊接所带来的影响。

低合金钢一般属于珠光体钢，在和不锈钢异质接头焊接过程中，碳元素的溶解度及扩散速度等方面都存在着较大的差异，因此熔合线两侧的碳元素在化学势梯度驱动力的推动下发生重新分布。不锈钢中存在大量以 Cr 为代表的亲碳元素，由于这些亲碳元素对珠光体钢一侧的碳元素有很大的亲和力，所以碳元素越过焊接熔合线，从珠光体钢一侧扩散迁移到不锈钢一侧。这种现象不是由于浓度差引起，而是由化学势差引起的上坡扩散。扩散的结果是分别在不锈钢钢一侧和珠光体钢一侧形成增碳层和脱碳层。除了部分迁移到增碳层中的碳溶解在母材中以外，剩余的碳将会以碳化物形态析出。在形成碳化物的过程中，碳会与不锈钢中的主要合金元素 Cr 化合，会造成局部的 Cr 含量降低，而不锈钢中 Cr 含量大于 12.5％以上时，才会有比较明显的抗腐蚀性能，因此，当 Cr 含量低于 12.5％时，容易引起局部腐蚀，失去“不锈”的功能。

铸件加工完一面型线后，叶片整体翻转，采用另外一件胎具进行托举、搭焊后，再加工另一面型线。转轮制造过程中负压面加工顺序在前，正压面加工在后。在加工叶片负压面时，由于正压面有足够加工余量，所以搭焊对成品叶片表面无影响；但加工正压面时，负压面已进行了加工，在与胎具转卡、搭焊时已无加工余量，因此异常均产生在叶片负压面。

三、处理方式

由于局部腐蚀深度较浅，且不在高应力区，可暂不修复。在机组检修停机时、具备修复条件的情况下，对于叶片锈蚀部位进行修磨处理，完全去除碳钢残留，根据实际情况可补焊并抛光。

第三节　不锈钢转轮的裂纹缺陷分析及焊接修复

一、基本情况

某抽水蓄能电站的水泵水轮机的转轮材质为 ASTM A743 CA6NM。转轮叶片数量为 9 个，制造工艺为叶片及上冠和下环铸造、热处理、焊接、消应力处理和修磨。在某次 C 级检修过程中渗透检测发现 1、3、4、5 号叶片的出水边与上冠焊缝处存在裂纹，裂纹典型位置如图 6-9 所示。1 号叶片裂纹清除后长度约为 14cm，如图 6-10 所示。

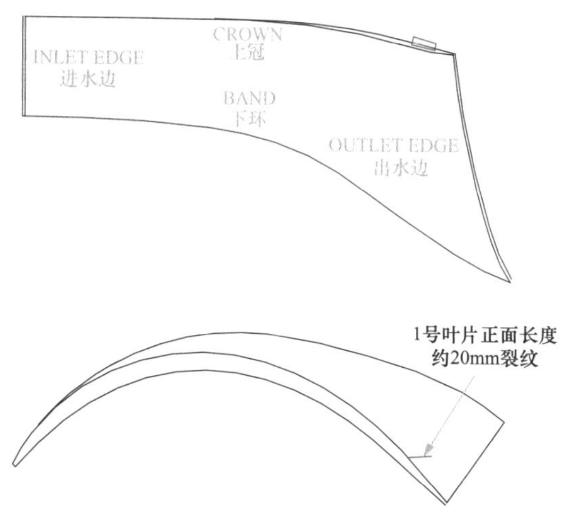

图 6-9　1 号叶片裂纹位置示意图

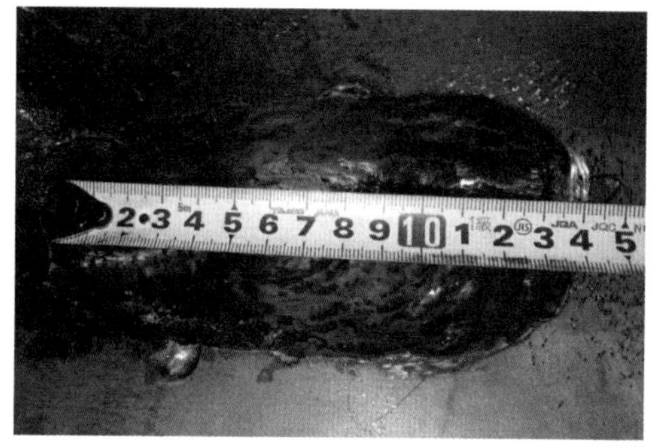

图 6-10　1 号叶片裂纹清除后的形貌（cm）

二、转轮的制造特点及缺陷原因分析

产生裂纹的转轮材料牌号为 ASTM A743 CA6NM，牌号中的 C 表示铸造，A 表示 A 类，即合金成分为 12Cr-4Ni，其类似于我国的 ZG06Cr13Ni4Mo，属于典型的超级马氏体不锈钢，成分如表 6-1 所示。

碳是马氏体强化元素，马氏体中固溶的碳越多，基体的晶格畸变越严重，马氏体的强度也越高；碳能与 Fe 及 Cr、Mo、W、Ti、V 等碳化物形成元素形成 Fe_3C、$M_{23}C_6$、M_6C、MC 等碳化物；这些碳化物若以细小粒状弥散分布，则能提高材料的强度和韧性，但若是沿晶界呈网状分别以大块状、长条状分布，则会大大降低材料的韧性。另外，碳是影响焊接性能的重要因素，良好的焊接性能要求碳含量必须低。超级马氏体不锈钢中的碳含量很低，因此具有良好的焊接性能。此外，由于其碳含量较低，使得碳元素在基体中的固溶强化作用不明显，超低碳马氏体不锈钢的强化主要依靠 Cr、Ni 对马氏体基体的固溶强化。不锈钢中 Cr 与 Ni，可以提高钢在非氧化性介质中的耐蚀性。另外，高的 Cr、Ni 含量使得超低碳马氏体不锈钢具有良好的淬透性，空冷即能得到马氏体组织。

表 6-1　　转轮化学成分的质量分数

元素	C	Si	Mn	P	S	Cr	Ni	Mo	Cu	W	V
ZG06Cr13Ni4Mo	0.06	1.00	1.00	0.03	0.03	11.50～14.00	3.50～4.50	0.40～1.00	0.50	0.10	0.03
CA6NM	0.06	1.00	1.00	0.04	0.03	11.50～14.00	3.50～4.50	0.40～1.00	—	—	—

注　1. 表中未表示含量范围的均为含量上限。
2. 表中所列 ZG06Cr13Ni4MoM 的 Cu、W、V 为残余元素。

由于转轮强度高，它可适用于较高的水头。这种型式的转轮设计时允许在叶片的进水高度、叶片数目、叶片的安放位置以及长短等方面作较大范围的变动，以适应不同电站的需要。水泵水轮机的超级马氏体不锈钢转轮是由叶片、上冠和下环组成，叶片、上冠和下环均采用铸造方式成型，一般选用等强匹配的 410NiMo 焊接材料进行焊接，焊接后采用高温回火消除焊接应力，一般采用整体入炉回火。

焊接过程中可以采用以下措施防止冷裂纹的产生。

（1）选用优质低氢的焊接材料和低氢的焊接工艺方法，使用前烘干焊丝，严格控制氢的来源。采用多层焊，使浅层的氢逸出，并使浅层热影响区淬硬层软化。

（2）选择合理的焊接规范，并严格执行。减慢焊接接头的冷却速度，改善焊缝及热影响区的淬硬组织状态；选择合理的焊接顺序，减小焊接内应力。

（3）焊前预热，适当减缓焊后的冷却速度，有利于焊缝金属中扩散氢的逸出，避免产生氢致裂纹。同时也减少焊缝及热影响区的淬硬程度，提高了焊接接头的抗裂性。均匀地局部预热或整体预热，可以减少焊接区域被焊工件之间的温度差，减少焊接应力，降低焊接结构的拘束度。

（4）严格控制层间温度及后热，降低过冷度，改善焊缝组织和综合性能，加速氢的扩散逸出。

通过对李家峡、盐滩、五强溪等电站混流式转轮叶片裂纹产生的原因进行分析可知，引起转轮叶片裂纹主要是水力因素引起的振动以及铸造质量问题，如气孔、砂眼、疏松和缩孔等铸造缺陷引起的或者焊后的回火工艺不当造成不能彻底消除残余应力，产生延迟冷裂纹。

三、焊接材料的选择

近些年来，我国的多种不锈钢焊条的研制成功，标志着我国的不锈钢焊条有了飞速发

展，基本接近或达到国际先进水平。不锈钢焊条除了要满足焊接工艺性能和焊接接头力学性能外，还要确保焊接接头具有一定的耐蚀性能或者耐热性能或者耐低温性。对药皮和焊芯，通常要考虑下列要求。

通过焊芯和药皮过渡各种合金元素，使焊缝金属化学成分和组织形态满足要求，以确保焊缝金属既具有良好的力学性能，又有良好的抗相应介质的腐蚀的能力。

通过药皮和焊芯，使焊缝金属中能渗入一定量的碳化物形成元素，如铌、钼、钛等，与碳形成稳定的碳化物，以组织晶粒边界生成铬的碳化物。

碳的增加，会促进奥氏体型不锈钢（或铁素体型不锈钢）焊缝产生晶间腐蚀。因此对焊芯和药皮的原材料中的含碳量要严加控制，采用低碳或超低碳焊芯，使用低碳或者无碳的铁合金和金属元素的原材料，一般情况下，选焊条时熔覆金属含碳量不高于母材的含碳量。

严格控制不锈钢焊芯和药皮中的硫、磷含量，以减少产生焊缝热裂纹的危险性。三种不同类型的不锈钢焊条性能对比见表 6-2。

表 6-2　三种不同类型的不锈钢焊条性能对比

焊条类型	工艺性能	力学性能	耐腐蚀性能	综合性能
钛钙偏碱型	焊条易发红，飞溅大，成型不好，抗气孔性好	熔敷金属力学性能优良	熔敷金属不易增碳，焊缝金属耐腐蚀性能好	中
钛酸型	焊条耐发红，飞溅小，成型好，易出现气孔	熔敷金属力学性能不如钛钙型，焊缝容易出现裂纹	熔敷金属易增碳，焊缝金属耐腐蚀性能差	差
介于钛钙型和钛酸型之间	焊条耐发红，飞溅小，成型好，抗气孔性好	熔敷金属力学性能优良，焊缝不易出现裂纹	熔敷金属不易增碳，焊缝金属耐腐蚀性能好	好

不锈钢焊丝分为实心焊丝和药芯焊丝，实芯焊丝按照焊接方法的不同，可分为气体保护焊用焊丝和埋弧焊用焊丝。因为气体保护焊接时焊接区的金属不会被氧化，所以焊丝熔化后化学成分基本不变，即焊缝金属的化学成分就是焊丝的化学成分。焊接时要选择与母材化学成分接近的焊丝。

不锈钢药芯焊丝可以像碳钢和低合金钢药芯焊丝一样，对不锈钢进行既简便又高效的焊接，不锈钢药芯焊丝的应用以 MAG 焊为主。表 6-3 是不锈钢药芯焊丝与不锈钢焊条和实心焊丝焊接的工艺性能对比。由表 6-3 可看出，不锈钢药芯焊丝具有生产效率高、焊接质量好、焊接成本低等特点，因而近年来得到快速发展。

表 6-3　不锈钢药芯焊丝与不锈钢焊条和实心焊丝焊接的工艺性能对比

焊材	成型	飞溅	脱渣	电弧稳定性	全位置性	焊缝质量	生产效率	综合成本
焊条	好	小	易	好	优良	性能好，用于重要结构接头，数多、质量好	低	高

续表

焊材	成型	飞溅	脱渣	电弧稳定性	全位置性	焊缝质量	生产效率	综合成本
实芯焊丝	一般	较大	—	一般	一般	0℃以上结构	高	较低
药芯焊丝	好	小	易	好	好	性能好，用于重要结构	高	低

Cr13 型马氏体不锈钢可以在退火状态和淬火状态下进行焊接。但是无论焊前状态如何，从高温奥氏体状态下冷却到室温时，即使是空冷，也会得到马氏体，因此，这类钢在焊后的组织通常为硬脆的马氏体，表现出明显的淬硬倾向，钢中含碳量越高，则硬脆倾向就越大。对于大多数马氏体不锈钢，根据焊缝成分特点往往使其组织位于舍夫勒图中 M 与 M+F 相区的交界处，当焊后冷却较慢时，焊缝区和近缝区会形成粗大铁素体，同时有碳化物沿晶析出，明显降低了焊接接头的塑性和韧性；冷却较快时，焊接热影响区会形成粗大脆硬的马氏体，从而产生硬化现象。这些粗大的马氏体组织会使钢材焊接热影响区的塑性和韧性降低，并导致脆化。特别是当马氏体不锈钢中铁素体形成元素含量较高时，具有明显的晶粒长大倾向。此外，马氏体不锈钢还具有一定的回火脆性，因此焊接马氏体不锈钢时，要严格控制冷却速度。

当填充金属采用同质材料时，可以保证焊接接头使用性能。当填充金属采用 Cr-Ni 奥氏体型材料时，则可以起到预防冷裂纹产生的作用。因此，选择合理的焊接材料以改善焊缝的组织成分，尽可能防止焊缝中产生有害的粗大铁素体组织可以有效避免马氏体钢热影响区发生脆化。

预热可以有效防止焊缝硬脆和冷裂纹的产生。焊后试件不应在焊接温度上直接升温进行回火处理。当试件中含碳量较高时，需进行较复杂的热处理工艺，即在焊后冷却至 100～150℃时，保温 0.5～1h，然后加热至回火温度，从而达到消除焊接残余应力和消氢的目的，同时具有改善接头的组织和性能的功效。

ZG06Cr13Ni4Mo 钢的含碳量低，但碳当量较高，因此该钢种淬硬倾向大，冷裂纹敏感性大，焊接存在一定的难度，焊接过程中必须进行预热和消氢处理。

焊接过程中，若层间温度过高，焊接接头的熔合区和热影响区的马氏体束会变大，晶粒粗大，形成低塑性马氏体组织，在焊接应力的作用下容易产生裂纹。因此必须严格控制层间温度，层间温度应等于或略高于预热温度。

由于冷裂纹敏感性大，焊接时需注意减少氢的来源，焊接前必须彻底清理干净待焊部位周围的油污等杂质。

转轮焊接材料选择时可以通过两种思路确定，第一种是采用与母材金属的化学成分相同或相近的焊接材料，如 410NiMo 型，由于焊缝与母材金属成分接近，不会发生扩散，但是焊缝金属具有比较明显的淬硬性，具有冷裂的倾向，因此焊前需要预热，防止冷裂。此外，还要进行焊后热处理，以消除焊接应力，比较适合具有焊后热处理条件的制造场

合。第二种是采用与母材金属化学成分完全不同的焊接材料，采用奥氏体不锈钢材料，如316型、309L型，这是由于焊缝金属为奥氏体组织，焊缝具有较高的塑性和韧性。但需要注意的是奥氏体焊材热导率低且热膨胀系数高，且这种焊接接头的材质不均匀，焊缝与母材金属的热膨胀系数也不相同，因此有较大的应力。此外，奥氏体不锈钢容易产生热裂纹。

转轮在工厂制造时，由于具备焊接后的热处理条件，一般选用熔敷金属与母材较为接近的焊材，例如410NiMo，由于在焊材中加入了5%～7%Ni，冷裂性能得到改善，焊后通过560～590℃回火可以改善焊接应力。

机组C修期间，转轮无法吊出，缺陷补焊后无法进行焊后热处理，因此选择奥氏体型焊接材料。在各种合金元素中，铬是典型的铁素体形成元素，而镍是典型的奥氏体形成元素，其他元素都可以按其作用大小折算成相应的铬或者镍当量，即 Cr_{eq} 和 Ni_{eq}，根据铬或者镍当量可以确定焊缝的组织。

$$\mathrm{Cr_{eq}}(\%)=\omega(\mathrm{Cr})+\omega(\mathrm{Mo})+1.5\omega(\mathrm{Si})+0.5\omega(\mathrm{Nb}) \tag{6-1}$$

$$\mathrm{Ni_{eq}}(\%)=\omega(\mathrm{Ni})+30\omega(\mathrm{C})+0.5\omega(\mathrm{Mn}) \tag{6-2}$$

焊接选用ER316L焊丝，ER316L焊丝的碳含量很低，焊接性较好，且其Ni含量相对较高，热裂倾向不明显，ER316L焊丝化学成分的质量分数见表6-4。焊丝直径为1.2mm，采用熔化极气体保护焊，保护气体为95%富氩气。

表6-4　ER316L焊丝化学成分的质量分数　%

元素	C	Si	Mn	P	S	Cr	Ni	Mo
含量	0.04	0.9	1.5	0.04	0.03	18.5	12.5	2.5

由焊丝的化学成分可以计算出铬当量和镍当量为22.4%和14.5%，再根据舍夫勒焊缝组织图计算焊缝组织的范围。利用舍夫勒图可以查得焊缝的组织中含5%～10%铁素体。防止热裂纹最直接的措施就是严格限制有害杂质，提高焊缝抗裂最有效的方法就是焊缝成为γ+δ的双相组织。当一般焊缝中的δ铁素体含量超过3%～12%时，其热裂纹敏感性显著降低。

四、焊接修补的实施

首先对转轮焊接区域及与临近区域进行100%的渗透和超声检测，对缺陷的分布、尺寸及性质进行确认并做记录，再根据缺陷的分布、尺寸及性质选择合适的清除方式。

对于浅表层（10mm以内）的裂纹原则上应采取机械磨削方式清除。如采用风动砂轮机、角向砂轮机和旋转锉等工具。

对于较长的未贯透或贯透的裂纹，应采取“先断头，再分段清除”的方式。先在裂纹端部分别使用砂轮或旋转锉等机械磨削方式清除，给出清除的预设余量，防止裂纹清除过

程中继续扩展。

使用碳弧气刨前，需预热到80℃以上，防止在气刨过程中产生新的裂纹或裂纹扩展。碳弧气刨清除裂纹的部位必须仔细铲磨，彻底去除渗碳层，全部漏出金属光泽。

缺陷修补之前，要制备出焊接坡口，坡口角度为40°～45°，坡口深度视实际情况而定。坡口面及坡口两侧30mm以内母材表面的熔渣、油污等所有影响焊接质量的异物应清理干净。尤其须注意的是碳弧气刨之后，气刨表面的渗碳层必须彻底清除，否则对接头可焊性有非常不利的影响。通常采用的清理方法是砂轮铲磨，至少要磨掉0.5mm，露出金属光泽。

不锈钢的焊接裂纹一般分为冷裂纹和热裂纹。转轮材料有一定的淬硬性，焊接后会急速冷却淬硬，形成冷裂纹，焊前预热可以有效防止冷裂纹。奥氏体焊材在焊接过程中，由于其导热系数小、电阻率大、焊缝容易产生热裂纹。所以在焊接过程中必须严格控制焊接工艺参数，避免热输入量太大而产生热裂纹及晶间腐蚀。

综合考虑转轮材料的冷裂倾向不明显和焊接材料的热裂倾向不明显，采取焊前预热、焊后缓冷的方式，预热温度为110～150℃。施焊前，采用电阻加热的方法预热，加热宽度、保温和测温要求参照DL/T 819《火力发电厂焊接热处理技术规程》执行。补焊区域及相邻约150mm范围内的母材应预热至不低于预热温度，并在焊接过程中始终保持这一温度。

焊丝直径为ϕ1.2mm，采用熔化极气体保护焊，保护气体为95%富氩气，焊接电流为140～300A，焊接电压为22～34V。

在焊接时，尽量采用较小的热输入施焊，小电流及多层多道焊，控制层间温度不大于150℃，降低焊接应力。除第一层焊缝外每层焊缝采用锤击方法消除应力。锤击至焊缝表面达到均匀屈服为止，降低焊接残余应力。对于贯穿性裂纹，正面焊接时进行多层多道焊，正面焊接完应在背面清根，清根时采用碳弧气刨，打磨出金属光泽。清根后用PT探伤，确认裂纹清除干净，如图6-11所示。

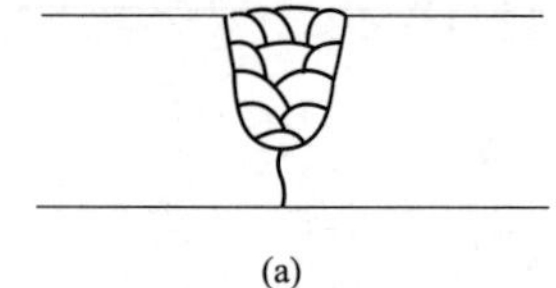

(a)

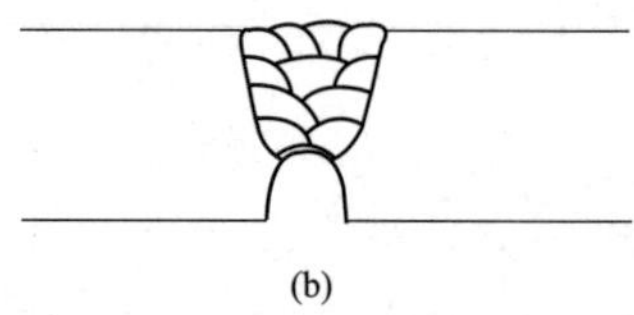

(b)

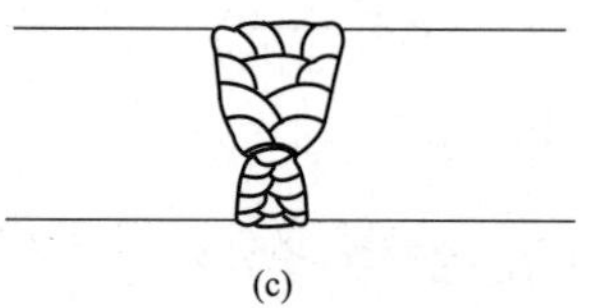

(c)

图6-11　贯穿性裂纹返修示意图

(a) 正面焊接；(b) 背面清根；(c) 背面焊接

焊接完成后对母材采取保温棉覆盖缓冷，无须进行焊后热处理。焊接缺陷修复后检查流道表面，对于不圆顺的部位采用表面堆焊、打磨的方法进行处理，不允许存在应力集中点。叶片过流表面不允许出现深度0.5mm以上的凹坑、凸台。焊接完成24h后对转轮焊接区域及临近区域进行100%的渗透和超声检测，结果合格。

第四节　不锈钢活动导叶的缺陷分析及焊接修复

一、基本情况

某抽水蓄能电站 A 修阶段对 1 号机组活动导叶进行无损检测，发现 3 号活动导叶存在 3 处缺陷，如图 6-12 所示。通过超声检测确定 1、2 号裂纹的长度分别约为 35mm，深度约为 58mm；3 号裂纹全长约为 115mm，呈月牙状。活动导叶的材质为 ZG06Cr13Ni4Mo，属于典型的超级马氏体不锈钢。

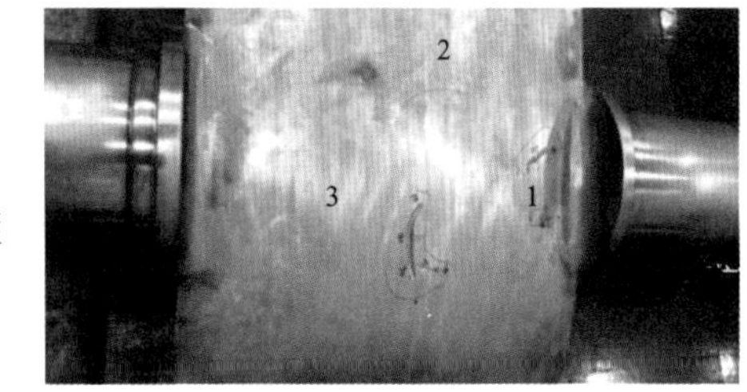

图 6-12　活动导叶裂纹

二、活动导叶的结构特征

水轮机导水机构通过控制环驱动活动导叶旋转，进而使导叶间形成不同程度的缝隙和开口角度，活动导叶的作用一是工作时转换水流的压力能以及动能，形成旋转机械能。二是通过导叶之间的开度调节进入转轮的流量，改变机组出力。活动导叶控制水流示意如图 6-13 所示。

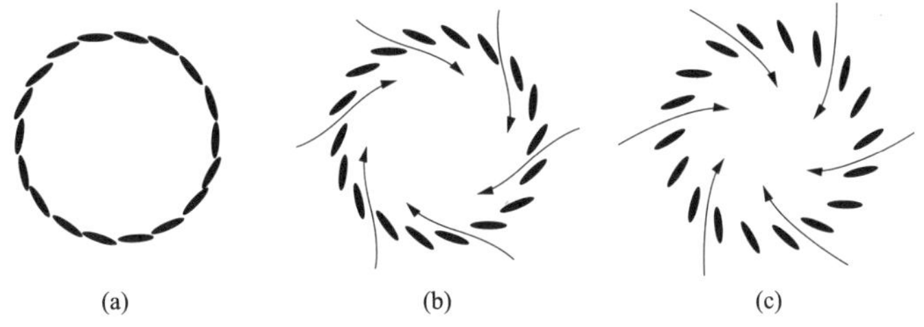

图 6-13　活动导叶控制水流示意图

（a）导叶关闭；（b）中开度的导叶；（c）大开度的导叶

在导水机构中既要使导叶能够灵活转动无卡阻，又要减少导水机构关闭时的水流损失，因此应使导叶端面间隙尽量小，但必须满足设计允许的间隙值。如果导叶端面间隙较大，可能会出现导水机构关闭后导叶漏水量较大致使机组无法停机处于蠕动状态的现象。因此，活动导叶加工过程中对精度要求很高，安装过程中要严格控制导叶端面及立面间隙，符合设计及规范要求。

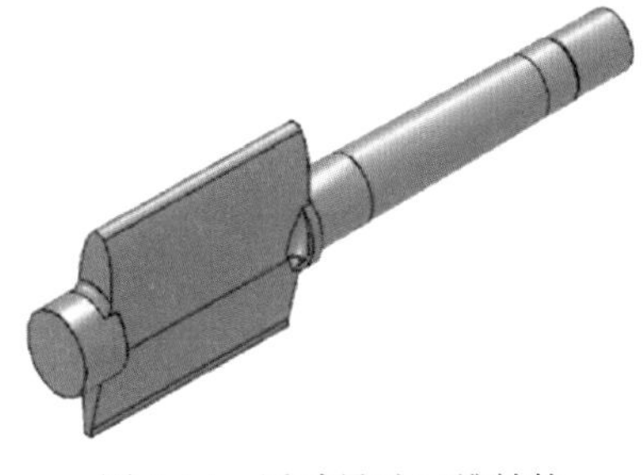

图 6-14　活动导叶三维结构

活动导叶长期工作在水流的冲击和泥沙的磨损环境下，要求活动导叶部件具有良好的耐腐蚀、耐磨损、抗冲击性能以及较高的硬度和整体刚度。因此，导叶部件用材料要求具有优良的力学性能和内部组织。导叶部件主要由定位轴、导叶体和驱动轴三部分组成，如图 6-14 所示。两端为圆柱轴，中间的导叶体截面形

状类似柳叶的形状，好似一根中间“压扁”的水管，起导流和整流的作用。

三、活动导叶的制造特点及缺陷原因分析

导叶是水轮机导水机构中重要的部件之一，制造方法有砂型铸造、电渣熔铸、锻造、焊接。制造工艺的确定应根据导叶部件的具体结构和使用要求而定，主要考虑的因素有导流体的大小及厚度、轴的直径和长度以及两者的比例。目前，锻造导叶和焊接导叶应用较少，一般为结构较为特殊的导叶所采用；多数还是采用铸造方式制造，通常采用砂型铸造和电渣熔铸 2 种方式。

活动导叶裂纹 1、2 位于大板和长轴的过渡位置，超声检测时显示该位置有气孔和夹渣。此活动导叶的制造方式为砂型铸造，导叶大板铸造模数小于长、短轴，液态金属的补缩通道不畅，导叶大板与轴连接处极容易出现缩松，且轴线缩松倾向较大，因此推测该处的缺陷为铸造过程中形成的缺陷。

在清除裂纹 3 的过程中，发现活动导叶中间裂纹位置有明显的补焊痕迹，用磁铁试验后发现补焊位置磁力很小，金相组织显示为奥氏体组织中分布少量铁素体。可见焊材为奥氏体不锈钢焊接材料，因此呈现弱磁性。由于裂纹是围绕补焊位置开裂，推测裂纹是由于补焊时预热温度不够形成冷裂纹。

为防止在裂纹清除过程中产生再次开裂，根据缺陷的分布、尺寸及性质选择合适的清除方式。

（1）对于浅表层（10mm 以内）的裂纹原则上应采取机械磨削方式清除。如采用风动砂轮机、角向砂轮机和旋转锉等工具。

（2）对于较长的裂纹，应采取“先断头，再分段清除”的方式。先在裂纹端部分别使用砂轮或旋转锉等机械磨削方式清除，给出清除的预设余量，防止裂纹清除过程中继续扩展。

（3）使用碳弧气刨前，需预热到 80℃以上，防止在气刨过程中产生新的裂纹或裂纹扩展。碳弧气刨清除裂纹的部位必须仔细铲磨，彻底去除渗碳层，全部漏出金属光泽。

四、焊接材料选择

由于活动导叶要求有较高的耐磨性和耐腐蚀性，因此焊接材料应具有一定强度和耐磨性，同时兼顾不锈钢的耐腐蚀特点。焊接材料选择 G367M 三相不锈钢焊条，屈服强度在 440MPa 以上，抗拉强度在 750MPa 以上，且塑性和韧性较好。有条件也可选择焊丝 HS367M，采用气体保护焊。G367M 不锈钢焊条化学成分的质量分数如表 6-5 所示。

表 6-5　G367M 不锈钢焊条化学成分的质量分数　%

元素	C	Si	Mn	P	S	Cr	Ni	Mo
含量	0.030	0.69	3.17	0.005	0.005	16.49	5.58	1.12

根据铬当量和镍当量的计算式（6-1）和式（6-2）可知 G367M 不锈钢焊条的铬当量和镍当量分别为 18.6%和 8.07%。由舍夫勒焊缝组织图可知，G367M 焊条熔覆金属的金相组织为铁素体＋马氏体＋奥氏体。

五、焊接修复及变形控制

裂纹 3 清除后，对该位置进行硬度检测，确认硬度同母材处于同一水平，结合渗透检测确认 3 处裂纹位置原缺陷已清除干净。为了控制焊接变形，在活动导叶大板两侧分别加固两条同材质钢板支撑，如图 6-15 所示。

图 6-15　焊接支撑控制变形

对焊接区域及周边不小于 100mm 的范围内进行预热，预热温度不低 100℃，控制热输入小于或等于 36kJ/cm。焊接工艺参数见表 6-6。

采用多层多道焊、退步焊接的方法进行补焊，焊接过程中控制层间温度小于或等于 170℃。焊道顺着导叶长度方向焊接，如图 6-16 所示。每焊一道清渣一次并锤击消应处理；每焊 10～15mm 厚做一次振动消应。

表 6-6　　**焊接工艺参数**

焊材	焊接位置	电流（A）	电压（V）	热输入（kJ/cm）	层间温度（℃）
HS367M1.2mm	平焊	200～260	20～28	≤36	≤170
G367M4.0mm	平焊	100～180	20～24	≤36	≤170

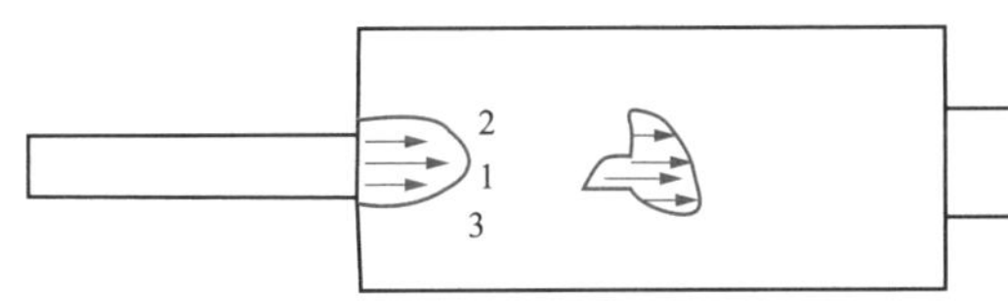

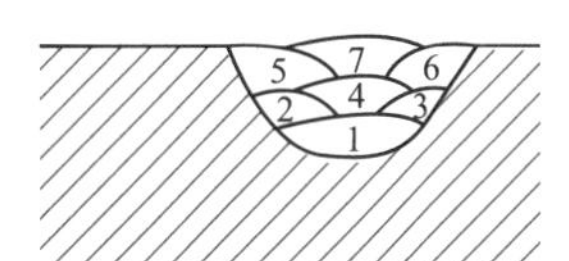

图 6-16　焊接焊道示意图

焊满后，再焊一个盖面层，对焊缝表面焊道进行回火，回火焊道在修复后进行铲磨，焊后进行 200℃后热 2h，之后保温缓冷。焊接完成 48h 后对补焊区域进行 100%超声检测和 100%渗透检测，检测结果合格。

采用激光测量同轴度，以图 6-17 中 AC（下轴颈和中轴颈）为基准，测量 B（上轴颈）和 D（上端轴）的偏差，参照点如图 6-17 所示。

缺陷补焊完成后由于变形量较大，因此需要通过原缺陷的背面开槽焊接进行矫形，开槽尺寸为 300mm×30mm×35mm，焊接矫形完成后同轴度偏差不符合要求，进行第二次背面开槽焊接矫形，槽口尺寸为 400mm×45mm×55mm，开槽范围覆盖第一次开槽的位置尺寸如图 6-18 所示。

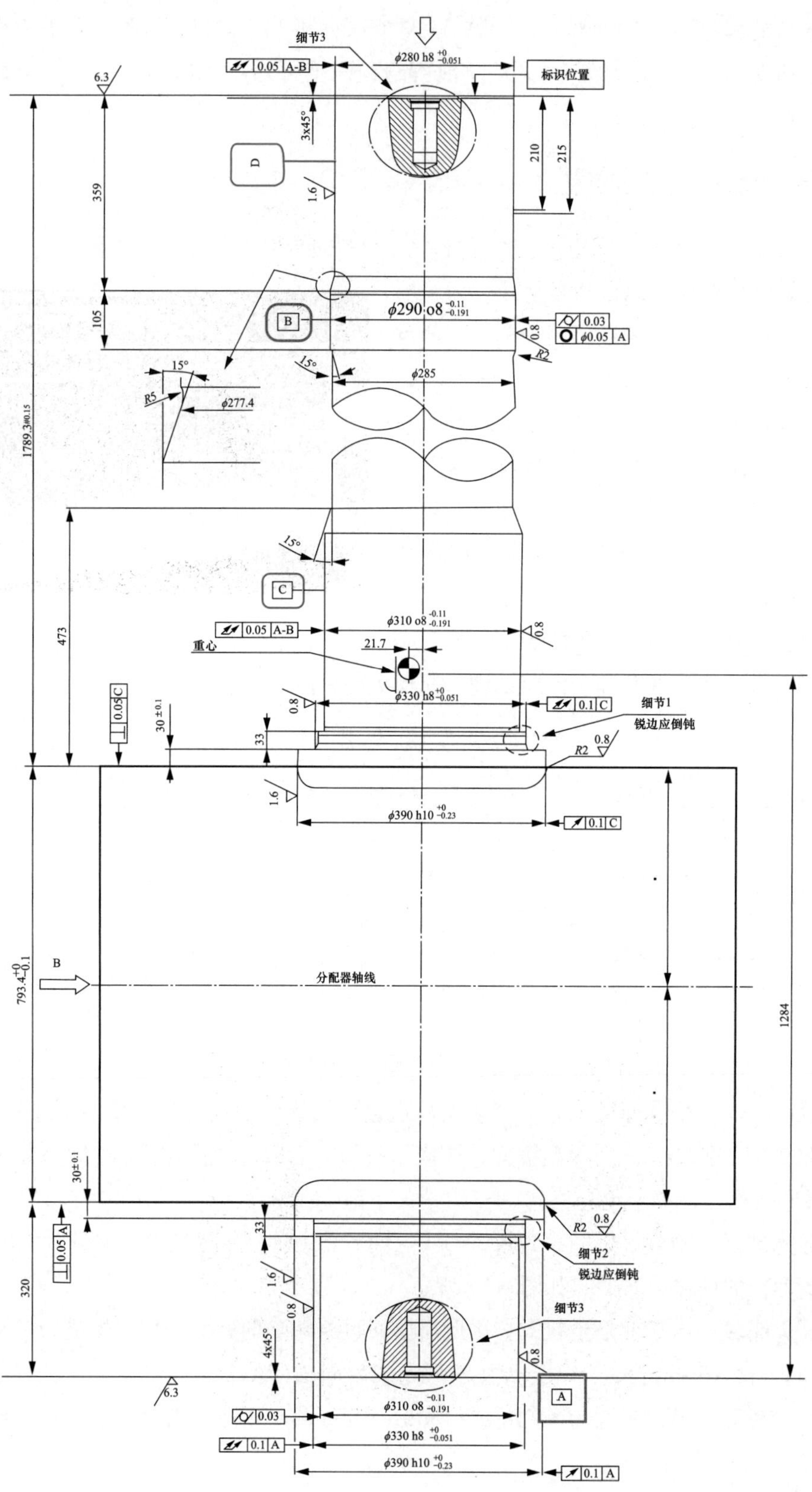

图 6-17 焊接变形矫正参考点

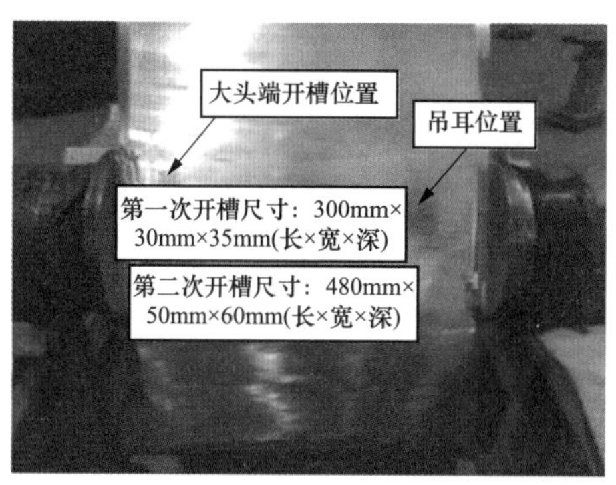

图 6-18　焊接矫形开槽图

焊接工艺同缺陷补焊的工艺一致，通过两次开槽焊接矫形使得同轴度偏差小于 1mm，之后通过火焰矫形进一步减小同轴度偏差，如图 6-19 所示。焊接矫形完成后表面进行修磨，如图 6-20 所示，焊接完成 48h 后对补焊区域进行 100%超声检测和 100%渗透检测，检测结果合格。

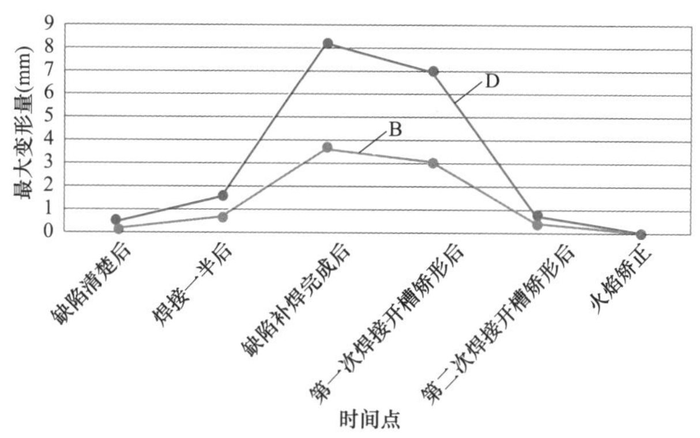

图 6-19　焊接矫形完成后

图 6-20　焊接矫形完成后表面修磨

第五节　调相压水管道法兰缺陷分析及焊接修复

一、基本情况

抽水蓄能电站的水泵水轮机稳定运行工况主要有停机态、发电、抽水、发电调相、抽水调相。水泵水轮机在调相压水过程的结构主要部件如图 6-21 所示。在调相压水过程中，压缩空气会被注入转轮腔体，以此保持尾水管液面在整个压水过程都在转轮室下方，转轮在空气中旋转，使转轮的阻力矩减小，从而减少了功率损失。

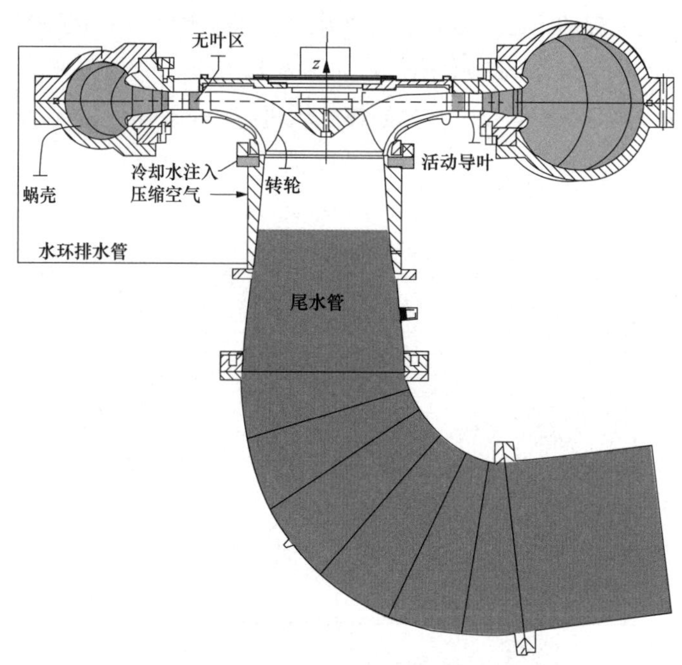

图 6-21　水泵水轮机调相压水工况转换

一般情况下，尾水锥管焊接法兰同调相压水气体管道相连。调相压水气体管道由于温度变化较大，采用抗低温性能更好的 304 不锈钢。尾水锥管一般采用 Q345R 材料，为了避免出现现场安装的异种钢焊缝，将尾水锥管中与法兰焊接的部分改为 304 不锈钢，主要是利用其现场焊接方便的优点。

某抽水蓄能电站的尾水管锥管与法兰连接结构如图 6-22 所示，尾水锥管本体开孔焊接法兰，法兰同调相压水气体管道阀门通过螺栓连接，阀门和法兰中间装有节流孔板，安装位置如图 6-23 所示。尾水锥管和法兰的材质均为 304 不锈钢，焊缝处开 K 形坡口，设计为满焊。

在某次检修过程中对尾水锥管焊缝进行渗透检测时发现尾水锥管内侧焊缝有裂纹，如

图 6-24 所示。对焊缝进行打磨后，发现内部有较多焊渣没有清理，如图 6-25 所示。未焊接部分深约 15mm，尾水管内焊接部位深约为 10mm，尾水管外焊接部分约为 15mm。

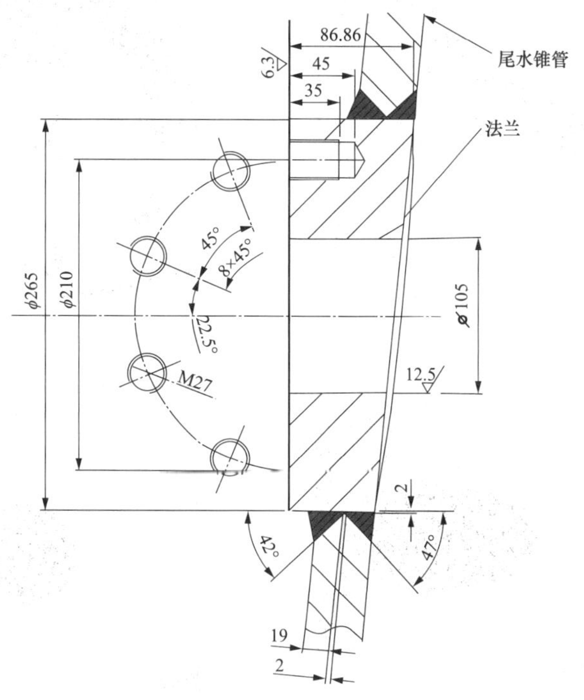

图 6-22　尾水锥管与法兰连接结构图（mm）

图 6-23　尾水锥管与法兰连接安装位置

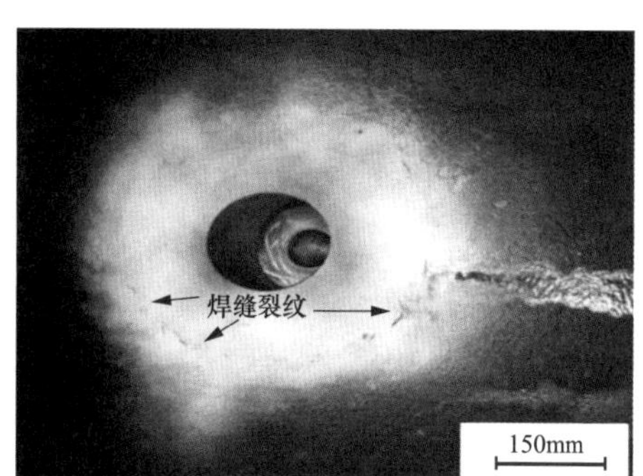

图 6-24　尾水锥管侧焊接裂纹

此外，发现节流孔板存在裂纹，如图 6-26 所示。

针对该机组检修发现的问题，对其他机组进行了扩大检查，排空尾水锥管内侧焊缝进行渗透检测，法兰和尾水锥管焊接处有裂纹基本是共性问题，此外，法兰本体也存在肉眼可见的裂纹，如图 6-27 所示。

初步的处理方法为更换法兰，将焊缝全部打磨后重新焊接，焊接方法为氩弧焊，焊接过程中为了保证检修进度，未严格控制层间温度。焊接完成后发现法兰本体裂纹有加大径向贯穿发展的趋势，如图 6-28 所示。

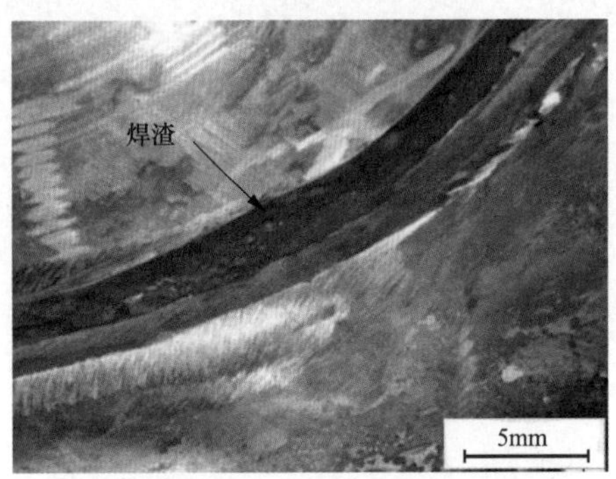

图 6-25　尾水锥管同法兰焊缝形貌

图 6-26　节流孔板的裂纹

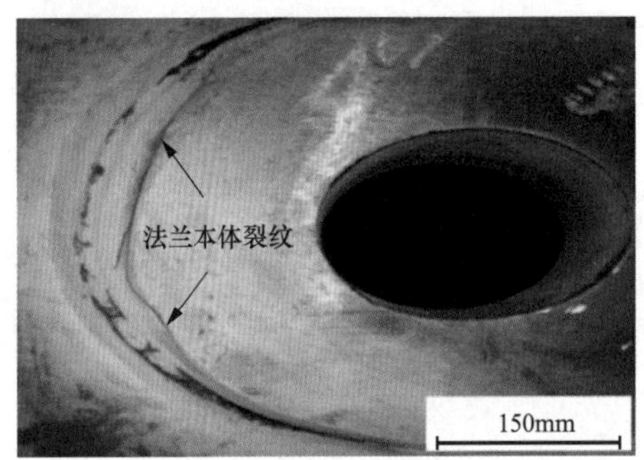

图 6-27　法兰本体上的肉眼可见裂纹

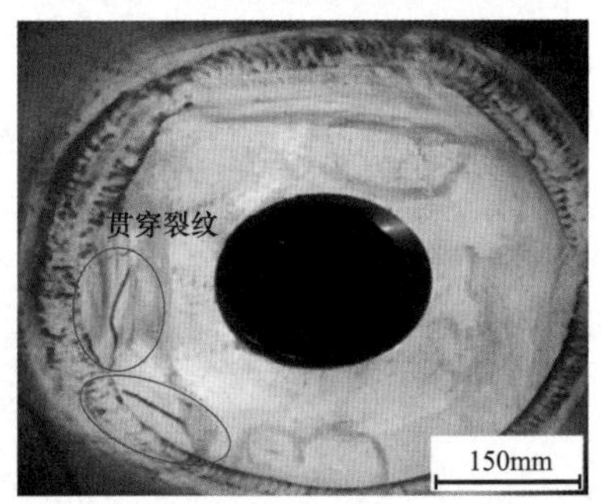

图 6-28　焊接返修后法兰本体裂纹

二、缺陷原因分析

节流孔板的裂纹全部集中于奥氏体不锈钢一侧，现场对节流孔板的组织进行分析时，发现节流孔板本体的材质不一致，靠近法兰连接孔侧为马氏体不锈钢（有磁性），靠近节流孔侧为奥氏体不锈钢（无磁性），中间存在很宽的焊缝。由于节流孔板本身很小，在焊接过程中如果采用大线能量焊接，过热则引起热裂纹，在运行过程中开裂。

现场对法兰、尾水锥管进行了光谱检验，化学成分均符合 304 不锈钢的成分要求。法兰与尾水管间焊接处存在焊缝裂纹主要是由于焊接过程中根部存在未焊透。焊接过程中如果采用手工电弧焊，层道之间未清渣，造成焊缝中存在大量的夹渣。检修过程中发现的焊缝缺陷正是引起焊缝裂纹的原因，尤其是根部未焊透，此类缺陷为危害性缺陷，在运行过程中会从未焊透部位产生裂纹，从而引起开裂。

现场对法兰本体和尾水锥管进行金相检查，如图 6-29 所示。金相照片中存在较多黑点，这是由于尾水锥管内测湿度大，存在较多水汽造成的。但可以看到尾水锥管的组织是典型的奥氏体晶粒，晶粒相对较小，晶界清晰且无明显的碳化物聚集。

同尾水锥管的晶粒相比较，法兰本体的晶粒相对较为细小，组织中的碳化物向晶界发

生明显聚集，已发生较为严重的晶间腐蚀，如图 6-30 所示。

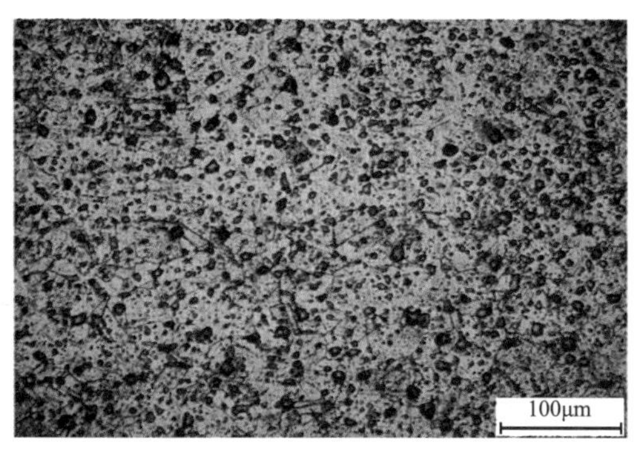

图 6-29 锥管母材显微组织

图 6-30 法兰本体显微组织

晶间腐蚀是奥氏体不锈钢的一种常见的局部腐蚀，是产生在晶界的一种腐蚀形式，即金属材料在特定的腐蚀介质中，沿着材料的晶界或晶界附近发生腐蚀，使晶粒之间丧失结合力的一种局部破坏的腐蚀现象。这种腐蚀能使晶粒间的结合能力大大削弱，严重的时候还可以使钢的强度、塑性以及韧性急剧降低，但是遭受这种局部腐蚀的不锈钢在外形以及尺寸上并没有多少变化，除了受到腐蚀的区域之外，其他部位仍然没有任何腐蚀的迹象，大多数情况下金属仍能具有光泽，因此，在外观上晶间腐蚀不易被察觉，但是从局部抽样检验却可以发现，受到晶间腐蚀部位的强度以及塑性已经严重降低或丧失，若是在内外应力的作用下，稍微轻轻地弯曲即会产生裂纹；轻轻地敲击便会碎成细粒，从构件上脱落下来，从而导致设备失效，危害性极大，是不锈钢最危险的一种破坏形式。

在奥氏体中，碳元素在室温情况下的溶解度很小，为 0.02%～0.03%（质量分数），而一般奥氏体不锈钢中含碳量均超过了这一水平，因此，碳在奥氏体不锈钢中处于过饱和状态，只能通过固溶处理使碳固溶在奥氏体相中，以保证不锈钢具有较高的稳定性。但是经过固溶处理的奥氏体不锈钢若在加热到 450～850℃这一敏化温度区间或在该温度区间下长期使用时，由于在奥氏体中碳的扩散速度远大于铬的扩散速度，当奥氏体中含碳量超过它在室温的溶解度 0.02%～0.03%之后，碳于是就与铬化合形成碳化铬，即 $Cr_{23}C_6$，并不断地向奥氏体晶粒边界扩散析出，从而沉积在奥氏体晶界上。但是铬的扩散速度较小，来不及向晶粒边界扩散，从而使晶界附近的铬含量大大降低，当晶界附近的铬含量在 11%～13%时，就会在晶界两侧形成“贫铬区”。奥氏体不锈钢之所以耐腐蚀是由于在特定腐蚀介质的作用下，钢中含有足以使钢在这种腐蚀介质中发生钝化的铬含量。由于贫铬区域的铬含量不足，从而导致其钝化能力降低，甚至消失，钝化态遭到破坏，晶界邻近区域电位下降。而晶粒本身仍维持钝态，电位较高，就会形成腐蚀原电池，晶粒本身与晶界上的 $Cr_{23}C_6$ 为阴极，贫铬区为阳极而遭受腐蚀，最终会导致晶粒脱落而使设备失效。晶间腐蚀示意图如图 6-31 所示。

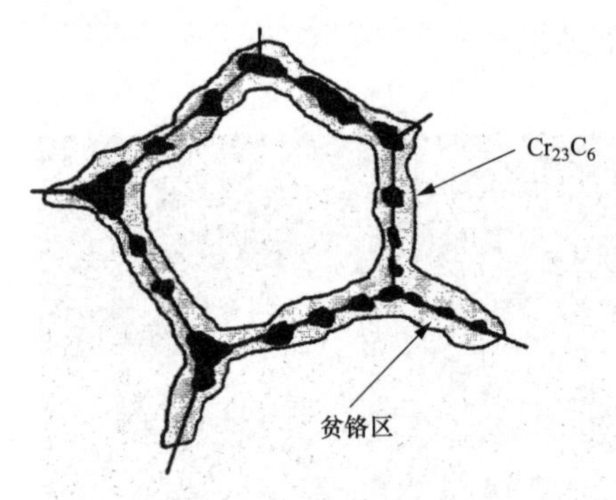

图 6-31　晶间腐蚀示意图

产生晶间腐蚀的温度是在 450～850℃之间，该温度区间为产生晶间腐蚀的敏化温度区，其中，尤以 650℃最为危险。锻造奥氏体不锈钢容易产生晶间腐蚀的过程一般为锻造过程及固溶处理过程。以法兰为例，为了避免法兰制造过程中出现晶间腐蚀，对于锻造法兰的制造过程进行了限定，一般终锻温不低于 850℃，锻造的平台和砧面要进行预热，避开敏化温度区间，锻造后的冷却应进行快冷，尤其是在敏化温度附近。锻造后的固溶处理温度应为 1000～1150℃，为防止晶粒过分长大，固溶处理温度不宜过高，保温时间不宜过长，固溶处理后应采取快冷措施。法兰产生晶间腐蚀的原因很可能是在固溶处理的过程中在敏化温度区间停留过长。

304 不锈钢具有良好的焊接性能，但由于其导热系数小、电阻率大，焊接过程中必须严格控制焊接工艺参数，避免热输入量太大，使得焊缝过热。严格控制层间温度。焊后要快速冷却，避免焊缝在危险敏化区停留时间过长。而且焊接电弧为短弧，焊条尽量不要摆动，防止合金元素不必要地被烧损。

奥氏体不锈钢焊接接头在冷却过程中，焊接接头的晶间腐蚀离焊缝边沿 1.5～3mm 之外的母材金属上，为热循环峰值温度为 600～1000℃的热影响区。有的也发生在焊缝上，焊缝的晶间腐蚀通常指出现在多层多道焊的情况，前一道焊缝受到后一道焊缝的热影响而处于敏化的区间。晶界上容易析出 Cr 的碳化物，形成贫 Cr 的晶粒边界，易产生晶间腐蚀。奥氏体不锈钢在焊接时，随着焊接能量的增加，焊缝晶粒粗大化，晶界贫 Cr 层也增加，晶间腐蚀速度将加快。焊接时可以通过提高焊接速度的方法来增大电流，以维持较低线能量，从而降低晶间腐蚀的倾向，也可以对焊接后的不锈钢进行固溶处理和稳定化处理来降低焊接件晶间腐蚀敏感性。

焊缝开裂是由于在焊接过程中层间温度未严格控制使得焊缝发生晶间腐蚀。在尾水锥管和法兰焊接返修过程中，由于未控制层间温度，焊缝和热影响区在敏化温度区间停留的时间过长，可能导致焊缝和热影响区发生晶间腐蚀，强度较低。焊缝一侧的尾水锥管母材晶粒度相对较为粗大，但晶界并未析出碳化物，不存在晶间腐蚀的倾向，即焊接返修并未使组织正常的尾水锥管侧的热影响区发生晶间腐蚀。

由于法兰本体存在较为严重的晶间腐蚀倾向，所以焊接过程中加剧了法兰一侧热影响区的晶间腐蚀倾向，使得法兰发生晶间腐蚀，从而法兰开裂，也有可能是焊缝发生开裂，延伸至法兰本体。

三、焊接修复材料的选择

由于奥氏体焊接材料易产生热裂纹，应控制尽量使焊缝中产生较多 δ 铁素体，δ 铁素体的含量可以用舍夫勒图来预测。为了对比 δ 铁素体的含量，表 6-7 中同时列出了几种不锈钢焊材的 δ 含量预测。

表 6-7　　几种不锈钢焊材的 δ 含量预测

项目	C	Si	Mn	P	S	Ni	Cr	Mo	铬当量	镍当量	δ含量(%)
E308	0.08	1	1.5	0.04	0.03	19.5	10	0.75	21.75	13.15	10
E309L	0.04	1	1.5	0.04	0.03	23.5	13	0.75	25.75	14.95	10
E309	0.15	1	1.5	0.04	0.03	23.5	13	0.75	25.75	18.25	5
E309Mo	0.12	1	1.5	0.04	0.03	23.5	13	2.5	27.5	17.35	5
E310	0.15	0.75	1.8	0.03	0.03	26.5	21	0.75	28.375	26.4	0
E410	0.12	0.9	1	0.04	0.03	12.5	0.7	0.55	14.4	4.8	有马氏体
E410NiMo	0.06	0.9	1	0.04	0.03	11.7	4.5	0.6	13.65	6.8	有马氏体

关于表 6-7 中的计算，对于标准要求为上限的取其上限，例如 E308 焊条碳含量标准要求上限为 0.08%，计算时取 0.08%；对于标准中要求为一个给定范围的，则取其中值，例如 E308 的镍含量为 9.0%～11.0%，计算时取 10%。计算尽管有偏差，但可以定性反映几种焊接材料的抗热裂纹性能的优劣。

对比可以发现，E309L 的抗热裂性能明显优于其他焊条，E308 焊条其实也基本能满足要求，但是这只是在理想平均的情况下，相对而言，E309L 的碳含量较低，焊缝中的 δ 铁素体含量多，抗热裂性能也好。

四、缺陷修复的实施

为了避免法兰制造过程中出现晶间腐蚀，对于法兰的锻造过程进行了限定，要求终锻温不低于 850℃，锻造的平台和砧面要进行预热。锻造加热过程中应采取措施避免渗碳，避免火焰直接喷射到毛坯上，使钢增碳或使晶界贫铬，增加晶间腐蚀的敏感性。锻造后的冷却应进行快冷，尤其是在敏化温度附近。锻造后的固溶处理温度应为 1000～1150℃，为防止晶粒过分长大，固溶处理温度不宜过高，保温时间不宜过长，固溶处理后应采取快冷措施。

焊接返修时采用手工电弧焊，焊接时为了避免焊接接头在敏化温度停留，采用小电流、快速焊限制热输入量，控制一次成型的焊缝宽度。严格控制层间温度不超过 150℃，为了控制层间温度，如果有条件可以采取焊缝背后通水的方法强制降低焊接接头的温度，层道之间用机械方法清除焊渣。为了保证焊接质量，中间进行一些渗透检测，全部焊满无损检测合格，如图 6-32 所示。

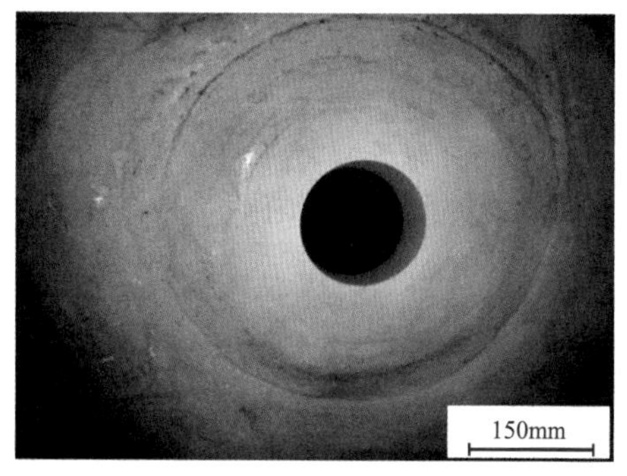

图 6-32　返修后

第六节　旁通阀管路缺陷分析

一、基本情况

抽水蓄能电站旁通管路主要用于进水阀前后平压，也可用于测量导叶漏水量。旁通阀管路一般采用焊接连接管道与法兰，法兰同旁通阀通过螺栓连接。旁通阀管路需要在安装现场进行装配，管道同法兰选择易于焊接的奥氏体不锈钢。

某抽水蓄能电站在 4 号机组 A 修球阀系统静态调试过程中，按照调试作业指导书进行操作，第一步工作旁通阀开关试验，动作正常。第二步退工作密封试验。旁通阀装配图如图 6-33 所示。在开启工作旁通阀球阀平压时，旁通管出现异常响声，随后检查发现旁通管路中检修旁通阀附近的焊缝附近有渗水现象，立即隔离检修旁通阀和工作旁通阀并投入锁定。

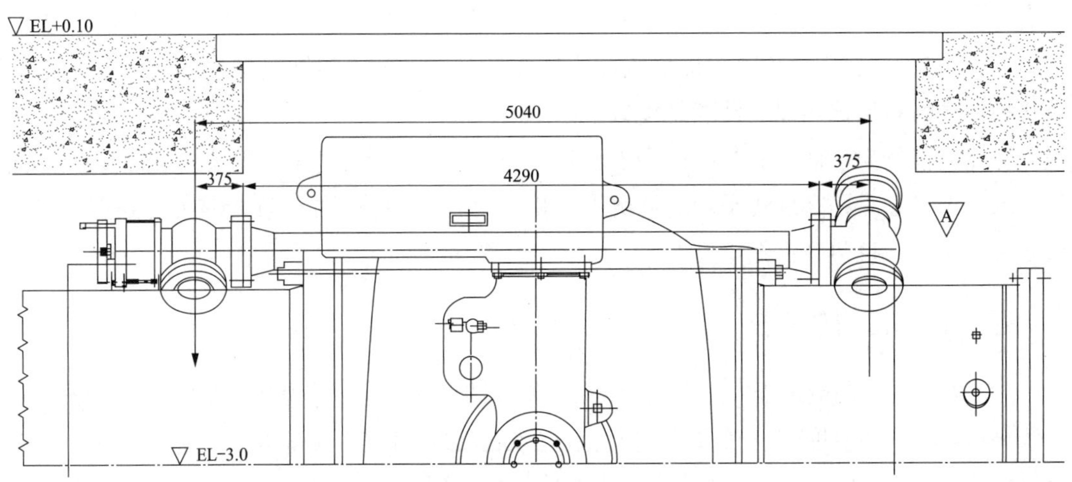

图 6-33　旁通阀装配图

旁通阀管路的法兰和管道均采用 304 不锈钢，管道和法兰都没有磁性，焊缝有磁性。对检修旁通阀附近的焊缝及附近区域进行渗透检测，结果显示靠近焊缝的法兰侧存在多处缺陷，均为纵向裂纹，如图 6-34 所示。

二、缺陷原因分析

根据法兰的结构特点，如图 6-35 所示。凸法兰的锥形部分壁厚大于管道厚度，在管道受到内压的情况下，如果发生破坏，应发生在壁厚相对较小的管道和焊缝位置。渗透检测在焊缝和管道侧均未发现缺陷，推测由于法兰存在问题，造成最终的缺陷。

奥氏体不锈钢焊接时容易出现缺陷类型为热裂纹，提高焊缝抗裂最有效的方法就是使

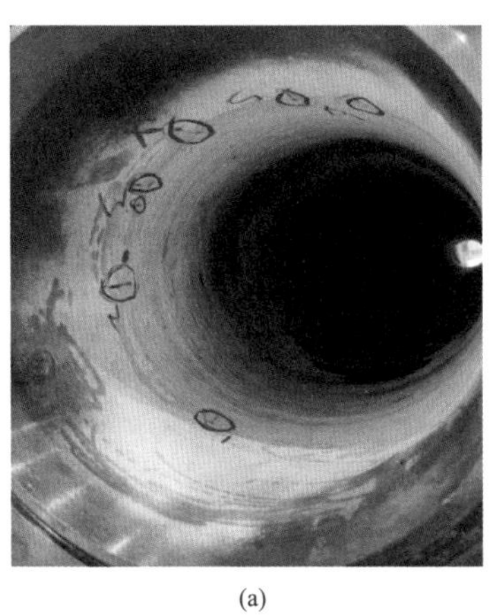

(a)

(b)

图 6-34 检修旁通阀侧表面裂纹

(a) 内表面；(b) 外表面

焊缝成为铁素体＋奥氏体的双相组织，当焊缝中的铁素体含量超过 3%～12%时，其热裂纹敏感性显著降低。利用半定量光谱仪对焊缝进行成分分析，结果显示焊缝的 Cr、Ni 和 Mn 含量分别为 23.23%、12.72%和 1.72%，Cr 和 Ni 含量符合 309 不锈钢的化学成分要求。根据半定量光谱检验的结果，参照舍夫勒焊缝组织图可以估算焊缝铁素体含量在 10%左右。

对焊缝进行金相组织分析，结果显示焊缝处的组织为少量铁素体＋奥氏体，焊缝中的铁素体含量适中，能够防止焊缝产生热裂纹，焊接材料的选择较为合适。

焊缝处的金相组织如图 6-36 所示。

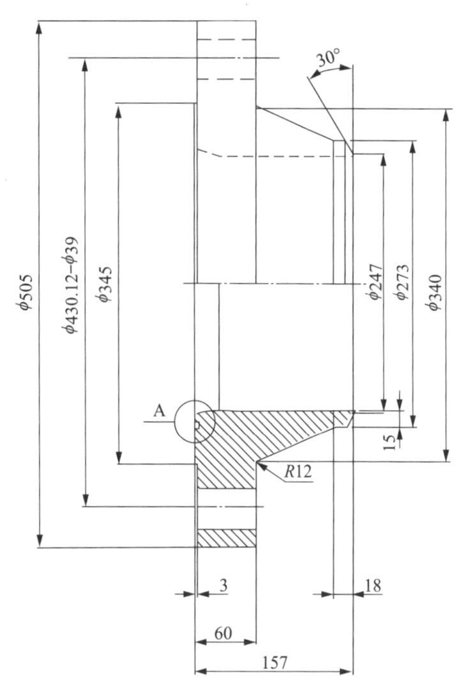

图 6-35 法兰的结构图（mm）

对焊缝两侧的热影响区进行金相分析，可以发现法兰和管道母材热影响区的组织较为细小，法兰的热影响区有碳化物聚集现象，如图 6-37 所示。

现场对检修旁通阀侧法兰本体进行金相组织分析，为了对比，同时对管道母材进行金相组织分析，如图 6-38 所示。

可见，检修旁通阀侧法兰和管道的组织均为典型的奥氏体形貌。法兰本体的晶界有碳化物聚集，有较为明显的晶间腐蚀倾向。晶间腐蚀是奥氏体不锈钢最危险的一种破坏形式，晶间腐蚀由表面沿晶界深入到内部，破坏晶粒间的结合，使材料的强度急剧下降，受

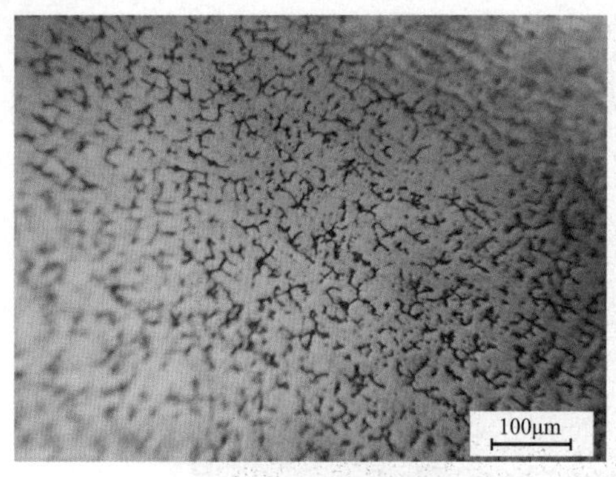

图 6-36　焊缝处的金相组织

外力容易沿晶界断裂，而且晶间腐蚀发生后材料外形几乎不发生任何变化，危害性极大。图 6-39 所示为金相显微镜下法兰裂纹沿着晶界开裂的图片。

对工作旁通阀一侧未发生裂纹的法兰进行金相分析，组织为典型的奥氏体组织，晶界未见明显的碳化物析出，如图 6-40 所示。

选取与新更换法兰同批次的法兰备件进行了金相分析，如图 6-41 所示，组织为典型的奥氏体组织，晶界未见明显的碳化物析出。

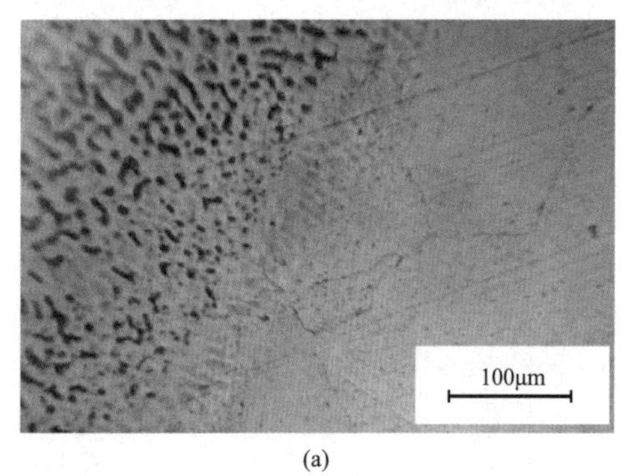

(a)

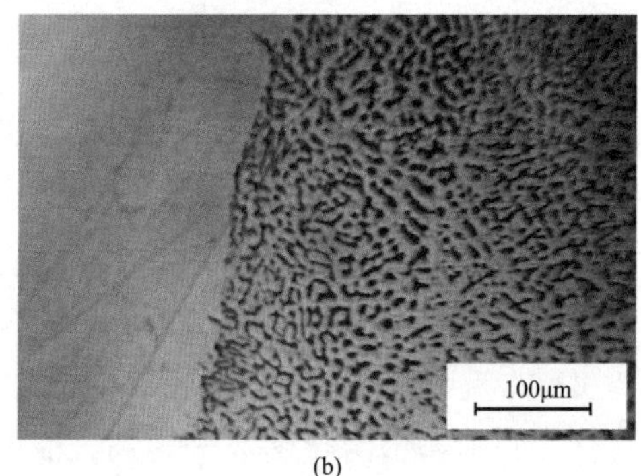

(b)

图 6-37　热影响区的金相组织

（a）法兰侧；（b）管道侧

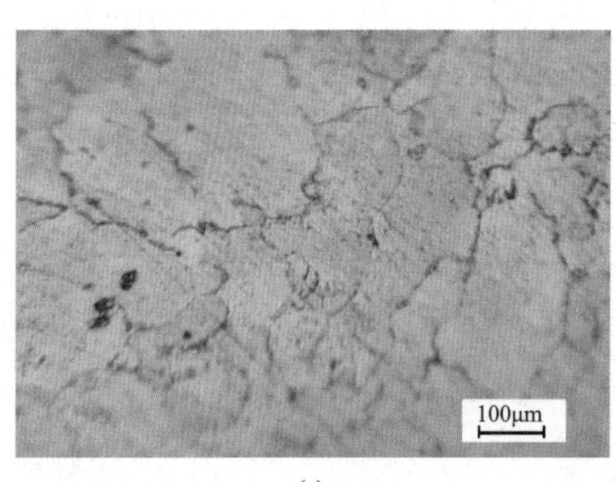

(a)

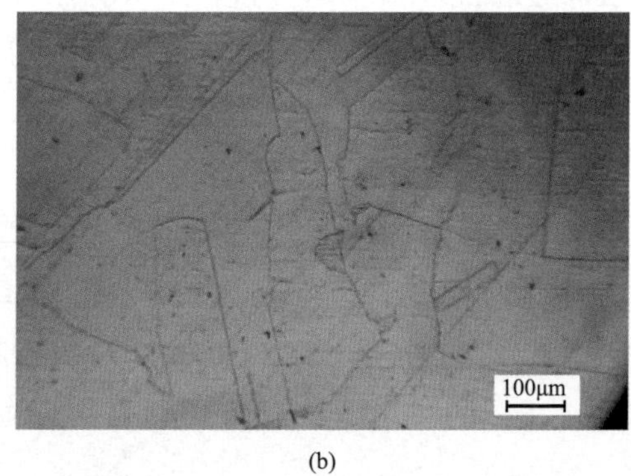

(b)

图 6-38　检修旁通阀侧法兰和管道母材金相组织

（a）法兰侧；（b）管道侧

含碳量超过 0.02％的不稳定的奥氏体型不锈钢如果加热不当则在某些环境中易产生晶间腐蚀。这些钢在 425～815℃（敏化温度）之间加热时，或者缓慢冷却通过这个温度区间时，都会产生晶间偏析，造成碳化物在晶界沉淀，并且造成最邻近的区域铬贫化使，得这

些区域对腐蚀敏感。法兰本身已经发生较为严重的晶间腐蚀是产生裂纹的根本原因，产生晶间腐蚀的原因很可能是在锻造或者固溶处理的过程中在敏化温度区间停留过长。

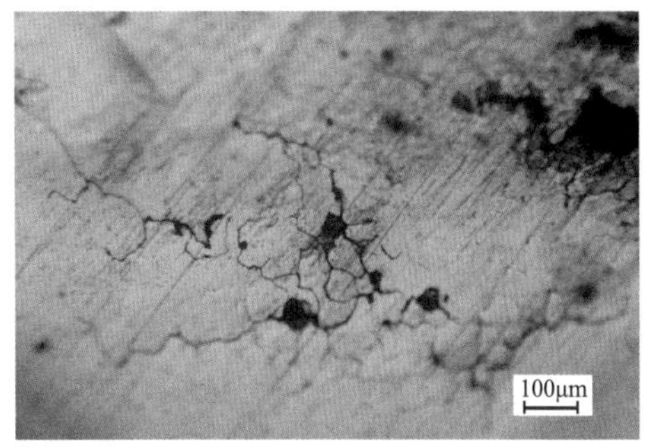

图 6-39　金相显微镜下法兰裂纹沿着晶界开裂的图片

三、焊接材料的选择及焊接修复的实施

焊接采用同类型焊接材料，焊接方法采用氩弧焊。焊接过程中严格控制层间温度不超过150℃，避免发生焊缝的晶间腐蚀和对母材的影响，焊接过程中层道之间采用锤击的方法降低焊接变形和应力，符合奥氏体不锈钢的焊接工艺控制过程的基本要求。焊接后进行射线检测和表面渗透检测，均合格。

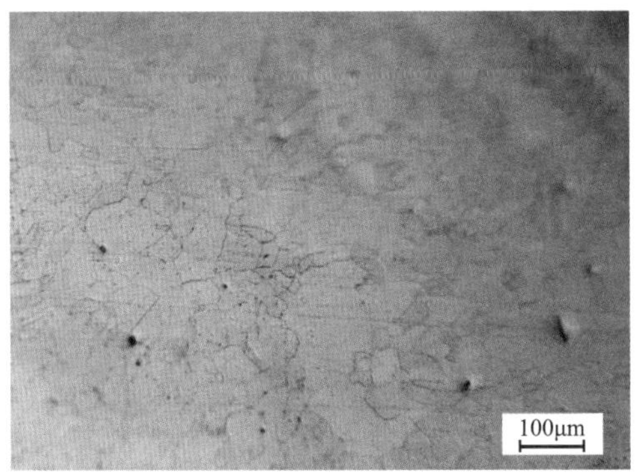

图 6-40　工作旁通阀一侧法兰的金相组织

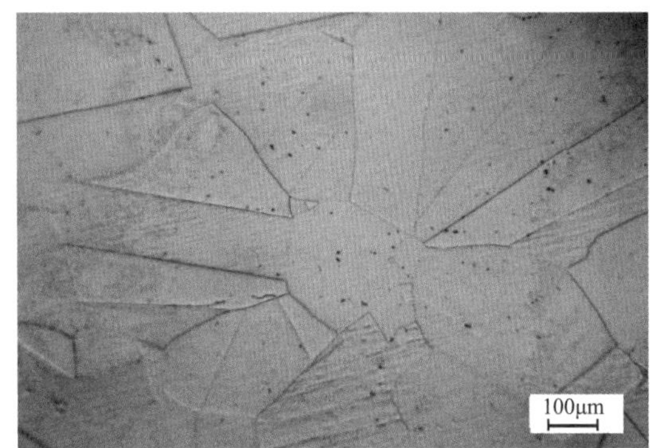

图 6-41　新法兰的金相组织

第七章

抽水蓄能电站紧固件的缺陷分析及应力监测

第一节　抽水蓄能电站紧固件的特点

紧固件通常包括螺栓、螺母、垫片等，两个零部件通过紧固件连接可以组装成一个紧密的整体，选择正确恰当的螺栓紧固件才能保证连接的可靠度。另外，通过螺栓紧固件的连接，两个转动着的零件就可以实现力的传递。一些经常需要拆装的零件，通过螺栓连接，就可以实现反复拆装且不影响正常工作。用于抽水蓄能电站的紧固件大多是高强度螺栓和螺母，与传统工业紧固件相比，具有更优良的综合机械性能和耐腐蚀性。我国高强度紧固件用钢通常分两种，一是以铬为主要元素的多元素合金钢，二是以硼元素为基础的高强度合金钢，主要依靠添加不同的合金元素或者控制显微组织来提升紧固件的强度。根据螺栓失效后对抽水蓄能电站安全性的影响，可将螺栓分为Ⅰ级、Ⅱ级进行分级管理，见表 7-1。

表 7-1　　　　抽水蓄能机组电站螺栓分级表

设备	级别	螺栓名称
水泵水轮机	Ⅰ级	顶盖与座环连接螺栓、顶盖组合螺栓、水轮机联轴螺栓、机组流道各人孔门把合螺栓（蜗壳、尾水人孔门等）、泄水环把合螺栓、与流道相连的第一个法兰把合螺栓（坝前取水管、蜗壳取水管的第一个法兰把合螺栓等）、大轴中心孔堵板螺栓、球阀与压力钢管把合螺栓
	Ⅱ级	水导轴承抗重螺栓（楔子板固定螺栓）、水导轴承组合螺栓（筒式）、水导轴承座（瓦架）固定螺栓、底环组合螺栓、底环把合螺栓、座环组合螺栓、主轴密封固定螺栓、主轴密封转动环组合螺栓、真空破坏阀把合螺栓、双头连臂连接螺栓，接力器推拉杆连接螺栓，导叶摩擦装置螺栓、导叶中轴套固定螺栓、控制环抗磨板压板固定螺栓、导叶调节螺栓、导叶摩擦装置紧固螺栓、水导轴承盖板螺栓、主轴密封弹簧压紧螺栓
发电电动机	Ⅰ级	机架支臂组合螺栓、机架把合螺栓、机架基础板螺栓、机架拉锚螺栓、定子基础板螺栓、定子拉锚螺栓、定子铁芯拉紧螺栓、联轴螺栓、发电机转子励磁引线把合螺栓
	Ⅱ级	推力轴承抗重螺栓、导轴承抗重螺栓、轴承座固定螺栓、轴承组合螺栓（筒式）、轴承座（瓦架）固定螺栓、推力瓦挡块螺栓、风闸支座把合螺栓、风闸支座预埋螺栓、挡风板固定螺栓、集电环拉紧螺栓、转子引线接头螺栓、大轴中心孔盖板螺栓、磁极引线固定螺栓、集电环装配螺栓、挡风板螺栓、转子阻尼环拉紧螺栓

续表

设备	级别	螺栓名称
调速器	Ⅰ级	—
	Ⅱ级	机械过速保护装置组合螺栓、接力器端盖把合螺栓、接力器基础固定螺栓、接力器基础预埋螺栓、接力器主供油管把合螺栓
主进水阀	Ⅰ级	主进水阀与压力钢管连接螺栓、主进水阀与下游伸缩节连接螺栓、拐臂连接螺栓、伸缩节把合螺栓、进水主阀基础螺栓、分瓣主阀连接螺栓、引水隧洞排水阀把合螺栓
	Ⅱ级	球阀枢轴密封盖固定螺栓
辅助设备	Ⅰ级	压力容器人孔门把合螺栓
	Ⅱ级	起重设备制动器紧固螺栓、起重设备钢丝绳卷筒压板螺栓、卷扬机主轴（卷筒）把合螺栓、固定式启闭机基础螺栓、闸门液压油缸基础螺栓、闸门液压启闭机油缸端盖把合螺栓、厂区内排水泵基础螺栓、压力容器连接第一个法兰把合螺栓、卷筒基础固定螺栓、钢丝绳U形卡扣固定螺栓

抽水蓄能电站中发电机与水泵水轮机联轴螺栓、顶盖与座环连接螺栓、尾水管及蜗壳人孔门螺栓、球阀上下游侧把合螺栓等重要螺栓连接稳定对于机组的安全运行起至关重要的作用，螺栓连接的失效容易引起灾难性事故。例如水轮机顶盖与座环连接螺栓除了起紧固件作用之外，还与顶盖一同承担封水作用，一旦失效、断裂，将会对机组甚至厂房造成毁灭性的事故。2009 年俄罗斯萨扬电站发生的厂毁人亡事故，其主要原因之一就是顶盖与座环连接螺栓松动、失效。国内抽水蓄能电站也曾发生过顶盖螺栓断裂后引起水淹厂房的事故。因此，研究重要螺栓的可靠性显得尤其重要。一般而言，螺栓的破坏包含运行过程中由于载荷引起的破坏以及制造质量问题引起的破坏，开展紧固件的失效分析以及质量管理控制的相关研究工作十分必要。

一、抽水蓄能机组紧固件的结构形式

抽水蓄能机组不同部件之间的连接一般采用焊接和螺纹连接两种形式，对于不可拆卸的一般采用焊接，优点是一次成型且结构稳定性好。对于需要拆卸的部件的连接，一般采用螺纹连接。螺纹连接设计时，除应考虑强度、刚度及经济性等基本问题外，还需满足紧密性的要求，就强度来说，必须做到既满足连接的工作要求，又保证连接本身的强度。影响连接强度的主要因素，除了特殊情况的过载荷外，就是载荷在各连接工件上分配不均和应力在各连接零件的危险界面或工作面上的分布不均，也就是载荷集中和应力集中问题。某些对密封性有要求的重要螺栓，如顶盖螺栓，不仅对螺栓的综合力学性能有较高的要求，而且对螺栓安装工艺及过程有较高的要求。

螺栓连接是一种可进行反复拆卸的连接方式，螺栓穿插入两个或两个以上带有通孔的构件，然后用螺母进行紧固，使多个构件连接成一个整体。螺栓连接方法具有施工简便、连接可靠、方便拆卸等优势。可根据不同的项目要求，来选择不同的螺栓直径、螺栓排列形式、螺栓个数、螺栓孔质量来完成安全可靠的构件连接。

将螺栓或螺母拧紧以使螺栓连接结构获得所需夹紧载荷的过程称为螺栓的装配预紧过程。预紧后的螺栓受拉伸载荷（即预紧载荷）的作用，预紧能够保证螺栓连接结构在服役期间具有较高的可靠性。服役时，螺栓连接结构可能受到振动、冲击以及交变等载荷的作用。与装配预紧过程相比，服役时螺栓的受力情况更为复杂。此时，螺栓的轴向相对刚度和螺栓连接结构的可靠性对于保证整体结构的性能至关重要。螺栓连接作为重要的机械紧固连接，在设计和校核过程中必须充分考虑这些问题，一旦发生因连接刚度或强度不匹配等原因而使连接失效的问题，可能造成不堪设想的后果。

螺栓一般可分为普通螺栓和高强度螺栓两种。对于普通螺栓连接结构而言，按照其承受载荷方式的不同可以分为受拉螺栓、受剪螺栓以及受拉兼受剪螺栓。其中，对于受剪螺栓连接结构而言，其在外荷载作用下所发生的破坏形式共有五种：螺栓剪切破坏、孔壁承压破坏、被连接件受拉破坏、冲切破坏以及螺杆弯曲破坏。在进行螺栓连接结构的设计时，一般通过计算来防止前面三种可能出现的破坏情况，而对于后面两种破坏情况则可以通过构造限制加以保证。对于受拉螺栓连接结构而言，破坏往往都是从螺栓开始，即发生的一般都是螺栓破坏。当螺栓连接结构既承受拉力又承受剪力时，需要分别单独对受剪和受拉状态的螺栓连接结构进行逐个分析，之后再对两种状态进行综合分析。

高强度螺栓连接的力学性能与安装过程中所施加的预紧力大小息息相关，预紧力过大或者过小都会对螺栓连接结构造成一定的影响。预紧力过大时，可能会发生被连接件压坏或螺栓剪断的现象；而当预紧力过小时，可能会使得被连接件之间连接不够紧密，从而导致结构的强度降低，无法满足原本的设计要求。高强度螺栓安装方便、连接紧密，并且容易替换，因此应用广泛。高强度螺栓连接分为摩擦型连接和承压型连接两种，如图 7-1 所示。

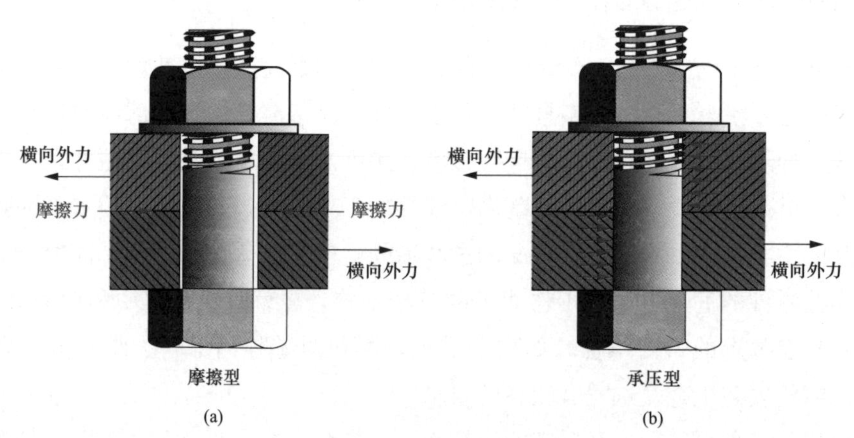

图 7-1　高强度螺栓的类型

（a）摩擦型；（b）承压型

从工厂出厂的螺栓并不区分摩擦型还是承压型，只是在连接结构的设计上进行区分。

摩擦型高强度螺栓连接：螺杆与被连接件上的螺栓孔之间有一定间隙，被连接件之间不允许发生相互滑移，施加在被连接件上的横向载荷完全由各个接触界面上的摩擦力传递。将载荷设计值下，被连接件之间发生相互滑移作为摩擦型高强度螺栓连接承载能力的极限状态。摩擦型高强度螺栓连接适用于不允许发生滑移的重要连接结构和承受动力载荷的连接结构。

承压型高强度螺栓连接：螺杆与被连接件上的螺栓孔之间几乎没有间隙，被连接件之间允许发生相互滑移。施加在被连接件上的横向载荷在作用初期，被连接件之间无相互滑移，横向载荷由各个接触界面上的摩擦力和螺杆抗剪共同传递。但当横向载荷逐渐增大到使被连接件之间发生相互滑移时，横向载荷仅由螺杆传递，摩擦只是起了推迟滑移的作用。将载荷设计值下，螺栓或被连接件达到最大承载能力作为承压型高强度螺栓连接承载能力的极限状态；将载荷标准值下，被连接件发生相互滑移作为承压型高强度螺栓连接正常使用的极限状态。承压型高强度螺栓连接不仅适用于直接承受动力载荷的连接结构，还适用于承受反复载荷的连接结构。

二、螺栓的等级

根据 GB/T 3098.1《紧固件机械性能　螺栓、螺钉和螺柱》规定，螺栓的性能等级可分为 3.6、4.6、5.6、5.8、6.8、8.8、9.9、10.9、12.9 等多个等级，其中 8.8 级以下为常规紧固件，8.8 级及以上为高强度紧固件，螺母通常为 10 级。上述等级中小数点前的数字表示抗拉强度的 1/100，小数点后的数字为屈服强度与抗拉强度比值的 10 倍。不同级别的螺栓最小屈服强度与抗拉强度应大于或等于其公称值。螺栓级别从低到高的屈强比越来越高，由 0.6 增加至 0.8 至 0.9，即随着螺栓等级的提高，螺栓在经过塑性变形后会迅速断裂。例如 4.6 级的螺栓表示：

（1）螺栓材质的公称抗拉强度为 460MPa 级别。

（2）螺栓材料的屈服强度为 400×0.6＝240MPa 级别。

螺栓性能等级的含义是国际通用的标准，对于标准螺栓，相同性能等级的螺栓，不管其材料和产地的区别，其性能是相同的，设计上只选用性能等级即可。

GB/T 3098.1《紧固件机械性能　螺栓、螺钉和螺柱》中给出了 M8～M39 的标准螺纹的保证载荷、最小拉力载荷等。对于抽水蓄能电站，由于载荷较大，螺栓的直径较大，均需进行单独的设计。

三、螺栓材料特点

通用的紧固件标准一般不具体规定每个牌号的化学成分，仅仅给出一个很大的成分范围，允许制造厂在保证性能达到标准要求的前提下根据各自的工艺条件，在众多的坯料牌号中选用。例如 GB/T 3098.1《紧固件机械性能　螺栓、螺钉和螺柱》中规定了紧固件各

个等级用钢的化学成分极限和最低回火温度。我国的螺栓材料通常选用 GB/T 33084《大型合金结构钢锻件　技术条件》中的材料，材料经锻造及热处理后加工螺栓。

ASTM 紧固件材料标准不仅包括了对材料和性能的要求，通常还包括了对螺纹、紧固件型式、配用螺母以及表面处理等多方面的要求。众多紧固件材料标准中，可分为专用和通用两个类别，专用标准有 ASTM A540《特殊用途合金钢螺栓的标准规范》、ASTM A453《与奥氏体不锈钢膨胀系数相当的高温螺栓标准规范》等。专用的紧固件标准通常具体规定了每个牌号的化学成分范围。按炉批号进行检验，因此适用于高温、低温、质量要求较高以及专用结构型式的场合。工业设备和管道中主要使用这一类紧固件标准。通用标准有 ASTM A307《抗拉强度 6000PSI 碳钢螺栓、螺柱及螺杆标准技术条件》、ASTM A325《最小抗拉强度 120/105ksi 的热处理结构钢螺》等。

四、螺栓的失效特点

螺栓在工程生产和日常生活中的应用非常广泛，一个螺栓的失效可能将导致整个设备的损坏、工程的停产，甚至是更为严重的事故。螺栓的失效形式较多，包括蠕变失效、疲劳失效等，其失效原因也有很多，包括螺栓自身的内部原因和外部原因，螺栓自身内部原因包括晶粒组织粗大、夹杂物较多以及热处理不当造成的组织转变等，外部原因有过载服役、服役环境引起的材料失效、螺栓长期服役缺乏定期维护和螺栓预紧力施加不恰当而引起的失效等原因。

螺栓的内部缺陷是造成螺栓断裂的重要因素，如螺栓内部含有较大的非金属夹杂物，疲劳裂纹大部分起源于螺栓的表面夹杂物处。冶金质量对螺栓寿命的影响很大，因此要尽可能地提高材料的冶金质量，减少螺栓内部的夹杂物含量。螺栓失效断裂另外一个主要原因是由于淬火过程中，温度不足以及保温时间不足导致螺栓未淬透，心部组织与外部组织不一致，外部组织的强度和硬度比心部组织的强度和硬度高，螺栓在交变载荷下，心部组织承受能力达不到要求，使得心部首先失效，然后由内向外扩展断裂。

螺栓的服役条件以及预紧程度等因素同样对螺栓失效产生很大的影响。如果螺栓在使用较长时间后发生松动，使得螺栓承受很大的剪切应力，最终使得螺栓产生多疲劳源双向疲劳断裂；由于螺栓材料中存在许多大尺寸脆性硅酸盐类夹杂物，在很大程度上促进了疲劳裂纹的形成和扩展。在横向载荷作用下，螺栓最容易发生松脱，导致由摩擦产生的拧紧力矩逐渐丧失，在失去预紧作用后会使得螺栓连接自行松脱、失效。螺栓的疲劳断口包含典型的三区域：纤维区、放射区和剪切唇区。疲劳源的位置在螺纹根部的应力集中区域，螺栓在实际服役过程中承受交变的拉伸和弯曲疲劳载荷，最终导致螺栓发生疲劳断裂。

任何运动机械都无法避免疲劳断裂的产生。因此，疲劳、磨损和腐蚀已经成为金属材料目前最主要的失效形式。材料的疲劳指的是材料在循环载荷作用下所发生的性能变化，疲劳破坏以许多不同的形式存在，它包括仅有外力作用或应变波动造成的机械疲劳、循环

载荷与高温联合作用的热机械疲劳、脉动应力与表面间的来回运动和摩擦滑动共同作用下产生的微动疲劳。在 20 世纪 60 年代，国际标准化组织给疲劳的标准定义为金属材料在应力或者应变的反复作用下所发生的性能变化称为疲劳。疲劳失效与静力失效的区别在于疲劳是在较小的载荷下经过较长时间反复作用下的失效。疲劳失效所需要的时间更长，失效形式更普遍。疲劳行为在日常生活和生产工作中经常发生，与人们的生产生活紧密相连。

疲劳是低应力循环延时断裂，其断裂应力水平往往低于材料的强度极限，甚至是材料的屈服极限。疲劳寿命会随着外加应力幅值的改变而发生变化，外加应力高的时候疲劳寿命比较短，外加应力比较低的时候疲劳寿命比较长。当外加应力低于某一临界值的时候，疲劳寿命可以无限长。疲劳属于脆性断裂，由于通常的疲劳对应的应力水平比材料的屈服强度要低，因此无论是韧性材料还是脆性材料，在疲劳断裂的前夕都不会产生塑性变形以及形变的预兆，因此疲劳是一种潜在的突发性脆性断裂。疲劳对材料的缺口、裂纹及组织缺陷等非常敏感，由于疲劳断裂是由局部开始的，因此疲劳对缺陷具有高度的选择性。缺口和裂纹因应力集中而增大对材料的损伤作用，组织缺陷会降低材料的局部强度，可以加快疲劳破坏的开始和发展。

材料的疲劳性能与加载方式、应力幅、应力比等因素有关。通常采用应力-应变寿命曲线（S-N 曲线）和疲劳强度来反应疲劳性能的优劣，其中 S-N 曲线只适用于没有缺陷的材料的疲劳寿命，总寿命指的是光滑试样疲劳裂纹萌生的循环数和疲劳主裂纹扩展至材料最后破坏的循环数之和。在循环加载的情况下，大多数金属材料发生突发性失效之前都需要经历一段裂纹稳态扩展期，在这段时间内疲劳裂纹的扩展量是巨大的。材料断裂力学理论的提出和在材料的疲劳方面的应用为材料的疲劳断裂的研究提供了理论基础，随着光学显微镜和电子显微镜的不断更新发展，对金属材料的研究手段也在不断进步，促进了人们对金属材料的疲劳行为进行更加深入和广泛的探讨。

疲劳过程包括疲劳裂纹萌生、裂纹亚稳扩展及最后扩展三个阶段，其疲劳寿命由疲劳裂纹萌生期和裂纹亚稳扩展期所组成，宏观裂纹是由微观裂纹的形成、长大及连接形成的，疲劳微观裂纹都是由不均匀的局部滑移和显微开裂引起的，主要方式有表面滑移带开裂、夹杂物或其界面开裂等，金属材料在循环应力长期作用下，即使其应力小于屈服强度，也会发生循环滑移带。同静载荷时均匀滑移带相比，循环滑移是非常不均匀的，通常只是集中分布在一些薄弱的地方，用电解抛光的方式通常很难使得已产生的表面循环滑移带去除，即使可以去除，当对试样重新循环加载的时候，循环滑移带又将在原处出现，这种永留或再现的滑移带称为驻留滑移带。

疲劳裂纹是由不均匀的局部滑移和显微开裂引起的，而裂纹萌生之后即进入裂纹扩展阶段。根据裂纹扩展的方向，裂纹扩展可分为两个阶段，第一阶段是从表面个别微小缺陷先形成微裂纹，随后，裂纹主要沿主滑移系方向以纯剪切方向扩展。在扩展的过程中多数微裂纹变成不扩展裂纹，只有少数的微裂纹会扩展 2～3 个晶粒范围。在此阶段，裂纹扩

展速率很低。对于带缺口的试样，可能并不会出现疲劳裂纹扩展的第一阶段。

表面粗糙度、残余应力、应力集中以及平均应力的大小都会对疲劳强度产生很大的影响。因为在循环载荷作用下，金属的不均匀滑移主要集中在金属表面，疲劳裂纹也往往在表面上，所以机件的表面粗糙度对疲劳强度的影响很大，表面的微观几何形状如刀痕、擦伤和磨裂等，都能够像微小且锋利的缺口一样，引起应力集中，使得材料的疲劳强度降低。因此，用高强度材料制成的承受循环载荷的机件时，其表面必须经过更加仔细的加工，不允许有刀痕和擦伤。残余应力可以和外加应力叠加在一起，构成合成总应力。叠加残余压应力，总应力减小；叠加残余拉应力，总应力增大。试样表面的缺口应力集中，通常是造成疲劳失效的主要因素。当材料缺口敏感系数越大和疲劳裂纹缺口系数越大的时候，越容易在缺口位置处产生疲劳裂纹，疲劳强度越低。因此在解决这类问题的时候总是选用缺口敏感系数小的材料，当然除了材料的选择之外，还可以通过增大缺口根部圆弧半径来降低应力集中系数。

对断裂螺栓进行失效分析时，通常包括以下几个步骤：收集背景信息、受力分析、材质和金相组织分析、力学性能分析以及最重要的断口分析。针对螺栓的断裂失效，断口分析是失效分析的重点。断口作为断裂失效分析最主要的证据，记录了裂纹起始、扩展到最终断裂的全过程。通过体式金相显微镜、扫描电子显微镜等手段，可以从断口上获取信息，判断断裂的原因与设计、材质、工艺和环境的联系。

第二节　抽水蓄能机组顶盖螺栓断裂分析

相对于汽轮机，水泵水轮机的流场更加复杂，因此转轮室受力异常复杂。顶盖和座环是水轮机的重要部件，其连接螺栓是抽水蓄能机组中受力最复杂的螺栓，复杂变幅载荷使其连接螺栓力学强度和疲劳强度受到严峻考验。螺栓结构设计的优劣程度不仅直接关系着其静力学强度及疲劳强度，而且关系到整个机组运行的稳定性和安全性。若顶盖连接螺栓出现问题，极可能出现机组剧烈振动，甚至导致发生水淹厂房的严重事故，因此有必要开展螺栓的失效分析。

一、基本情况

某抽水蓄能电站装机容量 120MW，装设 2 台立轴单级混流可逆式水泵水轮机组，单机容量为 60MW，机组额定转速为 750r/min。发电电动机采用三相、立轴、悬式、离心风扇全封闭双路径轴向混合自循环端部回风空气冷却同步发电电动机。顶盖和座环采用螺栓连接，圆周方向均匀分布 50 个。在某次机组甩负荷过程中，水轮机顶盖与座环连接螺栓因故断裂，顶盖抬起，水车室往外大量冒水，最终导致水淹厂房。

顶盖螺栓采用双头刚性螺栓，材质为 35CrMo，制造方式为锻造＋调质处理，屈服强

度的下限要求为 540MPa，抗拉强度下限为 735MPa。螺栓机加工成品后进行无损检测，螺栓结构见图 7-2。

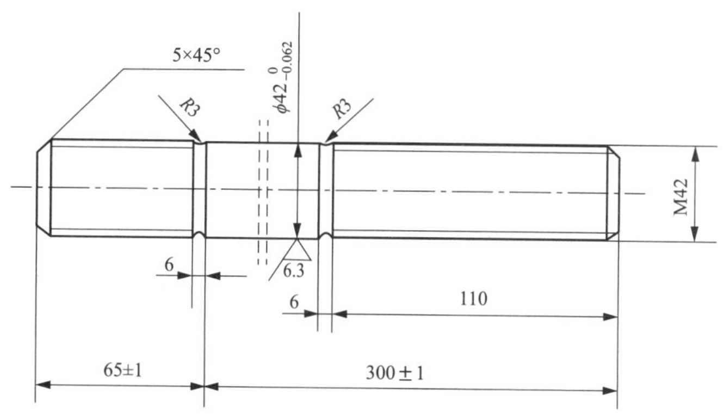

图 7-2　螺栓结构（单位：mm）

螺栓的安装采用伸长量控制的方法，螺栓的伸长量按照 0.34mm 控制。机组运行过程中，多次出现顶盖轻微漏水现象，经多次确认与密封结构不合理无关，初步认为漏水原因与机组频繁启动和工况变化产生的振动有关，通过更换螺栓和增加螺栓预紧力应对漏水问题，将顶盖螺栓伸长量由 0.34mm 改为 0.38mm。调整后漏水现象有所改善，之后定期对 50 根顶盖螺栓紧固情况进行复核检查并紧固或更换。

螺栓断裂后检查发现螺栓上半部分的断裂高度基本一致，从现场捡出的部分螺栓的断口可以发现，大部分为脆性断口。由于断裂螺栓的上半部分在顶盖上的相对位置难以确定，拆机后对 50 根破损螺栓进行编号，观察断口形貌，50 根螺栓中有 1 根未断仅发生脱扣，有 2 根发生轻微颈缩，有 4 根发生较为明显的颈缩，剩余 43 根断口整体比较平整。发生颈缩的螺栓在圆周方向上呈无规律分布，如图 7-3 所示。

图 7-3　断裂螺栓外观

二、过程分析

图 7-4 所示为该机组在线监测系统，监测参数包括机组振动、摆度、压力等。

从振动、摆度的监测数据来看，事件前机组振摆基本正常，见图 7-5，数值见表 7-2。

转速及压力监测见图 7-6，可见机组在 2016 年 9 月 7 日 18：24：04.260（监控时间）时发电机出口断路器断开，机组开始启动停机流程，此时机组转速和蜗壳进口压力开始逐渐升高；18：24：09.1387（距离跳机时间 4.8787s）时，机组轴向位移测点数值出现了一个急剧的变化，数值从 9506μm 变为－366μm（此时大轴已经与探头发生碰撞），说明机

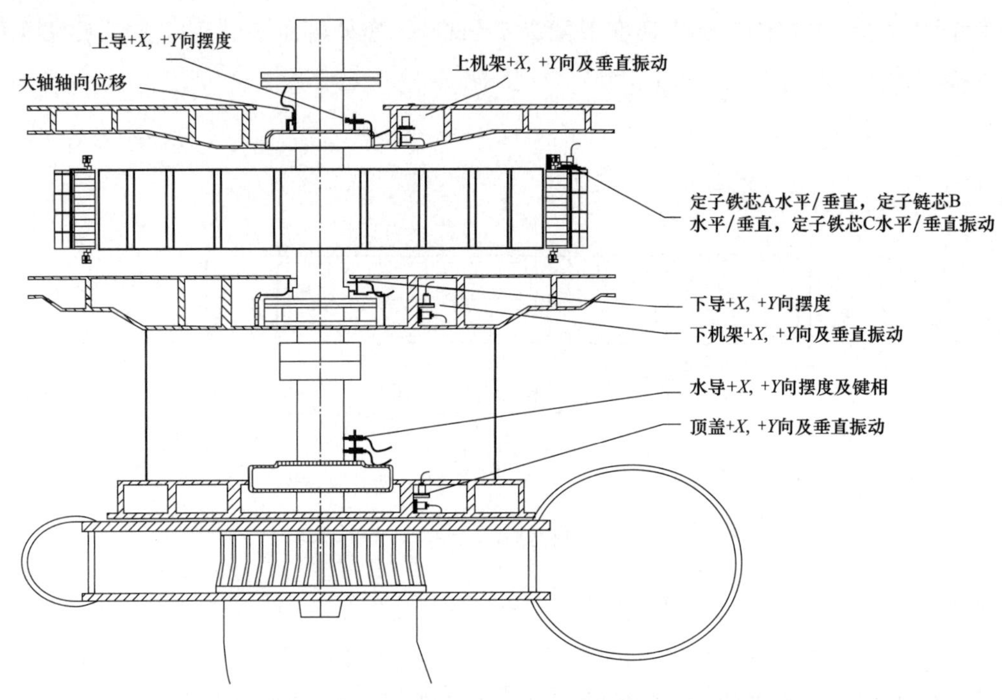

图 7-4　机组状态在线监测系统振摆测试位置

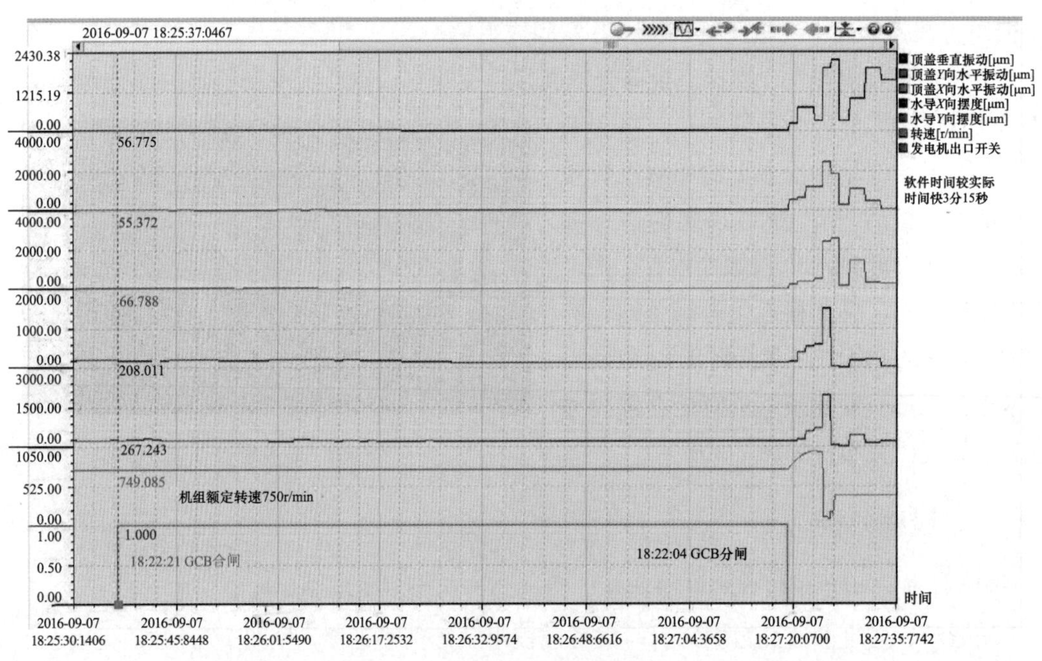

图 7-5　跳机前机组振动和摆度情况

组出现了一个非常明显的抬机过程，抬机高度至少 10mm（由于抬机高度超出了传感器测量范围，故无法给出精确的数值）；在 18：24：09.1912（距离跳机时间 4.9312s）时，机

组蜗壳进口压力、转轮与泄流环间压力和转轮与导叶间压力数值出现了急剧的变小过程，说明此时顶盖处密封已经被破坏，机组水压被快速释放，由于水压快速释放，维持机组高速旋转的能量消失，在 18：24：09.6968（距离跳机时间 5.4368s）时，机组转速发生了急剧的下降，由 986.37r/min 急剧降为 109.934r/min；在 18：24：10.5277（距离跳机时间 6.2627s）时，机组蜗壳进口压力已经与顶盖下压力几乎相同，均为约 2.3MPa，说明此时蜗壳的水已经完全从顶盖处涌出。

表 7-2　　**事件前振动和摆度数据**　　μm

序号	测点名称	数值
1	上导轴承 *X* 向摆度	299
2	上导轴承 *Y* 向摆度	287
3	下导轴承 *X* 向摆度	108
4	下导轴承 *X* 向摆度	67
5	水导轴承 *X* 向摆度	142
6	水导轴承 *X* 向摆度	191
7	上机架 *X* 向水平振动	58
8	上机架 *Y* 向水平振动	65
9	下机架 *Y* 向水平振动	21
10	机组轴向位移	8965
11	顶盖 *X* 向水平振动	33
12	顶盖 *Y* 向水平振动	31
13	顶盖垂直振动	17

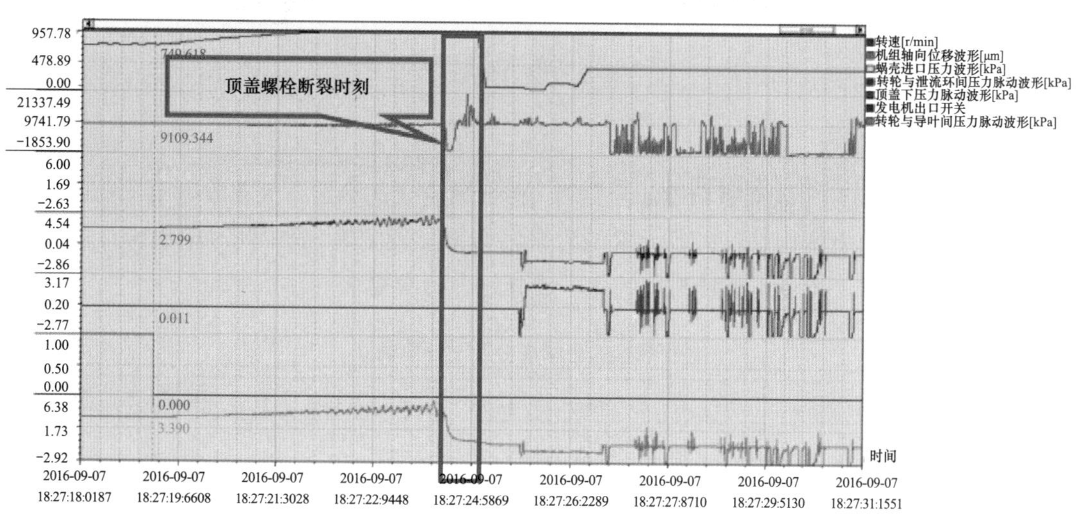

图 7-6　转速及压力监测

由监测数据推测跳机 5s 后发生了顶盖上抬透水，发生事故前机组振动、摆度、压力基本正常，螺栓断裂同水力特征无关。

三、螺栓理化性能分析

将2件断裂螺栓分别编号为1号和2号，见图7-7，以分析螺栓材料的成分、力学性能、断口、组织以及氢含量。为了对比，同时对使用1年的完整螺栓（35旧）和未使用的备品螺栓（35新）取样进行分析。

(a)　　(b)

图7-7　断裂螺栓

(a) 1号；(b) 2号

（一）磁粉检测

参照NB/T 47013.4《承压设备无损检测　第4部分：磁粉检测》，对未断裂螺栓（35新和35旧）进行磁粉检测，观察是否存在加工缺陷。检测设备为CYE-2A，磁化方法为电磁轭磁化和穿棒法，磁粉种类为黑磁膏配置磁悬液，经过磁粉检测，35新和35旧两个螺栓指定区域表面未见缺陷磁痕，如图7-8所示。

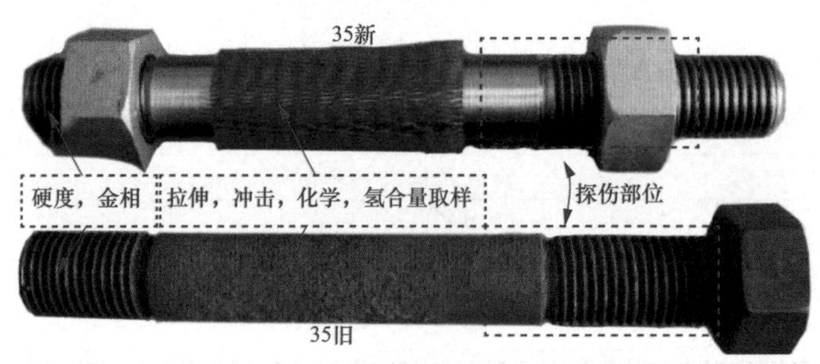

图7-8　完整螺栓的外观及检测取样位置

（二）化学成分

根据GB/T 4336《碳素钢和中低合金钢　多元素含量的测定　火花放电原子发射光谱法（常规法）》，分析螺栓材料中各元素的含量，结果见表7-3。表中同时给出设计规范对螺栓化学成分要求。可见，螺栓材料的化学成分符合标准要求。

表7-3　　送检螺栓的化学成分及设计要求　　wt,%

成分	C	Si	Mn	P	S	Cr	Mo
1号、2号	0.34	0.27	0.48	0.016	0.002	0.88	0.17
35新	0.36	0.26	0.5	0.011	0.004	0.92	0.16
35旧	0.36	0.25	0.51	0.02	0.016	0.84	0.18
标准要求	0.32～0.40	0.17～0.37	0.40～0.70	≤0.035	≤0.035	0.80～1.10	0.15～0.25

（三）力学性能

从送检把合螺栓上截取纵向棒状拉伸试样，并根据GB/T 228.1《金属材料　拉伸试

验 第1部分：室温试验方法》进行室温拉伸试验，同时取10mm×10mm×55mm的试样，进行冲击试验，结果见表7-4。表7-4中同时列出了标准对35CrMo螺栓材料的力学性能要求。可见，螺栓的抗拉强度在规定要求的下限附近波动，大部分试样的屈服强度低于设计要求，冲击性能都符合设计要求。

表7-4　　螺栓的室温力学性能

编号	抗拉强度 R_m（MPa）	规定塑性延伸强度 $R_{p0.2}$（MPa）	断后伸长率 A（%）	断面收缩率 Z（%）	冲击吸收能量 KU_2（J）
35新	858	673	20.5	66	130
	890	711	17	64	124
35旧	884	711	18	61	79
	880	705	18.5	63	76
1号	896	702	18.5	65	82
2号	941	748	19.5	65	110
标准要求	≥882	≥735	≥11	≥40	≥60

（四）夹杂物及晶粒度分析

按照GB/T 6394《金属平均晶粒度测定方法》对螺栓组织平均晶粒度进行评定，按照GB/T 10561《钢中非金属夹杂物含量的测定　标准评级图显微检验法》对螺栓的夹杂物进行评定，结果见表7-5。可见，螺栓的晶粒度较大，晶粒较小，非金属夹杂物也符合要求。

表7-5　　非金属夹杂物和晶粒度结果

编号	非金属夹杂物									晶粒度
	A		B		C		D		DS	
	细	粗	细	粗	细	粗	细	粗		
35新	0	0	0	0	0	0	0.5	0	0	8.5
35旧	0	0	0	0	0	0	0.5	0	0	8
1号	0	0	0	0	0	0	0.5	0	0	8
2号	0	0	0	0	0	0	0.5	0	0	8

（五）氢含量检测

从送检把合螺栓上截取棒状试样，并根据GB/T 223.82《钢铁　氢含量的测定　惰性气体熔融-热导或红外法》分析了材料中氢元素的含量，结果见表7-6。可见，把合螺栓的氢含量都较低，氢含量不大于0.5×10^{-6}。

表7-6　　螺栓的H含量测定　　wt,%

编号	35新	35旧	1	2
H含量	0.00004	0.00005	0.00005	0.00002

图 7-9 断裂螺栓的断面边缘和螺纹区域的金相组织

（六）组织分析

在 1 号和 2 号试样螺纹根部取垂直于断口的剖面金相试样，经过机械打磨、抛光和腐蚀后，断面边缘和螺纹区域的金相组织如图 7-9 所示。螺纹附近组织基本一致，均为回火索氏体＋铁素体。

在 35 新和 35 旧螺纹段截取横向金相试样，经过机械打磨、抛光和腐蚀后，金相组织如图 7-10 所示，金相组织都为回火索氏体＋贝氏体＋少量铁素体。

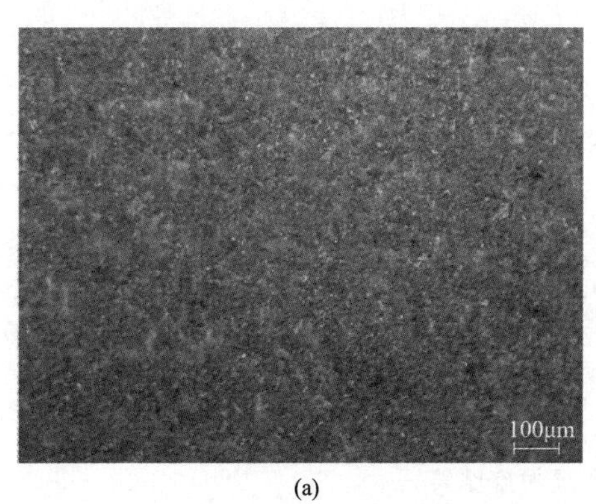

(a)

(b)

图 7-10 金相组织

(a) 35 新的金相组织；(b) 35 旧的金相组织

（七）断口分析

对使用 7 年未断的 35 旧把合螺栓冲击断口与断件 30 号冲击断口进行对比分析，宏观与微观形貌如图 7-11 所示。冲击断口中心呈闪晶状，边部为暗灰色，宏观上可见裂纹源区、纤维区、放射区和剪切唇。两组螺栓的冲击断口中的纤维区都由细小韧窝组成，放射区都为河流状花样，呈现解理断裂特征。

相对而言，断件冲击断口纤维区的韧窝尺寸更加细小；断件冲击断口中靠近裂纹源的纤维区宽度约为 2.321mm、放射区约为 2.447mm，35 旧把合螺栓冲击断口中靠近裂纹源的纤维区宽度约为 1.608mm、放射区约为 3.045mm，如图 7-12 所示。

断件冲击断口纤维区的韧窝尺寸相对 35 旧把合螺栓断口更加细小，如图 7-13 所示，但均属韧性断裂的特征。

断裂螺栓的宏观形貌如图 7-14 所示，螺栓的断口均垂直于轴向。断口分为两部分：平坦的边缘开裂区和起伏较大的后断区，两断口颜色差异较大，存在清晰的分界线。前者

(a) (b)

图 7-11 冲击断口

(a) 35 旧冲击断口；(b) 断裂螺栓取样冲击断口

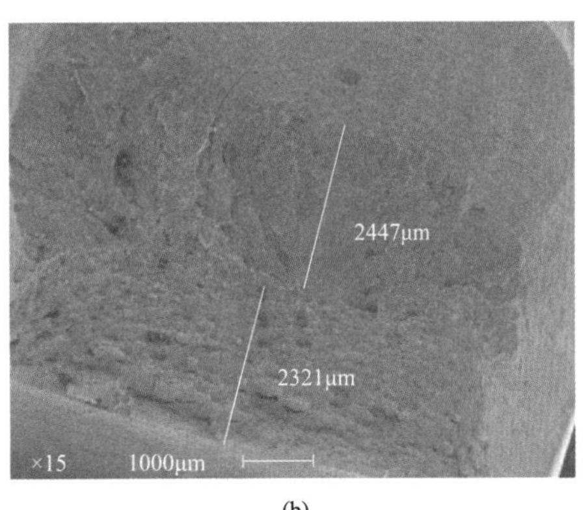

(a) (b)

图 7-12 纤维区和放射区宽度

(a) 35 旧冲击断口纤维区和放射区宽度；(b) 断裂螺栓取样冲击断口纤维区和放射区宽度

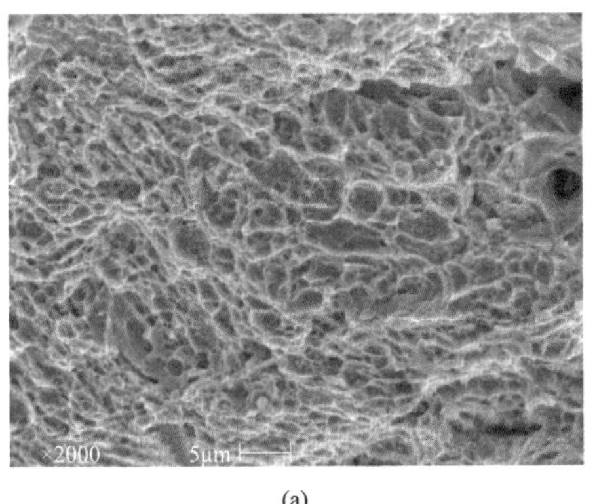

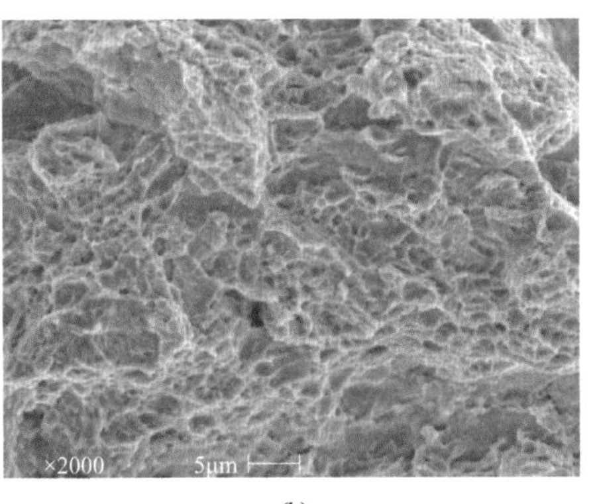

(a) (b)

图 7-13 纤维区韧窝

(a) 35 旧冲击断口纤维区韧窝；(b) 断裂螺栓取样冲击断口纤维区韧窝

断口呈黑色，表面比较细密平滑，沿环向狭长分布，后者呈红褐色，断口面积很大，约占总断口的90%以上。断口花样呈放射状，为快速扩展的后断区。可以推断裂纹由表面向内疲劳扩展较短的距离后，停滞了较长的时间，而后突然在较大的应力作用下发生快速的失稳断裂，裂纹具体扩展方向如图7-14中箭头所示。

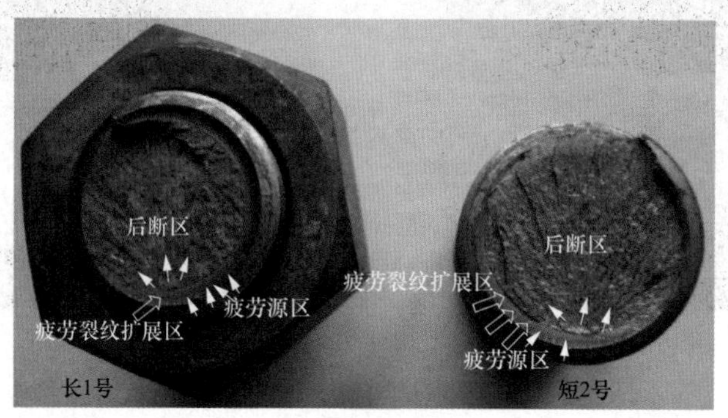

图7-14　断裂螺栓断口的宏观形貌

从裂纹源区截取断口试样，经过表面除油、超声波清洗和吹干后，在扫描电子显微镜上观察了断口微观形貌，疲劳源区宽度约为3mm，见图7-15。

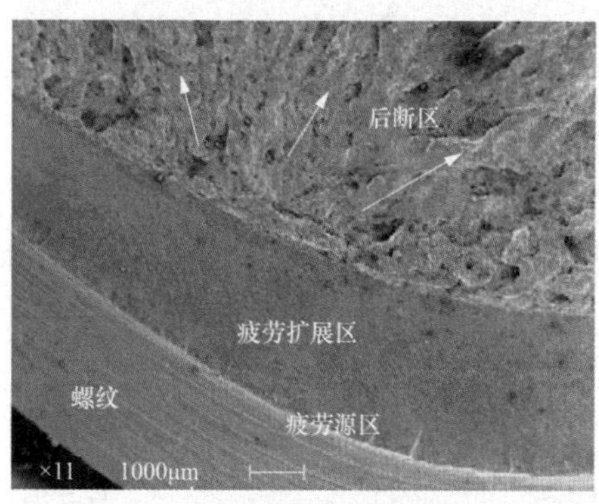

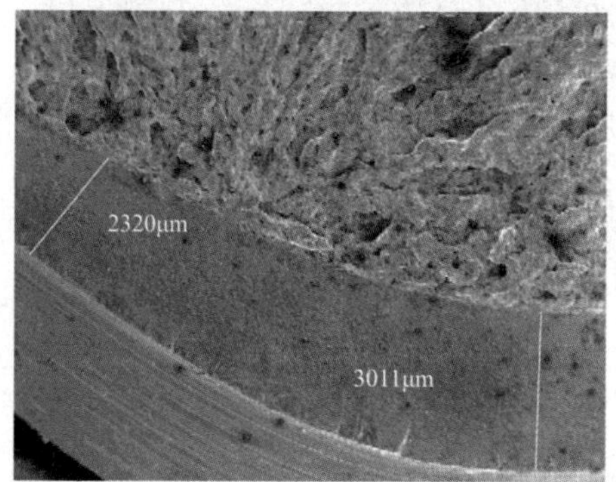

图7-15　疲劳裂纹形貌及宽度

疲劳源位于螺纹根部，为多源起裂，随着裂纹的扩展，各个裂纹源的裂纹趋于合并，在不同平面间的连接处形成了台阶；近疲劳源区的疲劳弧线较细密（裂纹扩展较慢），远疲劳源区疲劳弧线较稀疏（裂纹扩展较快），见图7-16。

后断的失稳扩展断口在微观下以解理和准解理断裂形态为主，如图7-17所示，相邻的解理面之间为撕裂棱，局部区域可见细小韧窝；疲劳扩展和后断区的断口上均未见异常的非金属夹杂物等材料冶金缺陷。可见，疲劳裂纹的生成和扩展同材料缺陷无关，较大的应力作用和疲劳裂纹形成的尖端应力集中是螺栓发生快速失稳断裂的原因。

疲劳源区所在的螺纹根部表面存在环向的机械加工刀痕和不规则的舌状缺陷，见图7-18。

螺纹根部易产生应力集中，根部的加工缺陷容易成为裂纹源。

(a)

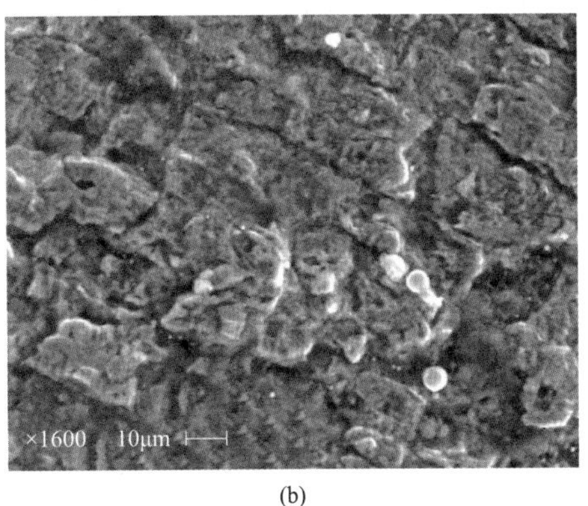

(b)

图 7-16　疲劳弧线

（a）疲劳源区及附近区域；（b）疲劳扩展区

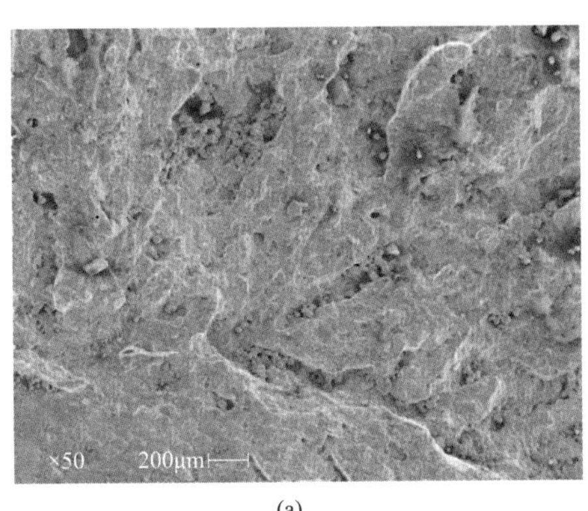

(a)

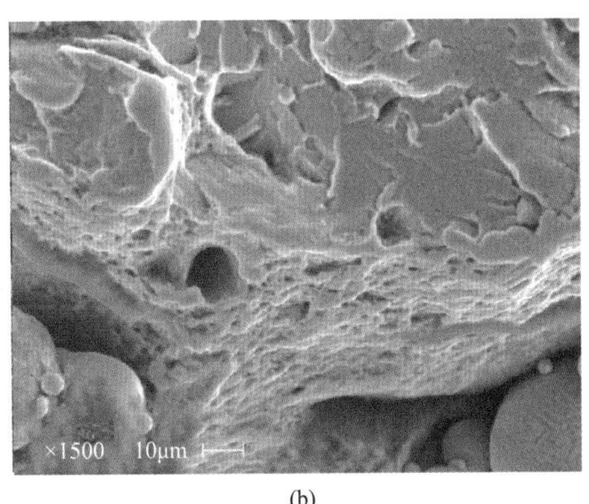

(b)

图 7-17　解理和准解理断裂形貌及韧窝形貌

（a）解理和准解理断裂形貌；（b）韧窝形貌

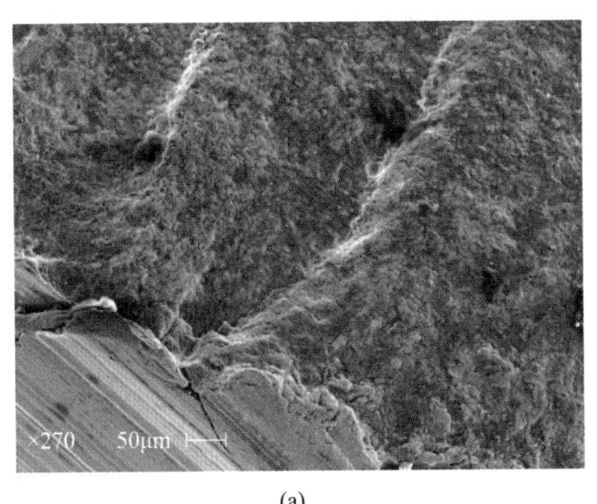

(a)

(b)

图 7-18　疲劳源区存在的加工缺陷及舌状花样

（a）加工缺陷；（b）舌状花样

选取断裂后的顶盖螺栓送检35支，其中21支存在疲劳裂纹，发生疲劳的螺栓数量占送检螺栓数量的3/5，疲劳裂纹均起源于螺纹根部，疲劳裂纹的宽度见图7-19。可见疲劳是螺栓断裂的直接原因。

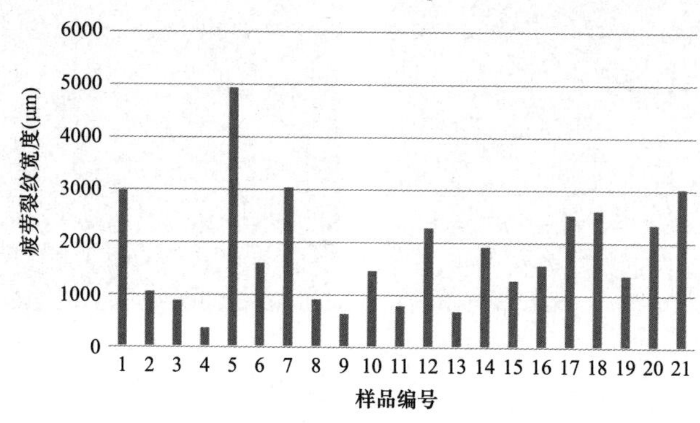

图7-19　疲劳裂纹的宽度

通过对螺栓的理化性能进行检测可以发现，对螺栓表面进行磁粉检测，并未发现裂纹，螺栓材料的化学成分、冲击性能符合要求，尽管屈服强度偏低，但根据断口观察可以发现，螺栓的断裂是瞬间发生的脆性断裂，并不是由于强度过低引起的韧性断裂。螺栓的氢含量较低，均不大于0.5×10^{-6}，组织均为正常组织且晶粒度级别高。大部分螺栓在最后一次失稳断裂前已经存在不同深度的疲劳裂纹。超出材料疲劳极限的较大应力作用和螺纹表面存在加工缺陷是导致螺栓从螺纹根部发生疲劳开裂的原因。

四、螺栓受力分析

水泵水轮机的顶盖、座环的连接螺栓受力分析示意如图7-20所示。顶盖螺栓是受预紧力和工作载荷的紧螺栓连接，这种受力形式在紧螺栓连接中比较常见。这种连接拧紧后螺栓受预紧力F_0，工作时还受到工作载荷F，螺栓和被连接件都是弹性体。由于在工作载荷F的影响下，螺栓长度发生变化，总的工作载荷F_2不等于工作载荷F与预紧力F_0之和，即$F_2\neq F+F_0$。

图7-20（a）表示螺母恰好拧到被连接表面。此时，螺栓未受到预紧力，螺栓的长度不变。图7-20（b）表示螺母被拧紧，但未受到工作载荷。此时，螺栓与被连接件都受到预紧力F_0的作用，其中螺栓受到拉伸的作用，其伸长量为λ_b，被连接件受到F_0的压缩作用，其压缩量为λ_m。图7-20（c）表示螺母被拧紧，并受到工作载荷F，当螺栓承受工作载荷时，所受拉力由F_0增加，其伸长量增加$\Delta\lambda$，总的伸长量为$\lambda_b+\Delta\lambda$。与此同时，原来被压缩的被连接件，因螺栓伸长而放松，其压缩量也随着减小。根据连接的变形协调条件，被连接件压缩变形的减少量应等于螺栓拉伸变形的增加量$\Delta\lambda$。总压缩量为$\lambda'_m=\lambda_m-\Delta\lambda$。而被连接件的压缩力由$F_0$减小至$F_1$。$F_1$称为残余预紧力。

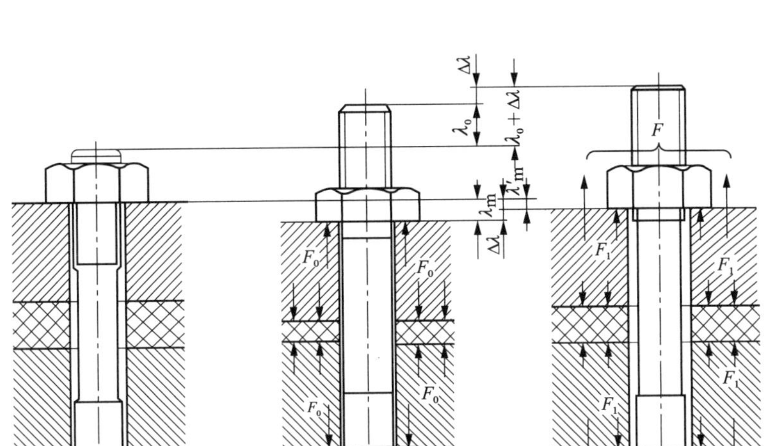

图 7-20　水泵水轮机的顶盖、座环的连接螺栓受力分析示意

(a) 螺母未拧紧；(b) 螺母已拧紧；(c) 已承受工作载荷

显然，连接受载后，螺栓的总拉力 F_2 并不等于预紧力 F_0 与工作拉力 F 之和，而等于残余预紧力 F_1 与工作拉力 F 之和，即

$$F_2 = F + F_1 \tag{7-1}$$

为了保证连接的紧密性，防止连接受载后结合面产生缝隙，应使 $F_1>0$，推荐采用的 F_1 为：对于有紧密性要求的连接，$F_1=(1.5-1.8)F$；对于一般的连接，工作载荷稳定时，$F_1=(0.2-0.6)F$；工作载荷不稳定时，$F_1=(0.6-1.0)F$。

单个螺栓连接受力变形图如图 7-21 所示。

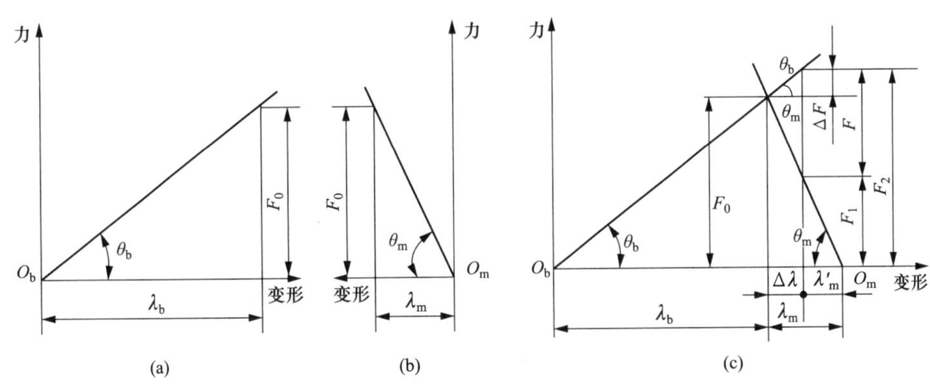

图 7-21　单个螺栓连接受力变形图

(a) 螺母未拧紧；(b) 螺母已拧紧；(c) 已承受工作载荷

螺栓所承受的总拉力 F_2 也可按照下列公式计算，即

$$F_2 = F_0 + \frac{C_b}{C_b + C_m} \cdot F \tag{7-2}$$

式中：C_b 和 C_m 分别表示螺栓和被连接件的刚度，$\frac{C_b}{C_b+C_m}$ 称为螺栓相对刚度，其取值由垫片材料决定，对于金属垫片或无垫片一般取值为 0.2～0.3，顶盖螺栓的相对刚度取值为 0.25。

（一）预紧力

螺纹连接在安装时都必须拧紧，使被连接件受到压缩，同时螺栓受到拉伸，这种在螺栓承受工作载荷之前受到的力称为预紧力。预紧的目的是增强连接的可靠性、紧密性和刚性；提高连接的防松能力，防止受载后被连接件间出现间隙或发生相对位移；对于受变载荷的螺纹连接还可提高其疲劳强度。

目前对于水泵水轮机顶盖和座环的连接螺栓，在预紧时多采用液压拉伸器对螺栓进行预紧。预紧过程中施加的预紧力由于螺栓局部变形、表面粗糙度、配对螺纹载荷侧面影响、可能出现的材料蠕变、紧固技术及工具、周围区域中其他螺栓紧固情况等影响，都可能导致预紧力损失。据调研统计，该损失大约为施加预紧力的 30%～40%。

为保证在装配过程中施加的预紧力不会导致螺栓被破坏，根据 GB/T 22581—2008《混流式水泵水轮机基本技术条件》中 4.2.2.6 的规定，螺栓、螺杆等零部件的预应力不得超过材料屈服强度的 7/8，即螺栓的预紧应力不能超过材料屈服强度的 87.5%。如根据标准要求，采用最大限值考虑预紧力的损失，则实际的预紧力仅为材料屈服强度的 52.5%～61.25%，即预紧完毕后，实际的预紧力大致在材料屈服强度的 50%～60%范围内。经调研，通常连接螺栓安装时的最大装配预紧力约为屈服强度的 80%，回弹后的实际预紧力为屈服强度的 50%左右，上述提到的材料屈服强度均指标称屈服强度。

另外，欲获得较大的预紧力，在保证部件质量、安装方法合理的前提下，应采用较高屈服强度或较大尺寸螺栓，便于充分利用材料的特性；当然，预紧应力的大小还与螺栓的尺寸、个数等相关，在选用螺栓材料时还需综合考虑。根据 GB/T 22581—2008《混流式水泵水轮机基本技术条件》中 4.2.2.4 的要求，所有部件的工作应力不得超过规定的许用应力。其中正常工况和过渡工况条件下采用经典公式计算的断面应力不大于规定的许用应力，特殊工况条件下采用经典公式计算的断面应力不大于材料的屈服强度。其中，碳素铸钢和合金铸钢的拉应力和压应力的许用应力均不能超过屈服强度的 1/3。即使对于局部应力值，根据上述标准的 4.2.2.7 中要求，“采用有限元法分析计算得到的应力分析结果，局部应力值可超出上述许用应力值，但需经需方认可。并且在正常工况条件下最大应力不得超过材料屈服强度的 2/3，特殊工况条件下最大应力不得超过材料的屈服强度。”可见，要求顶盖和座环的连接螺栓在工作状态下应力大部分保持在屈服强度的 1/3 以下，局部应力值可以在屈服强度的 2/3，只有在特殊工况下，局部应力允许值的上限可以放大至屈服强度，而这种工况发生频率应该是极低的。因此，顶盖和座环的连接螺栓工作应力最多达到屈服强度的 2/3，这种情况居于多数，距离屈服强度还有 1/3 的余量。

（二）工作载荷

水泵水轮机的顶盖一方面支撑主轴、检修密封、水导轴承等，另一方面直接受到轴向水推力的作用。顶盖区域受到的水推力随着水流从活动导叶流至转轮与顶盖间区域，水流压力不断变化，顶盖受到的轴向水推力也在不断变化，在甩负荷工况下，受力最为复杂，如图 7-22 所示。

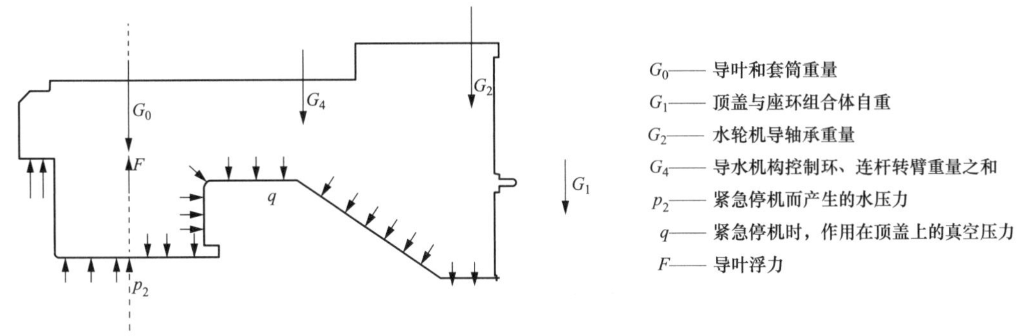

图 7-22 甩负荷工况下顶盖受力示意图

对于水泵水轮机而言，运行工况包含正常运行工况、过渡过程工况及特殊运行工况。正常运行工况指每天启机、运行、停机全过程中所经历的工况，过渡过程工况指水泵水轮机两种不同工况之间的转换、过渡工况，而特殊运行工况则通常指甩负荷工况、飞逸工况。过渡过程计算及现场实测结果显示，甩负荷工况及水泵零流量工况时的轴向水推力较其他工况明显偏大，通常甩负荷工况时达到最大。

（三）夹紧力

前已述及，对于有紧密性要求的连接，工作载荷不稳定时，$F_1=(0.6\sim1.0)F$。也就是说顶盖螺栓应符合工作载荷不稳定时对于残余预紧力的要求，即

$$N=\frac{F_1}{F}\geqslant 0.6\sim1.0 \tag{7-3}$$

值得注意的是，这里所提的夹紧力安全系数完全是在螺栓设计时的一个概念，也就是说螺栓设计的时候应遵循这个所谓的“夹紧力安全系数”的概念，这是一种功能性要求，即设计的螺栓应能保证在设计工况下残余预紧力能够大于 0.6 倍的工作载荷。这是螺栓设计的初始边界条件。

连接件与被连接件安全可靠性判定准则参数中均包含预紧力，它是为保证被连接件达到夹紧力安全系数 $N>0.6$ 准则（即保证接合面不发生相对运行）的中间过程控制参数，当预紧力增大时，螺栓断面的静应力与疲劳应力及被连接件上的夹紧力均会增大，也就是说螺栓的安全性下降，被连接件的安全提高。也就是夹紧力安全系数是表征连接副安全可靠性的指标，无法准确地断定连接设计是否安全可靠，不能直接作为准则去判定螺栓及被

连接件是否安全可靠。

由 $F_2=F+F_1$ 和 $F_2=F_0+\frac{C_b}{C_b+C_m}\cdot F$ 可知，

$$F_1=F_0-\left(1-\frac{C_b}{C_b+C_m}\right)\cdot F \tag{7-4}$$

$\frac{C_b}{C_b+C_m}$一般取值为 0.2～0.3，也就说要满足 $F_1=F_0-\left(1-\frac{C_b}{C_b+C_m}\right)\cdot F\geqslant 0.6F$，需有 $F_0\geqslant(1.3\sim1.4)F$，即当预紧力大于 1.3～1.4 工作载荷时，即可满足被连接件接合面有 0.6 倍工作载荷，确保接合面不会出现相对移动或出现缝隙。

五、螺栓静载荷强度计算

（一）强度计算

顶盖螺栓设计时，先根据过渡过程计算的结果确定各种工况的轴向水推力，结合导水机构的自重求出螺栓的工作拉力 F，之后根据工作要求的紧密型或疏松型确定残余预紧力 F_1，之后利用工作拉力和残余预紧力计算螺栓的总拉力 F_2。

紧螺栓连接装配时，螺母需要拧紧，在拧紧力矩作用下，螺栓除受预紧力的拉伸而产生拉伸应力外，还受螺纹摩擦力矩的扭转而产生扭转切应力，使螺栓处于拉伸与扭转的复合应力状态下，但在计算时可以只按拉伸强度计算，并将所受的拉力增大 30%来考虑扭转的影响。于是螺栓小径的拉伸强度条件为

$$\sigma_c=\frac{1.3F_2}{\frac{\pi}{4}d_1^2}\leqslant[\sigma] \tag{7-5}$$

或者

$$d_1\geqslant\sqrt{\frac{4\times1.3F_2}{\pi[\sigma]}} \tag{7-6}$$

式中 σ_c——螺栓承受的应力，MPa；

d_1——螺栓小径，mm；

$[\sigma]$——螺栓材料的许用应力，MPa。

在变载荷作用下，M30～M70 的合金钢螺栓材料的许用安全系数一般取 $n=1.2\sim1.5$，则螺栓材料的许用应力为

$$[\sigma]=\frac{\sigma_s}{n} \tag{7-7}$$

式中 σ_s——螺栓材料的屈服强度，MPa。

关于螺栓材料的许用安全系数，一般情况下可取 1.2～1.5，ASME 相关标准中也有同样的要求。因此，顶盖螺栓的材料许用安全系数应该取 1.5。

根据机组特性，计算顶盖的轴向水推力，计算参数如下。

（1）上游最高水位：$Z_1=899$m。

（2）下游最高尾水位：$Z_2=502$m。

（3）下游最低尾水位：$Z_3=487$m。

（4）机组中心安装高程：$Z_4=438$m。

（5）升压水头：$H_s=580$m。

（6）零流量扬程：$H_0=525$m。

（7）额定转速：$n_r=750$r/min。

（8）活动导叶个数：$n_d=20$。

（9）飞逸转速：$n_s=1050$r/min（稳态）。

（10）水头损失：10m。

（11）水密度：$\rho=1000$kg/m^3。

（12）重力加速度：$g=9.8$m/s^2。

顶盖水压力载荷及顶盖的轴向水推力的计算主要考虑 4 种顶盖轴向水推力较大的工况。导水机构自重按照 263.46kN 计，各种工况的顶盖轴向水推力及螺栓最小直径见表 7-7。

表 7-7　　各种工况的顶盖轴向水推力及螺栓最小直径

工况	顶盖轴向水推力（kN）	导水机构自重（kN）	单个螺栓的工作载荷（kN）	螺栓的最大拉力（kN）	螺栓最小直径（mm）
工况 1：水轮机正常工况	17566.38	263.46	346.06	553.69	43.3
工况 2：水泵正常工况	18292	263.46	360.57	576.91	44.2
工况 3：水泵零流量工况	20873	263.46	412.19	659.51	47.2
工况 4：水轮机紧急关机（转轮飞逸）工况	24998	263.46	494.69	791.51	51.7

可见，在满足预紧要求及螺栓材料许用安全系数的前提下，各种工况下需要的螺栓最小直径均远大于 36mm，其中工况 4 要求的螺栓直径最大。

即综合考虑被连接件夹紧以及螺栓安装过程中扭转的作用等，螺栓的最小直径需大于或等于 52mm。

（二）顶盖漏水原因分析

在螺栓预紧过程中，螺栓的伸长量同预紧力遵循广义胡克定律，即

$$\sigma=E\varepsilon=\frac{\Delta L}{L} \tag{7-8}$$

式中　σ——螺栓材料的应力，MPa；

E——弹性模量，取 201000MPa；

ε——应变；

ΔL——螺栓伸长量，mm；

L——螺栓发生变形的长度，mm。

螺栓的预紧力同伸长量的关系如图 7-23 所示。

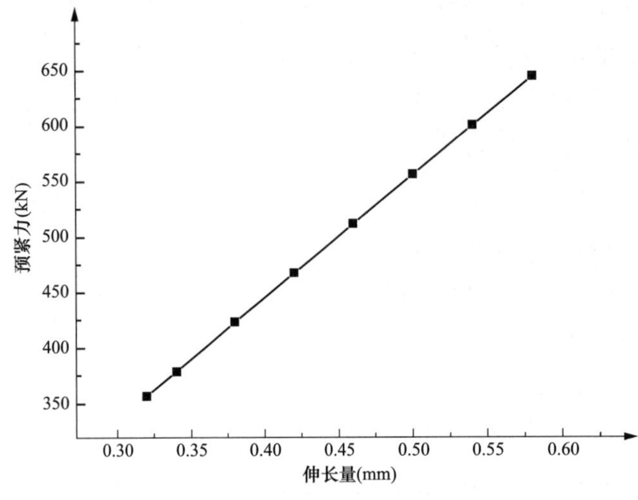

图 7-23　螺栓的预紧力同伸长量的关系

顶盖螺栓是否会漏水取决于残余预紧力是否大于 0，螺栓预紧实际上是利用预紧力控制载荷，增大预紧力会使螺栓的总载荷增加。当螺栓最小直径为 36mm 时，螺栓预紧伸长 0.34mm 和 0.38mm 时对应的预紧应力分别为 371.41MPa 和 415.11MPa。机组运行各个工况下的残余预紧应力见图 7-24，可见，螺栓的残余预紧应力随着伸长量的增加而增加，工况 4 的残余预紧应力最小。当伸长量为 0.34mm 时，工况 4 的残余预紧应力接近于 0，其他工况的残余预紧应力的数值也较小，随着运行时间的增加，顶盖容易产生漏水。当伸长量增加至 0.38mm 时，残余预紧力增加，工况 4 的残余预紧力为 50.42MPa，其余工况的残余预紧应力均相对较大，顶盖不会漏水。

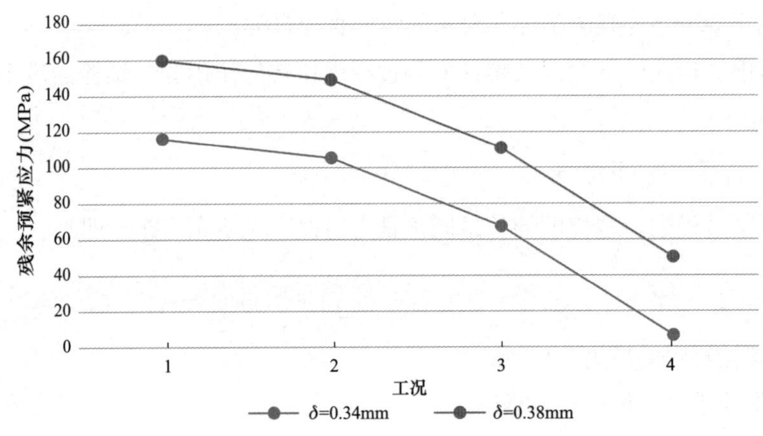

图 7-24　伸长量为 0.34mm 和 0.38mm 对应的残余预紧应力

对于残余预紧力的大小，一般用相对值来表示，图 7-25 所示为不同伸长量下残余预紧应力同工作应力的比值，即夹紧力系数。可见，当伸长量为 0.34mm 时，每一个工况的夹紧力系数均小于 0.4，发生漏水的概率极大。当伸长量为 0.38mm 时，每个工况的夹紧力系数均得到提高，其中工况 1 的夹紧力系数大于 0.6。

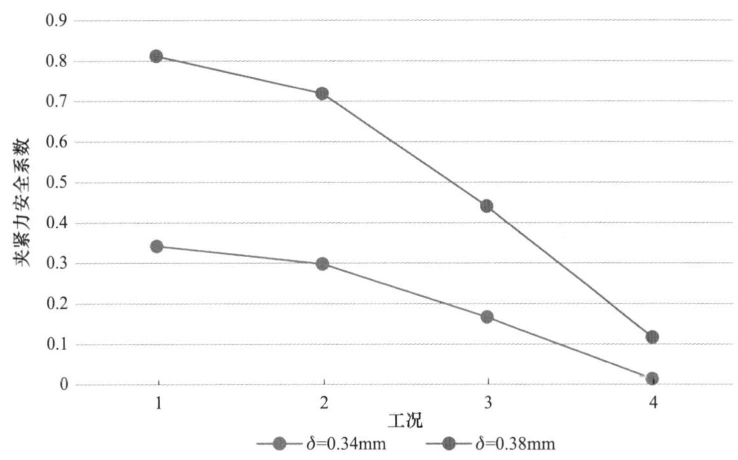

图 7-25　伸长量为 0.34mm 和 0.38mm 对应夹紧力系数

对于螺栓而言，其他条件不变的情况下，残余预紧力的变化同预紧力的变化是同向的，可以通过提高预紧力提高残余预紧力，降低漏水的概率。但是提高预紧力也意味着螺栓总应力的提高，由图 7-26 可见，当螺栓伸长量为 0.38mm 时，各个工况下螺栓的总应力均大于螺栓材料屈服强度的 2/3，螺栓发生断裂的概率增大。

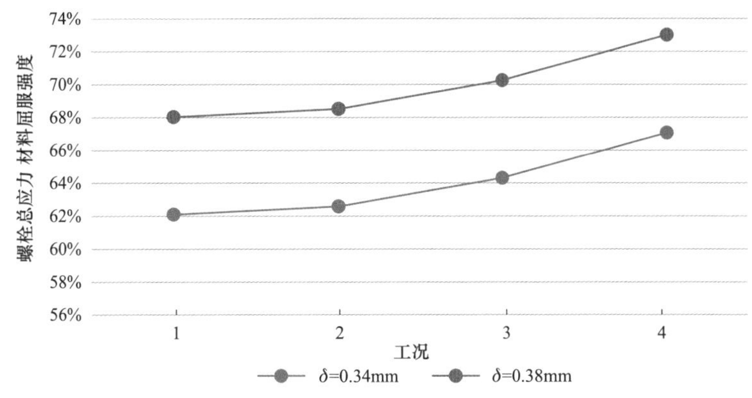

图 7-26　伸长量为 0.34mm 和 0.38mm 对应螺栓总应力同材料屈服强度的关系

六、螺栓的疲劳校核

依据上述计算出的螺栓最小直径只是在静载荷下的螺栓尺寸，如果承受动载荷还需要进行疲劳校核。抽水蓄能机组在运行时的工况变化是随机的，这种非规律的不稳定变应力的变化要受到很多偶然因素的影响，是随机变化的。对于这一类应力的疲劳强度根据疲劳损伤累积假说（常称为 Miner 法则）进行计算。假使应力每循环一次材料的破坏作用相同，在仅有应力 σ_1 的作用时使材料发生疲劳破坏的应力循环次数为 N_1，则应力 σ_1 每循环一次对材料的损伤率即为$\frac{1}{N_1}$，而循环了 n_1 次的 σ_1 对材料的损伤率即为$\frac{n_1}{N_1}$，如图 7-27 所示。

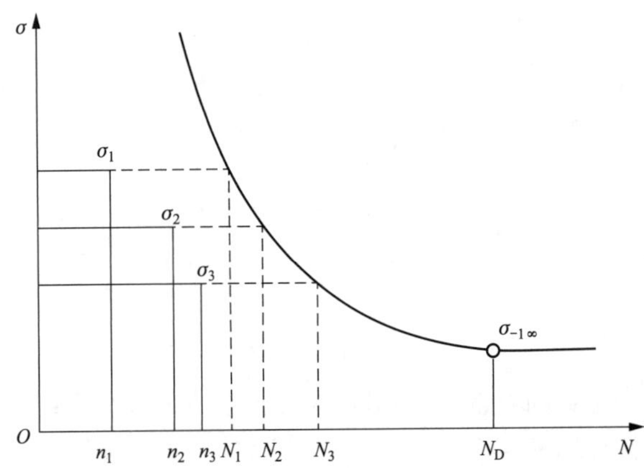

图 7-27　不稳定变应力在应力-寿命曲线上的表示

在不同的应力循环作用下共同作用为

$$\sum_{i=1}^{j} \frac{n_i}{N_i} = 1 \tag{7-9}$$

每种应力作用下的循环次数为

$$N_i = N_0 \left(\frac{\sigma_{-1}}{\sigma_i}\right)^m \tag{7-10}$$

式中　N_0——循环基数，对于钢材，一般取 $N_0=(1-10)\times10^6$；

m——材料常数，对于钢材，一般取 $m=6\sim20$；

σ_{-1}——螺栓材料对称循环拉压疲劳极限，MPa。

由疲劳损伤累计理论可知

$$\frac{\sum_{i=1}^{j} n_i \sigma_i^m}{N_0 \sigma_{-1}^m} = 1 \tag{7-11}$$

令 $\sigma_{ca} = m\sqrt{\frac{1}{N_0}\sum_{i=1}^{j} n_i \sigma_i^m}$，$\sigma_{ca}$ 称为不稳定变应力的计算应力，如果螺栓在不稳定变应力作用下未达到破坏，则

$$\sum_{i=1}^{j} n_i \sigma_i^m < N_0 \sigma_{-1}^m \tag{7-12}$$

即

$$\sigma_{ca} < \sigma_{-1} \tag{7-13}$$

疲劳强度计算时，一般用不稳定变应力计算安全系数来表征，即

$$S_{ca} = \frac{\sigma_{-1}}{\sigma_{ca}} \geqslant S \tag{7-14}$$

其中 S_{ca} 为不稳定变应力条件下的安全系数，S 为对称循环应力下的安全系数，对于螺栓连接，S 一般取 1.2～2.0。

由 $F_2 = F + F_1 = F_0 + \Delta F = F_0 + \frac{C_b}{C_b + C_m} \cdot F$ 可知，螺栓预紧时，载荷为预紧力 F_0，当有工作载荷时，载荷为 F_2，变化幅度为$\frac{1}{2}\frac{C_b}{C_b + C_m} \cdot F$。

按照 VDI 2230《高强度螺栓连接系统计算》的规定，变化幅度小于 39MPa，认为疲劳校核合格。应力变化幅值$\frac{1}{2}\frac{C_b}{C_b + C_m} \cdot F$ 的大小同相对刚度系数有很大关系，其中 C_b 和 C_m 分别表示螺栓和被连接件的刚度。

按照 VDI 2230《高强度螺栓连接系统计算》的设计理念，以被连接件受压区域的压缩变形体为基础，考虑了以下四方面的内容。

（1）将被连接件受压区域内压缩变形体的轴向刚度作为被连接件受压区域的轴向刚度。

（2）装配预紧过程中，不同拧紧方式对装配预紧载荷具有不同的分散系数。

（3）旋合螺纹副、螺栓头和螺母支撑面、被连接件之间接触界面的表面微凸体相互嵌入和服役环境的温度会造成预紧载荷的损失。

（4）轴向工作载荷作用位置会对载荷分配系数产生影响。

国内的一些学者通过对顶盖、座环和螺栓连接整体建模有限元计算过程表明，相对刚度值与顶盖、座环和螺栓是部分建模还是整体建模进行有限元计算有关，整体建模有限元计算的相对刚度值在 0.1 左右，而传统计算相对刚度取值 0.2～0.3，计算出的应力幅值相差 2～3 倍。因此，利用 VDI 2230《高强度螺栓连接系统计算》规定进行疲劳校核时需要考虑安装因素的影响。

上述工况 1、工况 2、工况 3 和工况 4 的应力幅值分别为 42MPa、44MPa、50MPa 和 60MPa。根据电站的运行数据，工况 1 的次数为 3269，工况 2 和工况 3 的次数为 346，工况 4 的次数为 0。当螺栓最小直径为 36mm，伸长量为 0.38mm 时顶盖螺栓的不稳定变应力疲劳计算安全系数为 0.96。设计安全余量不足，将发生疲劳破坏，螺栓断口存在的疲劳裂纹也验证了疲劳计算安全系数的不足。

七、螺栓的改进方式

从前述的螺栓静强度计算结果可知，综合考虑被连接件夹紧以及螺栓安装过程中扭转的作用等，螺栓的最小直径须不小于 52mm。

从顶盖螺栓工作的要求来看，螺栓必须预紧，使得在各个工况下的残余预紧力大于零，顶盖不会漏水。从这方面讲，螺栓的预紧力越大越好。螺栓在预紧后还要承受工作载荷。

预紧力增大将使螺栓的总载荷增大，从前述 σ_{ca} 的定义可以看出，增大各个工况的螺栓总应力将使 σ_{ca} 增大，从而使疲劳强度的计算安全系数减小。对于各个工况而言，顶盖上抬力是一定的，增加螺栓直径会使螺栓的总应力减小，也会使疲劳强度的计算安全系数增加。

图 7-28 所示为增加螺栓最小直径时，按照疲劳损伤法计算的疲劳安全系数，随着螺栓直径的增加，疲劳安全系数也相应增加，当增加至 58mm 时，螺栓疲劳安全系数大于 1.2，该直径也大于表 7-7 中工况 4 的计算直径，即螺栓既可满足预紧要求也可满足疲劳设计要求。可见，在不增加螺栓数量的前提下，通过增加螺栓直径可以使得螺栓疲劳计算安全系数增加。

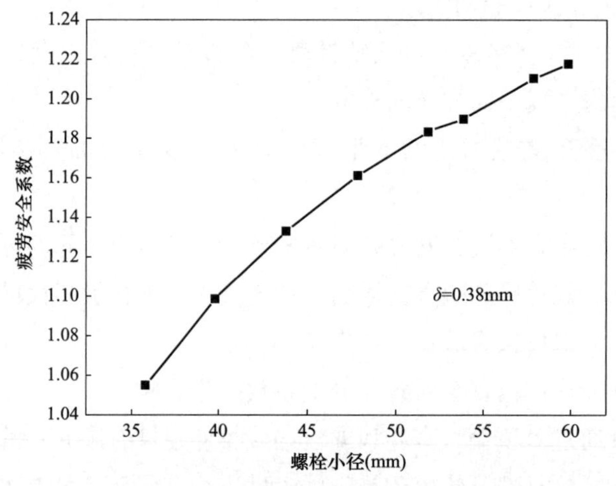

图 7-28 螺栓直径同疲劳安全系数的关系

通过对螺栓满足静强度的计算和疲劳校核可知，螺栓须满足最小直径不小于 58mm，最终改进为 M64 同材质螺栓。

螺栓改进后，按照螺栓伸长 0.38mm 控制时，螺栓的预紧应力为 415.11MPa，预紧应力与材料屈服强度的比值为 56.5%。改进前后预紧应力同工作应力的比值见图 7-29，由图 7-29 可见，改进后的螺栓的预紧应力同工作应力的比值均大于 2。

改进前后的螺栓总应力同材料屈服强度的比值见图 7-30。由图 7-30 可见，改进后螺栓的总应力均小于材料屈服强度的 2/3，材料的安全性较高。

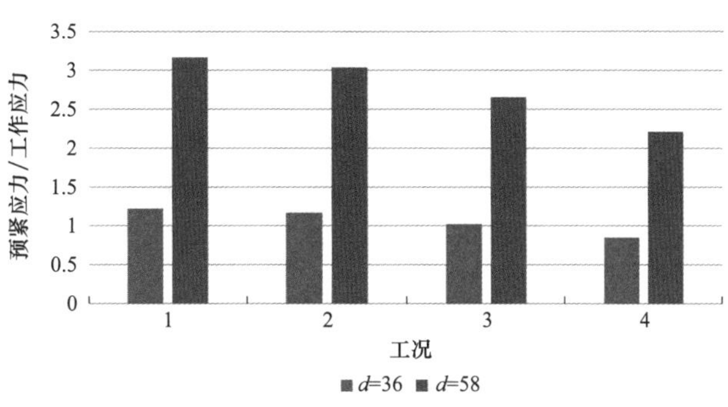

图 7-29　改进前后的预紧应力同工作应力的比值

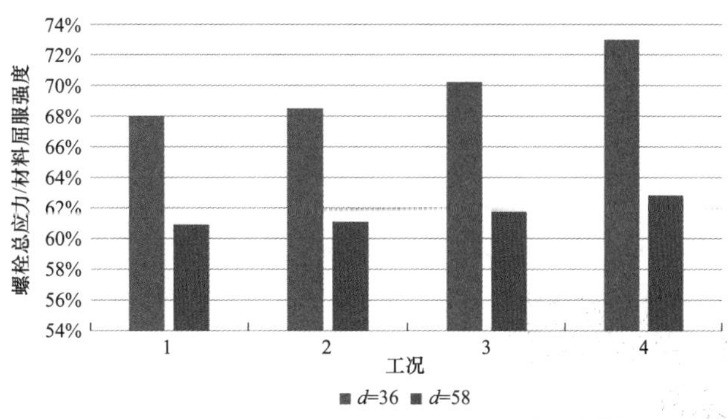

图 7-30　改进前后的螺栓总应力同材料屈服强度的比值

按照螺栓伸长 0.38mm 控制时，残余预紧应力同工作应力的比值即夹紧力系数的变化见图 7-31。由图 7-31 可见，改进后螺栓的夹紧力系数均得到大幅提高，均大于 1.0，顶盖不会发生漏水。

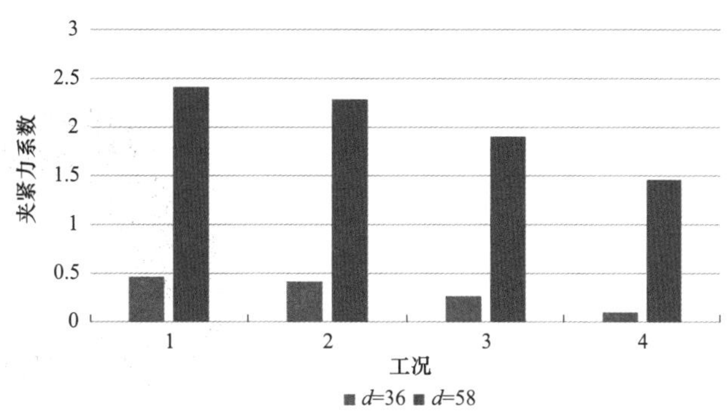

图 7-31　改进前后的夹紧力系数

可见，顶盖螺栓失效的方式为疲劳断裂，大部分螺栓在最后一次失稳断裂前已经存在不同深度的疲劳裂纹。超出材料疲劳极限的较大应力作用和螺纹表面存在加工缺陷是导致螺栓从螺纹根部发生疲劳开裂的原因。螺栓设计时需综合考虑螺栓安装时扭转等因素的影响，在静强度满足要求的前提下，保证提高疲劳强度计算安全系数。螺栓的安装对其使用功能有很大的影响，螺栓预紧力不足时不仅容易使被连接件的密封作用失效，而且容易使应力幅值增加，容易发生疲劳破坏。控制合适的预紧力不仅能满足其连接功能需求，也可保证其安全性。

第三节　抽水蓄能机组联轴螺栓断裂分析

抽水蓄能电站的联轴螺栓是连接水轮机轴和发电机轴的重要零件，主要承受重力、旋转过程中的剪切力。在机组运行过程中，水轮机联轴螺栓如果发生失效断裂，可能造成转轮甩出，进而引发水淹厂房事故，严重影响电厂的安全生产。因此有必要开展联轴螺栓的失效分析。

一、基本情况

某抽水蓄能电站水轮机轴和发电机轴联轴螺栓在安装一个月后发现 1 件螺栓发生断裂，断裂之前机组未运行，螺栓规格为 M90×6，材质为 30Cr2Ni2Mo，每台机组 18 件。断裂部位在联轴螺栓下螺纹段收尾处，见图 7-32。

图 7-32　螺栓断裂位置

螺栓的断口平齐，从裂纹源起始呈现放射状纹理，断口处无明显缩颈，呈脆性断裂特征，见图 7-33。

联轴螺栓在运行过程中主要承受轴向水推力及部件自重、径向水推力带来的弯矩、主轴旋转传递的扭矩。根据常用的螺栓设计方法，对螺栓的设计进行复核发现，螺栓的设计方案成熟，选用的同类材料有成功应用先例，螺栓安装过程受力满足设计要求，经复核螺栓的设计满足使用要求。

二、螺栓理化性能分析

（一）化学成分

30Cr2Ni2Mo 通过调质处理后可用于制作高强螺栓。按照 GB/T 4336《碳素钢和中低合金钢　多元素含量的测定　火花放电原子发射光谱法（常规法）》，分析螺母材料中各元素的含量，螺栓材料的化学成分符合标准要求。

图 7-33　平齐的螺栓断口

（二）力学性能

分别从螺栓表面和心部截取试样，进行室温拉伸试验、V 形缺口冲击试验和硬度试验，结果见表 7-8，表 7-8 中同时列出了标准中对截

面尺寸小于或等于 100mm 的 30Cr2Ni2Mo 材料的力学性能要求。可见，螺栓的抗拉强度超过了材料标准中的上限，硬度也均大于 40HRC（相当于 400HB），高于标准中的上限，室温冲击吸收功偏低，0℃冲击吸收功同室温冲击功基本处于同一水平。

表 7-8　　　　断裂螺栓的室温力学性能

项目	抗拉强度（MPa）	屈服强度（MPa）	延伸率（%）	断面收缩率（%）	平均硬度	室温冲击吸收功（J）	0℃冲击吸收功（J）
表面	1510	1350	14.82	48.73	43～45HRC	18.8	16.1
心部	1395	1212	16.40	50.10	41～43HRC	19.4	17.0
标准要求	1100～1300	≥900	≥10	≥45	325～369HB	≥40	—

（三）断口分析

螺栓的断裂位置位于短螺纹一侧的螺纹收尾处，同时也位于螺母紧固后的一侧平面处，宏观形貌观察发现，扩展区很小，说明断裂并非疲劳断裂。除裂纹源区及应力释放造成的较小的扩展区外，其余区域均属于瞬时断裂区。裂纹源处有明显的半圆形锈蚀迹象，说明裂纹源在螺栓完全断裂之前已经形成并扩展，初始开裂处经过较长时间与空气接触而导致锈蚀，见图 7-34。

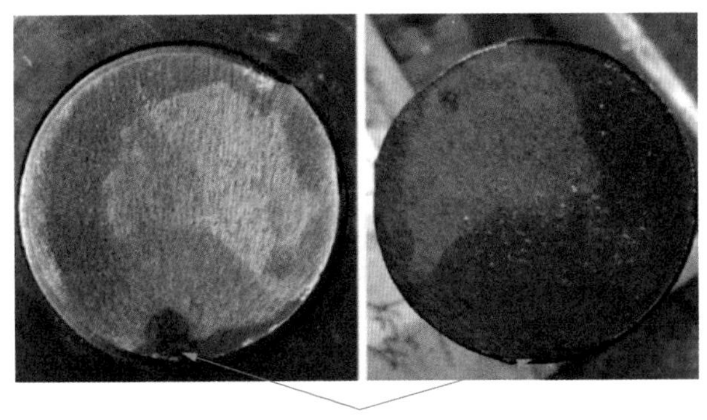

图 7-34　断口的宏观形貌

对裂纹源区及瞬断区断口进行观察，见图 7-35，推断螺栓发生断裂失效的过程如下：螺纹收尾处Ⅰ区存在原始微裂纹或者应力集中，加载预紧力时螺纹收尾处出现应力集中；裂纹源Ⅱ区从裂纹源Ⅰ区两侧首先起裂，裂纹源Ⅱ区在扭力作用下逐步连通成环状，与此同时裂纹源Ⅰ区发生沿晶断裂；裂纹处应力集中系数较大，在较大外加载荷的作用下，随着应力的释放，裂纹快速扩展，导致瞬断区Ⅲ区和Ⅳ区瞬间发生解理断裂，最终导致螺栓断裂。

（四）组织观察

30Cr2Ni2Mo 经过调质处理后的组织为回火索氏体＋铁素体组织，淬火后如果回火不

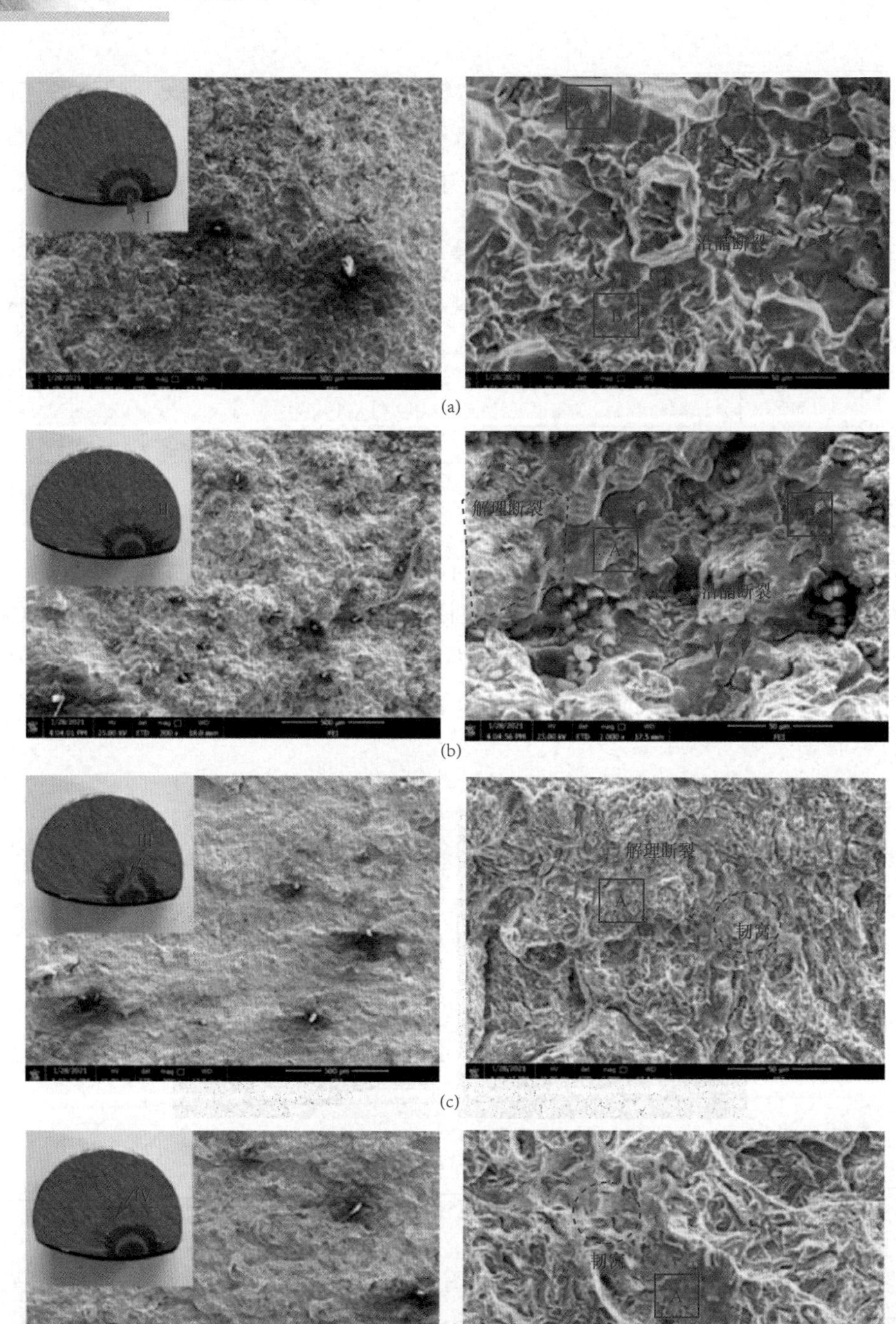

图 7-35　断口的扫描电镜观察

(a) 螺纹收尾处起裂；(b) 沿晶断裂；(c) 解理断裂；(d) 解理断裂和韧窝

充分，会保留马氏体板条的粗大形态，见图 7-36。马氏体具有高强度、高硬度、低韧性的

特点。扫描电镜下可以看到粗大的板条马氏体，这些粗大的板条马氏体会使螺栓材料强度过高，韧性较差。

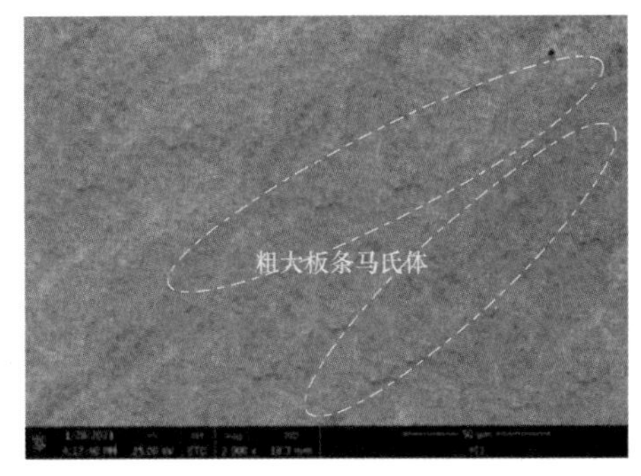

图 7-36　扫描电镜下的马氏体板条

高强螺栓在淬火后需要经过高温回火，回火温度过低或者回火时间偏短均会造成马氏体回火不充分。对于合金钢，回火温度和回火时间是一对可以相互补偿的参数，均可对回火硬度造成影响，可以建立高强螺栓材料的回火 P 曲线，则

$$H = f[T(K + \log t)] \tag{7-15}$$

式中　$T(K+\log t)$——回火 P 参数。

回火后的硬度与回火 P 参数的关系曲线称为回火 P 曲线，K 值可取 20。可以看出，提高回火温度可以缩短回火时间，同样延长回火时间可以降低回火温度，只要回火 P 参数值相同，就具有相同的回火效果。通过回火 P 曲线可以预测不同回火条件下的硬度，制定回火工艺。

（五）硬度分析

硬度检测在金属材料力学性能中是最常用的一个性能指标，硬度检测又是一种最简单、迅速和经济的检测手段。一般来说，金属的硬度常常被认为是材料抵抗局部变形的能力。硬度检测的主要目的就是检测材料是否符合标准规定或者材料是否达到特殊的硬化或软化处理的效果。对于待检测的材料而言，硬度代表着在一定的压头和作用力下所反映出来的弹性、塑性、强度、韧性和抗摩擦性能等一系列不同物理量的综合性能指标。由于硬度试验可以在一定程度上反映金属材料在不同化学成分、组织结构和热处理条件下性能的差异，因此硬度试验广泛应用于金属性能检测、监督热处理工艺质量和新材料的研发。

金属硬度检测方法主要分成两类，一种是静态测试方法，常见的如布氏硬度、洛氏硬度、维氏硬度等，这些方法试验力的施加比较缓慢，没有冲击，可以等效为静态压入。硬度测定值主要取决于压痕的深度、压痕凹面面积或者压痕投影面积的大小。另外一种试验方法是动态测试方法，这种方法试验力的施加过程是动态的，具有冲击性，常见的有肖氏硬度和里氏硬度。这些硬度测试方法一般用于大型的不可移动的工件。

1. 布氏硬度

布氏硬度检测的方法使用最早，由于其压痕较大，故测量的硬度值由于受试样组织显微偏析及成分不均匀而造成轻微偏差程度小，而且检测结果分散度小，复现性好，能比较客观地反映出材料的客观硬度。这正是布氏检测方法成为常用的硬度检测方法之一的原因。

布氏硬度计在进行测量工作时，一般采用较大的硬质合金压头和载荷作用力，因为这

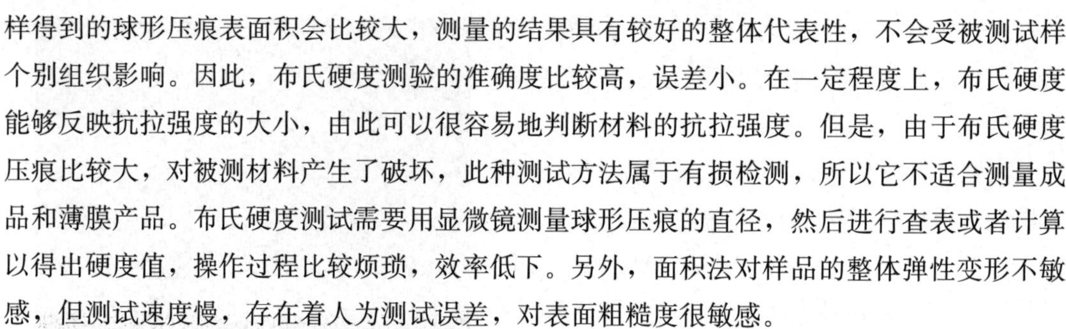

样得到的球形压痕表面积会比较大，测量的结果具有较好的整体代表性，不会受被测试样个别组织影响。因此，布氏硬度测验的准确度比较高，误差小。在一定程度上，布氏硬度能够反映抗拉强度的大小，由此可以很容易地判断材料的抗拉强度。但是，由于布氏硬度压痕比较大，对被测材料产生了破坏，此种测试方法属于有损检测，所以它不适合测量成品和薄膜产品。布氏硬度测试需要用显微镜测量球形压痕的直径，然后进行查表或者计算以得出硬度值，操作过程比较烦琐，效率低下。另外，面积法对样品的整体弹性变形不敏感，但测试速度慢，存在着人为测试误差，对表面粗糙度很敏感。

2. 里氏硬度

里氏硬度属于动载测试法，可在任意方向上使用，极大地方便了使用者；特别适合测量体积庞大重型工件的现场使用；另外，里氏硬度试验方法对产品表面损伤很轻，有时可作为无损检测；对各个方向的窄小空间及特殊部位硬度测试具有独特性。里氏硬度的检测原理：使用一个拥有恒定能量的冲击体冲击静止试样，测量冲击体回弹时的残余能量，用这个残余能量的大小来表征硬度的高低。

由于现场经常遇到大型金属结构件和体积庞大的设备，不能移动，所以不可能使用实验室内的台式硬度计进行测量，这样里氏硬度计就显示出了独特的优越性。

在机械行业，例如大型的轧机轴承由于重量很大，使用试验室的台式硬度计测试硬度十分不方便，在测试过程中搬运困难，不易掌握其平衡，不仅影响硬度测试准确性，还经常损坏压头，使用里氏硬度计，则可以圆满地解决上述问题。

3. 里氏硬度和布氏硬度之间的换算

虽然在现场实际测量中里氏硬度计得到了广泛的应用，但是将里氏硬度值作为现场的判定标准目前还不是很成熟，国家也并未出台相关的规范。在实际情况中仍旧是将里氏硬度值换算成布氏硬度值来进行判断。能否准确地在两种硬度值之间进行转换十分重要，一般里氏硬度计都会依据标准对其进行自动换算，但这仅限于一些常规使用的材料。

追溯该机组 18 件水轮机轴和发电机轴联轴螺栓出厂检测时的硬度，由图 7-37 可见，

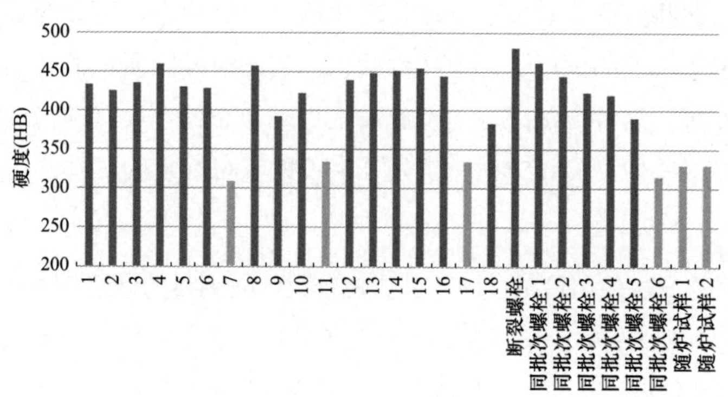

图 7-37　螺栓的硬度

同破坏性试样的硬度一样，大部分螺栓的硬度均大于 369HB。随炉试样的硬度与螺栓出厂检测硬度以及破坏性试样的硬度差别较大。

三、断裂原因分析

螺栓材料中 Cr 作为强碳化物形成元素，有利于提高材料的强度、硬度和耐磨性。在奥氏体化过程中，可以细化晶粒。Cr 元素的加入有利于降低奥氏体分解速度，促使马氏体的形成，从而提高淬透性。此外，Cr 还可以提高钢的抗氧化能力与耐蚀性。Ni 是典型的非碳化物形成元素，只会以固溶形式存在于钢中，可以提高钢的固溶强化效应。Ni 同样是奥氏体稳定性元素，可显著提高材料淬透性。Ni 元素的加入可以同时提升材料的强度和韧性，降低韧脆转变温度，显著提高材料低温冲击性能。Mo 在钢中以固溶态与碳化物两种形式存在。固溶态的 Mo 可以提高奥氏体稳定性，显著推迟过冷奥氏体在高温区的珠光体相变，提高材料的淬透性。Mo 元素的添加还可以提高构件的回火稳定性，防止回火脆性的发生以及产生二次硬化效应，以便更好地进行高温回火来提高材料的塑韧性。

对与断裂螺栓同批次的螺栓及随炉试样进行力学性能试验，结果见表 7-9。

表 7-9　　同批次的螺栓及随炉试样的力学性能

编号	抗拉强度（MPa）	屈服强度（MPa）	延伸率（%）	0℃冲击吸收功（J）	平均硬度（HB）	备注
1	1510	1350	14.82	16	480	断裂螺栓
2	1496	1288	14	21	461	
3	1434	1262	15	22	444	
4	1415	1135	13	30	423	
5	1461	1294	14	29	420	
6	1275	1166	17	46	390	
7	1051	938	17	124	315	
8	1162	1097	18	105	—	随炉试样 1
9	1138	1025	18	87	—	随炉试样 2
标准要求	1100～1300	≥900	≥10	≥40（室温）	325～369HB	

可见 1～5 号螺栓的强度和硬度偏高，冲击吸收功偏低。在一定范围内，材料的强度和硬度呈同一变化趋势，由于硬度检测对材料基本是一种“无损”的检测，可以用材料的硬度来表征材料的强度。对表 7-9 中 1～7 号螺栓的强度和硬度关系进行回归，见图 7-38。

表 7-9 中 2 个随炉试样的力学性能完全符合标准要求，尽管没有对随炉试样进行硬度检测，通过图 7-38 可以判断随炉试样的硬度为 330HB 左右。可见，随炉试样的硬度并未真实反映出同炉螺栓的力学性能。

进行螺栓设计时，主要考虑轴向载荷，强度是螺栓材料的重要力学性能指标，螺栓受力过程中，由于强度不够，承受过量载荷容易发生断裂。但是过高强度螺栓材料的表面缺口应力集中更加明显。

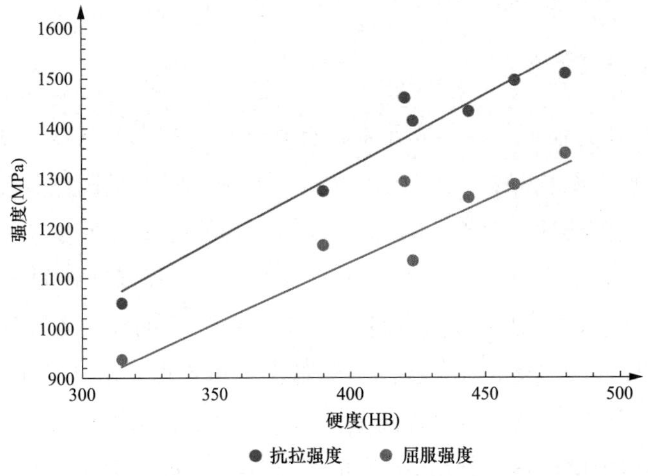

图 7-38　硬度和强度的对应回归关系图

螺栓材料强度过高，韧性就会相应地降低，缺口敏感系数、缺口半径和材料强度的关系见图 7-39，由图 7-39 可见，缺口敏感度 q 随材料强度的增加而增加。当螺纹根部有微小的加工缺陷时，塑性和韧性较好的材料会在缺陷前端发生塑性变形，缺陷不会继续扩展，高强度材料对缺口更加敏感，难以在缺陷前端形成塑性变形，使得材料进一步发生脆化，发生脆性断裂。

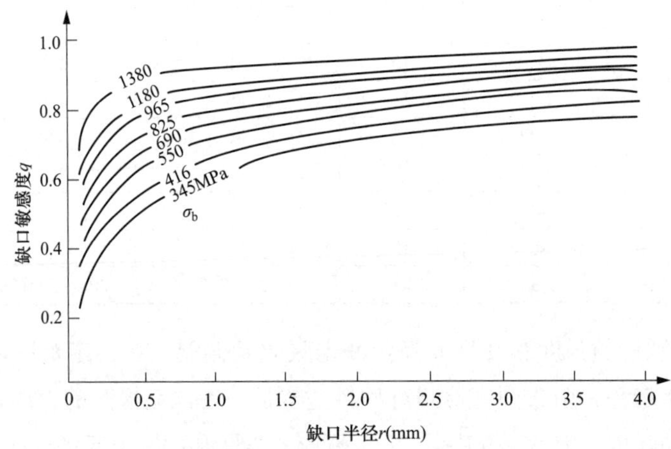

图 7-39　缺口敏感系数、缺口半径和材料强度的关系

由于硬度在一定范围内可以表征强度，且不需要对工件造成破坏，因此可以建立强度和硬度的关系，用硬度验收对应的材料强度。该机组 18 件水轮机轴和发电机轴联轴螺栓中的 15 件螺栓出厂检测时的硬度大于 369HB。实际上，相关材料标准中当要求锻件做力学性能时，其硬度值只能作为参考，不作为验收依据应释义为强度是主要验收依据，如果

进行了强度试验，则不以硬度为验收依据。

四、螺栓的改进方式

实际热处理过程中，工件的摆放位置可能引起热处理温度的不均匀。在箱式热处理炉中进行热处理时由于炉膛尺寸较大，且炉膛内各个部位加热的温度可能不均匀。从保温开始时间为起点，炉膛内各点的温度逐渐接近目标加热温度，将炉膛内各点实际温度同目标温度处于允许的温度偏差范围之内的时间点定义为均温开始时间。实际的热处理工艺中，均以保温开始时间为起点，并未计算从保温开始时间至均温开始时间的均温过程，导致热处理的保温时间过短。

工艺曲线示意图如图 7-40 所示。

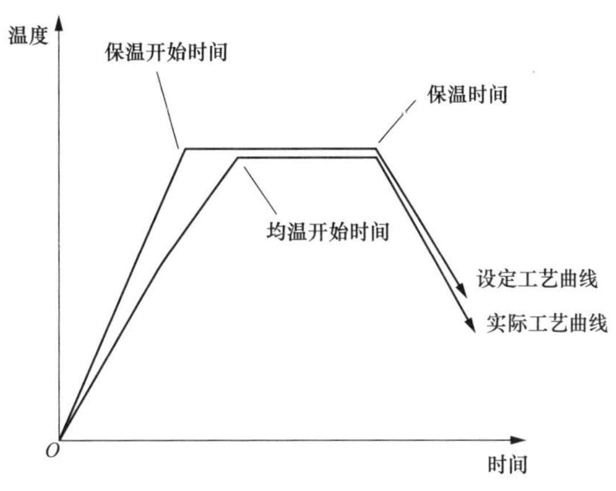

图 7-40　工艺曲线示意图

螺栓材料需经过调质处理，在热处理过程中，炉膛的均温性对最终的热处理后材料的性能有着重要的影响。同炉热处理的工件的温度应保证均在热处理工艺温度范围之内，随炉试样性能才具有代表性。

成品螺栓无法进行材料的强度试验，应以硬度值作为验收依据。对于新材料或者相关材料标准中无硬度验收指标的，应补充材料试验建立强度和硬度关系，明确硬度验收指标。

第四节　抽水蓄能机组螺母破坏失效分析

抽水蓄能电站螺纹连接副中螺母的安全性对于整个螺纹连接的安全性也有重要的影响，螺母失效也会造成严重的后果，有必要开展螺母的失效分析。

一、基本情况

某抽水蓄能电站顶盖把合螺栓螺母呈同心圆状均匀分布 80 个，螺母结构采用内六角孔预紧，螺母规格为 M130×6，材质为 S45C，螺栓、螺母结构如图 7-41、图 7-42 所示。

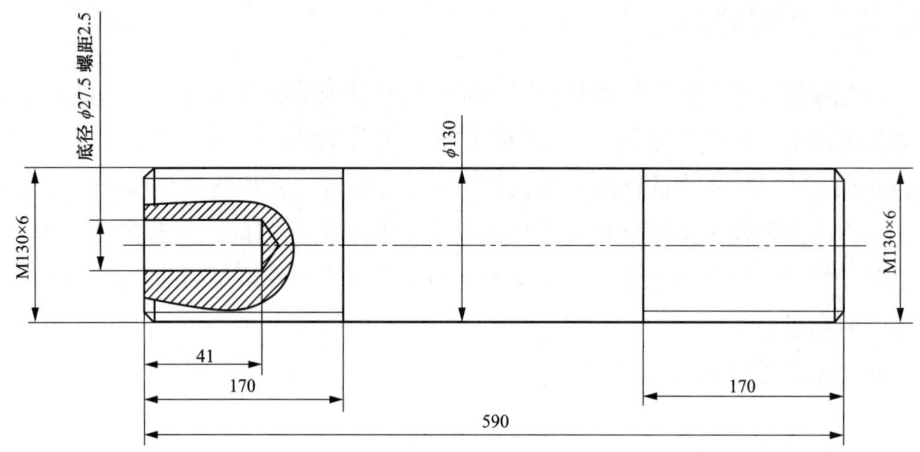

图 7-41　螺栓结构图

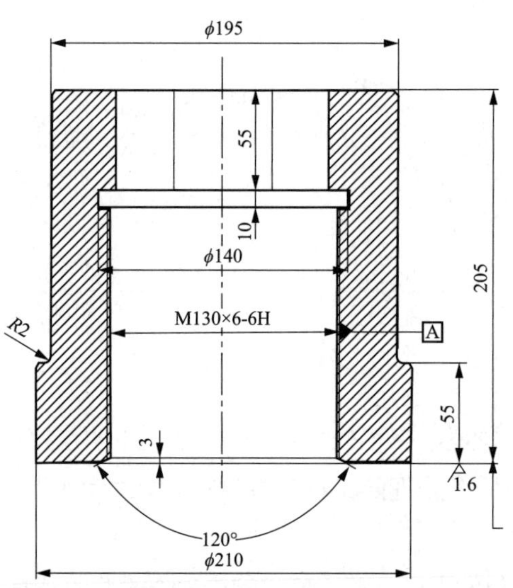

图 7-42　螺母结构图

该机组顶盖螺栓在设计压力下的工作载荷最大，其次是在双机甩负荷的工况下，不同工况下螺栓的工作载荷如图 7-43 所示。

检修时将螺母拆下，回装时按照螺母的运动角为 64.6°，弧长 S 为 118.3mm 进行预紧，在对 80 颗螺母进行回装预紧 50%后，按照对称分布进行 100%预紧，预紧完成 5 颗后，预紧第 6 颗时，发生突然异响，螺母预紧孔发生开裂，此时拉伸弧长为 108mm。之后检查已经预紧至 100%的螺母发现均有裂纹，对剩余 74 颗已经预紧至 50%的螺母进行检查，发现 15 颗螺母有裂纹。

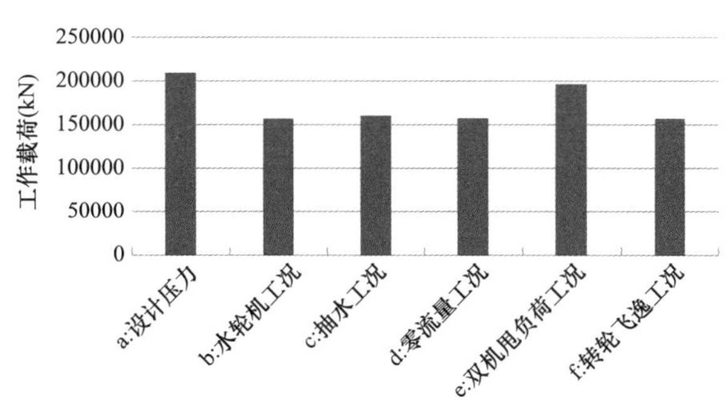

图 7-43　不同工况下螺栓的工作载荷

二、理化性能分析

（一）化学成分

根据 GB/T 4336—2016《碳素钢和中低合金钢　多元素含量的测定　火花放电原子发射光谱法（常规法）》，分析螺母材料中各元素的含量，结果见表 7-10，表 7-10 中同时列出标准对螺母材料化学成分要求。可见，螺母材料的化学成分符合标准要求。

表 7-10　　**螺母的化学成分及设计要求**　　wt,%

成分	C	Si	Mn	P	S
螺母	0.46	0.18	0.65	0.021	0.022
标准要求	0.42～0.48	0.15～0.35	0.60～0.90	≤0.030	≤0.035

（二）力学性能

从螺母上截取拉伸试样，并根据 GB/T 228.1《金属材料　拉伸试验　第 1 部分：室温试验方法》进行室温拉伸试验，另外，取样进行常温 KU_2 冲击试验，结果见表 7-11，表 7-11 中同时列出了标准对 S45CN 材料的力学性能要求。可见，螺母材料的抗拉强度符合要求，屈服强度在标准要求的下限附近。

表 7-11　　**螺母的室温力学性能**

项目	抗拉强度 R_m（MPa）	上屈服强度 R_{eh}（MPa）	下屈服强度 R_{el}（MPa）	断后伸长率 A（%）	冲击吸收能量 KV_2（J）
螺母取样	621	354	340	26	28.1/30.3
标准要求	≥570	屈服强度≥345MPa		≥20	—

（三）组织分析

在螺母端面内六角含裂纹区域取金相试样，观察面距端面 35mm 处。横向观察，裂纹宽窄不一，无耦合性，周围未见大型夹杂物，裂纹旁组织无变化，与基体相同。表层组织为微细马氏体＋较多量未溶铁素体，心部属淬火态的铁素体＋珠光体，见图 7-44。按照

GB/T 6394—2017《金属平均晶粒度测定方法》对螺母材料组织平均晶粒度进行评定，晶粒度为 7.0 级。

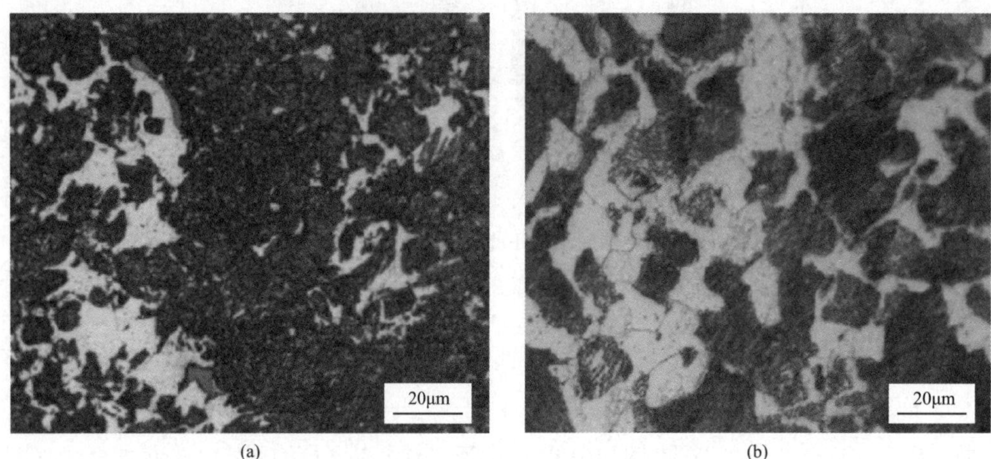

图 7-44　横向试样面裂纹形貌及组织

（a）表淬组织；（b）心部组织

（四）断口分析

从裂纹的形式及走向可以看到，螺母是从预紧孔开裂的，在螺纹部分并未发生开裂，见图 7-45。内六角孔棱角处内壁清晰可见压塌式塑性变形，螺母开裂起源于多个内六角孔棱角处的多条裂纹源，为塑性变形导致韧性过载撕裂＋脆性快速开裂。

图 7-45　螺母预紧孔裂纹

将内六角孔棱角处内壁的裂纹打开后进行断口观察，裂源附近宏观断口分三个区域，根据应力休止线可大致分三个开裂阶段。第一阶段为起裂源区，位于内六角孔下方 5mm 深度，整个内六角长度（55mm）范围内的层状断口，断口较为干净新鲜，无氧化锈蚀，

断口面与表面约呈 45°，属斜剪切平面，裂纹区层状断口形貌见图 7-46；第二阶段为以层状断口区域为源，多点源型由内而外放射状开裂，断面平坦，有金属光泽，属快速脆性开裂至内孔处且穿透整个壁厚；第三阶段为以第二阶段裂面为源，呈人字纹快速扩展，宏观断口切斜 45°，并迅速延伸至螺纹区域，见图 7-47。

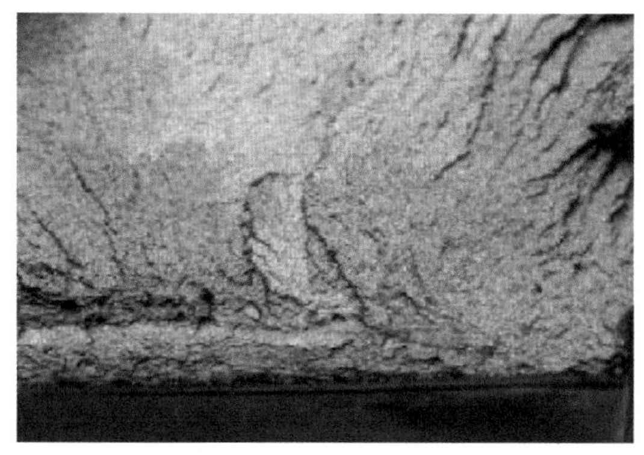

图 7-46　断口形貌图

图 7-47　裂纹区层状断口形貌

在裂源附近的内六角孔的内壁的压塌式塑性变形表明，螺母安装拆卸过程，已经对内壁造成材料损伤，产生压塌式塑性变形及微裂纹，见图 7-48。

图 7-48　裂纹源处塑性变形压痕

三、结构强度分析

（一）螺母的结构选型

按照 GB/T 3098.2《紧固件机械性能　螺母》中“螺母设计准则”，一个优化的螺栓连接副/接头，应有 GB/T 3098.1《紧固件机械性能　螺栓、螺钉和螺柱》规定的性能等级的螺栓、螺钉或螺柱，符合本部分规定的与其搭配使用的性能等级的标准螺母或高螺母转配组成。该螺栓连接副/接头能充分发挥螺栓的强度性能，并可提供一个最大的预紧力。在超拧的情况下，断裂发生在螺栓承受载荷的螺纹部分。这样，可以对发生拧紧失效提出明显的警示。

在拉力载荷下，螺栓一螺母连接副的失效形式相当于下列三种载荷的最小值：螺母的螺纹脱扣载荷，螺栓、螺钉或螺柱的螺纹脱扣载荷，螺栓、螺钉或螺柱断裂载荷（在超过载荷拧紧的情况下螺栓一螺母连接副中螺栓断裂是预期的失效形式）。

这三种载荷主要取决于螺母的硬度、高度、完成螺纹的有效长度、直径、螺距和螺纹公差等级，螺栓的硬度、直径、螺距和螺纹公差等级。

此外，这三种载荷是相互关联和作用的。例如提高螺栓的硬度，可能增加螺母螺纹脱

扣的风险。而且硬度也决定了螺母的韧性，是影响螺母脱扣载荷的最重要的机械性能，因此，每个性能等级都规定了螺母韧性的上限值。

保证载荷是紧固件不发生塑性变形的加载力，对应的保证应力低于螺栓的屈服强度。螺栓连接副在做拉伸试验时，沿轴线方向施加载荷并持续 15s，卸载后紧固件的长度同加载前的长度相同。随着螺栓等级的提到，保证应力与屈服强度的比值越来越低，这是因为随着螺栓等级的提高，螺栓的屈服强度与抗拉强度的比值越来越高，即螺栓发生屈服后会很快发生断裂，因此对于低于屈服强度的保证载荷也应控制其与屈服强度的比值越来越低，保证紧固件的安全。

对于标准螺栓，按照 GB/T 3098.1《紧固件机械性能　螺栓、螺钉和螺柱》和 GB/T 3098.2《紧固件机械性能　螺母》的要求，对于同直径的螺纹连接副，螺母的保证载荷都高于螺栓的保证载荷，即螺纹连接副在设计时按照螺栓先失效的设计原则完成。

我国的螺栓设计是比较粗放的，各种安全系数都比较大，选取配套螺母尺寸相对来说也较大，对安装和拆卸的要求相对较低。在设计中，一般可以参照标准件螺母的厚度，即可满足要求，最后不超过 $2D$，D 为螺母的公称直径。厚度大于 $2D$ 的螺母，由于加工的原因，螺距的累积误差将会增大，螺纹副的旋合将是不均匀的，将导致螺纹部分的受力也不均匀，超长部分的螺纹根本不能受力，严重的将会增加额外负载。

螺母的承载力除了与螺母厚度有关系之外，更重要的是还与材质有关系，不同材质所承受的载荷是不一样的。标准螺母一般按照型式和性能等级表征：

按照型式螺母分为：

（1）2 型。高螺母，最小高度 $h \geqslant 0.9D$。

（2）1 型。标准螺母，$h \geqslant 0.8D$。

（3）0 型。薄螺母，$0.45D \geqslant h \geqslant 0.8D$。

性能等级分为 04、05、5、6、8、10、12，1 型和 2 型螺母性能等级的代号由数字组成。相当于可与其搭配使用的螺栓、螺钉或者螺柱的最高性能等级标记中左边的数字，即抗拉强度/100。

从螺纹连接副安全运行一个大修周期的实际情况，结合螺栓螺母的设计原则以及常见的失效方式来看，螺母的选取应该是合适的。

（二）螺纹结构剪切和弯曲强度校核

螺纹连接在安装时都必须拧紧，使被连接件受到压缩，同时螺栓受到拉伸，这种在螺栓承受工作载荷之前受到的力称为预紧力。预紧的目的是增强连接的可靠性、紧密性和刚性，提高连接的防松能力，防止受载后被连接件间出现间隙或发生相对位移；对于受变载荷的螺纹连接还可提高其疲劳强度。

该机组设计最大工作载荷为 2.102×10^8N，螺栓按照预紧应力 294MPa 施加，单个螺栓的总应力为 359.62MPa，残余预紧应力为 140.16MPa。

螺母高度为1.08D，属于2型螺母。螺栓的结构为M130×6，参考GB/T 5796《梯形螺纹》中基本尺寸可知螺纹中径为127mm，内螺纹大径为131mm，螺栓的小径为123mm，螺纹高度为140mm。上述参数均是参考标准螺纹的尺寸，实际参数可能同上述参数有微小出入，但不影响整体计算。

对于螺纹牙的受力分析，传统的设计方法是将螺纹牙展开后，将其视为悬臂梁，内螺纹展开受力示意图如图7-49所示。螺纹牙承受沿螺栓轴向的载荷力，根据集中力的原则，则力的作用点位于螺纹牙中径。

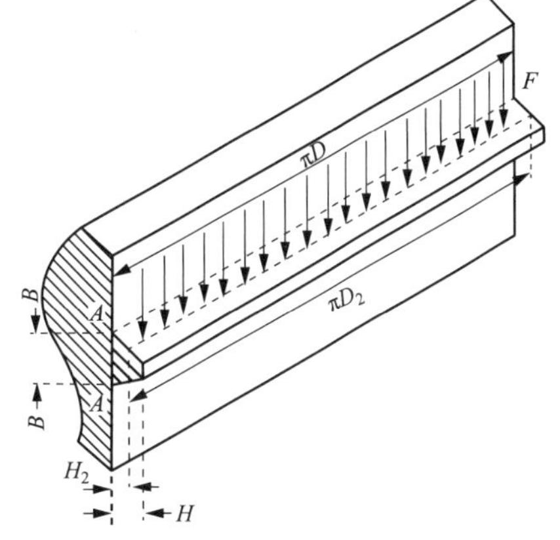

图7-49　内螺纹展开受力示意图

设计时，对螺纹牙的强度校核通常包括抗剪切校核、抗弯曲校核。

螺纹的剪切应力为

$$\tau=\frac{F/n}{\pi Db} \tag{7-16}$$

式中　F——螺纹轴向载荷，N；

n——旋合圈数；

D——内螺纹大径，mm；

b——螺纹牙底宽度，mm。对于普通螺纹，$b=0.75p$，p 为螺距，mm。

剪切应力应满足 $\tau\leqslant[\tau]$，许用剪切应力 $[\tau]$ 对于塑性材料$[\tau]=(0.6\sim0.8)[\sigma]$；对于脆性材料$[\tau]=(0.8\sim1.0)[\sigma]$。许用应力 $[\sigma]$ 对于塑性材料$[\sigma]=\frac{\sigma_s}{n_s}$，$\sigma_s$ 为材料屈服强度，n_s 取值1.2～2.5；对于脆性材料$[\sigma]=\frac{\sigma_b}{n_b}$，$\sigma_b$ 为材料抗拉强度，n_b 取值2～3.5。

螺纹的弯曲应力为

$$\sigma_W=\frac{3Fh}{\pi Db^2 n} \tag{7-17}$$

式中　F——螺纹轴向载荷，N；

h——螺纹工作高度，mm，通常普通螺纹取 $h=\frac{5\sqrt{3}}{16}p=0.541p$；

D——内螺纹的最大直径，mm；

b——螺纹牙底宽度，mm，对于普通螺纹，$b=0.75p$；

n——旋合圈数。

弯曲应力应满足 $\sigma_W\leqslant[\sigma_b]$，许用弯曲应力 $[\sigma_b]$ 取值为$[\sigma_b]=(1\sim1.2)[\sigma]$，许用应力 $[\sigma]$ 取值同上。

螺母材料的 n_s 取 1.4，许用剪切应力安全系数取 0.7，许用弯曲应力安全系数取值 1.1，当预紧应力为 294MPa 时，剪切应力和弯曲应力小于对应的许用剪切应力和许用弯曲应力，校验合格。

上述计算不论是剪切应力还是弯曲应力，实际上是考虑的平均应力。在实际中，螺牙的承载同旋合的圈数是有关系的，按照 VDI 2230《高强度螺栓连接系统计算》的计算，初始旋合位置的承载比例很高，其强度已接近屈服强度，随着旋合位置的推移，承载的应力急剧减小。螺纹受力的特点就是从初始旋合位置逐级向下传递载荷，螺母最初旋合的位置承载应力较大，可能已经发生塑形变形，在靠近内六角预紧孔位置的螺纹承载应力较小，发生剪切和弯曲破坏的概率很小。

现场检查情况是螺栓与螺母螺牙处均未受到损伤。80 根螺栓中断裂的螺母在端盖圆上无规律分布，裂纹均起始于螺母内六角孔棱角处，棱角处出现金属材料压塌式塑性变形及微裂纹。裂纹开裂机理方面不涉及腐蚀、不涉及疲劳，螺母开裂很可能是螺母装配过程中产生的。

（三）螺母预紧时的扭矩分析及影响因素

螺栓预紧的实质是要将螺栓的轴向预紧力控制在适当的范围，控制螺栓预紧力的方法有感觉法、力矩法、测量螺栓伸长量法、转角法、应变计法、螺栓预胀法和液压拉伸法等。其中最常用的是力矩法（也叫扭矩法）和伸长量控制法。目前，大量采用的扭矩法拧紧工艺是根据螺栓轴向力与拧紧扭矩之间的基本关系，即

$$T = KFD \tag{7-18}$$

式中 K——扭矩系数；

F——螺栓的轴向力，此处为预紧力，kN；

D——螺纹公称直径，mm。

在经验设计中，扭矩系数 K 值一般取 0.2。但实际上，此 K 值不是一个常数，而是一个取决于螺纹精度等连接条件的变量。在一般的批量装配条件下，根据螺纹精度、材质、表面状态、润滑条件等不同，同一种连接的 K 值可以在 0.1～0.5 甚至更宽的范围内变化。一般而言，螺纹制造精度越高，表面处理及润滑条件越稳定，则 K 值越稳定（散差小）；反之，K 值散差就大。

表面状态会对螺母预紧时的 K 值有很大的影响，系数从 0.1～0.5 之间变化。如果表面状态不好或者摩擦系数大，例如机坑内潮湿等，在螺栓拆卸或者安装拧紧至预定力矩或者伸长量时需要较大的力矩，对于这种内六角螺母，由于螺母螺纹部分同螺杆已经旋合，内六角部分实际上相当于承担了较大的扭矩，容易破坏。

四、螺母改进方法及安全复核

螺母产生裂纹的位置为内六角预紧孔，是拆卸或者回装时扭矩过大引起的破坏。改进

方法主要集中到如何降低扭矩、如何提高内六角孔抗弯曲和剪切能力、避免扭矩偏差过大等方面。

（一）改变螺母的材质

进行螺母强度校核时，无论剪切许用应力还是弯曲许用应力，均需同拉伸许用应力建立关系。改变螺母的材质，提高屈服强度，可以提高弯曲许用应力。

螺母材料屈服强度同螺纹许用弯曲应力的关系如图 7-50 所示。如果将螺母更换为其他材料，例如 20Cr，屈服强度为 540MPa，则对应的弯曲许用应力为 495MPa，远大于目前结构及预紧应力产生的螺纹弯曲应力。

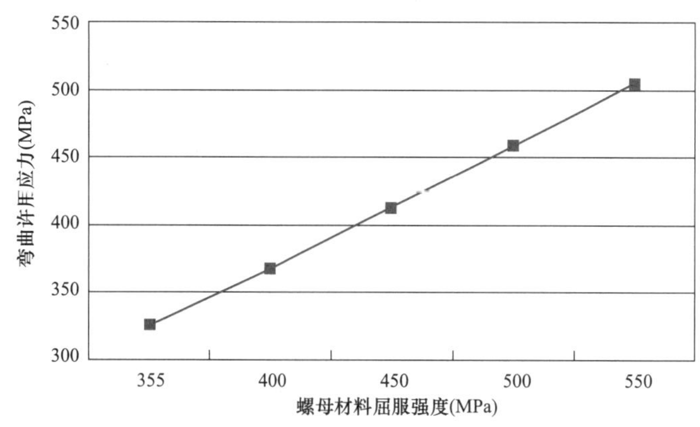

图 7-50 螺母材料屈服强度同螺纹许用弯曲应力的关系

目前的材料可以满足螺纹的许用剪切应力和许用弯曲应力要求，更换强度更高的材料，会提高内六角预紧孔的许用剪切应力和许用弯曲应力，降低拆卸和预紧过程中扭矩造成的内六角螺孔破坏的概率。

（二）改变预紧方式

从前述分析可知，造成内六角预紧孔破坏的原因可能是预紧时的扭矩过大，用扭矩控制本身偏差就很大，而螺母的这种结构及安装按照螺纹升角控制的方式又决定了扭矩不好控制。实际拆装过程中很有可能发生由于螺母咬死或者螺母端面摩擦系数的影响，未到螺纹升角的控制量，但实际上早已经到了对应的扭矩量，这样就会造成内六角预紧孔破坏。从另外一个角度讲，内六角预紧孔破坏实际上保护了预紧工具，否则一直加压会造成工具的损坏，甚至安全事故。

在现有螺栓的基础上，如果将现有螺母改变为相同高度、相同材质外六角螺母，螺母是满足使用的。安装时采用现在控制量可能是可行的，实际操作需要考虑空间的可行性。

螺栓安装时的伸长量是遵循胡克定律的，按照伸长量控制更为准确，螺母安装过程中是自由旋合上去的，受端面的表面状态影响较小。但安装时需要测长孔，可能需要更换螺栓。

(三)螺栓强度复核

该抽水蓄能电站顶盖把合螺栓螺母呈同心圆状均匀分布 80 个，顶盖螺栓螺纹的规格为 M130×6，当前的预紧应力由 294MPa 提升至 440MPa 后，如果螺栓和螺母不能满足要求，则需要进行更换。此外，由于顶盖、座环均无法更换，需对提升预紧力后顶盖和座环的强度是否能否满足要求进行复核。

根据顶盖螺栓的受力特点及安装特点，结合相关的标准，预紧力提升后需保证以下值。

(1) 螺栓的预紧应力与设计工作应力（最不利工况对应的应力）的比值（定义为预紧力系数）等于或等于 2.0。

(2) 螺栓残余预紧力与工作载荷的比值（定义为夹紧力系数）等于或等于 0.6。

(3) 螺栓截面平均应力的最大值与材料屈服强度的比值（定义为材料安全系数）小于或等于 2/3。

各部件的力学性能要求值见表 7-12。

表 7-12　各部件的力学性能要求值　MPa

序号	部件名称	材质	屈服强度	抗拉强度
1	螺母（原）	JIS G4051 S45CN	≥355	≥600
2	螺母（新）	JIS G4053 SNC631	≥685	≥830
3	螺栓	JIS G4053 SCM440	≥835	≥980
4	顶盖	SM400A	≥195	—
5	座环	SM400A	≥195	—
6	垫圈	JIS G4051 S45CN	≥345	≥570

由图 7-51 和图 7-52 可见，当提升预紧力后，螺栓的预紧力系数和夹紧力系数都增加，能够增加连接结构的紧密性。

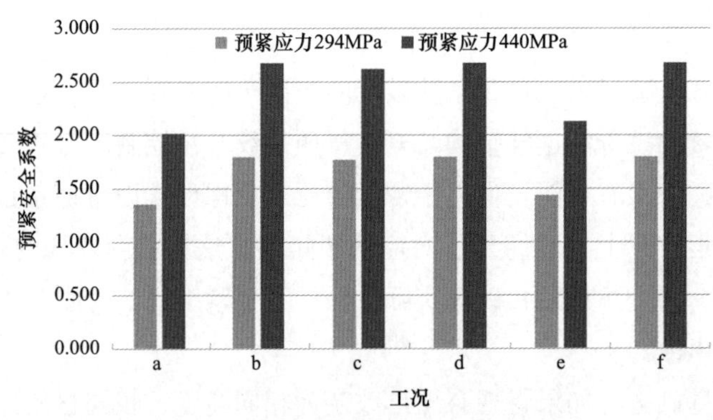

图 7-51　各工况下的材料预紧力系数

螺栓预紧操作时，预紧力是可以无限提高的，在没有其他载荷的条件下，都有可能由于预紧力过大使得螺栓断裂，因此限制顶盖螺栓的材料许用安全系数应该取 1.5，即总载荷小于材料屈服强度的 2/3。由图 7-53 可见，当提升预紧力后，螺栓的材料安全系数均接

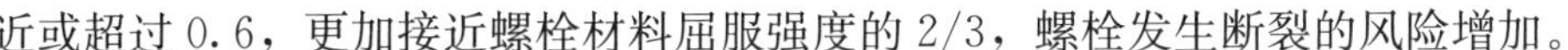

近或超过 0.6，更加接近螺栓材料屈服强度的 2/3，螺栓发生断裂的风险增加。

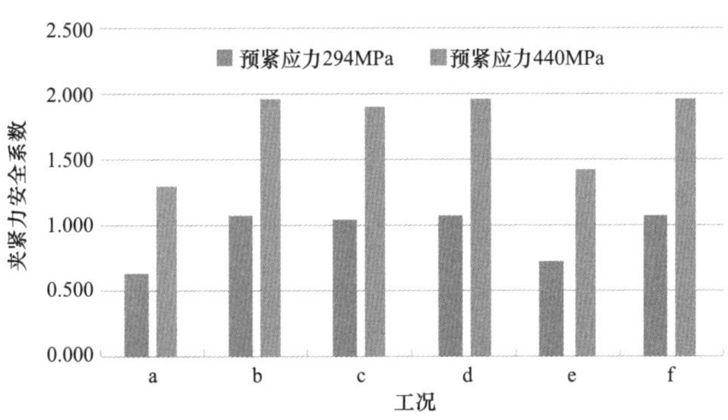

图 7-52　各工况下的材料夹紧力系数

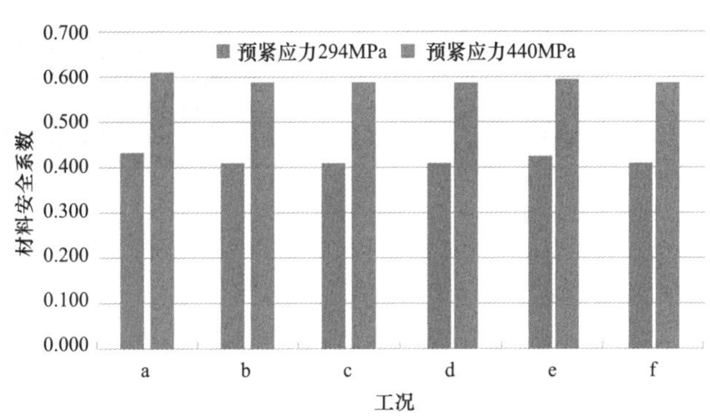

图 7-53　各工况下的材料安全系数

（四）螺母的强度复核

螺母采用内六角预紧孔施加扭矩预紧。当预紧力提升后，需对螺母的螺纹部分以及内六角预紧孔的强度进行复核。对螺纹牙的强度校核通常包括抗剪切校核、抗弯曲校核。螺母材料的屈服强度下限为 355MPa，螺母螺纹部分不合格，需要更换螺母。通过抗剪切校核、抗弯曲校核的结果，选定新螺母材料为 JIS G4053 SNC631，材料屈服强度大于或等于 685MPa，抗拉强度大于或等于 830MPa，螺母强度低于螺栓强度，有较好的匹配性。

对内六角预紧孔螺母进行详细的应力分析，利用 ASME 分析设计中防止塑性垮塌的弹性应力分析方法，即采用弹性分析所计算的应力，将其划分为各种类别，并限制于较为保守地确定的许用应力以内，使其不能发生塑性垮塌。

螺母内六角孔应力分类。根据受力情况，内六角孔的受力包括一次局部薄膜应力、二次薄膜应力及弯曲应力。

在有限元计算软件中建立计算模型，网格划分，按照材料属性赋予弹性模量、泊松比等，施加约束及载荷，求解米赛斯当量应力。

根据防止塑性垮塌的基本原理，对螺母内六角预紧孔采用屈服的设计准则进行校核，利用第四强度理论，无论材料处于什么应力状态，只要发生屈服或者剪断，其共同原因都是由于畸变能密度达到了某个共同的极限值，米赛斯当量应力为$\sqrt{\frac{1}{2}[(\sigma_1-\sigma_2)^2+(\sigma_2-\sigma_3)^2+(\sigma_3-\sigma_1)^2]}$。

螺母安装时是扭矩控制的，扭矩计算时的扭矩系数 K 值一般取 0.2，当预紧应力为 440MPa 时，在预紧过程中产生的应力分布如图 7-54 所示。

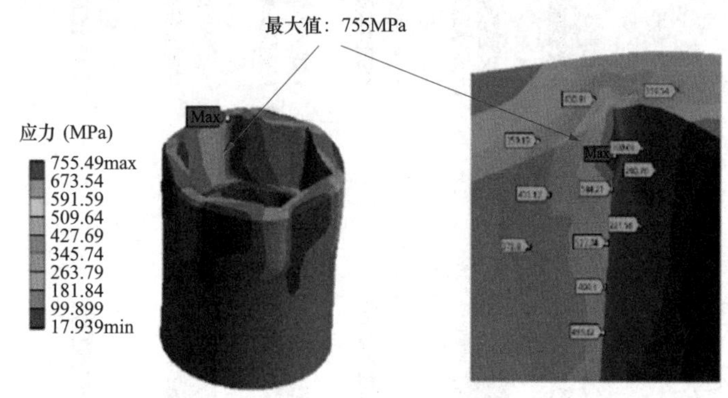

图 7-54　螺母应力分布图

有限元计算的结果表明，局部最大应力为 755MPa，超过了螺母材料的屈服强度的最低要求，产生最大应力的位置很小。按照 ASME 第Ⅷ卷 第 2 册《压力容器建造另一规则》第五章的分析设计原则为将应力划分为一次总体薄膜应力、一次局部薄膜应力、一次弯曲应力、二次应力和峰值应力，然后采用不同的强度条件对各种应力及其组合限制。当有一次薄膜应力、二次薄膜应力和弯曲应力时，应力组合不超过材料许用应力的 3 倍，其中许用应力按照屈服强度的 2/3 和抗拉强度的 1/3 的较小值取值，如表 7-13 所示。

表 7-13　　应力分类和应力限制

应力	一次应力			二次应力	峰值应力
	总体薄膜应力	局部薄膜应力	弯曲应力	薄膜应力加弯曲应力	
说明	沿实心截面的平均一次应力，不包括不连续和应力集中的影响	沿任意实心截面上的平均应力，考虑不连续效应但不考虑应力集中	同实心截面形心距离成正比的一次应力分量，不包括不连续和应力集中的影响	满足结构连续所需的自平衡应力，发生在结构不连续处，不包括局部应力集中	由于应力集中（缺口）附加在一次或二次应力上的应力增量可以引起疲劳但不引起变形的某些热应力
符号	P_m	P_L	P_b	Q	F

更换后的螺母的屈服强度和抗拉强度的下限值分别为 685MPa 和 830MPa，许用应力为 276.67MPa。按照分析设计校核的原则，应力组合最大处为 755MPa，小于许用应力的 3 倍 830MPa，强度合格。

（五）顶盖的连接安全复核

螺栓受到的总载荷为拉力，垫圈及顶盖受到同样大小的压力。未增加垫圈时，总载荷通过螺母的截面积作用到顶盖上，由于顶盖无法更换，提升预紧力后，压应力超过顶盖的屈服极限，因此只能通过增大接触面积的方式减小顶盖的压应力。在顶盖螺母和顶盖之间加一个 20mm 的垫圈，如图 7-55 所示，材料为 JIS G4051 S45CN，屈服强度等于或等于 345MPa。

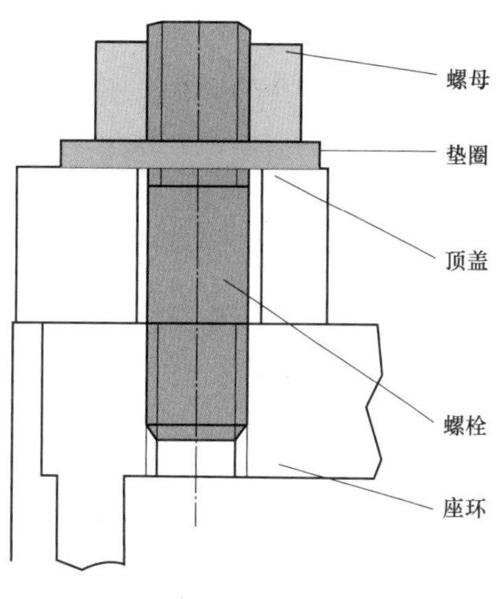

图 7-55　顶盖螺栓连接示意图

增加垫圈后，螺母和垫圈之间的受力面积同垫圈和顶盖之间的受力面积对比见图 7-56，后者面积是前者面积的 2.4 倍。增加垫圈前，总载荷通过螺母的截面积作用到顶盖上，而在增加垫圈后，总载荷通过垫圈的截面积作用到顶盖上，顶盖应力值约为增加垫圈前的 40%，为 127.5MPa，小于顶盖的屈服强度，满足使用要求。

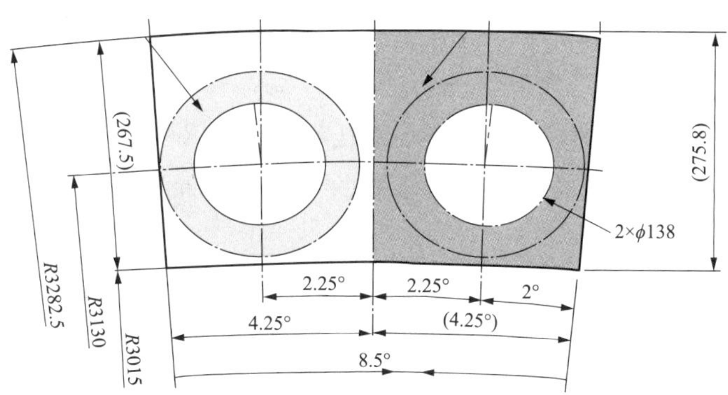

图 7-56　螺母和垫圈之间的受力面积同垫圈和顶盖之间的受力面积对比

垫圈的应力值为 307.8MPa，小于其屈服强度，满足使用要求。由于增加了螺纹垫圈，螺栓的长度也需要增加 20mm。如果螺栓螺纹部分的长度不能满足预紧要求，则需更换螺栓。

（六）座环内螺纹的安全复核

座环内螺纹主要校核其剪切强度，同前述螺母的内螺纹校核的内容一致，校核结果满足使用要求。内螺纹校核的结果为剪切应力 105.9MPa，小于许用剪切应力 112.6MPa，提升预紧力后座环的内螺纹是安全的。

第五节　抽水蓄能机组紧固件质量控制和应力监测

由紧固件的失效分析可知，除设计原因外，紧固件的制造和安装过程对于紧固件的使

用性能有重要影响，应加强紧固件制造质量管控与安装质量管控。

对于受力复杂的螺栓，服役期的实际应力水平对于螺栓的安全性有重要的影响，开展服役期间的应力监测很有必要。

一、制造质量管控

（一）制造厂内的质量管理

1. 质量见证要求

根据不同螺栓重要程度设置不同的质量见证点，可在不同工序设置：H-停工待检点；W-见证点；R-文件见证点，如表 7-14 所示。

表 7-14　　不同工序的质量见证点

螺栓级别	阶段及质量控制要求					
	化学成分分析	热处理	力学性能或者保证载荷	尺寸和表面质量	无损检测	文件资料
Ⅰ	R	H	H	R	W	R
Ⅱ	R	W	W	R	R	R

2. 加工要求

螺栓制造厂内锻造螺栓时，确保坯件无缩孔和严重的偏析。坯件应在有足够锻造能力的锻压设备上锻造成型，锻造时应采用合适的锻造比，保证坯件经过充分锻造和组织均匀。

锻造坯件在锻后应缓冷以防开裂，必要时应进行高温回火，缓慢冷却，以改善组织和机械加工性能。根据锻件的材料牌号和强度等级的不同，可采用正火加回火调质热处理工艺。螺栓坯件热处理时的装炉量应得到控制，应有有效的监测炉内工件实际温度的手段。对于有缺陷的坯件，不可通过补焊修复。

3. 性能检测要求

应按照螺栓的技术条件对螺栓材料开展力学性能试验，试验项目应至少包含强度、冲击韧性、硬度。同一材料牌号、同一炉号、同一尺寸规格、同一热处理炉次的产品为同批次材料。每批螺栓坯件 100%进行本体硬度检测，硬度检验优先选布氏硬度检测，当无法取样开展布氏硬度检测时，可利用里氏硬度计按 GB/T 17394.1《金属材料　里氏硬度试验 第 1 部分：试验方法》要求开展里氏硬度检测。对于螺栓材料标准中未标明硬度验收值的材料，需由供货方按照相关标准根据强度和硬度对应关系，明确硬度的验收值。

拉伸和冲击性能取样材料为每批次螺栓坯件硬度值最高件和硬度值最低件，每件取 1 个拉伸试样、1 组冲击试样及 1 个硬度试样进行力学性能试验。

拉伸试验中若某一试验结果不合格，可在螺栓材料上与原试样相邻部位取两个试样

进行复试，两个试样的复试结果应全部满足规定要求。冲击试验中若一组冲击试样的算术平均值不低于规定值，其中一个值不低于规定值的70%可不进行复试；若达不到上述要求时，在同一产品上相邻部位再取一组冲击试样进行复试，前后两组试样的算术平均值不应低于规定要求，且单个值低于规定值的个数不应多于两个，只能有一个单个值低于规定的70%。

如果力学性能检验结果是由于白点和裂纹的原因造成，则不得复试。当锻件的任一力学性能复试结果仍不合格时，可以进行重新热处理，并重新取样试验，重新热处理的次数最多不超过两次，回火次数不限。

外观和表面质量检查不合格的螺栓不允许进行无损检测。不小于M32的Ⅰ级、Ⅱ级螺栓应按DL/T 694《高温紧固螺栓超声检测技术导则》要求进行100%超声检测，必要时按NB/T 47013.4《承压设备无损检测　第4部分：磁粉检测》、NB/T 47013.5《承压设备无损检测　第5部分：渗透检测》采用磁粉、渗透及其他有效的无损检测方法进行检测；小于M32的螺栓，必要时按NB/T 47013.4《承压设备无损检测　第4部分：磁粉检测》、NB/T 47013.5《承压设备无损检测　第5部分：渗透检测》采用磁粉、渗透及其他有效的无损检测方法进行检测。

（二）电站复验的技术原则

螺栓到达电站后需进行复验。主要包含按照要求100%进行尺寸和表面质量检查；100%进行光谱检测；硬度检测复检可结合实际确定抽检比例，检测方法和合格标准同制造厂内的要求一致。如果螺栓制造过程中已经完成了相应的质量见证，可以以质量见证的结果代替电站复验结果。

二、安装质量管控

螺栓的安装方式对实际预紧力大小有重要的影响，现阶段的安装方式主要有扭矩控制法、扭矩－转角法和伸长量控制法。

1. 扭矩控制法

扭矩控制法是一种常规的预紧方法，是利用扭矩与预紧力的线性关系在弹性区进行紧固控制的一种方法，以螺纹连接预紧力矩形式表示拧紧程度，即预紧时的外力矩等于螺纹预紧力矩。此理论基于当螺纹连接时，预紧力与预紧时所加的扭矩成正比，比例常数主要由接触面之间及螺纹牙之间的摩擦来决定，由于拧紧时所用扭矩90%用于克服摩擦阻力，这样摩擦阻力的变化对所获得的压紧力有很大影响，由于受到摩擦系数等多种因素的影响，导致扭矩法对轴向预紧力控制精度低。用相同的扭矩预紧两个摩擦阻力不同的连接时，所获得的预紧力相差很大。

目前常用的扭矩控制法是通过控制螺栓的拧紧力矩来间接控制轴向预紧力。扭矩控制

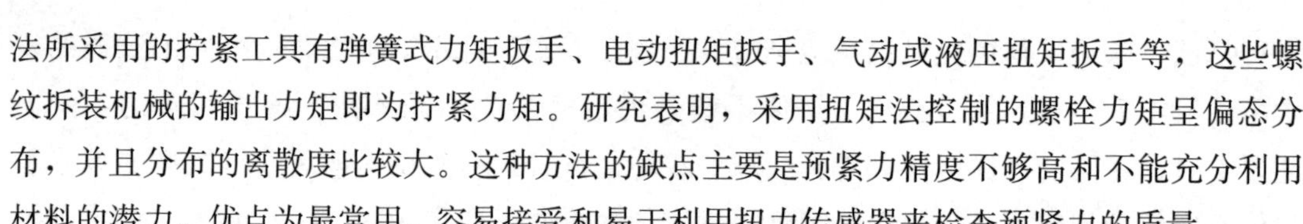

法所采用的拧紧工具有弹簧式力矩扳手、电动扭矩扳手、气动或液压扭矩扳手等，这些螺纹拆装机械的输出力矩即为拧紧力矩。研究表明，采用扭矩法控制的螺栓力矩呈偏态分布，并且分布的离散度比较大。这种方法的缺点主要是预紧力精度不够高和不能充分利用材料的潜力。优点为最常用、容易接受和易于利用扭力传感器来检查预紧力的质量。

2. 扭矩-转角法

扭矩-转角法是基于一定的角位移使螺栓产生一定的轴向伸长及连接件被压缩，当螺栓相对被连接件转动360°时，理论上螺栓伸长量应为一个螺距，根据螺栓转动角度即可推算出螺栓伸长量为

$$\Delta L = P\,\frac{\theta_R}{360} \tag{7-19}$$

式中 ΔL——螺栓伸长量；

P——螺距；

θ_R——螺栓相对于被连接件转动的角度。

在应用这种方法时，首先拧到一个不大的力矩，其目的在于把螺栓或螺母拧到密接面上，并克服开始时一些如表面凸凹不平等不均匀因素，然后从此点再拧一个规定角度，以获得所需的预紧力。尽管在施加起始扭矩时，螺纹件摩擦系数有影响，但影响较小，而且螺纹摩擦系数对转角拧紧所产生的预紧力没有影响，因为在弹性变形区内，若弹性模量恒定，预紧力仅与螺栓伸长量有关，而伸长量与转角度数成正比。

3. 伸长量控制法

伸长量控制法是用测微仪直接测量在预紧过程中螺栓的伸长量，或用超声波等特殊手段测量螺栓的变形量。通过控制伸长量来控制预紧力，这是通过测量实现预紧力控制的比较准确可靠的方法。

三、服役期应力监测

螺栓的应力水平同工况有很大关系，为了掌握螺栓的应力变化情况，开展了水泵水轮机顶盖把合螺栓的动应力测试，测试状态包括初始预紧状态、甩50%负荷工况、甩100%负荷工况。目前抽水蓄能电站中对于螺栓应力监测有多种方法，最常用有基于声弹性效应的超声检测法、电阻应变法、电容法、光纤光栅法，每种方法都有其使用条件和优缺点。

（一）常用监测方法

1. 基于声弹法的超声波测试方法

当前在螺栓轴向应力测量领域最常使用的是以声弹性效应作为理论基础、基于渡越时间变化的超声检测方法。声弹性效应是指声波在弹性介质中传播时的声速与介质内的应力

有关，可以通过测量声速的变化来评估材料内部的应力大小。理论上利用超声波传播速度来表征螺栓应力的大小。如图 7-57 所示，超声换能器在耦合剂的作用下、压电晶片在电信号的激励下产生超声波，入射波在螺栓内部传播，直至螺栓底部，反射后形成回波返回至超声换能器。实际应用时，一般不直接测量超声波波速，而是通过测量超声波在被测螺栓中的渡越时间来计算应力。渡越时间的定义为超声波沿被测螺栓轴向传播的往返时间，即起始波与一次回波或者相邻两次回波之间的时间差。

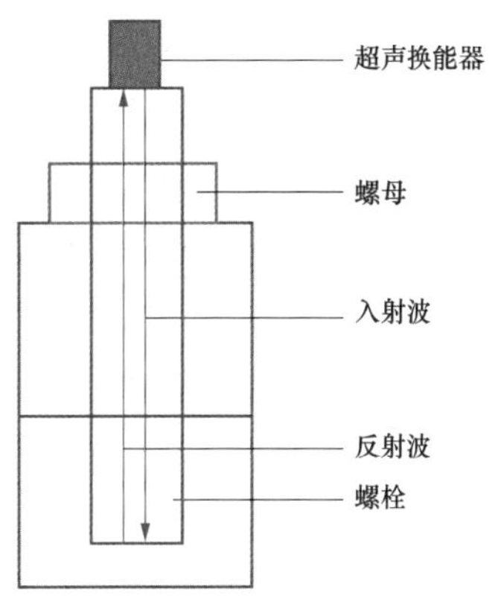

图 7-57　基于渡越时间的声弹法原理

利用渡越时间测量又分为单波法和双波法两种方法。超声波在螺栓无应力和有应力状态下的传播时间分别为

$$t_0 = \frac{2L_0}{v_0} \tag{7-20}$$

$$t_\sigma = \frac{2L_\sigma}{v_\sigma} = \frac{2L_0\left(1+\dfrac{\sigma}{E}\right)}{v_0(1+A\sigma)} \tag{7-21}$$

式中　t_0、t_σ——螺栓在无应力和有应力状态下的渡越时间，s；

L_0、L_σ——螺栓在无应力和有应力状态下的长度，mm；

v_0、v_σ——螺栓在无应力和有应力状态下的超声波传播速度，m/s；

σ——螺栓的轴向应力，MPa；

E——螺栓材料的弹性模量，GPa；

A——材料的声弹性系数。

$$\Delta t = t_\sigma - t_0 = \frac{2L_0\sigma(A+1/E)}{v_0(1-A\sigma)} \tag{7-22}$$

式中　Δt——螺栓在有应力同无应力状态下的渡越时间差。

由于 $A\sigma \ll 1$，故

$$\sigma = \frac{\Delta t}{t_0(1/E+A)} \tag{7-23}$$

可见，当采用单波法时，螺栓所受应力和渡越时间之间具有较好的线性关系。但单波法需要标定螺栓在无应力状态下的超声波渡越时间 t_0，通过渡越时间的差值计算应力。

双波法也称为横纵波联合法，它通过分别测量螺栓受力状态下纵波和横波的渡越时间来进行螺栓轴向应力检测，使用纵横波渡越时间比值可测得已紧固螺栓的应力。基于声弹性原理的基本公式，超声纵波声速及横波声速同应力的关系为

$$\sigma = \frac{v_{S_0}^2 v_L^2 - v_{L_0}^2 v_S^2}{K_L v_{L_0}^2 v_S^2 - K_S v_{S_0}^2 v_L^2} \tag{7-24}$$

式中 v_{S_0}——零应力状态下的横波声速，m/s；

v_L——应力状态下纵波声速，m/s；

v_{L_0}——零应力状态下的纵波声速，m/s；

v_S——应力状态下的横波声速，m/s；

K_L——纵波声弹性系数；

K_S——横波声弹性系数。

实际测量时，由于是在同一螺栓上测量，螺栓长度不变，因此可用实测纵波声时、横波声时替换纵波及横波声速，得到应力同声时的关系，即

$$\sigma=\frac{t_{S_0}^2 t_L^2-t_{L_0}^2 t_S^2}{K_L t_{L_0}^2 t_S^2-K_S t_{S_0}^2 t_L^2} \tag{7-25}$$

式中 t_{S_0}——零应力状态下的横波声时，s；

t_L——应力状态下的纵波声时，s；

t_{L_0}——零应力状态下的纵波声时，s；

t_S——应力状态下的横波声时，s。

只需要分别求得无应力和有应力状态下的横纵波渡越时间即可知道螺栓应力的值。可取螺栓样品通过完全退火消除其内应力，并在实验室标定出近似零应力状态下的纵波声时 t_{L_0}、横波声时 t_{S_0}、纵波测量应力系数 K_L、横波测量应力系数 K_S，即可通过纵波声时和横波声时测量出螺栓轴向应力。这一检测方法消除了螺栓长度对测量结果的影响，实现了在役螺栓预紧力的原位测量。由于横波对应力变化的灵敏度较弱，实际应用中利用横波测量渡越时间也较为困难。而纵波对应力变化的灵敏度较高，实际应用中纵波容易产生，且操作简便。因此，目前主要采用单波法中的超声纵波法进行应力测量。

超声单波法和双波法的测量精度能够满足一般的工程需要。但由于声弹性效应是非常微弱的，当测量短螺栓或者采集卡的最大采样频率不高时，会导致超声回波渡越时间的测量不精确，进而导致较大的测量误差，尽管可以通过提高采集设备的配置来提高短螺栓轴向应力的测量精度，但这会大大增加检测设备成本。

2. 光纤光栅法

当一束宽光谱光经过光纤光栅时，满足光纤光栅布拉格条件的波长将产生反射，其余的透射光不受影响，透过光纤光栅继续传输，这样光纤光栅就起到了光波选择的作用，如图 7-58 所示。光纤光栅是一种在光纤纤芯形成折射率周期性调制的光学器件，通常是将布拉格光栅刻写在普通的光纤上。

反射波长的基本表达式为

$$\lambda_B=2n_{\mathrm{neff}}\Lambda \tag{7-26}$$

式中 n_{neff}——光纤的有效折射率；

Λ——光栅周期，mm。

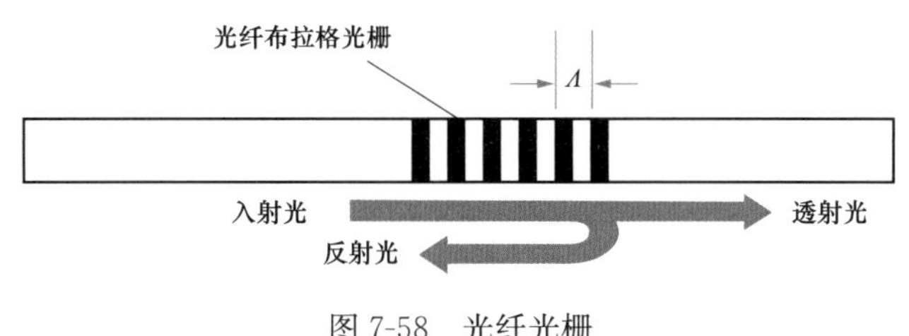

图 7-58 光纤光栅

当光纤的有效折射率 n_{neff} 或光栅周期 Λ 两个参数发生改变时，反射波的中心波长会发生相应的变化，对上述 2 个因素影响最大的是应变和温度。当存在应变时，会使光栅周期 Λ 发生变化，此外由于光栅自身的弹光效应，也会使有效折射率 n_{neff} 发生变化。当温度发生变化时，受到外界温度影响时，热膨胀会对光栅周期 Λ 产生较大影响，同时有效折射率也会发生变化，中心波长漂移 $\Delta\lambda_B$，即

$$\Delta\lambda_B = 2n_{\text{neff}}\Delta\Lambda + 2\Delta n_{\text{neff}}\Lambda \tag{7-27}$$

式中 $\Delta\Lambda$——光纤光栅受到温度影响产生热膨胀或者受到轴向应变时光栅周期 Λ 产生的影响，mm；

Δn_{eff}——温度引起的热光效应或者是轴向应变引起的弹光效应对有效折射率 n_{neff} 的影响。

单个光纤光栅无法分辨出温度和应变分别对中心波长漂移的影响。为了解决上述问题，需采用温度补偿方法，目前最常用的为参考光栅法。该方法使用两个光纤光栅，其中光栅 1 对温度和应变都敏感，光栅 2 只对温度敏感，通过消除光栅 1 的温度影响即可获得准确的温度和应变。具体操作时，在光纤光栅应变传感器附近放置一个光纤光栅温度传感器作为参考光栅，该温度传感器不受外载且无几何约束，如图 7-59 所示。利用该传感器测量温度变化，再根据应力和温度共同作用对光纤光栅的影响进行补偿。

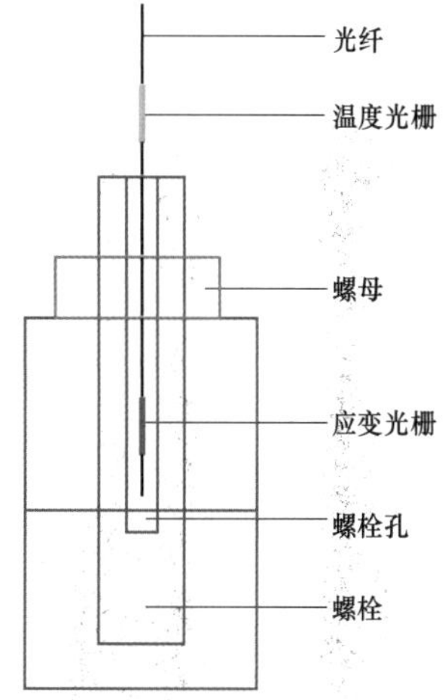

图 7-59 温度补充光纤光栅测量原理

应变光栅的中心波长偏移量与温度和被测结构应变的关系可表示为

$$\frac{\Delta\lambda_{B1}}{\lambda_{B1}} = \xi\Delta T + K_{\varepsilon}\varepsilon \tag{7-28}$$

式中 $\Delta\lambda_{B1}$——光纤光栅应变传感器的初始中心波长偏移量，nm；

λ_{B1}——光纤光栅应变传感器的初始中心波长，nm；

ξ——光纤光栅的热光系数，℃$^{-1}$；

ΔT——温度变化，℃；

K_{ε}——光纤光栅应变传感器应变灵敏度系数；

ε——被测螺栓由于受到轴向载荷及温度影响而产生的应变。

仅由温度变化引起的中心波长偏移量与温度的关系可表示为

$$\frac{\Delta\lambda_{B2}}{\lambda_{B2}}=K_T\Delta T \tag{7-29}$$

式中 $\Delta\lambda_{B2}$——光纤光栅应变传感器的初始中心波长偏移量，nm；

λ_{B2}——光纤光栅应变传感器的初始中心波长，nm；

K_T——温度传感器的温度灵敏度系数，℃$^{-1}$。

应变传感器和温度传感器处于同一环境温度，螺栓的应变为

$$\varepsilon=\frac{1}{K_\varepsilon}\left(\frac{\Delta\lambda_{B1}}{\lambda_{B1}}-\frac{\xi}{K_T}\frac{\Delta\lambda_{B2}}{\lambda_{B2}}\right) \tag{7-30}$$

K_ε 和 K_T 需要在试验室进行标定。

光纤布拉格光栅具有体积小、抗电磁干扰的特点。常见的方法是将光纤布拉格光栅传感器直接封装于螺栓外表面或嵌入到事先加工好的螺栓孔中，需要螺栓孔才能应用，而且封装于螺栓中光纤光栅传感器只能感知螺栓部分区域的应变情况，这一缺陷在长螺栓中更为显著。

3. 电阻应变法

电阻应变片是一种将金属丝蚀刻在一种可变形的基底上的测量变形程度的传感器。半导体材料在力的作用下发生机械变形时，材料本身的电阻会发生改变，这种电阻值随变形发生而变化的现象称为电阻应变效应。通过电阻应变片电阻的变化来测量工件的表面应变，再依据胡克定律得到工件表面应力，如图 7-60 所示。

图 7-60 顶盖螺栓粘贴电阻应变片

使用时，将电阻应变片使用专用的黏结剂黏结在被测构件表面上，当被测构件发生变形时，电阻应变片会跟随构件发生变形，从而改变电阻应变片上的金属丝的形状，金属丝电阻发生改变。电阻变化同应变的关系为

$$\frac{\Delta R}{R}=K_0\varepsilon \tag{7-31}$$

式中 ΔR——电阻应变片的电阻变化量，μV；

R——电阻应变片初始电阻，μV；

K_0——灵敏度系数，单位应变所造成的相对电阻变化。

测量电阻变化时，一般采用惠斯通电桥，电阻 R_1、R_2、R_3、R_4 为电桥的四个臂，如图 7-61 所示。当在电桥的 AC 端接上电源、电桥的 BD 端接万用表时，如不发生电阻之间的改变，可视为电桥平衡，当电阻发生变化时，BD 两端的电位不相等。由于应变片阻值

变化极小，一般采用惠斯通电桥电路将电阻变化转换为电压变化来测量，测试时可采用四分之一桥、半桥和全桥法。

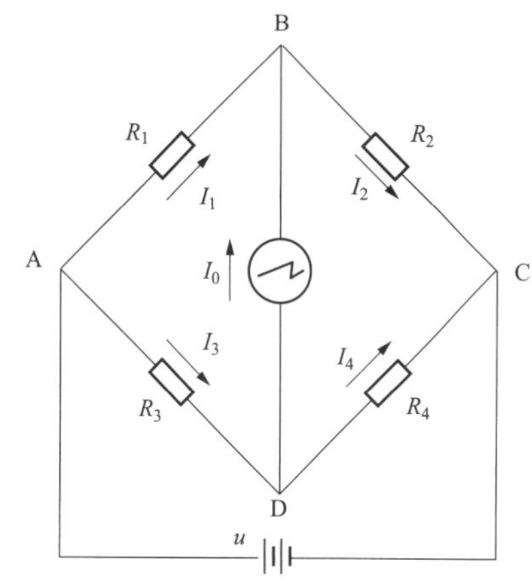

图 7-61　惠斯通电桥

电阻应变片由金属丝敏感栅、基底和覆盖层等组成。其中敏感栅是电阻应变量转化为电阻变化量的敏感部分，金属敏感栅粘贴于基底上，基底和覆盖层具有定位和保护电阻丝与被测体绝缘的作用。工作时，将敏感栅粘贴在被测构件表面，基底与最上层的覆盖层共同保护敏感栅，使其免于受到外界灰尘或者湿度等因素影响。引线焊接点用于焊接导线，使敏感栅与信号调理电路连接起来。中心点标记用于指示敏感栅的中点，在粘贴敏感栅的时候方便工作人员找准位置，如图 7-62 所示。

另外一种基于应变电测法的空心圆柱筒形测力传感器作为连接螺栓受力拾取器件。监测仪器空心圆柱筒形测力传感器由弹性元件、电阻应变片、温度补偿电路和转换电路构成。当被测轴向力作用于筒形弹性敏感元件上时，筒形弹性敏感元件会发生形变，此时粘贴在筒敏感弹性敏感元件上的应变片就会感知该力作用的形变，并且引起应变片电阻阻值的变化，通过电路转换，输出一个与被测信号呈线性关系的电压信号。空心圆柱筒形测力传感器外形如图 7-63 所示。

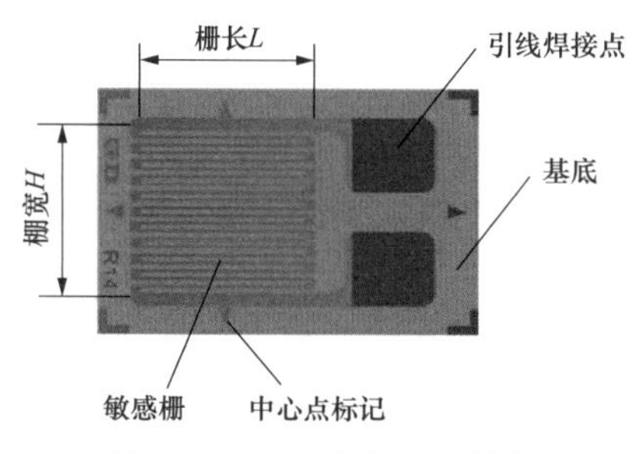

图 7-62　电阻应变片的结构

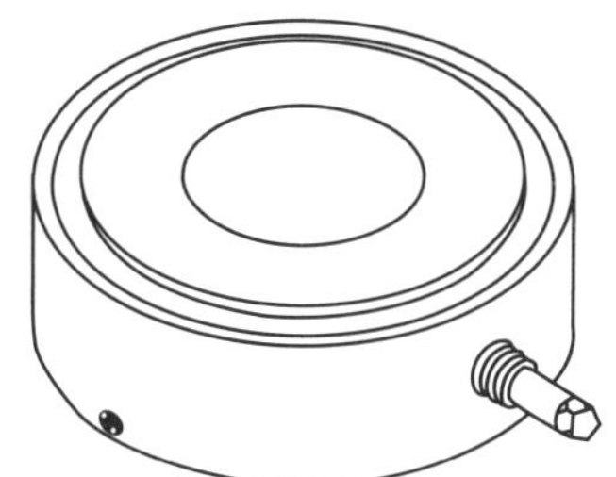

图 7-63　空心圆柱筒形测力传感器外形图

电阻应变片因其制造工艺简单、成本低廉、方便检测等原因被广泛应用于实际工程测量中，电阻应变片无法安装在被测构件内部，只能使用黏结剂将电阻应变片黏附在被测构件表面，故其无法测量构件的内部应力；应变片所测得的应变范围与应变片的敏感栅所覆盖面积基本一致，故使用单只应变片测量构件应变具有局限性，所测得的应变信号不具有全局应力特点。此外，应变片粘贴过程比较复杂，需要的人工成本较高，无法机械化粘贴，耗时耗力，并且对粘贴人员的专业素质要求较高。

4. 电容法

电容式应变计是将两个极板组成电容，然后通过机械放大结构获取被测构件应变并将放大后的应变传递给应变极板，控制两个极板之间的距离，进而改变两极板之间的电容，通过测量电容的变化量获取被测构件的应变值。一般所有的电容式传感器都是以平行极板式电容传感器作为基本形式，如图 7-64 所示。

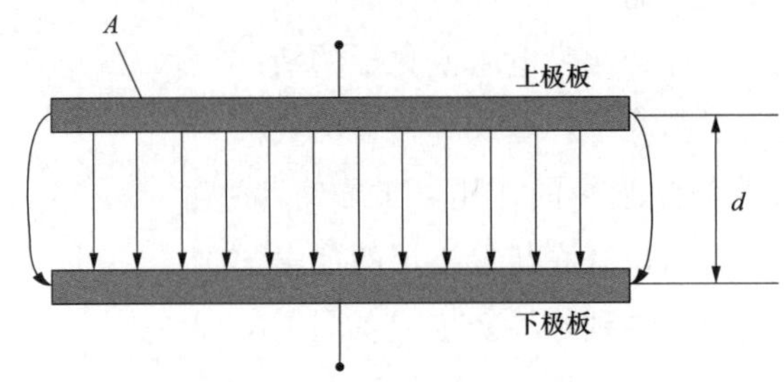

图 7-64　平行极板式电容传感器

其中，ε 是传感器的两平行极板间的电介质的介电常数，d 是上下两极板间的间距，A 是上下两极板之间的相对有效表面积。忽略两极板之间的边缘效应，两极板间的电容值可以用下式表示为

$$C=\frac{\varepsilon_0\varepsilon_r A}{d} \tag{7-32}$$

式中　C——电容式传感器内两极板间的电容量大小，μF；

ε_0——真空介电常数，F/m；

ε_r——两极板间介质的介电常数，F/m；

A——极板面积。

可见，电容量 C 与极板间介质的介电常数 ε_r、极板间有效表面积 A 和极板间距 d 之间存在数量关系，同时受到这三个参数的变化影响。因而，ε_r、A 和 d 这三个参数在保持其他两个参数不变化的情况下，只变化一个参数就能以此为原理制造出对应的电容式位移传感器。根据电容量产生变化的原因，即不同的工作原理，可以将电容式传感器分为以下三类，变介质型、变面积型和变极距型。其中变极距型电容式传感器最为常见，其测量原理是通过极板的移动导致极板间距发生变化，从而会导致电容的变化，变极距型电容传感器的单一式结构如图 7-65 所示。极板 A 为动极板，极板 B 为定极板，d_0 是两极板间的初始间距，Δd 是动极板的移动距离。

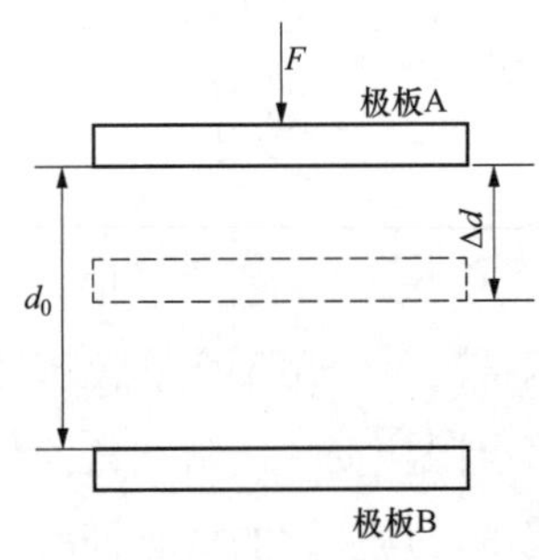

图 7-65　变极距型电容式位移传感器

极板 B 移动 Δd 后，电容的变化量为

$$\Delta C=\frac{\varepsilon_0\varepsilon_r A}{d_0-\Delta d}-\frac{\varepsilon_0\varepsilon_r A}{d_0}=\left(\frac{1}{1-\Delta d/d_0}-1\right)C_0 \tag{7-33}$$

式中　ΔC——电容变化量，μF；

C_0——初始电容量，μF。

可得

$$\frac{\Delta C}{C_0}=\frac{\Delta d}{d_0}\Big/\left(\frac{1}{1-\Delta d/d_0}\right) \tag{7-34}$$

变极距型电容传感器的电容量 C 与间距 d 的特性曲线如图 7-66 所示，可见，ΔC 与 Δd 并不是线性关系。当 $\Delta d/d_0$ 非常小时，则

$$K=\frac{\Delta C}{\Delta d}\approx\frac{C_0}{d_0} \tag{7-35}$$

式中　K——灵敏度系数。

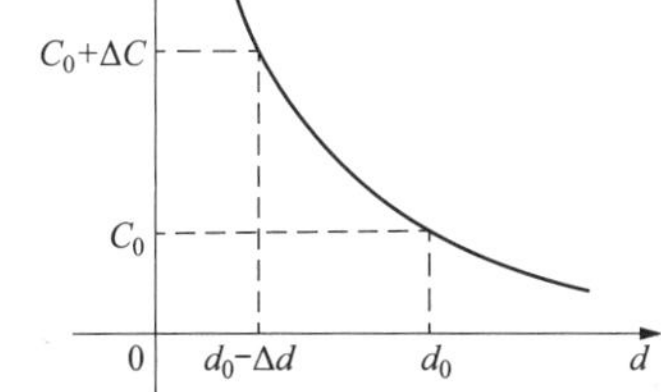

图 7-66　变极距型电容传感器的电容量 C 与间距 d 的特性曲线

电容传感器在实际应用中绝大部分情况都采用差动式变极距型电容传感器结构，通常与机械框架连接的上下两个极板称为定极板，也叫定片；与测微系统弹簧连接的可移动极板称为动极板，也叫动片。

变极距型差动式结构如图 7-67 所示。

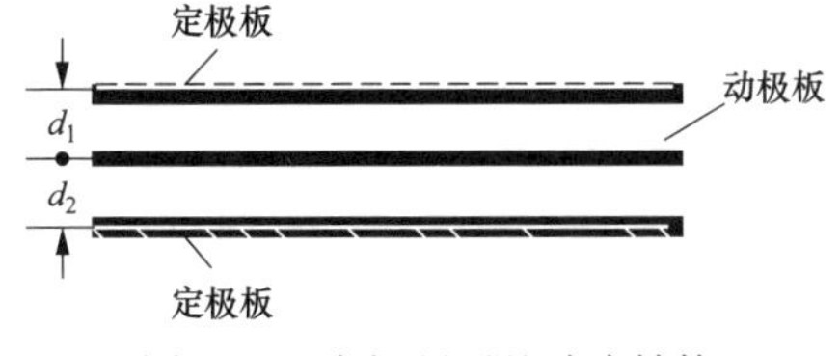

图 7-67　变极距型差动式结构

初始状态时动极板位于两定极板中央位置，这时有 $d_1=d_2=d_0$，两侧的初始电容大小相等。当动极板向上位移为 Δd 时，两边的间距为

$$d_1=d-\Delta d \tag{7-36}$$

$$d_2=d+\Delta d \tag{7-37}$$

电容的变化量为

$$\Delta C=C_1-C_2=\frac{\varepsilon_0\varepsilon_r A}{d_0-\Delta d}-\frac{\varepsilon_0\varepsilon_r A}{d_0+\Delta d}\approx 2\frac{\Delta d}{d_0}C_0 \tag{7-38}$$

灵敏度系数为

$$K=\frac{\Delta C}{\Delta d}\approx 2\frac{C_0}{d_0}\approx 2\frac{\varepsilon_0\varepsilon_r A}{d_0^2} \tag{7-39}$$

可见，相比于单一式结构，差动式电容结构的灵敏度系数可以提高一倍，线性度可以提高一个数量级，差动式结构的对称性可以消除外界温度和磁场产生的影响。

差动式电容传感器对微小的位移变化非常敏感，可以检测到微米级别的位移变化。但环境温度的变化会造成电容式传感器内部结构如零件的接合处产生微小的形变。湿度的变化会影响传感器装置的绝缘电阻的阻值大小。此外，温度和湿度都会造成电容器内部电介质的介电常数的变化。消除温度对电容式传感器的干扰，主要通过温度补偿的手段来实现。

电容传感器连接电路的电缆电容量相比传感器实际电容比较大。由于这点会导致电容因各类物理量变化而产生变化，会受到更多来自寄生电容所带来的误差。从而造成传感器

的准确度与测量精度降低。一般采用屏蔽电缆技术等方法进行降低寄生电容的影响。

电容器的极板边缘的电荷分布与中心部的分布不一致，在边缘产生附加电容影响了整体的电容测量。由于电容式传感器本身的电容量很小，所以附加电容就会对电容产生影响，降低了电容传感器的精确度。可以通过提高极板间初始电容量、加装等位环，从而减小边缘效应所带来的影响。电容式位移传感器在动态性能良好、分辨力高和非接触式测量等方面的特性得到发挥，并且在分布电容与寄生电容上产生的非线性干扰因素也得到了较大程度的解决。

（二）监测实例

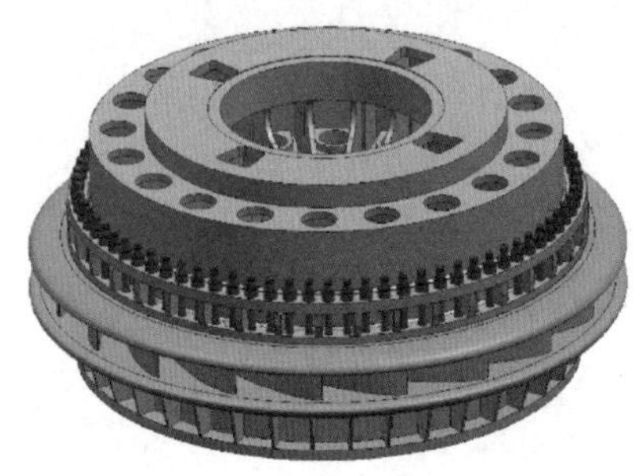

图 7-68　顶盖座环三维模型图

选取某抽水蓄能电站的顶盖螺栓作为研究对象，顶盖采用钢板焊接的箱型结构，连接螺栓穿过上下双法兰结构并与座环把合连接。顶盖上下环板、法兰板、肋板等材料为 Q345C 钢板，具有足够的刚强度和良好的焊接性能。顶盖座环三维模型图见图 7-68。

顶盖螺栓尺寸为 M95×4，材质更换为 34CrNi3Mo 锻钢，螺栓材料特性如表 7-15 所示。

表 7-15　　顶盖螺栓材料特性　　MPa

材料	屈服极限	强度极限	弹性模量
34CrNi3Mo	≥800	≥1000	2.1×10^5

本次顶盖把合螺栓动应力测试采用电阻应变法，其原理如下。物体在受到外力作用时，为保持原形状在内部产生一种抵抗外力的力，即应力。其值由下式求得

$$\sigma = \frac{P}{A} \tag{7-40}$$

式中　σ——应力，Pa 或 N/m^2；

P——外力，N；

A——截面面积，m^2。

同时，物体在受到外力时，会产生相应的变形。以长度为 L 的棒材为例，受到拉伸时会产生伸长量 ΔL，应变即通过下式求得

$$\varepsilon = \frac{\Delta L}{L} \tag{7-41}$$

式中　ε——应变；

ΔL——伸长量，mm；

L——原长度，mm。

应变是拉伸率（或压缩率），属于无量纲数，没有单位。由于数值极小，通常用 1×

10^{-6}（百万分之一）“微应变”来表示。

根据胡克定律，应力和应变在达到一定的数值之前，两者之间保持比例关系。即

$$\sigma = E \cdot \varepsilon \text{ 或 } \frac{\sigma}{\varepsilon} = E \tag{7-42}$$

应力与应变的比例常数 E 被称为纵弹性系数或杨氏模量，不同的材料有其固定的杨氏模量。

因此，虽然无法直接测量应力，但可以通过测量由外力影响产生的应变，进而得知应力的大小。

一般金属受到外力会发生变形，金属的固有电阻也将发生变化。金属的电阻大小与横截面积成反比，与长度成正比。当拉伸金属细丝时，横截面积变小，长度变长，电阻变大。压缩时电阻会变小。金属的拉伸或压缩与电阻的变化成一定的比例。在被测物体上粘贴应变片，即可通过测量其电阻的变化，得到拉伸或压缩的应变。为正确测量电阻的变化，需要通过电桥电路，把电阻的变化转化为电压测量，电压变化数量级为μV，通常需要增幅放大后，通过各种仪表读取其模拟数值和数字数值。测量动态应变需要相应的数据采集设备、记录变化波形等。

应变片采用的是由 HBM 公司生产的 CDY41-3L-0.5M 系列，见图 7-69，电阻为 350Ω。

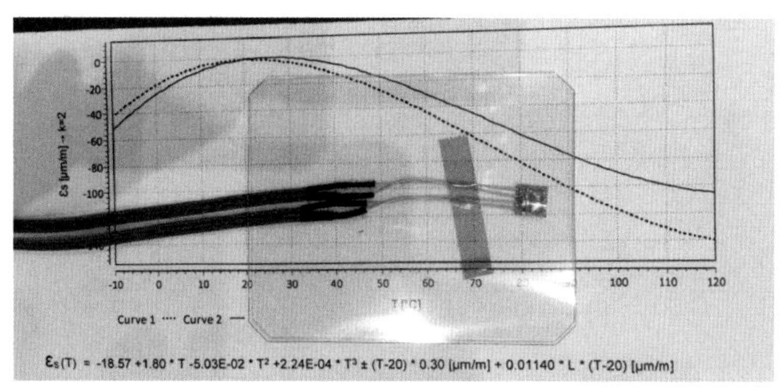

图 7-69　电阻应变片

应变片在测量电桥中主要有全桥、半桥以及四分之一桥的接线方式。测试中考虑到采集设备的原因和温度的变化，选择半桥接线方式。

粘贴应变片前先把油漆打磨掉，用砂纸磨出金属光泽，然后用丙酮擦洗干净。准备好应变片，用 502 胶水将其粘牢，表面涂上 SG250 的树脂保护层，主要作用是防水防触。

根据现场实际情况选取其中 6 个典型位置螺栓进行测试。分别为 1 号、49 号、14 号、15 号、26 号、76 号螺栓，在 1 号和 76 号螺栓中间部位圆周方向均匀布置 4 个应变片，其余螺栓在中间圆周方向均匀布置 2 个应变片，示意图如图 7-70 所示。

此次顶盖螺栓安装分两次拉伸预紧，第一次拉伸后螺栓伸长量控制在 1.1～1.2mm，第二次拉伸后伸长量控制在 1.2～1.35mm。其中，1 号和 49 号螺栓只进行第一次拉伸。

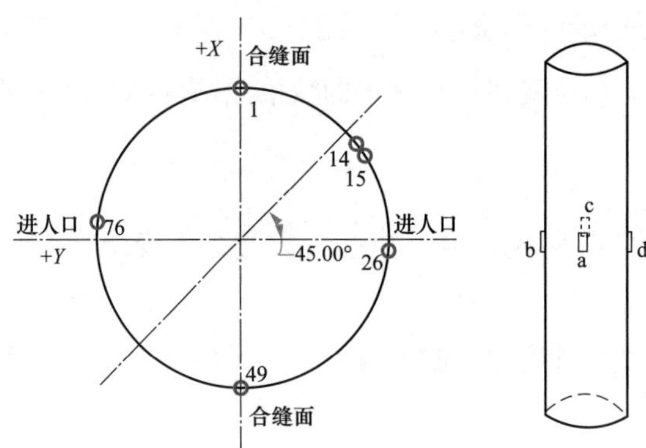

图 7-70　应变片测点示意图

由于在第一次拉伸完成后 76 号螺栓上的应变片在施工过程中被破坏掉了，26 号螺栓在第一次拉伸时不具备测试条件，因此只统计 1 号、49 号、14 号和 15 号螺栓的预紧过程和甩负荷过程的应力变化情况，如表 7-16 所示。

表 7-16　　顶盖螺栓应力测试记录表

螺栓号		1 号				49 号		14 号		15 号	
贴片方向		a	b	c	d	a	c	a	c	a	c
最大值（MPa）	第一次拉伸	406	432	468	447	438	443	454	434	438	455
回弹后（MPa）		304	322	346	331	333	338	339	333	335	345
回弹率（%）		25	25	26	26	24	24	25	23	24	24
最大值（MPa）	第二次拉伸	—	—	—	—	—	—	110	123	122	135
回弹后（MPa）		—	—	—	—	—	—	10	22	31	33
总预紧力均值（MPa）		326				336		352		372	
发电稳态变化量（MPa）	甩 50%负荷	43	29	52	40	31	50	27	37	19	38
甩负荷过程最大变化量（MPa）		64	44	77	62	46	72	37	51	25	55
甩负荷过程最大应力（MPa）		390	370	403	388	382	408	389	403	397	427
螺栓最大应力均值（MPa）		388				395		396		412	
发电稳态变化量（MPa）	甩 100%负荷	48	33	55	45	33	49	28	42	24	45
甩负荷过程最大变化量（MPa）		88	62	103	83	56	93	48	67	36	71
甩负荷过程最大应力（MPa）		414	388	429	409	392	429	400	419	408	443
螺栓最大应力均值（MPa）		410				411		410		426	

注　总预紧力均值：拉伸后螺栓不同方向应力测试平均值。
发电稳态变化量：带负荷后螺栓应力与启机之前相比的增加值。
甩负荷过程最大变化量：甩负荷过程中螺栓应力的最大值与启机之前相比的增加值。
甩负荷过程最大应力：甩负荷过程中螺栓的最大应力，包含预紧力。
螺栓最大应力均值：螺栓不同方向应力测试平均值。

螺栓在液压拉伸器的作用下，螺栓预紧应力先达到峰值，在卸压的瞬间，预紧应力回弹，回弹量基本为实际预紧力的 20%～30%，见图 7-71。

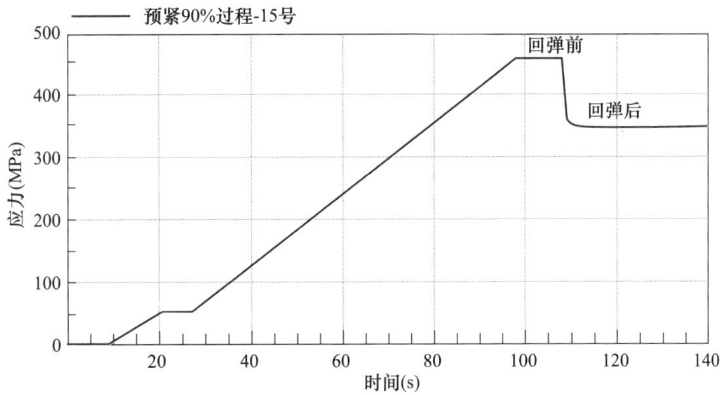

图 7-71　螺栓预紧过程应力变化示意图（以 15 号为例）

以 15 号螺栓为例，顶盖螺栓在服役过程中，测得螺栓在其圆周方向上产生的应力不均匀，见图 7-72，说明螺栓受到一定的弯曲载荷。圆周方向上不同的应力也会造成其应力幅值的不同，如果发生疲劳破坏，会在应力幅值较大的一侧率先产生疲劳裂纹。甩负荷过程中，螺栓的应力明显增加，甩 100%负荷时应力达到最大。

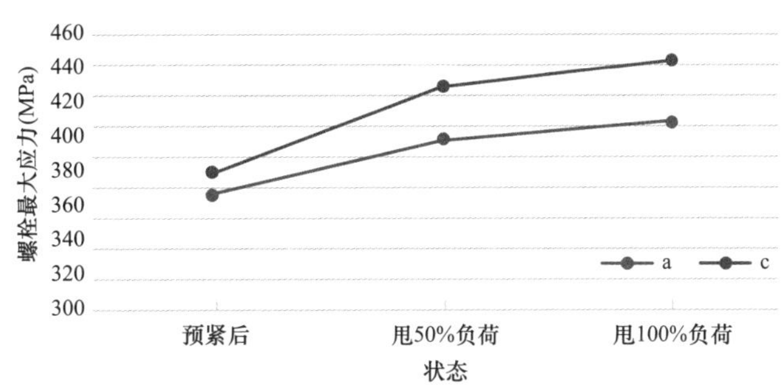

图 7-72　同一截面上不同位置的应力分布（以 15 号为例）

甩负荷过程中，螺栓的应力明显增加，见图 7-73。甩 100%不同位置的顶盖螺栓产生的应力变化也不一致，在顶盖合缝面处的 1 号和 49 号螺栓的应力变化最大。

由 $F_2=F_0+\frac{C_b}{C_b+C_m}\cdot F$ 可知，被连接件的相对刚度 C_m 减小应力会使得载荷变化值 $\frac{C_b}{C_b+C_m}\cdot F$ 增加，也会使总载荷增加。位于顶盖合缝面 1 号和 49 号螺栓由于顶盖的自由度大，相当于相对刚度减小，因此其应力值最大，应力幅值变化也大。

合金钢的螺栓预紧应力一般按照材料屈服强度的 50%～60%施加，由于螺栓安装后的回弹作用，螺栓的总载荷即使在甩 100%负荷的情况下也达不到预紧应力水平，见图 7-74，更是无法达到 2/3 屈服强度水平。

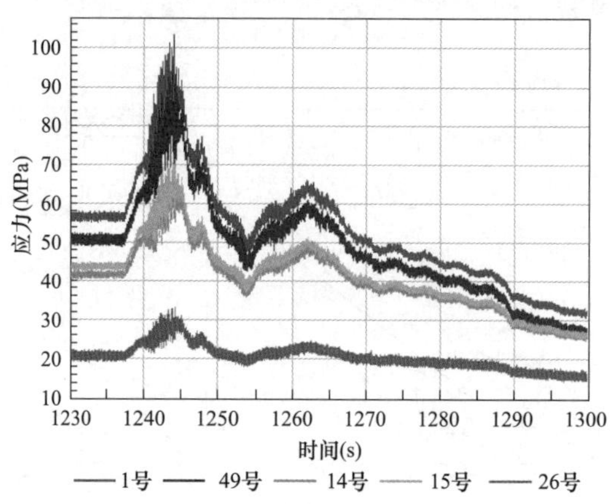

图 7-73　甩 100％负荷螺栓应力变化曲线

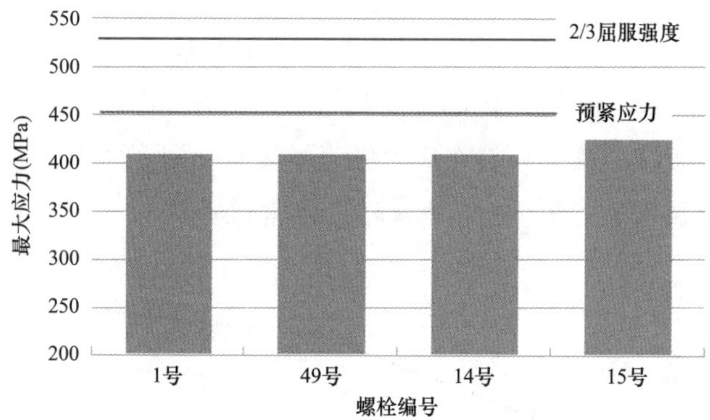

图 7-74　螺栓最大应力水平

抽水蓄能电站轴承特点及缺陷分析

第一节　轴承的工作原理及结构形式

一、轴承的分类

轴承是用于确定轴与其他零件相对运动位置，起支撑或导向作用的零部件。轴承的主要功能包括支撑机械旋转体、降低机械旋转体运动过程中的摩擦系数和保证机械旋转体的回转精度等。按照摩擦的性质，可以将轴承分为滚动轴承和滑动轴承两大类。

滚动轴承是靠滚动体的转动来支撑转动轴，将运转的轴与轴座之间的滑动摩擦变为滚动摩擦的轴承。滚动轴承具有摩擦阻力小、机械效率高、易启动等优点，但是也存在着噪声大、寿命低、结构复杂等缺点，一般用于小的机械设备中的转速较高的部位，如电动机，齿轮箱等。滚动轴承已经标准化，选用、润滑、维护都很方便，在一般机器中应用较广。

滑动轴承是靠平滑的面来支撑转动轴，仅发生滑动摩擦的轴承。与滚动轴承相比，滑动轴承具有工作平稳、可靠、无噪声、寿命长的特点，可以大大减少摩擦损失。由于承受负荷的能力比同样体积的滚动轴承大得多，因此，滑动轴承的径向尺寸小于滚动轴承，结构相对于滚动轴承来说更简单，所占的体积也更小。滑动轴承的类型很多，按照其承载力方向的不同，分为径向轴承（承受径向载荷）和止推轴承（承受轴向载荷）；按照流体润滑承载激励的不同，又可分为流体动力润滑轴承（简称流体动压轴承）和流体静力润滑轴承（简称流动静压轴承）。

抽水蓄能机组轴承为滑动轴承，主要的工作方式是流体动力润滑，也就是动压轴承工作方式。根据结构，可分为导轴承和推力轴承。

（一）导轴承

立式水轮发电机的导轴承主要用来承受机组转动部分的机械径向不平衡力和电磁不平衡力，使机组轴系的临界转速和摆度满足相关标准要求。

（二）推力轴承

推力轴承一般有高压油顶起系统，此工作方式属于流体静力润滑，也就是静压轴承工

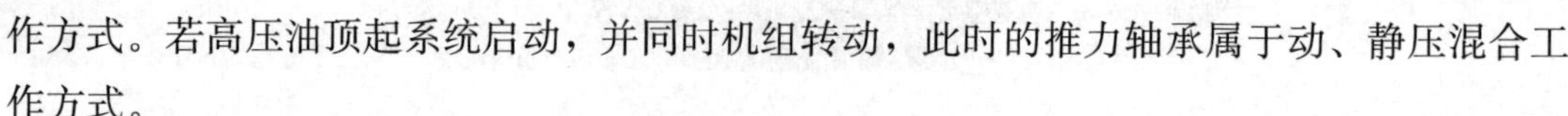

作方式。若高压油顶起系统启动，并同时机组转动，此时的推力轴承属于动、静压混合工作方式。

1. 推力轴承

推力轴承是水轮发电机组中最重要的部件之一，它承受着机组转动部分重量及轴向水推力，其工作性能不仅直接关系到机组能否安全运行，而且还影响机组的出力和效率。

2. 推力轴承高顶系统

在机组启动和停机过程中，轴承处于混合润滑状态，这时比较容易发生磨损事故。为使轴承可靠运行、减小推力轴承的静摩擦转矩，以建立足够的油膜厚度，巴氏合金瓦推力轴承一般采用高压油顶起装置。

高压油顶起装置是用高压油将镜板顶起，以便在推力瓦和镜板之间建立承载油膜，成为短时运行的静压轴承，从而保证了轴承的安全启动。

配有高压油顶起系统的机组不受开机次数、停机时间和热启动的限制。开机和停机时轴承总是在流体润滑状态下运行，因而无磨损。

二、摩擦与润滑

当相互接触的两个物体发生相对滑动或有相对滑动趋势时，在接触面表面上产生阻碍相对运动的摩擦，仅有相对运动趋势时的摩擦成为静摩擦，相对滑动进行中的摩擦称为动摩擦。根据摩擦面间存在润滑剂的情况，滑动摩擦分为干摩擦、边界摩擦（边界润滑）、流体摩擦（流体润滑）及混合摩擦（混合润滑），如图 8-1 所示。当摩擦面润滑膜厚度达到足以将两个表面的轮廓峰完全隔开，就形成了完整的流体摩擦，润滑剂中的分子大都不受金属表面吸附作用的支配而自由移动，摩擦是在流体内部的分子之间进行的，所以摩擦系数极小，是理想的摩擦状态。

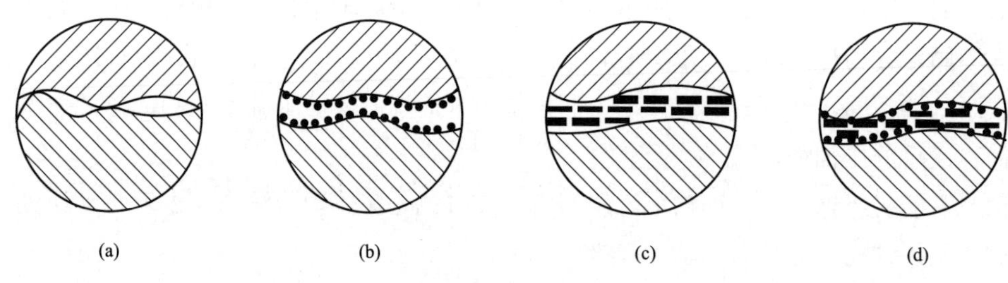

图 8-1　摩擦状态

（a）干摩擦；（b）边界摩擦；（c）流体摩擦；（d）混合摩擦

滑动轴承要想能够正常的工作就必须形成润滑膜，润滑膜是一层薄薄的油膜。根据摩擦面间油膜形成的原理，可把流体润滑分为流体动力润滑（利用摩擦面间的相对运动而自动形成承载油膜的润滑）及流体静力摩擦（从外部将加压的油送入摩擦面间，强迫形成承

载油膜的润滑）。

流体动力润滑是指两个做相对运动物体的摩擦表面，用借助于相对速度而产生的黏性流体膜将两摩擦面完全隔开，由流体膜产生的压力来平衡外载荷。动力润滑主要利用一定黏性的流体流入楔形收敛间隙而产生压力的楔效应。形成流体动力润滑（即形成流体动力油膜）的必要条件是：

（1）相对滑动的两表面必须形成收敛的楔形间隙。

（2）被油膜分开的两表面必须有足够的相对滑动速度（滑动表面带油时要有足够的油层最大速度），其运动方向必须由大口流进，小口流出。

（3）润滑油必须要有一定的黏度，供油要充分。

动压轴承是依靠轴承两相邻面的运动以及轴承间隙大小的不平均而产生承载能力的。虽然动压轴承也有进油口，但从进油口进入轴承的润滑油是不具有压力的。动压轴承的承载力是由动压效应产生的，不是由供油压力决定的。因为动压轴承的承载力来自动压效应，所以承载力往往不如静压轴承的高。

流体静力摩擦是靠液压泵（或其他压力流体泵）将加压后的流体送入两摩擦表面之间，利用流体静压力来平衡外载荷。静压轴承中的润滑油通过附加的一种供油设备，通过油泵将润滑油送到轴承需要润滑的部位，因其具有相当的压力，所以会产生一定的油膜压力，形成向上的承载力支撑主轴，进而实现流体静压润滑。流体静压轴承由于依靠外界供给一定的压力油而形成承载油膜，使轴和轴承相对转动时处于完全液体摩擦状态，摩擦系数很小，因此启动力矩小、效率高。由于静压轴承工作时，轴与轴承不直接接触，所以轴承不易磨损，能长期保持精度，使用寿命长。静压轴承的油膜不像动压轴承的油膜那样受到速度的限制，因此能在极低或者极高的转速下正常工作。静压轴承的油膜刚性大，具有良好的吸振性，运行平稳，精度较高。但是静压轴承必须要有一套复杂的压力油系统，在重要场合还必须加一套备用设备，费用较高，维护管理也比较麻烦。

三、抽水蓄能电站轴承的结构形式

大型抽水蓄能机组一般采用 3 组导轴承和 1 组推力轴承，导轴承按照安装部位又可分为上导轴承、下导轴承和水导轴承。导轴承与推力轴承的布置关系可分为独立式和组合式结构。

根据导轴承瓦的支撑结构和间隙调整方式可分为支柱螺钉式、球面支柱式、楔子板式和键式 4 种结构。

（1）支柱螺钉式。导轴承瓦用支柱螺钉支撑固定，导轴承瓦与滑转子的间隙通过旋转支柱螺钉来调整。目前该结构很少选用。

（2）球面支柱式（见图 8-2、图 8-3）。导轴承瓦用球面支柱支撑固定，导轴承瓦与滑转子的间隙通过垫片来调整。该结构适用于大中小型发电机的上下导轴承。

（3）楔子板式。导轴承瓦用球面支柱支撑固定，导轴承瓦与滑转子的间隙通过楔子板来调整。该结构适用于大中型发电机的上下导轴承。

（4）键式（见图 8-4）。导轴承瓦用键支撑固定，导轴承瓦与滑转子的间隙通过键的现场实配来调整。该结构适用于大中小型发电机的上下导轴承。

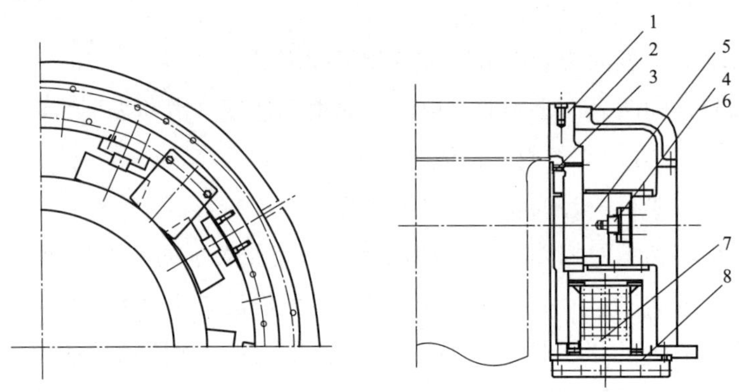

图 8-2　独立式上导轴承结构（球面支柱式）

1—滑转子；2—密封盖；3—挡油管；4—球面支柱；5—导瓦；6—垫块；7—油冷却器；8—油盘底

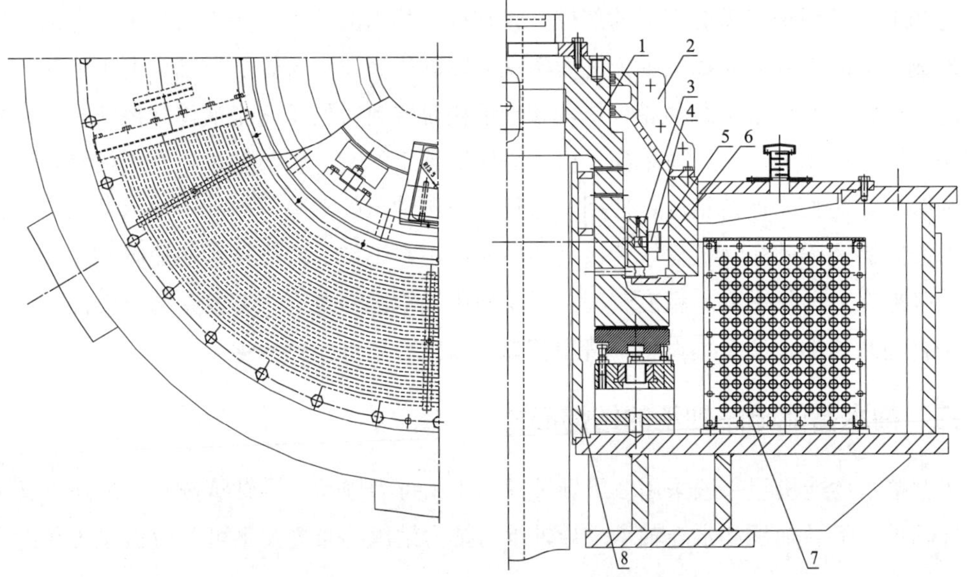

图 8-3　组合式上导轴承结构（球面支柱式）

1—推力头（滑转子）；2—密封盖；3—导瓦；4—球面支柱；

5—垫块；6—座圈；7—油冷却器；8—挡油管

（一）上导轴承

发电机的导轴承通常安装在机架中心体的油槽内。导轴承属于浸油式滑动轴承，多采用分块可倾瓦结构。导轴承由弧形瓦块组成，瓦块可以绕支点在流体动压作用下沿圆周方

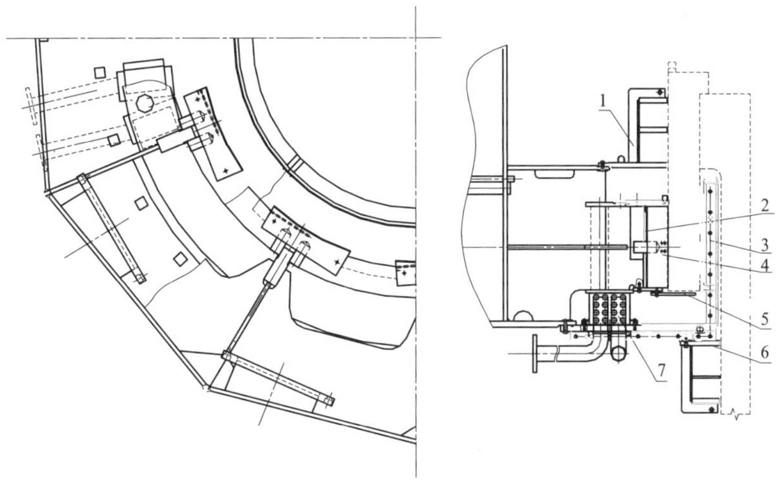

图 8-4　独立式上导轴承结构（键式）

1—密封盖；2—键；3—挡油管；4—导瓦；5—泵环；6—密封盖；7—油冷却器

向倾斜，并适应不同工况。若支点为球面，瓦块也可以在轴线方向倾斜，可以适应轴承的同轴度误差和轴的弯曲变形。

（二）下导轴承

下导轴承采用独立式结构时，导轴承与推力轴承分开，具有独立的油槽、油冷却器和滑转子。该结构导轴承滑转子直径相对较小、导瓦块数相对较少、导轴承损耗也较小，但占用机组轴向空间，结构相对复杂。结构型式同上导轴承结构。

下导轴承采用组合式结构时，导轴承与推力轴承组合在一起，共用油槽和油冷却器，一般推力头兼作导轴承滑转子（见图 8-5）。该结构导轴承滑转子直径相对较大、导瓦块数相对较多、导轴承损耗也较大，但节省机组轴向空间，结构相对简单。适用于伞式或半伞式发电机的下导轴承。

（三）水导轴承

水导轴承是抽水蓄能机组水泵水轮机侧唯一导轴承，单独承受水泵水轮机侧可能发生的径向力。水泵水轮机侧的径向力来自水泵水轮机转轮的质量不平衡、水力不平衡等，因此为增强轴系稳定性，减小轴系挠度，水导轴承在轴向布置上应尽量靠近转轮。

水导轴承装置结构简化示意如图 8-6 所示。

（四）推力轴承

大型抽水蓄能机组发电电动机双向推力轴承采用中心支撑以及双向转向高速运行的特点。镜板推力头将机组转动部件的重量传递给推力轴承与推力支架。推力轴承具有足够的能力承担发电电动机和水泵水轮机转动部分的重量及水推力（最大可能负荷）。转子由推力头镜板支撑。推力头和镜板可以采用分体结构，也可以采用一体结构。如采用一体结构，推力头、镜板与发电机下端轴锻为一体，并经锻压加工而成。双层巴氏合金推力瓦结构如图 8-7 所示。

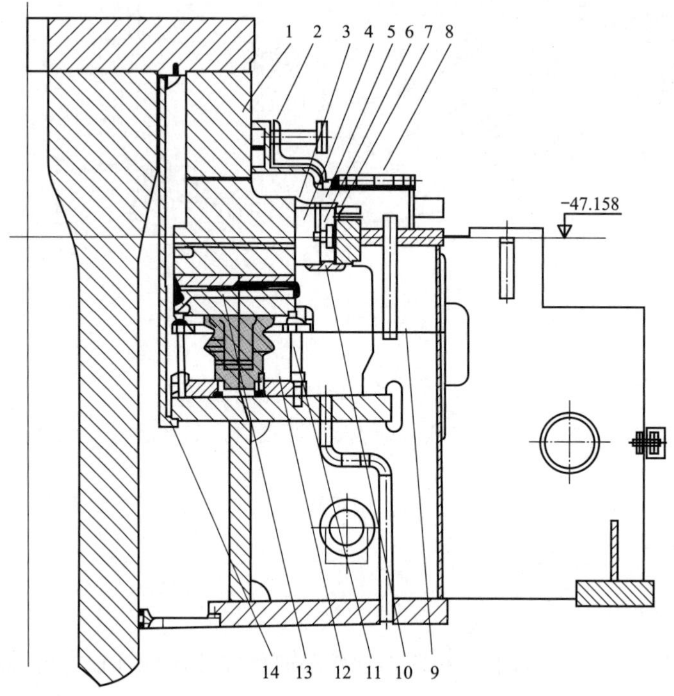

图 8-5 组合式下导轴承结构（球面支柱式）

1—推力头镜板；2—油挡；3—稳油盖；4—下导瓦；5—稳油板；6—球面支柱；7—垫块；8—油槽盖；9—冷热油隔板；10—托板；11—推力轴承；12—弹性油箱底；13—推力轴承瓦装配；14—挡油管

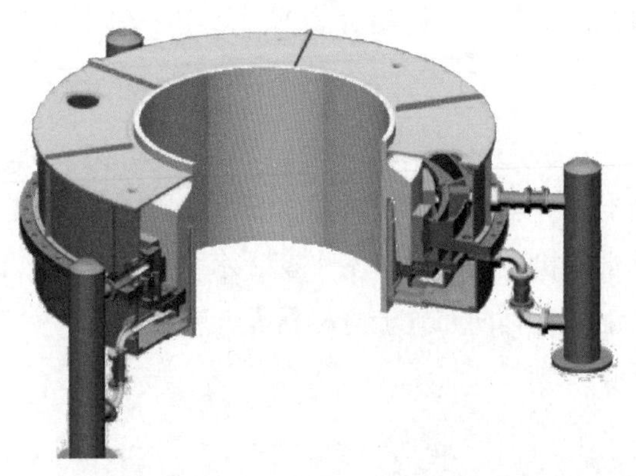

图 8-6 水导轴承装置结构简化示意图

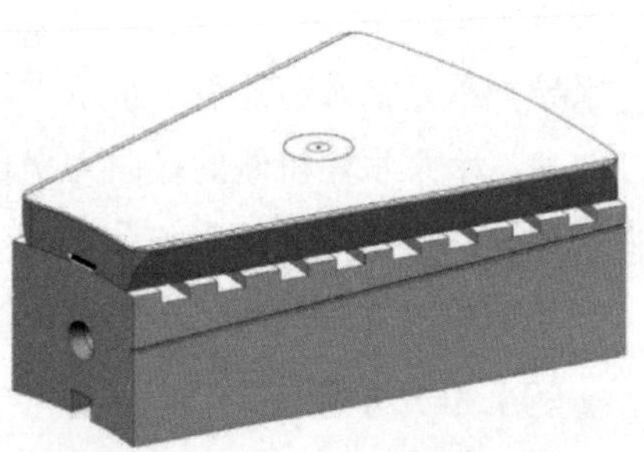

图 8-7 双层巴氏合金推力瓦结构

支撑系统对推力轴承的性能有重要影响。在大型抽水蓄能机组发电电动机双向推力轴承的支撑方式有弹性油箱、小弹簧、弹性盘和支柱螺栓（托盘）等，其中，小弹簧支撑和弹性油箱支撑等应用较多，它们安装调整方便，瓦的倾斜灵活，并且可以较好地控制瓦变形。弹性油箱支撑在运行过程中还能够自动平衡瓦间负荷。推力轴承瓦的支撑型式见图 8-8。

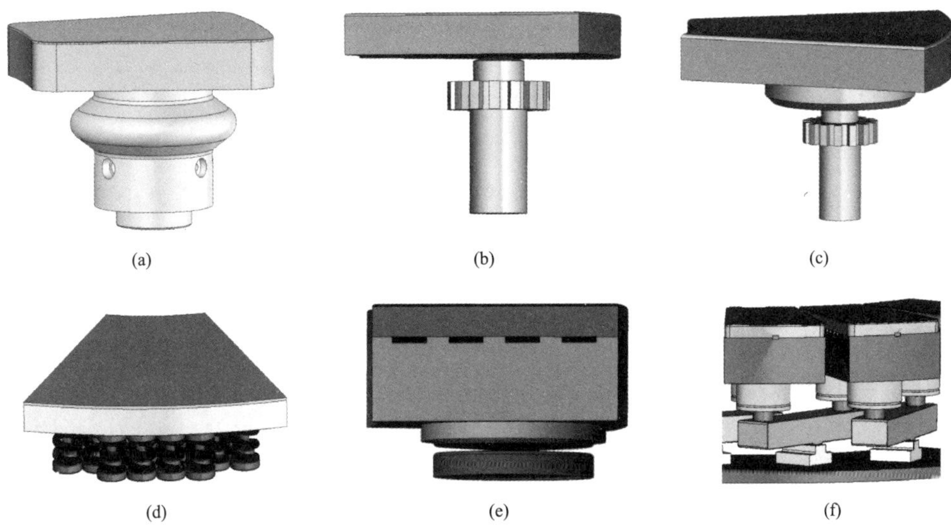

图 8-8　推力轴承瓦的支撑型式

（a）弹性油箱支撑；（b）支柱螺栓支撑；（c）支柱加托盘支撑；
（d）小弹簧支撑；（e）弹性盘支撑；（f）弹性梁双托盘支撑

四、轴承的润滑冷却

（一）轴承的润滑冷却方式

轴承的润滑冷却方式分为内循环和外循环。抽水蓄能机组转速较高，其双向推力轴承的润滑冷却一般采用外循环。

1. 内循环冷却

内循环冷却方式是指油冷却器与推力轴承安装在同一油槽内，依靠油槽内旋转部件如镜板、推力头等的黏滞作用和油的对流换热形成循环回路。为了加强循环效果，还可以安装轴流泵叶片（叶轮泵）或者在镜板上加工径向孔强制流油循环。内循环以冷却器的形式分为立式冷却器，卧式冷却器和抽屉式冷却器三种方式。

立式冷却器的内循环系统，油冷却器由两个半圆组成，为扇形布置，在冷却器的中部，安置有径向隔油板，使油从冷却器的上半部流向下半部。冷却器的上面装有稳油板，他与油槽壁的密封间隙应减小，以防止在运行中油面产生过大倾斜，同时也有利于将油流的动压转变为适应油路循环方向的压力（包括动压和静压）。

卧式冷却器内循环系统，油冷却器的高度低于轴承瓦面，宽度方向尺寸较大。这种结构的主要优点是检修时，抽出瓦块很方便，不用拆卸推力头和吊出油冷却器。

抽屉式冷却器内循环系统，油冷却器安装在油槽壁上，每个冷却器相应于一块推力瓦的位置。冷却器由一组同心排列的U形管组成。这种冷却器的冷却管的长度较短，不易堵塞，对水质的要求相对较低。另外，这种冷却器拆装方便，通过其安装孔可以抽瓦，冷却器和轴承的检修便利。

2. 外循环冷却

外循环冷却是指冷却器与推力轴承分别安装在油槽的外部和内部，外循环又依循环动力的方式分为自身泵和外加泵两种形式，自身泵又分为镜板泵和导瓦泵两种。

外加泵外循环是在油的循环回路系统中加一组互为备用的电动油泵作为循环动力，由冷却器、滤油器、压力表、流量显示器和阀门等元件组成。润滑油在油槽内部可采用瓦间喷管结构或瓦间隔板结构进行润滑。外加泵外循环系统对外部管路和元件的阻力要求不高，适用于轴承损耗大、安装空间小的推力轴承。

镜板泵适宜在高转速机组上使用，一是推力轴承PV值高，二是轴承的尺寸较小。自身泵是利用轴承旋转部件加工数个径向或后倾泵孔形成。当机组运行时，可形成稳定的压头。在旋转体的外侧，附加有集油槽，将泵打出的油汇集入系统油管并进入油冷却器，经冷却后沿环管、喷油管再喷到瓦的进油边附近。为防止热油携带到第二块瓦，一般在两块瓦之间安装有刮油装置。镜板泵外循环润滑冷却系统见图8-9。

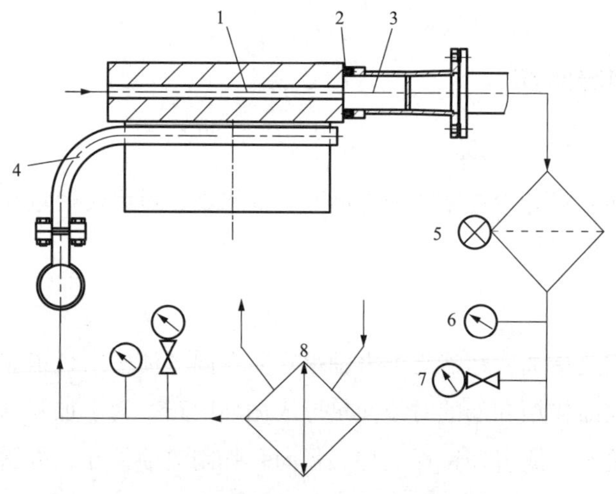

图8-9　镜板泵外循环润滑冷却系统

1—镜板泵孔；2—密封；3—集油槽；4—喷油管；5—过滤器；
6—温度传感器；7—压力传感器及压力表；8—冷却器

导瓦泵外循环适宜在较高转速机组上使用，自泵瓦是利用导轴承瓦的泵孔和轴径的旋转形成。当机组运行时，可形成稳定的压头。在导轴承的底部，附加有出油管，将泵打出的油汇集入系统油管并进入油冷却器，经冷却后沿环管、回油管再回到瓦的内缘附近。为防止冷热油混合，一般有冷热油分隔装置。结构复杂，设备投资比内循环的大，管路部件多，管理维护不便。但其优点是拆卸推力瓦不需拆卸冷却器，油冷却器、推力轴承检修相对便利。导瓦泵外循环润滑冷却系统见图 8-10。

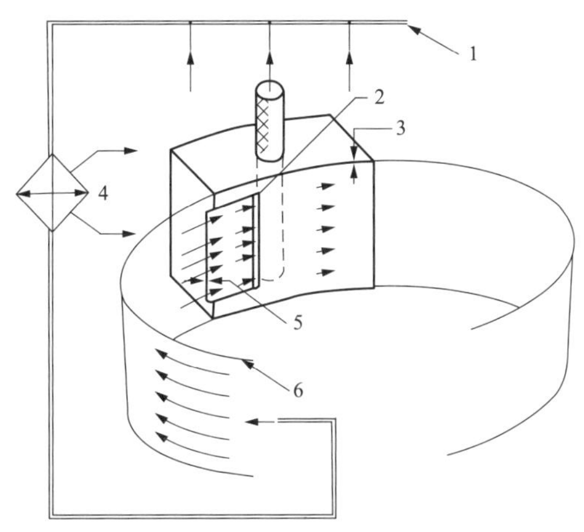

图 8-10　导瓦泵外循环润滑冷却系统

1—环管；2—泵槽；3—油膜间隙；4—冷却器；5—泵槽间隙；6—泵槽间隙

（二）轴承的供油方式

轴承的供油分为浸油式和喷淋式两种方式。

浸油式润滑是抽水蓄能机组轴承润滑的一种常见方式，其原理是将轴承浸入油中，在转动时油能够被搅拌起来，将润滑油分布到轴承上，并形成油膜。这种供油方式的推力轴承损耗由瓦面油膜的摩擦损耗和镜板等旋转件产生的搅拌损耗组成，为了保证推力瓦面能够充分润滑，油槽内的初始油位较高，一般淹没到镜板背面，推导组合轴承至少淹没到导轴瓦的一半高度。油位高，意味着镜板等转动部件淹没的面积也大，镜板高速运转时，将造成很大的搅拌损耗，降低机组效率。

随着抽水蓄能机组单机容量的不断增长，机组转速不断提高，轴承损耗会迅速增大。基于这一突出问题，喷淋式轴承润滑方式应运而生。近年来，一些企业开始研究在抽水蓄能机组中采用喷淋式轴承润滑方式，在结构上增加供油泵、副油箱，在油泵压力作用下，通过供油环管向瓦间镜板面喷油，镜板再将润滑油带入瓦面油膜。这种润滑方式可以减少轴承油槽内的搅拌损耗，对冷却系统的选择也相对友好，冷却系统容量可以大幅度减少。

五、轴承的安装

水轮发电机的安装程序主要根据结构形式确定，同时也与工地的施工条件、土建进度、设备到货情况和场地布置等客观条件有关。在保证安装质量的前提下，应尽量采取与土建及水轮机的安装实行平行交叉的施工方案，充分利用现有场地及施工设备，进行大件预装配。然后再把预装配好的大件按顺序分别吊入机坑进行总装。

推力轴承预装主要包括推力轴承支撑和负荷机架的预装、推力轴承瓦装配、镜板装配、推力头装配、油槽装配、油冷却器及挡油板装配。

推力轴承安装主要包括吊装推力轴承支撑、调整镜板高程及水平、推力头安装、推力头与镜板连接。将转子落到推力轴承上，初步调整推力轴承受力，发电机单独盘车，调整发电机轴线，测量和调整法兰盘摆度。

（一）推力轴承的安装

推力轴承是水轮发电机最关键的机械部件。推力轴承座与承重机架预装时，应检查推力轴承的中心及推力轴承座与机架垫板的接触情况。

1. 刚性支撑推力轴承安装

（1）推力轴承座与垫板的绝缘。安装时将绝缘垫板清理干净垫入，打入绝缘销钉。轴承座与垫板把紧后测量绝缘电阻值应不低于 1MΩ。

（2）轴承部件安装。

将研刮合格并清理干净的推力瓦置于托盘（或托瓦）上，吊装镜板，并调整其高程及水平。确定镜板高程应考虑机组承载的挠度。镜板水平控制在 0.02mm/m 以内。

（3）热套推力头。

推力头与主轴一般采用过渡配合，需要加热套装，采用电加热器加热推力头。对悬式水轮发电机，紧量为 0.02～0.05mm。热套间隙应为 0.8～1.0mm。套装时推力头水平控制在 0.2mm/m 以内。推力头卡环应进行预装。推力头热套后温度降至室温时装入卡环，接触应良好无间隙。

2. 液压式弹性油箱推力轴承安装

（1）按照要求安装基本刚性支撑式推力轴承。

（2）应仔细清扫弹性油箱波纹部分。对双层推力瓦结构，应研配瓦背与托瓦的接触面，其接触点应均匀分布。

（3）确定镜板的高程应考虑机架挠度值及油箱承载后压缩变形量。

（二）推力轴承调整受力

当机组轴线调整合格后，便可进行推力轴承的受力调整工作。

1. 刚性支撑结构推力轴承的受力调整

（1）捶击法。

中、小容量水轮发电机，多采用捶击法调整受力。此法测量及调整简单。调整时，机组应位于中心，镜板处于水平状态。根据机组大小选取 26～53N 的大锤。各支柱螺钉锁定板与支柱螺钉座标记线移动的距离相差应不大于 1mm，且镜板仍保持水平状态，便可认

为受力调整合格。

（2）应变仪法。

用应变仪调整受力是刚性或弹性支撑的大容量水轮发电机推力轴承较常用的一种方法。测量前，将应变片贴在托盘易变形处靠近支柱螺钉的中心部位。为了消除由于各托盘加工及贴片位置误差产生的影响，以提高测量的准确度，应预先用压力机和应变仪对每个贴有应变片的托盘进行载荷与应变值关系的测定。

调整时，应使各支柱螺钉紧靠轴瓦，并调好镜板水平。经反复测量和调整，当托盘受力最大值和最小值与平均值之差不超过平均值的10%认为合格。

（3）千分表法。

用千分表调整受力是目前广泛使用的方法。调整前，在每个轴承上装置一块千分表，表头在具有较低表面粗糙度的钢板上测量，以免产生测量误差经反复测量，最后得出较小差值。要求各变形值与平均值之差应不大于平均变形值的5%。

2. 弹性油箱支撑结构推力轴承的受力调整

（1）通常用千分表测量各弹性油箱的伸缩值。受力调整应在主轴垂直并位于中心和镜板处于水平的情况下进行，上、下导轴瓦间隙应调到最小值。每个油箱放置一块千分表，表头顶在装于保护罩上的测量杆上。

（2）调整时，保护罩底面与油箱底盘的间隙应不小于3mm。通过顶起、落下转子，从千分表读数反映各油箱的伸长和压缩变形值，调整支柱螺钉（升高或降低）。为了避免油箱倾斜所引起的测量误差，测量杆沿着推力轴承的半径方向布置，并且每个油箱装置两块千分表，同顶在一个测量杆上（应折算到承载后油箱中心的变形值），经反复测量和调整直至合格。

（3）要求各弹性油箱压缩量的偏差不大于0.2mm，且镜板水平符合要求。

3. 导轴承瓦间隙的确定

（1）机组中心确定后，应根据盘车测定的合格摆度值确定轴瓦单侧间隙的分配值。摆度大的方向间隙应调小些，但不宜小于0.03mm。

（2）对悬式机组，水轮机导轴承瓦间隙已按盘车摆度值调整到正确位置，并且上导轴颈已处在中心位置，则上导轴承瓦单侧间隙可取设计间隙平均值，下导轴承瓦单侧间隙应考虑轴线的实际位置和摆度方位分别确定。

（3）导瓦间隙是通过导瓦背面与支柱螺钉（球面支柱等）间的间隙而测得的。其偏差不超过0.02mm。

（4）对采用弹性油箱支撑的推力轴承，由于它具有良好的自调性能，因此，各部导轴承瓦间隙可按设计值均匀调整，不考虑摆度值。如主轴不在中心位置，仅从平均值中减去偏心值即可。

第二节　滑动轴承常用材料及失效方式

一、轴承材料

轴瓦和轴承衬的材料统称为轴承材料。轴瓦是滑动轴承中的重要零件，它的结构设计是否合理对轴承性能影响很大。有时为了节约贵重合金材料或者由于结构上的需要，常在轴瓦内表面上浇铸或轧制一层轴承合金，称为轴承衬。轴瓦应具有一定的强度和刚度，在轴承中定位可靠，便于输送润滑剂，容易散热，并且拆卸、调整方便。为此，轴瓦应在外形结构、定位、油槽开设和配合等方面采用不同的形式以适用不同的工作要求。

轴承材料应具备以下条件。

（1）良好的减摩性、较低的摩擦系数。

（2）良好的抗咬合性、良好的抗黏附性。

（3）良好的顺应性，可以通过表面弹塑性变形使轴承载荷均匀分布。

（4）良好的嵌入性，可以容纳硬质颗粒嵌入，减少轴承滑动表面刮伤或磨粒磨损。

（5）良好的磨合性，可以与轴颈形成相互吻合的表面形状和粗糙度。

（6）足够的强度和硬度，以保证工作时不会发生影响工作状态的塑性变形。

（7）良好的耐腐蚀性，滑动轴承材料应具有抵抗润滑剂老化或氧化产生的有机酸的腐蚀的能力。

（8）良好的工艺性和经济性，轴承材料应易加工，成本合理。

滑动轴承材料一般指的是轴瓦材料。按照材料本身的不同，滑动轴承材料可以分为金属材料与非金属材料，其中金属滑动轴承材料包括巴氏合金、铜基合金、铝基合金等。滑动轴承金属材料最常用的轴衬材料是巴氏合金。巴氏合金又名白合金或乌金，多用于相对低硬度轴转动的高耐磨材料。巴氏合金最初由美国人 Isaac Babbitt 于 1839 年发明，其成分是 Sn82%～84%、Sb11%～12%、Cu5%～6%，后来在此基础上发展出了一系列软基的减摩锡基合金和铅基合金，均被称为巴氏合金。与其他轴承合金相比，巴氏合金具有更优良的减摩性、嵌入性、顺应性。巴氏合金中锡基合金的牌号有 SnSb4Cu4、SnSb8Cu4、SnSb8Cu8、SnSb11Cu6、SnSb12Pb10Cu4，铅基合金的牌号有 PbSb16Sn1As1、PbSb15Sn10。铅基巴氏合金相对于锡基巴氏合金有着成本低廉的优点，虽然铅可以改善滑动轴承的减摩性、顺应性和嵌入性，且价格低廉，但是铅是一种有毒的元素，随着环保意识的增强，滑动轴承材料无铅化是必然趋势。我国常见锡基巴氏合金的化学成分见表 8-1。

表 8-1　　我国常见锡基巴氏合金化学成分　　wt，%

<table>
<tr><th>合金牌号</th><th>Pb</th><th>Cu</th><th>Zn</th><th>Al</th><th>Sb</th><th>Ni</th><th>Fe</th><th>Bi</th><th>As</th><th></th><th>其他元素总和</th></tr>
<tr><td>ZSnSb12Pb10Cu4</td><td>9.0～11.0</td><td>2.5～5.0</td><td>≤0.01</td><td>≤0.01</td><td>11.0～13.0</td><td>—</td><td>≤0.1</td><td>≤0.08</td><td>0.1</td><td rowspan="5">Cd：1.1～1.6
Fe+Al+Zn≤0.15</td><td>0.55</td></tr>
<tr><td>ZSnSb12Cu6Cd1</td><td>≤0.15</td><td>4.5～6.8</td><td>≤0.05</td><td>≤0.05</td><td>10.0～13.0</td><td>0.3～0.6</td><td>≤0.1</td><td>—</td><td>0.4～0.7</td><td>—</td></tr>
<tr><td>ZSnSb11Cu6</td><td>≤0.35</td><td>5.5～6.5</td><td>≤0.01</td><td>≤0.01</td><td>10.0～12.0</td><td>—</td><td>≤0.1</td><td>≤0.03</td><td>≤0.1</td><td>0.55</td></tr>
<tr><td>ZSnSb8Cu4</td><td>≤0.35</td><td>3.0～4.0</td><td>≤0.005</td><td>≤0.005</td><td>7.0～8.0</td><td>—</td><td>≤0.1</td><td>≤0.03</td><td>≤0.1</td><td>0.55</td></tr>
<tr><td>ZSnSb4Cu4</td><td>≤0.35</td><td>4.0～5.0</td><td>≤0.01</td><td>≤0.01</td><td>4.0～5.0</td><td>—</td><td>—</td><td>≤0.08</td><td>≤0.1</td><td>0.50</td></tr>
</table>

巴氏合金的组织决定其使用性能，由于锡材料很软，在磨合过程中使巴氏合金的硬质点外凸、软基体内凹，从而在滑动面之间形成的微小间隙便成为润滑油道和贮油空间，硬质点上凸可以起到支撑作用，有利于承受载荷。锡基巴氏合金的显微组织为多相组织，常见的锡基巴氏合金金相组织形态如图 8-11 所示，在黑色的软基体 α 相中弥散地分布着方形或多边形的 β 硬质相 SnSb 和细针状或星状的 η 相 Cu_6Sn_5，其中 α 固溶体相是一种尺寸为 0.5～1μm 的亚微晶结构。

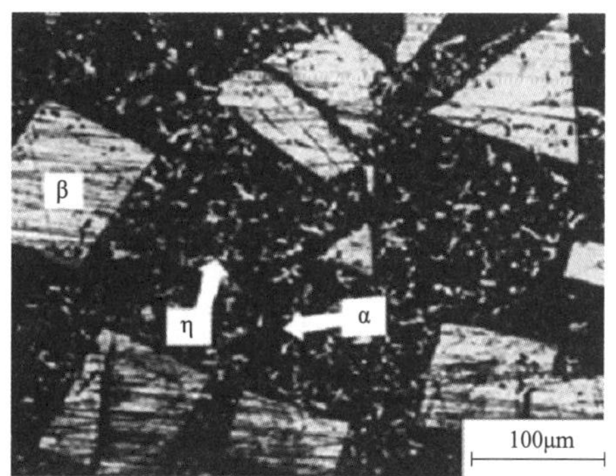

图 8-11　常见锡基巴氏合金的金相组织形态

锡基巴氏合金的减摩机理目前尚未有定论，仍在研究之中，目前有软基体中硬质相承载和软质相承载两种基本论述。软基体中硬质相承载认为 α 固溶体构成的软基体相使锡基巴氏合金具有良好的嵌入性和顺应性，并且在实际工况中起到减摩、抗咬合的作用，而分布在软基体中的硬质相（主要是 β 相 SnSb）则起到承载的作用。磨合之后，软基体内凹、硬质点外凸。内凹的软基体与滑动表面形成许多微小间隙，这些间隙起到贮油的作用，有利于润滑；而外凸的硬质点则起到支撑作用。硬质点处于软基体之上，易于发生变形而不至于划伤对磨表面。在这种理论前提下，提高硬质相的强度是提高承载能力的关键。细小的 SnSb 颗粒相均匀、弥散地分布在基体上是锡基巴氏合金性能良好的重要条件。SnSb 相在巴氏合金中起“硬质点”作用，有利于油膜的形成，但其尺寸粗大或分布不均匀时，单个晶体上承受的压力过大，不利于形成油膜，甚至晶体破裂导致轴瓦损坏。SnSb 的晶粒大小决定了单个晶体的界面积，较大的界面积会割裂基体，降低巴氏合金轴瓦的强度。相反，细小而分布均匀的 SnSb 相，可增加合金整体的变形抗力，从而提高强度，使巴氏合金有较好的承载能力。巴氏合金的润滑原理示意图如图 8-12 所示。

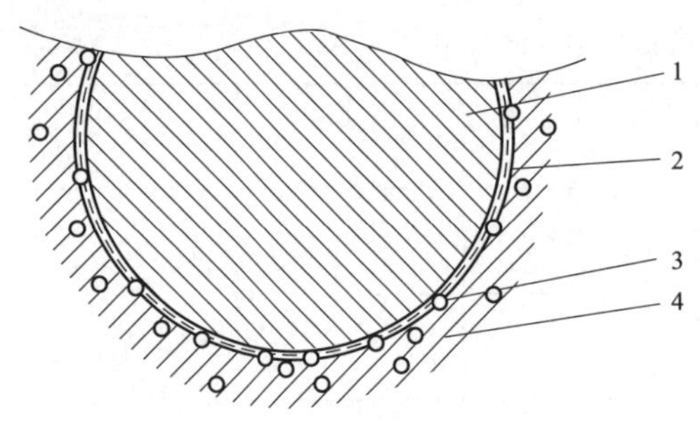

图 8-12　巴氏合金的润滑原理示意图
1—轴承；2—润滑油；3—硬质相；4—软质相

巴氏合金中的 2 种硬相 SnSb 和 Cu_6Sn_5 一般要求总量为 15%～30%，过少会使 Cu_6Sn_5 骨架的支撑作用减小，如果过多则会使巴氏合金变得硬而脆，在交变载荷的作用下，容易破碎和剥落，另外，硬相过多还会使巴氏合金与钢背的结合效果变差。

也有另外一种观点认为，由于软基体相的热膨胀系数大于硬质相，在摩擦过程中，摩擦产生的热量致使软基体相凸起约几个油分子的高度。凸起的软基体相承受载荷，由于软基体相具有较高的塑性，因而使锡基巴氏合金具有良好的减摩性。在这种理论前提下，提高软基体的力学性能是提高合金承载能力的关键。

虽然锡基巴氏合金具有良好的减摩性，但是在实际使用中，较低的硬度是制约巴氏合金应用范围的重要原因。因为在 150℃时，巴氏合金的硬度只有 6～12HB，所以最高工作温度不能超过 130～150℃。此外，与其他金属滑动轴承材料相比，在室温下，锡基巴氏合金的抗拉强度、轴承最大许用比压经验值和结合强度都较低，承载能力较差。

巴氏合金制备工艺方法的不同对巴氏合金的组织性能及力学性能有重要的影响。常见的巴氏合金层的制备方法有挂锡浇注法、挂锡堆焊法、电镀法及火焰喷涂法。传统的获得巴氏合金黏结层的方法是铸造法。先将基体进行挂锡处理，然后再在挂锡的基体上用静压铸造或离心铸造方法浇注巴氏合金。

二、滑动轴承的失效方式

滑动轴承是易损零件，其失效包括正常失效和非正常失效。正常失效是指在正常情况下，随着滑动轴承使用周期的增长，滑动轴承逐渐沿着正常磨损的趋势发展，当轴承因正常磨损造成轴承间隙超过最大允许值时，轴承的寿命已达到了设计的轴承寿命，此时轴承便处于失效状态。非正常失效是指使用寿命期限内的各种早期异常磨损。由于受交变载荷和恶劣工作环境的影响，滑动轴承会出现多种形式的失效。抽水蓄能机组中，推力轴承事故有巴氏合金开裂，润滑油、高压油顶起，推力瓦受力，推力瓦变形，球面支撑，推力头间隙，外循环流量等的影响。失效机理各不相同。主要的失效形式有开裂、磨粒磨损、疲劳剥落、咬黏（胶合）、擦伤、过度磨损、腐蚀，还有气蚀、电腐蚀、流体侵蚀和微动磨损等。

（一）开裂

导致巴氏合金开裂的原因有很多。巴氏合金与钢制瓦坯表面的结合不好，在推力载荷的长期压力下，可能巴氏合金在受力高的区域开裂；巴氏合金材料的密实度较差，承压能

力低，在推力载荷的作用下，出现压碎情况；由于安装时调整精度不够，导致各瓦受力不均匀，部分瓦受力过大。推力轴承壳的销钉孔是过盈配合，销钉需冷冻安装在推力轴承壳上，如果销钉安装过深，就会导致推力瓦摆动不灵活，受力不均匀，长期运行导致推力瓦边缘巴氏合金开裂。开裂部位一般在瓦的出油边一侧的高承载区域（见图 8-13）。

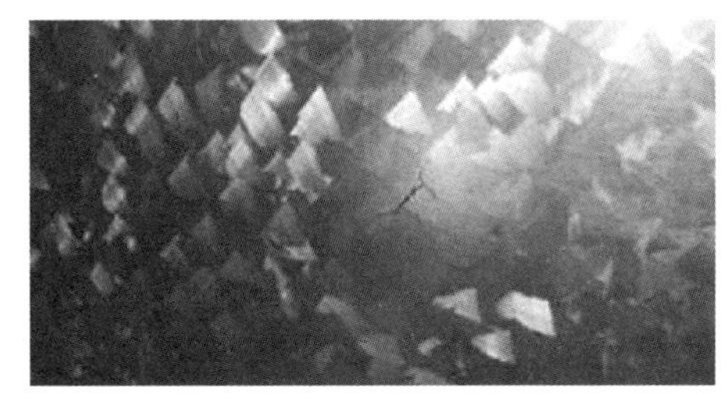

图 8-13　巴氏合金开裂和鼓包

（二）磨粒磨损

硬质颗粒进入滑动轴承间隙后，有的镶入轴承表面，有的在轴承间隙中游动并随轴一起转动，它们在轴颈和轴瓦之间担当研磨剂的作用，加速了轴承的磨损。尤其是在启动、加速或停止运转的过程中，对于轴承的磨损程度大大加强，会改变轴承的几何形状和精度，进一步增大了轴承间隙，导致轴承使用寿命缩短。

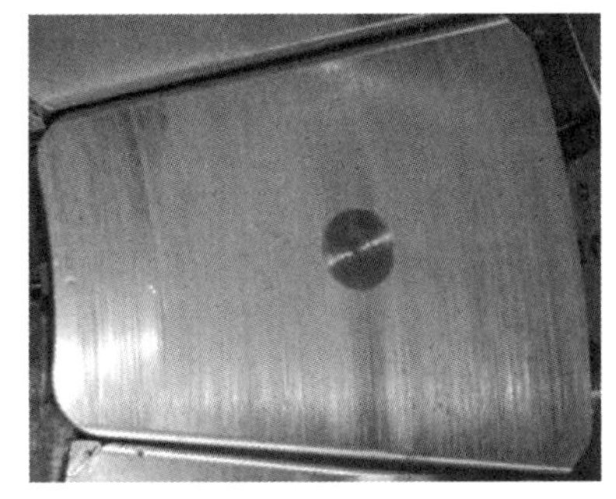

图 8-14　油循环系统未彻底清理的后果

推力轴承外循环系统在首次运行过程中，一定要有过滤器。油槽内是可以清理净的，而管路中不便清理，一般靠油循环冲洗，但在轴承运行过程中冲洗，管路中的杂物进到油槽，很容易损伤轴承（见图 8-14）。长期运行过程中管路中有过滤器，势必增加循环阻力，因此要在首次运行时安装过滤器，确保管路和油槽内清理和冲洗干净，再拆除过滤器。

（三）刮伤

颗粒进入轴瓦会与轴颈一起运动，在轴瓦表面上会呈现出线状划痕。在轴瓦表面材料可嵌入的程度内，颗粒被隐藏，但当硬颗粒的数量和大小超过材料可嵌入的程度后，会凸出材料表面，破坏了油膜，从而进入摩擦副表面。在小的载荷力下会造成线性划伤，当遇到大的载荷力会造成大的刮伤，甚至造成颗粒脱落的点状刮伤。摩擦副表面因为划伤而变得粗糙，油膜的形成不完整，承载能力也降低，从而造成更进一步的磨损。如果接触应力较大，最终会造成轴颈和瓦块尺寸的变化和形状的变形，轴承间隙随之变大，轴承的性能下降。

高压油顶起装置主油泵与备用油泵经常切换或油泵供油量不足等，瓦面油膜不连续，造成瓦面局部短时接触，就可能造成瓦面出现擦伤现象（见图 8-15）。

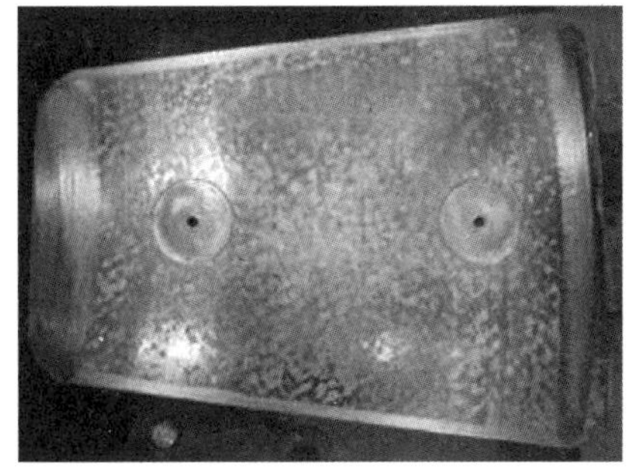

图 8-15　瓦面点状刮伤

高压油顶系统的单向阀失灵，在轴承工作状态下，瓦面油膜沿高压油室泄漏，也会造成烧瓦事故。

（四）咬黏（胶合）

在润滑油系统出现故障造成滑动轴承供油不充分的情况下，当轴承受到高强度载荷的冲击时，油膜处于破裂状态，且轴承的温度也极高。随着滑动轴承的旋转，轴瓦与轴颈相接触表面的金属材料会发生黏着和迁移，最终引起滑动轴承失效，胶合现象过于严重，则会导致相对运动随之停止。

（五）疲劳破坏

滑动轴承在正常使用条件下，如果承受定载荷，受力会稳定地沿着油膜压力分散到接触的瓦面上。交变负荷则会导致油膜压力变化，从而产生拉应力、压应力和剪切应力，这些力通过润滑油膜传递到轴瓦的工作表面。在交变施加作用下，接触的轴瓦工作表面会出现裂纹，裂纹在这些应力的不停作用下逐渐从表面向内部发展，使得裂纹越来越深、越来越大，在润滑油压力的作用下不断扩展，最终形成疲劳失效。在载荷反复作用下，轴承表面出现与滑动方向垂直的疲劳裂纹，当裂纹向轴承衬与衬背结合面扩展时后，造成轴承衬材料的剥落。它与轴承衬与衬背因结合不良或结合力不足而造成轴承衬的剥离有些相似，但疲劳剥落周边不规则，而结合不良造成的剥离则周边比较光滑。

（六）腐蚀

润滑油在使用中不断氧化，所生成的酸性物质对轴承材料有腐蚀性。轴承背腐蚀后合金中的元素被氧化或者还原，使其性能发生变化，从而失去承载能力，易形成点状剥落。氧化对锡基巴氏合金的腐蚀会使轴承表面形成一层由 SnO_2 和 SnO 混合组成的黑色硬质覆盖层，它能擦伤轴颈表面，并使轴承间隙变小。在高温运行化学腐蚀被加速，因此在局部载荷过大点和杂质嵌入引起的局部高点更容易发生腐蚀。

（七）气蚀

在重载高速波动的情况下轴承工作表面与轴颈表面间润滑油膜的某一孤立区域内的油膜压力跌至润滑油蒸汽压以下时，会在润滑油内形成小的油蒸汽气泡，若润滑油压力随后增高或者气泡移到压力较高的区域，在压力作用下气泡消失，气泡周围的润滑油迅速补充到原气泡处，形成一股压力波，冲击原先气泡附近的轴承表面。这种气泡产生的压力波虽作用面积较小，但数量很多，使轴承局部表面受到剧烈的冲击，轴承工作表面出现空洞现象，形成气蚀。润滑油的品质对气蚀的影响很大，提高润滑油的黏度可减少气蚀，而润滑油中含水或夹带空气可大大增加气蚀。轴承载荷发生波动或波动幅度增加会促使气蚀形成。

第三节　上导轴瓦损坏原因分析及改进

一、基本情况

某抽水蓄能电站启动一台机组抽水调相，5min 后监控发出机组上导轴承 X/Y 摆度二级报警，此时转速接近 100%，10s 后机组机械保护跳机，此时转速刚好到 100%。电站运维人员处理过程如下。

（1）通过查找监控历史数据，上导轴承摆度确实达到跳机值，机组机械跳机动作。

（2）检查上导轴承摆度测量探头无松动。

（3）对比事件前后抽水调相启动过程的振动、摆度、瓦温数据，上、下机架及顶盖振动未发现明显差异，上导轴承及推力瓦温也未发现明显差异，上导轴承、下导轴承及水导轴承事件发生时的摆度明显比事件前的大，事件时上导轴承摆度最大到达 670μm，事件前上导轴承摆度最大到达 470μm。

（4）通过监控查找，从开机到摆度二级报警过程中未出现任何设备异常报警。

（5）打开上导轴承瓦盖板进行查看，发现上导轴承瓦发生大面积损坏。

二、理化性能分析

现场对失效的轴瓦进行分析发现，损伤的轴瓦均在上半部分发生巴氏合金损坏，有的位置为整体剥落。取出 12 块上轴瓦，巴氏合金均在上部发生脱落，脱落位置高度大于轴瓦高度 1/2 处，油槽内部存在大量脱落的巴氏合金碎屑，图 8-16 所示为损坏后的轴瓦。

图 8-16　损坏后的轴瓦

轴瓦的牌号为 SnSb11Cu6，属于典型锡基巴氏合金。对损坏的轴瓦进行成分检测，如表 8-2 所示。结果表明，实测的锑含量低于 GB/T 1174《铸造轴承合金》的标准要求。

表 8-2　　巴氏合金成分分析结果　　wt,%

样品成分	质量证明书含量	检测含量	GB/T 1174 要求含量
锑	11.06	7.5～8.0	10.0～12.0
铜	5.91	6.1～6.4	5.5～6.5
锡	82.73	84.8～85.9	其余

对轴瓦的巴氏合金进行金相检测，组织形貌为典型锡基巴氏合金 SnSb11Cu6 铸态锡基金相组织形貌，如图 8-17 所示。在黑色基体上不均匀分布着较大的白色块状与白色针

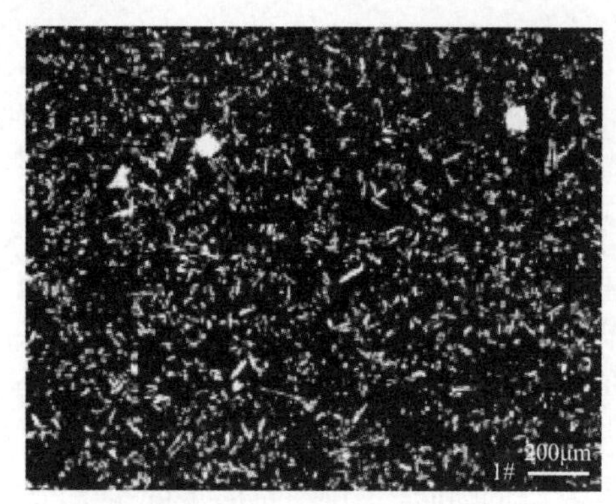

图 8-17　巴氏合金的金相组织

状组织，其中黑色基体为 Sn 固溶体，属于较软的相；较大的白色块状组织为化合物 SnSb，属于硬质点；白色针状和长条状为化合物 Cu_6Sn_5，也属于硬质点。

轴瓦金相组织中无区域性偏析、聚集和组织分层，Cu_6Sn_5 分布均匀，SnSb 未发生区域性偏析，组织形貌符合要求，两种硬相的 SnSb 和 Cu_6Sn_5 的总量也符合要求。尽管合金成分中的锑含量小于标准要求，但由于其硬化相的总量符合要求，所以合金元素含量不符合标准要求并不是轴瓦巴氏合金发生损坏的主要原因。

三、上导轴瓦结构特点

发电电动机上机架采用组合轴承设计方式，推力轴承与上导轴承位于同一油槽内，推力轴承瓦与上导轴承瓦各 12 块。推力头兼作为上导轴承滑转子，上导轴承通过导轴承座与上机架连接，将径向受力传递至混凝土基础，如图 8-18 所示。上导轴承为楔子板固定结构，这种结构的优点是径向支撑刚度大，瓦间隙易于调节，结构较为牢固，如图 8-19 所示。

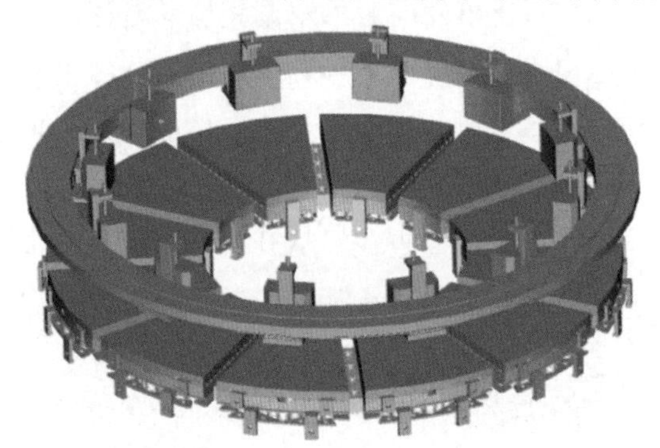
图 8-18　上机架结构示意图

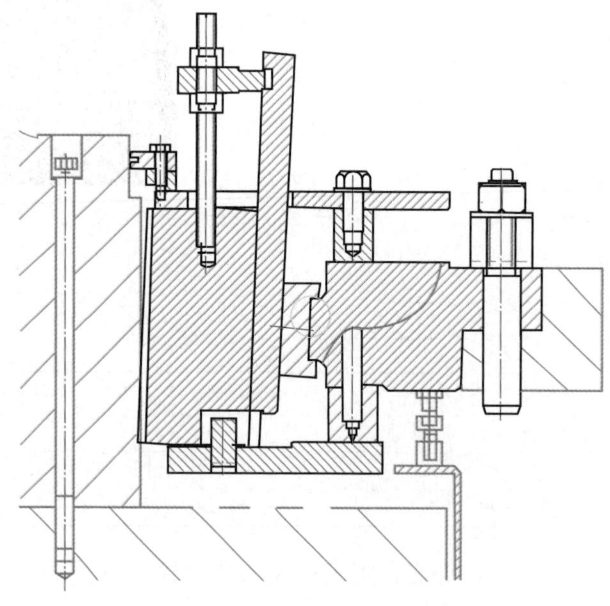
图 8-19　上导轴瓦结构图

四、原因分析

轴瓦损坏后，对上轴瓦间隙进行检查，通过与上次检修时的数据进行对比，上轴瓦间隙几乎未发生变化，其数据见表 8-3。

表 8-3　　上轴瓦楔子板高度　　mm

编号	事故前高度	事故后高度	差值
1	118.8	118.4	−0.4
2	124.52	124.36	−0.16
3	118.6	118.52	−0.08
4	119.8	119.4	−0.4
5	134.72	134.52	−0.2
6	125.34	125.12	−0.22
7	117.62	117.7	0.08
8	111.18	110.94	−0.24
9	108.64	108.46	−0.18
10	109.92	109.86	−0.06
11	120.94	121.18	0.24
12	122.16	121.8	−0.36

对上导轴承瓦背部衬垫的结构进行检查时发现背部衬垫的实际加工与图纸有差异。背部衬垫原设有 18mm 宽、0.5mm 高凸台，实际测量仅 0.1mm，如图 8-20 所示。

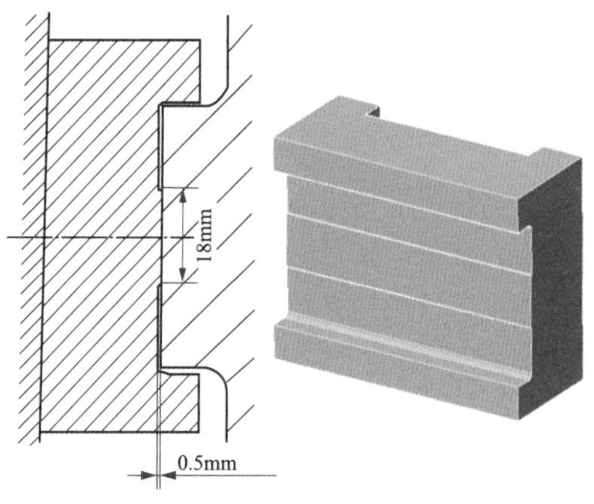

图 8-20　上轴瓦衬垫结构图

当上轴瓦衬垫 18mm 宽凸台高度为 0.5mm 时，上轴瓦轴向摆动的最大角度为 1.49°；而当衬垫 18mm 宽凸台高度为 0.1mm 时，上轴瓦轴向摆动的最大角度仅为 0.05°。可见凸台高度的变化对上轴瓦轴向摆动的灵活性影响较大。

该机组的上轴瓦设计间隙为 0.25～0.35mm，安装时结合盘车数据及轴系情况，实际为0.28mm，若上轴瓦轴向摆动的最大角度为1.49°，径向运动调节最大可达2mm，远大于瓦间隙，轴瓦具备较强的自调节能力。而当摆动的角度为0.05°时，轴瓦几乎无法自调节，有可能发生卡阻现象，导致局部部件受力偏大。

此次事件中，巴氏合金是整块从钢背上剥落，并非过热形成的刻面或鳞斑状形貌，如图8-21所示。瓦温监测也显示并未有超温现象发生。对比GB/T 18844《滑动轴承 损坏和外观变化的术语、特征及原因》中的典型损坏形貌，如图8-22所示，疲劳剥落前后表面有较大的塑性流变，判断轴瓦为疲劳破坏。这与巴氏合金材料的特性有关，应力的幅值大小是引起疲劳破坏的主要原因之一，巴氏合金疲劳强度较低，受到的应力幅值越大，越容易发生疲劳。

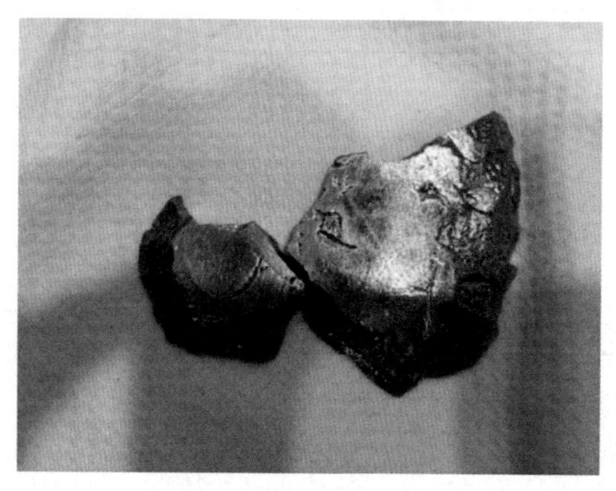

图8-21　整块剥落的巴氏合金

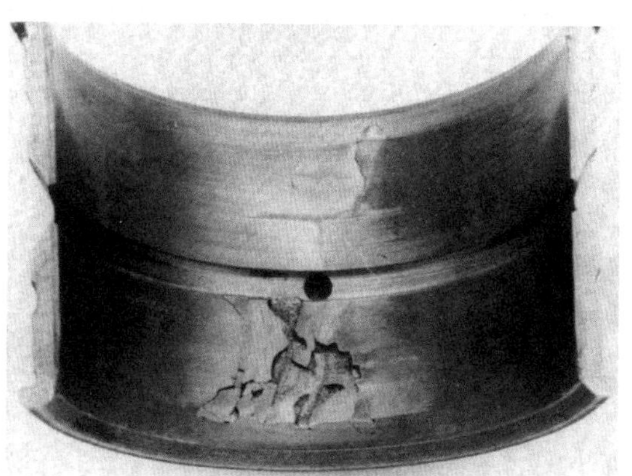

图8-22　GB/T 18844中巴氏合金疲劳破坏的形貌

查阅机组检修记录，机组在安装后发现8个上导轴承冷却油出口出油不均匀，检修过程中对上述问题处理后使得情况有所改善，但出油仍不均匀，随后对推力轴瓦处的5个冷却油出口进行封堵，发现上导轴承冷却油出油效果有较大改善，但仍未达到最好效果。

通过上轴瓦的损坏情况检查分析，轴瓦的受力部位主要集中在上半部分，其原因可能是供油路中存在大量漩涡或空气，造成轴瓦上半部分油膜无法形成或形成不均匀，运行过程中产生油膜压力波动。另外，由于轴瓦托盘不水平使瓦面上半部分与滑转子间隙较小，在油膜形成不均匀时使轴瓦表面只有上半部分与滑转子接触，轴瓦结构的自调节能力又较差，轴瓦受力面积远小于设计值，致使瓦面单位面积受力过大。载荷越大，应变疲劳剥落越严重。由于上述两种原因造成瓦面上半部分应力幅值增加，使轴瓦产生疲劳破坏。

五、改进措施

为增加上导轴承瓦轴向摆动灵活性，检修期间将上导轴承瓦衬垫的18mm宽凸台高度由0.5mm增加到1mm，同时在18mm宽凸台两侧边缘加工0.1×5mm的倒角，如图8-23所示。改进后的衬垫由于凸台高度增加，上导轴承瓦轴向摆动的角度大大增加，同时由于凸台两侧边缘的倒角使得轴瓦摆动的灵活性进一步加大。通过改进轴瓦衬垫，轴瓦和滑转子之间形成相对均匀的油膜，润滑效果良好，轴瓦受力均匀，运行平稳。

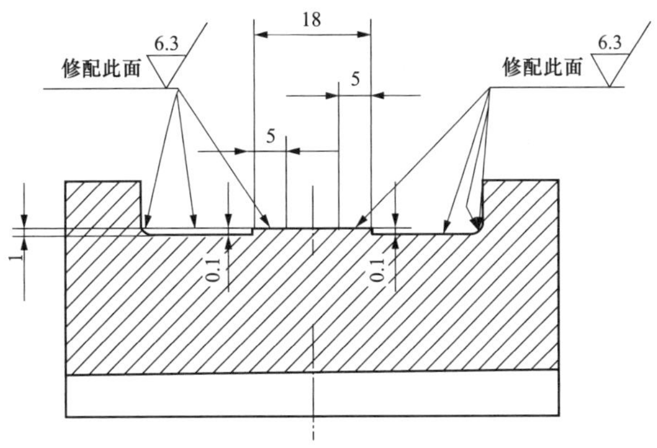

图 8-23　改进后上轴瓦衬垫结构图（单位：mm）

参考文献

[1] 高红霞．机械工程材料［M］．北京：机械工业出版社，2017.

[2] 顾鹏展．金属材料与工艺［M］．北京：电子工业出版社，2017.

[3] 丁海民．工程材料［M］．北京：中国电力出版社，2023.

[4] 郭广平．航空材料力学性能检测［M］．北京：机械工业出版社，2017.

[5] 刘胜新．金属材料力学性能手册［M］．北京：机械工业出版社，2018.

[6] 潘继民．金属材料化学成分与力学性能手册［M］．北京：机械工业出版社，2013.

[7] 姜敏凤．金属材料及热处理知识［M］．北京：机械工业出版社，2015.

[8] 龙伟民．材料力学性能测试手册［M］．北京：机械工业出版社，2014.

[9] 史耀武．焊接手册 第 3 卷 焊接结构．3 版［M］．北京：机械工业出版社，2015.

[10] 史耀武．焊接手册 第 1 卷 焊接方法及设备．3 版［M］．北京：机械工业出版社，2008.

[11] 李亚江，王娟．焊接缺陷分析与对策［M］．北京：化学工业出版社，2018.

[12] 史耀武．焊接技术手册（下）［M］．北京：化学工业出版社，2009.

[13] 罗辉．焊接结构生产［M］．北京：化学工业出版社，2008.

[14] 刘斌．金属焊接技术基础［M］．北京：国防工业出版社，2012.

[15] 刘会杰．焊接冶金与焊接性［M］．北京：机械工业出版社，2007.

[16] 方洪渊．焊接结构学［M］．北京：机械工业出版社，2017.

[17] 朱艳．钎焊［M］．哈尔滨：哈尔滨工业大学出版社，2018.

[18] 高玉魁．残余应力基础理论及应用［M］．上海：上海科学出版社，2019.

[19] 劭泽波，刘兴德．无损检测［M］．北京：化学工业出版社，2011.

[20] 付亚波．无损检测实用教程［M］．北京：化学工业出版社，2018.

[21] 王晓雷．承压类特种设备无损检测相关知识［M］．北京：中国劳动社会保障出版社，2007.

[22] 李文波，陈红冬．水力发电厂金属结构技术监督［M］．北京：中国电力出版社，2018.

[23] 郑晖，林树青．超声检测．2 版［M］．北京：中国劳动社会保障出版社，2008.

[24] 强天鹏．射线检测．2 版［M］．北京：中国劳动社会保障出版社，2007.

[25] 宋志哲．磁粉检测．2 版［M］．北京：中国劳动社会保障出版社，2007.

[26] 胡学知．渗透检测．2 版［M］．北京：中国劳动社会保障出版社，2007.

[27] Rodrigues CAD，Lorenzo P L D，Sokolowski A，et al. Titanium and molybdenum content in superimposition stainless steel [J]，Materials Science and Engineering A，2007，(460-461)：149-152.

[28] Cardoso P H，Kwietniewski C，Porto J P，et al. The influence of delta ferrite in the AISI416 stainless steel hot work ability [J]，Materials Science and Engineering，2003，351 (1-2)：1-8.

[29] 姜召华．Nb 微合金化超低碳马氏体不锈钢 00Cr13Ni5Mo2 的组织性能研究［D］．沈阳：东北大学，2011.

[30] 王园园．微合金化超低碳马氏体不锈钢 13Cr5Ni2Mo 的组织和性能研究［D］．沈阳：东北大学，2010.

[31] 韩海侠．水轮机转轮叶片裂纹及磨损缺陷的焊接修复研究［D］．南昌：南昌工程学院，2015.

[32] 陈祝年．焊接工程师手册［M］．北京：机械工业出版社，2009.

[33] 张其枢．不锈钢焊接技术［M］．北京：机械工业出版社，2015.

[34] 刘政军，徐德昆．不锈钢焊接及质量控制［M］．北京：化学工业出版社，2015.

[35] 王亚婷．奥氏体不锈钢焊缝韧性与组织规律性研究［D］．南京：南京理工大学，2012.

[36] 赵强，肖维宝，王大强，等．304 不锈钢法兰焊接裂纹分析及返修［J］．焊接，2017（2）：54-57.

[37] 王亚婷．奥氏体不锈钢焊缝韧性与组织规律性研究［D］．南京：南京理工大学，2012.

[38] 毕海娟．热处理对几种不锈钢组织和局部腐蚀性能的影响［D］．兰州：兰州理工大学，2011.

[39] 张述林，李敏娇，王晓波，等．奥氏体不锈钢的晶间腐蚀［J］．中国腐蚀与防护学报，2007，27（2）：124-128.

[40] 罗辉，赵忠魁，冯立明，等．焊接工艺参数对奥氏体不锈钢焊接接头腐蚀行为的影响［J］．热加工工艺，2005，（6）：54-58.

[41] 王国秉．关于俄罗斯舒申斯克水电站事故的思考［J］．山西水利科技，2010，（2）：1-5，15.

[42] 秦大同，谢里阳．联接件与紧固件［M］．北京：化学工业出版社，2013.

[43] 石虹．高强度螺栓失效若干因素的研究［D］．沈阳：东北大学，2012.

[44] 廖景娱．金属构件失效分析［M］．北京：化学工业出版社，2003.

[45] 钟群鹏，赵子华．断口学［M］．北京：高等教育出版社，2006.

[46] 濮良贵，陈国定，吴立言．机械设计［M］．北京：高等教育出版社，2013.

[47] 浦毅．受预紧力和工作载荷的紧螺栓联接总拉力分析［J］．农业装备与车辆工程，2011，（8）：53-55.

[48] 陈立德．机械设计基础［M］．北京：高等教育出版社，2001.

[49] 刘莉莉，张德豫．螺栓疲劳强度计算的再分析［J］．焦作矿业学院学报，1995，14（2）：55-61.

[50] 周志鸿，李静．螺栓疲劳强度计算方法的对比与选择［J］．凿岩机械气动工具，2005，（4）：6-10.

[51] 于泽通．轴向载荷作用下钢/钢螺纹联接的松动行为研究及数值模拟［D］．成都：西南交通大学，2015.

[52] 赵学，李欢，张文彬．大型法兰对接螺栓预紧力加载过程分析及处理措施［J］．机械设计与制造，2011，9：112-114.

[53] 黄开放，金建新．基于虚拟材料方法的螺栓预紧力模拟的研究［J］．机械设计与制造，2012，8：148-150.

[54] 江晓禹．材料力学［M］．成都：西南交通大学出版社，2009.

[55] 杜刚民，李东风，曹树林，等．螺栓轴向应力超声测量技术［J］．无损检测，2006，28（1）：20-22，25.

[56] 韩玉强，吴付岗，李明海，等．声弹性螺栓应力测量影响因素［J］．中南大学学报（自然科学版），2020，51（2）：359-366.

[57] 严勇，刘楚达．风电螺栓轴向应力超声测量标定实验研究［J］．应用声学，2021，40（4）：594-601.

[58] 高姗．风电机组螺栓应力电磁超声检测研究［D］．沈阳：沈阳工业大学，2022.
[59] Floris I，Madrigal J，Sales S，et al. Experimental study of the influence of FBG length on optical shape sensor performance［J］. Optics and Lasers in Engineering，2020，126：105878.
[60] 胡钊．基于光纤光栅的螺栓分布式受力传感技术研究［D］．武汉：武汉科技大学，2022.
[61] 王雅莉，徒芸，涂善东，等．基于光纤光栅传感器温度补偿的低温应变测量方法研究［J］．仪表技术与传感器，2023，(6)：26-33.
[62] 赵强，曹佳丽，陈柳，等．水泵水轮机顶盖螺栓应力实测分析［J］．水力发电报，2023，42（9）：79-87.
[63] 郑华升，磨季云．基于科研成果的应变电测技术的延伸教学［J］．力学与实践，2016，38（3）：324-327.
[64] 葛新峰，张敬，祝双桔，等．水轮机顶盖螺栓受力特性研究［J］．振动与冲击，2021，40（17）：55-62.
[65] 戴志萍．电容式旋转轴动态扭矩传感器设计与优化［D］．太原：中北大学，2022.